注塑模具设计
实用手册

张维合　编著

第2版

化学工业出版社

·北京·

图书在版编目（CIP）数据

注塑模具设计实用手册/张维合编著. —2 版. —北京：
化学工业出版社，2019.4（2024.8重印）
ISBN 978-7-122-33934-8

Ⅰ.①注…　Ⅱ.①张…　Ⅲ.①注塑-塑料模具-设计-
手册　Ⅳ.①TQ320.66-62

中国版本图书馆 CIP 数据核字（2019）第 029523 号

责任编辑：贾　娜
责任校对：王素芹　　　　　　　　　　　　　　　装帧设计：王晓宇

出版发行：化学工业出版社（北京市东城区青年湖南街 13 号　邮政编码 100011）
印　　装：北京七彩京通数码快印有限公司
787mm×1092mm　1/16　印张 35½　字数 951 千字　2024 年 8 月北京第 2 版第 8 次印刷

购书咨询：010-64518888　　　　　　　　　售后服务：010-64518899
网　　址：http://www.cip.com.cn
凡购买本书，如有缺损质量问题，本社销售中心负责调换。

定　　价：138.00 元　　　　　　　　　　　　　　　版权所有　违者必究

前言

自 20 世纪 80 年代以来，模具工业得到了飞速发展。为了满足模具设计和制造的要求，我国成立了模具标准化委员会，并制定了 20 多项技术标准。很多大、中型企业也根据美国的 DME 标准、欧洲的 HASCO 标准以及自身的经验编写了大量指导本企业注塑模具设计与制造的标准和规范。这些标准和规范内容翔实，针对性强。笔者多年来一直致力于对这些标准和规范的收集、整理和提炼，在对注塑模具设计流程、方法及相关标准进行系统化梳理后，2011 年出版了《注塑模具设计实用手册》。手册收集了模具标准件的规格和型号，汇编了模具的各种典型结构和复杂结构，提供了模具制图标准、模具常用的公差配合以及塑件设计标准等。

《注塑模具设计实用手册》出版以来，得到了广大读者的肯定和支持，先后多次印刷。为满足模具工业发展新形势的要求，现对该书进行了较大篇幅的修订，修订主要内容如下。

（1）调整了部分章节的顺序。

（2）第 1 章删除了第 1 版中 1.4.3 节之后的公差、配合与粗糙度内容，改成了"1.4.3 注塑模具配合尺寸公差""1.4.4 模架的公差及粗糙度要求""1.4.5 注塑模具零件常用的形位公差""1.4.6 模具零件表面粗糙度""1.4.7 表面粗糙度数值的选择"和"1.4.8 其他要求"。修订后的内容只针对模具设计，实用性更强。

（3）第 2 章增加了"2.2.11 塑件的表面粗糙度"。

（4）第 8 章增加了"8.7 热流道注塑模具设计实例"，内容包括"单点式热流道注塑模具"和"多点式热流道注塑模具"。

（5）第 11 章增加了"11.1.6 方导柱设计"，使导向定位内容更加全面。

（6）将第 1 版附录 2"模具优选采用的标准尺寸"改成了"标准公差数值及注塑模具常用孔与轴的极限偏差数值"。

（7）将第 1 版附录 4"常用三角函数公式及三角函数表"改成了"常用三角函数公式"，删除了没有实用价值的三角函数表，增加了 24 个常用三角函数公式。

（8）全书共增加模具图 6 幅，更换模具图 21 幅。

（9）统一了书中模具图各分型面符号、标记。

（10）对第 1 版的内容做了局部补充、解释和勘误。

《注塑模具设计实用手册》旨在向读者提供一套系统的注塑模具设计标准、原则和技术数据，以及先进实用、全面可靠的结构范例。修订后的手册系统性更强，内容更全面，更加贴合注塑模具设计与制造领域中技术人员的实际需求。

本书在修订过程中得到了广东科技学院的大力支持，在此特别感谢黄弢校长、周二勇副校长和机电工程学院高俊国院长、莫夫副院长。卓荣民、姜炳春、唐联耀对本书的再版提供了很多有益的建议，在此一并表示感谢！

由于笔者水平所限，书中难免存在不足之处，读者如有疑问或意见请发邮件至 allenzhang0628@126.com。

编　者

目 录

第3章 注塑模具结构件设计

第4章　注塑模具成型零件设计　　128

第5章　注塑模具排气系统设计　　148

第6章 注塑模具侧向分型与抽芯机构设计   163

第8章　热流道注塑模具设计　　276

第9章　注塑模具温度控制系统设计　　324

第11章　注塑模导向定位系统设计

434

第 **1** 章

注塑模具设计制图标准

模具制图的目的是为模具制造提供科学、可靠、全面和低成本的依据，模具制图标准适用于模具开发、制造和维修保养的全过程。

模具制图的原则如下：

① 统一性原则：模具制图必须符合国家、行业和公司标准，其绘图流程和规范必须统一。模具设计工程师不得各自为政，我行我素。

② 可靠性原则：模具设计图必须提供可靠的结构和准确的尺寸，确保模具制造快速顺畅，确保模具生产的安全可靠，并达到既定的生产寿命。

③ 完整性原则：一套完整的模具图应该包括模具装配图、主要的零件图、推杆位置图、线切割图、电极图、订购模架时的开框图等，同时尺寸标注也要完整、准确和美观。

④ 快捷性原则：在模具制作速度日益快捷的现代企业，提高模具制图的速度和准确性非常重要。模具设计工程师必须熟练使用现代化的电脑绘图工具进行 3D 和 2D 的模具设计。

1.1 注塑模具设计制图的一般规定

1.1.1 图纸尺寸规格、标题栏及修改栏

(1) 图框格式和图幅尺寸 （见表 1-1）

表 1-1　图框格式和图幅尺寸 （GB/T 14689—2008）　　　　mm

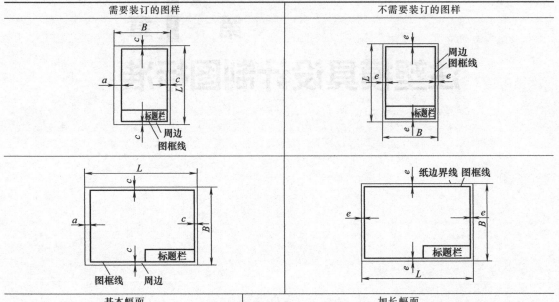

基本幅面						加长幅面					
幅面代号	A0	A1	A2	A3	A4	第二选择		第三选择			
						幅面代号	尺寸 $B \times L$	幅面代号	尺寸 $B \times L$	幅面代号	尺寸 $B \times L$
宽度×长度 ($B \times L$)	841× 1189	594× 841	420× 594	297× 420	210× 297	A3×3	420×891	A0×2	1189×1682	A3×5	420×1486
						A3×4	420×1189	A0×3	1189×2523	A3×6	420×1783
留装订边 装订边宽 a	25					A4×3	297×630	A1×3	841×1783	A3×7	420×2080
留装订边 其他周边宽 c	10			5		A4×4	297×841	A1×4	841×2378	A4×6	297×1261
						A4×5	297×1051	A2×3	594×1261	A4×7	297×1471
不留装订边 周边宽 e	20			10				A2×4	594×1682	A4×8	297×1682
								A2×5	594×2102	A4×9	297×1892

注：1. 加长幅面是由基本幅面的短边成整数倍增加后得出。

2. 加长幅面的图框尺寸，按所选用的基本幅面大一号的图框尺寸确定。例如，A2×3 的图框尺寸，按 A1 的图框尺寸确定，即 e 为 20 （或 c 为 10）。

（2）标题栏及修改栏（见图 1-1～图 1-3）

模具名称					产品名称			塑料		图号	
模具编号					产品编号			收缩率		版本	
模架规格					客户名称			绘图比例		单位	
设 计	审 核	批 准	标准化	工 艺				共 页 第 页		视图	⊕◁
（签名）	（签名）	（签名）	（签名）	（签名）	（公司徽标及名称）			中国××省××市×× 区××镇			
（日期）	（日期）	（日期）	（日期）	（日期）				Fax: Tel:			

图 1-1　模具装配图标题栏

零件名称				材料		热处理		备料尺寸		
零件编号				数量		重量		图 号		
设 计	审 核	批 准	标准化	工 艺	模具名称				版本	
（签名）	（签名）	（签名）	（签名）	（签名）	模具编号				单位	（mm）
（日期）	（日期）	（日期）	（日期）	（日期）	图纸比例		共 页 第 页		视图	⊕◁
未注公差					（公司徽标及名称）			中国××省××市×× 区××镇 Fax: Tel:		

图 1-2　模具零件图标题栏（更改）

序号	修改内容	修改人	审核	批准	日期

(a) A4 图纸用修改栏

序号	修改内容	修改人	审核	批准	日期

(b) A3～A0图纸用修改栏

图 1-3　模具图修改栏

（3）标题栏说明

① 所有图纸都必须有标题栏。标题栏要求填写齐全，签名要用手写，不得在电脑中输入。签名必须签全名，不可以用红笔或铅笔签名，字迹要求工整、规范。

② 标题栏及修改栏大小因按自动生成的尺寸 1∶1 绘出，不得随意缩放。当非 1∶1 绘图时，须将标题栏按打印比例缩放，保证标题栏大小永远不变，即 1∶1 与 2∶1、1∶2 打印出的图纸，其标题栏大小相同。

③ 标题栏的所有数据要清楚、正确，如不清楚或欠缺资料应填上"?"问号，特别是收缩率。

④ 如果图纸由多人完成，则所有数据要统一，包括字高、字体、颜色等。

⑤ 图纸比例的表示方法为 $A∶B$。A 为图纸上绘画的尺寸，B 为模具零件的真实尺寸。如果 $A<B$，则是缩小的比例；如果 $A>B$，则是放大的比例；如果比例不变，则比例表示为 1∶1。模具设计时尽量采用 1∶1，而图纸打印时装配图尽可能按 1∶1 打印，零件图应根据实际需要缩放打印，原则是能清晰表达出零件形状。如果绘图时必须放大或缩小，则比例

的选取应符合国家标准 GB/T 14690—1993，见表 1-2。

表 1-2　绘图比例（GB/T 14690—1993）

与原值比例	1：1	说　　明
缩小的比例	$1：2$　　$1：5$　　$1：10$ $1：2×10^n$　$1：5×10^n$　$1：1×10^n$ $(1：1.5)$　$(1：2.5)$　$(1：3)$ $(1：4)$　$(1：6)$　$(1：1.5×10^n)$ $(1：2.5×10^n)$　$(1：3×10^n)$ $(1：4×10^n)$　$(1：6×10^n)$	①比例：图中图形与其实物相应要素的线性尺寸之比 ②原值比例：比值为 1 的比例，即 1：1 ③放大比例：比值大于 1 的比例，如 2：1 等 ④缩小比例：比值小于 1 的比例，如 1：2 等 ⑤当某个视图或剖视图需要采用不同比例时，必须另行标注
放大的比例	$5：1$　$2：1$　$5×10^n：1$ $2×10^n：1$　$1×10^n：1$ $(4：1)$　$(2.5：1)$　$(4×10^n：1)$ $(2.5×10^n：1)$	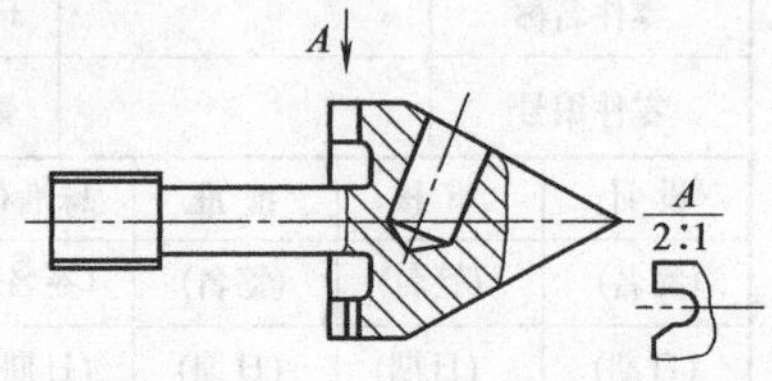

注：1. n 为正整数。

2. 带括号的为必要时允许采用的比例。

（4）明细表说明

明细表（见图 1-4）只有装配图才有，明细表中要详细注明零件编号、零件名称、尺寸大小或规格型号、材料等内容。明细表有时要单独列出，用 A4 纸另外打印。

09	斜导柱	STD	$\phi16×100$	2	DME/EQUIV
08	滑块固定座	0-1 ST′L	200×100×120	1	54～56HRC
07	小型芯	STD	$\phi4×38$	1	DME/EQUIV
06	备用镶件	S-7 ST′L	200×100×120	1	
05	动模型芯	420 ST′L	300×200×120	1	48～52HRC
04	定模型芯	420 ST′L	300×200×120	1	48～52HRC
03	动模镶件	P20 ST′L	300×200×120	1	
02	定模镶件	P20 ST′L	300×200×120	1	
01	模架	STD	CH6060-A100-B100-C100	1 SET	LKM
序号	名称	材料	规格型号	数量	备注

图 1-4　明细表（部分）

明细表填写的一般要求如下。

① 明细表要列出装配图上所有零件，包括模板、螺钉等。

② 明细表"名称"栏填上零件名称，零件名称要按标准称谓书写。零件标准名称要按国家标准或行业标准，除非客户特殊指定，否则一律用中文名。

③ "规格型号"栏包括零件的重要尺寸，该尺寸通常是该零件的整数尺寸，有小数点的尺寸要进位取整数。

④ "材料"栏填写零件材料，一般外购标准件写"外购"，特殊外购标准件要写明订购公司，自制标准件写"自制"。注意所有零件如需在本公司进行加工后才能装配，必须在材料后写上"加工"字样，如 H13 加工。

⑤ "数量"栏填该零件的数量，对于易损零件、难加工零件，注意多做（采购）一些，写法如下："4+6"。前面一个"4"表示装配图中该零件的实际数量，后一个"6"表示备用

数量，备用数量根据实际情况确定。

⑥ "备注"栏应填写材料热处理要求，另外模架和内模已订的零件要在备注栏写上"已订"，有零件图的零件写上零件图的图号。

⑦ 明细表由设计人员用电脑制作（AutoCAD 中自动生成）打印，再由主管审核后签名确认。

(5) 修改栏说明

图纸发出后，如需要更改，必须将图纸更新后再重新发放，同时务必将修改前的图纸收回，并加盖"作废"专用图章。公司应制定《设计部技术文件管理规定》，使设计文件做到可控。

(6) 投影方法

投影方法有第一视角投影法和第三视角投影法两种，见表 1-3。不同国家采用的制图投影方法不尽相同，GB 和 ISO 标准一般用第一视角投影法。

表 1-3　第一视角投影法和第三视角投影法（GB/T 14692—2008）

投影法	说　明	画　法
第一视角投影法	将物体置于投影体系中的第一视角内，即将物体处于观察者与投影面之间进行投影，然后按规定展开投影面，六个基本投影面的展开方法见图(a)。各视图的配置见图(b)，第一视角画法的识别符号见图(c)	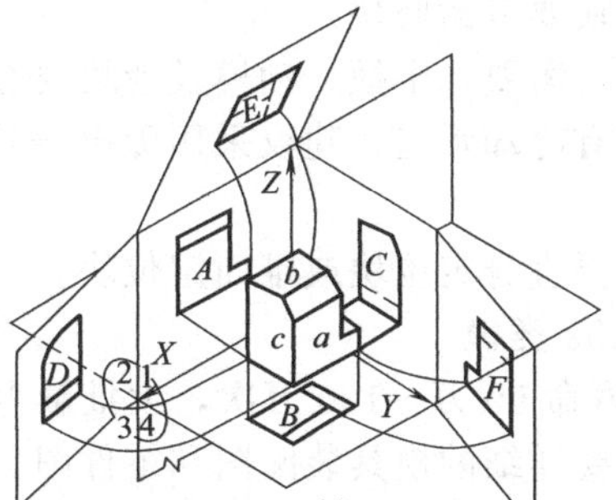 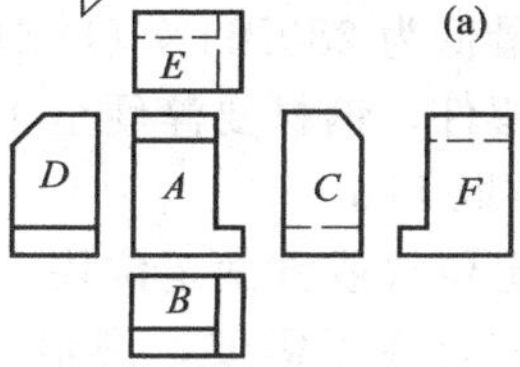 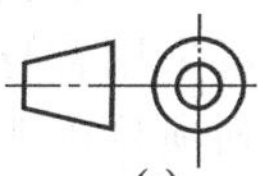
第三视角投影法	将物体置于投影体系中的第三视角内，即将投影面处于观察者与物体之间进行投影，然后按规定展开投影面，六个基本投影面的展开方法见图(d)，各视图的配置见图(e)，第三视角画法的识别符号见图(f)	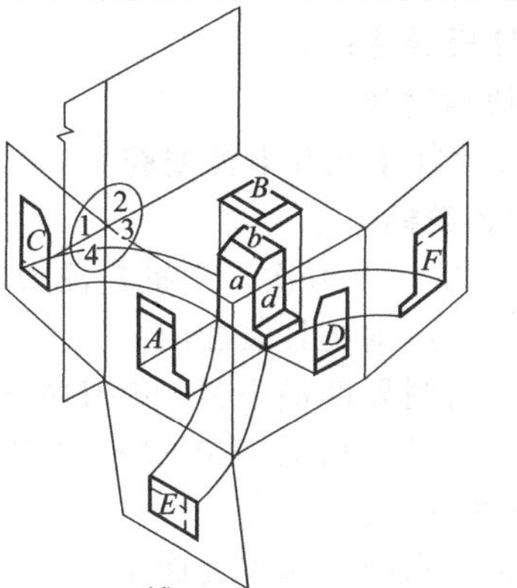 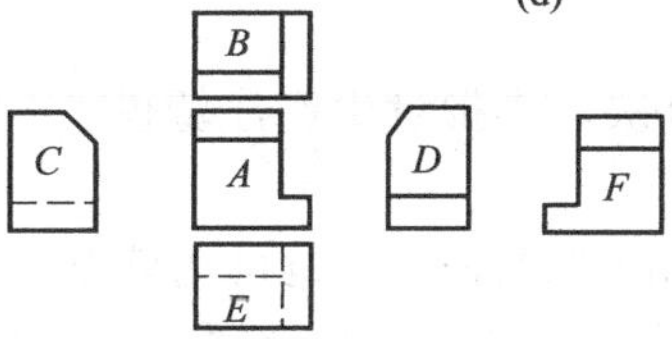 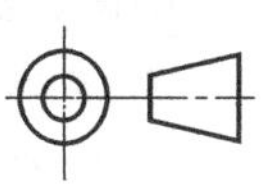

注：绘制机械图时，应以正投影法为主，以轴测投影法及透视投影法为辅。

使用第一视角投影法的国家有：中国、德国、法国和俄罗斯等。使用第三视角投影法的国家和地区有：美国、英国、日本以及我国的台湾和香港等地区。因此采用何种投影方法绘图有时应视不同客户来确定。

1.1.2 注塑模具分类

不同类别的模具，对设计图纸及模具钢材的要求也不同。我国还没有对注塑模具的等级进行分类，以下是美国 SPI-SPE 的分类标准。

(1) 101 类模

SPI-SPE 标准，生产寿命≥100 万次，长寿命精密注塑模。

① 需要详细的模具装配图和零件图。

② 模架材料硬度最低为 280BHN（DME ♯2 钢/4140 钢）。

③ 有型腔的内模镶件，钢材一定要淬硬至 48～50HRC，其余零件如滑块、楔紧块、压块等也应为淬硬。成型零件主要尺寸精度等级取 IT5。

④ 推杆板要有导柱。

⑤ 滑块要有耐磨块。

⑥ 如有需要，定模、动模及滑块要有温度控制系统。

⑦ 所有冷却水道，建议采用无电浸镍或用 420 不锈钢作镶件，这样可防止生锈及方便清理垃圾。

⑧ 需要直身定位块或锥面定位块。

(2) 102 类模

生产寿命 50 万～100 万次，大批量生产注塑模。

① 需要详细的模具装配图和零件图。

② 模架材料硬度最低为 280BHN（DME ♯2 钢/4140 钢）。

③ 有型腔的内模镶件，钢材要淬硬至 48～52HRC，其余重要零件也应统一处理。成型零件主要尺寸精度等级取 IT6。

④ 建议采用直身定位块或锥面定位块。

⑤ 下列项目可能需要或不需要，视最终生产数量而定。建议报价时如采用下列项目，要检查清楚是否需要：

a. 推杆板导柱；

b. 滑块耐磨块；

c. 电镀冷却水孔和电镀型腔。

(3) 103 类模

寿命 10 万～50 万次，中批量注塑模。

① 需要详细的模具装配图。

② 模架材料硬度最小为 165BHN（DME ♯1 钢/1040 钢）。

③ 内模镶件钢材为 P20（28～32HRC）或高硬度钢（36～38HRC）。成型零件主要尺寸精度等级取 IT7。

④ 其余要求视具体需要而定。

(4) 104 类模

生产寿命 500～10 万次，小批量生产注塑模。

① 需要模具结构图。

② 模架材料 P20（28～32HRC），也可用软钢（40HRC 以下钢）或铝。

③ 内模件可用铝、软钢或其他一般金属，主要尺寸精度等级可取 IT7～IT8。

④ 其余要求视需要而定。

（5）105 类模

生产寿命少于 500 次，单件生产，做手板或试验模。

可用铝合金、环氧树脂或任何材料，只要有足够强度，生产最少测试数量便可。

1.1.3　模具设计图的种类及基本要求

为了缩短模具生产周期，设计人员需在最短的时间内提供满足各种需要的图纸，包括：模具结构简图、塑件图、型腔排位图、模架图、动定模零件草图、模具装配图、零件图、线切割图、推杆布置图、电极图、3D 模型图。

（1）模具结构简图

模具结构简图主要用来订购模架、动定模镶件以及开框等。结构简图一般只画动模简图及一个主要剖视图，要表明模架规格、开框尺寸、动定模尺寸、塑件在模具中排位情况、塑件分模情况及进料位置。

绘制结构简图的步骤如下：

① 根据塑件的形状、大小和数量确定模具的浇注系统，它直接决定了模架的型号是二板模架还是三板模架。

② 根据塑件形状决定分型面位置。优先采用平面分型面，其次才考虑斜面分型面，圆弧形分型面是最后的选择。如果分型线影响外观，应征求客户的意见。分型面确定后，必须想想如此分型开模时塑件是否会粘定模。

③ 决定哪些位置作镶件。薄弱的结构、抛光及机加工困难的结构，排气困难，经常要镶拼。

④ 决定塑件如何脱模。塑件是否需要侧向抽芯、强制脱模、二次甚至多次脱模、气压脱模、推块脱模或推板脱模等特殊脱模结构。如果只采用推杆和推管脱模，则必须考虑推杆的位置、大小和数量。塑件的脱模方式对模具结构的影响很大。

设计推杆时一定要同时考虑冷却水的布置，不能互相干涉。

⑤ 决定冷却水道的位置。冷却水道应尽量放在型腔底部或旁边，尽量经过热量最多的地方，如无法直接通冷却水，可考虑加散热针或用铍铜作镶件。

⑥ 决定模具镶件的大小和钢材。在综合考虑以上因素之后，就可以确定模具镶件的大小了，镶件大小应取整数，厚度更要取标准。而用什么钢材则取决于塑料品种、塑件是否透明、塑件的精度及批量的大小。

⑦ 决定模架大小及规格型号。根据进料方式、内模镶件大小，是否采用热流道、双推板、侧向抽芯机构，来确定模架的大小和规格型号。

（2）塑件图

在对客户要求及塑件性能了解清楚，并对脱模斜度、公差配合等作充分考虑后，把客户塑件图修正后输入电脑，并按公司标准编号归档。

（3）型腔排位图

一些较复杂、手工绘制较困难的模具，可由设计员根据主管指示在电脑上绘制，其作用同模具结构简图。型腔排位图可以不画推杆、撑柱、弹簧等，只需画动定模排位及一个侧视图，有侧向抽芯机构时要把侧抽芯结构画完整。排位、枕位、进料等也要表达出来；如果已有塑件图，可调入模中排位；如没有，可以画一个大致轮廓及其重要部位即可。

（4）模架图

对于非供应商标准或需在模架厂开框加工的模架，要绘制模架图。模架图要传真给供应商生产，所以应用 A4 纸清晰表达所要加工的尺寸和要求，标准模架部分尺寸可缺省不标注。

模架图内容：模板（定模、动模、方铁、推杆固定板、推杆底板、动定模固定板）；导柱及导套，导柱下方的螺钉；模板间连接螺钉，定位销；推杆板导柱和导套；复位杆（弹弓不用画）；推杆板限位钉或限位拉杆；推杆板螺钉；撬模坑（每块板之间四个角位，包括针板之间）；导柱下面的排气槽；吊模螺孔；码模槽；镶件，滑块，楔紧块，方形定位块，锥面定位块等；尺寸（包括平面图坐标尺寸、板厚、零件大小及数量、精框尺寸公差、吊模孔位置、撬模槽尺寸）；各模板钢材的名称。见图1-34。

（5）动、定模零件草图

为了缩短制模周期，对于一般模具，在装配图未完成的情况下，可以先下发模具零件草图，保证工场备料、磨削基准面、钻螺孔、配框等工作的进行。草图只标主要尺寸即可。

（6）模具装配图

模具装配图是模具设计部门主要的图纸形式之一。模具装配图应能表达该模具的结构、零件之间的装配关系、模具的工作原理以及生产该模具的技术要求、检验要求等。装配图必须1∶1绘制。

绘制模具装配图前要仔细研究客户塑件图纸及其他技术要求，并弄清模具分模表的要求，如以前做过类似的模具，可找其文档参考。

绘制模具装配图前要有完全准确的塑件图，有时还要对塑件图作适当修正，如加上必要的脱模斜度，有公差要求的要对公差进行换算，一般要考虑修正至将来有利于加胶的形状。

将塑件图变成模架内的型腔图时，首先要乘以收缩率加1，再作镜像处理（倒影），同时注意动定模型腔图不要放错位置。

排位时要保证型腔图的基准相对于模架基准是整数。

多型腔模具图要标明型腔编号，对于齿轮等多腔点浇口模，流道上也要注明相应的型腔号码，如CAV. No. 1、CAV. No. 2等。

模具装配图中细微结构要作放大处理。

斜推杆平面布置图（包括底部滑座）要表达清晰，尺寸要标清楚，以利于加工，防止与其他零件发生干涉。

在模具装配图上要注明各孔代号，如撑柱用SP标注，并写上序号。

一张完整的模具装配图应具有下列内容。

① 能表达模具构造的足够的图形。

② 完整且准确的尺寸。

③ 推杆列表（扁顶、有托推杆及推管要标清，最好能够自动生成）。

④ 零件编号、标题栏、明细栏、修改栏。

⑤ 冷却水路线轴测示意图，特殊情况还要有排气示意图。

⑥ 各种孔位及其代号，常见孔位及其代号见表1-4。

表 1-4　模具装配图中常见孔位及其代号

代号	名　称	代号	名　称	代号	名　称
S. P	撑柱	EGP	推杆板导柱	LK	尼龙塞(扣)
K. O	顶棍孔	BIB	方形定位块	WL	冷却水孔
STR	推杆板限位钉	P. B	脱浇板限位螺钉	R. P	复位杆
STP	推杆板限位柱	T. L	拉板	O. S	偏孔
EPW	推杆板螺钉	SW	螺孔	G. P	导柱
EGB	推杆板导套	S-A	小拉杆	G. B	导套

模具设计图中常用的线条宽度和用途见表1-5，其中线条的颜色因人而异，此处仅供参考，但同一公司中各种线条的颜色应该统一。

表 1-5　模具设计图中常用的线条宽度和用途（GB/T 4457.4—2002）

图线名称	图线形式	图线代号	图线宽度	一般应用
粗实线	——————————	A	d	A1　可见轮廓线 A2　可见过渡线
细实线	——————————	B	约 $d/2$	B1　尺寸线及尺寸界线 B2　剖面线 B3　重合剖面的轮廓线 B4　螺纹的牙底线及齿轮的齿根线 B5　引出线 B6　分界线及范围线 B7　弯折线 B8　辅助线 B9　不连续的同一表面的连线 B10　成规律分布的相同要素的连线
波浪线	〜〜〜〜	C	约 $d/2$	C1　断裂处的边界线 C2　视图和剖视的分界线
双折线	—〜—〜—	D	约 $d/2$	D1　断裂处的边界线
虚线	— — — — —	F	约 $d/2$	F1　不可见轮廓线 F2　不可见过渡线
细点画线	—— · —— · ——	G	约 $d/2$	G1　轴线 G2　对称中心线 G3　轨迹线 G4　节圆及节线
粗点画线	▬ · ▬ · ▬	J	d	J1　有特殊要求的线或表面的表示线
双点画线	—— ·· —— ·· ——	K	约 $d/2$	K1　相邻辅助零件的轮廓线 K2　极限位置的轮廓线 K3　坯料的轮廓线或毛坯图中制成品的轮廓线 K4　假想投影轮廓线 K5　试验或工艺用结构（成品上不存在的）轮廓线 K6　中断线

注：图线宽度 d 系列为：0.13mm、0.18mm、0.35mm、0.5mm、0.7mm、1.0mm、1.4mm、2.0mm。

模具装配图常见的两种摆放方式见图 1-5。

(7) 零件图

零件图是表示零件结构大小及技术要求的图样，是公司组织生产的重要技术文件之一。

零件图应在能够充分而清晰地表达零件形状结构的前提下，选用尽可能少的视图数量，对于复杂的零件，至少要有一个立体视图。零件图的尺寸必须正确完整、清晰合理。

模具零件图上技术要求的填写：模具零件图除了图形和尺寸外，还要填写一些不同形式的代号及文字说明。这是为了保证塑件性能的需要而提出的一些技术指标，如脱模斜度、表面粗糙度、极限与配合、表面形状和位置公差及热处理要求等。

① 表面粗糙度标注：101 类和 102 类模具零件图必须标注表面粗糙度。

② 模具零件图尺寸公差的标注：模具配合公差可定为精密、一般和粗糙三级。

a. 精密级配合：孔采用 IT6，轴采用 IT5，用于 101 类和 102 类模具或多镶件拼合场合。

b. 一般级配合：孔采用 IT7，轴采用 IT6，常用于 103 类模具。

c. 粗糙级配合：孔采用 IT8，轴采用 IT7，常用于 104 类和 105 类模具。

d. 未注公差一律按 GB/T 1800.1—2009 中 IT12 级的规定选取。

③ 形状和位置公差的标注：101 类和 102 类模具的零件图要标注形位公差。

④ 热处理与表面处理的填写：对有热处理、表面处理要求的零件要注明，如淬火 48～50HRC、氮化 700HV、蚀纹面、抛光面等。

(8) 线切割图

① 对线切割的零件，要绘制出线切割图形。线切割图形要用双点画线表达塑件轮廓，

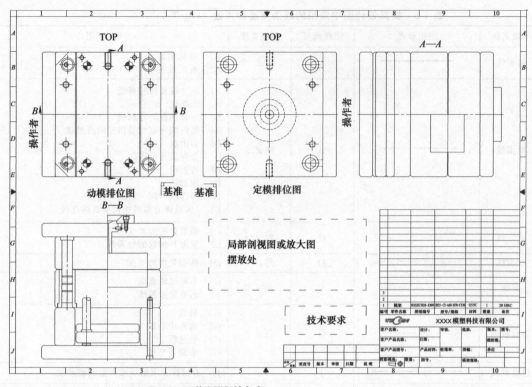

(a) 装配图摆放方式1

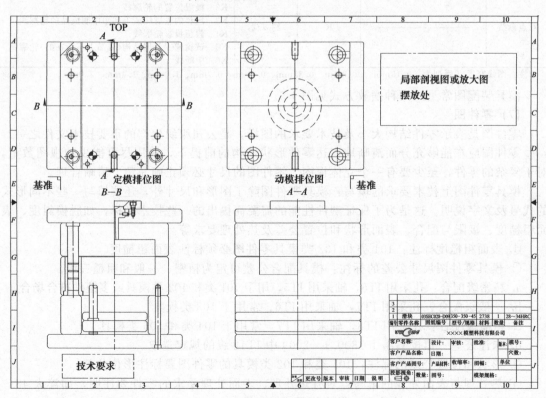

(b) 装配图摆放方式2

图 1-5　模具装配图常见的两种摆放方式

用实线表达线切割部位。线切割图要有穿线孔的位置及大小尺寸。线切割图要标注线切割大轮廓尺寸，可以用卡尺、量规等简单测量，复杂曲线轮廓可以不标注尺寸。

② 线切割轮廓线要用 $1.5d$ 粗实线表达。

(9) 推杆布置图

对推杆数量超过 20 支或推杆太近表达不清或镶件推杆需组合后加工时，推杆要单独绘制其布置图。

(10) 电极图

下述场合要绘出电极图：

① 101 类和 102 类模具；

② 复杂及大型模具。

电极图上要有电蚀图以表达电蚀方法，要有必要的能测量的尺寸。

(11) 3D 模型图

较复杂的塑件，都要用 UG 或 Pro/E 绘制 3D 立体图。

较复杂的模具、需要数控加工的模具，都要有 3D 模具图。3D 模具图应至少包括动定模镶件，型芯，A、B 板；有侧向抽芯的模具，要画出滑块镶件、滑块座；有斜推杆的模具，要画出斜推杆、斜推杆座、顶推杆固定板。

除推杆孔、螺钉孔、锐边倒角外，其他所有形状都要在 3D 模型中画出。

3D 分模装配图名称应与 2D 模具结构图一致，3D 零件图名称应与 2D 零件图一致。

1.1.4 模具设计图的管理

为方便图纸管理，必须对模具图档统一命名，各公司的命名方法不尽相同，以下方法供参考。

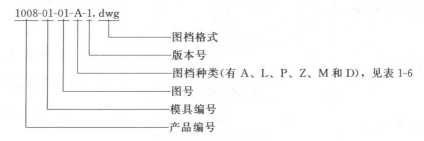

表 1-6 图档种类

代号	A	L	P	Z	M	D
图形类型(中)	装配图	草图	塑件图 (本厂图)	塑件图 (客图)	模架图	零件图
图形类型(英)	ASSEMBLY	LAYOUT	PRODUCT	PRODUCT	MOLD BASE	DETAIL

1.2 模具设计制图的一般流程

不同公司，模具设计制图的流程会有所不同，一般情况如表 1-7 所示。

1.2.1 整理检查客户资料

(1) 详细的客户资料

① 塑件的 3D 和 2D 图档或图纸。

② 塑件材料及其收缩率。

③ 塑件外观要求及精度要求。

④ 塑件装配要求及重要装配尺寸。

⑤ 塑件注塑条件要求。

⑥ 塑件生产批量、周期、所用注塑机及其他特别要求等。

模具设计负责人在接到设计任务及客户塑件资料后，应遵从模具设计要求，把资料及要求如实详尽地下达给各模具设计人员，再由模具设计人员分别整理消化客户资料。

(2) 整理内容

① 如果客户资料是 IGES、IDEAS 等 3D 形式，将其转成 UG 或 Pro/E 实体形式，并将残破面修补好。

表 1-7　模具设计制图流程及每阶段的负责人、有关文件

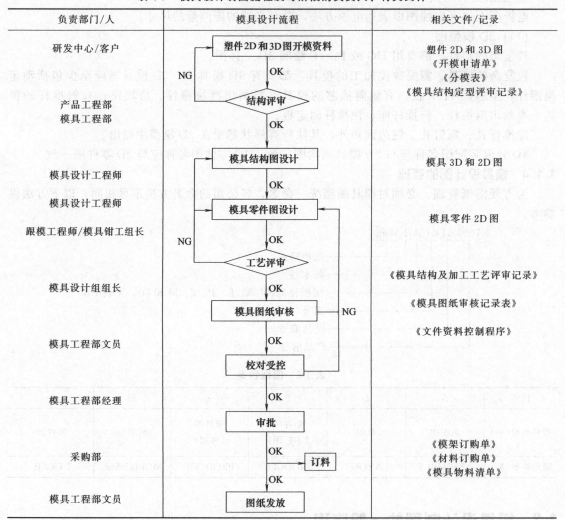

负责部门/人	模具设计流程	相关文件/记录
研发中心/客户	塑件 2D 和 3D 图开模资料	塑件 2D 和 3D 图 《开模申请单》
产品工程部 模具工程部	结构评审	《分模表》 《模具结构定型评审记录》
模具设计工程师	模具结构图设计	模具 3D 和 2D 图
模具设计工程师 跟模工程师/模具钳工组长	模具零件图设计	模具零件 2D 图
模具设计组组长	工艺评审	《模具结构及加工工艺评审记录》
模具工程部文员	模具图纸审核	《模具图纸审核记录表》 《文件资料控制程序》
模具工程部经理	校对受控	
采购部	审批 订料	《模架订购单》 《材料订购单》 《模具物料清单》
模具工程部文员	图纸发放	

② 如果客户提供的资料是 2D 图档或图纸，则按要求绘制成 UG 或 Pro/E 图档。

(3) 检查内容

① 模具分型线走向及在塑件上留下的夹线位置，如果影响外观，必须经客户同意，见图 1-6。

② 塑件有无容易产生注塑缺陷之处，如收缩凹陷、飞边、烧焦等，塑件有无设计上的缺陷而使模具制作困难，甚至无法加工的地方，如倒扣、空间不够等。如有，必须进行改善，见图 1-7。

③ 侧向抽芯、斜顶位置及夹线，如果影响外观，需经客户同意，见图 1-8。

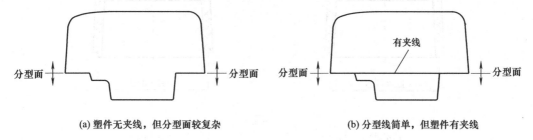

(a) 塑件无夹线，但分型面较复杂　　　　　　(b) 分型线简单，但塑件有夹线

图 1-6　在塑件上确定分型线

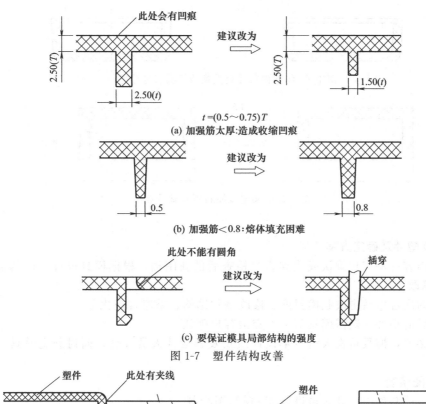

$t = (0.5 \sim 0.75)T$

(a) 加强筋太厚:造成收缩凹痕

(b) 加强筋<0.8:熔体填充困难

(c) 要保证模具局部结构的强度

图 1-7　塑件结构改善

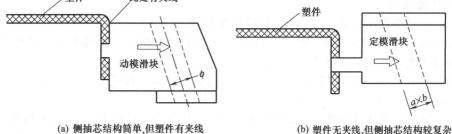

(a) 侧抽芯结构简单,但塑件有夹线　　　　　(b) 塑件无夹线,但侧抽芯结构较复杂

图 1-8　在塑件上确定分型线

④ 塑件与塑件之间相互配合的尺寸（如前后盖），要确定模具尺寸的公差，见图 1-9。

⑤ 塑件图中是否标示脱模斜度，脱模斜度是否足够（应特别注意透明塑件、蚀纹面及插穿面的脱模斜度），见图 1-10。

⑥ 塑件有字体部分确认字体形式、内容、位置、尺寸（特别要注意凹字）。

检查完毕，各设计人员将以上检查的内容制成《塑件（产品）检查表》（DWG 或 PDF 文档）交由设计组长汇总，再由设计组长交模具负责人发邮件或传真给客户检查、更改、

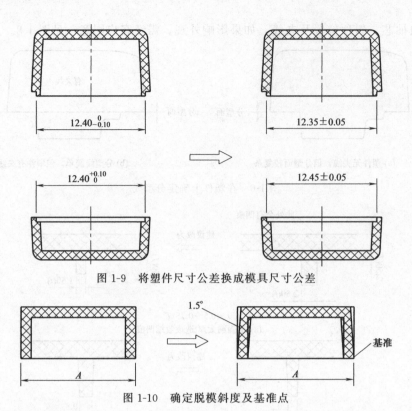

图 1-9　将塑件尺寸公差换成模具尺寸公差

图 1-10　确定脱模斜度及基准点

确认。

（4）修改塑件及确定方案

① 检查内容一经客户确认或收到客户检查后的新图档，根据模具设计生产的需要，即可开始塑件修改工作。

② 修改的内容包括更改脱模斜度、修改倒扣结构、壁厚合理化等。

③ 修改后的塑件一般需模具负责人交由客户确认。

④ 如有必要，模具负责人需召集设计组长及各设计人员开会，商讨制定模具生产的详细方案。

1.2.2　模具图绘制

① 修改后的塑件由设计人员进行 3D 模具图绘制。

② 设计任务一旦下达，模具负责人即按客户要求指示相关工程师制定《模具生产计划书》，并在最短时间内确定并通知各设计人员。

③《模具生产计划书》为模具设计制造必需的资料依据，设计人员需随时关注其版本更新情况，及时做出反应。

④ 开工伊始，模具设计组长需按具体情况填写《模具设计计划书》，然后汇报给模具负责人，并交由 PC（生产控制）工程师制定正式的《模具设计计划书》下达给各模具设计人员。

⑤《模具设计计划书》是模具设计生产的时间依据，是保证制模进度的重要文件。设计计划书一旦下达，各设计人员必须在计划书所规定的期限内完成图纸绘制，无特殊情况不得延期。

⑥ 各设计人员应随时关注塑件更新情况，保证设计模具产品为最新版本。如发现有问题，应及时向组长或模具负责人反映。

⑦ 如客户对模具有特殊的技术要求，则需酌情按其要求进行设计，设计内容需经客户确认方可正式生产。

⑧ 模具设计部门应结合本公司历年的设计经验制定《模具设计中心内部技术规范》，作为各设计人员设计生产统一的技术依据。各项设计内容需做到详尽、准确且符合规范要求。

⑨ 各设计人员在模具图绘制完成后，将文档复制至规定的文档内，并通知模具部门负责人检查校对。

⑩ 模具负责人检查完毕后填写《设计图检查问题记录表》，附以简单示意图发相关设计人员。

⑪ 设计人员根据《模具设计图检查问题记录表》所列更改意见逐项修改设计。如有问题，需及时向模具负责人反映，更改完后签名并再送模具负责人检查确认。

⑫ 模具负责人再次检查，确认无误后，通知客户或产品设计工程师模具设计完成，模具开始制造。

⑬ 通知相关工程师将 3D 模具图转为 2D 模具图并标注尺寸，同时将 3D 图档交 CNC 编程，将外购钢材和标准件交采购部采购。

1.2.3　模具图设计标准

① 将塑件图尺寸加上收缩尺寸，镜射后方可放入模具图中成为型腔图。

② 模具图中需明确标注模具基准和塑件基准，并注明与模具中心相距的尺寸，见图1-11。

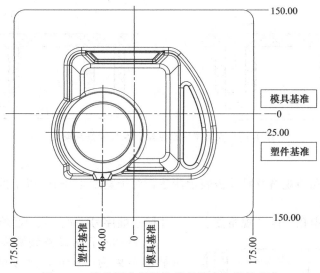

图 1-11　模具图中须标注模具基准和塑件基准

③ 根据塑件尺寸确定模具各尺寸是否合适，见图 1-12。一般原则如下。

a. 二板模，A 取值一般为 $45\sim70$mm，如有滑块，为 100mm 左右。

b. 三板模，A 取值一般为 $75\sim100$mm，如有滑块，为 150mm 左右。

c. 塑件尺寸<150mm$\times150$mm，$C<30$mm，则 B 取值一般为 $15\sim25$mm，D 取值一般为$25\sim50$mm。

d. 塑件尺寸$\geqslant150$mm$\times150$mm，则 B 取值一般为 $25\sim50$mm。

e. D 取值一般为 $C+(20\sim40)$mm。E 取值：动模板一般大于 $2D$；定模板一般略小于 $2D$。

④ 确认塑料及收缩率是否正确。对有些塑件，各个方向的收缩率未必相同，见图 1-13，塑料 POM，其收缩率选取方式是：芯型 2.2%，型腔 1.8%，分型面及中心距 2.0%。

⑤ 模架和内模镶件的基准角需标示，且方向一致，如图1-12所示。

⑥ 蚀纹面、透明塑件、擦穿面的脱模斜度是否合理。一般蚀纹面至少 1.5°，透明塑件

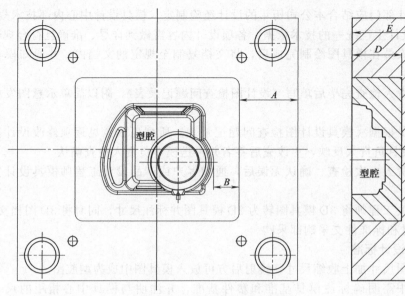

图 1-12　模具图中各尺寸校核

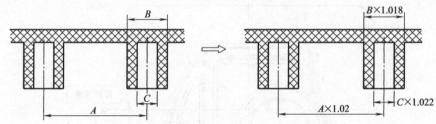

图 1-13　收缩率应根据塑料及尺寸性质确定

和擦穿面至少 3°。

⑦ 模架吊环螺孔的规格及尺寸需表示清楚，对于宽度 450mm 以上的模架，A、B 板四个面都要加吊环螺孔。

⑧ 螺钉长度、螺孔深度及规格需表示，并标示顺序号，如 S1、S2 等，见图 1-14。

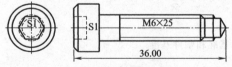

图 1-14　螺钉及螺孔标注

⑨ 冷却水孔流动路线需表示清楚，冷却水孔间最佳距离为 50mm，离分型面或塑件以 15～20mm 为佳，见图 1-15。注意检查水孔 O 形密封圈是否与推杆、螺钉及斜顶等干涉。

⑩ 冷却水孔需编号，直径及水管接头的螺纹需标示，如 1#IN、1#OUT、1/8PT、1/4PT 等，见图 1-16。

⑪ 推杆、推管、扁推杆一般需离型腔边（如 RIB）2.0mm 以上，推杆的排布应尽量使推出平衡，推杆直径最大不宜超过 12mm，切忌订购非标准推杆、推管（如 $\phi6.03mm\times\phi3.02mm$ 的 BOSS 柱司筒应订 $\phi6mm\times\phi3mm$），客户要求例外。

⑫ 滑块及斜顶的行程需表示，并确认行程是否合理。

⑬ 塑件上字体的内容、位置、字体大小及深度（凸或凹）均需在镶件图中表示清楚。

⑭ 在模具的 DWG 图档中，同种线型应用同种颜色表示，比如：

a. 中心线使用 1 号红色（sjgm.dwt 中 center 层）；

b. 虚线使用 4 号浅绿色（sjgm.dwt 中 unsee 层）；

c. 实线使用 7 号白色（sjgm.dwt 中 continuous 层）；

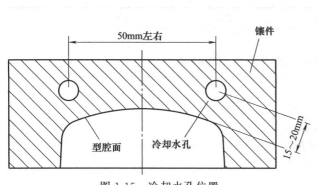

图 1-15　冷却水孔位置

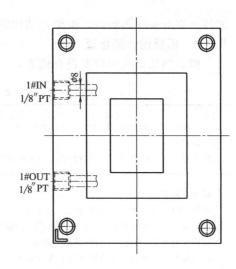

图 1-16　冷却水孔标注

d. 冷却水路统一使用 5 号绿色（sjgm. dwt 中 pipe 层）；

e. 尺寸线统一使用 3 号蓝色，文字用 7 号白色（sjgm. dwt 中 dim 层）；

f. 剖面线统一使用 8 号灰色（skg. dwt 中 hatch 层）；

g. 镶件线使用 6 号紫色（sjgm. dwt 中 lmag 层）。

⑮ 图纸中技术要求

a. 技术要求内容及一般顺序：

a）材料

b）数量

c）热处理

d）胶位标识

e）（非触胶位处）棱边倒角

f）说明

b. 一般要求

a）技术要求需写在图纸左下角，由上而下填写。

b）技术要求最少得有以上 a）、b）、e）三项，c）、d）、f）项则视具体需要可有可无。当零件用标准件改制时，材料处注"STD"或"××规格的××××（标准件代号）"。

c. 技术要求示例：

技术要求：
1.材料：S50C
2.数量：1件
3.棱边倒角1×45°

技术要求：
1.材料：NAK80
2.数量：2件
3.氮化处理,氮化层深0.15mm,68～70HRC
4."——·——"表示胶位面,由3D模型取数
5.非成型表面的棱边倒角1×45°

技术要求：
1.材料：01
2.数量：2件
3.热处理：淬火后二次回火52～56HRC
4.棱边倒角：1×45°

技术要求：
1.材料：8407
2.数量：1件
3.热处理：淬火后二次回火,50～51HRC
4."——·——"表示胶位面,由3D模型取数
5.非成型表面的棱边倒角1×45°

⑯ 图层的管理：建立不同的图层，将不同类型的零件线条放在不同的图层内。比如，尺寸线放在 dim 图层内，冷却水线条放在 cool 图层内，推杆轮廓线放在 inject 图层内，内模

镶件放在 insert 图层内，模架等结构件放在 mould 图层内等。

1.2.4 模具设计图检查

模具图绘制完成后要进行检查，检查内容见表 1-8。

表 1-8 模具图检查内容一览表

型号：	名称：	型腔数量：	设计：	时间：

塑件检查：
□脱模斜度　□收缩率　□夹线检查　□装配干涉检查　□倒扣检查　□壁厚检查

内模镶件检查：
□螺钉、推杆、冷却水　□镶件定位　□浇口　□基准　□排气槽
□测模温孔　□推杆孔避空　□产品标记　□铜类改 10 号颜色
□碰插穿面改 13 号色　□倾斜孔做伺服位　□工艺螺孔　□线切割镶件加 R 角
□浇口拉杆　□镶件高出分型面以上部分侧面避空 0.5mm
□雕刻镶件面加高 0.2mm 以上(凹字)

侧向抽芯机构：
□楔紧块可否做标准件　□滑块弹簧长度　□滑块的冷却
□压板做标准　□顶部加 R 角　□滑块的定位　□滑块的导向
□大楔紧块顶部定位　□耐磨块
□镶件定位的标准大小(按 CNC 电极尺寸)

模具结构件：
□浇口套,定位圈　□导柱排气槽　□上、下"T"、"B"标识　□复位杆长度
□冷却水"IN"、"OUT"　□模架定位　□模架基准　□楔紧块避空
□撑头　□推杆板导柱、导套　□垃圾钉　□复位弹簧
□顶棍孔　□限位柱　□装模螺钉　□锁模扣
□吊模孔　□拉力板　□推杆防转　□冷却水接口处避空至 φ30mm
□压脚处 25mm 高　□行程开关

二板模：□面板和 A 板间加定位销
三板模：□拉料杆　□冷料穴　□大拉杆　□小拉杆　□长导柱长度核算
□拉杆长度核算　□尼龙塞加排气孔,孔口倒角 R

其他：
□图层　□拆分装配零件图　□文件夹名称前加条码编号

1.2.5 模具生产跟进

① 在 CNC 编程时，如发现模具设计有问题，应由 CNC 负责人及时将有关问题通知模具 3D 设计负责人，模具 3D 设计负责人则及时安排设计人员修改设计并将改模资料通知 2D 组和 CNC 编程组。

② 在模具生产加工时，如发现模具设计有问题，应由模具制造主管及时将有关问题通知模具设计负责人，模具设计负责人及时将有关问题通知 3D 设计组长，3D 设计组长则及时安排设计人员更改设计并更新模具 3D 设计，出改模资料，同时通知 2D 组和 CNC 编程组。

③ 在模具试模之后，如发现有设计缺陷，应由产品工程部主管领导及时将有关问题通知模具设计负责人，模具设计负责人及时将有关问题通知模具 3D 设计组组长，3D 设计组组长则及时安排设计人员更改设计并更新 3D，出改模资料，通知 2D 组和 CNC 编

程组。

因模具生产正在进行中，所有更改务求反应迅速，以免延误模期。

模具设计更改有以下几种情况。

① 模具设计改善：由于加工或产品改善的需要而对模具结构设计进行调整修改。

② 模具设计错误更正：由于模具设计结构不合理，需要更改 3D 模具图。

③ 加工错误更正：由于后续加工错误而造成模具结构的更改。

④ 客户更改：由于客户对塑件形状提出更改要求而需对模具结构进行修改。

模具的修改资料和设计资料一样必须认真审核，严格管理。

1.3　模具设计图尺寸标注

1.3.1　模具设计图尺寸标注的一般要求

① 标注尺寸采用的单位：模具图中的尺寸单位有公制和英制两种，其中英国、美国、加拿大、印度和澳大利亚等国家用英制，我国采用公制，但如果客户是以上国家的，则宜用英制。另外，模具中的很多标准件（如螺钉、推杆等）都用英制单位，所以在模具设计时，即使其他尺寸采用公制，这些标准件尺寸标注时仍然用英制单位。

② 标注尺寸时采用的精确度。

线性尺寸：公制采用两位小数×.××mm，英制采用四位小数×.××××in。

角度：采用一位小数：×.×°。

③ 模具图中的尺寸基准。

a. 产品（塑件）基准：客户产品图纸的基准。所有关于型腔、型芯的尺寸由塑件基准作为设计基准。模具设计图中的型芯、型腔尺寸应与产品图中尺寸一一对应。

b. 模具装配基准：一般以模架中心作为装配基准。所有螺钉孔、冷却水孔等与模架装配有关系的尺寸，要以装配基准为设计基准。

c. 工艺基准：根据模具零件加工、测量的要求而确定的基准，如镶件孔的沉孔要以底面为基准。

模具图尺寸基准的选用方法如下。

a. 在剖视图中，以分型面为基准，同时加注基准符号，如图 1-17 所示。有时产品工程师会要求以塑件图为基准，此时塑件基准与模具图中塑件基准重合。

b. 在平面图中，情况较复杂，要区分对待。

如果塑件是对称的，用两条中心线做基准，同时加注基准符号，如图 1-18 所示。

如果只有一根轴对称，另一根轴不对称，如果有柱位，就以柱中心为基准，如图 1-19 所示。如果没有柱位，以外形较长的直线或直边作为基准，如图 1-20 所示。

如两轴都不对称，选柱位或直边做基准，如图 1-21 及图 1-22 所示。

正确选择尺寸基准是保证零件设计要求、便于加工与测量的重要条件。

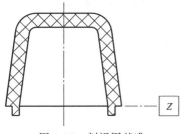
图 1-17　剖视图基准

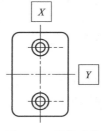
图 1-18　零件对称

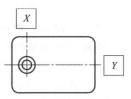
图 1-19　零件不对称 1

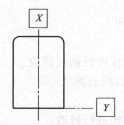
图 1-20　零件只有一个方向对称

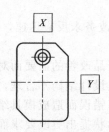
图 1-21　零件不对称 2

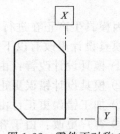
图 1-22　零件不对称 3

④ 同一结构在不同视图中尺寸标注要统一。例如，统一按大端尺寸标注，如有必要，脱模角度应一同标出，如 50±3°，见图 1-23（a）。加强筋（RIB）及孔的尺寸，标注中心尺寸及宽度、深度、直径即可，脱模角度另外标示。

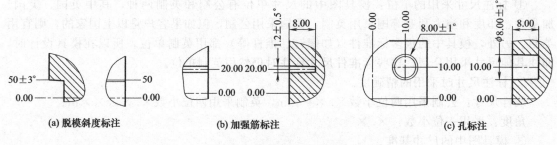

(a) 脱模斜度标注　　　(b) 加强筋标注　　　(c) 孔标注

图 1-23　典型结构尺寸标注

⑤ 推杆孔的位置尺寸只要在内模镶件图上标注即可，在推杆固定板和模板图上都可不标注，但应注明推杆孔直径大小。

⑥ 数控加工（CNC）零件不用标注全部尺寸，只标注重要的基准数据和检测数据即可。

⑦ 动、定镶件标注的尺寸主要有：线切割；螺钉、冷却水孔；推杆孔；分型面高低落差；外形配合尺寸等。为清楚起见，以上可分一张或多张图纸标注。

⑧ 线切割尺寸只标注主要尺寸，轮廓复杂的可将线切割部分复制出来另行出图，并在原图上注明。

⑨ 非标准模架需标注模板类螺孔、复位杆、导柱等位置和尺寸，以及动定模框 NC 检测尺寸，而标准模架则不进行标注（同时在标准件中也不再订购导柱、复位杆及推杆板导柱）。

⑩ 在标注加强筋电极加工位置时，标注电极中心位置即可。

1.3.2　装配图尺寸标注要求

① 排位图采用坐标标注法，模具中心为坐标原点；剖视图采用线性尺寸标注。

② 装配图主要标注以下尺寸。

a. 注塑机连接部分的尺寸；

b. 所有不单独绘制零件图的零件尺寸（主要是模架加工部分），但模架上的标准孔位置可不标；

c. 各型腔的位置尺寸，并尽量取整数；

d. 浇口、浇口套螺钉的位置；

e. 模板的大小及内模镶件的大小与位置；

f. 侧向抽芯机构及其配件的位置和大小；

g. 定位块的位置和大小；

h. 冷却水孔的位置、规格及编号；

i. K.O孔的直径和位置；

j. 推杆板导柱及其导套的长度和大小；

k. 撑柱（S.P）的位置和直径；

l. 复位弹簧的直径和长度，弹簧孔需标示深度及直径、弹簧规格，见图1-24；

m. 限位钉的直径和厚度；

n. 三板模与二板半模中定距分型机构的位置和长度。

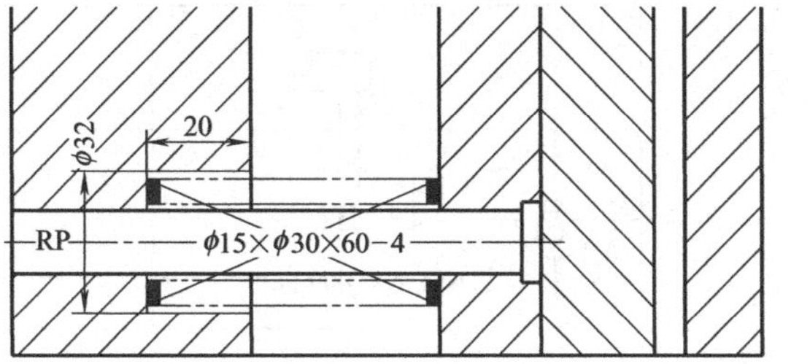

图 1-24　复位弹簧尺寸标注

1.3.3　零件的尺寸标注要求

① 正确：尺寸标注应符合国家标准《机械制图》的基本规定。

② 完整：尺寸标注必须保证工厂各生产活动能顺利进行。

③ 清晰：尺寸配置应统一规范，便于看图查找。

④ 合理：尺寸标注应符合设计及工艺要求，以保证模具性能。

⑤ 对有斜度的零件，尺寸标注旁要注明大、小，以表明大、小端尺寸。

⑥ 基本要求：最大外形尺寸一定在图面上有直接的标注。若产生封闭尺寸链，可在最大外形尺寸上加括号。

⑦ 应将尺寸尽量标注在视图外面，以免尺寸线、尺寸数字与视图的轮廓线相交。

⑧ 同心圆柱的直径尺寸最好标注在非圆视图上。

⑨ 相互平行的尺寸，应按大小顺序排列，小尺寸在内，大尺寸在外，并使它们的尺寸数字错开。

⑩ 尺寸线要布置整齐，尽量布置在同一边，相关尺寸最好布置在一条直线上。对尺寸密集的地方，应放大标注，以免产生误解。

⑪ 型腔中的重要定位尺寸，如孔、筋、槽等，要直接从基准上标出。

⑫ 所有结构要有定位、定形尺寸，对于孔、筋、槽的定位尺寸，要以中心线为准。

⑬ 在标注剖视图尺寸时，为了清晰、明了、整洁，内外尺寸要分别标注在两侧。

1.3.4　模具设计图尺寸标注实例

(1) 模具装配图尺寸标注实例（见图1-25和图1-26）

由于装配图要标注的尺寸多，为清楚起见，在实际工作过程中，装配图中主要剖视图都不画剖面线。

(2) 动模B板尺寸标注实例

动模B板的结构包括：模框、冷却水路、螺钉孔、推杆（推管）孔、复位杆孔、定距分型机构各孔，有时还有侧向抽芯机构等。尺寸标注实例见图1-27。

X、Y方向用坐标标注法，基准是模具的中心线。高度尺寸用线性标注法，以模板底面为基准。

不同推杆过孔用不同的符号表示，并列明其大小和数量。

(3) 定模A板尺寸标注实例

A板的标注方法同B板，见图1-28。

(4) 内模镶件尺寸标注实例（见图1-29）

通常镶件图分为镶件螺孔、冷却水路图和镶件加工图。镶件的形状简单，其螺孔、冷却水路图与加工图在同一张图纸上反映。

镶件标注时的注意事项：

① 方向与基准角要按动模侧准确标出。

② 用最少的视图把图面表达完整，一个形状的尺寸尽量在一个视图上标注清楚。

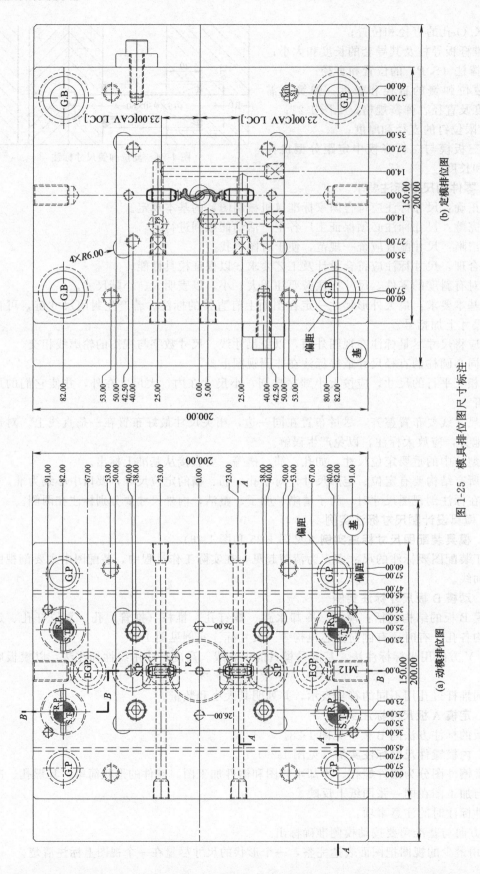

(b) 定模排位图

(a) 动模排位图

图 1-25　模具排位图尺寸标注

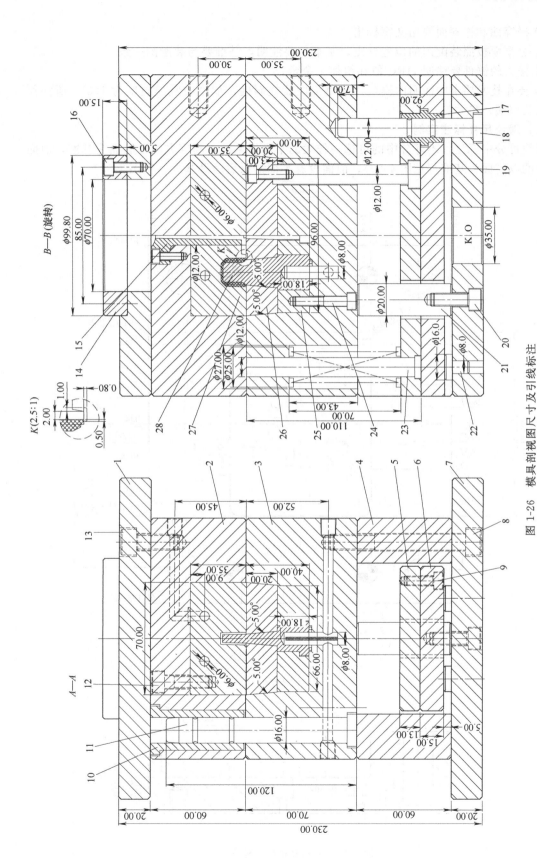

图 1-26　模具剖视图尺寸及引线标注

1—面板；2—定模 A 板；3—动模 B 板；4—方铁；5—推杆底板；6—推杆固定板；7—底板；8,9,12,13,16,20,24—螺钉；10—导套；11—导柱；14—定位圈；
15—浇口套；17—推杆板导套；18—推杆板导柱；19—推杆；21—撑柱；22—推杆板限位钉；23—复位杆；25—动模镶件；26—埋入式推块；27—定模镶块；28—动模型芯

③ 碰穿面和擦穿面要用文字标出。

④ 分型面按照装配图的位置标出，基准角要注明，基准要与装配图一致。

⑤ 淬火的镶件要注明 HRC 值和粗加工余量。

⑥ 要在技术要求中注明内模镶件成型面的脱模斜度，如型腔脱模斜度为 1.5°，所注尺寸为大头（端）尺寸。

(5) 滑块尺寸标注实例

滑块可分中标注，不好分中的可选一较大的平面做基准，高度方向以底面为基准，前面有平面的以前面为基准（见图 1-30），前面没有平面的以后面做基准（见图 1-31）。

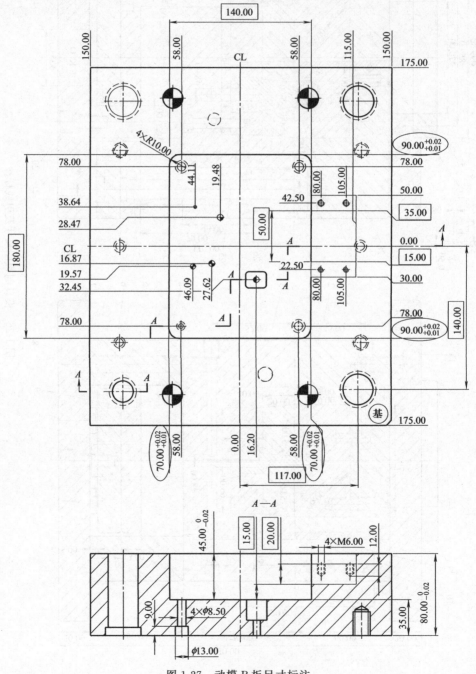

图 1-27　动模 B 板尺寸标注

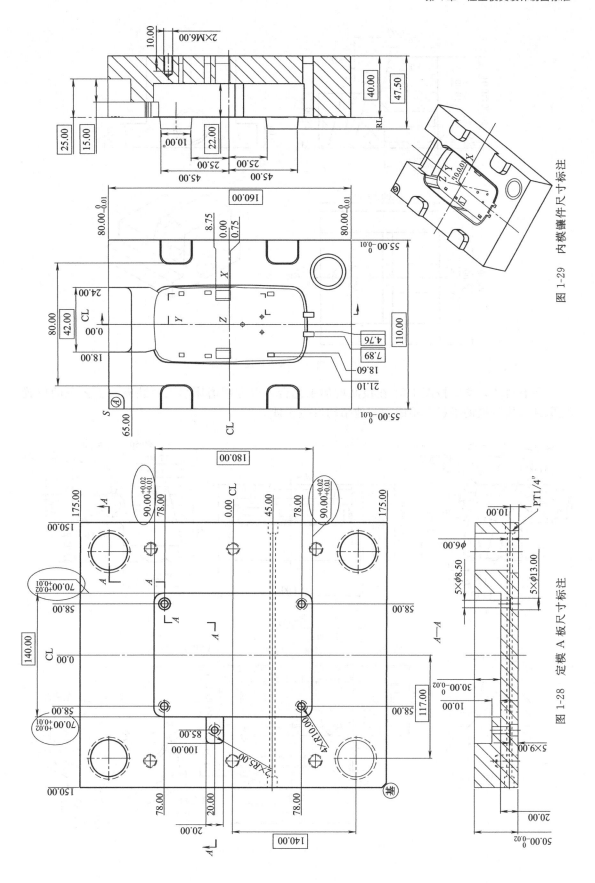

图 1-29　内模镶件尺寸标注

图 1-28　定模 A 板尺寸标注

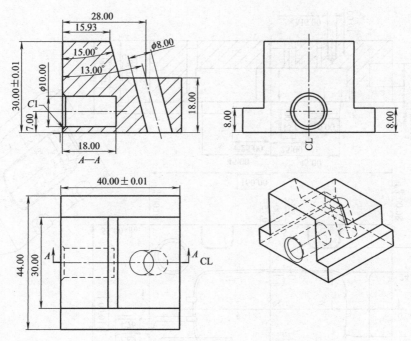

图 1-30　滑块（分体式）尺寸标注

　　所有滑块，均需按图 1-31 在顶面增加工艺台，以方便磨床加工时装夹。工艺台的位置应保证滑块装夹的平稳，不能和其他结构发生干涉。

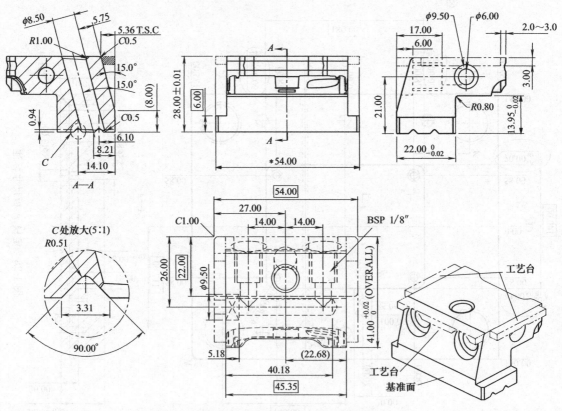

图 1-31　滑块（一体式）尺寸标注

(6) 斜推杆尺寸标注实例（见图1-32）

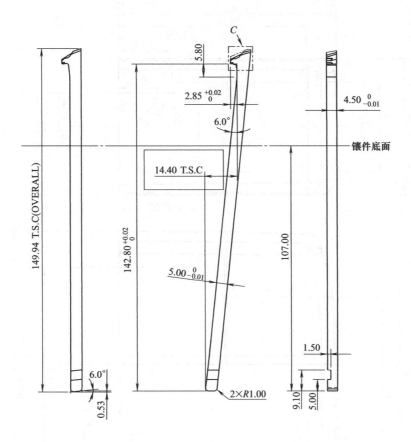

旋转6°视图

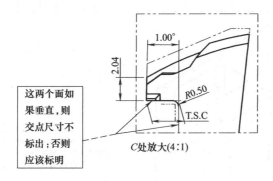

这两个面如果垂直,则交点尺寸不标出;否则应该标明

C处放大(4:1)

图 1-32　斜推杆尺寸标注

(7) 型芯尺寸标注实例（见图 1-33）

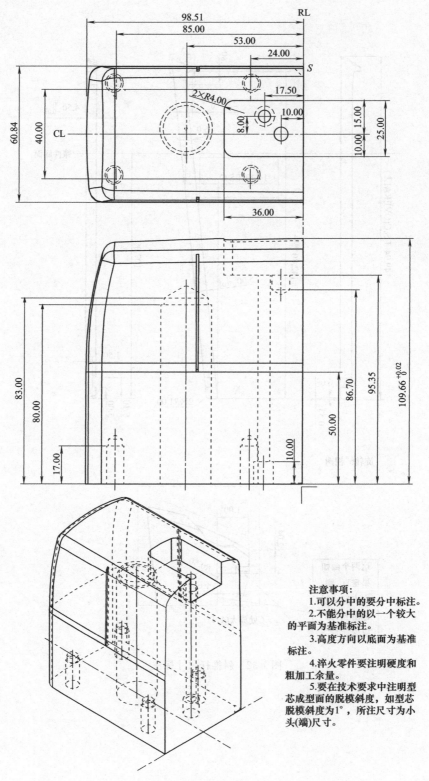

注意事项：
1. 可以分中的要分中标注。
2. 不能分中的以一个较大的平面为基准标注。
3. 高度方向以底面为基准标注。
4. 淬火零件要注明硬度和粗加工余量。
5. 要在技术要求中注明型芯成型面的脱模斜度，如型芯脱模斜度为1°，所注尺寸为小头(端)尺寸。

图 1-33　型芯尺寸标注

(8) 订购模架参考图

订购模架的参考图见图 1-34，模板的长宽尺寸公差一般要求±0.2mm。

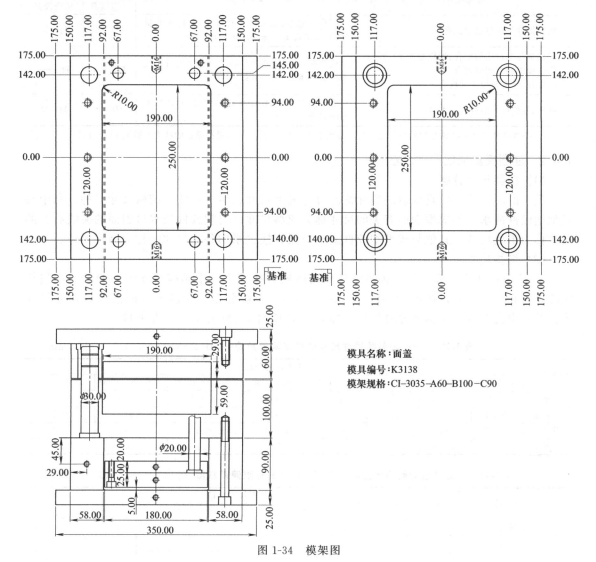

模具名称：面盖
模具编号：K3138
模架规格：CI-3035-A60-B100-C90

图 1-34　模架图

1.4　注塑模具公差与配合

1.4.1　注塑模具装配图中零件常用的公差与配合

注塑模具根据塑件精度要求、模具寿命以及模具零件的功能，常采用 IT5～IT8 的精度等级，见表 1-9。

表 1-9　模具装配图上各零件配合公差及应用

常见配合	配合形式	公差代号与等级	
		一般模具	精密模具
①内模镶件与推杆、推管滑动部分的配合 ②导柱与导套的配合 ③侧抽芯滑块与滑块导向槽的配合 ④斜推杆与内模镶件导滑槽的配合	配合间隙小，零件在工作中相对运动但能保证零件同心度或紧密性。一般工件的表面硬度比较高和粗糙度较小	H7/g6	H6/g5

常见配合	配合形式	公差代号与等级	
		一般模具	精密模具
内模镶件与定位销的配合	配合间隙小，能较好地对准中心，用于常拆卸、对同心度有一定要求的零件	H7/h6	H6/h5
①模架与定位销的配合；齿轮与轴承的配合 ②内模镶件之间的配合 ③导柱、导套与模架的配合	过渡配合，应用于零件必须绝对紧密且不经常拆卸的地方，同心度好	H7/m6	H6/m5
推杆、复位杆与推杆板的配合	配合间隙大，能保证良好的润滑，允许在工作中发热	H8/f8	H7/f7

注：注塑模具各孔和各轴之间的位置公差代号分别为 JS 和 js，公差等级根据模具的精度等级取 IT5～IT8。

1.4.2 注塑模具成型尺寸公差

(1) 模具尺寸分类

模具的尺寸按照模具构造的实际情况分为成型尺寸、组成尺寸、结构尺寸三种。其中与成型塑胶件或水口的成型表面有关的尺寸称为成型尺寸；与塑胶件或水口表面的夹线有关的尺寸称为组成尺寸；其他与成型塑胶件或水口无直接关系的各类尺寸统称为结构尺寸。

(2) 结构尺寸

① 结构尺寸的一般公差。普通模具和精密模具技术文件中结构尺寸的一般公差，包括线性尺寸和角度尺寸，按国标 GB/T 1804—2000《一般公差 未注公差的线性和角度尺寸的公差》中公差等级为精密等级执行，即 GB/T 1804-f（见表 1-10、表 1-11）。

表 1-10 一般公差的线性尺寸的极限偏差数值（GB/T 1804—2000） mm

公差等级	基本尺寸分段							
	0.5～3	>3～6	>6～30	>30～120	>120～400	>400～1000	>1000～2000	>2000～4000
精密 f	±0.03	±0.05	±0.1	±0.15	±0.2	±0.3	±0.5	—
中等 m	±0.1	±0.1	±0.2	±0.3	±0.5	±0.8	±1.2	±2
粗糙 c	±0.2	±0.3	±0.5	±0.8	±1.2	±2	±3	±4
最粗 v	—	±0.5	±1	±1.5	±2.5	±4	±6	±8

表 1-11 一般公差的倒圆半径和倒角高度尺寸的极限偏差数值（GB/T 1804—2000） mm

公差等级	基本尺寸分段			
	0.5～3	>3～6	>6～30	>30
精密 f	±0.2	±0.5	±1	±2
中等 m				
粗糙 c	±0.4	±1	±2	±4
最粗 v				

注：倒圆半径和倒角高度的含义参见 GB/T 6403.4—1986。

② 结构尺寸的标注偏差。

结构尺寸的配合件为外购件时，其配合关系应在考虑模具要求和供应商提供的外购件的尺寸极限偏差的情况下，在符合成本及制造能力的范围内合理制定自制零件的尺寸公差范围（例如销钉与销钉孔的配合）。

a. 结构尺寸为镶件配合

对于普通模具和精密模具：基本尺寸 $L \leqslant 18$mm 时，H8/h7；

基本尺寸 18mm$< L \leqslant 80$mm 时，H7/h6；

基本尺寸 80mm$< L \leqslant 500$mm 时，H6/h5。

b. 结构尺寸为滑动配合（例如，行位与行位压片，斜顶滑块与顶针板的配合）

对于普通模具和精密模具：基本尺寸 $L \leqslant 18$mm 时，H8/g7；

基本尺寸 18mm＜L≤50mm 时，H7/g6；

基本尺寸 50mm＜L≤250mm 时，H6/g5；

基本尺寸 L＞250mm 时，采用配制配合，H6/g5 MF（先加工件为孔）。

（3）组成尺寸

组成尺寸的配合件为外购件时，其配合关系应在考虑模具要求和供应商提供的外构件的尺寸极限偏差的情况下，在符合成本及制造的范围内合理制定自制散件的尺寸公差范围（例如顶针与顶针孔的配合）。

① 组成尺寸为镶件配合（例如模肉与镶件的配合）

普通模具：基本尺寸 L≤50mm 时，H7/js7；

基本尺寸 50mm＜L≤250mm 时，H7/k6；

基本尺寸 250mm＜L≤630mm 时，采用配制配合，H6/h5 MF（先加工件为孔）。

精密模具：基本尺寸 L≤30mm 时，H7/js7；

基本尺寸 30mm＜L≤180mm 时，H6/js6。

基本尺寸 180mm＜L≤400mm 时，采用配制配合，H6/h5 MF（先加工件为孔）。

② 组成尺寸为滑动配合（例如，模肉与斜顶，模肉与直顶的配合）

普通模具：基本尺寸 L≤10mm 时，H7/g7；

基本尺寸 10mm＜L≤30mm 时，H7/g6；

基本尺寸 30mm＜L≤50mm 时，H6/g5；

基本尺寸 50mm＜L≤120mm 时，采用配制配合，H6/g5 MF（先加工件为孔）。

精密模具：基本尺寸 L≤18mm 时，H6/g6；

基本尺寸 18mm＜L≤30mm 时，H6/g5；

基本尺寸 30mm＜L≤80mm 时，采用配制配合，H6/g5 MF（先加工件为孔）。

（4）成型尺寸

普通模具和精密模具的模具型腔成型尺寸，均要求按塑胶件产品上相应尺寸的中间值计算，以便在制造过程中按正、负方向波动，即成型尺寸的上下偏差值为其公差数值的 1/2 上述规定中未考虑塑胶缩水率以及其他特殊情况。具体成型尺寸的数值见表 1-12 模具型腔的成型尺寸及表 1-13 模具型腔圆弧未注公差尺寸的极限偏差。

表 1-12　　模具型腔的成型尺寸　　　　　　　　　　　　　mm

公差类别	基本尺寸																		
	从	0	3	6	10	15	22	30	40	53	70	90	120	160	200	250	315	400	500	630	800
	到	3	6	10	15	22	30	40	53	70	90	120	160	200	250	315	400	500	630	800	1000
对应于普通模具"未注偏差"栏和"直接标注偏差的公差"中"一般要求"栏的模具成型尺寸公差	0.08	0.1	0.12	0.12	0.12	0.14	0.14	0.16	0.19	0.22	0.25	0.28	0.34	0.4	0.4	0.4	0.4	0.4	0.4	0.4
对应于普通模具"直接标注偏差的公差"中"配合要求"栏，精密模具"未注偏差"栏和"直接标注偏差的公差"中"一般要求"栏的模具成型尺寸公差	0.05	0.05	0.06	0.07	0.07	0.09	0.1	0.11	0.13	0.15	0.18	0.21	0.25	0.3	0.3	0.3	0.3	0.3	0.3	0.3

公差类别	基本尺寸																			
	从	0	3	6	10	15	22	30	40	53	70	90	120	160	200	250	315	400	500	630	800
	到	3	6	10	15	22	30	40	53	70	90	120	160	200	250	315	400	500	630	800	1000
对应于精密模具"直接标注偏差的公差"中"配合要求"栏的模具成型尺寸公差		0.03	0.04	0.04	0.05	0.06	0.07	0.07	0.08	0.1	0.12	0.12	0.14	0.16	0.18	0.2	0.2	0.2	0.2	0.2	0.2
采用精密加工技术,并考虑制造工艺所达到的模具成型尺寸公差		0.02	0.02	0.02	0.03	0.03	0.04	0.05	0.06	0.07	0.08	0.09	0.1								

表 1-13　模具型腔圆弧未注公差尺寸的极限偏差　　　　　　　　　　　　　　mm

基本尺寸 R			$R \leqslant 6$	$6 < R \leqslant 18$	$18 < R \leqslant 30$	$30 < R \leqslant 120$	$R > 120$
极限偏差	精密模具	凸圆弧	0 / −0.06	0 / −0.10	0 / −0.15	0 / −0.22	0 / −0.30
		凹圆弧	+0.06 / 0	+0.10 / 0	+0.15 / 0	+0.22 / 0	+0.30 / 0
	普通模具	凸圆弧	0 / −0.12	0 / −0.16	0 / −0.23	0 / −0.32	0 / −0.40
		凹圆弧	+0.12 / 0	+0.16 / 0	+0.23 / 0	+0.32 / 0	+0.40 / 0

1.4.3　注塑模具配合尺寸公差

① 当配合尺寸的配合件中有外购件时,其配合关系应在考虑模具要求和供应商提供的外构件的尺寸极限偏差的情况下,在符合成本及制造的范围内合理制定自制零件的尺寸公差,例如推杆与推杆孔的配合,见图 1-35 和图 1-36。

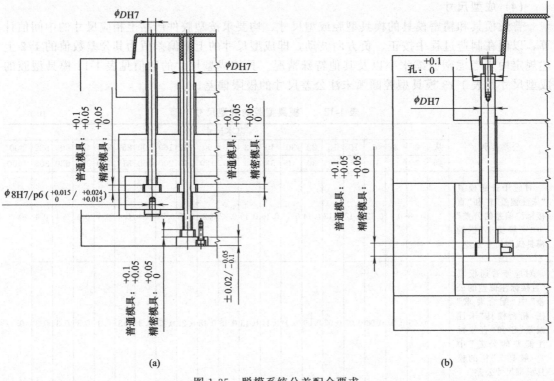

(a)　　　　　　　　　　　　　　　　(b)

图 1-35　脱模系统公差配合要求

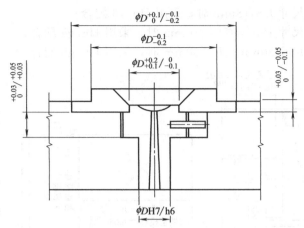

图 1-36　浇注系统公差配合要求

② 配合尺寸为成型零件之间的配合（例如型芯与镶件的配合），见图 1-37～图 1-39。

普通模具：基本尺寸 $L \leqslant 50$ mm 时，采用 H7/js7 配合；

　　　　　基本尺寸 50mm$<L \leqslant$250mm 时，采用 H7/k6 配合；

　　　　　基本尺寸 250mm$<L \leqslant$630mm 时，采用 H6/h5 配合。

精密模具：基本尺寸 $L \leqslant 30$ mm 时，采用 H7/js7 配合；

　　　　　基本尺寸 30mm$<L \leqslant$180mm 时，采用 H6/js6 配合；

　　　　　基本尺寸 180mm$<L \leqslant$400mm 时，采用 H6/h5 配合。

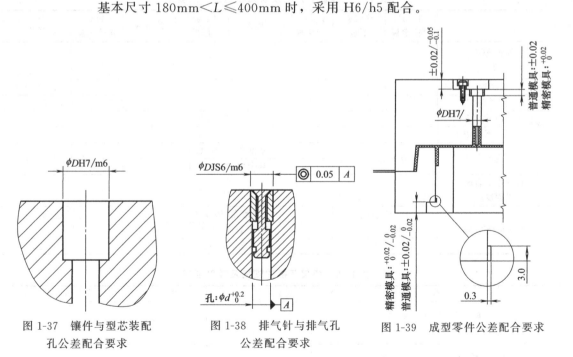

图 1-37　镶件与型芯装配　　　图 1-38　排气针与排气孔　　　图 1-39　成型零件公差配合要求

孔公差配合要求　　　　　公差配合要求

③ 配合尺寸为滑动配合（例如镶件与斜顶、滑块、直顶、推块等的配合），见图 1-40。

普通模具：基本尺寸 $L \leqslant 10$ mm 时，采用 H7/g7 配合；

　　　　　基本尺寸 10mm$<L \leqslant$30mm 时，采用 H7/g6 配合；

　　　　　基本尺寸 30mm$<L \leqslant$50mm 时，采用 H6/g5 配合；

　　　　　基本尺寸 50mm$<L \leqslant$120mm 时，采用 H6/g5 配合。

精密模具：基本尺寸 $L \leqslant 18mm$ 时，采用 H6/g6 配合；

基本尺寸 $18mm < L \leqslant 30mm$ 时，采用 H6/g5 配合；

基本尺寸 $30mm < L \leqslant 80mm$ 时，采用 H6/g5 配合。

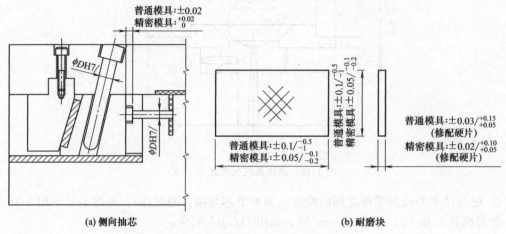

(a) 侧向抽芯　　　　　　　　　　　　　　(b) 耐磨块

图 1-40　侧向抽芯机构公差配合要求

1.4.4　模架的公差及粗糙度要求

模架有特别要求的，以图纸要求为准，无特别要求的可参考表 1-14～表 1-16。

表 1-14　模板的公差及表面粗糙度一般要求　　　　　　　　　　　mm

		上、下模固定板	热流道框板	A板/B板 B1板	推板	B2板/托板	流道板	顶针板/顶针托板	方铁
高度/厚度 T					+0.5～0				+0.4～+0.1
宽度 W		+0.5～0			+1.0～0			+0.5～0	−1.5～+0.5
长度 L									+0.5～0
倒角	15～27 系列				1.5～2.0				
	30 系列以上				2.0～3.0				
垂直度⊥		0.05/300		基准角：0.01/100			0.05/300		0.1/300
				其余角：0.03/100					
板的上下表面平面度▱					0.015/100				
表面粗糙度 Ra		上/下表面：$Ra12.5$		基准角：$Ra6.3$					上/下表面：$Ra12.5$
				上/下表面：$Ra12.5$					
		其余面：$Ra25$		其余面：$Ra25$					其余面：$Ra25$

表 1-15　模架开框的规格及精度要求

	基本尺寸	长 X	宽 Y	深 D	对框	角位 R
粗加工	模框长、宽在 210mm 或以下					R25
	模框长、宽在 210mm 以上					R32
精加工	模框长、宽在 300mm 或以下	±0.02	±0.02	0 −0.05	±0.02	当深度 $D \leqslant 50$：R13 当深度 $50 < D \leqslant 100$：R16.5
	模框长、宽在 301～570mm	±0.03	±0.03	0 −0.05	±0.03	

表 1-16　模架上的标准件技术

mm

分类	导柱类 紧配部分 D_1/d_1	滑配部分（轴公差）直径 导柱类	哥林柱类	公差	导套类 紧配部分		滑配部分（孔公差）		销钉类
公制 例：FUTABA，PUNCH，正钢	H6/m5	$d<12$	$d<12$	$-0.015/-0.020$	无定位的紧配部位	H6/m5	导套类	G6	H7/m6
		$12<d\leqslant16$	$12<d\leqslant16$	$-0.020/-0.025$	有定位的紧配部位	H6/h6			
		$16<d\leqslant30$	$16<d\leqslant50$	$-0.025/-0.030$	导套的定位部位（仅限于有定位的结构）	$H7/{}^{-0.1}_{-0.2}$	镶石墨的中托司	H7	
		$30<d\leqslant35$		$-0.030/-0.035$					
		$35<d\leqslant50$		$-0.030/-0.040$					
		$d>50$		$-0.030/-0.050$					
公制（DIN） 例：HASCO	边的紧配部位 Z00/…，Z014/…，Z03/…：H7/k6 Z011/…：H7/m6 Z0142/…，Z0152/…：H7/e7	Z00/…，Z011/…，Z014/…，Z015/…，Z02/…，Z022/…，Z03/…：g6			导套的紧配部位	H7/k6	其他	H7	
	边的管位部位 Z012/…，Z013/…（配 Z12/… 滚珠衬套）	Z012/…，Z013/…（配 Z12/… 滚珠衬套）：h4			导套的定位部位（仅限于有定位的结构）	Z10W/…，Z11W/…，Z10W/…			
英制 例：DME	$+0.013/0$ ／$+0.038/+0.025$	$-0.025/-0.038$			推杆板导套的定位部位	$+0.013/0$ ／$-0.025/-0.051$	有托导套和无托导套类		
							推板导套类	$+0.038/+0.025$	

1.4.5 注塑模具零件常用的形位公差

根据模具的使用和装配要求，确定模具中零件的形位公差。

(1) 未注形位公差

精密模具和普通模具的未注形位公差，直线度、平面度、平行度、垂直度、倾斜度的未注形位公差按表 1-17、表 1-18 中公差等级 10 级确定公差值。

(2) 模具型腔的标注形位公差

客户模塑件上有形位公差要求的部位，在其模具相对应的位置上应考虑其形状或位置要求，具体形位公差数值根据产品的塑料特性和结构情况，一般取模塑件形位公差要求的 1/3～1/4。

(3) 其他部位的标注形位公差

精密模具的标注形位公差，直线度、平面度、平行度、垂直度、倾斜度的未注形位公差按表 1-19、表 1-20 中公差等级 6 级确定公差值，面轮廓度公差数值：0.02mm。

普通模具的标注形位公差，直线度、平面度、平行度、垂直度、倾斜度的未注形位公差按表 1-19、表 1-20 中公差等级 7 级确定公差值，面轮廓度公差数值：0.05mm。

(4) 图样上标注形状和位置公差值的规定

① 表 1-17 和表 1-18 制定的形状或位置公差值是以 GB/T 1184—1996 标准，零件和量具在标准温度（20℃±5℃）下测量为准。

② 形状或位置公差值的选用原则。根据零件的功能要求，并考虑加工的经济性和零件的结构、刚性等情况，按表 1-17 和表 1-18 确定要素的形状或位置公差值，同时还要考虑以下情况：

在同一要素上给出的形状公差值应小于位置公差值，如要求平行的两个表面，其平面度公差值应小于平行度公差值；

圆柱形零件的形状公差值（轴线的直线度除外）一般情况下应小于其尺寸公差值；

平行度公差值应小于其相应的距离公差值。

对于下列情况，考虑到加工的难易程度和除主参数外其他参数的影响，在满足零件功能的要求下，适当降低 1～2 级选用。

ⅰ. 孔相对于轴；

ⅱ. 长径比大于 20 的细长轴和孔，以及直径比较大的轴和孔；

ⅲ. 距离较大的轴或孔；

ⅳ. 宽度较大（一般大于 1/2 长度）的零件表面；

ⅴ. 线对线和线对面相对于面对面的平行度；

ⅵ. 线对线和线对面相对于面对面的垂直度。

表 1-17 直线度、平面度

主参数 L /mm	公差等级											
	1	2	3	4	5	6	7	8	9	10	11	12
	公差值/μm											
≤10	0.2	0.4	0.8	1.2	2	3	5	8	12	20	30	60
>10～16	0.25	0.5	1	1.5	2.5	4	6	10	15	25	40	80
>16～25	0.3	0.6	1.2	2	3	5	8	12	20	30	50	100
>25～40	0.4	0.8	1.5	2.5	4	6	10	15	25	40	60	120
>40～63	0.5	1	2	3	5	8	12	20	30	50	80	150
>63～100	0.6	1.2	2.5	4	6	10	15	25	40	60	100	200
>100～160	0.8	1.5	3	5	8	12	20	30	50	80	120	250
>160～250	1	2	4	6	10	15	25	40	60	100	150	300
>250～400	1.2	2.5	5	8	12	20	30	50	80	120	200	400
>400～630	1.5	3	6	10	15	25	40	60	100	150	250	500

主参数 L /mm	公差等级											
	1	2	3	4	5	6	7	8	9	10	11	12
	公差值/μm											
>630~1000	2	4	8	12	20	30	50	80	120	200	300	600
>1000~1600	2.5	5	10	15	25	40	60	100	150	250	400	800
>1600~2500	3	6	12	20	30	50	80	120	200	300	500	1000
>2500~4000	4	8	15	25	40	60	100	150	250	400	600	1200
>4000~6300	5	10	20	30	50	80	120	200	300	500	800	1500
>6300~10000	6	12	25	40	60	100	150	250	400	600	1000	2000

注：对于直线度，应按其相应的线形长度选择；对于平面度，应按其表面的较长一侧或圆表面的直径选择。主参数 L 图例见图 1-41。

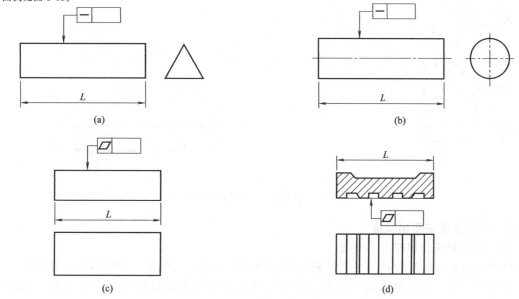

图 1-41　主参数 L 图例

表 1-18　平行度、垂直度、倾斜度

主参数 L，d（D） /mm	公差等级											
	1	2	3	4	5	6	7	8	9	10	11	12
	公差值/μm											
≤10	0.4	0.8	1.5	3	5	8	12	20	30	50	80	120
>10~16	0.5	1	2	4	6	10	15	25	40	60	100	150
>16~25	0.6	1.2	2.5	5	8	12	20	30	50	80	120	200
>25~40	0.8	1.5	3	6	10	15	25	40	60	100	150	250
>40~63	1	2	4	8	12	20	30	50	80	120	200	300
>63~100	1.2	2.5	5	10	15	25	40	60	100	150	250	400
>100~160	1.5	3	6	12	20	30	50	80	120	200	300	500
>160~250	2	4	8	15	25	40	60	100	150	250	400	600
>250~400	2.5	5	10	20	30	50	80	120	200	300	500	800
>400~630	3	6	12	25	40	60	100	150	250	400	600	1000
>630~1000	4	8	15	30	50	80	120	200	300	500	800	1200
>1000~1600	5	10	20	40	60	100	150	250	400	600	1000	1500
>1600~2500	6	12	25	50	80	120	200	300	500	800	1200	2000
>2500~4000	8	15	30	60	100	150	250	400	600	1000	1500	2500
>4000~6300	10	20	40	80	120	200	300	500	800	1200	2000	3000
>6300~10000	12	25	50	100	150	250	400	600	1000	1500	2500	4000

注：对于垂直度的未注公差值，取形成直角的两边中较长的一边作为基准，较短的一边作为被测要素；若两边的长度相等，则可取其中的任意一边作为基准。主参数 L，d（D）图例见图 1-42。

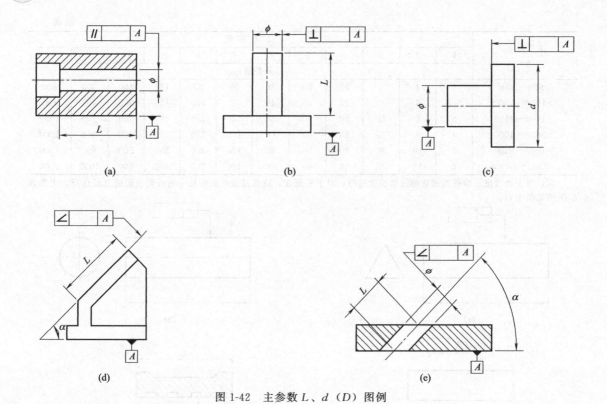

图 1-42　主参数 L、d（D）图例

1.4.6　模具零件表面粗糙度

（1）模具的表面粗糙度的分类

模具的表面粗糙度包括型腔表面粗糙度、浇注系统表面粗糙度、封胶面表面粗糙度。

根据模具的工作情况和加工工艺，应制定合理的零件表面粗糙度，并考虑加工纹路方向，通常其加工纹路或抛光纹路方向应尽量与滑动或脱模方向一致。

（2）模具型腔表面的粗糙度

模具型腔表面的粗糙度见表 1-19。

表 1-19　模具型腔表面的粗糙度

模具成型面表面/模塑件表面分类	试模时的要求		交模时的要求	
	表面粗糙度	抛光(抛光)要求	表面粗糙度	抛光(抛光)要求
流道表面	Ra 0.32 B3	♯320 砂纸	Ra 0.32 B3	♯320 砂纸省滑
注明"镜面"的表面	Ra 0.063 B0	♯800 砂纸	Ra 0.016 A1	3μm 钻石研磨膏毡抛光
注明"抛光"的表面	Ra 0.063 B0	♯800 砂纸	Ra 0.032 A2	6μm 钻石研磨膏毡抛光
透明件的非外露面	Ra 0.063 B0	♯800 砂纸	Ra 0.032 A2	6μm 钻石研磨膏毡抛光
不透明件的非外露面	Ra 0.32 B3	♯320 砂纸	Ra 0.10 B1	♯600 砂纸顺向出模抛光
塑件在装配后的非外露表面	Ra 0.32 B3	♯320 砂纸	Ra 0.10 B1	♯600 砂纸顺向出模抛光
要求有装饰纹样的表面	Ra 0.32 B3	♯320 砂纸		按指定装饰纹号

模具成型面表面/模塑件表面分类	试模时的要求		交模时的要求	
	表面粗糙度	抛光(抛光)要求	表面粗糙度	抛光(抛光)要求
所有加强筋,柱位	Ra 0.063 B0	♯800 砂纸顺向出模抛光	Ra 0.063 B0	♯800 砂纸顺向出模抛光
脱模斜度小于 0.5°的直身面	Ra 0.063 B0	♯800 砂纸顺向出模抛光	Ra 0.063 B0	♯800 砂纸顺向出模抛光

(3) 模架的公差及粗糙度要求

对于模架有特别要求时以图纸要求为准。无特别要求的按表 1-20 模架公差及表面粗糙度要求和表 1-21 模架开框的规格及精度要求。

表 1-20　模架公差及表面粗糙度要求　　　　　　　　mm

		上/下模板	热流道框板	A 板/B 板 B1 板	推板	B2 板/托板	水口板	顶针板/顶针托板	方铁
高度/厚度 T		+0.5~0							+0.4~+0.1
宽度 W		+0.5~0	+1.0~0					+0.5~0	−1.5~+0.5
长度 L								+0.5~0	
倒角	15~27 系列	1.5~2.0							
	30 系列以上	2.0~3.0							
垂直度 ⊥		0.05/300	基准角:0.01/100					0.05/300	0.1/300
			其余角:0.03/100						
板的上下表面平面度 ▱		0.015/100							
表面粗糙度 Ra		上/下表面: Ra12.5	基准角:Ra6.3						上/下表面: Ra12.5
			上/下表面:Ra12.5						
		其余面:Ra25	其余面:Ra25						其余面:Ra25

表 1-21　模架开框的规格及精度要求

	基本尺寸	长 X	宽 Y	深 D	对框	角位 R
粗加工	模框长、宽在 210mm 或以下					$R25$
	模框长、宽在 210mm 以上					$R32$
精加工	模框长、宽在 300mm 或以下	±0.02	±0.02	0 −0.05	±0.02	当深度 D≤50:$R13$ 当深度 50<D≤100:$R16.5$
	模框长、宽在 301~570mm	±0.03	±0.03	0 −0.05	±0.03	

(4) 不同的加工方法要求达到的模具表面粗糙度要求

见表 1-22 和表 1-23。

表 1-22　精密模具各功能部位用不同的加工方法要求达到的表面粗糙度最低值

加工方法 \ 模具功能位	型腔表面		封胶面(插穿、碰穿位除外)	插穿、碰穿位	结构配合表面	其他
	外观面	非外观面				
EDM(火花机)	抛光要求低的:Ra 1.6(CH24 或 E4)	Ra 1.0(CH20)	Ra 1.25(CH27)	Ra 1.6(CH24 或 E4)	Ra 1.6(CH24 或 E4)	Ra 3.2~6.3
	抛光要求高的:Ra 0.8(CH18 或 E3)					
	要求火花纹的:按客户要求					
WC(线切割)	抛光要求低的:Ra 1.0(CH20)	Ra 0.8(CH18 或 E3)	Ra 0.8(CH18 或 E3)	Ra 1.6(CH24 或 E4)	Ra 1.6(CH24 或 E4)	
	抛光要求高的:Ra 0.63(CH16 或 E2)					
磨床	抛光要求低的:Ra 0.8	Ra 0.8	Ra 0.8	Ra 1.6	Ra 1.6	
	抛光要求高的:Ra 0.4					
NC(数控)	Ra 1.6	Ra 1.6	Ra 1.6	Ra 1.6	Ra 1.6	
铣床	Ra 1.6	Ra 1.6	Ra 1.6	Ra 1.6	Ra 1.6	
车床	Ra 0.8	Ra 0.8	Ra 0.8	Ra 1.6	Ra 1.6	

注:如客户对模塑件或模具有不同的要求时,需按客户要求执行(CH 为瑞士 VDI 3400 标准,E 为国标 JB/7781 标准)。

表 1-23　普通模具各功能部位用不同的加工方法要求达到的表面粗糙度最低值

加工方法 \ 模具功能位	型腔表面		封胶面(插穿、碰穿位除外)	插穿、碰穿位	结构配合表面	其他
	外观面	非外观面				
EDM(火花机)	抛光要求低的:Ra 3.2(CH30 或 E5)	Ra2.2(CH27)	Ra2.2(CH27)	Ra2.2(CH27)	Ra2.2(CH27)	Ra 3.2~6.3
	抛光要求高的:Ra2.2(CH27)					
	要求火花纹的:按客户要求					
WC(线切割)	抛光要求低的:Ra 3.2(CH30 或 E5)	Ra2.2(CH27)	Ra2.2(CH27)	Ra2.2(CH27)	Ra2.2(CH27)	
	抛光要求高的:Ra 2.2(CH27)					
磨床	抛光要求低的:Ra 1.6	Ra 0.8	Ra 0.8	Ra 1.6	Ra 1.6	
	抛光要求高的:Ra 0.8					
NC(数控)	Ra 1.6	Ra 1.6	Ra 1.6	Ra 2.5	Ra 2.5	
铣床	Ra 1.6	Ra 1.6	Ra 1.6	Ra 2.5	Ra 1.6	
车床	Ra 1.6	Ra 1.6	Ra 1.6	Ra 1.6	Ra 1.6	

注:如客户对模塑件或模具有不同的要求时,需按客户要求执行(CH 为瑞士 VDI 3400 标准,E 为国标 JB/7781 标准)。

(5) 表面粗糙度各标准及加工方法、脱模斜度对照见表 1-24。

1.4.7　表面粗糙度数值的选择

表面粗糙度数值的选择原则:在满足零件表面功能要求的前提下,尽量选择数值较大的粗糙度,可参考表 1-24。表面粗糙度各标准及加工方法、脱模斜度对照表见表 1-25。

1.4.8　其他要求

(1) 模具推杆的高度要求

顶出塑件的推杆端面与所在的相应模具型腔表面应齐平,普通模具允许推杆端面高出不大于 0.10mm,精密模具允许推杆端面高出不大于 0.05mm。

(2) 模架复位杆的高度要求

模架复位杆端面应与模具分型面齐平,普通模具允许下沉不大于 0.05mm,精密模具允许下沉不大于 0.02mm。

(3) 型芯与内模镶件的装配要求

定、动模镶件、型芯等采用尾部肩台装配后,其端面应与装配件端面齐平,普通模具允许下沉不大于 0.05mm,精密模具允许下沉不大于 0.02mm。

表 1-24　按表面功能选用粗糙度

注:
- ------ 表示最低粗糙度值不限
- ——— 表示有要求
- ① 表示加工
- ② 表示不加工

表面功能要求	形状精度	外观	密封性	无螺旋形划痕	耐磨性	抗振性	抗应力集中	滑动性	承载能力	摩擦振性	光滑消声性	附着能力	黏合能力	表面硬度	耐腐蚀性	位置公差	形状公差	轮廓算术平均偏差/微观不平度十点高度	纹理方向
可见表面																			
需清理的毛面		●																●	
光亮,加工	●	●																●	
光亮,高亮度		●									●							●	
镀层底面																			
采用光亮漆		●											●					●	
采用结构漆		●											●					●	
采用金属镀层		●											●					●	
应力极限表面							●												
静态							●											●	
动态						●												●	●
支撑表面	●								●			●		●					
结合表面																		●	●
静态密封表面			●																
采用密封剂																			
在旋转件上	●		●						●									●	●
在法兰上	●		●															●	●
不用密封剂			●																
密封表面																			
相对密封纵向运动	●		●	●				●			●					●	●	●	●
相对密封回转运动(径向密封)	●		●	●	●			●	●	●	●			●		●	●	●	●

$Ra/\mu m$	0.025	0.05	0.1	0.2	0.4	0.8	1.6	3.2	6.3	12.5	25	50
$Rz/\mu m$	0.4	0.53	1	1.6	2.5	6.3	10	16	25	40	53	100	160	250

续表

注：
- ⌐ ¬ 表示最低限糙度值不限
- ──── 表示有要求糙度有要求
- ① 表示加工
- ② 表示不加工

注："●"表示表面功能对该项性能和粗糙度的要求。

表面功能要求	形状精度	外观	密封性	无螺旋形划痕	耐磨性	抗振性	抗应力集中	滑动性	流入性	承载能力	摩擦振动性	光滑性	消声性	附着能力	黏合能力	表面硬度	耐腐蚀性	位置公差	形状公差	轮廓算术平均偏差/微观不平度十点高度	纹理方向
基准表面	●																	●	●	●	
间隙配合表面	●				●			●				●						●	●	●	
过渡配合表面	●									●					●		●	●	●	●	
过盈配合表面	●														●			●	●	●	
粘合表面	●														●				●	●	
冲击表面	●				●			●		●					●	●	●	●	●	●	
测量表面	●																	●	●	●	
无润滑滑动表面	●						●	●		●		●						●	●	●	
润滑滑动表面	●																	●	●	●	
无密封	●								●				●	●	●	●			●	●	●
有密封	●		●						●				●	●	●	●			●	●	●
滚动表面	●				●							●	●		●	●			●	●	
齿面滑动表面	●						●	●				●							●	●	●
流体用表面	●													●					●	●	
切割表面	●													●					●	●	
制动等表面	●				●						●			●					●	●	
手柄等表面		●																			
离合器接合表面	●													●					●	●	

Ra/μm: 0.025　0.05　0.1　0.2　0.4　0.8　1.6　3.2　6.3　12.5　25　50

Rz/μm: 0.4　0.53　1　1.6　2.5　4.0　6.3　10　16　25　40　53　100　160　250

垫板　无垫板

表 1-25　表面粗糙度各标准及加工方法、脱模斜度对照表

国标 A码	国标 B码	国标 C码	国标 D码	国标、香港模协 JB/7781（电火花加工） E码	法国、ISO标准 NF 05051, ISO 1302 N码	瑞士 VD1, 3400 CH	Ra CLA(CK) AA(USA) μm	Ra μln	最小脱模斜度
A0（1μm 钻石研磨膏毡抛光）							0.008	0.32	
A1（3μm 钻石研磨膏毡抛光）							0.016	0.64	
A2（6μm 钻石研磨膏毡抛光）							0.032	1.28	
A3（18μm 钻石研磨膏毡抛光）	B0（800#砂纸抛光）						0.063	2.5	
	B1（600#砂纸抛光）				N3	0	0.10	4.0	1°
						2	0.125	4.8	1°
	B2（400#砂纸抛光）				N4	4	0.16	6.4	1°
						6	0.20	8.0	1°
	B3（320#砂纸抛光）		D0（5#干喷玻璃珠抛光）			8	0.25	10.0	1°
		C0（800#油石抛光）				10	0.32	12.8	1°
		C1（600#油石抛光）	D1（8#干喷玻璃珠抛光）		N5	12	0.40	16.0	1°
				E1		13	0.45	18.0	1°
			D2（100#干喷碳化硅砂抛光）			14	0.50	20.0	1°
			D3（200#干喷氧化铝砂抛光）	E2		16	0.63	25.2	1°
				E3	N6	18	0.80	32.0	1°
						19	0.90	36.0	1°
		C2（400#油石抛光）				20	1.00	40.0	1°
		C3（320#油石抛光）				22	1.25	50.4	1°
				E4			1.60	64.0	1°
					N7	25	1.80	72.0	1.5°
						26	2.00	80.0	1.5°
				E5	N8	28	2.50	100	1.5°
				E6		30	3.20	125	2°
				E7		32	4.00	160	2°
					N9	34	5.00	200	3°
				E8		36	6.30	250	4°
				E9		38	8.00	320	5°
				E10	N10	40	10.00	400	6°
							12.5	500.4	
				E11		42	12.60	500	
						44	16.00	640	
				E12			20.00	800	

表 1-26　模架上的标准件技术要求

单位：mm

分类	导柱类 · 紧配部分 D_1/d_1	导柱类 · 滑配部分(轴公差) · 直径 (推杆板导柱类)	导柱类 · 滑配部分(轴公差) · 直径 (A,B板导柱类)	导柱类 · 滑配部分(轴公差) · 公差	导套类 · 紧配部分	导套类 · 紧配部分 (值)	导套类 · 滑配部分(孔公差)	导套类 · 滑配部分(孔公差) (值)	销钉类
公制 例: FUTABA, PUNCH, 正钢	H6/m5	$d<12$	$d<12$	$-0.015/-0.020$	无管位的导套的紧配部位	H6/m5	导套类	G6	H7/m6
		$12<d\leqslant16$	$12<d\leqslant16$	$-0.020/-0.025$	有管位的导套的紧配部位	H6/h6	镶石墨的推杆板导套	H7	
		$16<d\leqslant30$	$16<d\leqslant50$	$-0.025/-0.030$	导套的管位部位(仅限于有管位结构)	$H7^{-0.1}_{-0.2}$	其他	H7	
		$30<d\leqslant35$		$-0.030/-0.035$	其他	H7/k6			
		$35<d\leqslant50$		$-0.030/-0.040$					
		$d>50$		$-0.030/-0.050$					
公制(DIN) 例:HASCO	导柱的紧配部位 Z00/…, Z014/…, Z03/… Z00/…, Z011/…	导柱的滑配部位 Z00/…, Z0142/…, Z0152/…		$-0.025/-0.038$	导套的紧配部位 Z00/…, Z011/…, Z015/…, Z022/…, Z03/… Z012/…, Z013/… (配 Z12/… 滚珠衬套) 导套的管位部位 (仅限于有管位的结构)	H7/k6 h4 Z10W/…, Z11W/…, Z10W/…			H7/m6
英制 例:DME	$+0.013/+0.038$ $0\;/+0.025$	-0.025 -0.038			A,B板导套的紧配部位 推杆板导套的紧配部位	$+0.013/-0.025$ $0\;/-0.051$	A,B板导套类 推杆板导套类	$+0.038$ $+0.025$	H7/m6

（4）模具型腔表面镀铬的技术要求

镀铬的型腔表面应先进行抛光，铬层厚度应为 0.01～0.05mm，铬层应均匀一致，不允许有积铬、腐蚀及剥落等缺陷。

（5）对于型腔面和其他面互相影响的尺寸

对型腔面产生影响的尺寸，其尺寸公差应首先考虑成型面的要求。

例如：图 1-43 中尺寸 A 的公差应在保证模塑件尺寸公差要求下制定。

图 1-43　装配尺寸

（6）模架上的标准件技术要求

模架上的标准件技术要求见表 1-26。

第2章

塑料、塑件和注塑机

2.1　塑料

2.1.1　塑料特性及成型条件

不同的塑料其特性和成型条件也不同，同一种塑料，如果生产厂家不同，其特性和成型条件也不尽相同。表 2-1 是国产常用塑料及其特性，表 2-2 是进口常用塑料及其特性。

表 2-1　国产常用塑料及其特性

塑料名称		缩写代号	密度 /(g/cm³)	收缩率 /%	成型温度/℃	
					模具温度	料筒温度
丙烯腈-丁二烯-苯乙烯共聚物	高抗冲	ABS	1.01～1.04	0.4～0.7	40～90	210～240
	高耐热		1.05～1.08	0.4～0.7	40～90	220～250
	阻燃		1.16～1.21	0.4～0.8	40～90	210～240
	增强		1.28～1.36	0.1～0.2	40～90	210～240
	透明		1.07	0.6～0.8	40～90	210～240
丙烯腈-丙烯酸酯-苯乙烯共聚物		AAS	1.08～1.09	0.4～0.7	50～85	210～240
聚苯乙烯	耐热	PS	1.04～1.1	0.1～0.8	60～80	200 左右
	抗冲击		1.1	0.2～0.6	60～80	200 左右
	阻燃		1.08	0.2～0.6	60～80	200 左右
	增强		1.2～1.33	0.1～0.3	60～80	200 左右
丙烯腈-苯乙烯共聚物	无填料	AS (SAN)	1.075～1.1	0.2～0.7	65～75	180～270
	增强		1.2～1.46	0.1～0.2	65～75	180～270
丁二烯-苯乙烯共聚物		BS	1.04～1.05	0.4～0.5	65～75	180～270
聚乙烯	低密度	LDPE	0.91～0.925	1.5～5	50～70	180～250
	中密度	MDPE	0.926～0.94	1.5～5	50～70	180～250
	高密度	HDPE	0.941～0.965	2～5	35～65	180～240
	交联	PE	0.93～0.939	2～5	35～65	180～240
乙烯-丙烯酸乙酯共聚物		EEA	0.93	0.15～0.35	低于 60	205～315
乙烯-乙酸乙烯酯共聚物		EVA	0.943	0.7～1.2	24～40	120～180
聚丙烯	未改性	PP	0.902～0.91	1～2.5	40～60	240～280
	共聚		0.89～0.905	1～2.5	40～60	240～280
	惰性料		1.0～1.3	0.5～1.5	40～60	240～280
	玻纤		1.05～1.24	0.2～0.8	40～60	240～280
	抗冲击		0.89～0.91	1～2.5	40～60	160～220
聚酰胺(尼龙)		PA66	1.13～1.15	0.8～1.5	21～94	315～371
		PA66G30	1.38	0.5	30～85	260～310
		PA6	1.12～1.14	0.8～1.5	21～94	250～305
		PA6G30	1.35～1.42	0.4～0.6	30～85	260～310
		PA66/PA6	1.08～1.14	0.6～1.5	35～80	250～305
		PA6/PA12	1.06～1.08	1.1	30～80	250～305

续表

塑料名称		缩写代号	密度 /(g/cm³)	收缩率 /%	成型温度/℃	
					模具温度	料筒温度
聚酰胺(尼龙)		PA6/PA12G30	1.31～1.38	0.3	30～85	260～310
		PA6/PA9	1.08～1.1	1～1.5	30～85	250～305
		PA6/PA10	1.07～1.09	1.2	30～85	250～305
		PA6/PA10G30	1.31～1.38	0.4	30～85	260～310
		PA11	1.03～1.05	1.2	30～85	250～305
		PA11G30	1.26	0.3	30～85	260～310
		PA12	1.01～1.02	0.3～1.5	40	190～260
		PA12G30	1.23	0.3	40～50	200～260
		PA610	1.06～1.08	1.2～1.8	60～90	230～260
		PA610G30	1.25	0.4	60～80	230～280
		PA612	1.06～1.08	1.1	60～80	230～270
		PA613	1.04	1～1.3	60～80	230～270
		PA1313	1.01	1.5～2	20～80	250～300
		PA1010	1.05	1.1～1.5	50～60	190～210
		PA1010G30	1.25	0.4	50～60	200～270
丙烯腈-氯化聚乙烯-苯乙烯共聚物		ACS	1.07	0.5～0.6	50～60	低于200
甲基丙烯酸甲酯-丁二烯-苯乙烯共聚物		MBS	1.042	0.5～0.6	低于80	200～220
聚4-甲基-1-戊烯	透明	TPX	0.83	1.5～3	70	260～300
	不透明		1.09	1.5～3	70	260～300
聚降冰片烯		PNBE	1.07	0.4～0.5	60～80	250～270
聚氯乙烯	硬质	PVC	1.35～1.45	0.1～0.5	40～50	160～190
	软质		1.16～1.35	1～5	40～50	160～180
氯化聚氯乙烯		CPVC	1.35～1.5	0.1～0.5	90～100	200左右
聚甲基丙烯酸甲酯		PMMA	0.94	0.3～0.4	30～40	220～270
聚甲醛	均聚	POM	1.42	2～2.5	60～80	204～221
	均聚增强		1.5	1.3～2.8	60～80	210～230
	共聚		1.41	2	60～80	204～221
	共聚增强		1.5	0.2～0.6	60～80	210～230
聚碳酸酯	无填料	PC	1.2	0.5～0.7	80～110	250～340
	增强10%		1.25	0.2～0.5	90～120	250～320
	增强30%		1.24～1.52	0.1～0.2	120左右	240～320
	ABS/PS		1.1～1.2	0.5～0.9	90～120	250～320
聚苯醚	未增强	PPO	1.06～1.1	0.07～0.09	120～150	340左右
	增强30%		1.21～1.36	0.03～0.04	120～150	350左右
聚苯硫醚	未增强	PPS	1.34	0.06～0.08	120～150	340～350
	增强30%		1.64	0.02～0.04	120～150	340～350
聚砜		PSF	1.24	0.7	93～98	329～398
聚芳砜		PASF	1.36	0.8	232～260	316～413
聚醚砜		PES	1.14	0.4～0.7	80～110	230～330
聚对苯二甲酸乙二醇酯		PETG30	1.67	0.2～0.9	85～100	265～300
聚对苯二甲酸丁二醇酯		PBT	1.2～1.3	0.6	60～80	250～270
		PBTG30	1.62	0.3	60～80	232～245
氯化聚醚		CPE	1.4	0.6	80～96	160～240
聚三氟氯乙烯		PCTFE	2.07～2.18	1～1.5	130～150	276～306
聚偏氯乙烯		PVDF	1.75～1.78	—	60～90	220～290
丙酸醋酸纤维		CAP	—	0.3～0.6	40～70	190～225
丙酸丁酸纤维		CAB	—	0.3～0.6	40～70	180～220
乙基纤维素		EC	1.14	—	50～70	210～240
聚苯砜		PPSU	1.3	0.3	80～120	320～380

续表

塑料名称		缩写代号	密度 /(g/cm³)	收缩率 /%	成型温度/℃	
					模具温度	料筒温度
聚醚醚酮	未增强	PEEK	1.26	0.2	160左右	350～365
	增强25%		1.40	0.2	160～180	370～390
聚芳酯	未增强	PAR	1.2	0.3	120左右	280～350
	增强		1.4	0.3	120左右	280～350
聚酚氧		—	1.18	0.3～0.4	50～60	150～220
全氟乙烯丙烯共聚物		FEP	2.14～2.17	3～4	200～230	330～400
热塑性聚氨酯		TPU	1.2～1.25	—	38左右	130～180
聚苯酯		—	1.4	0.5	100～160	370～380
酚醛注射料	H161Z	PF	1.5	0.6～1.1	165±5	65～95
	H163Z		1.5	0.6～1.1	165±5	65～95
	H1501Z		1.5	1.0～1.3	165±5	65～95
	6403Z		1.85	0.6～1.0	165±5	65～95
增强酚醛注射料	FX801	—	1.7～1.8	1.0	165～180	60～90
	FX802		1.7～1.8	1.0	165～180	60～90
	FBMZ 7901		1.6～1.75	1.0	165～180	60～90
聚邻苯二甲酸二烯丙酯		DAP	1.27	0.5～0.8	140～150	90左右
三聚氰胺甲醛增强		MF	1.8	0.3	165～170	70～95
醇酸树脂		AK	1.8～2	0.6～1	150～185	40～100

表 2-2 进口常用塑料及其特性

塑料名称		缩写代号	密度 /(g/cm³)	收缩率 /%	成型温度/℃	
					模具温度	料筒温度
低密聚乙烯 （日旭道公司）	M6525	LDPE	0.915	4～6(参考)	<60	205～300
	M6545		0.916	4～6(参考)	<60	205～300
高密聚乙烯	日1300J	HDPE	0.965	2～5	50～70	160～250
	美DMD7504		0.94～0.95	2～5	50～70	160～250
中密聚乙烯 （日三井公司）	45300	MDPE	0.944	3～5(参考)	工艺参数介于LDPE与 HDPE之间	
	45150		0.944	3～5(参考)		
	4060J		0.944	3～5(参考)		
聚丙烯 （美菲利浦公司）	HGH-050-01	PP	0.905	1.2～2.5	40～60	200～280
	HGN-120-01		0.909	1.2～2.5	40～60	200～280
	HLN-120-01		0.909	1.2～2.5	40～60	200～280
	HGV-050-01		0.905	1.2～2.5	40～60	200～280
增强聚丙烯 （日三井公司）	K-1700 10%	GFR-PP	0.95	0.6	50～60	180～250
	V-7100 20%		1.03	0.4	50～60	180～250
	E-7000 30%		1.12	0.3	50～60	180～250
阻燃聚丙烯 （日恩乔伊公司）	E-185	PP	1.19	0.8～1.0	50	180～230
	E-187		1.19	0.8～1.0(参考)	50	180～230
聚4-甲基-1-戊烯 （日三井公司）	RT-18	TPX	0.835	1.5～3.0	20～80	270-330
	DX-810		0.830	1.5～3.0	20～80	270～330
	DX-836		0.845	1.5～3.0	20～80	270～330
苯乙烯-丙烯腈共 聚物 （日制铁公司）	AS-20	SAN	1.08	0.4	65～75	180～270
	AS-41		1.06	0.4	65～75	180～270
	AS-61		1.06	0.4	65～75	180～270
苯乙烯-丁二烯共聚 （美菲利浦公司）	KR-01	BS	1.01	0.4～0.5	38	204～232
	KR-03		1.04	0.5～1.0	38	204～232

续表

塑料名称		缩写代号	密度/(g/cm³)	收缩率/%	成型温度/℃	
					模具温度	料筒温度
丙烯腈-丁二烯-苯乙烯共聚物	美240	ABS	1.07	0.4~0.6	40~80	100~250
	美440		1.06	0.4~0.6	40~80	190~250
	美740		1.04	0.4~0.6	40~80	190~250
	HR850		1.06	0.4~0.6	40~80	190~250
	日 S-10		1.05	0.4~0.6	40~80	190~250
	日 S-40		1.07	0.4~0.6	40~80	190~250
增强30%~40%	ABSAFILG-1200/20	GFR-ABS	1.23	0.1~0.3	40~80	175~260
	ABSAFILG-1200/40		1.36	0.1~0.2	40~80	175~260
	AF-1004(20%)		1.20	0.15	40~80	175~260
	AF-1006(30%)		1.28	0.1	40~80	175~260
聚酰胺(尼龙)		PA				
尼龙-6	德国巴斯夫公司 B3S	—	1.13	0.8~1.5	20~90	后部 240~300
	美国联合公司 2314		1.13~1.14	0.8~2.0	20~90	中部 230~290
	法阿托化学公司 P40CD		1.13		20~90	前部 210~260
	英帝国公司 B114		1.13		20~90	喷嘴 210~250
尼龙-66	美杜邦公司 101L		1.14	1.5	20~90	后部 240~310
	美杜邦公司 BK10A		1.15	1.5	20~90	中部 240~300
	英帝国公司 A100		1.14	1.6~2.3	20~90	前部 240~300
	英帝国公司 A150		1.14	1.4~2.2	20~90	喷嘴 230~280
	日旭化成公司 1300S		1.14	1.3~2.0	20~90	
增强尼龙-6	美菲伯菲尔公司 G3/30	GFR-PA	1.4	0.3~0.5	成型温度比相应尼龙高10~30℃	
	美菲伯菲尔公司 I-3/30		1.4	0.3~0.5		
	美菲伯菲尔公司 G-13/40		1.47	0.2~0.4		
增强尼龙-66	美杜邦公司 70G13L		1.22	0.5		
	美杜邦公司 70G43L		1.51	0.2		
	美杜邦公司 71G13L		1.18	0.6		
聚甲醛		POM				
共聚甲醛	美塞拉尼斯公司 M25A	—	1.59	0.4~1.8	75~90	155~185
	美塞拉尼斯公司 M50		1.41	5.0	75~90	155~185
	日三菱公司 F10-10		1.14		75~90	155~185
	美 LNP 公司 KFX-1002(10%增强)		1.47	0.8	75~90	155~185
均聚甲醛	美杜邦公司 D-900	—	1.42	2.0	80	170~180
	美杜邦公司 D-500		1.42	2.0	80	170~180
	美塞摩菲尔公司 FG0100(30%增强)		1.63	0.5	80	170~180
	日旭化成公司 3010		1.42		80	170~180
聚对苯二甲酸丁二醇酯	日 TORAY 公司 1401	PBT	1.31	0.07~0.023	40	240~250
	1101-G30		1.53	0.02~0.08	40	240~250
	1400		1.48	0.017~0.023	40	240~250
	美塞拉尼斯公司 3300	GFR-PBT	1.54		30~80	160~230
	美塞拉尼斯公司 3200		1.41		30~80	160~230
聚对苯二甲酸乙二醇酯(增强)	美杜邦公司 530	GFR-PET	1.56	0.2	120~140	250~280
	美杜邦公司 545		1.69	0.2	120~140	250~280
	RE5069		1.81	0.2	120~140	250~280
	日帝人公司 B1030		1.63	0.2	120~140	250~280
氟塑料		PTFE				

塑料名称		缩写代号	密度 /(g/cm³)	收缩率 /%	成型温度/℃	
					模具温度	料筒温度
聚三氟氯乙烯	法吉乐吉内公司 300/302	PCTFE	2.1~2.2	<1	130~150	230~310
	美 3M 公司 F81		2.1~2.2	0.5~0.8	130~150	230~310
聚偏二氯乙烯	美索尔特克斯公司 1008	PVDF	1.78	3.0	60~90	料筒 220~290 喷嘴 180~260
	法吉乐吉内公司 1000		1.76~1.78	3.0~3.5	60~90	
	日吴羽公司 1100		1.76~1.78	2~3	60~90	
	美庞沃特公司		1.75~1.78	3.0	60~90	
全氟(乙烯-丙烯)共聚物	美杜邦公司 FEP-100	FEP	2.12~2.17	4~6	205~235	330~400
	美杜邦公司 FEP-160		2.12~2.17	4~6	205~235	330~400
聚芳砜	美 3M 公司 360	PASF	1.36	0.8	230~260	315~410
聚醚砜	英帝国公司 200P/300P	PES	1.37	0.6	110~130	300~360
聚醚醚酮	英帝国公司	PEEK	1.32	1.1	160	350~365
聚芳酯	日尤尼奇长公司 U-100	PAR	1.21	0.8	120~140	320~350
	日尤尼奇长公司 U-1060		1.21	0.8	120~140	320~350
	德国 KL-1-9300		1.44		120	320~350
聚酚氧	美联合碳化物公司 8060/8030	—	1.18	0.004	50~60	水冷 150~220
	8100		0.78	0.004	50~60	水冷 150~220
聚苯醚(增强)	美 LNP 公司 1006D30%	GFR-PPO	1.28	0.1	80~100	240~300
	美 LNP 公司 1008D40%		1.38	0.1	80~100	240~300
酚醛注射料(日本) PM8000J 系列	8700J	PF	1.4	1.1~1.3	165~175	水冷 65~95
	8800J		1.41	1.1~1.3	165~175	水冷 65~95
	8750J			1.0~1.2	165~175	水冷 65~95
	8601J		1.4	1.3~1.5	165~175	水冷 65~95
热塑性聚氨酯(美 TEXIN)	192A	TPU	1.23	0.9(参考)	室温	160~190
	480A		1.20	0.9(参考)	室温	160~190
	591A		1.22	0.9(参考)	室温	160~190
	355A		1.23	0.9(参考)	室温	160~190
醇酸树脂(日东芝公司)	TPX100	AK	2.0~2.05	0.5~0.6	150~185	水冷 40~100
	TPX300		1.9~2.0	0.5~0.6	150~185	水冷 40~100
	MPX100		1.9~2.0	0.6~0.7	150~185	水冷 40~100
	MPX300		1.8~1.9	0.6~0.7	150~185	水冷 40~100
	AP301BE		1.9~2.0	0.4~0.5	150~185	水冷 40~100
聚醚酰亚胺(美通用公司)	VILEM1000	PEI	1.27	0.5~0.7	50~120	330~430
	VILEM2100		1.34	0.4	50~120	330~430
	VILEM2200		1.42	0.2~0.5	50~120	330~430
	VILEM2300		1.51	0.2	50~120	330~430
聚苯酯(EKONOL)(美碳化硅公司)	2000	—	1.4	0.5	100~160	360~380
	200BL	—	1.69	0.56	100~160	360~380
聚甲基丙烯酸甲酯(美杜邦公司)	130K	PMMA	1.18	0.2~0.6	室温	160~290
	147K		1.19	0.3~0.7	室温	160~290
聚碳酸酯	美通用公司 191	PC	1.19	0.5~0.7	70~110	240~300
	美通用公司 940		1.21	0.5~0.7	70~110	240~300
	美通用公司 101		1.2	0.5~0.7	70~110	240~300
	日三菱公司 7022R		1.2	0.5~0.7	70~110	240~300
	日三菱公司 7025R		1.2	0.5~0.7	70~110	240~300
	日三菱公司 7025NB		1.24	0.5~0.7	70~110	240~300
增强聚碳酸酯(日三菱公司)	7025G10	FRPC	1.25	0.2	90~100	260~310
	7025G30		1.43	0.2~0.3	90~100	260~310

2.1.2 塑料的成型收缩率

塑件在成型过程中由于温度降低，存在尺寸变小的收缩现象，收缩的大小用收缩率表示。各种塑料的收缩率见表 2-1 和表 2-2。

收缩率计算公式：

$$S = \frac{L_0 - L}{L_0} \times 100\%$$

式中　S——收缩率；

　　　L_0——室温时的模具尺寸；

　　　L——室温时的塑件尺寸。

塑件的收缩过程：塑件的收缩分流态收缩和固态收缩两个过程。其中，流态收缩受到注塑机保压补缩的作用，对塑件尺寸没有影响。固态收缩又分两个过程：塑件在模具型腔内的收缩和塑件脱模后的收缩。塑件在模具型腔内的收缩因尺寸不同而不同，现将尺寸分三种：自由收缩尺寸、受阻碍收缩尺寸和混合收缩尺寸，见图 2-1。其中受阻碍尺寸 L_1 因为受到型芯的阻碍在型腔中几乎不会收缩，而自由收缩尺寸 L_2、L_3 和混合收缩的尺寸 L 则在型腔中固化后就开始收缩。塑件脱模后 10h 内收缩最大，48h 后基本稳定，但最终稳定要经过 30~60 天。48h 之后的收缩又称为后收缩。

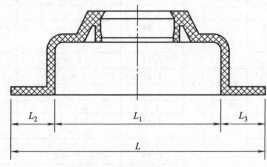

L_2　　L_1　　L_3

L

图 2-1　塑件的三种尺寸

影响塑件尺寸精度的因素有很多，其中最主要也是最难控制的是塑料收缩率的波动。造成塑料收缩率波动的主要因素有以下几个。

① 成型压力。型腔内的压力越大，成型后的收缩越小。非结晶型塑料和结晶型塑料的收缩率随内压的增大分别呈直线和曲线形状下降。

② 注射温度。温度升高，塑料的膨胀系数增大，塑料塑件的收缩率增大。但温度升高，熔料的密度增大，收缩率反而减小。两者同时作用的结果一般是收缩率随温度的升高而减小。

③ 模具温度。通常情况是，模具温度越高，受阻碍尺寸 L_1 的收缩率越大，自由收缩尺寸 L_2 和 L_3 的收缩率越小，而混合收缩尺寸 L 则要视 L_1 和（$L_2 + L_3$）的值而定，如果 $L_1 > (L_2 + L_3)$，则其收缩率随模温升高而减小，否则就随模温升高而增大。

④ 成型时间。成型时保压时间越长，补料越充分，收缩率越小。与此同时，塑料的冻结取向加大，塑件的内应力也大，收缩率也就增大。成型的冷却时间越长，塑料的固化越充分，收缩率越小。

⑤ 塑件的几何结构和壁厚。塑件结构严重不对称、壁厚不均匀都会使塑件各部位的收缩率不一致。另外，结晶型塑料（聚甲醛除外）的收缩率随壁厚的增加而增加，而非结晶型塑料中，收缩率的变化又分下面几种情况：ABS 和聚碳酸酯等的收缩率不受壁厚的影响；聚乙烯、丙烯腈-苯乙烯、丙烯酸类等塑料的收缩率随壁厚的增加而增加；硬质聚氯乙烯的

收缩率随壁厚的增加而减小。

⑥ 进料口尺寸。进料口尺寸大，塑件致密，收缩小。

⑦ 玻璃纤维等加强塑料。收缩率随玻璃纤维等填充量的增加而减小，但尺寸稳定。

必须注意的是，对同一塑件增加收缩值时，3D 设计和 2D 设计所选用的参考点应该相同，否则将会使 3D 和 2D 设计尺寸不统一。

2.1.3　不同塑料熔体对模具型腔型芯的压强

不同塑料熔体对模具型腔型芯的压强 p 见表 2-3。根据压强可以计算塑料熔体对模具的胀型力，为选择注塑机提供依据。

$$F_{胀} = pS$$

式中　$F_{胀}$——胀型力；

　　　p——塑料熔体对模具型腔型芯的压强；

　　　S——模具型腔在开模方向上的投影面积。

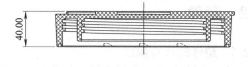

举例：图 2-2 所示塑件，塑料 ABS，一模出一件。计算塑料熔体对模具的胀型力。

① 计算型腔在开模方向上的投影面积 S：

$$S = \pi R^2 = 3.14 \times (300 \div 2)^2$$
$$= 70650 \text{mm}^2 = 7.065 \times 10^{-2} \text{m}^2$$

② 查表确定熔体对型腔的压强值。从表 2-3 中查得，ABS 熔体对型腔的压强为 $38.6 \sim 61.8 \text{MPa}$。

根据以往经验，结合本例情况压强取 45MPa。

于是　$F_{胀} = 45 \times 7.065 \times 10^{-2} \approx 3.18 \text{MN} = 3180 \text{kN} = 324.4 \text{t}$

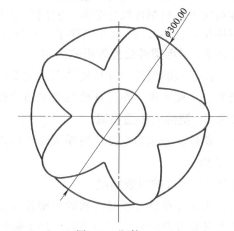

图 2-2　塑件

表 2-3　常用塑料熔体对型腔的压强

塑料名称	t/in²	MN/m²
TPU/PUR(easy flow)	0.5~1.5	7.7~23.2
CA；CAB；CAP；PE(-LD,-LLD)；PS(GPPS, HIPS)	1.0~2.0	15.4~30.9
PA11，PA12，PEBA(soft grades)	1.5~2.0	23.2~30.9
PPVC；PE-HD；PP(-H,-CO)；TPU/PUR	1.5~2.5	23.2~38.6
PEBA(hard grades)，PVDF	2	30.9
PET(amorphous)	2.0~2.5	30.9~38.6
BDS；PEEK；PPO-M(unreinforced)；PPS；UPVC	2.0~3.0	30.9~46.3
PEEK(unreinforced)；PMMA	2.0~4.0	30.9~61.8
SAN	2.5~3.0	38.6~46.3
HIPS(thin walls)；PE-HD(long flows)；PP-H/CO(long flows)	2.5~3.5	38.6~54.0
ASA；ABS	2.5~4.0	38.6~61.8
BDS(thin walls)；PS(GPPS-thin walls)；SAN(long flows)	3.0~4.0	46.3~61.8
PBT；PC	3.0~4.5	46.3~69.5
POM(-H,-CO)	3.0~5.0	46.3~77.2

塑料名称	t/in²	MN/m²
PA6；PA66；PPO-M(reinforced)	4.0～5.0	61.8～77.2
PEEK(reinforced)；PES(easy flow)； PET(crystalline)；PSU(easy flow)	4.0～6.0	61.8～92.6
FEP	5	77.2
PES；PSU	6.0～10.0	92.6～154.4

2.2 塑件

2.2.1 塑件的尺寸精度

塑件的尺寸精度受到塑料、塑件结构、模具精度和注塑生产时塑件收缩率的波动性等很多因素的影响，设计者不能简单地套用机械零件的尺寸公差，许多工业化国家都根据塑料特性制定了塑料制件尺寸公差。我国也于 1993 年发布了 GB/T 14486—1993《工程塑料模塑塑料件尺寸公差》，2008 年又作了一次修订，并更名为《塑料模塑件尺寸公差》，见表 2-4。

2.2.2 常用塑件公差等级的选用

由于影响塑件尺寸精度的因素很多，因此在制件设计中正确合理确定尺寸公差是非常重要的。一般来说，在保证使用要求的前提下，精度应设计得尽量低一些，见表 2-5。

2.2.3 塑件的表面质量

塑件的表面粗糙度应遵循表 2-6 的规定。一般模具型腔表面粗糙度要比塑件的要求低 1～2 级。

2.2.4 塑件的脱模斜度

为了使塑件开模时顺利脱离型腔和型芯，防止塑件粘模或者在脱模时划伤表面等，塑件沿着开模方向的外表面应该有合理的脱模斜度，见图 2-3。

设计脱模斜度的原则如下。

① 为不影响塑件装配，一般往减料（胶）方向做脱模斜度。

② 当塑件同一壁的内外两侧面分别由定模型腔和动模型芯成型时，如图 2-3 中的尺寸 A 和 B，凹模脱模斜度 β 宜大于凸模脱模斜度 α，目的是保证塑件在开模时留在动模部分，但塑件较高时，会导致壁厚不均，因此实际工作中大多都取 $\alpha = \beta$；但当塑件同一壁的内外两侧面由模具的同一侧或同时由侧向抽芯机构成型时，如图 2-3 中的 C、D 和 E、F，则情况正好相反，内侧面的脱模斜度应该比外侧面的脱模斜度大一些，因为塑件对型芯的包紧力永远大于塑件对型腔的黏附力。

③ 不同品种的塑料其脱模斜度不同。硬质塑料比软质塑料的脱模斜度大；收缩率大的塑料比收缩率小的脱模斜度大；增强塑料宜取大一点的脱模斜度；自润滑性塑料的脱模斜度可取小一些。常用塑料的脱模斜度见表 2-7。

④ 塑件的几何形状对脱模斜度也有一定的影响。塑件高度越高，孔越深，为保证精度要求，脱模斜度宜取小一点；形状较复杂或成型孔较多的塑件取较大的脱模斜度；壁厚大的塑件，脱模斜度可取较大值。

⑤ 精度要求越高，脱模斜度要求越小。

⑥ 脱模斜度不包括在公差范围之内。

表 2-4 塑料模塑塑件尺寸公差 (GB/T 14486—2008)

mm

标注公差的尺寸公差值

公差等级	种类	>0~3	>3~6	>6~10	>10~14	>14~18	>18~24	>24~30	>30~40	>40~50	>50~65	>65~80	>80~100	>100~120	>120~140	>140~160	>160~180	>180~200	>200~225	>225~250	>250~280	>280~315	>315~355	>355~400	>400~450	>450~500	>500~630	>630~800	>800~1000
MT1	a	0.07	0.08	0.09	0.10	0.11	0.12	0.14	0.16	0.18	0.20	0.23	0.26	0.29	0.32	0.36	0.40	0.44	0.48	0.52	0.56	0.60	0.64	0.70	0.78	0.86	0.97	1.16	1.39
MT1	b	0.14	0.16	0.18	0.20	0.21	0.22	0.24	0.26	0.28	0.30	0.33	0.36	0.39	0.42	0.46	0.50	0.54	0.58	0.62	0.66	0.70	0.74	0.80	0.88	0.96	1.07	1.26	1.49
MT2	a	0.10	0.12	0.14	0.16	0.18	0.20	0.22	0.24	0.26	0.30	0.34	0.38	0.42	0.46	0.50	0.54	0.60	0.66	0.72	0.76	0.84	0.92	1.00	1.10	1.20	1.40	1.70	2.10
MT2	b	0.20	0.22	0.24	0.26	0.28	0.30	0.32	0.34	0.36	0.40	0.44	0.48	0.52	0.56	0.60	0.64	0.70	0.76	0.82	0.86	0.94	1.02	1.10	1.20	1.30	1.50	1.80	2.20
MT3	a	0.12	0.14	0.16	0.18	0.20	0.22	0.26	0.30	0.34	0.40	0.46	0.52	0.58	0.64	0.70	0.78	0.86	0.92	1.00	1.10	1.20	1.30	1.44	1.60	1.74	2.00	2.40	3.00
MT3	b	0.32	0.34	0.36	0.38	0.40	0.42	0.46	0.50	0.54	0.60	0.66	0.72	0.78	0.84	0.90	0.98	1.06	1.12	1.20	1.30	1.40	1.50	1.64	1.80	1.94	2.20	2.60	3.20
MT4	a	0.16	0.18	0.20	0.24	0.28	0.32	0.36	0.42	0.48	0.56	0.64	0.72	0.82	0.92	1.02	1.12	1.24	1.36	1.48	1.62	1.80	2.00	2.20	2.40	2.60	3.10	3.80	4.60
MT4	b	0.36	0.38	0.40	0.44	0.48	0.52	0.56	0.62	0.68	0.76	0.84	0.92	1.02	1.12	1.22	1.32	1.44	1.56	1.68	1.82	2.00	2.20	2.40	2.60	2.80	3.30	4.00	4.80
MT5	a	0.20	0.24	0.28	0.32	0.38	0.44	0.50	0.56	0.64	0.74	0.86	1.00	1.14	1.28	1.44	1.60	1.76	1.92	2.10	2.30	2.50	2.80	3.10	3.50	3.90	4.50	5.60	6.90
MT5	b	0.40	0.44	0.48	0.52	0.58	0.64	0.70	0.76	0.84	0.94	1.06	1.20	1.34	1.48	1.64	1.80	1.96	2.12	2.30	2.50	2.70	3.00	3.30	3.70	4.10	4.70	5.80	7.10
MT6	a	0.26	0.32	0.38	0.46	0.52	0.60	0.70	0.80	0.94	1.10	1.28	1.48	1.72	1.92	2.20	2.40	2.60	2.90	3.20	3.50	3.90	4.30	4.80	5.30	5.90	6.90	8.50	10.60
MT6	b	0.46	0.52	0.58	0.66	0.72	0.80	0.90	1.00	1.14	1.30	1.48	1.68	1.92	2.12	2.40	2.60	2.80	3.10	3.40	3.70	4.10	4.50	5.00	5.50	6.10	7.10	8.70	10.80
MT7	a	0.38	0.46	0.56	0.66	0.76	0.86	0.98	1.12	1.32	1.54	1.80	2.10	2.40	2.70	3.00	3.30	3.70	4.10	4.50	4.90	5.40	6.00	6.70	7.40	8.20	9.60	11.90	14.80
MT7	b	0.58	0.66	0.76	0.86	0.96	1.06	1.18	1.32	1.52	1.74	2.00	2.30	2.60	2.90	3.20	3.50	3.90	4.30	4.70	5.10	5.60	6.20	6.90	7.60	8.40	9.80	12.10	15.00

未注公差的尺寸允许偏差

公差等级	种类	>0~3	>3~6	>6~10	>10~14	>14~18	>18~24	>24~30	>30~40	>40~50	>50~65	>65~80	>80~100	>100~120	>120~140	>140~160	>160~180	>180~200	>200~225	>225~250	>250~280	>280~315	>315~355	>355~400	>400~450	>450~500	>500~630	>630~800	>800~1000
MT5	a	±0.10	±0.12	±0.14	±0.16	±0.19	±0.22	±0.25	±0.28	±0.32	±0.37	±0.43	±0.50	±0.57	±0.64	±0.72	±0.80	±0.88	±0.96	±1.05	±1.15	±1.25	±1.40	±1.55	±1.75	±1.95	±2.25	±2.80	±3.45
MT5	b	±0.20	±0.22	±0.24	±0.26	±0.29	±0.32	±0.35	±0.38	±0.42	±0.47	±0.53	±0.60	±0.67	±0.74	±0.82	±0.90	±0.98	±1.06	±1.15	±1.25	±1.35	±1.50	±1.65	±1.85	±2.05	±2.35	±2.90	±3.55
MT6	a	±0.13	±0.16	±0.19	±0.23	±0.26	±0.30	±0.35	±0.40	±0.47	±0.55	±0.64	±0.74	±0.86	±1.00	±1.10	±1.20	±1.30	±1.45	±1.60	±1.75	±1.95	±2.15	±2.40	±2.65	±2.95	±3.45	±4.25	±5.30
MT6	b	±0.23	±0.26	±0.29	±0.33	±0.36	±0.40	±0.45	±0.50	±0.57	±0.65	±0.74	±0.84	±0.96	±1.10	±1.20	±1.30	±1.40	±1.55	±1.70	±1.85	±2.05	±2.25	±2.50	±2.75	±3.05	±3.55	±4.35	±5.40
MT7	a	±0.19	±0.23	±0.28	±0.33	±0.38	±0.43	±0.49	±0.56	±0.66	±0.77	±0.90	±1.05	±1.20	±1.35	±1.50	±1.65	±1.85	±2.05	±2.25	±2.45	±2.70	±3.00	±3.35	±3.70	±4.10	±4.80	±5.95	±7.40
MT7	b	±0.29	±0.33	±0.38	±0.43	±0.48	±0.53	±0.59	±0.66	±0.76	±0.87	±1.00	±1.15	±1.30	±1.45	±1.60	±1.75	±1.95	±2.15	±2.35	±2.55	±2.80	±3.10	±3.45	±3.80	±4.20	±4.90	±6.05	±7.50

注: 1. a 为不受模具活动部分影响的尺寸公差值；b 为受模具活动部分影响的尺寸公差值。
2. MT1级为精密级，具有采用严密的工艺控制措施和高精度的模具、设备，原料时才有可能选用。

表 2-5　常用塑料模塑件公差等级和使用（GB/T 14486—2008）

材料代号	模塑材料		公差等级		
			标注公差尺寸		未注公差尺寸
			高精度	一般精度	
ABS	丙烯腈-丁二烯-苯乙烯共聚物		MT2	MT3	MT5
CA	醋酸纤维素塑料		MT3	MT4	MT6
EP	环氧树脂		MT2	MT3	MT5
PA	聚酰胺	无填料填充	MT3	MT4	MT6
		30%玻璃纤维填充	MT2	MT3	MT5
PBT	聚对苯二甲酸丁二醇酯	无填料填充	MT3	MT4	MT6
		30%玻璃纤维填充	MT2	MT3	MT5
PC	聚碳酸酯		MT2	MT3	MT5
PDAP	聚邻苯二甲酸二烯丙酯		MT2	MT3	MT5
PE	聚乙烯		MT5	MT6	MT7
PESU	聚醚砜		MT2	MT3	MT5
PET	聚对苯二甲酸乙二醇酯	无填料填充	MT3	MT4	MT6
		30%玻璃纤维填充	MT2	MT3	MT5
PF	酚醛塑料		MT2	MT3	MT5
			MT3	MT4	MT6
PMMA	聚甲基丙烯酸甲酯		MT2	MT3	MT5
POM	聚甲醛		MT3	MT4	MT6
			MT4	MT5	MT7
PP	聚丙烯		MT3	MT4	MT6
			MT2	MT3	MT5
			MT2	MT3	MT5
PPO	聚苯醚		MT2	MT3	MT5
PPS	聚苯硫醚		MT2	MT3	MT5
PS	聚苯乙烯		MT2	MT3	MT5
PSF	聚砜		MT2	MT3	MT5
HPVC	硬质聚氯乙烯(无增塑剂)		MT2	MT3	MT5
SPVC	软质聚氯乙烯		MT5	MT6	MT7
VF/MF	氨基塑料和氨基酚醛塑料	无机填料填充	MT2	MT3	MT5
		有机填料填充	MT3	MT4	MT6

⑦ 型腔表面粗糙度不同，脱模斜度也不同。

a. 透明塑件，模具型腔表面镜面抛光：小塑件脱模斜度≥1°，大塑件脱模斜度≥3°。

b. 塑件表面要求蚀纹，模具型腔表面要喷砂或腐蚀：当 $Ra < 6.3\mu m$ 时，脱模斜度≥3°；当 $Ra \geqslant 6.3\mu m$，脱模斜度≥4°，见表 2-8。

c. 塑件表面要求留火花纹，模具型腔表面在电极加工后不再抛光：当 $Ra < 3.2\mu m$ 时，脱模斜度≥3°；当 $Ra \geqslant 3.2\mu m$ 时，脱模斜度≥4°。

⑧ 塑件上的文字、符号等脱模斜度取 8°～12°。

表 2-6 不同加工方法和不同材料所能达到的表面粗糙度 (GB/T 14234—1993)

加工方法	材料		0.025	0.050	0.10	0.20	0.40	0.80	1.60	3.20	6.30	12.50	25
			Ra/μm										
注射成型	热塑性塑料	PMMA	●	●	●	●	●	●	●				
		ABS	●	●	●	●	●	●	●				
		AS	●	●	●	●	●	●	●				
		PC			●	●	●	●	●				
		PS		●	●	●	●	●	●	●			
		PP			●	●	●	●	●				
		PA			●	●	●	●	●				
		PE			●	●	●	●	●	●	●		
		POM		●	●	●	●	●	●	●			
		PSF				●	●	●	●	●			
		PVC				●	●	●					
		PPO				●	●	●	●	●			
		CPE				●	●	●	●				
		PBT				●	●	●	●	●			
	热固性塑料	氨基塑料				●	●	●	●				
		酚醛塑料				●	●	●	●				
		硅酮塑料				●	●	●	●				
压制和挤胶成型		氨基塑料				●	●	●	●				
		密胺塑料			●	●	●	●					
		酚醛塑料				●	●	●	●	●			
		DAP					●	●	●				
		不饱和聚酯					●	●	●				
		环氧塑料			●	●	●	●					
机械加工		有机玻璃	●	●	●	●		●	●		●		
		尼龙							●	●	●	●	
		聚四氟乙烯						●	●	●	●		
		聚氯乙烯							●	●	●		
		增强塑料							●	●	●	●	●

注：模具型腔 Ra 数值应相应增大两级。

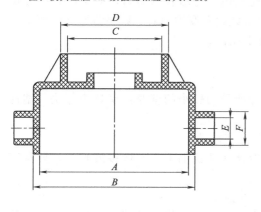

(a) 加脱模斜度之前的塑件　　　　(b) 加脱模斜度之后的塑件

图 2-3 脱模斜度

表 2-7　常用塑料的脱模斜度

塑料名称	斜度	
	型腔 α	型芯 β
聚乙烯(PE)、聚丙烯(PP)、软聚氯乙烯	$45'\sim1°$	$30'\sim45'$
ABS、尼龙(PA)、聚甲醛(POM)、氯化聚醚、聚苯醚	$1°\sim1°30'$	$40'\sim1°$
硬聚氯乙烯、聚苯乙烯(PS)、聚甲基丙烯酸甲酯(PMMA)、聚碳酸酯(PC)、聚砜	$1°\sim2°$	$50'\sim1°30'$
热固性塑料	$40'\sim1°$	$20'\sim50'$

表 2-8　塑件侧面蚀纹深度与脱模斜度对照

编号	蚀纹深度/in	最小脱模斜度/(°)	编号	蚀纹深度/in	最小脱模斜度/(°)
MT-11000	0.0004	1.5	MT-11200	0.003	4.5
MT-11010	0.001	2.5	MT-11205	0.0025	4
MT-11020	0.0015	3	MT-11210	0.0035	5.5
MT-11030	0.002	4	MT-11215	0.0045	6.5
MT-11040	0.003	5	MT-11220	0.005	7.5
MT-11050	0.0045	6.5	MT-11225	0.0045	6.5
MT-11060	0.003	5.5	MT-11230	0.0025	4
MT-11070	0.003	5.5	MT-11235	0.004	6
MT-11080	0.002	4	MT-11240	0.0015	2.5
MT-11090	0.0035	5.5	MT-11245	0.002	3
MT-11100	0.006	9	MT-11250	0.0025	4
MT-11110	0.0025	4.5	MT-11255	0.002	3
MT-11120	0.002	4	MT-11260	0.004	6
MT-11130	0.0025	4.5	MT-11265	0.005	7
MT-11140	0.0025	4.5	MT-11270	0.004	6
MT-11150	0.00275	5	MT-11275	0.0035	5
MT-11160	0.004	6.5	MT-11280	0.0055	8

注：1. 1in=25.4mm。

2. 目前最大的蚀纹公司是 Mold-Tech.，几乎所有国外厂商给的蚀纹规格都是以这家公司为标准。表 2-8 中脱模斜度是根据 ABS 料测定而得，实际运用时要根据成型条件、成型塑料、壁厚的变化等情况作调整。

2.2.5　塑件壁厚

塑件壁厚设计的原则如下。

① 壁厚均匀是塑件设计的第一原则。它可以使充模、冷却收缩均匀，成型好，尺寸精度高，生产率高。如果因为塑件的某些特殊要求无法做到壁厚均匀时，则厚薄壁之间要采用斜面逐步过渡。另外，厚薄之比必须严格控制为如下比值。

热固性塑料：压制 1：3，挤塑 1：5。

热塑性塑料：注塑 1：(1.5～2)。

② 在满足塑件结构和使用要求的条件下，尽可能采用较小的壁厚：模具冷却快，塑件重量轻，节省塑料。

③ 塑件壁厚的设计，要能承受顶出装置等的冲击和振动。

④ 在塑件的连接紧固处、嵌件埋入处、塑料熔体在孔窗的汇合（熔接痕）处，要具有足够的厚度。

⑤ 确定壁厚时必须考虑储存、搬运过程中所需的强度。

⑥ 满足成型时熔体充模所需壁厚，既要避免充料不足或易烧焦的薄壁，又要避免熔体破裂或易产生凹陷的厚壁。

⑦ 不同的塑料因其流动性不同，合理的壁厚也不相同，见表 2-9 和表 2-10。

表 2-9　塑件常用壁厚和最小壁厚推荐值　　　　　　　　　　　mm

塑料材料	最小壁厚	小型制品壁厚	中型制品壁厚	大型制品壁厚
尼龙	0.45	0.76	1.5	2.4～3.2
聚乙烯	0.6	1.25	1.6	2.4～3.2
聚苯乙烯	0.75	1.25	1.6	3.2～5.4
高抗冲聚苯乙烯	0.75	1.25	1.6	3.2～5.4
聚氯乙烯	1.2	1.6	1.8	3.2～5.8
有机玻璃	0.8	1.5	2.2	4.0～6.5
聚丙烯	0.85	1.45	1.75	2.4～3.2
氯化聚醚	0.9	1.35	1.8	2.5～3.4
聚碳酸酯	0.95	1.80	2.3	3～4.5
聚苯醚	1.2	1.75	2.5	3.5～6.4
醋酸纤维素	0.7	1.25	1.9	3.2～4.8
乙基纤维素	0.9	1.25	1.6	2.4～3.2
丙烯酸类	0.7	0.9	2.4	3.0～6.0
聚甲醛	0.8	1.40	1.6	3.2～5.4
聚砜	0.95	1.80	2.3	3～4.5

表 2-10　热固性塑料塑件壁厚推荐值　　　　　　　　　　　mm

塑料	最小壁厚	推荐壁厚	最大壁厚	塑料	最小壁厚	推荐壁厚	最大壁厚
醇酸树脂-玻纤填充	1.0	3.0	12.7	酚醛塑料(通用型)	1.3	3.0	25.4
醇酸树脂-矿物填充	1.0	4.7	9.5	酚醛-棉短纤填充	1.3	3.0	25.4
酞酸二烯丙酯(DAP)	1.0	4.7	9.5	酚醛-玻纤填充	0.76	2.4	19.0
环氧树脂-玻纤填充	0.76	3.2	25.4	酚醛-织物填充	1.6	4.7	9.5
三聚氰胺甲醛树脂-纤维素填充	0.9	2.5	4.7	酚醛-矿物填充	3.0	4.7	25.4
				硅酮-玻纤填充	1.3	3.0	6.4
氨基塑料-纤维填充	0.9	2.5	4.7	聚酯预混物	1.0	1.8	25.4

⑧ 流程不同，成型条件不同，塑件壁厚也不同，见表 2-11 和表 2-12。

表 2-11　各种塑料的成型条件与壁厚

树脂名称	树脂温度/℃	注射压力/(kgf/cm²)[①]	模具温度/℃	壁厚/mm
聚乙烯	150～300	600～1500	40～60	0.9～4.0
聚丙烯	160～260	800～1200	55～65	0.6～3.5
尼龙	200～320	800～1300	80～120	0.6～3.0
聚甲醛	180～220	1000～2000	80～110	1.5～5.0
聚苯乙烯	200～300	800～2000	40～60	1.0～4.0
丙烯腈-苯乙烯共聚物	200～260	800～2000	40～60	1.0～4.0
ABS	200～260	800～2000	40～60	1.5～4.5
聚丙烯酸酯	180～250	1000～2000	50～70	1.5～5.0
硬质聚氯乙烯	180～210	1000～2500	45～160	1.5～5.0
聚碳酸酯	280～320	400～2200	90～120	1.5～5.0
醋酸纤维素	160～250	600～2000	50～60	1.0～4.0
醋酸丁酸纤维素	160～250	600～2000	50～60	1.0～0.4

① $1 kgf/cm^2 = 9.8067 \times 10^4 Pa$。

表 2-12　塑件壁厚 *T* 与流程 *L* 的关系

塑料品种	*T-L* 计算公式	塑料品种	*T-L* 计算公式
流动性好（如 PE、PA）	$T=\left(\dfrac{L}{100}+0.5\right)\times0.6$	流动性差（如 PC、PSF）	$T=\left(\dfrac{L}{100}+1.2\right)\times0.9$
流动性中等 （如 PMMA、POM）	$T=\left(\dfrac{L}{100}+0.8\right)\times0.7$		

2.2.6　加强筋

加强筋在塑件上是不可或缺的功能结构。加强筋可以像"工"字钢一样有效地提高塑件的刚性和强度而无需大幅增加塑件壁厚，但又不会像"工"字钢那样出现倒扣而难以成型，对一些经常受到压力、扭力、弯曲的塑件尤其适用。此外，加强筋还可以充当内部流道，有助于熔体的填充，对复杂和大型塑件的成型有很大的帮助。

加强筋一般设计在塑件的非外观面，其方向尽量和熔体的流动方向一致，加强筋不宜太长和太厚，否则会增加注塑困难，如困气、背面出现收缩凹陷等。

加强筋尺寸见图 2-4 和图 2-5。

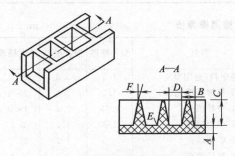

图 2-4　热塑性塑料加强筋尺寸

A—塑件壁厚；*B*—加强筋大端尺寸，取（0.5～0.75)*A*；*C*—筋高，小于 3*A*；*D*—筋间距，大于 4*A*；*E*—筋根倒角，*A*/8；*F*—筋脱模斜度，取 0.5°～2°

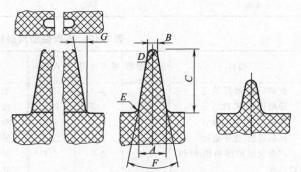

图 2-5　热固性塑料加强筋尺寸

A—加强筋大端尺寸；*B*—加强筋小端尺寸，取 *A*/2；*C*—筋高，等于 3*A*；*D*—筋顶圆角，取 *A*/4；*E*—筋根倒角，*A*/4；*F*—筋脱模斜度，取 10°；*G*—取 5°

2.2.7　自攻螺钉柱

自攻螺钉柱尺寸见图 2-6，推荐尺寸见表 2-13。

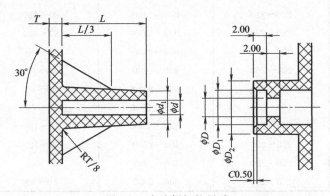

图 2-6　自攻螺钉柱尺寸

表 2-13　自攻螺钉柱尺寸推荐值　　　　　　　　　　　　　　　　mm

自攻螺钉	M2.0	M2.3	M2.6	M3.0	M3.5
d	1.7	2.0	2.2	2.5	3.0
d_1	4	5	5	5.2	5.6
D	2.2	2.5	2.8	3.2	3.7
D_1	4.2	5.2	5.2	5.5	6.0
D_2	7.0	8.0	8.0	8.0	8.5

　　自攻螺钉柱根部经常因为壁厚较大而造成背面产生收缩凹痕，解决的办法是在根部减料（胶），俗称做"火山口"，见图 2-7。

2.2.8　圆角

　　塑件的两相交平面之间尽可能以圆弧过渡，其作用如下。

　　① 分散载荷，增强及充分发挥塑件的机械强度。

　　② 改善塑料熔体的流动性，便于充满与脱模，消除壁部转折处的凹陷等缺陷。

　　③ 便于模具的机械加工和热处理，从而提高模具的使用寿命。

　　④ 锐角处易造成应力集中，应力集中会使模具和塑件局部开裂。

　　图 2-8 为壁厚与圆角半径的关系；图 2-9 为塑件转角半径。

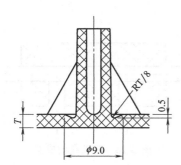

图 2-7　自攻螺钉柱根部减料防缩痕

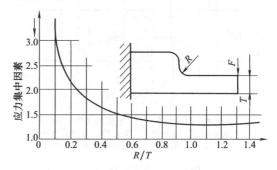

图 2-8　壁厚与圆角半径的关系
F—负荷；R—圆角半径；T—厚度
合理的圆角半径：$1/4 \leqslant R/T \leqslant 3/5$ 或 $R_{min} \geqslant 0.4$mm

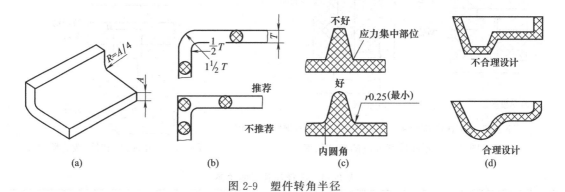

(a)　　　　　　(b)　　　　　　(c)　　　　　　(d)

图 2-9　塑件转角半径

2.2.9　孔

(1) 盲孔成型（见图 2-10 和图 2-11）

(2) 通孔和交叉孔的成型（见图 2-12～图 2-15）

(3) 孔的成型尺寸

孔径和孔深的关系见表 2-14，孔的极限尺寸推荐表见表 2-15，孔间距和孔边距见图 2-16

和表 2-16。

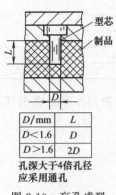

D/mm	L
D<1.6	D
D>1.6	2D

孔深大于4倍孔径
应采用通孔

图 2-10 盲孔成型

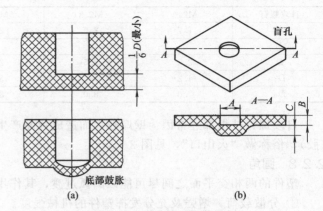

(a)   (b)

图 2-11 盲孔成型底部壁厚

A—孔径；$B=A$；当 $A<1.5mm$，$C=2A$；当 $A>1.5mm$，$C=B$

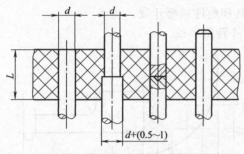

(a) 型芯一端固定 (b) 两个一端固定的型芯 (c) 有锥面配合的两型芯 (d) 一端固定，另一端有导向支撑的型芯

图 2-12 通孔的成型

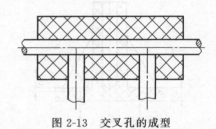

图 2-13 交叉孔的成型

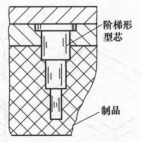

阶梯形型芯

制品

图 2-15 孔深过长时可改为阶梯孔

(a) 单根型芯
压缩模塑 $A=2B$；
传递模塑 $A=6B$；注射模塑 $A=6B$

(b) 两根型芯
压缩模塑 $A=6B$；
传递模塑 $A=15B$；注射模塑 $A=15B$

图 2-14 不同成型方法的型芯长度

表 2-14 孔径和孔深的关系

成型方式		孔的深度	
		通孔	不通孔
压塑	横孔	2.5d	<1.5d
	竖孔	5d	<2.5d
挤塑或注射		10d	(4~5)d

注：1. d 为孔的直径。

2. 采用纤维状塑料时，表中数值乘系数 0.75。

表 2-15　孔的极限尺寸推荐表　　　　　mm

成型方法	塑料名称	孔的最小直径	最大孔深		最小孔边壁厚度 b
			不通孔	通孔	
压制与铸压成型	压塑粉	3	压制时:2d	压制时:4d	1d
	纤维塑料	3.5	铸压时:4d	铸压时:8d	
	碎布压塑料	4			
注射成型	尼龙	0.2	4d	10d	2d
	聚乙烯				
	软聚氯乙烯				2.5d
	有机玻璃	0.25			
	氯化聚醚	0.3	3d	8d	2d
	聚甲醛				
	聚苯醚				
	硬聚氯乙烯	0.25			
	改性聚苯乙烯	0.3			
	聚碳酸酯	0.35	2d	6d	2.5d
	聚砜				2d

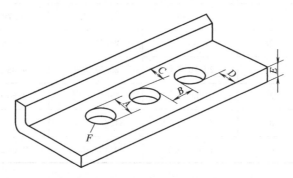

图 2-16　热塑性塑料孔间距和孔边距

A—孔径；$B=A$；$C=A$；$D=2A$；E—壁厚；F—孔的最小直径，0.12mm

表 2-16　热固性塑料孔间距和孔边距　　　　　mm

孔径	孔边距	孔心距	孔径	孔边距	孔心距
<1.5	2.5	3.5	6.0	6.0	10.0
2.5	3.0	5.0	8.0	8.0	14.0
4.5	4.0	6.0	10.0	8.0	22.0
5.0	5.5	8.0	12.0	10.0	22.0

注：两孔径不等时，按小孔孔径查表。

(4) 螺纹的设计

塑件内螺纹设计见图 2-17，塑件外螺纹设计见图 2-18，有关的成型尺寸见表 2-17。

表 2-17　型芯、型腔上螺纹成型尺寸　　　　　mm

螺纹直径 d_0	螺距 S			螺纹直径 d_0	螺距 S		
	≤1	>1~2	>2		≤1	>1~2	>2
	退刀尺寸 l				退刀尺寸 l		
≤10	2	3	4	>20~30	4	6	8
>10~20	3	4	5	>30~40	6	8	10

塑料塑件瓶口螺纹的结构及尺寸见表 2-18～表 2-21。

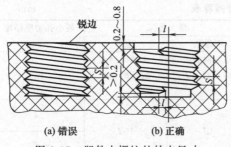

图 2-17　塑件内螺纹的始末尺寸

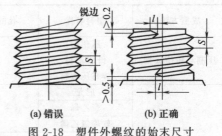

图 2-18　塑件外螺纹的始末尺寸

表 2-18　圆弧瓶口螺纹（玻璃瓶收口 No.400）　　　　mm

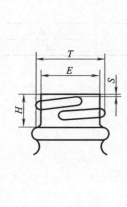

公称尺寸	T	E	H	S
18	17.63 ± 0.25	15.50 ± 0.25	$9.04^{+0.20}_{-0.18}$	$0.86^{+0.33}_{-0.30}$
20	19.63 ± 0.25	17.50 ± 0.25	$9.04^{+0.20}_{-0.18}$	$0.86^{+0.33}_{-0.30}$
22	21.64 ± 0.25	19.50 ± 0.25	$9.04^{+0.20}_{-0.18}$	$0.86^{+0.33}_{-0.30}$
24	23.62 ± 0.25	21.49 ± 0.25	$9.78^{+0.20}_{-0.18}$	$1.17^{+0.41}_{-0.38}$
28	$27.35^{+0.33}_{-0.30}$	$24.92^{+0.33}_{-0.30}$	$9.78^{+0.20}_{-0.18}$	$1.17^{+0.41}_{-0.38}$
30	$28.30^{+0.33}_{-0.30}$	$25.91^{+0.33}_{-0.30}$	9.86 ± 0.25	$1.17^{+0.41}_{-0.38}$
33	$31.80^{+0.33}_{-0.30}$	$29.41^{+0.33}_{-0.30}$	9.86 ± 0.25	$1.17^{+0.41}_{-0.38}$
38	36.98 ± 0.51	34.60 ± 0.51	9.86 ± 0.25	$1.17^{+0.41}_{-0.38}$
43	41.50 ± 0.51	39.12 ± 0.51	9.86 ± 0.25	$1.17^{+0.41}_{-0.38}$

表 2-19　圆弧瓶口螺纹（玻璃瓶收口 No.410）　　　　mm

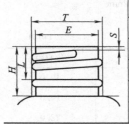

公称尺寸	T	E	H	S	L min	螺纹圈数
18	17.63 ± 0.25	15.50 ± 0.25	$12.90^{+0.20}_{-0.18}$	$0.86^{+0.33}_{-0.30}$	8.76	$1\frac{1}{2}$
20	19.63 ± 0.25	17.50 ± 0.25	$13.70^{+0.20}_{-0.18}$	$0.86^{+0.33}_{-0.30}$	8.76	$1\frac{1}{2}$
22	21.64 ± 0.25	19.50 ± 0.25	$14.50^{+0.20}_{-0.18}$	$0.86^{+0.33}_{-0.30}$	9.14	$1\frac{1}{2}$
24	23.62 ± 0.25	21.49 ± 0.25	$16.0^{+0.20}_{-0.18}$	$1.17^{+0.41}_{-0.38}$	10.69	2
28	$27.35^{+0.33}_{-0.30}$	$24.92^{+0.33}_{-0.30}$	$17.60^{+0.20}_{-0.18}$	$1.17^{+0.41}_{-0.38}$	10.29	$1\frac{1}{4}$

表 2-20　圆弧瓶口螺纹（玻璃瓶收口 No.415）　　　　mm

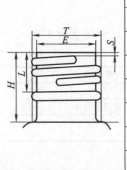

公称尺寸	T	E	H	S	L min
13	$12.85^{+0.20}_{-0.18}$	$11.33^{+0.20}_{-0.18}$	$11.10^{+0.20}_{-0.18}$	$0.86^{+0.33}_{-0.30}$	7.37
15	$14.55^{+0.20}_{-0.18}$	$13.03^{+0.20}_{-0.18}$	$13.77^{+0.20}_{-0.18}$	$0.86^{+0.33}_{-0.30}$	8.43
18	17.63 ± 0.25	15.50 ± 0.25	$15.29^{+0.20}_{-0.18}$	$0.86^{+0.33}_{-0.30}$	10.49
20	19.63 ± 0.25	17.50 ± 0.25	$18.47^{+0.20}_{-0.18}$	$0.86^{+0.33}_{-0.30}$	11.18
22	21.64 ± 0.25	19.50 ± 0.25	$20.88^{+0.20}_{-0.18}$	$0.86^{+0.33}_{-0.30}$	13.46
24	23.62 ± 0.25	21.49 ± 0.25	$23.93^{+0.20}_{-0.38}$	$1.17^{+0.41}_{-0.38}$	13.84
28	$27.35^{+0.33}_{-0.30}$	$24.92^{+0.33}_{-0.30}$	$27.10^{+0.20}_{-0.18}$	$1.17^{+0.41}_{-0.38}$	16.23

表 2-21 圆弧瓶口螺纹（玻璃瓶收口 No.430） mm

公称尺寸	T	E	H	S
18	17.63 ± 0.25	15.50 ± 0.25	15.34 ± 0.25	$7.32^{+0.20}_{-0.18}$
20	19.63 ± 0.25	17.50 ± 0.25	15.34 ± 0.25	$7.32^{+0.20}_{-0.18}$
22	21.64 ± 0.25	19.50 ± 0.25	15.34 ± 0.25	$7.32^{+0.20}_{-0.18}$
24	23.62 ± 0.25	21.49 ± 0.25	16.43 ± 0.25	$8.10^{+0.20}_{-0.18}$
28	$27.35^{+0.33}_{-0.30}$	$24.92^{+0.33}_{-0.30}$	$18.39^{+0.33}_{-0.30}$	$8.92^{+0.20}_{-0.18}$
30	$28.30^{+0.33}_{-0.30}$	$25.91^{+0.33}_{-0.30}$	$19.30^{+0.33}_{-0.30}$	$9.58^{+0.20}_{-0.18}$
33	$31.80^{+0.33}_{-0.30}$	$29.41^{+0.33}_{-0.30}$	$19.69^{+0.33}_{-0.30}$	$9.58^{+0.20}_{-0.18}$
38	37.11 ± 0.38	34.72 ± 0.38	24.03 ± 0.38	14.02 ± 0.25

（5）强制脱模

塑件成型时常利用塑料的弹性变形和凸凹深度尺寸不大的特点，强制性地将塑件从模中推出。强制脱模的条件见图 2-19～图 2-21。

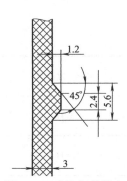

图 2-19 弹性塑料侧向
凸凹强制脱模结构

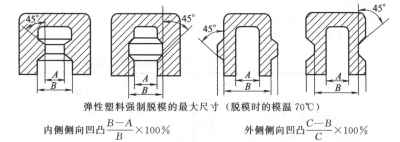

弹性塑料强制脱模的最大尺寸（脱模时的模温 70℃）

内侧侧向凹凸 $\dfrac{B-A}{B}\times100\%$ 外侧侧向凹凸 $\dfrac{C-B}{C}\times100\%$

尺寸界限   尺寸界限

通常含玻璃纤维（CF）的工程塑料凹凸百分率在 3% 以下；不含玻璃纤维（GF）的凹凸百分率可以在 5% 以下

图 2-20 弹性塑料强制脱模最大尺寸（脱模时温度 70℃）

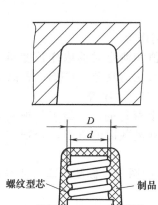

螺纹型芯　　制品

脱件板

应变率＝$\dfrac{螺纹外径-螺纹内径}{螺纹内径}\times100\%$

计算实例

螺纹外径 32mm，螺纹内径 30mm

应变率＝$\dfrac{32-30}{30}\times100\%\approx7\%$

塑料名称	65℃时应变率/%
ABS	8
AS	不宜用
PS	不宜用
聚甲醛	5
丙烯酸塑料	4
尼龙	9
LDPE	21
HDPE	6
PP	5
PC	不宜用

图 2-21 可强制脱模的圆弧螺纹及极限脱模应变率

2.2.10 齿轮

塑料齿轮的形状和尺寸见图 2-22、表 2-22。

塑料齿轮的基本参数及其计算公式如下。

齿数 z：一个齿轮的轮齿总数。

模数 m：模数是制造齿轮的重要参数，两啮合齿轮模数必须相等。

$$m = p/\pi \quad d = mz$$

齿形角 α：齿廓曲线与分度圆的交点处的向径与齿廓在该点处的切线所夹的锐角。

传动比 i：$i = n_1/n_2$

中心距 a：$a = (d_1 + d_2)/2$

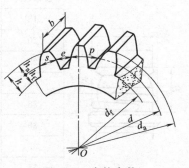

图 2-22　齿轮参数

齿顶高：$h_a = m$

齿根高：$h_f = 1.25m$

齿高：$h = 2.25m$

分度圆直径：$d = mz$

齿顶圆直径：$d_a = m(z+2)$

齿根圆直径：$d_f = m(z-2.5)$

表 2-22　塑料齿轮的形状和尺寸

	轮缘宽度 t_1	$\geqslant 3t$（t 为齿高）
	辐板厚度 H_1	$\leqslant H$
	轮毂厚度 H_2	$\geqslant H$
	轮毂外径 D_1	$\geqslant (1.5 \sim 3)D$

2.2.11 塑件的表面粗糙度

① 表面粗糙度不是表面缺陷，例如熔接痕、气泡和刮伤等。

② 在设计表面粗糙度要求时，必须给出粗糙度参数值和测定时的取样长度两项基本要求。若取样长度未作要求，则按 GB/T 1031—2009《产品几何规范（GPS）表面结构轮廓法》的规定执行。必要时，可规定加工纹理、加工方法和加工顺序等。

③ 表面粗糙度的参数值是在垂直于被测表面的截面上获得的。对给定的被测表面，如截面方向与高度参数最大值的方向一致时，则可不规定测量截面的方向，否则应在图样上标出。

④ 表面粗糙度的标注方法按 GB/T 131—2006《技术制图——标注表面特征的方法》的规定执行。

⑤ 塑件的表面分类。塑件的表面要求根据实际情况和客户的要求，分为表面有装饰纹样和表面无装饰纹样；又可分为透明件和不透明件；以及按装配和使用要求分为外露面与非外露面，和脱模困难的部位（例如深骨位）；外露面（按客户要求）分为省滑、抛光、镜面，以及表面有装饰纹样共四种。

⑥ 塑件的表面粗糙度。具体每种塑件表面要求所具有的表面粗糙度应根据实际情况和客户的要求来定，模具型腔表面要求达到相应的表面粗糙度，具体参见第 1 章中对模具型腔

表面的粗糙度要求。

⑦ 不同胶料所能达到的塑胶件表面粗糙度见表 2-23。

表 2-23　不同胶料所能达到的塑胶件表面粗糙度

塑胶材料	Ra 参数值范围 /μm											
	0.012	0.025	0.050	0.100	0.200	0.40	0.80	1.60	3.20	6.30	12.5	25.0
PMMA(亚加力)		●	●	●	●	●	●	●				
ABS		●	●	●	●	●	●	●				
AS		●	●	●	●	●	●	●				
聚碳酸酯			●	●	●	●	●	●				
聚苯乙烯			●	●	●	●	●	●				
聚丙烯					●	●	●	●				
尼龙					●	●	●	●				
聚乙烯					●	●	●	●	●	●		
聚甲醛		●	●	●	●	●	●	●				
聚砜					●	●	●	●				
聚氯乙烯					●	●	●	●				
聚苯醚					●	●	●	●				
氯化聚醚					●	●	●	●				
PBT					●		●	●	●			

注：当材料为增强塑胶料，其 Ra 数值应相应增大两个档次（即胶件的表面相应地更加粗糙）。

2.3　注塑机

2.3.1　注塑机的选用

注塑机规格型号的确定主要是根据塑件的大小、型腔数量和产品批量。在选择注塑机时主要考虑其塑化率、额定注射量、额定锁模力、安装模具的有效面积（注塑机拉杆之间的距离）、顶出行程等。如果模具设计之前，已经确定了所用注塑机的规格型号，那么设计人员必须对模具的安装尺寸和顶出行程等参数进行校核，如果满足不了要求，要么更改模具的型腔数量，缩小模具的大小尺寸，要么与客户商量更换注塑机。

(1) 根据额定注射量选用注塑机

（各腔塑料塑件总重＋浇注系统凝料）≤注射机额定注射量×80%

> **注意**
>
> 算出的数值不能四舍五入，只能向大取整数。

(2) 根据额定锁模力选用注塑机

假定各腔塑料塑件在分型面上的投影面积之和为 $S_分$（mm^2），注射机的额定（或公称）锁模力为 $F_锁$，塑料熔体对型腔的平均压强为 $p_型$，则

$$S_分 p_型 \leq F_锁 \times 80\%$$

(3) 根据注射机安装部分的相关尺寸选用

模具的宽度必须小于注射机的拉杆间距，即 $A > C$，这样模具才可以进入注射机，见图 2-23。

(4) 根据开模行程来选用

各种型号注射机的推出装置和最大推出距离不尽相同，选用注射机时，应使注射机动模板的开模行程与模具的开模行程相适应。二板模和三板模的开模行程计算方法如下。

① 二板模开模行程见图 2-24。

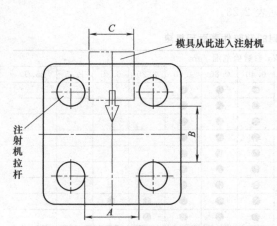

图 2-23　模具的宽度必须小于拉杆间距

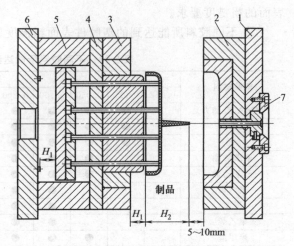

图 2-24　二板模开模行程

1—面板；2—定模 A 板；3—动模 B 板；4—托板；

5—方铁；6—底板；7—定位圈

二板模最小开模行程＝H_1＋H_2＋(5～10mm)

② 三板模开模行程见图 2-25。

三板模最小开模行程＝H_1＋H_2＋A＋C＋(5～10mm)

式中　H_1——塑件需要推出的最小距离；

　　　H_2——塑件及浇注系统凝料的总高度；

　　　A——三板模浇注系统凝料高度 B＋30mm，且 A 的距离需大于 100mm，以方便取

　　　　　出水口；

　　　C——6～10mm，5～10mm 为安全距离。

③ 选用原则。

所选注射机的动模板最大行程 S_{max} 必须大于模具的最小开模行程，所选注射机的动模

板和定模板的最小间距 H_{min} 必须小于模具的最小厚度，见图 2-26。

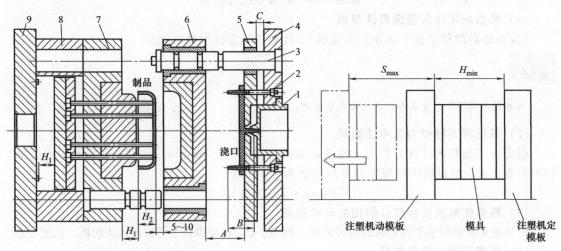

图 2-25　三板模开模行程

1—浇口套；2—拉料杆；3—导柱；

4—面板托板；5—流道推板；6—定模 A 板；

7—动模 B 板；8—方铁；9—底板

图 2-26　开模行程

表 2-24　Se 系列伺服驱动节能注塑机参数

项目	TTI-90Se			TTI-130Se			TTI-160Se			TTI-190Se			TTI-260Se			TTI-320Se			TTI-380Se			TTI-450Se			TTI-500Se			TTI-600Se			TTI-750Se		
螺杆直径/mm	30	35	40	35	40	45	40	45	50	45	50	55	50	55	60	55	60	65	60	70	80	70	80	90	70	80	94	80	90	100	90	100	110
理论射胶容积/cm³	114	155	202	177	231	293	260	329	406	366	452	546	497	601	715	656	780	916	910	1239	1619	1416	1850	2341	1486	1940	2679	2071	2621	3236	2863	3534	4277
射胶量(PS)/g	102	139	182	159	208	263	234	296	366	329	406	492	447	541	644	590	702	824	819	1115	1457	1275	1665	2107	1337	1746	2411	1864	2359	2912	2577	3181	3849
射胶量(PS)/oz	3.6	4.9	6.4	5.6	7.4	9.3	8.3	10.5	12.9	11.6	14.4	17.4	15.8	19.1	22.7	20.8	24.7	29	29	39.4	51.5	45	58.8	74.5	47	62	85	65.9	83.4	102.9	91	112	136
螺杆长径比 L/D	23.8	21	18.1	23.7	20.5	18.1	22.5	20	18	22.5	20	18.4	22.2	20	18.3	21.9	20	18.4	23.5	20.1	17.6	24.1	21	18.6	24	21	18	23	20.7	18.3	23	21	18.9
射胶压力/MPa	247	181	139	236	181	143	230	181	147	223	181	149	218	180	151	212	179	152	246	180	138	221	169	134	220	168	121	226	179	145	199	161	133
射胶速率/(cm³/s)	72	99	129	89	116	147	117	148	183	142	175	212	211	255	304	248	295	346	258	352	459	361	471	597	359	469	647	406	514	635	590	729	882
射胶行程/mm	161			184			207			230			253			276			322			368			386			412			450		
最大螺杆转速/(r/min)	200			195			220			145			190			175			150			175			175			140			125		
熔胶率(PS)/(kg/h)	32.9	44.8	60.9	43.6	57	80.8	66.9	91.2	120.7	82.3	106.2	134.5	104.2	134.5	185.1	123.9	170.5	202.8	146.1	215	280.9	250.9	327.7	425.1	257.2	335.9	463.7	262.1	340.1	409.6	286	344	442
射台拉力/t	4.5			5.3			5.3			5.3			8.3			8.3			11			11			11.9			18.3			18		
射台行程/mm	255			300			320			360			400			435			435			480			500			600			600		
锁模力/t	90			130			160			190			260			320			380			450			500			600			750		
模板最大间距/mm	680			820			906			1000			1105			1250			1450			1560			1640			1820			2050		
锁模行程/mm	320			410			446			490			525			590			710			740			820			910			1025		
四柱间距/mm	360×360			410×410			460×460			510×510			580×580			660×660			740×740			780×780			825×825			900×900			1000×1000		
最小模具尺寸/mm	250×250			280×280			320×320			350×350			400×400			460×460			510×510			540×540			570×570			630×630			700×700		
容模量/mm	150~360			150~410			150~460			175~510			200~580			250~660			250~740			300~820			300~820			350~910			350~1025		
顶针力/t	2.5			3.7			3.7			4.5			6.1			6.1			10.2			12.3			13			12.5			25		
顶针行程/mm	85			100			130			140			160			180			200			250			250			300			350		
顶针数	1			5			5			5			9			13			13			13			13			17			17		
马达最大电流/A	42			48			58			63			72			85			100			110			110			120			130		
系统压力/MPa	17			17			17			17			17			17			17			17			17			17			16		
加热区	3+1			3+1			4+1			4+1			5+1			5+1			5+1			5+1			5+1			5+1			5+1		
电加热功率/kW	7.38			8.82			10.72			13.22			15.42			16.42			21.59			24.64			25.79			30.59			34		
净重/t	2.8			3.8			4.6			6			8.2			10.8			14.4			17			17			26			45		
注油量/L	120			160			220			250			380			460			560			710			710			820			1150		

2.3.2　注塑机的参数及安装尺寸

国产注塑机安装尺寸大致相同，但各厂的规格型号不尽相同，由于篇幅所限，这里只介绍东华机械有限公司的 Se 系列伺服驱动节能注塑机。

(1) 注塑机参数（见表 2-24）

(2) Se 系列伺服驱动节能注塑机安装尺寸（见图 2-27）

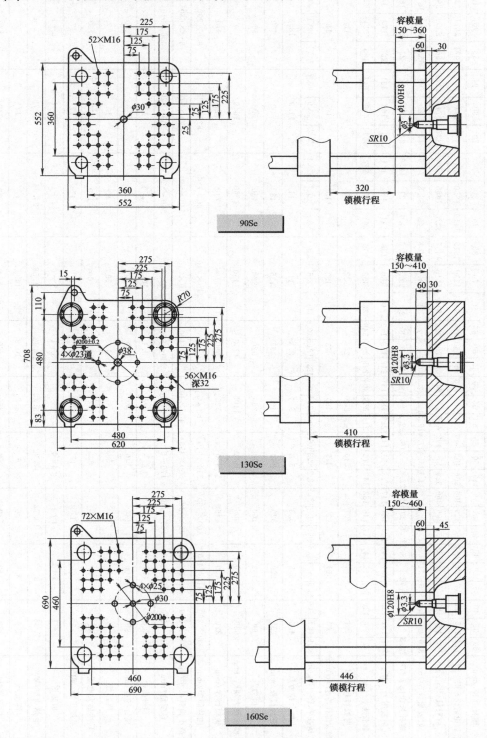

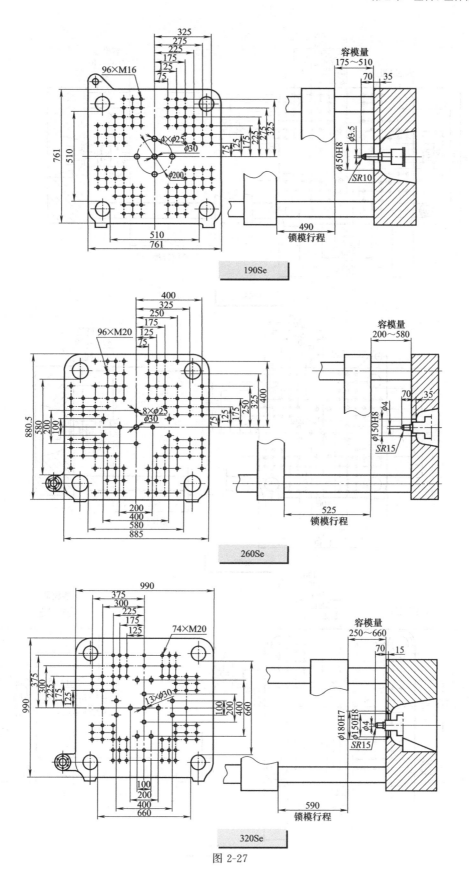

图 2-27

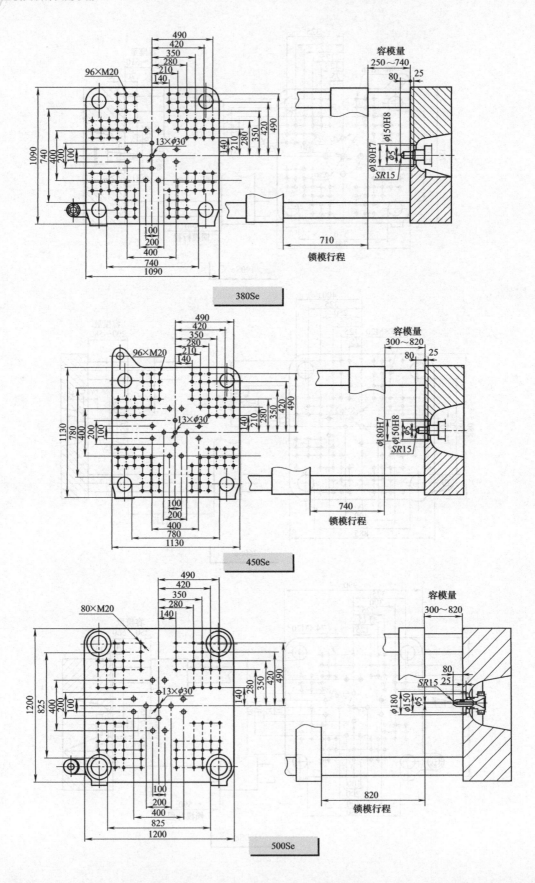

380Se

450Se

500Se

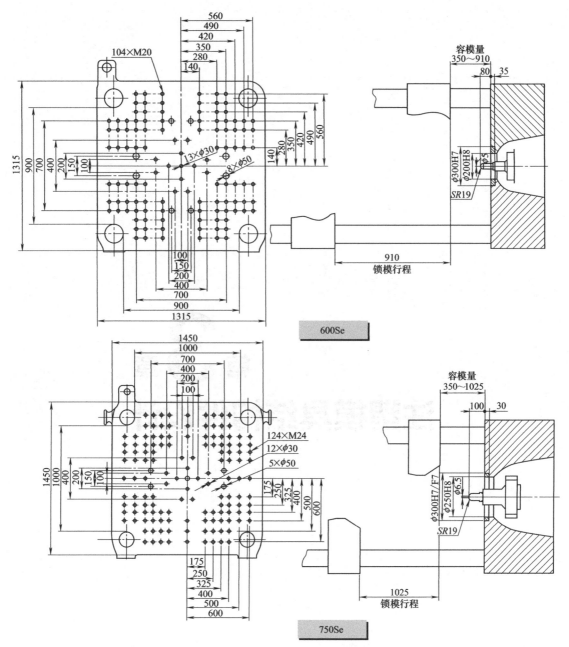

图 2-27　Se 系列伺服驱动节能注塑机安装尺寸

第 **3** 章

注塑模具结构件设计

3.1　注塑模模架设计

3.1.1　注塑模具模架的典型结构

模具结构的选定是非常重要的，模具的结构决定了模具的注塑周期、成本、塑件的注塑工艺与塑件的生产成本等，所以选择模具结构时必须慎重。

（1）无框二板模（见图 3-1）

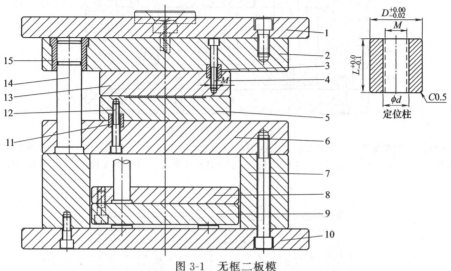

图 3-1　无框二板模

1—面板；2—定模 A 板；3—凹模定位柱；4,12—连接螺钉；5—凸模；6—动模 B 板；7—方铁；
8—推杆固定板；9—推杆底板；10—底板；11—凸模定位柱；13—凹模；14—导柱；15—导套

适用场合：当塑件扁平、侧向投影面积不大且结构简单时，可用这种结构，但要注意凸、凹模与模板之间要分别加四个定位柱 3 和 11 定位。

特点：前后模板不用开框，前后模板比传统的模具要薄，不用配模框，加工周期短，成本低，但定位没有传统模具可靠，一般要在动、定模镶件之间加直身边锁或定位柱。

（2）普通流道二板模（见图 3-2）

> **注意**
>
> ① K.O 孔不能小于注塑机的顶棍直径。
> ② 推出行程 L 要保证加强筋能完全脱出。
> ③ 在要求自动注塑时，要保证塑件能完全脱出型腔；在半自动或手动时，要保证塑件能轻易取出。
> ④ 浇口套球形半径 SR 必须大于喷嘴半径。

（3）单点式热射嘴二板模（见图 3-3）

> **注意**
>
> ① 适用于大型产品，塑料为 ABS、PP、GP 等。
> ② 热射嘴上的热控设备的电线一定要在凹槽里面，它通过模具连接在模具外的电源上。
> ③ 在热射嘴附近一定要有冷却水通过。
> ④ 在设计中一定要考虑热膨胀造成的影响。
> ⑤ 其他注意事项同普通流道二板模。

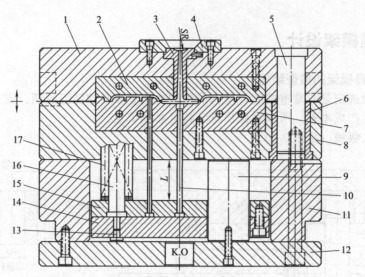

图 3-2　普通流道二板模

1—定模 A 板；2—定模镶件；3—浇口套；4—定位圈；5—导柱；6—导套；7—动模镶件；8—动模 B 板；9—撑柱；
10—流道拉杆；11—方铁；12—动模底板；13—限位钉；14—推杆底板；15—推杆固定板；16—复位杆；17—复位弹簧

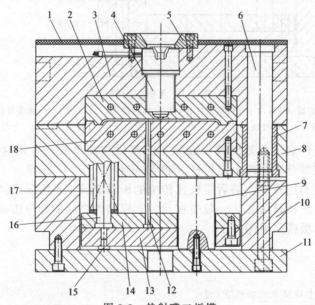

图 3-3　热射嘴二板模

1—隔热板；2—定模镶件；3—定模 A 板；4—热射嘴；5—定位圈；6—导柱；7—导套；8—动模 B 板；9—撑柱；10—方铁；
11—动模底板；12—推杆；13—推杆底板；14—推杆固定板；15—限位钉；16—复位杆；17—复位弹簧；18—动模镶件弹簧

(4) 多点式热流道板二板模（见图 3-4）

注意

　　① 适用于大型产品，一模一腔或一模多腔，为了更好地充满型腔，减小其翘曲变形，通常采用多浇口进料。

　　② 热流道板上装有加热设备。

　　③ 热流道板热射嘴上的热设备的电线一定要在凹槽里面，它通过模具连接在模具外的电源上。

　　④ 在热射嘴附近一定要有冷却水通过。

⑤ 在设计中一定要考虑热膨胀造成的影响。

⑥ 其他注意事项同普通流道二板模。

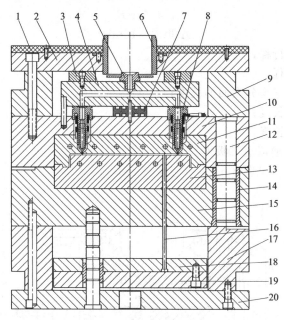

图 3-4　热流道板二板模

1—隔热板；2—定模面板；3—隔热片；4—热流道板；5—一级热射嘴；6—定位圈；7—中心隔热垫片；
8—二级热射嘴；9—定模方铁；10—定模 A 板；11—定模镶件；12—导柱；13—动模镶件；14—导套；
15—动模 B 板；16—推杆；17—动模方铁；18—推杆固定板；19—推杆底板；20—动模底板

(5) 标准型三板模（见图 3-5）

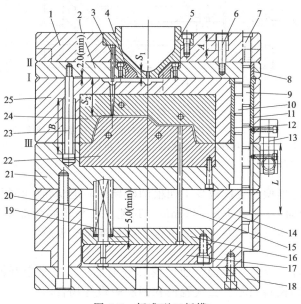

图 3-5　标准型三板模

1—面板；2—流道推板；3—流道拉杆；4—衬套；5—浇口套；6—限位螺钉；7—定模导柱；8—导套；9—定模方铁；
10—动模导柱；11,12—导套；13—扣基；14—方铁；15—推杆；16—推杆固定板；17—推杆底板；18—动模底板；
19—复位杆；20—复位弹簧；21—动模 B 板；22—动模镶件；23—小拉杆；24—定模镶件；25—定模 A 板

设计时要保证以下关系：

$$B \geqslant S_1 + S_2 + (20 \sim 30\text{mm})$$
$$B \geqslant 100\text{mm}$$
$$L \geqslant A + B$$
$$A \text{ 取 } 8 \sim 12\text{mm}$$

式中　A——限位螺钉行程；

　　　B——小拉杆行程；

　　　L——拉杆伸出定模分型面的长度；

　　　S_1——主流道的长度；

　　　S_2——分流道的长度。

其他注意事项同普通流道二板模。

(6) 简化型三板模（见图 3-6）

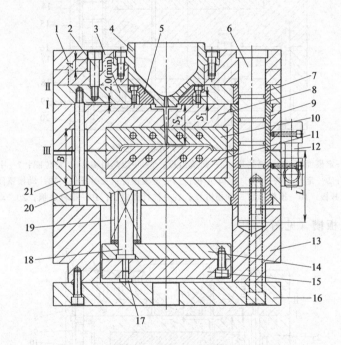

图 3-6　简化型三板模

1—面板；2—限位螺钉；3—流道推板；4—浇口套；5—衬套；6—导柱；7,9—导套；
8—定模 A 板；10—定模镶件；11—动模镶件；12—扣基；13—方铁；14—推杆固定板；
15—推杆底板；16—动模底板；17—限位钉；18—复位杆；19—复位弹簧；20—小拉杆；21—动模 B 板

简化型三板模比标准型三板模减少了四根动模导柱，定模导柱必须同时对流道推板、定模 A 板和动模 B 板导向，$L \geqslant A + B + 20\text{mm}$，其他注意事项同标准型三板模。简化型三板模的精度和刚度比标准型三板模差，寿命也比不过标准型三板模。

(7) 假三板模（见图 3-7）

假三板模是定模部分没有开模面，而动模部分增加一个或多个开模面。开模距离 A 取决于塑件。它常用于动模斜抽芯、二次脱模和强制脱模等场合。

(8) 二板半模（见图 3-8）

二板半模是在定模部分增加一块推板。用于定模推出、定模侧向出芯或防止塑件粘定模型芯的场合。开模距离 A 取决于塑件的形状和对定模型芯包紧的深度。

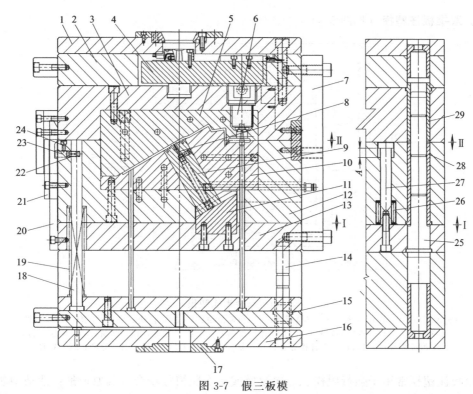

图 3-7　假三板模

1—面板；2—支撑板；3—定模 A 板；4—热流道板；5—定模镶件；6—热射嘴；7—锁模扣；8—斜抽芯；9—斜滑块；
10—动模镶件；11—斜抽芯导向块；12—动模 B 板；13—托板；14—推杆板导柱；15—推杆板导套；16—模具底板；
17—动模定位圈；18—复位杆；19—复位弹簧；20—推块；21—拉钩；22—弹簧；23—活动块；24—限位销；
25—导柱；26—弹簧；27—限位杆；28,29—导套

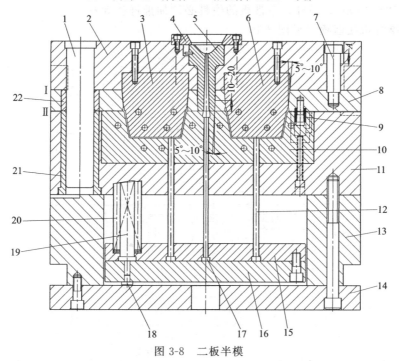

图 3-8　二板半模

1—导柱；2—定模 A 板；3—定模型芯；4—定位圈；5—浇口套；6—定模型芯；7—限位螺钉；
8—定模推板；9—尼龙塞；10—动模镶件；11—动模 B 板；12—推杆；13—方铁；14—动模底板；
15—推杆固定板；16—推杆底板；17—流道拉杆；18—限位钉；19—复位杆；20—复位弹簧；21,22—导套

(9) 双推板注塑模（见图 3-9）

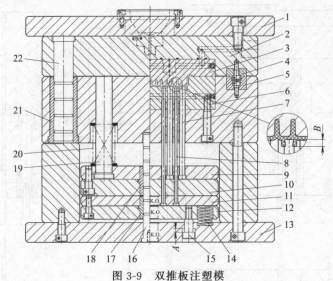

图 3-9 双推板注塑模

1—定模面板；2—定模 A 板；3—定模镶件；4—凸定位块；5—凹定位块；6—动模镶件；7—推杆；
8—活动型芯；9，11—推杆固定板；10，12—推杆底板；13—模具底板；14—弹簧；15—限位螺钉；
16—推杆板导柱；17，18—推杆板导套；19—复位杆；20—复位弹簧；21—导套；22—导柱

　　双推板注塑模常用于强行脱模、二次脱模或多次脱模等场合。其原理是：活动型芯和推杆分别装配在两组推板上，模具完成一次注射成型后，注塑机顶棍推动推板，在弹簧等组件的作用下，两组推板及其上面的活动型芯和推杆同时随塑件出模，顶棍推出距离 A 后，装有活动型芯的推板停止运动，而装有推杆的推板继续前进，将塑件推离活动型芯。图 3-9 中，$A \geqslant B + (2 \sim 3 \text{mm})$。另外，双推板的模具必须加推杆板导柱。

(10) 无推杆板注塑模（见图 3-10）

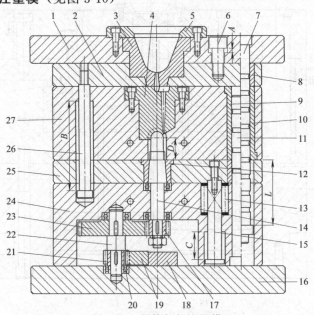

图 3-10 无推杆板注塑模

1—定模面板；2—流道推板；3—浇口套；4—定模镶件；5—定位圈；6—限位螺钉；7—定模导柱；8～10—导套；
11—动模导柱；12—镶套；13—弹簧；14—螺纹型芯；15—推板限位杆；16—底板；17，21，23—齿轮；18—齿条挡块；
19—齿条；20—轴承；22—齿轮轴；24—动模 B 板；25—推板；26—流道板限位杆；27—定模 A 板

　　无推杆板注塑模架常用于无需推杆、推管等常规推出零件的场合，如螺纹自动脱模和定模脱模都常用这种模架。图 3-10 是螺纹自动脱模注塑模，塑件脱模时螺纹型芯转动，同时推板推动塑件脱离螺纹型芯 14。设计时要求 $C=D+(5\sim10\text{mm})$。其他参数同三板模。

(11) 定模推出注塑模——倒推模（见图 3-11）

　　倒推模的推出机构在定模一侧，推出动力来源于液（气）压、安装于动模的拉杆和链条。

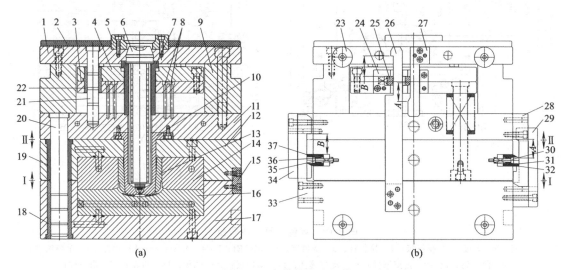

图 3-11　定模推出注塑模

1—面板；2—隔热板；3—定模推杆固定板；4—推杆底板；5—定位圈；6—热射嘴；7—镶套；8—推杆；
9—方铁；10,13—定模型芯；11—定模 A 板；12—推板；14—定模镶件；15—定位块；16—动模镶件；
17—动模 B 板；18,19—导套；20,30,35—导柱；21—推杆固定板导柱；22—推杆固定板导套；23—支撑柱；
24—活动块座；25—活动块；26,28,33—拉钩；27,29,34—推块；31—活动块；32,36—弹簧；37—浮动块

(12) 双色（料）注塑模（见图 3-12）

　　双色（料）注塑模动模镶件在注射过程中需要推出并转动 180°，其动力有时来自注塑机，有时来自安装于模具上的液（气）压缸，见图 3-12。

(13) 双层注塑模（见图 3-13）

　　双层注塑模相当于两副模同时生产，它是通过模具外侧的齿轮齿条传动做到两个分型面同时开合。这种模具一定要采用热流道浇注系统。

(14) MUD 模（见图 3-14）

　　MUD 是 master unit die 的简称，即快速转换模架。其特点是：模架为快换板，由客户提供，只需做内模镶件和推杆板，见图 3-14～图 3-18。

　　MUD 模注意事项：

　　① 模宽 D 由快换板规格决定。

　　② 此种模一般较小，要注意最小模厚 H，必要时要加高 C 长度。

　　③ 出入冷却水道尽量设计在模顶，避免撞模架。

　　MUD 模有以下三种形式。

　　① U 型　见图 3-16。

　　② H 型　见图 3-17。

　　③ 双 H 型　见图 3-18。

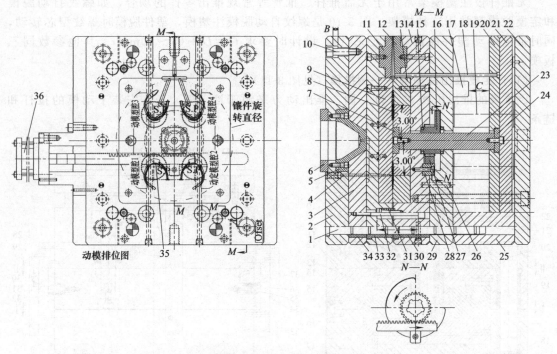

图 3-12 双色（料）注塑模

1—导柱；2—面板；3—脱料板；4—拉料杆；5—浇口套；6—定位圈；7,24—介子；8—活动镶件；9—定模镶件；
10—限位钉；11,12—流道镶件；13—动模镶件；14—动模板；15—轴承；16—齿轮；17—限位柱；
18—推杆；19—撑柱；20—推杆固定板；21—推杆底板；22—底板；23—花键轴；25—方铁；26—定位销；
27—齿条；28—齿条推块；29—托板；30,33,34—导套；31—尼龙塞；32—小拉杆；35—嵌件；36—液压油缸

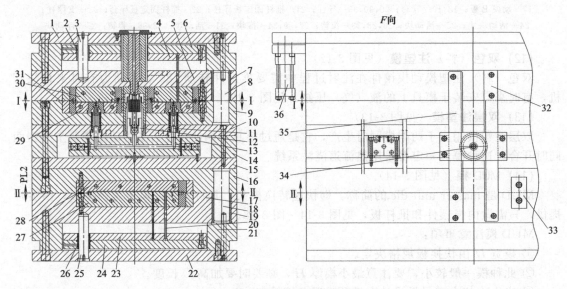

图 3-13 双层注塑模

1—面板；2,7,19,26—导套；3,8,18,25—导柱；4,23—推杆固定板；5,16—定模板；6,24—推杆底板；9,17—动模板；
10—热射嘴固定板；11—三级热射嘴；12—二级热射嘴；13—热流道板；14,21—方铁；15—托板；20—推杆；22—底板；
27,29—动模镶件；28,30—定模镶件；31—一级热射嘴；32,35—齿条；33—锁模块；34—齿轮；36—液压油缸

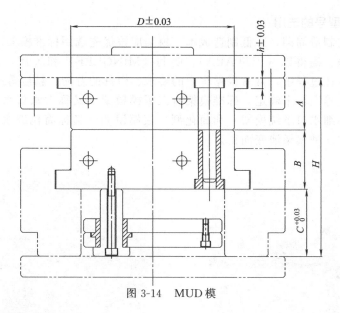

图 3-14　MUD 模

图 3-15　标准模架快速换模法

图 3-16　U 型

图 3-17　H 型

3.1.2 模架规格型号的选用

为缩短模具的制造周期,降低制造成本,模架应该优先选用标准模架。市场上的标准模架有龙记(LKM)、福得巴(FUTABA)、明利(MINGLEE)和天祥(SKYLUCKY)等常用品牌。实际设计过程中,常常根据客户的要求、模具的寿命、精度等级、模具的结构以及模架的加工程度等因素来确定。标准模架有二板模模架(又称大水口系统模架)、标准型三板模模架(又称细水口系统模架)和简化型三板模模架(又称简化细水口系统模架)。其他模架都可以由这三种模架演变而得。

图 3-18 双 H 型

(1) 二板模模架和三板模模架的选用

① 能用二板模模架时不用三板模模架。因为二板模模架结构简单,制造成本相对较低。而三板模模架结构较复杂,模具在生产过程中产生故障的概率也大。

② 当塑件必须采用点浇口从型腔中间一点或多点进料时,则选用三板模模架。以下情况宜用点浇口进料。

a. 成型塑件在分模面上的投影面积较大,单型腔,要求多点进料。

b. 一模多腔,其中有下列情况之一的宜用点浇口:某些塑件必须从中间多点进料,否则可能会引起塑件变形或填充不足;塑件要求中间进浇,否则可能困气或填充不足,会影响外观;各腔大小悬殊,用侧浇口模架时,浇口套要大尺寸偏离中心,模具生产时容易产生飞边或变形。

c. 塑料齿轮,大多采用点浇口,而且为了提高齿轮的尺寸精度,常采用三点进料。多型腔的玩具轮胎常采用气动强行脱模,浇注系统都是点浇口转环形浇口。

d. 壁厚小、结构复杂的塑件,熔体在型内流动阻力大,采用侧浇口难以填满或难以保证成型质量。

e. 高度太高的筒形、盒形或壳形塑件,采用点浇口有利于排气,可以提高成型质量,缩短成型周期。

③ 热流道模都用二板模模架。

(2) 标准型三板模模架和简化型三板模模架的选用

① 龙记模架中三种标准模架的最小尺寸分别如下。

a. 细水口模模架最小尺寸为 200mm×250mm;

b. 简化细水口模模架最小尺寸为 150mm×200mm;

c. 大水口模模架最小尺寸为 150mm×150mm。

也就是说,如果模架小于 200mm×250mm 就不能用标准型三板模模架。

② 简化型三板模模架无推板。若塑件需要用推板推出时，就不能用简化型三板模模架。

③ 两侧有较大侧抽芯滑块时，用标准型三板模模架时模架很长，此时可考虑用简化型三板模模架，少四根短导柱，可以使模架缩短。

④ 斜滑块模，滑块弹出时易碰撞短导柱，此时用简化型三板模模架可缩小模架宽度。

⑤ 标准型三板模模架的精度和刚性都好过简化型三板模模架，所以精度要求高、寿命要求高的模具，应采用标准型三板模模架。

⑥ 对于定模有侧向抽芯机构的模具，定模侧必须至少有一个开模面，因此即使是侧浇口浇注系统，通常也采用简化型三板模模架中的 GAI 型或 GCI 型。

（3）工字模架和直身模架的选用

所有模具根据需要，有工字形模和直身模之分；通常二板模大多采用直身模架，而三板模通常都采用工字形模架。

另外，模具宽度尺寸小于 300mm 时，宜选择工字形模架，如图 3-19 所示；模具宽度尺寸大于或等于 300mm 时，宜选择直身模架，如图 3-20 所示。对于二板模模架，模架宽度大于或等于 300mm，定模板要开通框时，可用有面板的直身模架（T 形）。

直身模架必须加工码模槽。码模槽的尺寸已标准化，见 3.1.4 节。用户也可以根据需要自己设计或加工。

模宽 450mm 以下的工字形模架边缘单边高出 25mm，模宽 450mm 以上（含 450mm）的工字形模架边缘单边高出 50mm。

选直身模架时，模架的宽度小 50mm 或 100mm，与之匹配的注射机可以小一些。

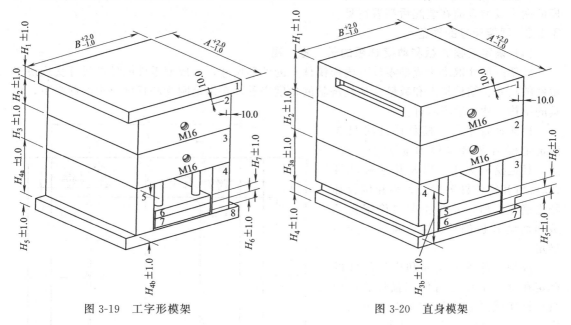

图 3-19　工字形模架　　　　　　　　　　图 3-20　直身模架

注意

① 模架所有模板各边倒角为 2.0×45°；表面光亮，无锈迹。

② 推杆板离方铁两边间隙均匀；复位杆高度一致。

③ 所有模具吊模螺孔尺寸为公制；所有模具要在吊模孔旁刻上尺寸（如 M16），如模具宽度超过 500mm，则 A、B 板四面加吊模螺孔（特别要求须按客户要求）。

④ 每一块模板上均须打上模具编号及字唛，位置距边约 10mm，高度为 10mm，且方向一致。

(4) 模架要用托板的情况

托板装配在动模 B 板的下面,见图 3-21。通常有以下两种情况需要加托板。

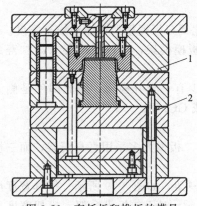

图 3-21 有托板和推板的模具
1—推板;2—托板

① 动模 B 板开通框。将装配内模镶件的孔加工成通孔时,俗称开通框,见图 3-20。当内模镶件为圆形,或者动模板开框很深时,宜开通框。有侧向抽芯机构或斜滑块的模架,不宜开通框。

② 假三板模。当动模部分的托板和 B 板在塑件推出前需要分离的模架,俗称假三板模。假三板模中的托板和动模板在塑件推出之前要分型,此时导柱安装在托板上,动模板上装导套。假三板模常用于动模有内侧抽芯或斜抽芯(锁紧块和斜导柱装在托板上选用有托板的模架),以及塑件要强行脱模(动模型芯首先脱离塑件)的场合,否则无需加托板。托板厚度已标准化。

(5) 模架要用推板的情况

推板属于推出零件,它是通过推动塑料塑件的周边,从而将塑件推离模具的。推板设计详见第 9 章。推板一般用在以下两种情况中。

① 成型塑件为薄壁、深腔类塑件,用推板或推板加推杆推出,平稳可靠。

② 成型塑件表面不允许有推杆痕迹,必须用推板。这类塑件包括透明塑件,或动、定模的两个成型表面在装配后都看得见。

3.1.3 模架尺寸的确定

(1) 确定定模 A 板和动模 B 板的长、宽、高

模架的尺寸取决于成型零件(内模镶件)的外形尺寸,而成型零件的外形尺寸又取决于塑件的尺寸、结构特点和数量。从经济学的角度来看,在满足刚度和强度要求的前提下,模具的结构尺寸越紧凑越好。

模架是标准件,模具设计时只要确定定模 A 板和动模 B 板的长、宽、高,其他模板大小,以及其他标准件(如螺钉和复位杆等)的大小和位置都随之确定。所以这里主要讨论定模 A 板和动模 B 板的长、宽、高尺寸如何确定。

成型零件外形尺寸和模架尺寸的确定在 3.4 节中已有详细描述。在模具设计实践过程中还常用以下方法确定 A、B 板的长、宽、高尺寸。

① A、B 板长宽尺寸的确定见图 3-22。

内模镶件的长、宽尺寸 A 和 B 确定后,就可以确定模架长、宽尺寸 E 和 F。

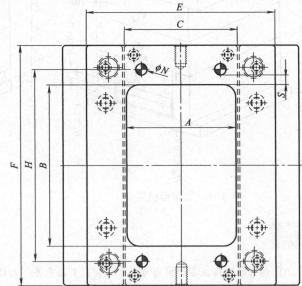

图 3-22 模架长宽尺寸的确定

一般来说,在没有侧向抽芯的模具中,模板开框尺寸 A 应大致等于模架推杆板宽度尺寸 C。在标准模架中,尺寸 C 和 E 是一一对应的,所以知道尺寸 A 就可以在标准模架手册中找到模架宽度尺寸 E。

当模架宽度尺寸 E 确定后，复位杆的直径 N 也确定了。在没有上、下侧向抽芯的情况下，一般取 $S≈10$mm，即

$$H=B+N+20 \quad （mm）$$

在标准模架中，尺寸 H 和 F 也是一一对应的，所以知道尺寸 H 就可以在标准模架手册中找到模架长度尺寸 F。

当模具有侧向抽芯机构时，要视滑块大小相应加大模架。

小型滑块（滑块宽度≤80mm）：模具长、宽尺寸在以上确定的基础上加大 50～100mm。

中型滑块（80mm＜滑块模宽≤200mm）：模具长、宽尺寸在以上确定的基础上加大 100～150mm。

大型滑块（滑块宽度＞200mm）：模具长、宽尺寸在以上确定的基础上加大 150～200mm。

② A、B 板高度尺寸的确定，见图 3-23。

有面板时，小型模具（模宽≤250mm）：$H_a=a+(15～20$mm$)$。

中型模具（250mm＜模宽≤400mm）：$H_a=a+(20～30$mm$)$。

大型模具（模宽＞400mm）：$H_a=a+(30～40$mm$)$。

定模板的高度尽量取小些，原因有两个：减小主流道长度，减轻模具的排气负担，缩短成型周期；定模安装在注射机上生产时，紧贴注射机定模板，无变形的后患。

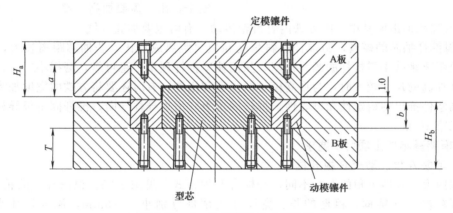

图 3-23　A、B 板高度尺寸的确定

动模 B 板高度：一般等于开框深度加 30～60mm。动模板高度尽量取大些，以增加模具的强度和刚度。具体可按表 3-1 选取。

动、定模板的长、宽、高尺寸都已标准化，设计时尽量取标准值，避免采用非标准模架。

表 3-1　B 板开框后钢厚 T 的经验确定法　　　　mm

$A×B$ ＼ 框深 a	＜20	20～30	30～40	40～50	50～60	＞60
＜100×100	20～25	25～30	30～35	35～40	40～45	45～50
100×100～200×200	25～30	30～35	35～40	40～45	45～50	50～55
200×200～300×300	30～35	35～40	40～45	45～50	50～55	55～60
＞300×300	35～40	40～45	45～50	50～55	≈55	≈60

注：1. 表中的"$A×B$"和"框深 a"均指动模板开框的长、宽和深。

2. 动模 B 板的高度等于开框深度 a 加钢厚 T，向上取标准值（公制一般为 10 的倍数）。

3. 如果动模有侧抽芯、滑块槽，或因推杆太多而无法加撑柱时，需在表中数据的基础上再加 5～10mm。

(2) 方铁高度

方铁的高度 H 必须使推杆板有足够的推出距离 S，以保证塑件安全脱离模具，见图 3-24。

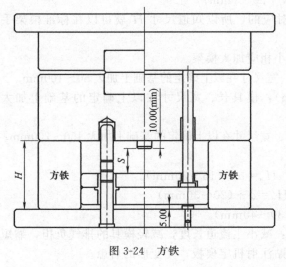

图 3-24　方铁

方铁的高度已标准化，一般情况下，当定模 A 板和动模 B 板的长、宽、高确定后，方铁的高度也可以确定。但同一长宽尺寸的模架，方铁的标准高度有三个，其中一个是非加高标准高度，另两个是加高后的标准高度，如果需要将方铁加高，也尽量采用"加高方铁高度"，如果这三个高度都不能满足要求，才采用非标准高度的方铁。

下列情况下，方铁需要加高。

① 塑件很深或很高，顶出距离大，标准方铁高度不够。

② 双推板二次顶出，因方铁内有四块板，缩小了推杆板的顶出距离，为将塑件安全顶出，需要加高方铁。

③ 内螺纹推出模具中，因方铁内有齿轮传动，有时也要加高方铁。

④ 斜推杆抽芯的模具，斜推杆倾斜角度和顶出距离成反比，若抽芯距离较大，可采用加大顶出距离来减小斜推杆的倾斜角度，从而使斜推杆顶出平稳可靠，磨损小。

方铁加高的尺寸较大时，为提高模具的强度和刚度，有时还要将方铁的宽度加大；其次为了提高塑件推出的稳定性和可靠性，推杆固定板宜增加导柱导向，推杆固定板导柱导套的设计详见第 10 章。

3.1.4　模架基本加工项目及要求

(1) 定模 A 板、动模 B 板开框

根据内模镶件四个角的形状不同，开框有两种方式，见图 3-25。根据开框的精度不同，开框分开粗框和开精框。粗框的长、宽尺寸比精框分别小 4～6mm，深度尺寸小 0.5～1mm。图 3-25 中的 R 值取决于开框深度，见表 3-2～表 3-4。

精框与内模镶件的配合公差是 H7/m6，即过渡配合。

表 3-2　当内模镶件为圆角时精框开框深度与圆角半径的关系　mm

D	1～50	51～100	101～150	≥151
模板 R	13	16	26	32
镶件 R	14	17	27	34

表 3-3　当内模镶件为直角时精框开框深度与避空角半径的关系　mm

精框大小	<150×150	150×150～300×300	≥300×300
r	16	20	25
h	5	6	7

表 3-4　粗框开框大小与圆角半径的关系　mm

X	Y	R
≤210	≤210	25
>210	>210	32

(2) 撬模槽

撬模槽的作用是方便模具打开，一般加工在定模 A 板或动模 B 板以及推杆板的四个角上，见图 3-26，其大小和深度见表 3-5。

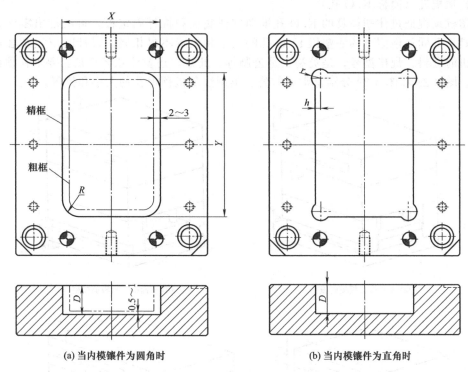

(a) 当内模镶件为圆角时　　　　　(b) 当内模镶件为直角时

图 3-25　模板开框

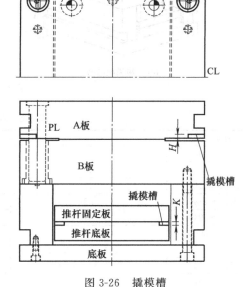

图 3-26　撬模槽

表 3-5　标准撬模槽尺寸　　mm

模架规格	撬模槽规格			
	E	F	H	K
2020~2740	26×45°	15×45°	5.0	3.0
3030~3060	32×45°	20×45°	8.0	5.0
3555~4570	36×45°		10.0	
5050~6080	45×45°	25×45°	12.0	
7070~1000	50×45°	30×45°	15.0	8.0

（3）码模槽

直身模都要开码模槽，码模槽是将模具安装在注塑机上时用于装夹的槽。注塑模的码模槽一般有四种，见图 3-27。图中各参数见表 3-6。

(4) 顶棍孔 (简称 K.O 孔)

注塑机顶棍通过注塑模具的 K.O 孔推动推杆底板和推杆固定板,再由推出零件将塑件推离模具。不同规格型号的注塑机 K.O 孔的大小和位置不尽相同,设计时应注意客户提供的注塑机的资料:规格型号,是英制还是公制等。此外,还要注意客户是否要求在顶针底板上攻牙。图 3-28 和图 3-29 分别是常见的公、英制注塑机顶棍孔的大小和位置。

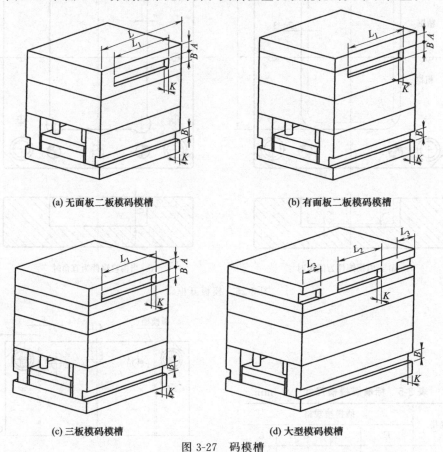

(a) 无面板二板模码模槽　　　　　　　(b) 有面板二板模码模槽

(c) 三板模码模槽　　　　　　　(d) 大型模码模槽

图 3-27　码模槽

表 3-6　标准码模槽规格　　　　　　　　　　　　　mm

模架规格	A	B	K	L_1	L_2	L_3
2020~2045	20	20	12	$L-80$	$L-200$	55
2323~2340	20	20	12	$L-80$	$L-200$	55
2525~2550	25	20	15	$L-100$	$L-230$	65
2730~2740	25	20	15	$L-100$	$L-230$	65
2930~2940	25	20	15	$L-100$	$L-230$	65
3030~3060		25	18	$L-120$	$L-250$	75
3335~3350	A 板厚≤110,A=25	25	18	$L-120$	$L-250$	75
3535~3545	A 板厚>110,A=30	25	20	$L-120$	$L-260$	75
3545~3570		25	20	$L-120$	$L-260$	85
4040~4070	A 板厚≤100,A=30 A 板厚>100,A=35	25	22	$L-130$	$L-290$	85
4545~4570	35	30	25	$L-150$	$L-320$	95
5050~5070	35	30	30	$L-150$	$L-320$	95
5555~5580	35	35	30	$L-190$		
6060~6080	35	35	30	$L-190$		

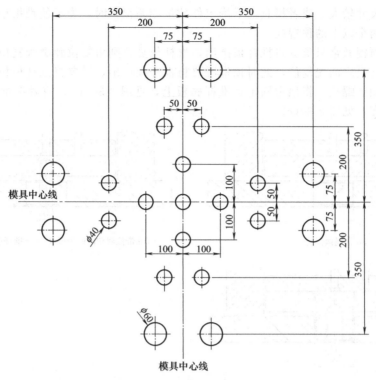

图 3-28　公制顶棍孔尺寸

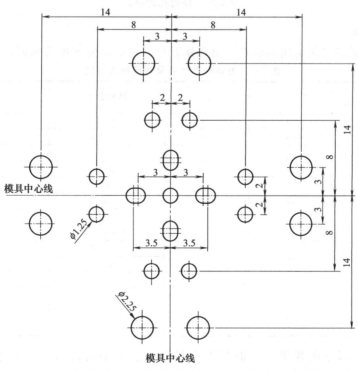

图 3-29　英制顶棍孔尺寸（单位：in）

1in＝25.4mm

一般的模具只设计一个顶棍孔，位置在模具中心，但当模具较大、较长，模具主流道偏离模具中心的尺寸较大，或者模具上下推出件数量相差很多时，为了使推板推出平稳，往往要采用两个或两个以上的顶棍孔。

注塑机的顶棍通常只负责将推杆板推出，推杆板复位则由复位弹簧和复位杆完成。但有时推杆必须在合模之前先复位，此时顶棍既要将推杆板推出，又要将推杆板拉回，为此可以在推杆底板上加工螺孔，将顶棍固定在推杆底板上，见图 3-30(b)；或者在推杆底板上安装带有螺孔的镶套，见图 3-30(c)。

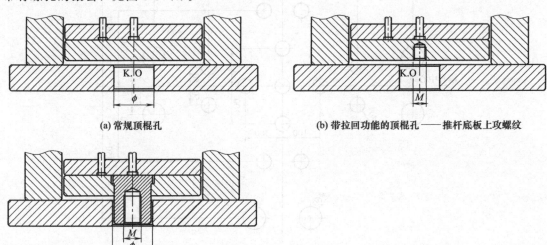

(a) 常规顶棍孔　　　　　　　　　　　　　(b) 带拉回功能的顶棍孔——推杆底板上攻螺纹

(c) 带拉回功能的顶棍孔——推杆底板上镶套

图 3-30　顶棍孔的形式

(5) 吊环螺孔

吊环螺孔是供模具吊装用的螺孔。吊环螺孔尺寸及对应模架规格见表 3-7。

表 3-7　吊环螺孔尺寸及对应模架规格　　　　　　　　　　　　　　mm

D		E	F	模架宽 A	模架长 B
公制	英制(in)				
M12	1/2	24	33	150~200	150~350
M16	5/8	29	39	230~290	230~400
M20	3/4	33	46	300	300~500
				330	350~500
M24	1	41	56	300	550~600
				350	350~700
				400	400~500
M30	1¼	49	67	450~550	450~700
M36	1⅜	59	82	600~650	600~800
				700	700~750
M42	1½	70	95	700~750	700~1000
				800	800~850
M48	2	75	103	750	950~1000
				800	900~1000

模宽 300mm 以下的模架，一般只需在模板上、下端面各加工一个吊环螺孔。模宽 300mm 以上的模架，模板每边最少应有一个吊环螺孔。当模架长度是宽度的 2 倍或以上时，模板两侧应各做两个吊环螺孔。吊环螺孔的位置应放在每块模板边的中央，见图 3-31。

吊环螺孔深度至少取螺孔直径的 1.5 倍，见表 3-7。吊环螺钉不能和冷却水管及螺钉等其他结构发生干涉，吊环螺钉的主要尺寸及安全承载重量参见表 3-8。

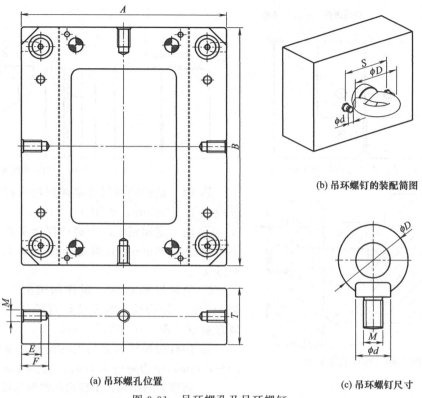

(b) 吊环螺钉的装配简图

(a) 吊环螺孔位置

(c) 吊环螺钉尺寸

图 3-31　吊环螺孔及吊环螺钉

表 3-8　吊环螺钉的主要尺寸及安全承载重量　　　　　　　　　　　　　mm

M	M12	M16	M20	M24	M30	M36	M42	M48	M64
D	60	72	81	90	110	133	151	171	212
d	30	36	40	45	50	70	75	80	108
安全承重/kg	180	480	630	930	1500	2300	3400	4500	900

3.1.5　模架的其他要求

① 所有模板必须倒角，倒角尺寸一般为（2～3mm）×45°。模板上所有的孔（包括螺孔）也必须倒角，尺寸一般为（0.5～1mm）×45°。

② 一般情况下，要求 A、B 板之间留 1mm 间隙（客户要求不留除外），见图 3-32。

③ 四支导柱必须有一支偏心 2mm，但对动模板需要旋转 180°的双色（料）注塑模除外。

④ 对动模在注射过程中需要旋转 180°的双色注塑模，模架要求非常高。在定做模架时必须作特别要求，导柱不可以做偏心，直身锁的位置要求也特别严格，并且动模底板、定模面板都要做定位圈，动模底板定位圈必须位于模架中心。

⑤ 模架顶面要打"TOP"标记，每块模板要编号，基准角要打"O"标记，字唛高度一般为 10mm。

⑥ 模架外形要求最少四个面（两个基准面及上、下底面）成 90°。对高精度及自动脱螺纹模，必须是六个面都成 90°，且每块板之间必须保证准确定位。

⑦ 在与模具顶面相反的下面如果有装置凸出模具之外时，模架上必须有撑柱加以保护。

⑧ 模架的外形尺寸要求符合图纸要求，长度及宽度尺寸公差为 0～0.50mm，每块模板的厚度公差为 0～0.20mm。

⑨ 模架外形要求每块板之间必须平齐，推杆板不可以凸出模架之外，见图 3-33。

⑩ 所有螺钉头要求沉入 1mm，螺钉的旋入长度最少为螺纹外径的 2 倍，见图 3-34。

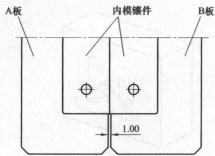

图 3-32 A、B 板之间避空 1mm

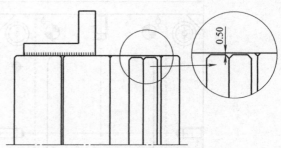

图 3-33 各模板齐平，但推杆板除外

⑪ 动、定模精框尺寸必须保持一致，位置度误差应小于 0.03mm，见图 3-35（a）。

⑫ 动、定模精框底部必须保持平齐，四周起级不得超过 0.05mm，且宽度不得大于 10mm，见图 3-35(b)。

⑬ 复位杆和动模 B 板作间隙配合，配合公差为 H7/f6，配合长度为复位杆直径的 1.5 倍，其他地方避空，避空尺寸见图 3-36。

⑭ 推杆板导柱如果插入动模板，则插入深度为 10～15mm，单边避空 0.1mm，见图 3-36。

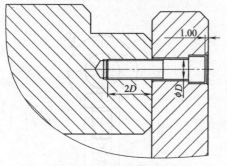

图 3-34 螺钉装配要求

⑮ 新模架的检查：工模部在收到从模架供应商送来的模架后，在加工之前，必须全部拆开检查，发现问题，及时通知供应商解决，在检查模架时，参照表 3-9 中所列示的内容，逐项检查。

表 3-9 新模架检查的内容及处理办法

检查项目	具 体 内 容	检 查 方 法	结果	不合格原因描述
尺寸要求	模架外形尺寸是否符合图纸要求,各个面是否垂直、平齐	对图纸,用卡尺、直角尺测量		
	模板厚度、方铁高度是否符合图纸要求	对图纸,用卡尺测量		
	动、定模精框,粗框尺寸是否符合图纸要求	对图纸,用卡尺测量		
	动、定模精框、粗框同心度、垂直度是否正确	对图纸,用卡尺、直角尺测量		
	动、定模框角部及底部 R 是否符合图纸要求	对图纸,用 R 规测量		
	码模槽尺寸是否符合图纸要求	对图纸,用卡尺测量		
配合要求	导柱、导套与模架紧配,导柱与导套要求间隙配合	用铜锤敲		
	其中一支导柱位置不对称,并与基准角一致	卡尺测量,看定位角标记		
	导柱大小、长度,对图纸,有没有排气槽及侧槽	卡尺测量		
	复位杆能否自由转动	手试		
	推杆板导柱、导套与模架要求紧配,尺寸要符合图纸要求	用铜锤敲,用卡尺测量		
	推杆板平放时要求能自由滑落	手试		
一般要求	模板要求倒角 2×45°,粗糙度 Ra 要达到 1.6μm	目测		
	螺孔要求最少 2.5D 深,螺钉头要求凹入 1mm	目测,螺钉试		
	撬模槽是否符合图纸要求	目测		
	吊模螺孔是否符合图纸要求	目测,螺钉试		
字唛要求	字唛在模架上的位置是否正确	目测		
	字唛高度是否适当	目测		
	字唛是否美观	目测		
	模板编号是否正确、齐全	目测		
特殊加工	对特殊结构的加工要求	对图纸,用卡尺测量		

是否收货：

□ 收货　　　　　　　　　　　　　　□ 不收货

检查的每一项内容,如果合格在结果栏打"√",不合格则打"×"

检查员：　　　　　　　　　　模具设计工程师：　　　　　　　　　　工模部经理：

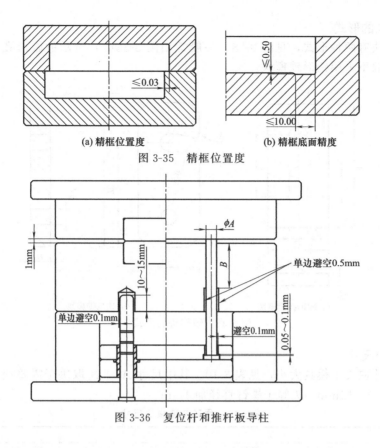

(a) 精框位置度　　　　　　　(b) 精框底面精度

图 3-35　精框位置度

图 3-36　复位杆和推杆板导柱

3.2　锁模块

　　锁模块的作用是防止模具在运输或搬运过程中从分型面处打开,造成模具损坏或人身安全事故。锁模块不能仅仅锁住动、定模,凡是可能打开的模板都要锁住。

3.2.1　锁模块的安装方法

　　锁模块必须安装在注塑机操作员的正面。

　　在定模 A 板或动模 B 板上要多加工一个螺孔,位置以不阻碍生产为原则,其作用是模具生产时可以固定锁模板,不用拆除,见图 3-37。

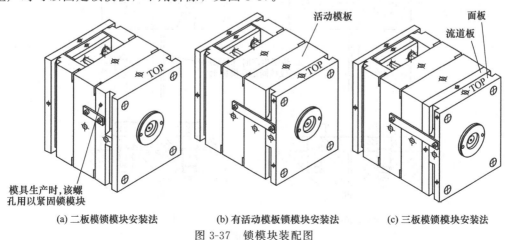

模具生产时,该螺孔用以紧固锁模块

(a) 二板模锁模块安装法　　　　(b) 有活动模板锁模块安装法　　　　(c) 三板模锁模块安装法

图 3-37　锁模块装配图

3.2.2 锁模块的形式

标准锁模块有两种形式，见图 3-38。一般常用图 3-38（a）所示的腰形孔锁模块，除非客户要求，一般不采用钩形锁模块。

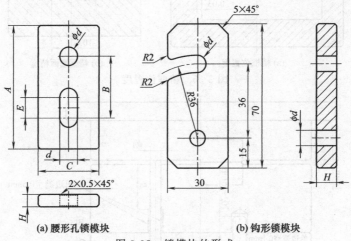

(a) 腰形孔锁模块 (b) 钩形锁模块

图 3-38　锁模块的形式

3.2.3 锁模块尺寸

锁模块尺寸取决于模具大小，见表 3-10。其中尺寸 A 和 B 取决于需要锁住模板的数量和厚度，E 取 10～15mm，d 等于螺钉直径加 1mm。

表 3-10　腰形孔锁模块尺寸　　　　　　　　　　　　　　　　　　mm

锁模块长度	<75		75～150		≥150	
模具质量/kg	螺钉直径	厚度 H	螺钉直径	厚度 H	螺钉直径	厚度 H
<500	8	8	8	8	10	10
≥500	10	12	10	12	12	15

3.2.4 锁模块的装配

一般来说，一副模具必须安装两个锁模块，位置在模具的两侧面，对称布置，如图3-39所示。

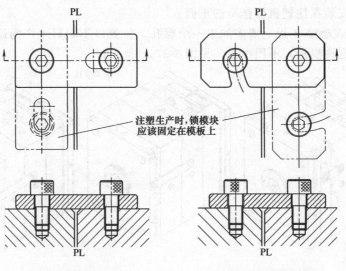

注塑生产时，锁模块
应该固定在模板上

(a) 腰形孔锁模块装配　　　　　　(b) 钩形锁模块装配

图 3-39　锁模块的装配

3.3　撑柱

撑柱又名支撑柱,主要用于承受模具注塑成型时熔体对动模板的胀型力,防止动模板在胀型力作用下变形,以提高模具的刚性。撑柱形状为圆柱形,材料为 45 钢或黄牌钢 S50C。

3.3.1　撑柱的装配

撑柱通过螺钉紧固在动模底板上,见图 3-40。

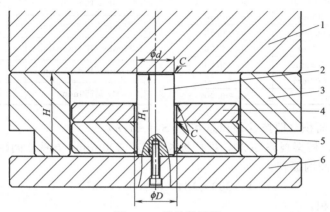

图 3-40　撑柱装配图

1—动模 B 板(或托板);2—撑柱;3—方铁;4—推杆固定板;5—推杆底板;6—动模底板

(1)装配注意事项

① 撑柱的位置尽量靠近模具中间,在空间允许的情况下,直径尽量取大一些。

② 未标注倒角 $C=1$。

③ 撑柱与推杆板之间的间隙单边取 1.5~2.0mm,即 $D=d+(3~4\text{mm})$。

④ 撑柱一定要比方铁高,关系如下:

当模具宽度尺寸小于 300mm 时:$H_1=H+0.05\text{mm}$;

当模具宽度尺寸在 400mm 以下时:$H_1=H+0.1\text{mm}$;

当模具宽度尺寸在 400~700mm 时:$H_1=H+0.15\text{mm}$;

当模具宽度尺寸大于 700mm 时:$H_1=H+0.2\text{mm}$。

⑤ 撑柱与方铁之距离应不小于 25mm。

⑥ 撑柱之间的距离不宜小于 35mm,也不宜大于 80mm。

(2)撑柱规格尺寸

撑柱的规格型号表示法是:SP-直径长度,见表 3-11。

表 3-11　撑柱的规格尺寸　　　　　　　　　　　　　　　　　　　　　　　　mm

长度 直径	60	70	80	90	100	120	150	180
ϕ20	SP-2060							
ϕ25	SP-2560	SP-2570						
ϕ30	SP-3060	SP-3070	SP-3080	SP-3090				
ϕ35		SP-3570	SP-3580	SP-3590	SP-35100			
ϕ40			SP-4080	SP-4090	SP-40100	SP-40120		
ϕ50				SP-5090	SP-50100	SP-50120	SP-50150	
ϕ60					SP-60100	SP-60120	SP-60150	SP-60180

3.3.2 撑柱数量的确定

撑柱太大、太多会影响推杆板的刚性，太小、太少又难以保证模具的刚性。撑柱合理的大小和数量，可通过计算模具需要支撑的总面积来确定，需要支撑的总面积可以参考如下计算方法。

① 计算两方铁之间的面积 A：推杆板长度为 L，方铁之间距离为 W，则 $A = LW$。

② 根据方铁之间面积 A 来确定系数 n_1，见表 3-12。

③ 根据方铁之间的距离 W 来确定某一系数 n_2，见表 3-13。

<table>
<tr><td colspan="2" align="center">表 3-12 系数 n_1 选取</td></tr>
<tr><td>$A < 30000 \text{mm}^2$</td><td>$n_1 = 0.15$</td></tr>
<tr><td>$30000 \text{mm}^2 \leqslant A < 65000 \text{mm}^2$</td><td>$n_1 = 0.18$</td></tr>
<tr><td>$65000 \text{mm}^2 \leqslant A < 103000 \text{mm}^2$</td><td>$n_1 = 0.22$</td></tr>
<tr><td>$103000 \text{mm}^2 \leqslant A < 155000 \text{mm}^2$</td><td>$n_1 = 0.26$</td></tr>
<tr><td>$155000 \text{mm}^2 \leqslant A < 225000 \text{mm}^2$</td><td>$n_1 = 0.30$</td></tr>
<tr><td>$225000 \text{mm}^2 \leqslant A < 322500 \text{mm}^2$</td><td>$n_1 = 0.35$</td></tr>
<tr><td>$A \geqslant 322500 \text{mm}^2$</td><td>$n_1 = 0.40$</td></tr>
</table>

<table>
<tr><td colspan="2" align="center">表 3-13 系数 n_2 选取</td></tr>
<tr><td>$W < 150 \text{mm}$</td><td>$n_2 = 1.00$</td></tr>
<tr><td>$150 \text{mm} \leqslant W < 300 \text{mm}$</td><td>$n_2 = 1.10$</td></tr>
<tr><td>$300 \text{mm} \leqslant W < 500 \text{mm}$</td><td>$n_2 = 1.15$</td></tr>
<tr><td>$500 \text{mm} \leqslant W < 750 \text{mm}$</td><td>$n_2 = 1.20$</td></tr>
<tr><td>$W \geqslant 750 \text{mm}$</td><td>$n_2 = 1.25$</td></tr>
</table>

④ 计算支撑总面积（即撑柱面积总和）：$S = A n_1 n_2$。

举例说明：龙记模架规格 3030，推杆板长度 $L = 300 \text{mm}$，方铁之间距离 $W = 184 \text{mm}$。

a. 计算方铁之间的面积：

$$A = 300 \times 184 = 55200 \ (\text{mm}^2)$$

b. 计算支撑面积：

$$S = 55200 \times 0.18 \times 1.1 = 10929.6 \ (\text{mm}^2)$$

c. 如果撑柱直径为 50mm，所需数量：

$$10929.6 \div (3.14 \times 25^2) = 5.57 \ (\text{个})$$

也就是说本模具如果采用 $\phi 50 \text{mm}$ 的撑柱，需要 5~6 个。

以上是计算所得的数量，但实际设计过程中由于要优先考虑推杆、斜推杆、推杆板导柱和 K.O 孔（撑柱不可以和这些结构发生干涉）的位置和数量，撑柱的大小和数量往往受到限制。如果撑柱的总面积远远达不到计算面积，解决的办法是将动模 B 板厚度加大 10mm 或 20mm。

3.4 限位钉

限位钉的作用是使推杆板及动模底板之间有一定的空隙，防止因模板变形或者杆板与动模底板之间落入垃圾而使推杆板不能准确复位。限位钉俗称垃圾钉，常用材料为 P-20。

(1) 限位钉规格型号

限位钉有两种标准形状，见图 3-41。

表 3-14 限位钉尺寸　　　　　　　　　　　　　　　　　mm

项目	D	L	d	d_1	t
STR-16	16	16	5	5.5	3
STR-20	20	20	6	6.5	3.5
STR-25	25	25	8	8.5	4.4

注：模具设计时，限位钉的大头尺寸 D 应该与复位杆直径相等或大致相等。

(2) 限位钉的尺寸（见表 3-14）

(3) 限位钉的装配

两种形状的限位钉装配图见图 3-42。

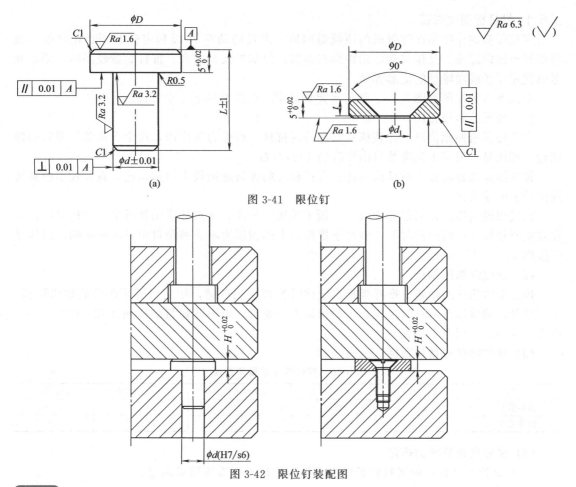

图 3-41　限位钉

图 3-42　限位钉装配图

① 限位钉应装配在动模底板上，整体式的限位钉应采用过盈配合，见图 3-42。

② 限位钉的位置。所有复位杆下面、推杆密集处和斜推杆的下面都要加限位钉，以承受模具注塑时胀型力的作用。

3.5　弹簧

　　模具中，弹簧主要用作推杆板复位、侧向抽芯机构中滑块的定位以及活动模板的定距分型等活动组件的辅助动力，弹簧由于没有刚性推力，而且容易产生疲劳失效，所以不允许单独使用。模具中的弹簧有矩形蓝弹簧和圆线黑弹簧。由于矩形蓝弹簧比圆线黑弹簧弹性系数大，刚性较强，压缩比也较大，故模具上常用矩形蓝弹簧。矩形弹簧的寿命与压缩比见表 3-15。

表 3-15　矩形弹簧的寿命与压缩比　　　　　　　　　　　　　　　　　%

种类	轻小荷重	轻荷重	中荷重	重荷重	极重荷重
色别（记号）	黄色（TF）	蓝色（TL）	红色（TM）	绿色（TH）	咖啡色（TB）
100 万次（自由长）	40	32	25.6	19.2	16
50 万次（自由长）	45	36	28.8	21.6	18
30 万次（自由长）	50	40	32	24	20
最大压缩比	58	48	38	28	24

3.5.1 推杆板复位弹簧

复位弹簧的作用是在注射机的顶棍退回后，模具的动模 A 板和定模 B 板合模之前，就将推杆板推回原位。复位弹簧常用矩形蓝弹簧，但如果模具较大、推杆数量较多时，则必须考虑使用绿色或咖啡色的矩形弹簧。

复位弹簧装配图见图 3-43。轻荷重弹簧选用时应注意以下几个方面。

(1) 预压量和预压比

当推杆板退回原位时，弹簧依然要保持对推杆板有弹力的作用，这个力来源于弹簧的预压量，预压量一般要求为弹簧自由长度的 10%左右。

预压量除以自由长度就是预压比，直径较大的弹簧选用较小的预压比，直径较小的弹簧选用较大的预压比。

在选用模具推杆板回位弹簧时，一般不采用预压比，而直接采用预压量，这样可以保证在弹簧直径尺寸一致的情况下，施加于推杆板上的预压力不受弹簧自由长度的影响。预压量一般取 10.0～15.0mm。

(2) 压缩量和压缩比

模具中常用压缩弹簧，推杆板推出塑件时弹簧受到压缩，压缩量等于塑件的推出距离。压缩比是压缩量和自由长度之比，一般根据寿命要求，矩形蓝弹簧的压缩比在 30%～40%，压缩比越小，使用寿命越长。

(3) 复位弹簧数量和直径 （见表 3-16）

表 3-16　复位弹簧数量和直径　　　　　　　　　　　　mm

模架宽度	≤200	200<L≤300	300<L≤400	400<L≤500	500<L
弹簧数量	2	2～4	4	4～6	4～6
弹簧直径	25	30	30～40	40～50	50

(4) 弹簧自由长度的确定

① 自由长度计算：弹簧自由长度应根据压缩比及所需压缩量而定

$$L_{自由} = (E + P)/S$$

式中　　E——推杆板行程，E = 塑件推出的最小距离 +15～20mm；

P——预压量，一般取 10～15mm，根据复位时的阻力确定，阻力小则预压小，通常情况下也可以按模架大小来选取，模架 3030（含）以下，预压量为 5mm，模架 3030 以上，压缩量为 10～15mm；

S——压缩比，一般取 30%～40%，根据模具寿命、模具大小及塑件距离等因素确定。

自由长度需向上取标准长度。

② 推杆板复位弹簧的最小长度 L_{min} 必须满足藏入动模 B 板或托板 L_2 = 15～20mm，若计算长度小于最小长度 L_{min}，则以最小长度为准；若计算长度大于最小长度 L_{min}，则以计算长度为准。

自由长度必须按标准长度，不准切断使用，优先用 10 的倍数。

(5) 复位弹簧的装配

复位弹簧常见的装配方式见图 3-43。

> **注意**
>
> ① 一般中小型模架，定做模架可将弹簧套于复位杆上；未套于复位杆上的弹簧一般安装在复位杆旁边，并加导杆防止弹簧压缩时弹出。
>
> ② 当模具为窄长形状（长度为宽度 2 倍左右）时，弹簧数量应增加两根，安装在模具中间。

③ 弹簧位置要求对称布置。弹簧直径规格根据模具所能利用的空间及模具所需的弹力而定，尽量选用直径较大的规格。

④ 弹簧孔的直径应比弹簧外径大 2mm。

⑤ 装配图中弹簧处于预压状态，长度 L_1＝自由长度－预压量。

⑥ 限位柱 2 必须保证弹簧的压缩比不超过 42%。

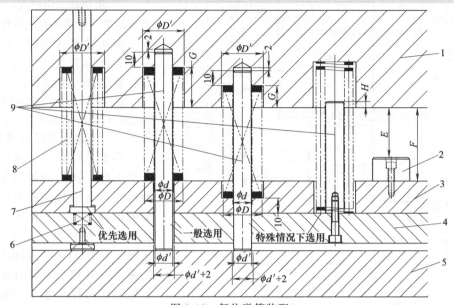

图 3-43　复位弹簧装配

1—动模 B 板；2—限位柱；3—推杆固定板；4—推杆底板；5—模具底板；6—先复位弹簧；7—复位杆；8—复位弹簧；9—弹簧导杆

3.5.2　侧向抽芯中的滑块定位弹簧设计

侧向抽芯机构中的弹簧主要起定位作用，开模后当斜导柱和楔紧块离开滑块后，弹簧顶住滑块不要向回滑动。弹簧常用直径为 10mm、12mm、16mm、20mm 和 25mm，压缩比可取 1/4～1/3，数量通常为两根。

滑块弹簧自由长度计算：

$$L_{自由}＝滑块行程\ S×3$$

式中，S 为滑块抽芯距离；$L_{自由}$ 为弹簧自由长度，需向上取标准长度。

弹簧在滑块中为压缩状态，见图 3-44。

$$B＝自由长度－预压量－抽芯距$$

预压量可以通过计算确定：滑块预压量＝压力/弹性系数。向上抽芯的压力为滑块加上侧抽芯的重量，向下或左右抽芯时预压量可取自由长度的 10%。

预压量也可以取下列经验数据：

① 一般情况弹开后预压量为 5mm。

② 若滑块为向上抽芯，且滑块质量超过 8～20kg，预压量需加大到 10mm；同时弹簧总长度＝滑块行程 $S×3.5$，再向上取整数。

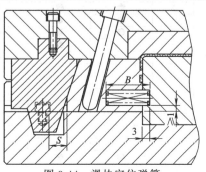

图 3-44　滑块定位弹簧

③ 若滑块为向上抽芯，且滑块质量超过 20kg 时，预压量需加大到 15mm。

滑块中的弹簧应防止弹出，因此：

① 弹簧装配孔不宜太大。

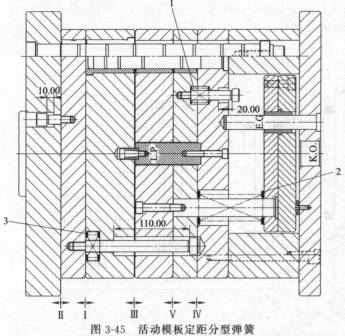

图 3-45　活动模板定距分型弹簧

1—分型面Ⅳ开模弹簧；2—推杆板复位弹簧；3—分型面Ⅰ开模弹簧

② 滑块抽芯距较大时，要加装导向销。

③ 滑块抽芯距较大，又不便加装导向销，可用外置式弹簧定位。

滑块弹簧选用时，因行程不同而有两种弹簧可供选用：矩形蓝弹簧和圆线黑弹簧。

注：滑块重量＝滑块的体积×钢材的密度（钢材的密度为 7.85g/cm³）。

3.5.3　活动板之间的弹簧

当模具存在两个或两个以上分型面时，模具需要增加定距分型机构，其中弹簧就是该机构重要的零件之一，其作用是让模具在开模时按照既定的顺序打开，见图 3-45 中的分型面Ⅰ和Ⅳ。这里的弹簧在开模后往往并不需要像复位弹簧那样从始至终处于压缩状态，弹簧只需要在该分型面打开的前 10～20mm 保持对模板的推力即可，只要这个面按时打开了，它的任务就完成了。通常采用点浇口浇注系统的三板模，第一个分型面所采用的弹簧都是 φ40mm×30mm 的矩形黄弹簧，其他模板的开模弹簧可视具体情况选用。

3.5.4　弹簧的规格

（1）模具用矩形蓝色（轻荷重）弹簧

模具用矩形蓝色（轻荷重）弹簧见图 3-46，相关参数见表 3-17 和表 3-18。

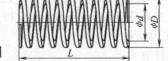

图 3-46　矩形蓝色弹簧

表 3-17　矩形蓝色弹簧英制规格　　　　　　　　　　　　　　　in

ϕD		3/8	1/2	5/8	3/4	1[①]	1¼	1½[①]	2
ϕd		3/16	9/32	11/32	3/8	1/2	5/8	3/4	1
L	1	●	●	●	●	●			
	1¼	●	●	●	●	●			
	1½	●	●	●	●	●	●		
	1¾	●	●	●	●	●	●		
	2	●	●	●	●	●	●	●	●
	2½	●	●	●	●	●	●	●	●
	3	●	●	●	●	●	●	●	●
	3½	●	●	●	●	●	●	●	●
	4		●	●	●	●	●	●	●
	4½			●	●	●	●	●	●
	5				●	●	●	●	●
	5½				●	●	●	●	●
	6				●	●	●	●	●
	7					●	●	●	●
	8						●	●	●
	10						●	●	●
	12	●	●	●	●	●	●	●	●

① 优先尺寸。

表 3-18　矩形蓝色弹簧公制规格

mm

φD	8	10	12	14	16	18	20	22	25①	27	30	35	40①	50	60
φd	4	5	6	7	8	9	10	11	12.5	13.5	15(16)	17.5(20)	20(26)	25(30)	30
L=10	●														
15	●														
20	●	●	●												
25	●	●	●	●	●	●	●	●	●	●	●				
30	●	●	●	●	●	●	●	●	●	●	●				
35	●	●	●	●	●	●	●	●	●	●	●				
40		●	●	●	●	●	●	●	●	●	●	●	●		
45	●	●	●	●	●	●	●	●	●	●	●	●	●		
50		●	●	●	●	●	●	●	●	●	●	●	●	●	
55	●	●	●	●	●	●	●	●	●	●	●	●	●	●	
60		●	●	●	●	●	●	●	●	●	●	●	●	●	●
65			●	●	●	●	●	●	●	●	●	●	●	●	●
70			●	●	●	●	●	●	●	●	●	●	●	●	●
75			●	●	●	●	●	●	●	●	●	●	●	●	●
80			●	●	●	●	●	●	●	●	●	●	●	●	●
90				●	●	●	●	●	●	●	●	●	●	●	●
100						●	●	●	●	●	●	●	●	●	●
125							●	●	●	●	●	●	●	●	●
150							●	●	●	●	●	●	●	●	●
175										●	●	●	●	●	●
200											●	●	●	●	●
250														●	●
300														●	●

① 优先尺寸。

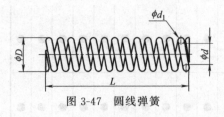

图 3-47 圆线弹簧

(2) 圆线（黑色）弹簧

圆线（黑色）弹簧基本形式如图 3-47 所示，因其压缩比较小（压缩比一般不超过 32%），在模具中使用不多，常根据实际需要从整支（长弹簧）上截取所需尺寸，见图 3-47，其规格见表 3-19 和表 3-20。

表 3-19　圆线（黑色）弹簧英制规格（线径以公制表示）　　　in

ϕD	5/16	3/8	1/2	5/8	3/4	1
ϕd_1/mm	1.2	1.5	1.8	2.5	3	3.5
L	12	12	12	12	12	12

表 3-20　圆线（黑色）弹簧公制规格　　　mm

ϕD	3	4	6	8	10	12
ϕd	2	2.6	4	5.4	6.5	8
L	300	300	300	300	300	300
ϕD	14	16	18	20	22	25
ϕd	9.3	10.7	12	13.5	14.7	17
L	300	300	300	300	300	300

3.6　弹力胶

弹力胶主要有 A 型（空心）和 B 型（实心）两种形式，见图 3-48。弹力胶规格型号见表 3-21。

弹力胶在注塑模具中常用于以下两种场合。

表 3-21　弹力胶规格型号　　　mm

代号	外径 D×内径 d×长度 L	代号	外径 D×长度 L
A15	15×6.5×300	B15	15×300
A20	20×8.5×300	B20[①]	20×300
A25	25×11×300	B25	25×300
A30	30×13×300	B30[①]	30×300
A35	35×13×300	B35	35×300
A40	40×15×300	B40	40×300
A45	45×15×300	B45	45×300
A50	50×16×300	B50	50×300
A55	55×16×300	B55	55×300
A60	60×18×300	B60	60×300
A65	65×18×300	B65	65×300
A70	70×18×300	B70	70×300
A75	75×18×300	B75	75×300
A80	80×20×300	B80	80×300
A90	90×25×300	B90	90×300
A100	100×30×300	B100	100×300
A110	110×30×300	B110	110×300
A120	120×30×300	B120	120×300
A130	130×35×300	B130	130×300
A140	140×35×300	B140	140×300
A150	150×40×300	B150	150×300

① 优先选用。

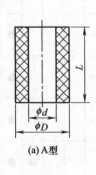

(a) A型

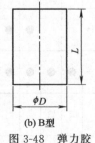

(b) B型

图 3-48　弹力胶

① 在复位杆下面，使复位杆具备先复位的功能，见图 3-49。模具打开后，弹力胶将复位杆推出 1.5～2.0mm，合模时，定模先触碰到复位杆，在动定模分型面接触前，将推杆板推回复位。

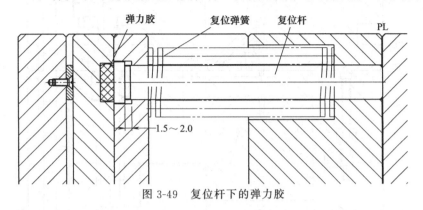

图 3-49　复位杆下的弹力胶

② 在活动模板之间替代弹簧，见图 3-50。有时在大型的模具中，模板之间存在较大的贴合力，开模时会有一个很大的黏力，也经常会在模板之间安装弹力胶，保证开模时各模板顺利打开。图中弹力胶处于压缩状态，自由尺寸是 $\phi D \times L$。

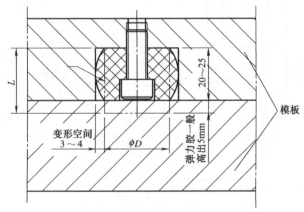

图 3-50　在活动模板之间替代弹簧

3.7　定距分型机构

当模具存在两个或两个以上分型面时，模具需要设置定距分型机构来保证各分型面的开模顺序和开模距离。定距分型机构形式较多，下面逐一论述。

3.7.1　内置式小拉杆定距分型机构

内置式小拉杆定距分型机构又分为"小拉杆＋尼龙塞"、"小拉杆＋弹簧扣基"和"小拉杆＋拉钩扣基"三种，分别见图 3-51～图 3-53。

图中：$L = L_1 + L_2$

$L_1 = 8 \sim 12\text{mm}$

$L_2 = S_1 + S_2 + (20 \sim 30\text{mm})$

注：此处的弹簧 2 常用矩形黄色弹簧或矩形蓝色弹簧，外径等于 $2D$，长度为 20～40mm。

（1）限位螺钉

在三板模中，限位螺钉用于限制流道推板和面板的开模距离，在其他多分型面的模具中，它用于限制活动模板的开模距离。限位螺钉常用标准的内六角圆柱头轴肩螺钉，又称山打螺钉。

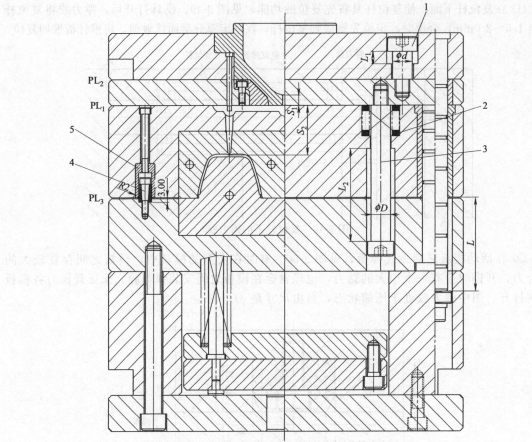

图 3-51 "小拉杆＋尼龙塞"内置式定距分型机构

1—限位螺钉；2—弹簧；3—小拉杆；4—尼龙塞；5—镶套

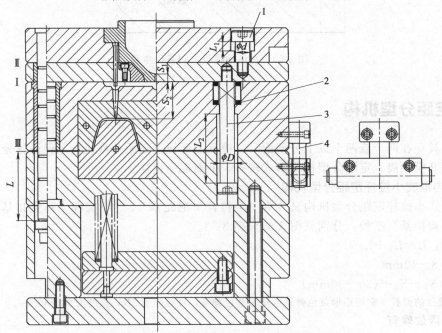

图 3-52 "小拉杆＋弹簧扣基"内置式定距分型机构

1—限位螺钉；2—弹簧；3—小拉杆；4—扣基

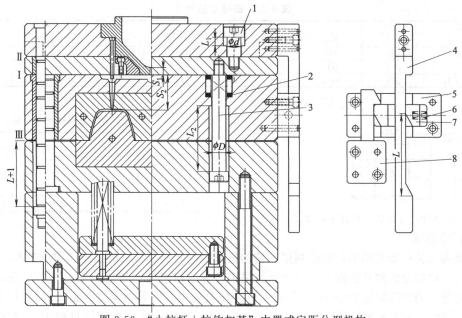

图 3-53 "小拉杆＋拉钩扣基"内置式定距分型机构
1—限位螺钉；2,6—弹簧；3—小拉杆；4—长钩；5—滑块底座；7—滑块；8—短钩

(2) 小拉杆

在三板模中，小拉杆通常用于限制流道推板和定模 A 板的开模距离，在其他多分型面的模具中也可以用于活动模板的定距分型。小拉杆有一体式和分体式两种，一体式小拉杆和限位螺钉一样都是用标准的内六角圆柱头轴肩螺钉，分体式的小拉杆由螺钉、弹簧垫圈、介子和圆轴组成，装配图见图 3-54，圆轴和介子见图 3-55 和图 3-56，其规格尺寸见表 3-22 和表 3-23。

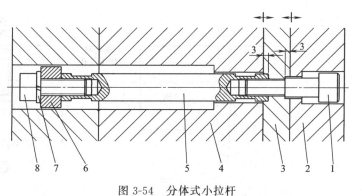

图 3-54 分体式小拉杆
1—限位螺钉；2—面板；3—流道推板；4—定模 A 板；5—圆轴；
6—介子；7—弹簧垫圈；8—螺钉

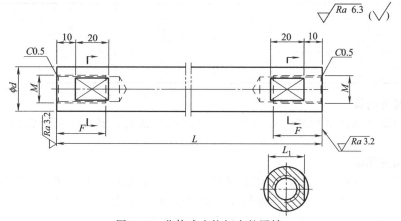

图 3-55 分体式小拉杆中的圆轴

表 3-22   圆轴规格尺寸   mm

规格	d	M	F	L
PB10.1-L	$\phi10$	M6	12	90,100,110,120,130,140
PB13.1-L	$\phi13$	M8	15	110,120,130,140,150
PB16.1-L	$\phi16$	M10	20	120,130,140,150,160,170,180,200,220
PB20.1-L	$\phi20$	M12	25	140,150,160,170,180,200,220,230,240

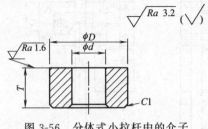

图 3-56   分体式小拉杆中的介子

表 3-23   介子规格尺寸   mm

规格	d	D	T
PB10.2	6.5	16	8
PB13.2	8.5	18	10
PB16.2	10.5	24	12
PB20.2	12.5	28	14

(3) 尼龙塞

尼龙塞又称树脂开闭器，它是利用独特的锥形螺栓与尼龙塞套的紧锁，以调整和模板之间的摩擦力，增加模板的开模阻力。尼龙塞套采用良好的耐磨损和耐热的尼龙材料，寿命约为 5 万次。尼龙套的耐热温度为 150℃，但在实际使用过程中，因其不断受到锥形螺栓锁紧应力的作用，会导致尼龙套的耐用性降低，故宜在 80℃ 以下使用。另外在使用过程中，请勿在树脂上加油，否则会使摩擦力降低，减小开模阻力。尼龙塞装配方式有两种，见图 3-57，相关参数见表 3-24。

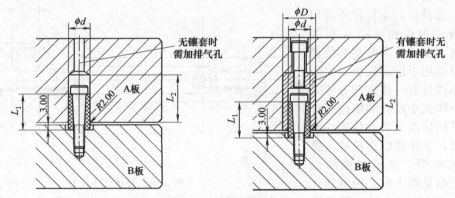

图 3-57   尼龙塞装配图

表 3-24   尼龙塞规格参数   mm

规格	PL10	PL12	PL13	PL16	PL20
d	$\phi10$	$\phi12$	$\phi13$	$\phi16$	$\phi20$
D	$\phi18$	$\phi20$	$\phi21$	$\phi25$	$\phi30$
L_1	18	20	20	25	30
L_2	38	40	42	48	52

(4) 弹簧开闭器

弹簧开闭器又称弹簧扣基，见图 3-58。标准参数见表 3-25。装配时常用两套，装于模具两侧。

(5) 拉钩开闭器

拉钩开闭器又称拉钩扣基，立体图见图 3-59。它主要有三种形式，见图 3-60。数量两个，装于模具两侧。拉钩开闭器除弹簧外，都用油钢（DF-2），并要氮化处理。图 3-61 是 B 型拉钩开闭器的一款标准尺寸，拉钩长度可根据需要确定。

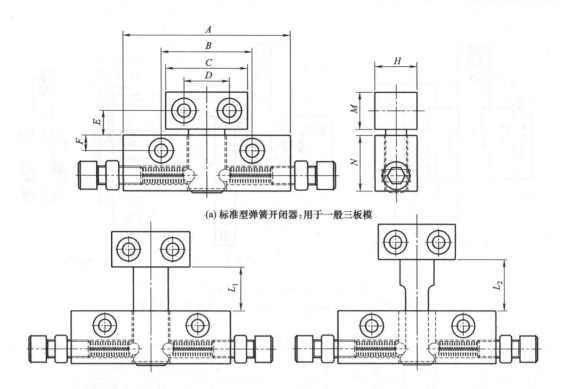

図 3-58　弹簧开闭器（弹簧扣基）

表 3-25　弹簧开闭器标准参数　　　　　　　　　　　　　　　　　mm

项目	A	B	C	D	E	F	H	M	N	L_1	L_2
小型扣基	85	60	40	25	8	8	22	20	30	26,38	26,38
轻型扣基	100	60	45	25	8	8	22	20	30	26,38	26,38
重型扣基	110	60	54	30	16	10	28	28	36	44,67	42,65,124

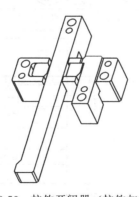

図 3-59　拉钩开闭器（拉钩扣基）

3.7.2　外置式拉板定距分型机构

外置式拉板定距分型机构是用拉板来替代内置式定距分型机构中的小拉杆和限位螺钉，常用数量为 4 个，对称布置，模宽 250mm 以下时也可以用两个，但必须对角布置。拉板有两种结构，一种是通孔结构，一种是盲孔结构，见图 3-62。拉板的零件图见图 3-63，主要参数见表 3-26。拉板的材料为 45 钢或黄牌钢 S50C，无需热处理。这种结构的优点是维修方便，故应用更广泛。与拉板配套的尼龙塞或开闭器和内置式定距分型机构相同。

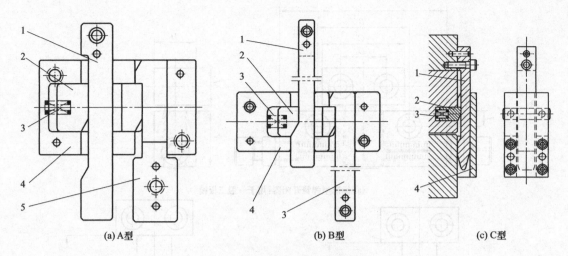

(a) A型   (b) B型   (c) C型

图 3-60　拉钩开闭器的三种形式
1—活动块推块；2—活动块；3—弹簧；4—活动块底座；5—拉钩

表 3-26　拉板主要参数　　　　　　　　　　　　　　　　　　　　　mm

A	B	H_1	H_2	H_3	d	D	L
27	14	8	10	6	8.5	14	170,180,190,200,210
32	17	10	12	8	10.5	17.5	200,210,220,230,240,250
38	21	12	15	10	12.5	20	230,240,250,260,270,280,290,300

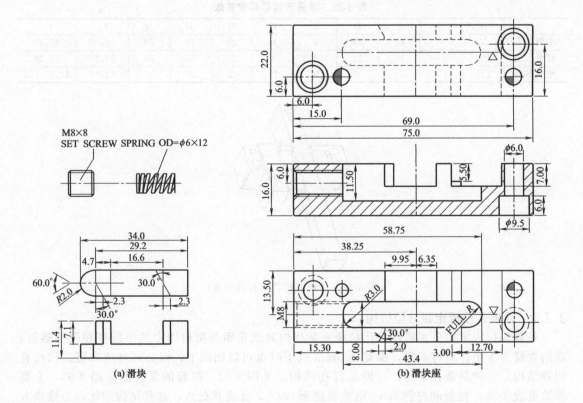

M8×8
SET SCREW SPRING OD=φ6×12

(a) 滑块

(b) 滑块座

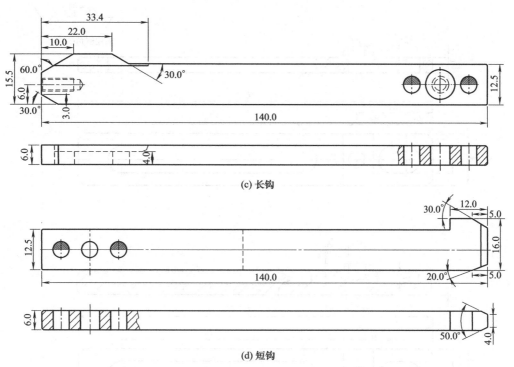

(c) 长钩

(d) 短钩

图 3-61　HASCO Z171/1 标准尺寸

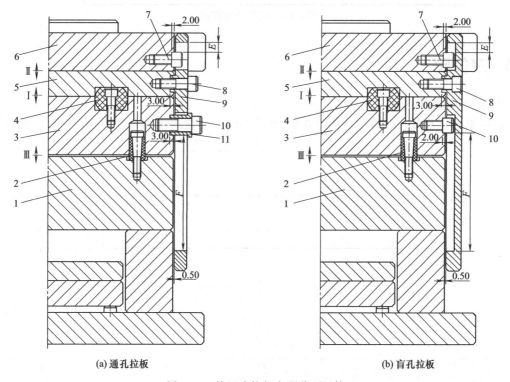

(a) 通孔拉板　　　　　　　　　　(b) 盲孔拉板

图 3-62　外置式拉板定距分型机构

1—动模 B 板；2—尼龙塞；3—定模 A 板；4—弹力胶；5—流道推板；6—面板；7—流道板限位螺钉；
8—拉板固定螺钉；9—拉板；10—定模 A 板限位螺钉；11—镶套

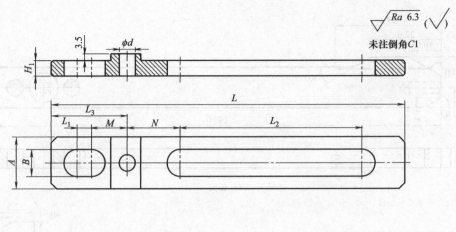

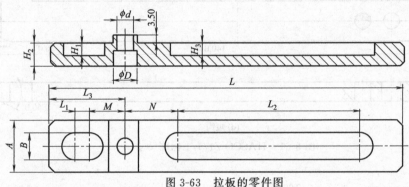

图 3-63　拉板的零件图

3.8　定位圈

3.8.1　定位圈基本形式

　　定位圈的基本形式有两种，见图 3-64 和图 3-65。定位圈材料为 S45C 或 S50C。定位圈

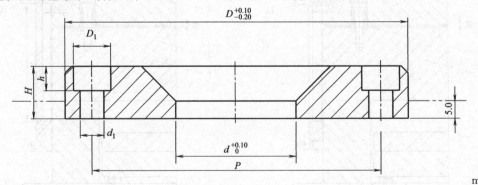

型　号	D	d	H	d_1	D_1	h	P
100×30×12	100	30	12	7	11	7	85
100×35×10	100	35	10				
100×35×12	100	35	12				
100×35×15	100	35	15				
120×35×15	120	35	15				105
150×35×15	150	35	15	9.5	15	9	130

图 3-64　定位圈基本形式 1 及其规格

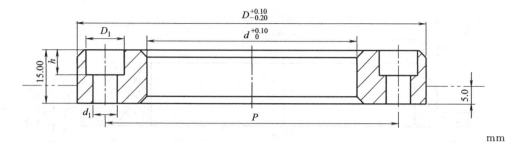

mm

型　　号	D	d	d_1	D_1	h	P
60×36×15	60	36	4.5	7.3	4.5	48
100×70×15	100	70	7	11	7	85
120×90×15	120	90				105
150×110×15	150	110	9.5	15	9	130

图 3-65　定位圈基本形式 2 及其规格

形式 1 装配时埋入模板 5mm，直接压住浇口套。定位圈形式 2 装配时也埋入模板 5mm，但不直接压住浇口套，浇口套由模板压住定位。

3.8.2　定位圈特殊形式

定位圈特殊形式见图 3-66～图 3-69。

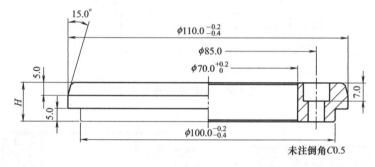

mm

型　　号	H
LR-15110	15
LR-20110	20

图 3-66　定位圈特殊形式 1 及其规格

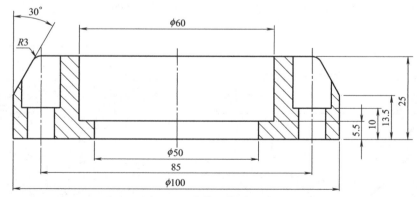

图 3-67　定位圈特殊形式 2

3.8.3　定位圈的装配

定位圈的装配见图 3-70。

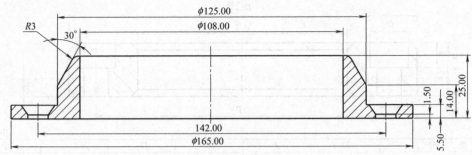

图 3-68　定位圈特殊形式 3

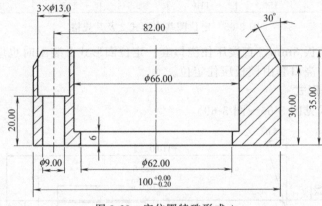

图 3-69　定位圈特殊形式 4

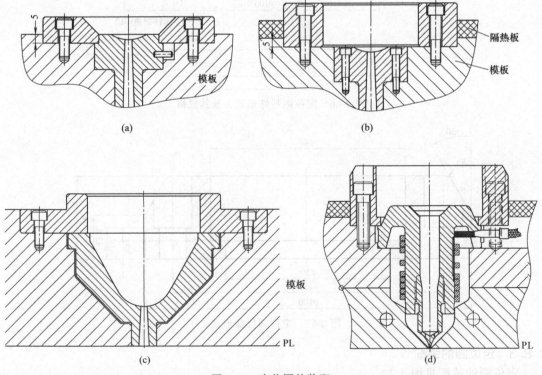

(a)　　　　　　　　　　　　(b)

(c)　　　　　　　　　　　　(d)

图 3-70　定位圈的装配

3.9 螺钉

3.9.1 紧固螺钉

模具中常用的紧固螺钉主要分为内六角圆柱头螺钉（内六角螺钉）、内六角平端紧定螺钉（无头螺钉）及六角头螺栓。

在模具中，紧固螺钉应按不同需要选用不同类型的优先规格，同时保证紧固力均匀、足够。下面将各类紧固螺钉在使用中的情况加以说明。

(1) 内六角圆柱头螺钉（内六角螺钉）

内六角螺钉的优先规格：M4、M6、M10、M12。

内六角螺钉主要用于前、后模模料，型芯，小镶件及其他一些结构组件。除前述定位圈、浇口套所用的螺钉外，其他如镶件、型芯、固定板等所用螺钉以适用为主，并尽量选用优先规格，用于动、定模镶件紧固的螺钉，选用时应满足下列要求。

① 大小和数量：紧固螺钉的大小和数量可按表 3-27 确定。

表 3-27　紧固螺钉的大小和数量与镶件大小的关系　　mm

镶件大小	≤50×50	(50×50)～(100×100)	(100×100)～(200×200)	(200×200)～(300×300)	>300×300
螺钉大小	M6(或 M1/4in)	M6(或 M1/4in)	M8(或 M5/16in)	M10(或 M3/8in)	M12(或 M1/2in)
螺钉数量	2	4	4	6～8	6～8

② 位置：螺孔应布置在四个角上，而且对称布置，见图 3-71。螺孔到镶件边的尺寸 W_1 可取螺孔直径的 1～1.5 倍，L_1 应参照加工夹具的尺寸，一般取 15 或 25 的倍数。

③ 内六角圆柱头螺钉规格：内六角螺钉见图 3-72，英制规格见表 3-28，公制规格见表 3-29。

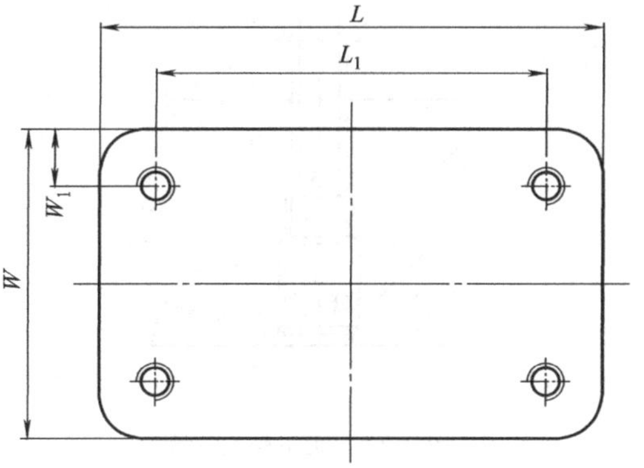

图 3-71　螺孔位置

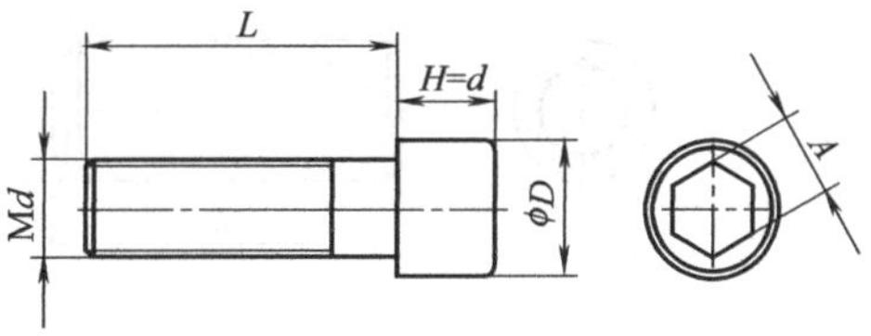

图 3-72　内六角螺钉

表 3-28　英制内六角螺钉规格　　in

Md	ϕD /mm	A /mm	L(常用规格尺寸)
1/8	5.2	2.2	1/4、3/8、1/2、5/8、3/4、1、1¼、1½
5/32	6.4	3.0	3/8、1/2、5/8、3/4、1、1¼、1½
3/16	7.8	3.8	3/8、1/2、5/8、3/4、1、1¼、1½、1¾、2、2¼、2½
1/4	9.4	4.6	3/8、1/2、5/8、3/4、1、1¼、1½、1¾、2、2½、2¾、3、3½、4
5/16	10.8	5.6	3/8、1/2、5/8、3/4、1、1¼、1½、1¾、2、2¼、2½、2¾、3、3¼、3½、4、4½、5
3/8	14.0	7.8	1/2、5/8、3/4、1、1¼、1½、1¼、2、2¼、2½、2¾、3、3½、4、4½、5
1/2	19.0	9.4	3/4、1、1¼、1½、1¾、2、2¼、2½、2¾、3、3¼、3½、4、4½、5、5½、6、6½、7、8
5/8	22.0	12.6	1、1¼、1½、1¾、2、2¼、2½、2¼、6、8

表 3-29　公制内六角螺钉规格　　　　　　　　　　　　mm

Md	φD	A	L（常用规格尺寸）
3	5.5	2.2	16
4①	7.0	3.0	20、30、40
5	8.5	3.8	20、25
6①	10.0	4.6	20、30、40、50
8	13.0	5.6	20、25、30、40、50
10①	16.0	7.8	20、25、30、40、50
12①	18.0	9.4	25、30、35、40、50、60
14②	21.0	12.6	25、30、40、50、60

① 优先选用。

② 不常用尺寸，其余为一般选用尺寸。

(2) 外六角螺钉

外六角螺钉见图 3-73，在模具中较少使用，通常仅被当做垃圾钉使用，选用类型及规格单一，一般选用表 3-30 中的两种规格。

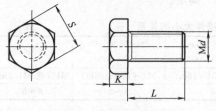

图 3-73　外六角螺钉

制规格见表 3-32。

表 3-30　模具中常用的外六角螺钉规格　　mm

Md	K	S	L
10	6.4	16	18
12	7.5	18	18

(3) 内六角平端紧定螺钉（无头螺钉）

无头螺钉主要用于型芯、拉料杆、司筒针的紧固，见图 3-74 和图 3-75。其英制规格见表 3-31，公

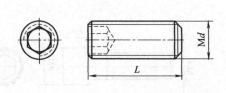

图 3-74　无头螺钉

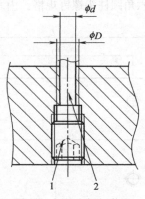

图 3-75　无头螺钉装配

1—无头螺钉；2—司筒针

表 3-31　英制内六角平端紧定螺钉规格　　　　　　　　　　　　in

M		1/8	5/32	3/16	1/4	5/16	3/8	1/2	5/8
L	1/8	•							
	3/16	•	•						
	1/4	•	•	•	•				
	5/16	•	•	•	•	•			
	3/8	•	•	•	•		•		
	1/2	•	•	•	•			•	
	5/8	•	•	•	•			•	•
	3/4		•	•	•			•	•

表 3-32　公制内六角平端紧定螺钉规格　　　　　　　　　　　　　　　mm

M		3	4	5	6	8①	10①	12①	16
L	5	•	•	•					
	6	•	•	•	•	•			
	8	•	•	•	•	•			
	10	•	•	•	•	•	•		
	12	•	•	•	•	•	•	•	
	15	•	•	•	•	•	•	•	•
	20		•	•	•	•	•	•	•

① 优先选用，其余为一般选用尺寸。

在标准件中，ϕd 和 ϕD 相互关联，ϕd 是实际所用尺寸，所以通常以 ϕd 作为选用的依据，并按下列范围选用。

① 当 $\phi d \leqslant 3.0$mm 或 9/64in 时，选用 M8；

② 当 $\phi d \leqslant 3.5$mm 或 5/32in 时，选用 M10；

③ 当 $\phi d \leqslant 7.0$mm 或 3/16in 时，选用 M12；

④ 当 $\phi d \leqslant 8.0$mm 或 5/16in 时，选用 M16；

⑤ 当 $\phi d \geqslant 8.0$mm 或 5/16in 时，则应该用压板固定。

3.9.2　限位螺钉

模具中的限位螺钉常用内六角圆柱头轴肩螺钉，又称山打螺钉，见图 3-76，其公制规格见表 3-33，英制规格见表 3-34。

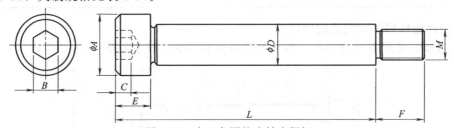

图 3-76　内六角圆柱头轴肩螺钉

表 3-33　内六角圆柱头轴肩螺钉公制规格　　　　　　　　　　　　　　mm

D		A	B	C	E	F	M	L
4.5	+0.008	7	2.5	1.6	3	6	3	(10),(15),20,25,30,35,40
5.5	−0.018	9	3	2.2	4	7	4	(10),(15),20,25,30,35,40,45,50
6.5	+0.025	10	4	2.5	5	9	5	(10),(15),20,25,30,35,40,45,50,55,60,65,70
8	−0.061	13	5	3	6	9	6	(10),(15),20,25,30,35,40,45,50,55,…,85,90
10		16	6	4	8	12	8	(10),(15),20,25,30,35,40,…,95,100,110,120
13	+0.032	18	8	5	10	16	10	(15),20,25,30,35,40,45,…,95,100,110,120,130
16	−0.075	24	10	7	14	18	12	(15),20,25,30,35,…,95,100,110,120,130,140,150
20	+0.040 −0.092	27	14	9	18	24	16	20,25,30,35,40,…,95,100,110,120,130,140,150

注：括号内尺寸尽量不用。

表 3-34　内六角圆柱头轴肩螺钉英制规格　　　　　　　　　　　　　　in

D	M	A	E	F	L
1/4		3/8	3/16	3/8	1,1¼,1½
5/16	1/4	7/16	7/32	7/16	1,1¼,1½,1¾,2
3/8	5/16	9/16	1/4	1/2	1,1¼,1½,1¾,2,2¼,2½,2¾,3,3¼,3½,3¾,4
1/2	3/8	3/4	5/16	5/8	1,1¼,1½,1¾,2,2¼,2½,2¾,3,3¼,3½,3¾,4,4¼,4½,4¾,5
5/8	1/2	7/8	3/8	3/4	1¼,1½,1¾,2,2¼,2½,2¾,3,3¼,3½,3¾,4,4¼,4½,4¾,5,5½,6
3/4	5/8	1	1/2	7/8	1½,1¾,2,2¼,2½,2¾,3,3¼,3½,3¾,4,4¼,4½,4¾,5,5½,6,7

3.9.3 螺孔攻牙底孔直径

螺孔攻牙底孔直径见表3-35。

表 3-35　螺孔攻牙底孔直径

公制粗牙螺纹/mm				英制螺纹/in		
规格	标准直径	2级牙钻孔直径		规格	钻孔直径	
		最大	最小		硬材	软材
M3.0×0.5	2.50	2.599	2.459	W1/8-40	2.65	2.60
M4.0×0.75	3.25	3.33	3.11	W5/32-32	3.25	3.20
M4.5×0.75	3.80	3.88	3.69	W3/16-24	3.75	3.70
M5.5×0.8	4.20	4.33	4.13	W1/4-20	5.10	5.00
M6.0×10	5.00	5.15	4.92	W5/16-18	6.60	6.50
M8.0×1.25	6.80	6.19	6.65	W3/8-16	8.00	7.90
M10×1.5	8.50	8.68	8.38	W7/16-14	9.40	9.30
M12×1.75	10.30	10.44	10.11	W1/2-12	10.70	10.50
M14×2.0	12.00	12.21	11.84	W9/16-12	12.30	12.00
M16×2.0	14.00	14.21	13.84	W5/8-11	13.70	13.50
M18×2.5	15.50	15.74	15.29	W3/4-10	16.70	16.50
M20×2.5	17.50	17.74	17.29	W7/8-9	19.50	19.30
M22×2.5	19.50	19.74	19.29	W1-8	22.40	22.00
M24×3.0	21.00	21.25	20.75	W1⅛-7	25.00	24.80
M27×3.0	24.00	24.25	23.75	W1¼-7	28.30	28.00

3.9.4 内六角螺钉装配图及规格尺寸

内六角螺钉装配图见图3-77，各参数公制见表3-36，英制见表3-37。

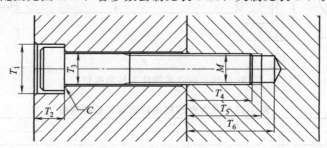

图 3-77　内六角螺钉装配图

表 3-36　内六角螺钉装配公制尺寸规格　　　　　　　　　　mm

螺钉规格 （M）	沉孔直径 （T_1）	沉孔最小深度 （T_2）	通孔直径 （T_3）	螺钉旋入深度 （T_4）	攻牙深度 （T_5）	底孔深度 （T_6）	通孔倒角 （C）
M3	6.5	3.5	3.4	6~7.5			0.3×45°
M4	8	4.6	4.5	8~10	T_4+3	T_4+4	
M5	10	5.7	5.5	10~12.5			0.4×45°
M6	11	6.8	6.6	12~15			
M8	15	9	9	16~20	T_4+4	T_4+6	
M10	18	11	11	20~25			
M12	20	13	13.5	24~30	T_4+6	T_4+9	0.5×45°
M14	24	15	15.5	28~35			
M16	26	17.5	17.5	32~40			
M18	30	19.5	20	36~45	T_4+8	T_4+12	
M20	33	21.5	22	40~50			

表 3-37　内六角螺钉装配英制尺寸规格　　　　　　　　　　　　　　　in

螺钉规格 （M）	沉孔直径 （T_1）	沉孔最小深度 （T_2）	通孔直径 （T_3）	螺钉旋入深度 （T_4）	攻牙深度 （T_5）	底孔深度 （T_6）	通孔倒角 （C）
1/4	7/16 （11.11mm）	7mm	9/32 （7.14mm）	12～15mm	T_4+4mm	T_4+6mm	0.4×45°
5/16	17/32 （13.49mm）	9mm	11/32 （8.73mm）	16～20mm			
3/8	5/8 （15.88mm）	10.5mm	13/32 （10.32mm）	20～25mm	T_4+6mm	T_4+9mm	
7/16	23/32 （18.26mm）	12mm	15/32 （11.91mm）	22～27mm			
1/2	13/16 （20.64mm）	14mm	17/32 （13.49mm）	25～31mm			
5/8	1（25.4mm）	17.5mm	21/32 （16.67mm）	32～40mm			0.5×45°
3/4	1³⁄₁₆ （30.16mm）	20.5mm	25/32 （19.84mm）	40～49mm			
7/8	1³⁄₈ （34.93mm）	24mm	29/32 （23.02mm）	44～55mm	T_4+8mm	T_4+12mm	
1	1⅝ （41.28mm）	27mm	1¹⁄₃₂ （26.20mm）	50～62mm			
1¼	2（50.8mm）	34mm	1⁵⁄₁₆ （33.34mm）	64～80mm			

3.10　行程开关

　　在有些情况下，模具不同机构之间的动作需要按顺序进行，否则模具会被损坏。为了确认模具结构动作是否执行完成，模具上需要设计行程开关来传递以上信息。尤其是在推杆必须先复位的模具中，为了确保模具生产过程中的安全，必须增加行程开关，当推杆板完全复位后，触动行程开关，模具才开始下一个动作。

3.10.1　常用行程开关的型号

　　表 3-38 是常用的行程开关型号及其主要尺寸。

表 3-38　常用的行程开关型号及其主要尺寸

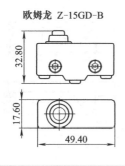

欧姆龙 Z-15GD-B

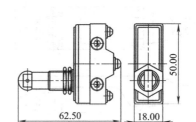

欧姆龙 Z-15GQ22-B

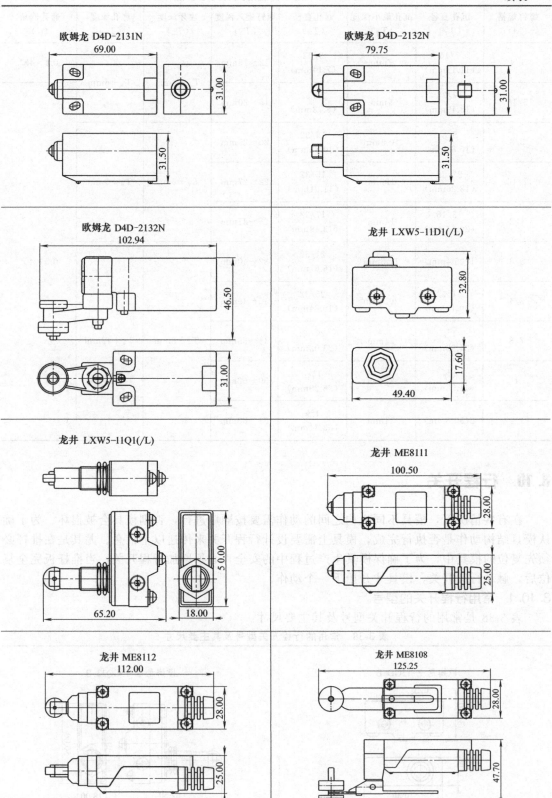

3.10.2　行程开关的装配方法

不同的行程开关，作用不同，其装配方法也不尽相同。

（1）推杆板限位行程开关（见图 3-78～图 3-83）

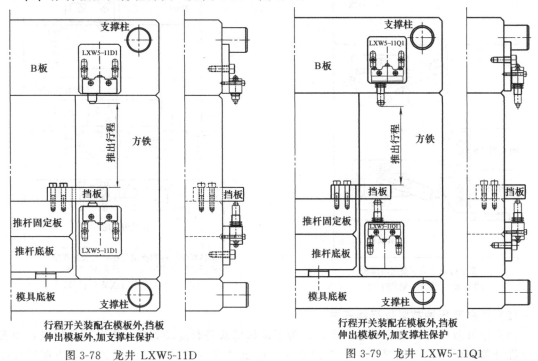

行程开关装配在模板外,挡板伸出模板外,加支撑柱保护

图 3-78　龙井 LXW5-11D

行程开关装配在模板外,挡板伸出模板外,加支撑柱保护

图 3-79　龙井 LXW5-11Q1

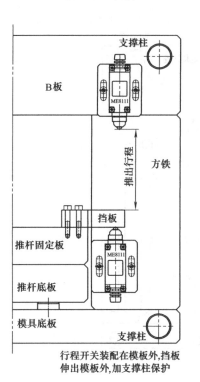

行程开关装配在模板外,挡板伸出模板外,加支撑柱保护

图 3-80　龙井 ME8111

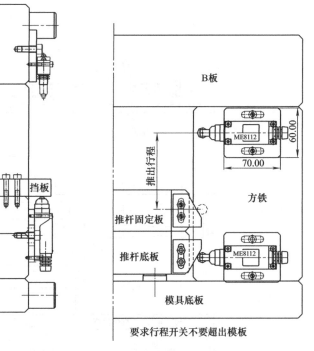

要求行程开关不要超出模板

图 3-81　龙井 ME8112

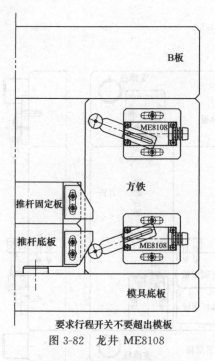

图 3-82　龙井 ME8108

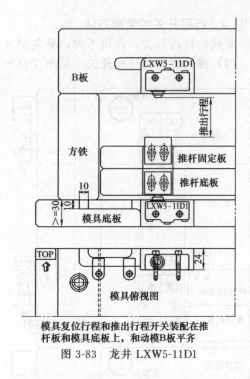

模具复位行程和推出行程开关装配在推
杆板和模具底板上，和动模B板平齐

图 3-83　龙井 LXW5-11D1

（2）油缸液压抽芯限位行程开关

油缸通过液压带动滑块抽芯运动时，为了确认滑块是否运动到位，避免损坏模具，要安装行程开关加以保护，见图 3-84。总的来说，油缸抽芯的滑块有两种形式：滑块在模板以内；滑块超出模板或跟模板平齐。

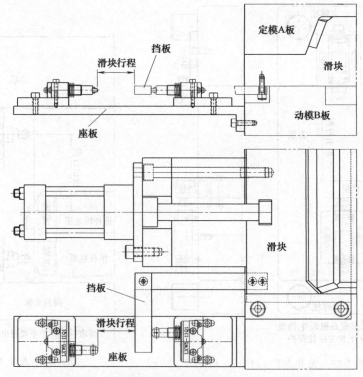

图 3-84　滑块限位行程开关安装方法 1：正面碰撞

行程开关安装原则：行程开关安装在可调节的座板上，座板固定在模板上，设计一个挡板固定在滑块上，这样滑块运动时带动挡板和行程开关接触从而起限位作用。由于滑块具体结构千变万化，行程开关的安装方式也各有不同，见图 3-85。

图 3-85　滑块限位行程开关安装方法 2：侧面碰撞

（3）行程开关固定板型号

所有行程开关的固定板可使用如图 3-86 所示的标准块：LMSB-60×70×10，材料为45 钢。

图 3-78～图 3-80 中的行程开关限位块可使用如图 3-87 所示的标准块：LMST-80×20×10，材料为 45 钢。

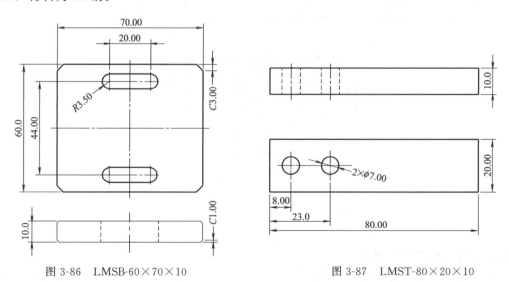

图 3-86　LMSB-60×70×10　　　　　　　　图 3-87　LMST-80×20×10

图 3-83 中的行程开关限位块可使用如图 3-88 所示的标准块 LMST-L×30×16，材料为45 钢。

图 3-81 和图 3-82 中的行程开关限位块可使用如图 3-89 所示的标准块：LMST-40×35×18，材料为 45 钢。

图 3-78 中的行程开关限位块还可使用如图 3-90 所示的标准块：LMST-40×18×15，材料为 45 钢。

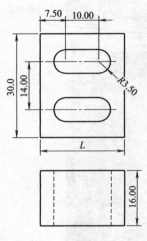

图 3-88　LMST-L×30×16

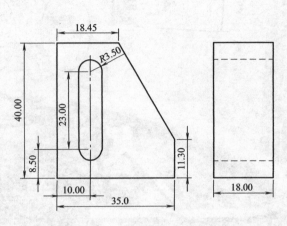

图 3-89　LMST-40×35×18

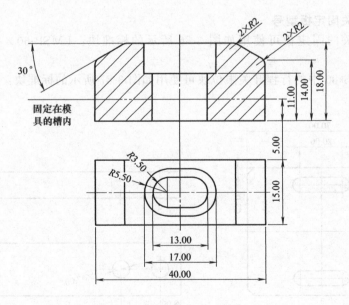

图 3-90　LMST-40×18×15

（4）行程开关信号线走线槽

每一只行程开关的信号线束设计截面为 10mm×10mm 的走线槽，n 只行程开关的信号线束设计截面为 n×10mm×10mm，截面可以是正方形，也可以是长方形，线槽在转弯区域或出口处都要设计圆角，避免锐角划破电线，参考图 3-91。

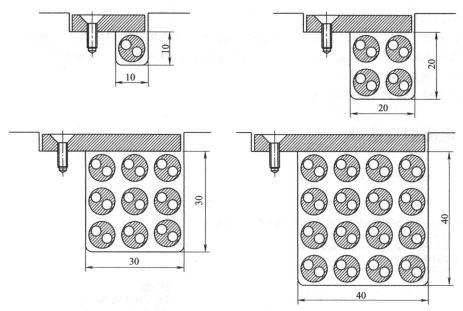

图 3-91　行程开关信号线走线槽

（5）行程开关信号线插座

行程开关信号线插座安装在非操作侧上半段，客户有特殊要求的，按照客户的要求设计。

3.11　隔热板

当模具温度要求较高，或者采用热流道的模具，需要加隔热板，减少模具热量传到注塑机的模具固定板上，见图 3-92。

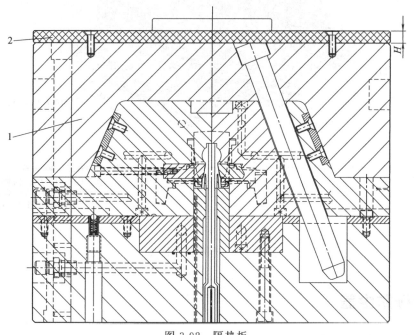

图 3-92　隔热板
1—定模板；2—隔热板

隔热板设计注意事项如下。

① 对于有方铁的模具,尤其是热流道注塑模具,隔热板一般只安装在定模上。

② 当模具尺寸≤300mm×300mm 时,隔热板厚度 $H=6$mm。当模具尺寸＞300mm×300mm 时,隔热板厚度 $H=8$mm。

③ 隔热板的材料一般用树脂。

3.12 吊模板及铭牌

图 3-93 为吊模板及铭牌。

吊模板:①长度必须较整模厚度小,两头至少需较模板面低1mm以上
②要雕模号
③安装螺钉无需沉头,但要作预偏心设计
④如有脚架,需作焊接
⑤吊环孔需在整模的重心线上

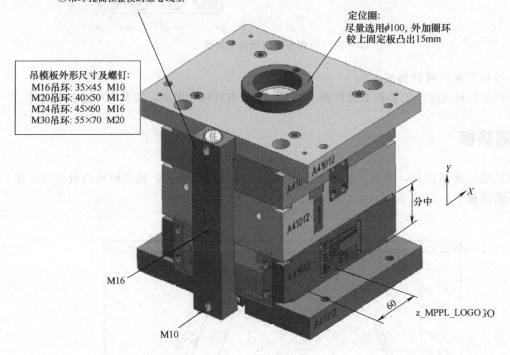

定位圈:
尽量选用ϕ100,外加圈环
较上固定板凸出15mm

吊模板外形尺寸及螺钉:
M16吊环 35×45 M10
M20吊环 40×50 M12
M24吊环 45×60 M16
M30吊环 55×70 M20

分中

M16

M10

60

z_MPPL_LOGO

铭牌:①做在工作面的C板上
②定位于:Y向分中,X向距离C板边60mm
(较小的模具可分中取美观位置)
③需在各项目空格内刻上相应内容

图 3-93 吊模板及铭牌

3.13 推杆防尘盖

推杆防尘盖如图 3-94 所示。

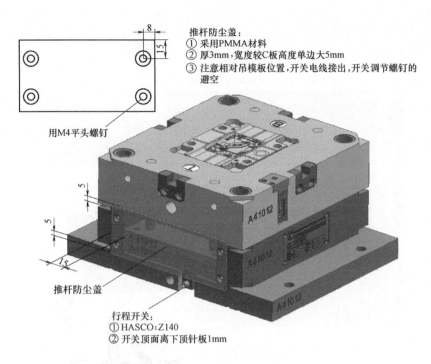

推杆防尘盖:
① 采用PMMA材料
② 厚3mm,宽度较C板高度单边大5mm
③ 注意相对吊模板位置,开关电线接出,开关调节螺钉的避空

用M4平头螺钉

推杆防尘盖

行程开关:
① HASCO:Z140
② 开关顶面离下顶针板1mm

图 3-94　推杆防尘盖

第**4**章
注塑模具成型零件设计

　　成型零件是指直接参与形成型腔空间的模具零件，如凹模（型腔）、凸模（型芯）、镶件、侧向抽芯等。成型零件设计时，应充分考虑塑料的成型收缩率、脱模斜度、制造与维修的工艺性等。

　　成型零件的设计一般可按以下步骤进行。

　　① 确定模具型腔数量。

　　② 确定型腔的排位。

　　③ 确定塑件分型线和模具分型面。

　　④ 需要侧向抽芯时设计侧向抽芯机构。

　　⑤ 确定型芯型腔的成型尺寸，确定脱模斜度。

　　⑥ 确定成型零件的组合方式和固定方式。

4.1　确定型腔数量

　　如果预先已确定了与模具匹配的注塑机，则型腔数量可以按以下两种方法确定。

　　(1) 根据所用注射机的额定注射量

$$（各腔塑件总重＋浇注系统凝料）\leqslant 注射机额定注射量 \times 80\%$$

　　(2) 根据注射机的额定锁模力

　　假定各腔以及流道在分型面上的投影面积之和为 $S_分$（mm^2），注射机的额定锁模力为 $F_锁$，塑料熔体对型腔的平均压强为 $p_型$，则

$$S_分 \, p_型 \leqslant F_锁 \times 80\%$$

4.2　型腔排位

4.2.1　排位的原则

　　① 流道最短原则：减少浇注系统凝料，节约钢材及模具制造成本。

　　② 温度平衡原则：使模具型腔各处的温度大致相等，保证各腔塑件的收缩率相等。

　　③ 压力平衡原则：使模具在注射时承受涨型力的合力靠近模具中心，与注塑机的锁模力在一条直线上。

　　④ 进料平衡原则：对于一模多腔的模具，同一塑件应从同一位置进料，以保证塑件的互换性；流道和浇口的大小、长短应与塑件大小相适应，尽量保证各型腔同时进料，同时充满。

4.2.2　一模多腔的模具排位注意事项

　　① 较大或较复杂的塑件应排在主流道即浇口套附近，但浇口套周围直径 30mm 内尽量不布置型腔，或者说型腔至浇口套的钢厚最少保证 8mm。

　　② 一模多腔的模具，各型腔之间的钢厚 A，以及型腔到内模镶件边沿的钢厚 B 可根据型腔深度选取，型腔越深，钢厚应越厚，见表 4-1 和图 4-1。

　　特别情况包括：

　　a. 当采用潜伏式浇口时，应有足够的潜伏式浇口位置及布置推杆的位置。

　　b. 塑件尺寸较大，型腔较深（≥60mm）时。

　　c. 塑件尺寸较大，内模型芯镶通。此时的镶件成框架结构，刚性不好，应加大钢厚以提高刚性。

　　d. 型腔之间要通冷却水时，型腔之间距离要大一些，保证型腔和冷却水道之间的钢厚不小于 2 倍的水道直径。

表 4-1　型腔排位推荐尺寸 mm

型腔深度	0～20	20～40	40～60	特别情况
A	12～15	15～20	20～25	25～50
B	20～24	24～32	32～44	44～64

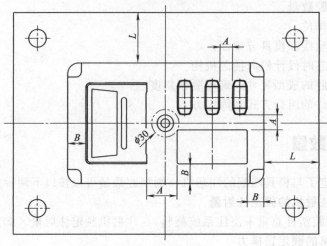

图 4-1　型腔排位

③ 如果模具需要侧向抽芯时，排位优先考虑做左右抽芯，尽量避免上下抽芯。

4.3　分型面

4.3.1　分型面设计的主要内容

分型面设计的主要内容有以下三点。

① 分型面的位置：哪一部分由动模成型，哪一部分由定模成型。

② 分型面的形状：是平面、斜面、阶梯面还是弧面。

③ 分型面的定位：如何保证型芯和型腔的位置精度，最终保证塑件的尺寸精度。

4.3.2　分型面位置设计的一般原则

(1) 外观唯美原则

分型面的选择应尽量不影响塑件外观，尤其对外观有明确要求的塑件，更应注意分型面对外观的影响。

(2) 加工方便原则

分型面的选择应使模具结构简单，加工容易，特别是型芯、型腔的加工。

(3) 成型容易原则

分型面的选择应有利于熔体的浇注、型腔的排气和冷却系统的设计。通常分型面的设计会出现问题的地方，多半是塑件上有两个以上的脱模方向。一般设计者在进行设计时，会将行程较短的脱模方向以滑块侧向抽芯。但是侧向抽芯机构合模时能够提供的锁模力较小，如果该方向的塑件投影面积较大，就会发生问题。有嵌件的模具，还要考虑嵌件安装时的简单方便。

(4) 脱模顺畅原则

分型面的选择有利于塑件的脱模，确保在开模时使塑件留于有推出机构的一侧（有时是动模、有时是定模）。

4.3.3 分型面的形状设计

分型面的形状以垂直于开模方向的平面最好，其次是斜面，再次是光滑的弧面、阶梯面等。分型面不得有尖角锐边。尖角锐边将使加工更加困难，同时还会影响分型面的封料以及模具的寿命。

(1) 台阶分型面

见图 4-2，这个塑件的分型面有多种选择，最终的选择往往取决于客户的要求。

(2) 斜面分型面

斜面分型面要加止口定位面，以抵消胀型力在水平方向上的分力，见图 4-3。定位面视实际情况而定，在任何一边都可以，即图 4-3 中的 (a) 和 (b) 都可以，定位面倾斜角度 α 一般为 $10°\sim15°$，斜度越大，定位效果越差。斜面分型面要按分型面角度向外延伸 $A=5\sim10mm$，以防止型腔边沿崩裂，FIT 模时滑动。

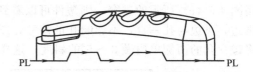

(a) 沿塑件形状分型，没有夹线，不影响外观，但分型面复杂

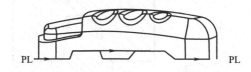

(b) 将两个枕位改为一个枕位，中间会留下一道夹线，但分型面得到了简化

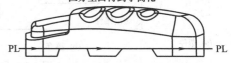

(c) 将台阶分型面改为平面分型面，制造更为简化，但会留下多条夹线，必须经过客户同意

图 4-2 台阶分型面和平面分型面

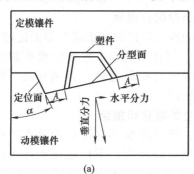

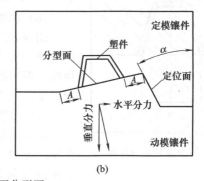

(a)   (b)

图 4-3 斜面分型面

(3) 曲面分型面

曲面分型面的设计和斜面分型面大致相同，见图 4-4，图中 $A=5\sim10mm$，倾斜角度 α 一般为 $10°\sim15°$。

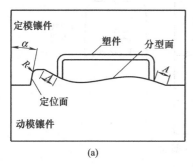

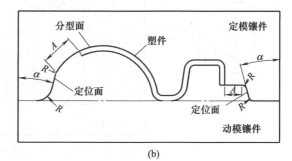

(a)   (b)

图 4-4 曲面分型面

(4) 侧面擦穿碰穿的分型面

如果采用图 4-5 (b) 所示的擦穿，则成型塑件没有夹线，见图 4-5 (d)，但塑件易产生飞边，而且飞边与侧孔平衡，使孔的尺寸缩小；擦穿时侧面最好有 3°或以上的斜度。如果采

用图 4-5（c）所示的碰穿，则塑件可以看到夹线，见图 4-5（e），但不易出现飞边，即使有飞边，飞边与孔垂直，不影响孔的尺寸，图中 α 取 6°～10°。如选择图 4-5（c），可建议客户将碰穿孔的两侧单边做 3°～5° 的斜度，这样就不会有夹线。

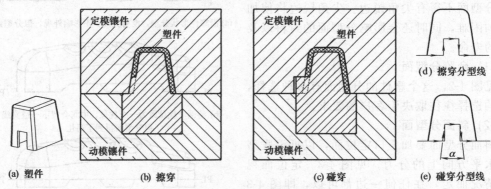

图 4-5　侧面擦穿碰穿的分型面

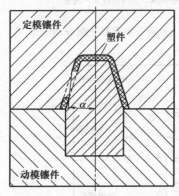

图 4-6　斜面方孔的分型面

（5）斜面方孔的分型面

斜面方孔优先考虑擦穿，见图 4-6，擦穿的条件是图中的 α≥3°，如果 α＜1° 应优先考虑侧向抽芯。

（6）侧面有凸起的分型面

侧面有凸起结构，应优先考虑将分型面枕起，见图4-7。但这样会有夹线，而且因为动、定模的脱模斜度方向刚好相反，两边的夹线会有明显起级，影响外观。如果客户不能接受，只能采用侧向抽芯。

（7）分型面上的碰穿和擦穿

碰穿是指动、定模成型零件接触面垂直于或大致垂直于开模方向，否则就叫擦穿。当接触面平行于或大致平行于开模方向时，又叫插穿。从模具制造方便的角度来看，分型面上封胶面应尽量采用碰穿，避免擦穿，除了圆孔可以用插穿，非圆孔一般禁用插穿。

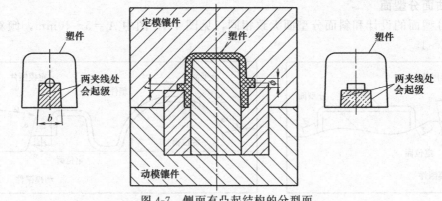

图 4-7　侧面有凸起结构的分型面

当塑件上存在较大的通孔，模具上的碰穿面较大时，碰穿面的中间应该避空，减少碰穿面积，以方便 FIT 模，见图 4-8。

擦穿面的有关尺寸见图 4-9。

图 4-10 和图 4-11 是插穿面设计实例。

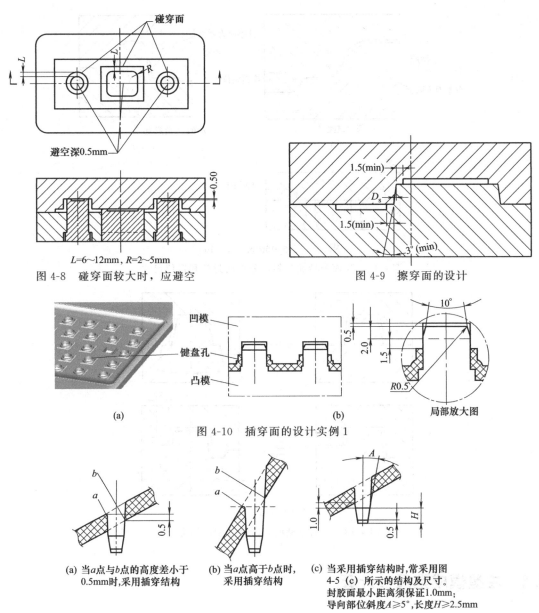

图 4-8　碰穿面较大时，应避空

L=6~12mm，R=2~5mm

图 4-9　擦穿面的设计

图 4-10　插穿面的设计实例 1

(a) 当 a 点与 b 点的高度差小于 0.5mm 时，采用插穿结构

(b) 当 a 点高于 b 点时，采用插穿结构

(c) 当采用插穿结构时，常采用图 4-5（c）所示的结构及尺寸。封胶面最小距离须保证 1.0mm；导向部位斜度 $A \geqslant 5°$，长度 $H \geqslant 2.5$mm

图 4-11　插穿面的设计实例 2

4.3.4　分型面定位

动定模的导柱导套是间隙配合，它们主要是起导向作用，成型零件的位置精度必须在分型面设计时得到保证。如果因为塑件复杂，分型面为斜面或弧面，则分型面设计时必须考虑封胶面的形状和尺寸、如何定位，而且必须有测量基准，见图 4-12。

即使是平面分型面或阶梯分型面，为了提高精度，分型面上有时也要设计锥面定位，见图 4-13。

注意

　　硬模是内模镶件的硬度大于 40HRC 的模具。在设计时应注意考虑应力的消除，多采用圆角过渡。一般来说，如果只需要表面硬度来抗磨、抗疲劳等时，常选用氮化；如果需要整体硬度来提高耐磨及强度时，常采用淬火。

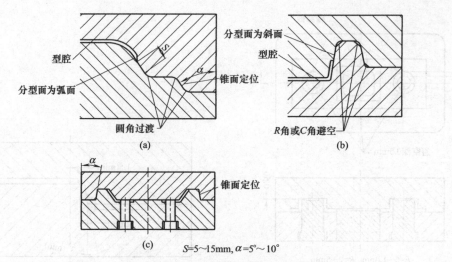

图 4-12　弧面分型面与斜面分型面封料和定位尺寸

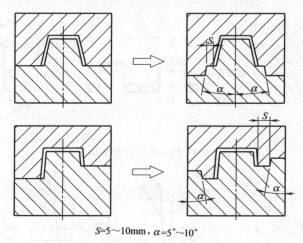

$S=5\sim10mm$，$\alpha=5°\sim10°$

图 4-13　平面分型面和阶梯分型面的定位

4.4　注塑模成型尺寸计算

4.4.1　一般成型尺寸的计算方法

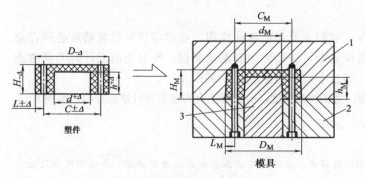

图 4-14　成型尺寸计算
1—凹模；2—凸模；3—型芯

模具的型芯、型腔形状由塑件图镜射而成，其成型尺寸则由塑件尺寸加脱模斜度以及平均收缩率而得，见图 4-14。成型尺寸的计算方法目前有以下两种。

（1）国标计算法

① 型腔内形尺寸：$D_M =$ $[D(1+S)-3/4\times\Delta]^{+\delta}$

② 型腔深度尺寸：$H_M =$ $[H(1+S)-2/3\times\Delta]^{+\delta}$

③ 型芯外形尺寸：$d_M=[d$

$(1+S)+3/4\times\Delta]_{-\delta}$

④ 型芯高度尺寸：$h_M=[h(1+S)+2/3\times\Delta]_{-\delta}$

⑤ 中心距尺寸：$C_M=[C(1+S)]\pm\delta$

⑥ 中心边距尺寸：$L_M=[L(1+S)-3/4\times\Delta]\pm\delta$

式中　　D，H，d，h，C，L——塑件尺寸；

D_M，H_M，d_M，h_M，C_M，L_M——与塑件相对应的模具尺寸；

S——收缩率；

Δ——塑件公差，计算之前必须将实体尺寸换算成单向负公差，孔的尺寸换算成单向正公差，位置尺寸换算成正负双向公差；

δ——模具零件公差，精度等级通常取 IT5～IT6。

（2）简化计算法

简化计算法在珠江三角洲地区使用较普及。

① 塑件尺寸为自由公差时：

$$D_M=D(1+S)$$

式中　D_M——模具成型尺寸；

D——塑件的基本（公称）尺寸。

成型尺寸公差通常取 IT6～IT8 级。

② 塑件尺寸为非自由公差时，有以下两种计算方法。

a. 成型尺寸的基本尺寸还是由下式计算

$$D_M=D(1+S)$$

成型的尺寸公差取塑件尺寸公差的 1/3～1/2。

b. 成型尺寸的基本尺寸由下式计算

$$D_M=[(D_{max}+D_{min})/2](1+S)$$

式中　D_{max}——最大极限尺寸；

D_{min}——最小极限尺寸。

成型尺寸公差仍取塑件尺寸公差的 1/3～1/2。

4.4.2　带金属嵌件的塑件模具成型尺寸计算

① 塑件中心带有金属嵌件时型腔尺寸的计算，见图 4-15（a）。

$D_M=[D+(D-d)S-3/4\times\Delta]^{+\delta}$

② 带有多个金属嵌件时，孔的中心距尺寸计算，见图 4-15（b）。

$C_M=[C+(C-nd)S]\pm\delta$

式中　d——金属嵌件外径；

n——嵌件数量。

4.4.3　螺纹型环成型尺寸计算

图 4-16 为塑件外螺纹及螺纹型环。

（1）螺纹型环大径尺寸

$$D_M=\left[d+dS-\frac{3}{4}a\right]^{+\delta_z}_0$$

（2）螺纹型环小径尺寸

$$D_{M1}=[d_1+d_1S-b]^{+\delta_z}_0$$

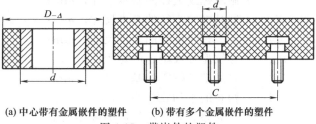

(a) 中心带有金属嵌件的塑件　　(b) 带有多个金属嵌件的塑件

图 4-15　带嵌件的塑件

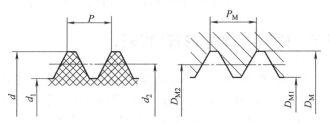

图 4-16　塑件外螺纹及螺纹型环

(3) 螺纹型环中径尺寸

$$D_{M2} = [d_2 + d_2 S - b]_0^{+\delta_z}$$

4.4.4 螺纹型芯尺寸计算

图 4-17 为塑件内螺纹及螺纹型芯。

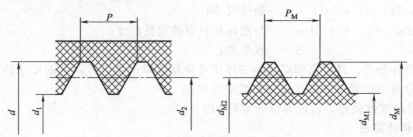

图 4-17　塑件内螺纹及螺纹型芯

(1) 螺纹型芯大径尺寸

$$d_M = [d + dS + b]_{-\delta_z}^0$$

(2) 螺纹型芯小径尺寸

$$d_{M1} = \left[d_1 + d_1 S + \frac{3}{4}c\right]_{-\delta_z}^0$$

(3) 螺纹型芯中径尺寸

$$d_{M2} = [d_2 + d_2 S + b]_{-\delta_z}^0$$

4.4.5 螺纹型环、螺纹型芯螺距尺寸计算

$$P_M = (P + PS) \pm \delta_p$$

式中　D_M——螺纹型环大径尺寸，mm；

D_{M1}——螺纹型环小径尺寸，mm；

D_{M2}——螺纹型环中径尺寸，mm；

d_M——螺纹型芯大径尺寸，mm；

d_{M1}——螺纹型芯小径尺寸，mm；

d_{M2}——螺纹型芯中径尺寸，mm；

d——制品螺纹大径的基本尺寸，mm；

d_1——制品螺纹小径的基本尺寸，mm；

d_2——制品螺纹中径的基本尺寸，mm；

P_M——螺纹型环或型芯的螺距，mm；

P——制品螺纹螺距的基本尺寸，mm；

S——塑料的平均收缩率，%；

δ_z——下偏差，其大小精度等级详见 1.1.2 注塑模具分类。

δ_p——公差的一半，其大小也取决于精度等级。

4.5　成型零件外形尺寸设计

根据塑件的外形尺寸（包括在分型面上的投影尺寸和高度）以及结构特点（是否需要侧向抽芯），可以确定内模镶件的外形尺寸，当内模镶件的尺寸确定后，模架的尺寸就可以大致确定了。

对于一般的模具，内模镶件和模架 A、B 板的大小可参考表 4-2 确定，表中的字母含义见图 4-18。

表 4-2　内模镶件和模架尺寸　　　　　　　　　　　　mm

塑件投影面积/mm²	M	N	C	D	E
100～900	40	20	15	30	15
900～2500	40～45	20～24	15～20	30～35	15～20
2500～6400	45～50	24～28	20～25	35～40	20～25
6400～14400	50～55	28～32	25～30	40～50	25～30
14400～25600	55～65	32～36	30～35	50～60	30～34
25600～40000	65～75	36～40	35～40	60～75	34～38
40000～62500	75～85	40～44	40～45	75～95	38～44
62500～90000	85～95	44～48	45～52	95～115	44～50
90000～122500	95～105	48～52	52～62	115～135	50～56
122500～160000	105～115	52～56	62～70	135～155	56～62
16000～202500	115～120	56～60	70～78	155～175	62～68
202500～250000	120～130	60～64	78～95	175～185	68～74

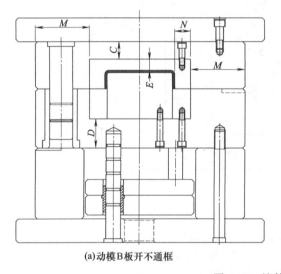

(a)动模B板开不通框

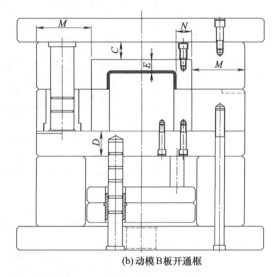

(b)动模B板开通框

图 4-18　镶件和模架各参数

表 4-2 的数据仅作为一般注塑模具结构设计时参考，在实际设计过程中要注意以下几点：

① 最后确定的定模 A 板、动模 B 板的长、宽、高尺寸，以及镶件厚度尺寸一定要取标准值。

② 当 $H \geqslant N$ 时，塑件较高，应适当加大 N 值，加大值 $\Delta N = (H - N)/2$。

③ 塑件壁厚较大，结构较复杂，有时为了冷却水道的需要，数据要做必要的调整。

④ 塑件结构复杂，模具有侧向抽芯机构或者需要特殊顶出机构，定模 A 板、动模 B 板的长、宽、高尺寸都要相应加大，有滑块滑行的长或宽视滑块大小一般加大 50mm、100mm 或 150mm，厚度加大 10mm 或 20mm。

⑤ 定模没有面板的直身模，A 板厚度可在以上基础上加 5～10mm，再取标准值。

⑥ 在基本确定模架的规格型号和尺寸大小后，还应对模架的整体结构进行校核，检查所确定的模架是否符合客户所给定的注塑机，包括模架的外形尺寸、最大开模行程、顶出方

式和顶出行程等。

　　实例 1：单型腔模具排位。对于单型腔模具，投影面积为塑件在分型面上的最大长宽尺寸相乘，而且包括中间的通孔面积。图 4-19 为单型腔模具排位实例，该塑件在分型面上的投影面积为：$140.2 \times 112.1 = 15716.42 \text{mm}^2$，查表 4-2 得：$M = 55 \sim 65$，$N = 32 \sim 36$，$C = 30 \sim 35$，$D = 50 \sim 60$，$E = 30 \sim 34$。由于塑件形状不规则，$N$ 的取数进行了必要的调整，详见图 4-19。

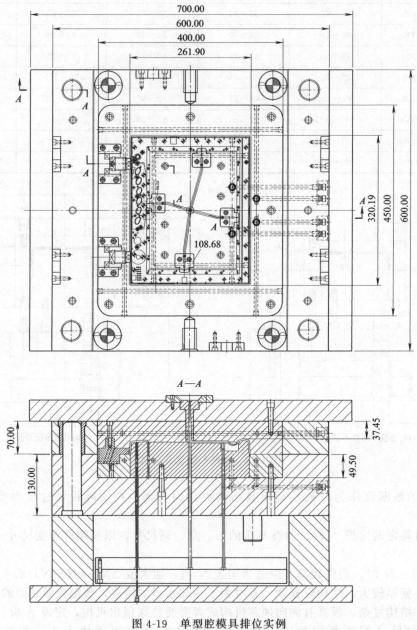

图 4-19　单型腔模具排位实例

　　实例 2：多型腔模具排位。对于多型腔模具，投影面积为各腔排位后在分型面上的总长乘总宽，包括各腔的通孔和各腔之间的面积。图 4-20 为多型腔模具排位实例，投影面积为：$199 \times 134 = 26666 \text{mm}^2$，查表 4-2 得：$M = 65 \sim 75$，$N = 36 \sim 40$，$C = 35 \sim 40$，$D = 60 \sim 75$，

$E＝34～38$。实际设计时各数取值见图 4-20。

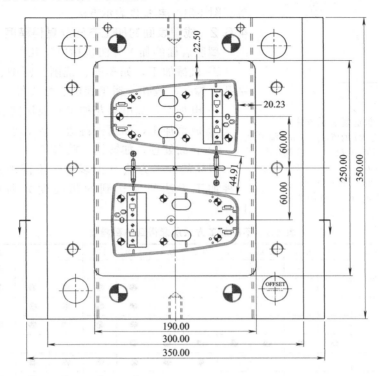

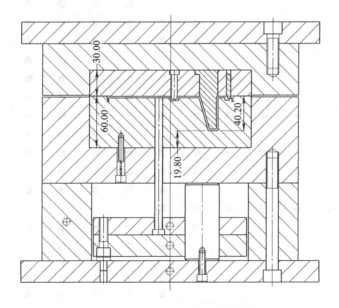

图 4-20　多型腔模具排位实例

4.6　成型零件成型表面粗糙度

4.6.1　粗糙度的表示方法及含义

轮廓算术平均偏差 Ra 的值有：$50\mu m$，$25\mu m$，$12.5\mu m$，$6.3\mu m$，$3.2\mu m$，$1.60\mu m$，$0.80\mu m$，

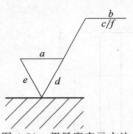

图 4-21　粗糙度表示方法

a—轮廓算术平均偏差 Ra 的值，μm；b—加工方法、处理、涂层或其他数据；c—样板长度（sample/cut-off length），mm；d—纹向（lay）；e—最少去料厚度，mm；f—其他粗糙度值，μm（如 $Rz0.4$）

0.40μm，0.20μm，0.10μm，0.050μm，0.025μm，0.012μm 等。图 4-21 为粗糙度表示方法。

4.6.2　成型表面的加工方法及其粗糙度

型腔表面的加工方法包括以下几种。

① 机械加工，如车削、铣削、刨削、磨削、研削、钻孔、镗孔、铰孔、钳工锉削、抛光等。

② 电加工，如电火花加工、线切削加工等。

③ 成型加工，如精密铸造、挤压等。

④ 表面处理，如镀铬、喷砂等。

型腔的加工方法有很多种，不同的加工方法及同一种加工方法所能达到的粗糙度分别见表 4-3 和表 4-4。

表 4-3　不同加工方法所能得到的粗糙度　　　　　　　　　　　　　　　　μm

加工方法		0.008	0.012	0.025	0.05	0.1	0.2	0.4	0.8	1.6	3.2	6.3	12.5	25	50
铸造	砂型铸造												●	●	●
	压铸								●	●	●	●	●	●	
	石蜡铸造								●	●	●				
成型	锻造								●	●	●	●	●	●	
	滚轧		●	●	●	●	●	●	●						
	拉伸								●	●	●				
	挤压								●	●	●				
	冲压								●	●					
	滚型						●	●	●						
机械加工	铣削								●	●	●	●	●		
	车削						●	●	●	●	●	●	●		
	刨削								●	●	●	●	●	●	●
	磨削			●	●	●	●	●	●	●					
	钻削								●	●	●	●	●	●	
	镗孔				●	●	●	●	●	●	●	●	●		
	铰孔				●	●	●	●	●	●	●				
	锉削							●	●	●	●	●	●		
	研磨	●	●	●	●	●	●								
	刮							●	●	●	●				
	插削							●	●	●	●	●	●		
其他	喷砂								●	●	●	●	●	●	●
	电火花					●	●	●	●	●	●	●	●		
	线切割								●	●	●	●			

表 4-4　常用机械加工方法粗、精加工粗糙度　　　　　　　　　　　　μm

加工方法		Ra	加工方法		Ra
铣削：	粗铣	3.2～12.5	磨削：	粗磨	3.2～6.3
	精铣	1.6～3.2		精磨	0.2～1.6
车削：	粗车	6.3～12.5		超研磨	0.025～0.1
	半精车	1.6～6.3			
	精车	0.8～1.6	钳工抛光：	一般抛光	0.2～0.8
	精细车	0.1～0.8		镜面抛光	0.008～0.1

4.6.3　成型表面的抛光

(1) 模具成型表面为什么需要抛光

模具成型表面的粗糙度直接影响塑件表面的粗糙度。由于塑件用途日益广泛，客户对塑件的表面质量要求不断提高，普通机械加工和电加工所得到的成型表面往往难以满足塑件表面粗糙度的要求，所以必须在机加工或电加工之后再对成型表面进行抛光处理，以提高成型表面的粗糙度。抛光有普通抛光和镜面抛光，普通抛光的粗糙度 Ra 可达 $0.2\mu m$，镜面抛光的粗糙度 Ra 可达 $0.008\mu m$，镜面抛光主要用于生产透明塑件的模具成型表面。

抛光以后的成型表面还具有下列优点。

① 注塑生产时，塑件较易脱模。

② 可以减轻塑料熔体对模具的磨损。

③ 可以减小塑料熔体的流动阻力。

④ 可以减低由于暂时性的负荷过高或由于疲劳而引起的模具断裂或爆裂。

(2) 如何判断模具成型表面质量

判断模具表面质量应注意下列几点。

① 模具表面必须具有几何学上正确无误的平面，表面无任何凸起。

② 模具成型表面镜面抛光时表面粗糙度通常都以肉眼判断，而肉眼判断往往比较困难，因为一块经肉眼判断认为平滑的表面可能并非为真正意义上的几何学上认为的完全平滑平面。

③ 模具表面必须完全没有刮花痕迹，如碳化粒子被扯出而留下之细小砂眼、局部脱皮等。如果模具质量要求严格，其成型表面之光滑度可以利用特别仪器来测定，如利用光波折射方法或放大镜等。

(3) 抛光的工艺及技巧

抛光的工艺及技巧非常重要，如果技巧使用得当，效果一定很好，反之，如果技巧低劣，不但不能降低成型表面的粗糙度，而且会损坏原有的表面质量，使成型表面变得更加粗糙。

首先，雕刻模具多以铣床、电火花机床或精密铸造加工，若模具表面要求平滑，则经铣削加工的表面必须再进行粗磨、精磨及抛光等工序。经电极加工的表面则只需作精磨及抛光，而精密铸造的模具只需用钻石膏抛光。

快捷及良好的抛光可以用砂轮打磨，首先磨去机械加工所留下的刀纹。不论是利用机械打磨还是人力打磨，请遵守下列各项原则：

① 砂轮研磨时应使用大量冷却液，避免产生过热情形而影响模具硬度，使成型表面局部退火。

② 应选用清洁及无伤痕的砂轮或磨石，硬度越高的钢材应选用越软的磨石。

③ 每次使用较精细的砂轮时，工件及指掌必须彻底清理干净，以免遗留较粗的砂粒而划伤成型表面，砂轮越精细时越要注意。

④ 当每次选用较精细一级砂轮时，应变换模具方向使之与前次成 $45°$，然后研磨。当新的磨纹完全盖过前次磨纹方向后再加多 25% 时间继续研磨，以消除已变形的一层薄表层，然后再选用较精细一级的砂轮。

⑤ 不断变换石磨方向的优点是可以避免产生不规则花纹。

⑥ 当研磨大型平坦的模具时，应尽量避免使用软性手持打磨碟，而应选用打磨石以避免形成不规则的花纹。

(4) 抛光注意事项

① 试模前必须检查抛光是否完全符合要求或是否全部完成。

② 火花纹是否正确以及是否可以脱模。

③ 所有镜面抛光，钢材必须用 ASSAB 136 或 NAK80，硬度为 52~54HRC。

4.7 成型零件的装配

4.7.1 内模镶件的装配

(1) A 型

不镶通，埋入式，用螺钉紧固，见图 4-22。

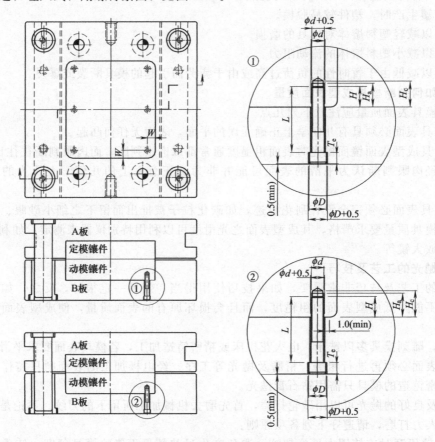

图 4-22 内模镶件的装配：A 型

　　内模镶件包括定模镶件和动模镶件，A 型装配方法的镶件不镶通，它们由螺钉分别固定在定模 A 板和动模 B 板上。紧固螺钉的数量和大小见表 4-5。图 4-22 中的螺钉装配尺寸，公制见表 4-6，英制见表 4-7。内模镶件与模架的装配公差配合见图 4-23。

表 4-5 紧固螺钉的大小和数量推荐值

镶件大小/mm	≤50×50	(50×50)~ (100×100)	(100×100)~ (200×200)	(200×200)~ (300×300)	300×300
螺钉大小 /mm(in)	M6(或 M1/4)	M6(或 M1/4)	M8(或 M5/16)	M10(或 M3/8)	M12(或 M1/2)
螺钉数量	2	4	4	4~6	6~8

表 4-6　内模镶件螺钉公制装配尺寸　　　　　　　　　　mm

内模螺钉规格(d)	L（常用）	ϕD	W	H	T_e	H_a（最大）	H_c（最大）
M6	25.0 30.0	10	8.0	8～10	6	12	14
M8	35.0 40.0	13	10.0	9～12	8	14	16
M10	45.0 50.0	16	12.0	12～15	10	17	19
M12	55.0 60.0 65.0	18	14.0	14～20	12	22	24
M14	70.0 75.0	21	15.0	16～20	14	22	24
M16	80.0 85.0	24	17.0	18～20	16	22	24
M20	90.0 100.0	30	20.0	22～25	20	28	30

表 4-7　内模镶件螺钉英制装配尺寸　　　　　　　　　　mm

内模螺钉规格(d)/in	L（常用）/in	ϕD	W	H	T_e	H_a（最大）	H_c（最大）
BSW1/4	$1\frac{1}{4}$ $1\frac{1}{2}$	9.4	8.0	8～10	6.4	12	14
BSW5/16	$1\frac{3}{4}$	11	10.0	9～12	8	14	16
BSW3/8	2 $2\frac{1}{4}$	13.9	12.0	12～15	9.4	17	19
BSW1/2	$2\frac{1}{2}$	17.7	14.0	14～20	12.7	22	24
BSW5/8	$2\frac{3}{4}$	22.8	17.0	18～20	15.9	22	24
BSW3/4	3 $3\frac{1}{2}$	25.4	20.0	22～25	19	28	30

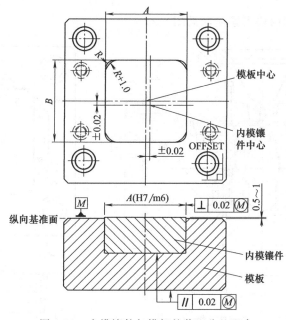

图 4-23　内模镶件与模架的装配公差配合

（2）B 型

镶件镶通，螺钉紧固。

A、B 板固定内模镶件的孔做成通孔，俗称镶通，此时镶件由螺钉分别固定在定模面板和动模托板上，见图 4-24。螺钉的数量、大小和装配尺寸同 A 型。

（3）C 型

圆形镶件，台阶固定，见图 4-25。

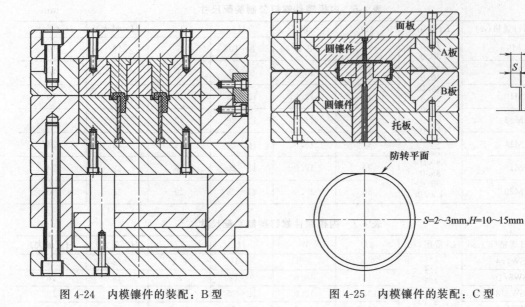

图 4-24　内模镶件的装配：B 型　　　　图 4-25　内模镶件的装配：C 型

$S=2\sim3mm,H=10\sim15mm$

(4) D 型

圆形镶件，"压板＋台阶"固定，见图 4-26。

(5) E 型

在 A 型的基础上加两块楔紧块，见图 4-27。

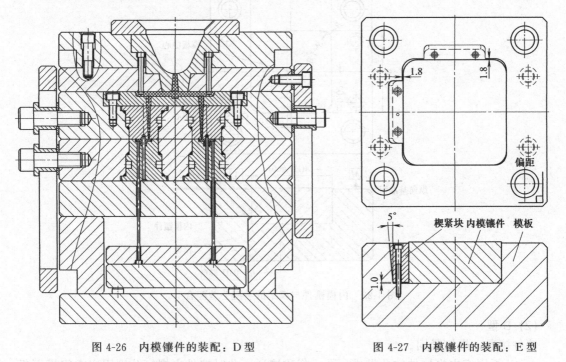

图 4-26　内模镶件的装配：D 型　　　　图 4-27　内模镶件的装配：E 型

该装配方式主要应用于大型模架（模架宽度≥400mm），镶件尺寸≥200mm×200mm 的场合，目的是方便内模镶件装拆，以及保证镶件和模架的位置度要求。

镶件楔紧块见图 4-28，镶件楔紧块尺寸见表 4-8。材料 45 钢，热处理：淬火至 42～46HRC。

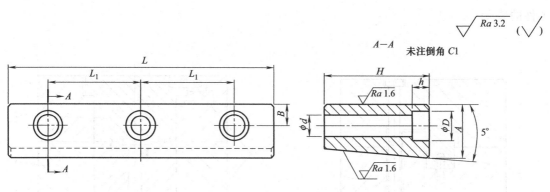

图 4-28　内模镶件的楔紧块

表 4-8　镶件楔紧块尺寸　　　　　　　　　　　　　　　　mm

L	H	A	B	L₁	D	d	h
100	29.5	17	8	35	11	7	6.5
120	19	14	7	40	11	7	6.5
140	24	17	8	55	11	7	6.5
140	39.5	20	8	55	11	7	6.5

注：L 为 100mm 和 120mm 时，用两个紧固螺钉 M6；L 为 140mm 时，用三个紧固螺钉 M6。

内模镶件楔紧块的设计要点如下。

① 动、定模都要设置楔紧块，在基准面的两个对面设置。

② 模板与楔紧块之间不能留有间隙。

③ 在楔紧块和模板的相应位置上打上记号，防止装错。

④ 锁住楔紧块的螺钉从分型面装拆。

⑤ 在楔紧块的正面要有螺孔，便于楔紧块的取出。

4.7.2　型芯的装配

(1) F 型

台阶固定，见图 4-29。

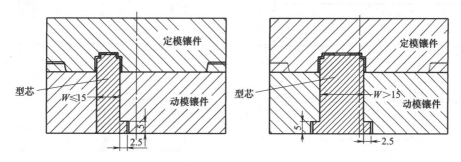

图 4-29　型芯固定：F 型

(2) G 型

螺钉紧固，见图 4-30。

(3) H 型

台阶固定，圆销防转，见图 4-31。在设计中，如果圆形镶件直径<40mm，台阶高度必须大于 5mm；如果直径≥40mm，台阶高度取 8～10mm。这样做的目的是便于车削加工时

零件的装夹。

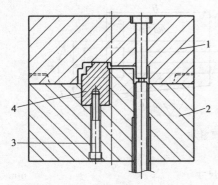

图 4-30　型芯固定：G 型
1—定模镶件；2—动模镶件；3—螺钉；4—型芯

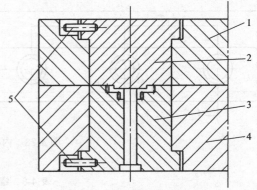

图 4-31　型芯固定：H 型
1—定模镶件；2—定模型芯；3—动模型芯；
4—动模镶件；5—防转销

(4) I 型

型芯镶通，螺钉紧固，见图 4-32。

(5) T 型

成型部分大、固定部分小，俗称冬菇镶件，见图 4-33 和图 4-34。

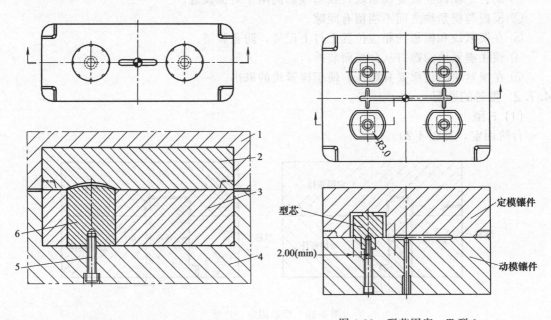

图 4-32　型芯固定：I 型
1—定模 A 板；2—定模镶件；3—动模镶件；
4—动模 B 板；5—紧固螺钉；6—型芯

图 4-33　型芯固定：T 型 1

(6) K 型

镶件镶通，用卡钩替代台阶起定位作用，见图 4-35。

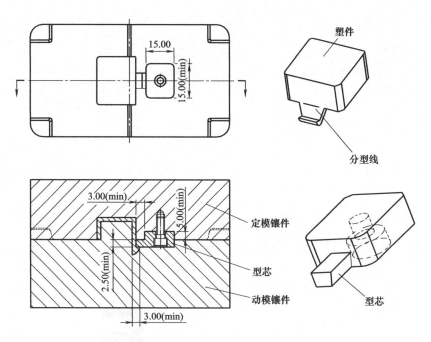

图 4-34　型芯固定：T 型 2

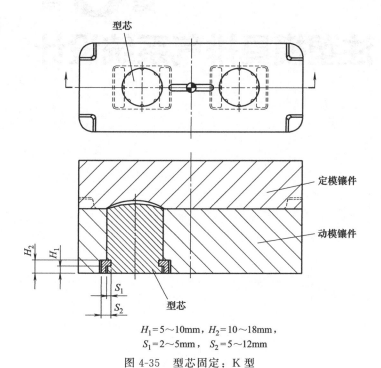

$H_1 = 5 \sim 10\text{mm}$，$H_2 = 10 \sim 18\text{mm}$，
$S_1 = 2 \sim 5\text{mm}$，　$S_2 = 5 \sim 12\text{mm}$

图 4-35　型芯固定：K 型

第**5**章

注塑模具排气系统设计

5.1　注塑模具设置排气系统的原因

注塑模具内的气体不仅包括型腔里的空气，还包括流道里的空气和塑料熔体产生的分解气体，以及塑料中水分在高温下变成的水蒸气。在注塑时，这些气体都应及时排出，否则将会产生以下危害。

① 在塑件表面形成流痕、水花、熔接痕等缺陷。

② 在塑件内部产生气泡、组织疏松等缺陷，严重时会导致充填不满。

③ 熔体填充困难，或局部产生飞边。

④ 气体在高温高压下产生高温，使制品出现局部炭化和烧焦痕迹。

⑤ 降低熔体的充模速度。注射速度一降，不但延长了成型周期，而且熔体温度很快降低，这时如果提高注射压力，则残余应力将随之提高，塑件脱模后产生翘曲变形的可能性增加。如果为了降低注射压力再提高料温，又会引起塑料裂解。

适当地开设排气槽可以大大降低注射压力、减少注射时间和保压时间以及减小锁模压力，从而提高生产效率，降低生产成本，降低机器的能量消耗。

对于透明塑件或表面要求严格的塑件，要特别注意模具排气系统的设计。

5.2　型腔内困气的位置

型腔内困气的位置通常在以下地方。

① 薄壁结构型腔，熔体流动的末端。

② 两股或两股以上熔体汇合处。

③ 型腔中，熔体最后到达的地方。

④ 模具型腔盲孔的底部，在制品中则多为实心柱位的端部。

⑤ 成型制品加强筋和螺钉柱的底部。

⑥ 复杂模具型腔的死角。

特别说明

排气槽的准确位置应该在试模以后才能确定，切忌想当然地在试模之前就将排气槽开好。

5.3　注塑模具排气方式

本章的排气是指型腔和浇注系统的排气，导套的排气见第 10 章。

注塑模具中的排气方式包括以下几种。

① 分型面（包括开排气槽）。

② 镶件配合面。

③ 推杆或推管与内模镶件的配合面。

④ 侧抽芯机构排气。

⑤ 在困气处加排气针或镶件排气。

⑥ 透气钢排气。

⑦ 气阀排气。

5.4 排气系统设计原则

① 排气槽只能让气体排出，而不能让塑料熔体流出。

② 不同的塑料，因其黏度不同，排气槽的深度也不同。

③ 型腔要设计排气槽，流道和冷料穴也要设计排气槽，使浇注系统内的气体尽量少地进入模具型腔。

④ 排气槽一定要通到模架外，尤其是通过镶件、排气针或排气镶件排气时，一定要注意。

⑤ 排气槽尽量用铣床加工，加工后用 320 号砂纸抛光，去除刀纹；排气槽避免使用磨床加工，磨床加工的平面过于平整光滑，排气效果往往不好。

⑥ 分型面上的排气槽应该设置在型腔一侧，一般在定模镶件上。

⑦ 排气槽两侧宜加工 45°倒角。

5.5 分型面排气

5.5.1 型腔在分型面上的排气

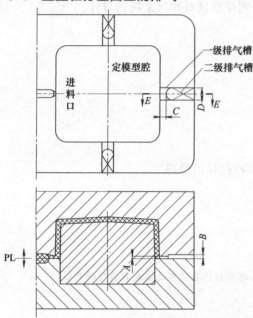

图 5-1 分型面局部排气

分型面上的排气槽容易清理，不容易堵塞，排气效果好，是气体主要排出的地方。

如果分型面为曲面或斜面，则一般采用普通车床、普通铣床、数控铣床、电极加工或线切割加工，加工后的分型面粗糙度较高，Ra 一般为 $1.6\sim6.3\mu m$，可以直接排气，无需在分型面上再加工排气槽。如果分型面为平面，则常用磨削加工，磨削加工后的分型面粗糙度较低，Ra 为 $0.2\sim0.8\mu m$，分型面贴合紧密，型腔内的气体不易排出，这种情况下必须在型腔一侧的分型面上开设排气槽。

分型面上开排气槽有两种方式：一种是局部开排气槽，一种是周围开排气槽。

(1) 分型面局部开排气槽

这是最常用的排气方式，方法是哪里困气就在哪里开排气槽，排气槽的位置通常要在试模后确定，见图 5-1 和图 5-2。

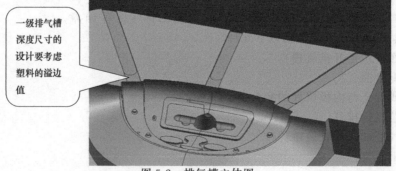

一级排气槽深度尺寸的设计要考虑塑料的溢边值

图 5-2 排气槽立体图

① 排气槽的深度。

一级排气槽的深度 A 因塑料不同而不同，应考虑塑料的流动性以及是否容易降解。一般来说，流动性好的塑料，排气槽的深度为 $0.015\sim0.025\text{mm}$；流动性中等的塑料，排气槽深度为 $0.03\sim0.04\text{mm}$；流动性差的塑料，排气槽深度为 $0.05\sim0.06\text{mm}$。另外，容易分解的塑料，排气槽的面积（深度×宽度）要大一些。常用塑料排气槽的深度见表 5-1。

表 5-1　各种树脂的排气槽深度　　　　　　　　　　　　　　mm

树 脂 名 称	排气槽深度	树 脂 名 称	排气槽深度
PE	0.02	PA(含玻纤)	0.03~0.04
PP	0.02	PA	0.02
PS	0.02	PC(含玻纤)	0.05~0.06
ABS	0.03	PC	0.04
SAN	0.03	PBT(含玻纤)	0.03~0.04
ASA	0.03	PBT	0.02
POM	0.02	PMMA	0.04
EVA	0.02~0.04	CAB	0.02~0.04

二级排气槽的深度 B 一般取 $0.50\sim1.00\text{mm}$。二级排气槽必须通到镶件边沿，并与大气相通。

各种塑料模具一级排气槽的深度 A 可参考表 5-1。

② 排气槽的宽度。

排气槽宽度 D 主要取决于模具型腔的大小，型腔越大，槽宽尺寸 D 也越大。但槽宽尺寸不宜太大，一般为 $5.00\sim15.00\text{mm}$。

排气槽之间的距离 $30\sim50\text{mm}$。

③ 排气槽长度。

由于排气槽很浅，气体排出阻力大，而且很容易被胶粉堵塞，所以排气槽长度 C 不宜太长，一般取 $3.00\sim4.00\text{mm}$。

(2) 分型面周围开排气槽

当困气特别严重时，可采用周围大面积开排气槽的办法来排气，见图 5-3。

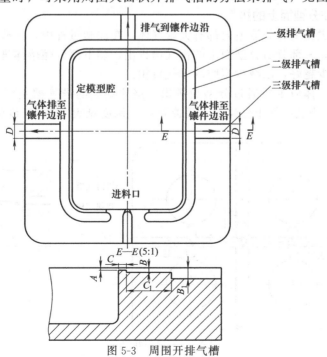

图 5-3　周围开排气槽

图 5-3 中，一级排气槽深度 A 与局部排气槽中 A 值相同，可查阅表 5-1。二级排气槽深度 B 为 0.50～0.80mm，三级排气槽深度 B_1 可取 1.00mm。一级排气槽长度 C 为 1.50～3.00mm，二级排气槽长度 C_1 取 5.00～6.00mm。

（3）减少分型面接触面积，改善排气效果

如图 5-4 所示，如果型腔困气，可以减少分型面的接触面积，图中阴影部分为封胶面，为了排气，封胶面可用粗砂纸打毛。接触面的宽度不宜小于 20mm，如果此时排气效果仍不理想，那么就只有在阴影面内再加排气槽了。

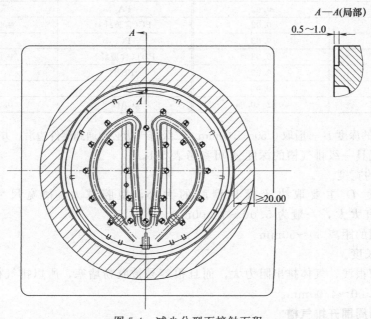

图 5-4　减少分型面接触面积

5.5.2　浇注系统在分型面上的排气

浇注系统中的主流道和分流道内都有大量气体，在注塑过程中，这些气体一部分通过拉料杆（推杆）排出，一部分由分型面上的排气槽排出，剩下部分随熔体进入型腔，原则上进入型腔的气体应越少越好，以减少型腔的排气负担。

浇注系统内的气体应主要通过分型面排出。浇注系统的排气槽主要开设在分流道的末端，见图 5-5。排气槽宽度等于分流道直径或宽度，深度见表 5-2，长度为 3.00～4.00mm，

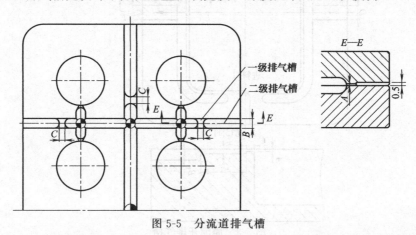

图 5-5　分流道排气槽

二级排气槽直通模具边沿。

表 5-2　分流道排气槽深度	mm
塑 料 品 种	流道排气槽深度 A
PE	0.06
POM，ACETATE，CAB，EVA，PA，PS，PP，SAN，PVC(软、硬)，Urethane	0.07
PMMA，ABS，PC	0.08
Foamed PE，PS	0.20

5.6　镶件排气

在薄壁结构的型腔中，熔体流动的末端，模具型腔盲孔的底部，塑件实心柱位的端部，塑件加强筋和螺钉柱的底部以及复杂型腔的角落都是最容易困气的地方，这些地方的排气主要靠镶件之间接触面上的排气槽和碰穿面上的排气槽，图 5-6 就是一个典型的实例。

图 5-6 中一级排气槽深度根据塑料品种选取，见表 5-1，长度为 2.00~4.00mm。二级排气槽深度 B 取 0.50mm，三级排气槽深度可取 1.00mm。

利用镶件排气一定要注意以下两点。

① 三级排气槽一定要通到模具外边，与大气接通。

② 镶件之间的排气槽很容易被胶粉或污迹堵塞，必须定期清理。

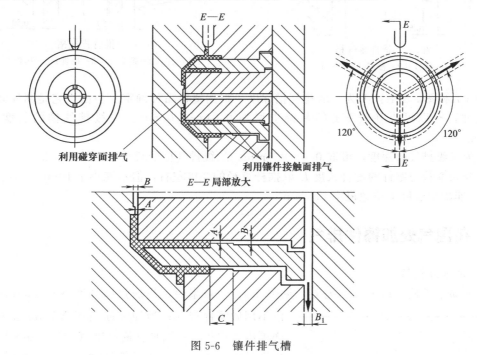

图 5-6　镶件排气槽

5.7　推杆和推管排气

推杆和推管与镶件的配合公差是 H7/f7，为间隙配合。在注塑过程中，这个间隙可以用于排气，如果塑件体积大，型腔困气严重，还可以在推杆和推管上加工排气槽。推杆排气槽的结构见图 5-7，推管排气槽的结构见图 5-8。

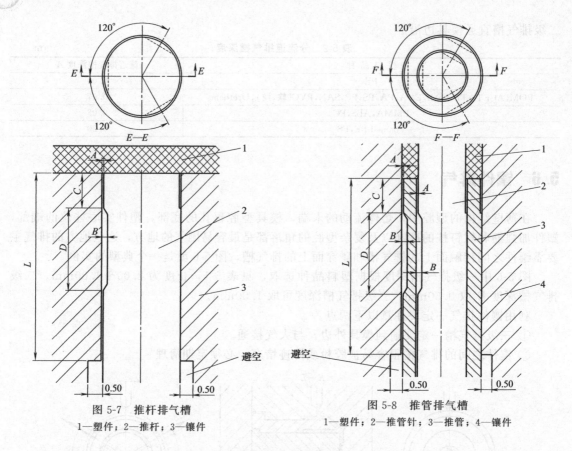

图 5-7 推杆排气槽

1—塑件；2—推杆；3—镶件

图 5-8 推管排气槽

1—塑件；2—推管针；3—推管；4—镶件

图 5-7 和图 5-8 中：A 为一级排气槽深度，根据塑料品种确定。但由于它是圆柱面上的最大尺寸，所以可以在表 5-1 的基础上增加 $0.01 \sim 0.02 \mathrm{mm}$。一级排气槽的长度 C 取 $3 \sim 5 \mathrm{mm}$。

B 为二级排气槽深度，可取 $0.4 \sim 0.5 \mathrm{mm}$，二级排气槽的长度 D 可取 $5 \sim 8 \mathrm{mm}$。

推杆和推管与镶件的配合长度 L 取推杆直径的 3 倍左右，但不能小于 $10 \mathrm{mm}$，不宜大于 $20 \mathrm{mm}$，非配合长度上单边避空 $0.5 \mathrm{mm}$。

5.8 在困气处加镶件排气

5.8.1 加强筋排气

加强筋处是最容易困气的地方，见图 5-9。一般来说，当加强筋高度 $X < 5 \mathrm{mm}$ 时，可以不用做镶件排气；当加强筋高度 $X > 8 \mathrm{mm}$ 时，则必须用镶件排气；当加强筋高度 $X = 5 \sim 8 \mathrm{mm}$ 时，则根据具体情况确定。此时排气槽开在镶件接触面上，与镶件排气相同。

5.8.2 塑件壁薄但面积较大处排气

如果塑件壁薄但面积又较大，也常常因困气产生熔体填充困难，此时必须加镶件排气。如图 5-10 所示是两种不同的镶拼方法。排气槽开在镶件接触面上，与 5.6 节中镶件排气相同。

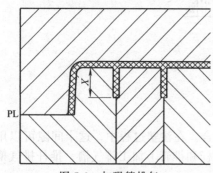

图 5-9 加强筋排气

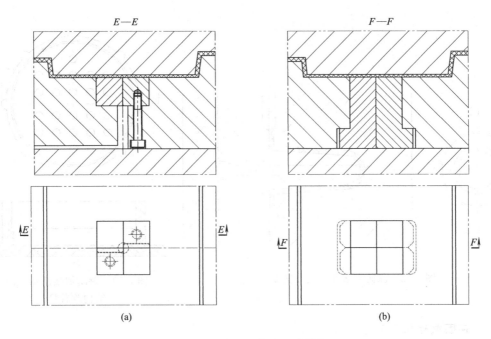

图 5-10　大面积薄壁型腔排气

5.8.3　深筒类塑件排气

高度尺寸较大的盒形、筒形和壳形塑件，如果从底面由侧浇口进料，则顶端极易困气，必须在模具设计之初就考虑应对之策。图 5-11 是这类塑件常见的镶拼方法，但因为塑件表面会留下夹线，必须事先知会客户，并征得同意后方可镶拼。如果因外观要求高，客户不同意这样镶拼，则可考虑图 5-12 所示的排气方法，但这样会影响动模镶件的冷却和推杆的布置。

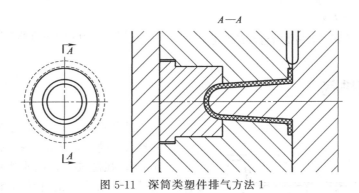

图 5-11　深筒类塑件排气方法 1

5.8.4　在困气处加胶（料）

在型腔困气处稍微改变塑件的结构，也能够改善熔体的流动，避免困气对塑件成型质量的影响。下面是两个典型的实例。

（1）封闭的加强筋

对于装配小扬声器之类的封闭高度尺寸较大的加强筋（俗称喇叭骨），为了减少困气对熔体流动的影响，提高加强筋的强度和刚性，减少加强筋脱模以后的变形，可以在加强筋的外围均匀地增加半圆柱形结构，半圆柱高出加强筋 h 值约为 0.50mm，见图 5-13。

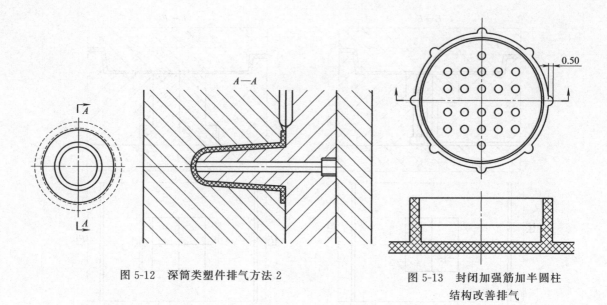

图 5-12 深筒类塑件排气方法 2

图 5-13 封闭加强筋加半圆柱
结构改善排气

（2）在困气处加集渣包

在两股或多股熔体汇合处，常常是困气的地方，在困气处加集渣包是解决困气对塑件成型质量影响的方法之一，见图 5-14 和图 5-15。

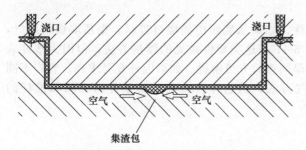

图 5-14 在困气处加集渣包改善排气

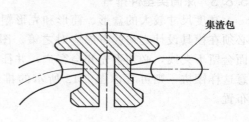

图 5-15 在困气处外侧加集渣包改善排气

5.9 透气钢排气

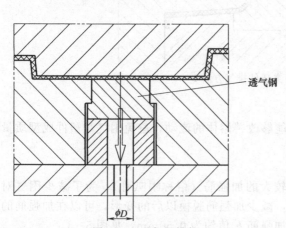

图 5-16 透气钢排气

透气钢是一种烧结合金，它是用球状颗粒合金烧结而成的多孔材料，孔径在7～10μm，强度较差，但质地疏松，允许气体通过。在需排气的部位放置一块这样的合金即达到排气的目的。但底部通气孔的直径 D 不宜太大，以防止型腔压力将其挤压变形，见图 5-16。由于透气钢的热传导率低，不能使其过热，否则，易产生分解物堵塞气孔。

5.9.1 透气钢特点

① 密度小，比强度大。

② 能量吸收性好。

③ 制振效果好。

④ 比表面积大。有 1/4 的组织是通孔。

⑤ 透气钢出厂硬度：预硬至 350～400HV（35～40HRC）。

5.9.2　透气钢特性

① 降低注射压力，减少成型和保压时间。

② 降低和消除成型件的内应力，防止产品的变形和翘曲。

③ 可使由于浇口偏位、壁厚不均、壁薄塑件等较难成型的问题得到解决和缓解。

④ 由于成型材料高温产生的气体和模具型腔内快速聚压产生的烧焦、流痕、缺料、吸气造成的零件变形等缺陷能得到充分解决。

⑤ 提高成型生产效率，节约生产成本。

因此，在注塑模具的适当位置镶上透气钢，由气体所形成的注塑问题，可以完全清除，使成型加工更加完美。

5.9.3　透气钢使用细则

透气钢具有良好的力学性能，在使用与制作注塑模具时，可采用一般模具钢用同一加工方法，如切削、研磨、放电加工等。为使用户能充分利用透气钢材的优点，请参阅以下使用细则。

① 在进行研磨加工或任何重型切削后，可能会堵塞微孔。应使用线切割、电脉冲和激光等软切削加工（软切削是指对工件有轻微作用力的，但不致表面组织产生变化的切削模式），在线切割加工时，应稍提高加工速度，太慢有可能在微孔里产生电弧，对钼丝不利。加工余量大时，可以使用硬切削加工，但须留有 0.1～0.2mm 的余量以软加工来完成。

在对透气钢的表面进行通气性恢复时，处理的方法有多种：

a. 最佳处理方法是利用放电加工方法，作镜面加工来清理堵塞透气孔之料屑。

b. 以手磨的方法，用 420 号研磨砂纸打磨，再以 1200 号研磨砂纸抛光。

c. 处理过程不仅在透气钢内模件的正面进行，镶件之内侧表面也须以同样方法处理，才可恢复其透气性。

d. 在相接透气钢镶件的模架上设排气孔。例如，在 30mm×30mm 的 PM-35 透气钢镶件背后设一个 ϕ10mm 左右的通气孔和保养用进气接头。

② 透气钢作为镶件时，应尽量跟模架保持 1/10 的比例大小。透气钢镶件的厚度应保持在 30～50mm。透气钢镶件的透气度会受其厚度影响，材料越厚，则透气性越低，但必须注意，如镶件太薄，可能经不起较大的注射压力。在模具上应合理安排位置、大小和数量。建议在动模上使用。透气钢的透气量的大小和表面积成正比，表面积越大，透气量越大。高度越高，透气量越弱，应合理选择直径和厚度。

③ 在恢复透气性处理完成后，必须把表面上的油污清除，材料的内部也必须保持清洁，必须按照干燥→超声波洗净→干燥的工序进行。要注意加工时的冷却液流入材料体内，长时间会封堵微孔，应在加工完成后迅速清洗。

④ 其他清除油污的方法。

a. 由模具中取出透气钢镶件加热至 100～150℃，让油气化流失，再以压缩空气冲洗表面。

b. 如镶件跟模架相连，可通过模架的排气口用压缩空气冲洗，把表面上的油污清除。

⑤ 切削、研磨、WIRE CUT 时所采用的切削油，尽量使用油性一类，如必须使用水溶性切削油时，于加工后必须立刻用以上清除油污方法，尽快除去钢材中的水分。

⑥ 在进行 EDM 线切割时，最好使用直径为 0.25mm 或以上的铜线加工。但如必须使

用直径为 0.2mm 或以下的 EDM 铜线时，必须使切割速度比平常加快 1.5 倍。

⑦ 透气钢不可进行焊接（烧焊）加工。蚀刻时，必须作加工前后的清洁处理。当发现镶有透气钢内模件的模具的透气性变差时，可尝试进行油污处理，使其恢复通气性。

⑧ 真空热处理时，会引起尺寸收缩或少许变形，应注意预留加工量。

⑨ 切削时要使用超硬合金刀具。透气钢镶件不适用于热固性塑料注塑模具、橡胶注塑模具或要求镜面抛光的模具。不可使用 SILICONE 系列的脱模剂。经防锈剂保护的透气钢，在使用前必须清除由防锈剂形成的油污。

⑩ 合理使用抛光，最理想的是用超声波加工。800[#]～1000[#] 砂纸或油石能解决轻微的堵塞微孔的情况，但也要注意磨削物的清理，应随时检查透气性能，最好是在装配完成后一边进气、一边抛光。加工后用丙酮清洗，如果用超声波加丙酮清洗，效果更佳。装配时不应用硬物直接敲打，这样会闭塞微孔，应用硬木或紫铜等垫板敲入。装配后用丙酮或煤油涂在表面作为介质，利用出气孔进高压空气，检查透气效果。整个表面应均匀、有力地冒气泡。如发现透气性能下降，可以用强化机、电脉冲、激光等软加工方式弥补，并用丙酮清洗，待完全干燥后即可恢复。由于材料是网状微孔组织，不可用作大面积或整体的模具结构，否则会造成塑料制品精度下降和模具寿命降低。

设计透气钢时要注意以下几点。

① 透气钢可直接用螺钉连接。

② 镶件底要做排气槽。

③ 透气钢如要通冷却水，冷却水孔要做电镀处理。

④ 透气钢出厂硬度为 35～38HRC，但可淬硬至 55HRC，测试硬度需用特别的仪器。

5.10 排气栓排气

排气栓是用于模具内部能将空气及其他杂气排出从而提升模具产品品质的一种模具配件。排气栓材料有以下两种。

① 铜（中空模具专用），孔径为 0.05mm。

② 不锈钢（注塑模具专用），孔径为 0.03mm。

常用的排气栓见图 5-17。

(a) 铜　　　　(b) 铜　　　　(c) 不锈钢

图 5-17　排气栓

(1) 排气栓性能

细小的排气孔，能将模具内的空气或其他气体立即排出模具外，简单而有效，可提高模具的排气效率，能有效解决以下问题。

① 烧焦：塑料熔体的填充比排气快时，空气受压热压缩，前端热熔积聚产生高温，使塑料熔体变色、烧焦。

② 溢料：在结合部前端的树脂温度上升，黏度下降，而易发生溢料。另外，空气造成填充障碍，则注射压力上升，结果模具微张，而发生溢料。

③ 填充不足：虽然没有烧焦、溢料发生，但因空气造成的阻力减缓了填充速度，造成填充不足的现象。

④ 气泡银线：空气与树脂凝缩造成气泡、银线、污点等外观不良问题。

⑤ 注塑周期延长：若提高树脂温度、模具温度，降低注射速度，注塑周期会延长。

使用方法：排气栓与模具镶件采用 H7/s6 的公差配合。

（2）排气栓规格（见表 5-3）

表 5-3　排气栓规格　　　　　　　　　　　　　　　　　　　　　mm

直径	长度	直径	长度
4	4.5	8	10
5	10	10	10
6	10	12	12

5.11　气阀排（进）气

（1）设计排气阀的注意事项

① 要在塑件的非外观面上。

② 设置在塑件结合线的末端。

③ 应用于塑件质量要求比较高的模具中。

④ 由于会增加模具成本，如果不是客户要求，一般不用排气阀。

（2）弹力胶气阀结构

如图 5-18 所示，该结构既可以排气，又可以进气。气阀与定模镶件之间有一排气槽，间隙为 A，A 值取决于塑料品种，见表 5-1。熔体填充时，气体通过气阀周围的排气槽进入出气孔排出，开模时，弹力胶推动气阀前进 0.50～1.00mm，气阀推动塑件，避免塑件黏附定模型腔，同时气体通过气阀周围的排气槽进入塑件与定模镶件之间，使塑件顺利脱离定模。

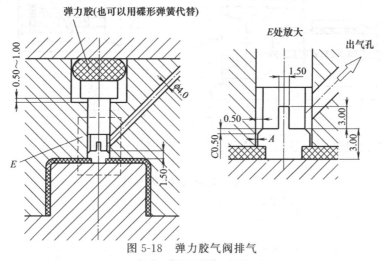

图 5-18　弹力胶气阀排气

（3）弹簧排（进）气阀

如图 5-19 所示，该结构主要用于进气，即开模时，高压气体通过定模气阀 2 进入型腔，将塑件推离定模型腔面，脱离定模。完成开模行程后，高压气再推动动模气阀 4，进而将塑件推出模具。

这种结构也可以用于排气，方法是在气阀与模具配合的锥面上均匀地开设排气槽。

图 5-20 是两种标准气阀及其规格。

（4）轮胎模具排气阀

图 5-21 是用于无气孔轮胎模具排气阀的简图，其中阀体紧配合镶嵌在轮胎模具花纹型腔的阀孔中，阀芯装设于阀体的中心孔内，且阀芯和阀体的顶端对应设置有锥形结合面，两锥形结合面间开设排气槽，阀芯顶端锥形结合面通过抵压结构贴设于阀体的锥形结合面。

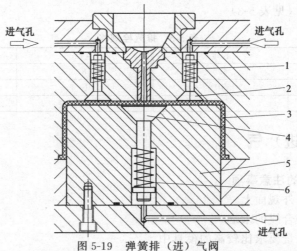

图 5-19 弹簧排（进）气阀

1,6—弹簧；2—气阀1；3—塑件；4—气阀2；5—动模型芯

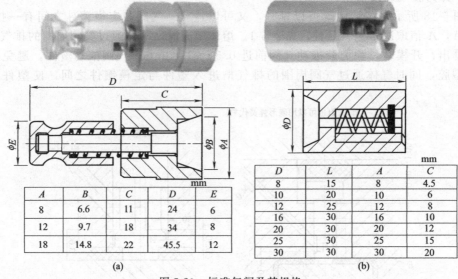

A	B	C	D	E
8	6.6	11	24	6
12	9.7	18	34	8
18	14.8	22	45.5	12

(a)

mm

D	L	A	C
8	15	8	4.5
10	20	10	6
12	25	12	8
16	30	16	10
20	30	20	12
25	30	25	15
30	30	30	20

(b)

图 5-20 标准气阀及其规格

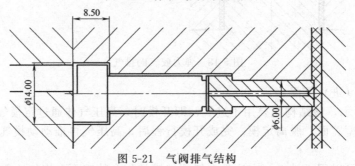

图 5-21 气阀排气结构

5.12 注塑模排气实例

(1) 分型面周围排气

塑件为一大塑料盆，见图 5-22，试模时没有开排气槽，塑件分型线处有多处烧焦痕迹，

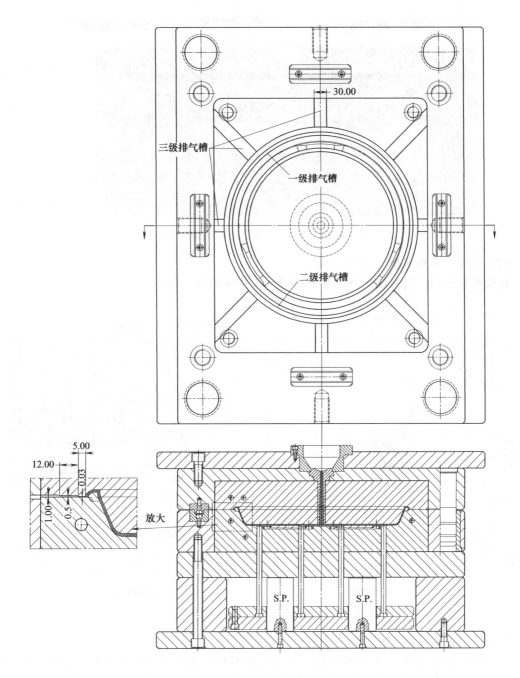

图 5-22　排气实例 1：分型面周围排气

型腔严重困气，在分型面的八处开排气槽，即现在图中的第三级排气槽位置，效果仍然不理想，最后在整个圆周分型面周围都开排气槽，才解决排气问题。

图 5-23 为汽车导流板注塑模分型面上型腔周围开设排气槽的实例。排气槽开设在型腔的周围，由 55 条一级排气槽、3 条二级排气槽和 20 条三级排气槽组成，深度分别为 0.04mm、0.5mm 和 1mm，宽度皆为 6mm，该模具的动模主要通过镶件、推杆、斜顶等与模具之间的间隙排气。

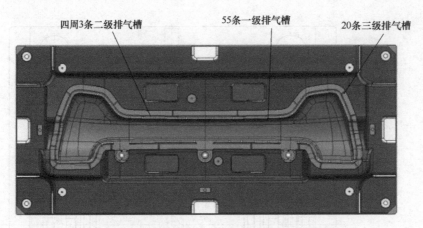

图 5-23　排气实例 2：汽车导流板分型面四周排气

（2）分型面开排气槽（见图 5-24）

这幅模具由侧面进料，困气处在型腔与浇口相对的另一端。

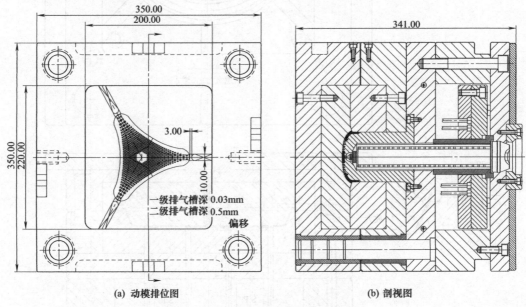

（a）动模排位图　　　　　　　　　　　（b）剖视图

图 5-24　排气实例 3：分型面局部排气

（3）注塑模具排气系统设计注意事项

① 当排气极困难时采用镶拼结构，如果有些模具的死角不易开排气槽，首先应在不影响产品外观及精度的情况下，适当把模具改为镶拼加工，这样不仅有利于加工排气，还可以改善原有的加工难度和便于维修。

② 在塑料制品的封闭形状处，通常要增加推杆来排气，防止烧伤和填充不良。

③ 对于几何形状复杂的模具，排气槽的开设，最好在试模后再确定。

④ 越是薄壁塑件，越是远离浇口的部位，排气槽的开设就显得越重要。

⑤ 小型塑件或精密塑件也要重视排气槽的开设，因为它除了能避免塑件表面灼伤和注射量不足外，还可以消除成型塑件的各种缺陷。

第6章
注塑模具侧向分型与抽芯机构设计

6.1 侧向分型与抽芯机构的分类

根据结构特点，将侧向抽芯机构分成以下六大类。

① "滑块＋斜导柱"的侧向抽芯机构。

② "滑块＋弯销"的侧向抽芯机构。

③ "滑块＋T形块"的侧向抽芯机构。

④ "滑块＋液压缸"的侧向抽芯机构。

⑤ 斜顶侧向抽芯机构。

⑥ 斜滑块侧向抽芯机构。

6.2 "滑块＋斜导柱"的侧向抽芯机构

6.2.1 常规结构

"滑块＋斜导柱"常规结构见图6-1。

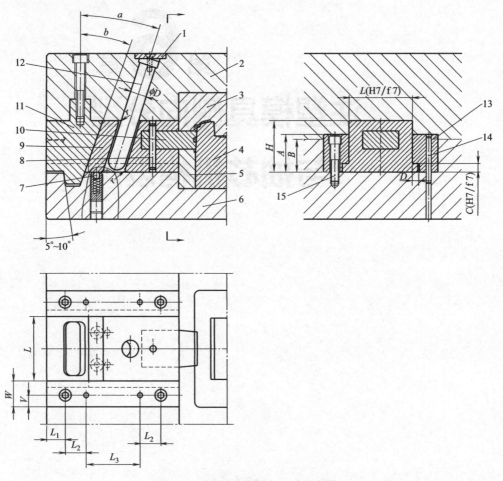

图 6-1 "滑块＋斜导柱"常规结构

1—斜导柱压块；2—定模A板；3—定模镶件；4—动模型芯；5—动模镶件；6—动模B板；7—定位珠；8—定位销；
9—滑块；10—侧向抽芯；11—楔紧块；12—斜导柱；13—滑块压块；14—定位销；15—螺钉

6.2.2　斜导柱及斜导柱压块设计

(1) 主要尺寸 (见图 6-2 和表 6-1)

表 6-1　斜导柱尺寸　　　　　　　　　　　mm

d	8	10	12	15	18	20	25
D	13	15	17	20	23	25	30
H	8	8	8	8	8	8	8
L_{max}	60	70	80	100	120	150	200
SR	4	4	5	6	7	8	10

(2) 倾斜角 α

① 一般情况下，$\alpha=15°\sim25°$，常用角度是 18°和 20°。在这一区间内 α 越小越好，因为 α 越小，斜导柱承受的扭力越小，滑块肩部承受的摩擦力越小。

② 当抽芯距离较小、滑块又较高时，倾斜角 α 可以取较小的值，但最小不能小于 10°；当抽芯距离较大、滑块高度尺寸较小、塑件对侧向抽芯的包紧力又较小时，倾斜角 α 可以取较大的值，但最大不能大于 30°。

③ α 的大小取决于侧向抽芯的距离和滑块的高度，而与塑件的推出距离无关。一般来说，在满足侧向抽芯距离要求的前提下，斜导柱的头部应尽量靠近滑块的底面，如图 6-1 所示。如果斜导柱太短，其头部离滑块的底面较远，则抽芯时滑块会受到一个较大的扭力的作用，这个扭力会加大滑块肩部和压块或 T 形槽摩擦力，轻则加快摩擦面的磨损，重则使滑块"卡死"，无法抽芯。所以，抽芯初时斜导柱和滑块孔接触的长度应不小于滑块斜孔长度的三分之二。相反，如果斜导柱太长，需要伸出滑块底面很多，则随着抽芯的进行，因为力臂越来越长，斜导柱承受的扭力会越来越大，最终将导致斜导柱弯曲变形。如果因为抽芯距离较大而滑块高度尺寸较小，使斜导柱头部必须伸出滑块底面，建议伸出的长度应小于滑块斜孔长度的三分之一。

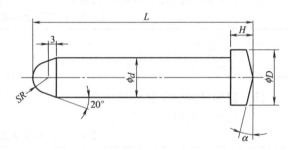

图 6-2　斜导柱

(3) 斜导柱头部倒角 e

e 应大于或等于斜导柱倾斜角 α，使斜导柱插入滑块斜孔时有足够的安全系数。当 $\alpha\geqslant$ 18°时，斜导柱的头部尽量避免做半圆。

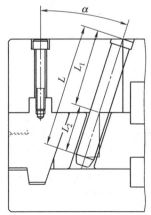

图 6-3　斜导柱长度计算

(4) 斜导柱的长度 L

见图 6-3，根据三角函数的基本公式可以求得斜导柱长度：

$$L=L_1+L_2=S/\sin\alpha+H/\cos\alpha$$

式中　H——固定板厚度；

　　　S——抽芯距；

　　　α——斜导柱倾角。

> **特别说明**
>
> 斜导柱的长度不能太长，也不能太短。斜导柱伸入滑块的长度必须超过滑块高度的 2/3（即 $L_1>2L/3$），见图 6-4(a)，但最大长度不允许超出模具的最大外形，见图 6-4(b)。

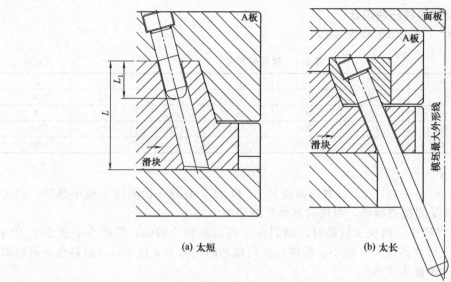

(a) 太短   (b) 太长

图 6-4 斜导柱的长度不能太短，也不能太长

（5）斜导柱大小和数量的推荐值

表 6-2 是斜导柱大小和数量的推荐值。

表 6-2 斜导柱大小和数量的推荐值   mm

滑块宽度	20~30	30~60	60~100	100~150	>150
斜导柱直径	6~10	10~15	15~20	15~20	20~25
斜导柱数量	1	1	1	2	2

（6）斜导柱的装配及使用场合

斜导柱常见的固定方式见表 6-3。

表 6-3 斜导柱常见的固定方式

简　图	说　明	简　图	说　明
	常用的固定方法；适宜用在模板较薄且面板与 A 模板不分开的情况下，配合面较长，稳定较好，斜导柱和固定板的配合公差为 H7/m6		适宜用在模板较薄且面板与 A 模板可分开的情况下，配合面较长，稳定较好
	适宜用在模板厚、模具空间大的情况下，且二板模、三板模均可使用，配合长度 $L \geqslant 1.5 \sim 5D$（D 为斜导柱直径），稳定性较好		适宜用在模板较厚的情况下，二板模、三板模均可使用，配合面 $L \geqslant (1.5 \sim 5)D$（$D$ 为斜导柱直径）；这种装配稳定性不好，加工困难

简　图	说　明	简　图	说　明
	适宜用在模板较厚的情况下,且二板模、三板模均可使用,配合面 $L \geqslant (1.5 \sim 5)D$($D$ 为斜导柱直径);这种装配稳定性不好,加工困难		

(7) 斜导柱压块

斜导柱压块材料用 45 钢,紧固螺钉 M6,常用规格有三种,见图 6-5。

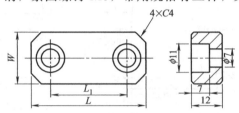

mm

型号	L	W	L_1
A型	45	20	32
B型	55	30	42
C型	65	40	52

图 6-5　斜导柱压块规格

6.2.3　滑块及滑块压块设计

(1) 滑块基本尺寸与装配（见图 6-6）

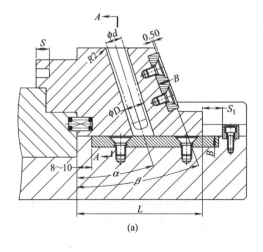

(a)

① 一般情况:$\beta = \alpha + 2°$

如果滑块较低:$\beta = \alpha + 3°$

如果滑块较高:$\beta = \alpha + 1°$

② 一般情况:$D = d + (1 \sim 1.5 \text{mm})$

如果需要延时抽芯,则 D 根据延时需要加大

③ 一般要求 $L \geqslant 1.5S$

④ 滑块行程:一般情况 $S_1 = S + (2 \sim 5 \text{mm})$

当侧向分型面积较大时,侧抽芯会影响塑件取出,此时最小安全距离取 5～10mm 甚至更大一些都可以。

当侧向抽芯为隧道孔抽芯时,安全距离取 1mm 都可以

图 6-6

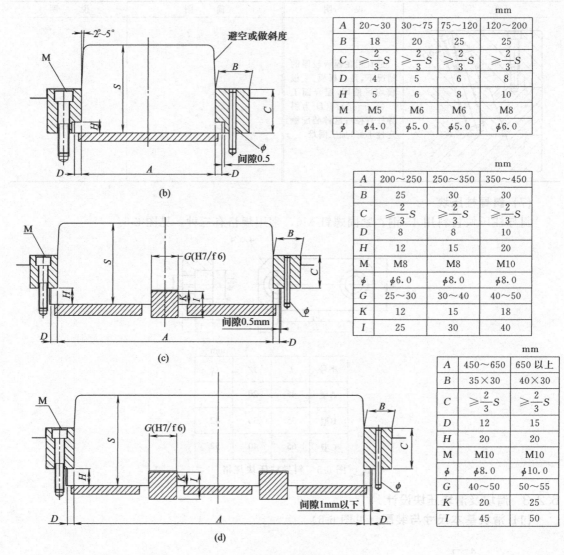

mm

A	20～30	30～75	75～120	120～200
B	18	20	25	25
C	$\geqslant\frac{2}{3}S$	$\geqslant\frac{2}{3}S$	$\geqslant\frac{2}{3}S$	$\geqslant\frac{2}{3}S$
D	4	5	6	8
H	5	6	8	10
M	M5	M6	M6	M8
ϕ	$\phi4.0$	$\phi5.0$	$\phi5.0$	$\phi6.0$

mm

A	200～250	250～350	350～450
B	25	30	30
C	$\geqslant\frac{2}{3}S$	$\geqslant\frac{2}{3}S$	$\geqslant\frac{2}{3}S$
D	8	8	10
H	12	15	20
M	M8	M8	M10
ϕ	$\phi6.0$	$\phi8.0$	$\phi8.0$
G	25～30	30～40	40～50
K	12	15	18
I	25	30	40

mm

A	450～650	650 以上
B	35×30	40×30
C	$\geqslant\frac{2}{3}S$	$\geqslant\frac{2}{3}S$
D	12	15
H	20	20
M	M10	M10
ϕ	$\phi8.0$	$\phi10.0$
G	40～50	50～55
K	20	25
I	45	50

图 6-6　滑块规格

(2) 滑块的导向

滑块常见的导向方式见表 6-4，设计时应注意以下几点。

① 滑块动作应顺滑安全，保证侧向抽芯顺畅，不可出现卡滞现象，滑槽间隙需均匀，不能有松动或过紧等现象，滑块与滑座配合公差为 H7/f7。

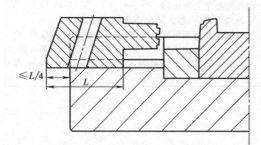

图 6-7　滑块滑离导滑槽的距离

② 大滑块导滑面要开油槽，而且必须有冷却水道。

③ 滑块滑动行程过长时，必须在模座上加长导向槽。通常滑动部分长度做到高度的 1.5 倍左右为宜，抽芯时滑块超出模架部分的长度不得超过滑块长度的四分之一，否则要将导滑槽加长，见图 6-7。

④ 滑块的楔紧块，必须插入下模锁紧，插入深度 10～20mm，锁紧角 5°～10°，见图6-1。

表 6-4　滑块常见的导向方式

简　图	说　明	简　图	说　明
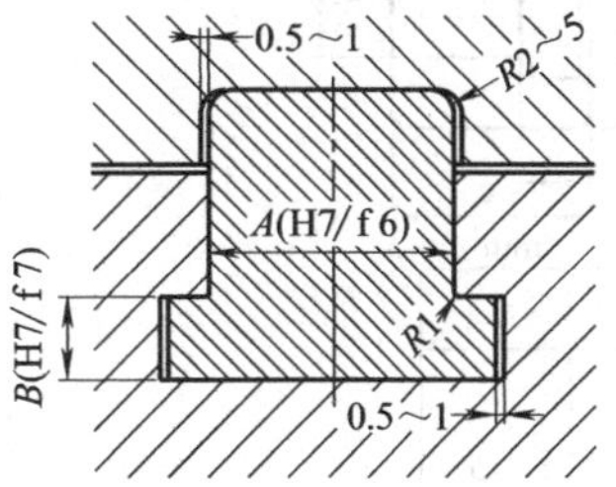	采用整体式加工困难，一般用在模具较小的场合	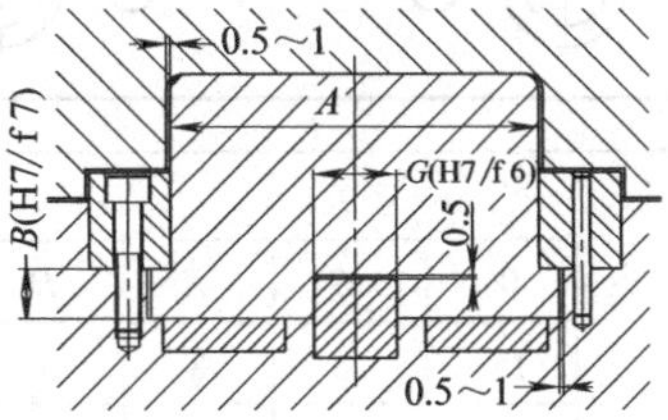	采用"压板＋中央导轨"形式，一般用在滑块较长（$A \geqslant 200$）和模温较高的场合下
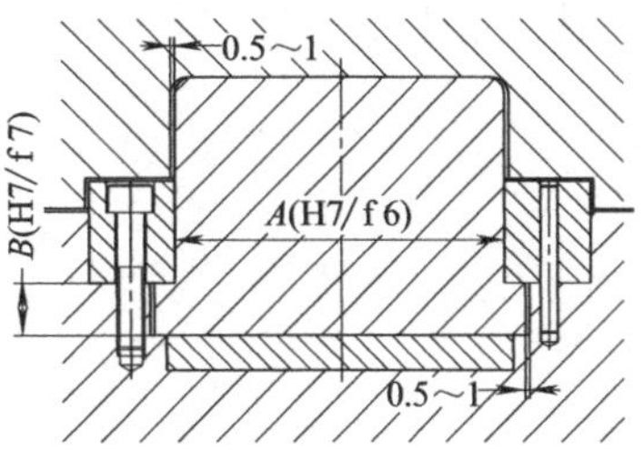	用矩形的压板形式，加工简单，强度较好，应用广泛，压板规格可查标准零件表	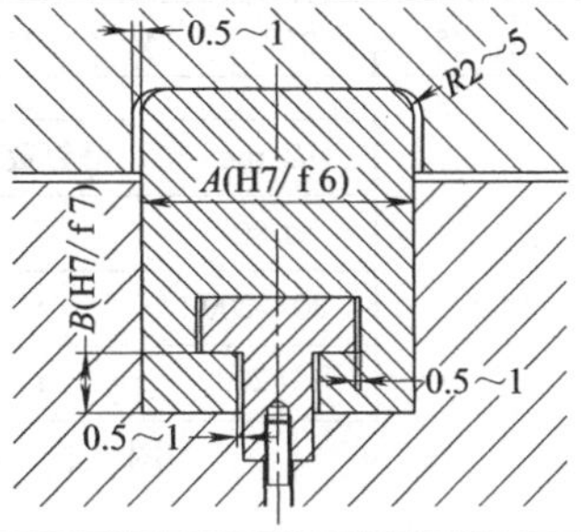	采用"T"形槽，且装在滑块内部，一般用于空间较小的场合，如内侧抽芯
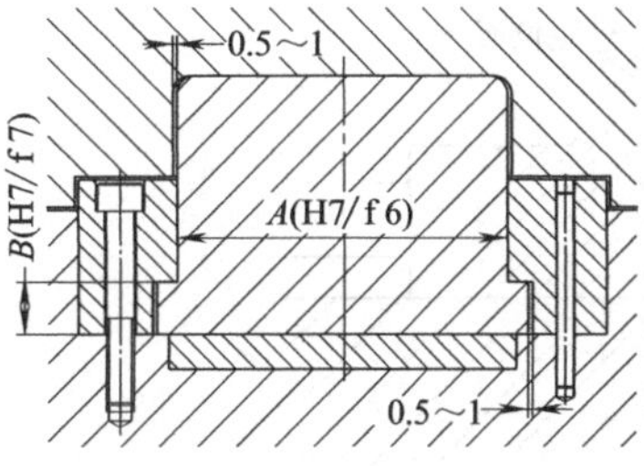	采用"7"字形压板，加工简单，强度较好，一般要加销钉定位	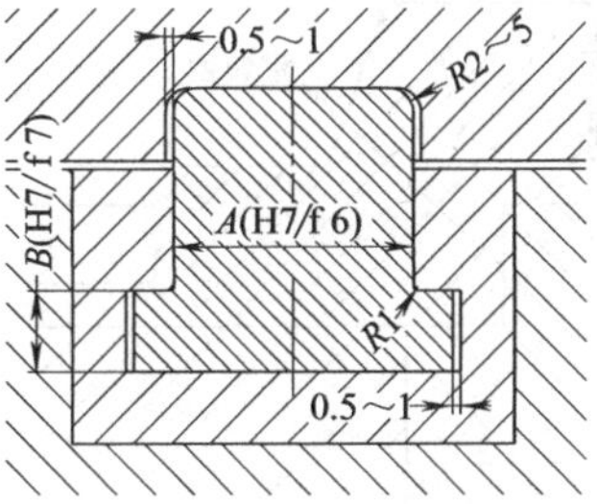	采用镶嵌式的T形槽，稳定性较好，加工困难

滑块压板设计注意事项如下。

① 压板材料为 718。

② 表面渗氮处理。

③ 棱边倒角 $C1$。

④ 滑动配合面加工油槽。

⑤ 压板的选用：

a. 压板优先选用标准规格（见图 6-8），其次考虑"7"字形。

b. 压板的上端面应尽量与模板面平齐，保证模具美观。

c. 压板应尽量避免同时压在内模镶件和模板上。

d. 为了防止变形，压板长度应尽量控制在 200mm 以下。

（3）合模时滑块的定位

① 定位的一般要求。

a. 定位面应选取平面。

b. 定位面应选取在相对固定的零件上，如动定模镶件、模架等，不能选取在滑块和活动镶件上。

c. 当滑块作相对定位时，定位面斜度要求单边 5°以上。

d. 定模滑块的定位要求高，因为夹线会影响塑件的外观，所以需更加注意。定位方法与动模滑块基本相同。

② 对于单个滑块，如图 6-9（a）、（b）和（c）所示的滑块定位效果好，应避免采用

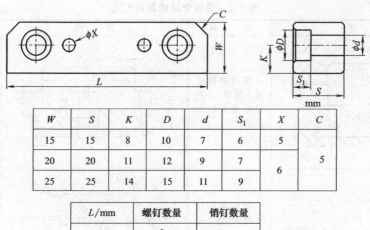

W	S	K	D	d	S_1	X	C
15	15	8	10	7	6	5	
20	20	11	12	9	7	6	5
25	25	14	15	11	9		

L/mm	螺钉数量	销钉数量
≤80	2	2
80~200	3	
≥200	4	3

图 6-8　标准压板规格

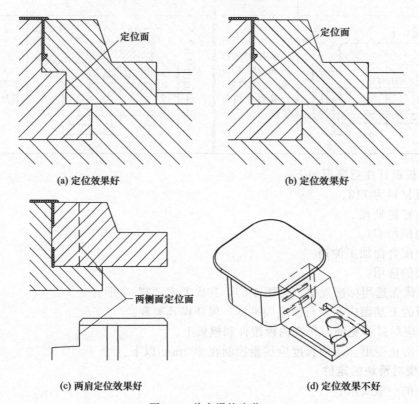

图 6-9　单个滑块定位 1

图 6-9(d) 的定位方式。图 6-10(a) 的定位效果不好，图 6-10(b)、(c) 的定位效果好。

③ 对于哈夫滑块（又称对开滑块）。典型的定位方式见图 6-11。设计时要注意以下几点。

a. 每个滑块都必须有可靠的定位。一般以镶件定位，在无法用镶件定位的情况下，需采用单独的定位块定位。

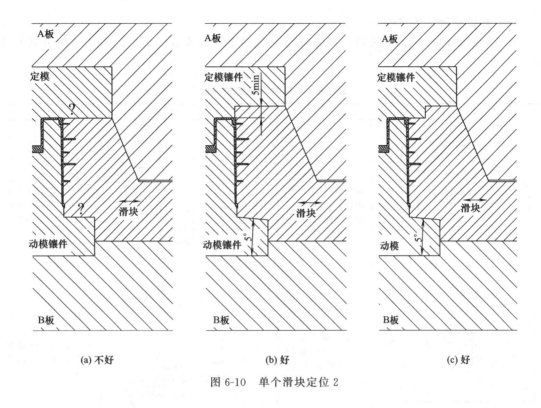

图 6-10　单个滑块定位 2

　　b. 哈夫滑块严禁直接用圆型芯、推杆、推管或细小的镶件定位（这些零件受力易变形）。

　　c. 两个滑块之间也必须有工艺定位块，以保证塑件在夹线处不会起级。

　　d. 必须保证内模镶件在滑块滑行方向有足够的定位强度。

　　e. 滑块直接用动模镶件的圆弧面定位不精确，所以在镶件上必须再加定位块（定位块插入模架），见图 6-11(c)。

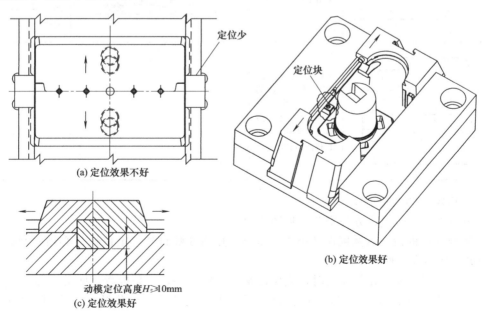

图 6-11　对开滑块的定位

（4）开模后滑块的定位

开模后滑块的行程必须限制，否则合模时会发生安全事故。常见的滑块定位方式见表6-5。

表 6-5　常见的滑块定位方式

简　图	说　明	简　图	说　明
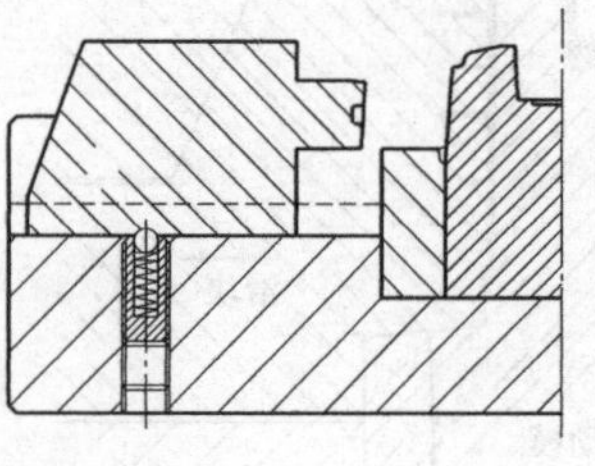	利用弹簧及滚珠定位，一般用于滑块较小或抽芯距较长的场合，多用于两侧向抽芯	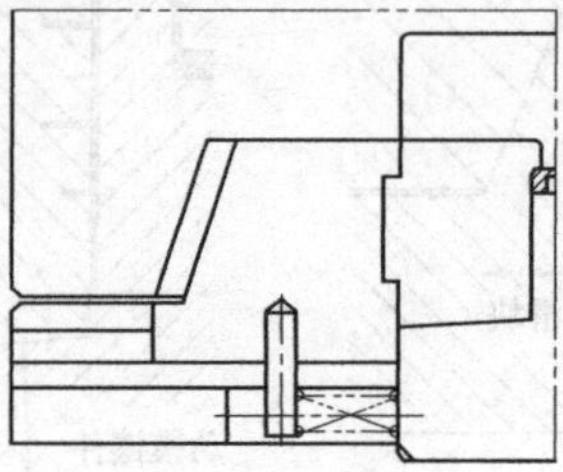	利用"弹簧＋销钉（螺钉）"定位，弹簧强度为滑块重量的1.5～2倍，常用于向下和侧向抽芯
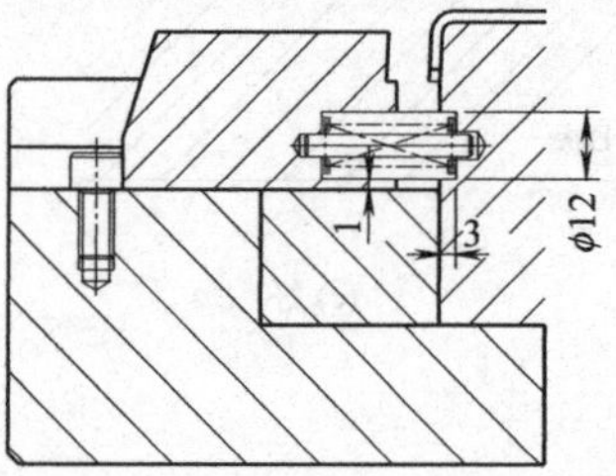	利用"弹簧＋螺钉"定位，弹簧强度为滑块重量的1.5～2倍，常用于向下和侧向抽芯	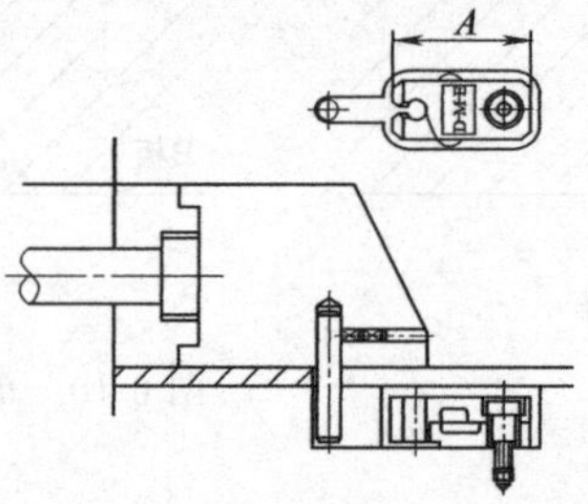	侧抽芯定位夹只适用于侧向抽芯和向下抽芯；根据侧抽芯重量选择侧抽芯夹
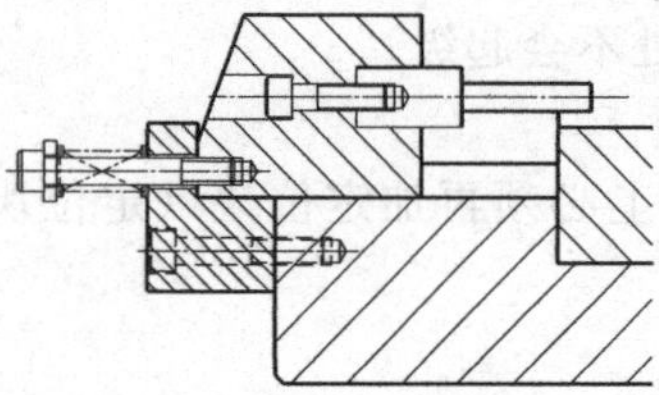	利用"弹簧螺钉和挡块"定位，弹簧强度为滑块重量的1.5～2倍，适用于向上抽芯	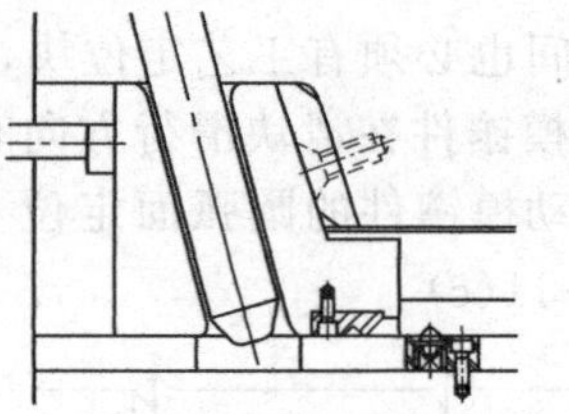	SUPERIOR侧抽芯锁只适用于侧向抽芯和向下抽芯 SLK-8A适合8lb以下或3～6kg滑块；SLK-25K适合25lb或11kg以下滑块
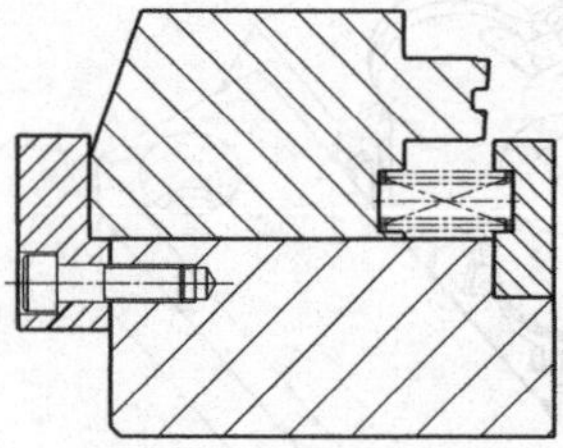	利用"弹簧＋挡块"定位，弹簧的强度为滑块重量的1.5～2倍，适用于滑块较大、向下和侧向抽芯		

① 螺钉定位的注意事项。

a. 定位螺钉的位置应方便安装，见图6-12。

b. 除非很小的滑块（宽度尺寸小于50mm）用M6螺钉外，定位螺钉必须≥M8，滑块朝下的更要适当大一些。

c. 当定位螺钉装配在斜面上时，应保证螺钉强度足够，不易折断，见图6-13。

d. 当滑块和侧抽芯质量超过60kg时，可考虑用定位块定位代替定位螺钉，见图6-14（a）。定位块的材料用45钢或黄牌钢，见图6-14（b）。

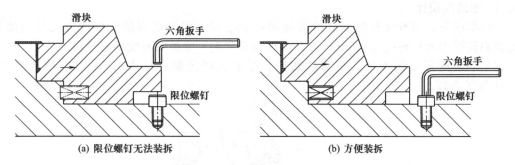

图 6-12　保证限位螺钉装拆方便

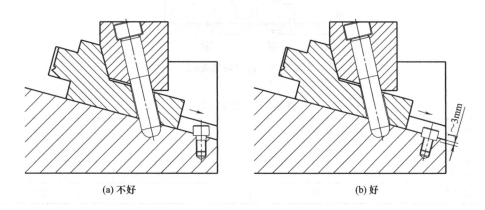

图 6-13　保证定位螺钉强度

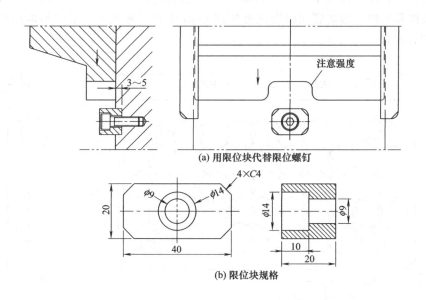

图 6-14　限位块及其规格

② 滑块的冷却：当滑块的宽度 $A \geqslant 90$mm 时，应该通冷却水，详见"第 9 章 注塑模具温度控制系统设计"中的相关内容。

6.2.4 耐磨块设计

一般情况下，当滑块和侧抽芯的质量超过 5kg 时，滑块底面的摩擦面要设计耐磨块。当滑块斜面受力面积超过 2500mm² 时，斜面（锁紧面）摩擦面要设计耐磨块。

耐磨块装配图见图 6-15，耐磨块数量、厚度和固定螺钉见表 6-6。耐磨块规格参考图 6-16 和图 6-17。

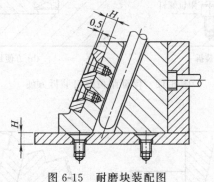

图 6-15 耐磨块装配图

表 6-6 耐磨块设计   mm

滑块宽度	50～200	200～450	≥450
耐磨块数量	1	2	3
耐磨块厚度	5,6,8,10	6,8,10,12	6,8,10,12
紧固螺钉	M5	M6	M6

耐磨块要高于滑块面 0.5mm。耐磨块的摩擦面上要开油槽，油槽的设计见 6.9 节。

耐磨块材料：油钢淬火至 54～56HRC；P20 表面渗氮或 2510 淬火至 52～56HRC。

耐磨块推荐规格：滑块底面耐磨块常用图 6-16 中的三种规格，滑块斜面耐磨块常用图 6-17 中的两种规格。

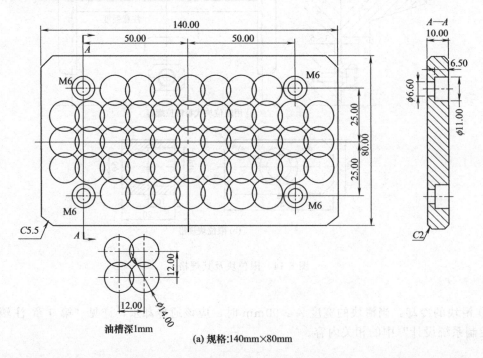

油槽深1mm

(a) 规格:140mm×80mm

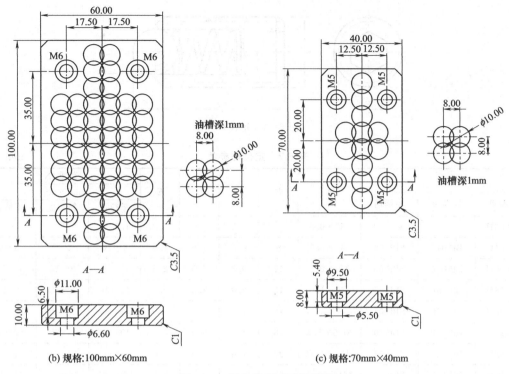

(b) 规格:100mm×60mm　　　　(c) 规格:70mm×40mm

图 6-16　滑块底面耐磨块规格

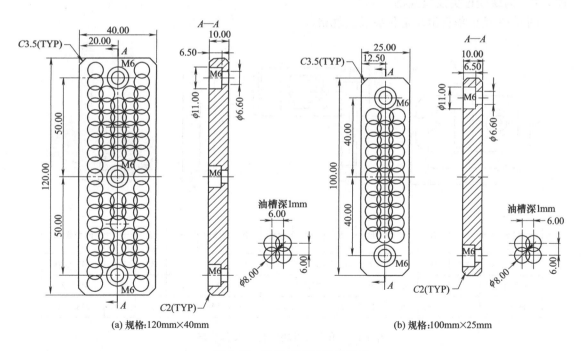

(a) 规格:120mm×40mm　　　　(b) 规格:100mm×25mm

图 6-17　滑块斜面耐磨块规格

6.2.5　滑块定位珠设计

定位珠是滑块的定位机构，见图 6-18，其参数见表 6-7。

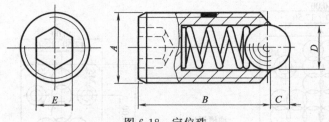

图 6-18　定位珠

表 6-7　定位珠参数　　　　　　　　　　　　　　　　　　　　mm

品号			A	B	C	D	E	荷重/N min～max		
重荷重	轻荷重	不锈钢						重荷重	轻荷重	不锈钢
BP-03H	—	SBP-03	M3×0.5	7	0.5	1.5	—	1.5～3	—	—
BP-04H	BP-04L	SBP-04	M4×0.7	9	0.8	2.5	2.0	4～10	2～5	3～8
BP-05H	BP-05L	SBP-05	M5×0.8	12	0.8	3.0	2.5	5～20	3～10	4～12
BP-06H	BP-06L	SBP-06	M6×1.0	13	0.8	3.0	3.0	10～30	5～15	7～23
BP-08H	BP-08L	SBP-08	M8×1.25	15	1.0	4.0	4.0	13～40	7～20	10～30
BP-10H	BP-10L	SBP-10	M10×1.5	16	1.2	5.0	5.0	19～50	9～25	12～38
BP-12H	BP-12L	SBP-12	M12×1.75	20	1.8	7.0	6.0	20～60	10～30	15～45
BP-16H	BP-16L	SBP-16	M16×2.0	25	2.5	9.5	8.0	30～100	16～50	25～75

6.2.6　滑块定位夹及其规格

　　图 6-19 是乐华行滑块定位夹及其规格。

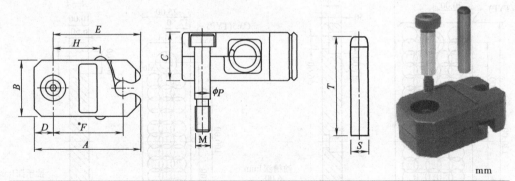

mm

代号	A	B	C	D	E	*F	H	P	M	S	T	荷重/kgf	限位螺钉
LHB013-a	38	19	16	7	31.5	24.89	15.5	6	M5	6	32	10	M5×20
LHB013-b	54	32	20	9	43.0	34.93	22.5	8	M6	8	40	20	M6×25
LHB013-c	86	45	30	11	67.0	53.98	40.0	10	M8	10	60	40	M8×40

图 6-19　乐华行滑块定位夹及其规格

6.2.7　楔紧块设计

(1) 楔紧块主要类型及其主要尺寸设计

　　楔紧块的主要类型有 A1 型和 B1 型，见图 6-20，主要尺寸见表 6-8。

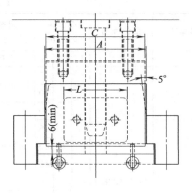
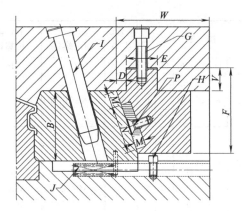

(a) 楔紧块类型(A1)

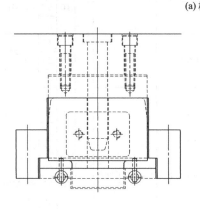
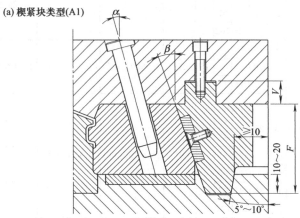

(b) 楔紧块类型(B1)

图 6-20 楔紧块

表 6-8 楔紧块及其相关结构的推荐尺寸   mm

滑块	楔 紧 块							楔紧块类型	楔紧块固定螺钉	滑块限位螺钉	斜导柱	定位弹簧	楔紧块耐磨块			耐磨块固定螺钉
A	B	C	D	E	F	W	V	A1,B1	G	H	I	J	L	M	N	P
30	30	28			34											
40	30	38	3	13	34	37			1×M6(1/4″)		1×10(3/8″)		—	—	—	—
	40				44											
50	30	48	5		32		10						30	6	15	1×M5(3/16″)
	40				42										20	
	50			18	52	42			1×M8(5/16″)		1×12(1/2″)			8	30	1×M6(1/4″)
60	30	58	5		32			A1		1×M6(1/4″)		2×10(3/8″)	40	6	15	1×M6(1/4″)
	40				42										20	
	50				52										30	
	60				62									8	35	1×M8(5/16″)
	70			23	72	55	15				1×16(5/8″)				40	
	80				82										45	
80	30	78	5	18	32	42	10		2×M8(5/16″)		1×12(1/2″)		50	6	15	2×M6(1/4″)
	40				42										20	
	50				52									8	30	2×M8(5/16″)
	60				62										35	
	70		8	23	72	55	15			2×M8(5/16″)	1×16(5/8″)				40	2×M8(5/16″)
	80				82										45	

滑块		楔　紧　块						楔紧块类型	楔紧块固定螺钉	滑块限位螺钉	斜导柱	定位弹簧	楔紧块耐磨块			耐磨块固定螺钉
A	B	C	D	E	F	W	V	A1,B1	G	H	I	J	L	M	N	P
100	30	98	5	18	32	42	10	A1	2×M8(5/16″)	2×M6(1/4″)	1×12(1/2″)	2×10(3/8″)	60	6	15	2×M6(1/4″)
	40				42										20	
	50				52	47									30	
	60		8	23	95	72	15	B1	2×M10(3/8″)	2×M8(5/16″)	1×16(5/8″)			8	35	2×M8(5/16″)
	70				105	77									40	
	80				115	82									45	
	90				125	87									50	
	100		10	30	135	92					1×20(3/4″)			10	50	2×M10(3/8″)
	110				145	97									55	
	120				155	102									60	
120	30	118	5	18	32	42	10	A1	2×M8(5/16″)	2×M6(1/4″)	1×12(1/2″)		60	6	15	2×M6(1/4″)
	40				42										20	
	50				52	47									30	
	60		8	25	65	72	15	B1	2×M10(3/8″)	2×M8(5/16″)	1×16(5/8″)			8	35	2×M8(5/16″)
	70				75	77									40	
	80				85	82									45	
	90				125	87									50	
	100		10	30	135	92					1×20(3/4″)	2×12(1/2″)		10	50	2×M10(3/8″)
	110				145	97									55	
	120				155	102									60	
80	60	78	8	23	62	55	15	A1	2×M8(5/16″)	2×M8(5/16″)	1×16(5/8″)		50	8	35	2×M8(5/16″)
	70				72										40	
	80				82										45	
140	35	138	5	18	37	42	10	A1	2×M8(5/16″)	2×M6(1/4″)	1×12(1/2″)	2×10(3/8″)	80	10	20	2×M10(3/8″)
	40				42										23	
	50				50	47									30	
	60		8	25	95	72	15	B1	2×M10(3/8″)	2×M8(5/16″)	1×16(5/8″)	2×12(1/2″)		12	35	2×M10(3/8″)
	70				105	77									40	
	80				115	82									50	
	90				125	87									60	
	100		10	30	135	92			3×M10(3/8″)		1×20(3/4″)			15	60	4×M10(3/8″)
	110				145	97									70	
	120				155	102									80	
160	35	158	5	18	37	42	10	A1	2×M8(5/16″)		2×12(1/2″)	2×10(3/8″)	80	10	20	2×M10(3/8″)
	40				42										23	
	50				50	47									30	
	60		8	25	95	72	15	B1	2×M10(3/8″)	3×M6(1/4″)	2×16(5/8″)			12	35	2×M10(3/8″)
	70				105	77									40	
	80				115	82									50	
	90				125	87						2×12(1/2″)			60	
	100		10	30	135	92			3×M10(3/8″)		2×20(3/4″)			15	60	4×M10(3/8″)
	110				145	97									70	
	120				155	102									80	

续表

滑块		楔紧块						楔紧块类型	楔紧块固定螺钉	滑块限位螺钉	斜导柱	定位弹簧	楔紧块耐磨块			耐磨块固定螺钉
A	B	C	D	E	F	W	V	A1,B1	G	H	I	J	L	M	N	P
180	35	178	5	18	37	42	10	A1	3×M8(5/16″)	3×M8(5/16″)	2×12(1/2″)	2×10(3/8″)	100	10	20	2×M10(3/8″)
	40														23	
	50				50	47									30	
	60		8	25	95	72	15	B1	3×M10(3/8″)		2×16(5/8″)			12	35	
	70				105	77									40	
	80				115	82									50	
	90				125	87					2×20(3/4″)				60	
	100		10	30	135	92			4×M10(3/8″)					15	60	4×M10(3/8″)
	110				145	97									70	
	120				155	102									80	
200	40	198	5	18	40	47	10	A1	3×M10(3/8″)		2×16(5/8″)	2×12(1/2″)		10	23	2×M10(3/8″)
	50				50										30	
	60		8	25	95	72	15	B1	4×M10(3/8″)					12	35	
	70				105	77									40	
	80				115	82									50	
	90				125	87					2×20(3/4″)				60	
	100		10	30	135	92			5×M10(3/8″)					15	60	4×M10(3/8″)
	110				145	97									70	
	120				155	102									80	
200	40	190	5	18	40	47	10	A1	3×M10(3/8″)		2×16(5/8″)		120	10	23	2×M10(3/8″)
	50				50										30	
	60		8	25	95	72	15	B1	4×M10(3/8″)		2×20(3/4″)			12	35	
	70				105	77									40	
	80				115	82									50	
	90				125	87									60	
	100		10	30	135	92			5×M10(3/8″)					15	60	4×M10(3/8″)
	110				145	97									70	
	120				155	102									80	
220	40	210	5	18	40	47	10	A1	3×M10(3/8″)	3×M10(3/8″)				10	23	2×M10(3/8″)
	50				50										30	
	60		8	25	95	72	15	B1	4×M10(3/8″)					12	35	
	70				105	77									40	
	80				115	82									50	
	90				125	87									60	
	100		10	30	135	92			5×M10(3/8″)					15	60	4×M10(3/8″)
	110				145	97									70	
	120				155	102									80	
240	40	230	5	18	40	47	10	A1	3×M10(3/8″)				130	10	23	3×M10(3/8″)
	50				50										30	
	60		8	25	95	72	15	B1	4×M10(3/8″)					12	35	
	70				105	77									40	
	80				115	82									50	
	90				125	87									60	
	100		10	30	135	92			5×M10(3/8″)					15	60	6×M10(3/8″)
	110				145	97									70	
	120				155	102									80	

滑块			楔紧块					楔紧块类型	楔紧块固定螺钉	滑块限位螺钉	斜导柱	定位弹簧	楔紧块耐磨块			耐磨块固定螺钉
A	B	C	D	E	F	W	V	A1,B1	G	H	I	J	L	M	N	P
240	40	230	5	18	40	47	10	A1	3×M10(3/8″)	3×M10(3/8″)				10	23	
	50				50										30	3×M10(3/8″)
	60		8	25	95	72	15		4×M10(3/8″)				130	12	35	
	70				105	77									40	
	80				115	82		B1							50	
	90				125	87									60	
	100				135	92			5×M10(3/8″)						60	6×M10(3/8″)
	110		10	30	145	97								15	70	
	120				155	102									80	
260	40	250	5	18	40	47	10	A1	4×M10(3/8″)					10	23	6×M10(3/8″)
	50				50										30	
	60		8	25	95	72	15		5×M10(3/8″)		2×20(3/4″)	2×12(1/2″)	140	12	35	
	70				105	77									40	
	80				115	82		B1							50	
	90				125	87									60	
	100				135	92			6×M10(3/8″)						60	8×M10(3/8″)
	110		10	30	145	97								15	70	
	120				155	102									80	
290	40	280	5	18	40	47	10	A1	4×M10(3/8″)	4×M10(3/8″)				10	23	
	50				50										30	
	60		8	25	95	72	15		5×M10(3/8″)					12	35	4×M10(3/8″)
	70				105	77									40	
	80				115	82									50	
	90				125	87		B1					150		60	
	100				135	92			6×M10(3/8″)						60	
	110				145	97								15	70	8×M10(3/8″)
	120		10	30	155	102									80	
	140				180	107									90	10×M10(3/8″)
	160				200	112									100	

(2) 楔紧块的形式及其装配简图（见表6-9）

表6-9　楔紧块的形式及其装配简图

简　图	说　明	简　图	说　明
	常规结构,采用嵌入式锁紧方式,刚性好,适用于锁紧力较大的场合		侧抽芯对模具长宽尺寸影响较小,但锁紧力较小,适用于抽芯距离不大、滑块宽度不大的小型模具

续表

简　图	说　明	简　图	说　明
	滑块采用镶拼式锁紧方式,通常可用标准件,可查标准零件表,结构强度好,适用于较宽的滑块		采用嵌入式锁紧方式,适用于较宽的滑块
	滑块采用整体式锁紧方式,结构刚性好,但加工困难,适用于小型模具		采用拨动兼止动,稳定性较差,一般用在滑块空间较小的情况下
	滑块采用整体式锁紧方式,结构刚性更好,但加工困难,抽芯距小,适用于小型模具		侧抽芯对模具长宽尺寸影响较小,适用于抽芯距离不大、包紧力较小、滑块宽度不大的小型模具
	一个楔紧块同时锁紧两个滑块,锁紧力较大,适用于滑块向模具中心滑动的场合。注意:$S_1 \geqslant S$		楔紧块的斜面上有一段与开模方向一致的平面 L,用于滑块需要延时抽芯的场合。注意:$L = X/\sin\alpha - (1 \sim 2\text{mm})$
	当塑件对滑块或侧抽芯有较大的黏附力(如接触面积较大)或包紧力(如侧面有深孔或深槽等)时,抽芯时易将塑件拉变形,此时要在滑块中增加推杆,在抽芯初期由推杆推住塑件,使塑件不致变形		

6.2.8 倾斜滑块参数计算

由于成品的倒勾面是倾斜方向，与开模方向不成 90°，因此滑块的运动方向要与成品倒勾斜面方向一致，否则会拉伤塑件，此时滑块滑行的方向与开模方向不垂直，见图 6-21 和图 6-22。

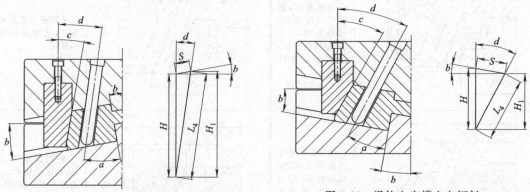

图 6-21 滑块向动模方向倾斜　　　　图 6-22 滑块向定模方向倾斜

① 当滑块抽芯方向与分型面成夹角的关系为滑块向动模方向倾斜时，如图 6-21 所示。

$a = d + b$

$d = a - b$

$15° \leqslant a \leqslant 25°$

$c = d + (2° \sim 3°)$

$H = S\cos a / \sin(a - b)$

$L_4 = S\sin(90 + b)/\sin(a - b)$

$H_1 = L_4 \cos d = L_4 \cos(a - b)$

② 当滑块抽芯方向与分型面成夹角的关系为滑块向定模方向倾斜时，如图 6-22 所示。

$a = d - b$

$d = a + b$

$15° \leqslant a \leqslant 25°$

$c = d + (2° \sim 3°)$

$H = S\cos a / \sin(a + b)$

$L_4 = S\cos b / \sin(a + b)$

$H_1 = L_4 \cos d = L_4 \cos(a + b)$

式中　H——最小开模距离；

　　　H_1——在最小开模距离下，滑块在开模方向上实际后退的距离；

　　　L_4——在最小开模距离下，斜导柱和滑块相对滑动的距离；

　　　a——斜导柱相对于滑块滑动方向的倾斜角度，一般取 15°~25°；

　　　b——滑块的倾斜角度。

用斜导柱拨动滑块时，倾斜角度必须小于 25°，超过 25° 时容易卡死，此时必须用液压油缸驱动滑块。

6.2.9 滑块和侧抽芯的连接方式

滑块有整体式与组合式两种。采用组合式滑块时，需要将侧向抽芯紧固在滑块上。常见的连接方式见表 6-10。

表 6-10　滑块和侧抽芯的连接方式

简　图	说　明	简　图	说　明
	滑块采用整体式结构，一般适用于型芯较大、较好加工、强度较好的场合		采用销钉固定，用于侧抽芯不大、非圆形的场合
	嵌入式镶拼方式，侧抽芯较大、较复杂，分体加工较容易制作		采用螺钉固定，用于型芯成圆形且型芯较小的场合
	标准的镶拼方式，采用螺钉固定形式，用于型芯成方形或扁平结构且型芯不大的场合，$A>B=5\sim 8\text{mm}$，$C=3\sim 5\text{mm}$		压板式镶拼方式，采用压板固定，适用于固定多个型芯

组合式滑块设计的注意事项如下。

① 使用场合：

a. 侧抽芯强度薄弱，容易损坏；

b. 精度要求高，难以一次性加工到位；

c. 形状复杂，整体加工困难；

d. 圆形的侧抽芯；

e. 节约成本，减少不必要的钢材浪费。

② 标准的镶拼方式，适用于小型的侧抽芯，要注意侧抽芯的定位，除了表 6-10 中的上下定位外，还可以左右定位，见图 6-23。

③ 嵌入式镶拼方式，适用于较大型的侧抽芯，H 一般取 10~15mm，见图 6-24。

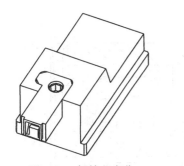

图 6-23　侧抽芯定位

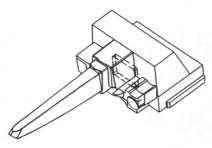

图 6-24　嵌入式镶拼

④ 压板式镶拼方式，适用于圆形的镶件，或者多个镶件的侧抽芯，压板可以采取嵌入式或者定位销定位。如果是圆形侧抽芯，要设计防转结构，见图 6-25。

⑤ 要保证侧抽芯镶件和滑块主体有足够的强度。

⑥ 注意固定侧抽芯镶件的螺钉、定位销不要与斜导柱孔、冷却水孔等干涉。

6.2.10　"滑块+斜导柱"侧向抽芯的结构汇编

(1) 常规结构（见图 6-26）

(2) 倾斜滑块（见图 6-27）

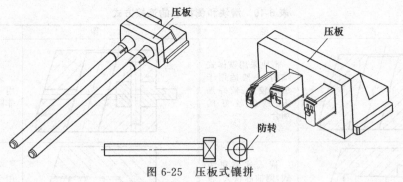

图 6-25　压板式镶拼

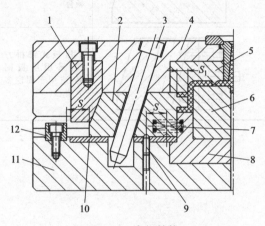

图 6-26　常规结构

1—楔紧块；2—滑块；3—斜导柱；4—定模 A 板；
5—定模镶件；6—动模型芯；7—弹簧；
8—动模镶件；9—定位珠；10—耐磨块；
11—动模 B 板；12—挡块

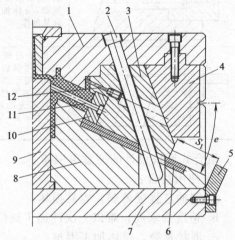

图 6-27　倾斜滑块

1—定模 A 板；2—斜导柱；3—滑块；4—楔紧块；
5—挡块；6—耐磨块；7—托板；8—动模镶件；
9—定模型芯；10—侧抽芯固定板；11,12—侧抽芯
注：$e < 25°$

（3）定模内侧抽芯（见图 6-28）

（4）动模内侧抽芯（见图 6-29）

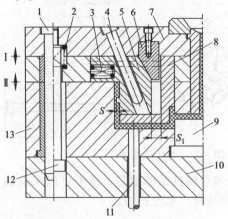

图 6-28　定模内侧抽芯

1—导柱；2,3—弹簧；4—斜导柱；5—滑块；
6—楔紧块动模型芯；7—面板；8—定模镶件；
9—动模镶件定位珠；10—托板；11—推杆；
12—小拉杆；13—动模镶件

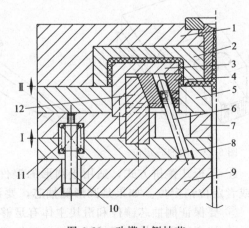

图 6-29　动模内侧抽芯

1—定模 A 板；2—定模型芯；3—动模型芯；4—滑块；
5—推板；6—斜导柱；7—动模 B 板；8—斜导柱固
定板；9—托板；10—限位钉；
11—弹簧；12—楔紧块

(5) 多向抽芯

同一滑块中存在多个方向的抽芯，见图 6-30。

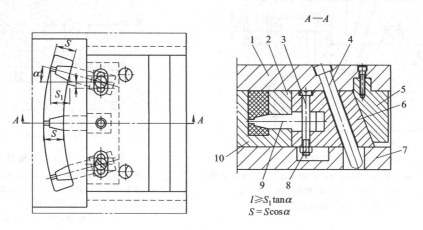

$$l \geqslant S_1 \tan\alpha$$
$$S = S\cos\alpha$$

图 6-30　多向抽芯

1—定模 A 板；2—定模镶件；3—轴；4—斜导柱；5—楔紧块；6—滑块；
7—动模 B 板；8—螺母；9—侧抽芯；10—动模镶件

(6) 定模外侧抽芯

如图 6-31 所示，必须采用定距分型机构保证模具先从分型面Ⅰ处先开，接着再从分型面Ⅱ处打开。

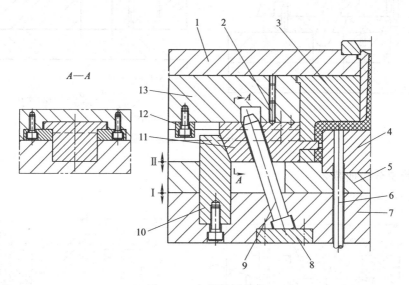

图 6-31　定模外侧抽芯

1—面板；2—定位珠；3—定模镶件；4—动模镶件；5—动模 B 板；6—推杆；7—托板；
8—压块；9—斜导柱；10—楔紧块；11—滑块；12—挡销；13—定模 A 板

(7) 动模内侧抽芯

如图 6-32 所示，图中 H 必须大于 5mm。

(8) 多滑块分级抽芯 1

先小后大，见图 6-33。分级抽芯 1 抽芯过程见图 6-34。

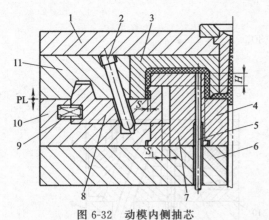

图 6-32　动模内侧抽芯

1,11—定模 A 板；2—斜导柱；3—定模镶件；4—动模镶件；
5—推杆；6—托板；7—动模型芯；8—滑块；
9—弹簧；10—动模 B 板

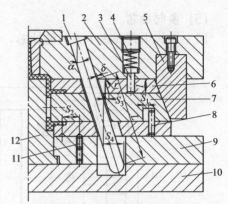

图 6-33　多滑块分级抽芯 1

1—斜导柱；2—定模 A 板；3—延时销；4—弹簧；
5—楔紧块；6—大滑块；7—小滑块；8—小滑
块挡销；9—动模 B 板；10—托板；
11—定位珠；12—动模型芯

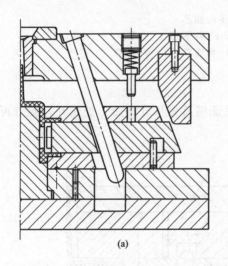

(a)

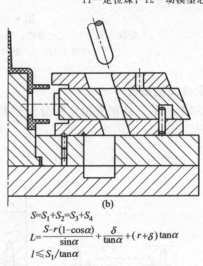

(b)

$$S=S_1+S_2=S_3+S_4$$

$$L=\frac{S-r(1-\cos\alpha)}{\sin\alpha}+\frac{\delta}{\tan\alpha}+(r+\delta)\tan\alpha$$

$$l\leqslant S_1/\tan\alpha$$

图 6-34　分级抽芯 1 抽芯过程

(9) 多滑块分级抽芯 2

先大后小，见图 6-35。

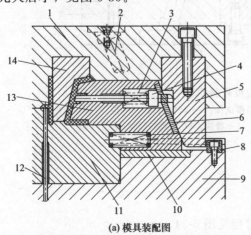

(a) 模具装配图

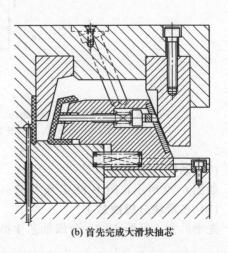

(b) 首先完成大滑块抽芯

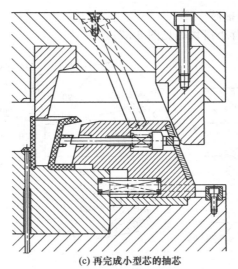

(c) 再完成小型芯的抽芯

图 6-35　多滑块分级抽芯 2

1—定模 A 板；2—斜导柱；3,7—弹簧；4—侧抽芯；5—楔紧块；6,10—耐磨块；8—挡销；
9—动模 B 板；11—动模镶件；12—推杆；13—滑块；14—定模型芯

（10）多向组合抽芯 （见图 6-36）

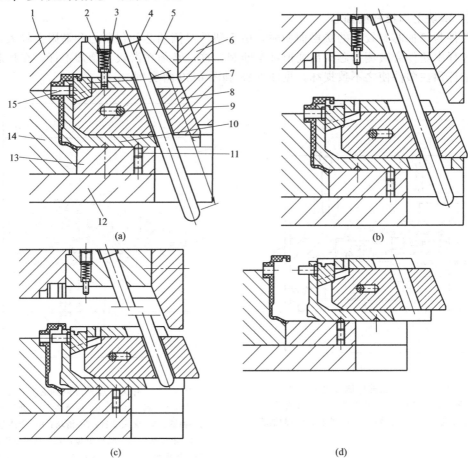

图 6-36　多向组合抽芯及其抽芯过程

1—定模镶件；2—弹簧；3—延时销；4—斜导柱；5—定模 A 板；6—楔紧块；7—小滑块；8—中滑块；
9—挡销；10—大滑块；11—定位珠；12—托板；13—动模 B 板；14—动模型芯；15—侧抽芯

(11) 滑块上走滑块斜抽芯

这种结构俗称大滑块背小滑块，见图 6-37。

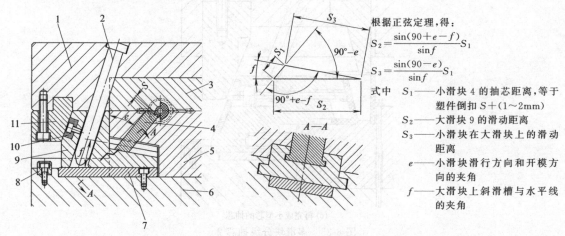

根据正弦定理，得：

$$S_2 = \frac{\sin(90+e-f)}{\sin f}S_1$$

$$S_3 = \frac{\sin(90-e)}{\sin f}S_1$$

式中　S_1——小滑块 4 的抽芯距离，等于
　　　　　　塑件倒扣 $S+(1\sim2\text{mm})$
　　　　S_2——大滑块 9 的滑动距离
　　　　S_3——小滑块在大滑块上的滑动
　　　　　　距离
　　　　e——小滑块滑行方向和开模方
　　　　　　向的夹角
　　　　f——大滑块上斜滑槽与水平线
　　　　　　的夹角

图 6-37　滑块上走滑块斜抽芯

1—定模 A 板；2—斜导柱；3—定模镶件；4—小滑块（子滑块）；5—动模镶件；6—动模 B 板；7—耐磨块；
8—挡销；9—大滑块（母滑块）；10—耐磨块；11—楔紧块

(12) 滑块上加推杆侧抽芯

当塑件与侧抽芯有较大的接触面积时，由于塑件对侧抽芯的包紧力和黏附力较大，在侧向抽芯过程中塑件会被侧抽芯拉出变形甚至断裂，这时必须在滑块上增加推杆，在抽芯过程中，由推杆顶住塑件使之不致损坏，见图 6-38 和图 6-39 两实例。

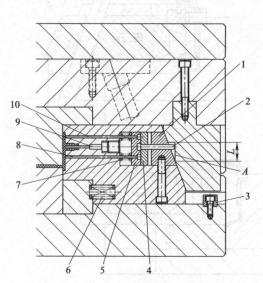

图 6-38　滑块上加推杆侧抽芯实例 1

1—挡块；2—复位杆；3—限位柱；4—推杆底板；
5—推杆固定板；6,7—弹簧；8,10—推杆；9—侧抽芯

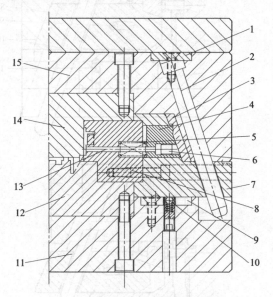

图 6-39　滑块上加推杆侧抽芯实例 2

1—压块；2—斜导柱；3,9—耐磨块；4—弹簧挡块；
5—弹簧；6—无头螺钉；7—滑块；8—侧抽芯；
10—定位珠；11—动模 B 板；12—动模镶件；
13—横向推杆；14—定模镶件；15—定模 A 板

滑块上的推杆也可以用标准件，图 6-40 是深圳乐华行模具有限公司的一款滑块推杆标准件。

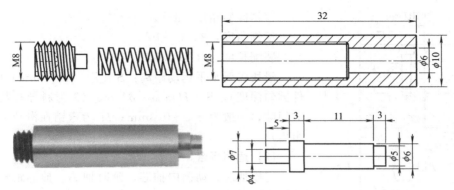

图 6-40　滑块推杆标准件

（13）延时侧抽芯（二次抽芯）

当塑件对侧抽芯的包紧力较大时，为了使塑件在抽芯时不致被侧抽芯拉变形甚至拉裂，可以采用二次抽芯结构，即将其中一部分的抽芯延时进行，见图 6-41 和图 6-42。

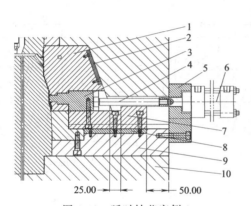

图 6-41　延时抽芯实例 1

1—延时滑块；2—耐磨块；3—内滑块；4—拉杆；
5—油缸固定座；6—油缸；7—延时滑块底座；
8—耐磨块；9—推板；10—动模板

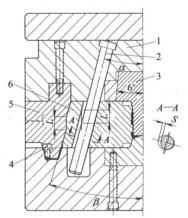

图 6-42　延时抽芯实例 2

1—定模 A 板；2—斜导柱；3—定模镶件；
4—定位螺钉；5—锁紧块；6—侧抽芯

图 6-41 中的塑件为回转体，侧面有 1800 个小通孔，同时还有一个凸起的耳孔，模具采用"油缸＋大滑块＋小滑块＋挡块"结构，其中大滑块成型侧向小通孔，小滑块成型较大的耳孔。由于塑件较薄，侧向抽芯时易变形，故二个滑块采用非同步抽芯结构，动、定模打开后，油缸 6 通过拉杆 4 先拉动内滑块 3 进行侧向抽芯，抽芯距离达到 25mm 后，内滑块 3 右端碰到延时滑块 1 的底座 7，之后延时滑块底座 7、延时滑块 1 和内滑块 3 在油缸带动下同时向右抽芯，抽芯距离 50mm。延时抽芯结构成功解决了抽芯力大、制件易变形的问题。

图 6-42 也是一种典型的延时侧向抽芯机构，该机构是在滑块和锁紧块的斜面上设计一段与开模方向一致的平面，平面的长度等于延时距离，同时将滑块中的斜向导柱孔设计成斜向腰形孔，图中 $S = L \tan\alpha$。

6.3　"滑块＋弯销"的侧向抽芯机构

6.3.1　"滑块＋弯销"的侧向抽芯常规结构及适用场合

（1）常规结构

"滑块＋弯销"的侧向抽芯机构的常规结构见图 6-43。

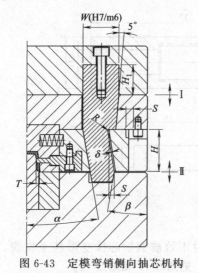

图 6-43　定模弯销侧向抽芯机构

弯销倾斜角度：$\alpha=15°\sim25°$。

反锁角度：$\beta=5°\sim10°$。

装配长度：$H_1\geq1.5W$。

滑块需要水平运动距离：$S=T+(2\sim3\text{mm})$（T 为塑件倒勾深度），$S=H\tan\alpha-\delta/\cos\alpha$（$\delta$ 为斜导柱与滑块间的间隙，一般为 0.5～0.8mm；H 为弯销在滑块内的垂直距离）。

(2) 适用场合

定模抽芯、动模内抽芯、延时抽芯、抽芯距较长和斜抽芯等。

使用弯销抽芯时，滑块宽度不宜大于 100mm。

6.3.2 "滑块+弯销"的侧向抽芯典型结构汇编

① 弯销和弯销孔：见图 6-44。

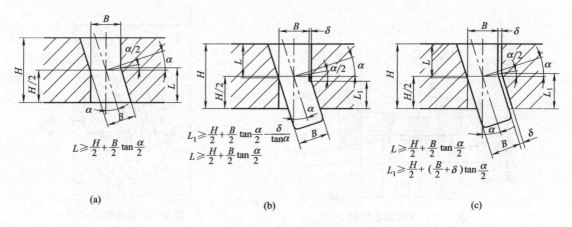

$$L\geq\frac{H}{2}+\frac{B}{2}\tan\frac{\alpha}{2}$$

(a)

$$L_1\geq\frac{H}{2}+\frac{B}{2}\tan\frac{\alpha}{2}-\frac{\delta}{\tan\alpha}$$
$$L\geq\frac{H}{2}+\frac{B}{2}\tan\frac{\alpha}{2}$$

(b)

$$L\geq\frac{H}{2}+\frac{B}{2}\tan\frac{\alpha}{2}$$
$$L_1\geq\frac{H}{2}+(\frac{B}{2}+\delta)\tan\frac{\alpha}{2}$$

(c)

图 6-44　弯销与弯销孔

② 无楔紧块动模外侧抽芯：见图 6-45。

③ 动模内侧抽芯：见图 6-46。

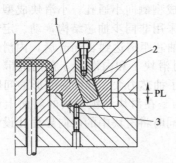

图 6-45　无楔紧块动模外侧抽芯
1—滑块；2—弯销；3—定位珠

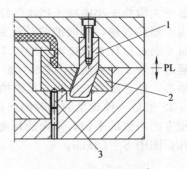

图 6-46　动模内侧抽芯
1—弯销；2—滑块；3—定位珠

④ 有楔紧块动模外侧抽芯：见图 6-47。

⑤ 动模外侧延时抽芯：见图 6-48。

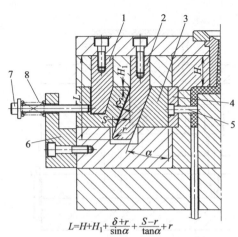

$$L=H+H_1+\frac{\delta+r}{\sin\alpha}+\frac{S-r}{\tan\alpha}+r$$

图 6-47　有楔紧块动模外侧抽芯

1—楔紧块；2—弯销；3—滑块；4—侧抽芯固定块；

5—侧抽芯；6—挡块；7—螺钉；8—弹簧

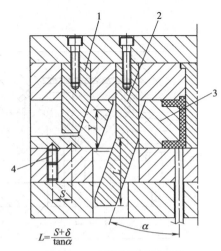

$$L=\frac{S+\delta}{\tan\alpha}$$

图 6-48　动模外侧延时抽芯

1—楔紧块；2—弯销；3—滑块；4—定位珠

⑥ 动模型芯内侧抽芯：见图 6-49。

⑦ 多角度弯销外侧抽芯：见图 6-50。

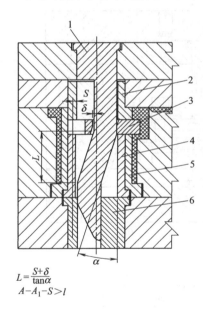

$$L=\frac{S+\delta}{\tan\alpha}$$
$$A-A_1-S>l$$

图 6-49　动模型芯内侧抽芯

1—弯销；2—定模型芯；3—内侧抽芯；4—动模
型芯 1；5—动模型芯 2；6—楔紧块

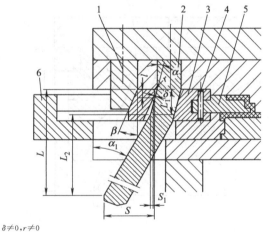

$\delta\neq0,r\neq0$

$$L_1=\frac{S}{\tan\alpha}+l+\frac{\delta}{\sin\alpha}$$

$$L=\frac{S-r(1-\cos\alpha)+[L_1-\frac{\delta+r}{\sin\alpha}-r(1+\sin\alpha)](\tan\alpha+\tan\alpha_1)}{\tan\alpha_1}+\frac{\delta}{\sin\alpha}+r(1+\sin\alpha)$$

$\delta=0,r\neq0$

$$L_1=\frac{S}{\tan\alpha}+l$$

$$L=\frac{S-r(1-\cos\alpha)+[L_1-r(1+\sin\alpha)](\tan\alpha_1-\tan\alpha)}{\tan\alpha_1}+r(1+\sin\alpha)$$

图 6-50　多角度弯销外侧抽芯

1—楔紧块；2—弯销；3—滑块；4—定位销；
5—侧抽芯；6—挡块

⑧ 动模内侧斜抽芯：其结构和抽芯过程见图 6-51。

⑨ 弯销分级抽芯：见图 6-52，其中（a）和（c）是装配图，（b）是抽芯过程图，即完成第一次抽芯的情形，弯销先将小侧抽芯 10 拉出距离 S_1，接着模具继续打开，弯销 4 再将大侧抽芯 9 和小侧抽芯 10 同时拉出。

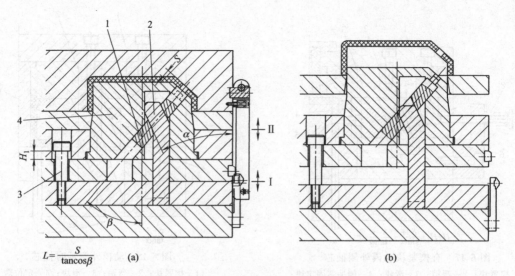

$$L=\frac{S}{\tan\cos\beta}$$

图 6-51　动模内侧斜抽芯

1—滑块；2—弯销；3—限位钉；4—动模型芯

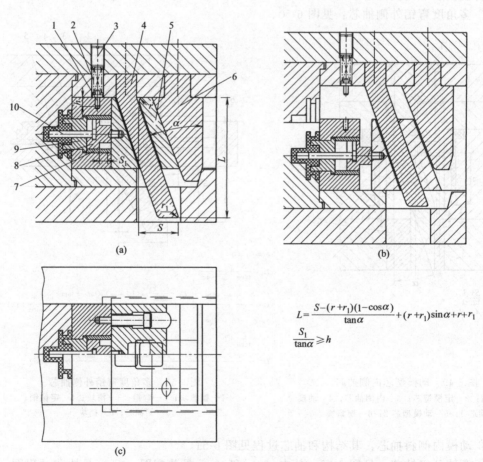

$$L=\frac{S-(r+r_1)(1-\cos\alpha)}{\tan\alpha}+(r+r_1)\sin\alpha+r+r_1$$

$$\frac{S_1}{\tan\alpha}\geqslant h$$

图 6-52　弯销分级抽芯

1—延时销；2—弹簧；3—无头螺钉；4—弯销；5—大滑块；6—楔紧块；

7—镶套；8—小滑块；9—大侧抽芯；10—小侧抽芯

6.4　"滑块＋T 形块"的侧向抽芯机构

6.4.1　"动模滑块＋T 形块"

"动模滑块＋T 形块"见图 6-53～图 6-55。

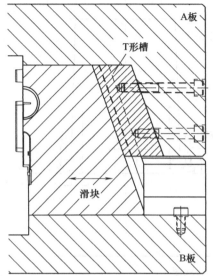

图 6-53　"动模滑块＋T 形块"装配图

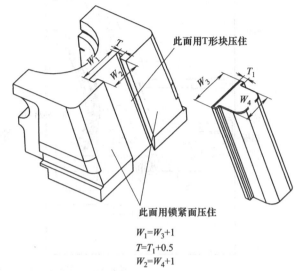

$W_1=W_3+1$
$T=T_1+0.5$
$W_2=W_4+1$

图 6-54　"动模滑块＋T 形块"配合尺寸

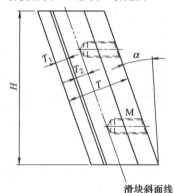

α 的取值范围：

α	15°	17°	20°	23°	25°

T 形块规格　　mm

型号	W_1	W_2	T_1	T_2	T	M
A 型	45	30	8	10	33	M10
B 型	70	50	10	12	40	M12
C 型	105	80	14	16	50	

图 6-55　T 形块规格

特别说明

① 当动模滑块的长、宽、高尺寸小于 150mm×150mm×150mm 时，尽量不要采用 T 形槽抽芯。

② T 形块材料：DF2，淬火至（48±2）HRC。

6.4.2 "定模滑块+T形块"

α 一般取 $1°$、$2°$ 和 $3°$，$S=S_1+1$，$S_2=S+3$，$H_1=5$，$T=8.5$，H_2 有 20.5 和 25.5 两种规格。"定模滑块+T形块"装配图及相关规格如图 6-56～图 6-59 所示。

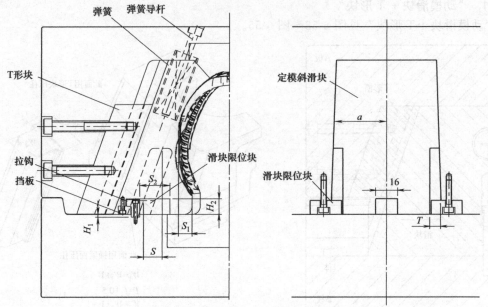

图 6-56 "定模滑块+T形块"装配图

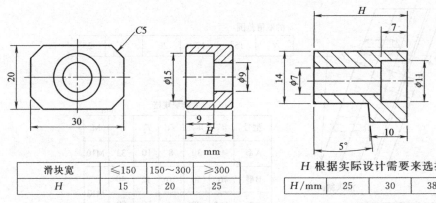

滑块宽	≤150	150～300	≥300
H	15	20	25

图 6-57 滑块限位块规格

H 根据实际设计需要来选择，推荐值如下

H/mm	25	30	38	40	42

图 6-58 滑块拉钩规格

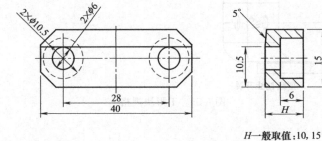

H一般取值：10，15

图 6-59 拉钩挡块规格

6.4.3 "滑块+T形块"的侧向抽芯机构典型结构汇编

① 侧浇口浇注系统二板半模定模外侧抽芯：见图 6-60。

② 点浇口浇注系统三板模定模外侧抽芯：见图 6-61。

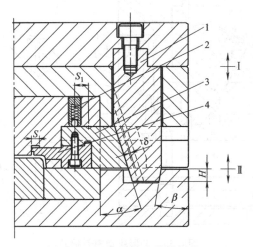

图 6-60　二板半模定模外侧抽芯

1—带 T 形块楔紧块；2—定位珠；

3—滑块；4—侧抽芯

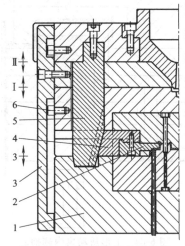

图 6-61　三板模定模外侧抽芯

1—动模 B 板；2—侧抽芯；3—定距分型拉板；

4—滑块；5—带 T 形块楔紧块；6—挡销

③ 假三板模定模外侧抽芯：见图 6-62。

④ 二板半模定模内侧抽芯：见图 6-63。

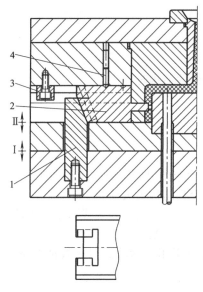

图 6-62　假三板模定模外侧抽芯

1—带 T 形块楔紧块；2—滑块；

3—挡销；4—定位珠

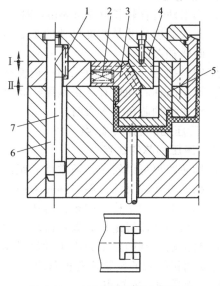

图 6-63　二板半模定模内侧抽芯

1，2—弹簧；3—滑块；4—带 T 形块楔紧块；

5—定模型芯；6—导柱；7—小拉杆

⑤ T 形块动模内侧抽芯：见图 6-64。

⑥ T 形块动模斜抽芯：见图 6-65。

图 6-65 中，c 为斜抽芯角度，S 为斜抽芯的距离，L 为分型面 Ⅱ 处的开模距离。$a = 90° + (15° \sim 25°)$。

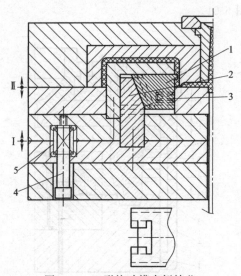
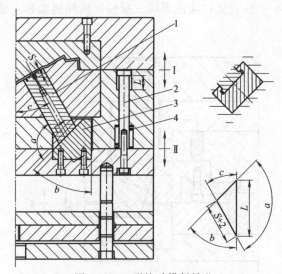

图 6-64　T形块动模内侧抽芯

1—斜滑块；2—T形槽锁紧块；3,5—弹簧；4—限位小拉杆

图 6-65　T形块动模斜抽芯

1—斜抽芯；2—小拉杆；3—带T形槽拉块；4—弹簧

根据正弦定理，得：$L=\{\sin[90°+(15°\sim25°)]/\sin b\}(S+2)$。

6.5　"滑块＋液压油缸"的侧向抽芯机构

6.5.1　使用场合

① 当滑块行程较长（≥50mm）时。

② 滑块高度尺寸是宽度尺寸的1.5倍或以上时。

③ 圆弧抽芯。

④ 定模抽芯，为了避免采用三板模和简化型三板模的结构时。

⑤ 滑块的抽芯动作有严格顺序控制时。

⑥ 滑块斜抽芯角度太大时。

6.5.2　液压抽芯的优、缺点

(1) 液压抽芯的优点

① 抽芯距离可以较长：通常抽芯距离大于50mm才考虑用液压抽芯。

② 抽芯方向较灵活：斜向抽芯采用液压抽芯会使模具结构大大简化。

③ 抽芯时运动平稳而顺畅：滑块受力方向和运动一致，不受斜导柱或弯销扭力的作用。

④ 滑块不必设置定位装置：滑块行程可通过油缸活塞控制。

⑤ 当滑块受到的胀型力小于油缸的液压力时，可以不用楔紧块。但一般情况下，液压抽芯都要用机械式的锁紧装置楔紧块。

(2) 液压抽芯的缺点

① 液压油缸安装多为外置式，油缸外形尺寸较大，有时会对模具的安装产生一定的影响，模具安装时油缸尽量朝上。

② 需要配备专用油路及电控装置。

③ 液压油容易泄漏，对环境会造成污染。

有时也用气压抽芯，但气压的抽拔力较小，只用于一些小型模具，方便滑块抽芯顺序的控制。

6.5.3　液压油缸接头及活塞行程设计

液压油缸的接头常见形状和活塞行程见图6-66。

196

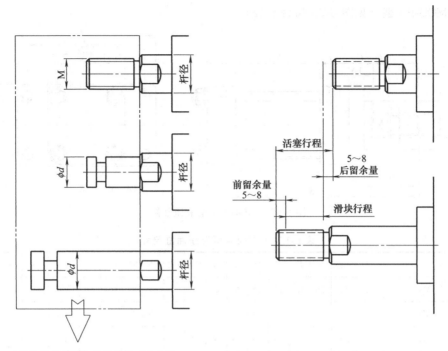

此部位长度及形状根据滑块要求定做

此部位定做外径不大于杆径

图 6-66　液压油缸的接头常见形状和活塞行程

6.5.4　液压油缸及其配件的规格型号

图 6-67 和图 6-68 是两款液压油缸常用的规格型号。

(1) FOB-FA 型（见图 6-67 和表 6-11）

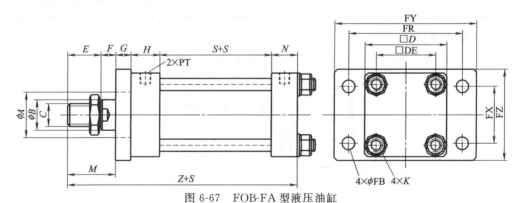

图 6-67　FOB-FA 型液压油缸

表 6-11　FOB-FA 型液压油缸尺寸　　　　　　　　　　　　　　　　　　　　　mm

缸径	φA	φB	C	□D	□DE	E	F	G	H	N	M	FB	FR	FX	FY	FZ	K	S	Z	PT/in
φ40	40	25	M22×1.5	65	45	40	20	17	33	28	60	12	93	50	115	75	M10	50	188	ZG3/8
φ50	50	30	M26×1.5	80	56	40	20	17	38	30	60	13	110	56	150	85	M12	55	200	ZG3/8
φ63	50	35	M30×1.5	95	65	45	20	17	38	30	65	14	126	68	155	100	M14	55	205	ZG3/8
φ80	60	40	M30×1.5	110	80	45	20	20	38	35	65	18	152	75	190	120	M16	74	232	ZG1/2
φ100	80	50	M40×2	131	95	50	25	20	41	37	80	20	180	100	220	140	M18	84	262	ZG1/2
φ125	90	60	M50×2	162	122	70	35	28	57	47	105	24	222	122	280	170	M22	84	321	ZG3/4
φ160	110	80	M70×2	210	153	80	35	30	60	50	115	28	260	155	310	220	M27	90	345	ZG3/4
φ200	135	100	M90×2	262	193	120	40	40	65	60	160	35	355	207	425	272	M33	120	445	1
φ250	146	125	M110×2	330	246	140	50	45	80	70	190	40	410	250	510	340	M39	140	525	1

(2) MOB-FA 型（见图 6-68 和表 6-12）

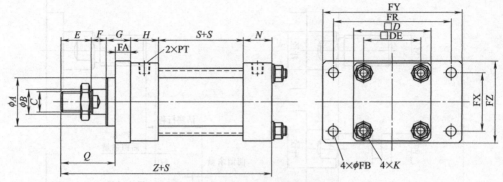

图 6-68　MOB-FA 型液压油缸

表 6-12　MOB-FA 型液压油缸尺寸　　　　　　　　　　　　　　mm

缸径	ϕA	ϕB	C	$\square D$	$\square DE$	E	F	G	H	N	Q	FA	FB	FR	FX	FY	FZ	K	S	Z	PT/in
$\phi 30$	30	16	M14×1.5	52	34	28	10	15	25	25	42	11	9	80	34	105	56	M8	50	153	ZG1/4
$\phi 40$	40	20	M16×1.5	64	45	28	17	20	30	30	54	11	12	93	50	115	72	M8	50	175	ZG3/8
$\phi 50$	45	20	M16×1.5	70	50	28	17	20	30	30	54	11	12	93	50	115	72	M10	50	175	ZG3/8
$\phi 63$	55	25	M22×1.5	85	60	40	20	30	31	31	76	14	14	117	60	140	90	M10	50	202	ZG3/8
$\phi 80$	62	32	M26×1.5	106	74	40	20	32	37	37	72	20	14	152	75	180	105	M12	55	221	ZG1/2
$\phi 100$	78	40	M30×1.5	122	89	45	20	32	37	37	77	20	16	158	90	200	125	M14	80	251	ZG1/2
$\phi 125$	85	50	M40×2	147	110	55	25	35	44	44	91	20	18	184	110	225	153	M16	80	279	ZG1/2
$\phi 160$	100	60	M52×2	188	145	65	30	35	55	45	108	22	22	230	125	290	194	M20	80	320	ZG3/4

(3) 油缸端子规格

图 6-69 是常用的油缸端子规格型号，材料为 Cr12。

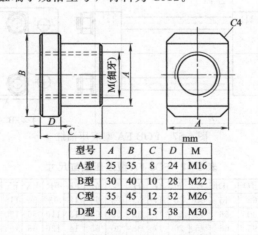

mm

型号	A	B	C	D	M
A型	25	35	8	24	M16
B型	30	40	10	28	M22
C型	35	45	12	32	M26
D型	40	50	15	38	M30

图 6-69　常用的油缸端子规格型号

6.5.5　液压抽芯设计的注意事项

① 防止滑块与动、定模发生干涉，见图 6-70。

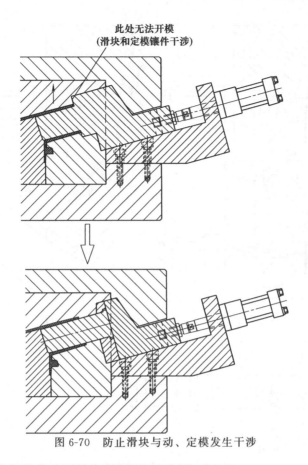

图 6-70　防止滑块与动、定模发生干涉

② 防止油缸与注塑机发生干涉，见图 6-71 和图 6-72。

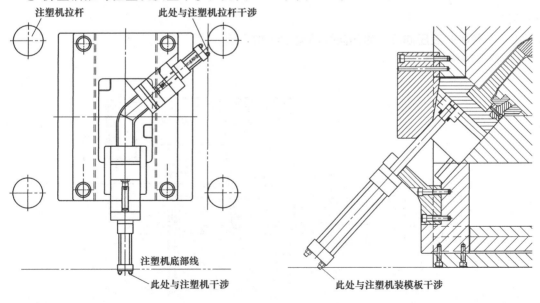

图 6-71　防止油缸与注塑机发生干涉 1　　　　　图 6-72　防止油缸与注塑机发生干涉 2

③ 除非滑块在滑行方向上没有受到胀型力的作用，如图 6-73(b) 所示，否则禁止用油缸直接锁模，如图 6-73(a) 所示，但油缸可通过力的转换的方式达到封胶的目的，如图6-73

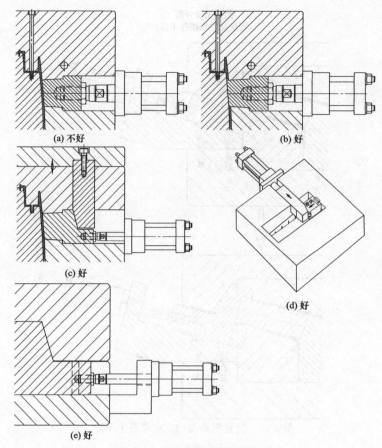

图 6-73　油缸没有刚性锁模力

（d）所示。

6.5.6　"滑块+液压油缸"的侧向抽芯典型结构汇编

① 基本结构：见图 6-74。

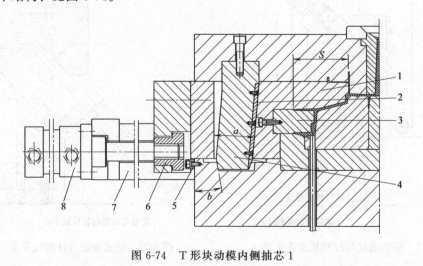

图 6-74　T 形块动模内侧抽芯 1

1—大侧抽芯；2—耐磨块；3—小侧抽芯；4—楔紧块；5—挡销；6—油缸端子；7—油缸固定座；8—油缸

② 圆弧侧抽芯：见图 6-75，其中图 6-75（b）为抽芯后的模具。

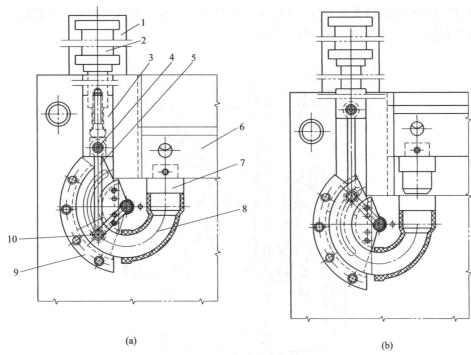

(a)   (b)

图 6-75 T 形块动模内侧抽芯 2
1—油缸固定座；2—油缸；3,6—滑块；4,10—转轴；5—连杆；
7—侧抽芯；8—圆弧侧抽芯；9—圆弧压块

③ 旋转侧抽芯：见图 6-76，其中油缸 7 的作用是锁紧旋转抽芯 2，油缸 10 的作用是拉动旋转抽芯，以及推动抽芯 2 复位。图 6-76(b) 为旋转抽芯结束的状态。

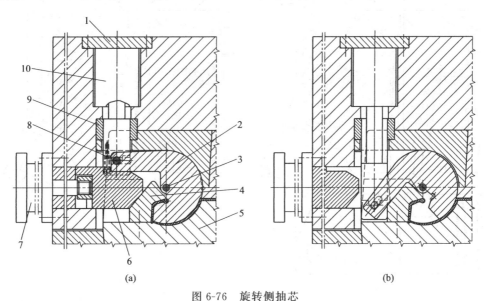

(a)   (b)

图 6-76 旋转侧抽芯
1—压块；2—旋转抽芯；3—旋转轴；4—型芯；5—镶件；6—楔紧块；7,10—油缸；8—连接轴；9—导套

④ 既抽芯又推件的侧抽芯机构：见图 6-77。

完成注塑成型后，模具先从分型面 PL 处打开，拨块 7 拨动带 T 形槽楔紧块 14，楔紧块 14 带动小滑块 10 及小侧抽芯 12 完成内孔侧抽芯，小滑块 10 的滑动距离最终由挡块 8 控制。完成内孔内侧抽芯以及动模型芯抽芯后，液压油缸 4 拉动大侧向抽芯 2 作斜向运动，一边往外侧向抽芯，一边将塑件往动模方向推出。

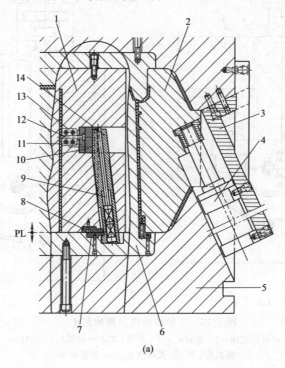

(a)

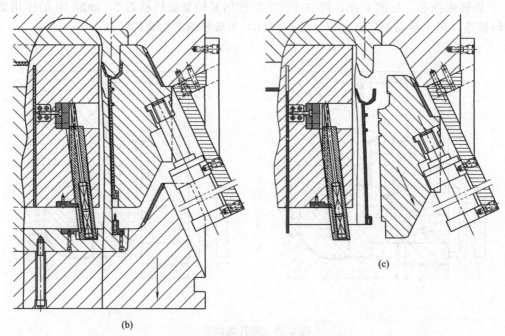

(b) (c)

图 6-77　既抽芯又推件的侧抽芯机构

1—定模镶件；2—大侧向抽芯；3—油缸固定座；4—油缸；5—动模 B 板；6—动模镶件；7—拨块；8—挡块；9—楔紧块推杆；10—小滑块；11—侧抽芯固定块；12—小侧抽芯；13—小侧抽芯导向块；14—带 T 形槽楔紧块

⑤ 液压油缸斜抽芯：见图 6-78。

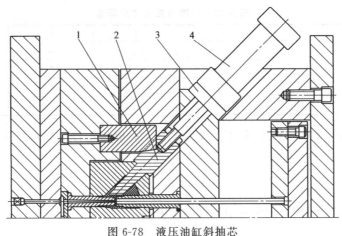

图 6-78　液压油缸斜抽芯

1—楔紧块；2—斜抽芯；3—油缸固定座；4—油缸

6.6　斜顶侧向抽芯机构

斜顶又称斜推杆，斜顶侧向抽芯机构主要用于成型塑件内部的侧凹和凸起，同时具有推出塑件的功能。此机构结构简单，但刚性较差，行程较小，制造也比较麻烦。

6.6.1　斜顶常规结构及其参数设计

斜顶常规结构见图 6-79，有关参数见表 6-13。

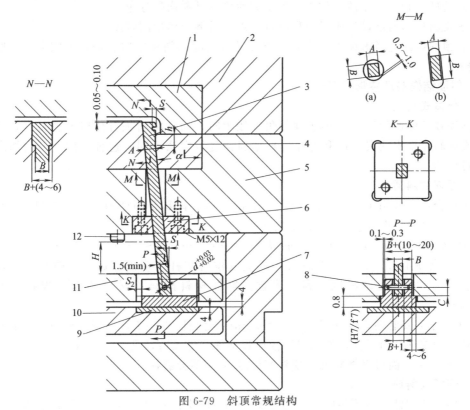

图 6-79　斜顶常规结构

1—定模镶件；2—定模 A 板；3—斜顶；4—动模镶件；5—动模 B 板；6—导向块；
7—滑块；8—圆轴；9—垫块；10—推杆底板；11—推杆固定板；12—限位柱

表 6-13　斜顶有关尺寸推荐值　　　　　　　　　　　　　　　mm

A	B	C	h	d	α
5～8		3～4	6～8	φ3.0	
8～12	3 以上	3～4	8～10	φ4.0	5°～15°
12～16		4～5	10～15	φ4.0	
16～20		6～8	15～18	φ5.0	

① 斜顶倾斜角 $α=5°～15°$，常用角度为 $8°$，$α$ 的值与塑件倒扣深度 S 和塑件的推出距离的关系为：

$$\tan α = S_1 / HK$$

式中，$S_1 = S + (2～3mm)$；HK 为塑件推出距离。

②　　　　　　　　　　　　$S_2 = S_1 + (1～2mm)$

$$S_1 = S + (2～3mm)$$

③ 垫块 9 只用于精密模具或承受注塑压力过大场合，一般情况下不用。

④ 在斜顶近胶一端，需做大于 6mm 的直身结构，并做一台阶面，以方便加工、装配以及避免注塑时斜顶受熔体胀型力而移动。

⑤ 斜顶顶部需低于型芯表面 0.05～0.10mm，以免顶出时擦伤塑件。

⑥ 斜顶表面必须氮化，以增强耐磨性。斜顶材料不应和内模材料一致。

⑦ 斜顶底部的圆轴 8 和滑块 7 必须淬火（50～52HRC），以免磨损。

⑧ 运动件 3 和 7 的摩擦部位均需加工储油槽，且要均匀分布。

⑨ 多支斜顶的角度设计应考虑顶出行程走完后倒勾尽量同时脱离。

⑩ 斜顶的设计应考虑顶出行程后，塑件是否会随同斜顶横向移动，否则会损坏塑件的其他结构。

6.6.2　斜顶结构的几种常见形式

(1) 分体式斜顶

当斜顶较长但截面尺寸较小或倾斜角度较大时，通常将斜顶分体以节省材料，方便加工，并提高斜顶推出的安全性和寿命。根据斜顶复位方法不同，这种结构又分为如图 6-80 所示三种结构。

(2) 摆杆式斜顶

适用场合：一般用于塑件倒扣深度在 3mm 以内，模具受到结构或尺寸限制，斜顶没有办法做斜度，结构如图 6-81 和图 6-82 所示。

① 从动模底往上安装时，要求 $d_1 - d ≥ 0.5mm$，$S_1 - S ≥ 0.5mm$，$H - H_1 ≥ 0.5mm$。完全顶出后，$T_1 - T ≥ 2mm$，以免复位时摆杆与动模相碰，见图 6-81。这种结构的缺点是 A 面不能做斜度，容易磨损。摆杆材料按斜顶材料的选用规则，表面氮化 0.06mm。

② 从上往下安装时，要求 $D - D_1 ≥ 0.5mm$，而且 $T_1 > T$，见图 6-82(a)。当 $T_1 < T$ 时，摆杆会和镶件孔口干涉，使孔口磨损而致塑件产生飞边，见图 6-82(b)。

这种结构的 A 面可以做斜面，摆杆复位时 A 面不会磨损。

(3) 连杆式斜顶

适用场合和摆杆式斜顶相同，结构见图 6-83。图中：$α=5°～15°$，常用角度为 $8°$，$M=3～5mm$；$N=4～6mm$。当斜顶 1 较大时，可参考滑块台阶尺寸选取。

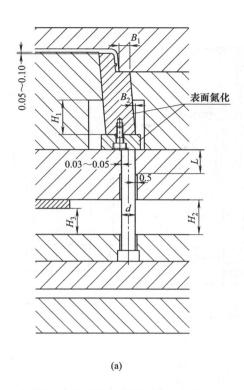

(a)

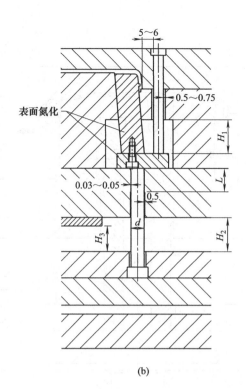

(b)

1. 在斜顶可向塑件外侧加大的情况下，向外加大 B_1，这样不但可以增加强度，还可以使斜顶合模后能准确复位，$B_1 = 5 \sim 8\text{mm}$

2. 加限位块，$H_3 = H_1 - 0.5$

3. $L \approx 2d$

1. 在斜顶的另一侧加推杆，合模时将斜顶推回复位

2. 加限位块，$H_3 = H_1 - 0.5$

3. 斜顶及下面垫块表面应作氮化处理，以增强耐磨性

4. $L \approx 2d$

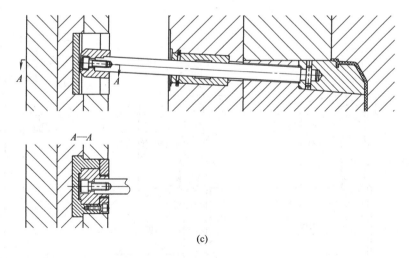

(c)

这种形式的斜顶制作简单，适用于
斜顶较长、较大的场合

图 6-80　分体式斜顶

塑件推出行程必须小于斜顶高度，使斜顶在塑件推出过程中不会脱离 T 形槽。

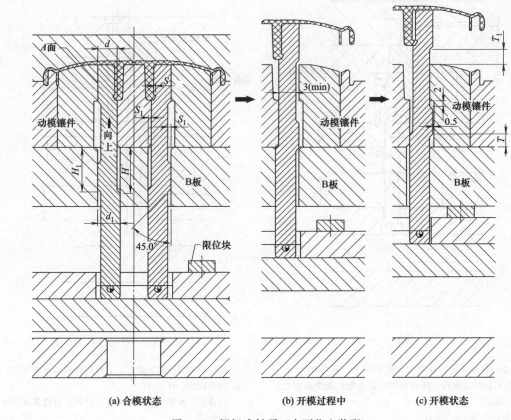

(a) 合模状态　　　　　**(b) 开模过程中**　　　　　**(c) 开模状态**

图 6-81　摆杆式斜顶（由下往上装配）

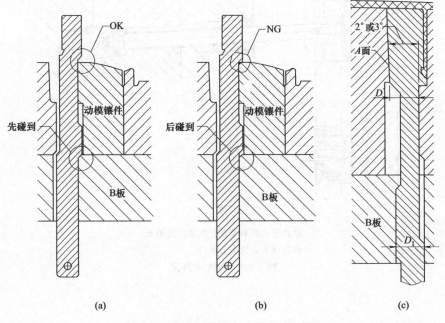

(a)　　　　　　　　**(b)**　　　　　　　**(c)**

图 6-82　摆杆式斜顶（由上往下装配）

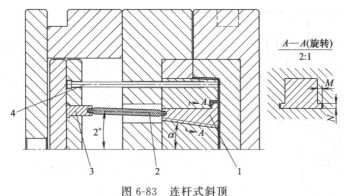

图 6-83　连杆式斜顶

1—带 T 形槽斜顶；2—连杆；3—连杆底座；4—推杆

（4）T 形槽式斜顶

适用场合同连杆式斜顶，结构见图 6-84。设计时要注意以下几点。

① 在推出过程中，推杆 3 的 T 形头不能脱离斜顶的 T 形槽。塑件推出行程 L、斜顶侧向抽芯距离 S_1、斜顶倾斜角度 α 和塑件倒扣深度 S 之间的关系如下：

$$S_1 = S + (2\sim3\text{mm})$$

$$S_1 \geqslant L\tan\alpha$$

② 推杆 3 头部必须有防转结构。

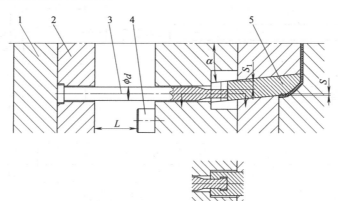

图 6-84　T 形槽式斜顶

1—推杆底板；2—推杆固定板；3—推杆；4—推杆板限位柱；5—带 T 形槽斜顶

（5）弹片式斜顶

图 6-85 是应用弹片式斜顶实例，图中 $\alpha \geqslant 2°$，图 6-86 是弹片式斜顶的规格型号。

（6）定模斜顶

定模斜顶是脱定模侧倒扣常用的机构，其原理和行程计算方法与动模斜顶一样。常见的结构有两种，第一种见图 6-87，该结构只适用于倒扣旁边有碰穿孔，可以用动模镶件推动斜顶复位。在动、定模开模时，斜顶在弹簧的作用下滑出。图 6-87 中，碰穿处接触面 S 在 100mm² 以上，斜顶斜度 α 不要超过 25°。

定模斜顶的第二种形式见图 6-88。这种结构适用于倒扣旁边没有碰穿孔，斜顶必须靠复位杆来复位。此种设计与后模斜顶相同，只是动力来源于弹簧和塑件对斜顶的包紧力，也同样需要加导柱、导套。斜顶最大斜度 α 不要超过 15°，斜顶表面氮化 0.06mm。根据需要也可以设计成两节式斜顶，复位杆与导柱的直径不小能于 $\phi15$mm。

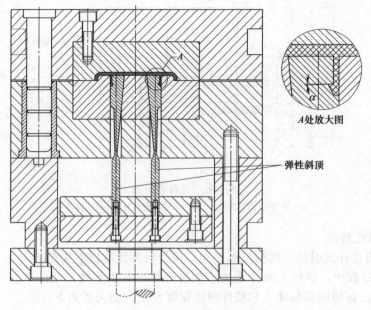

图 6-85　弹片式斜顶实例

弹性斜顶

*A*处放大图

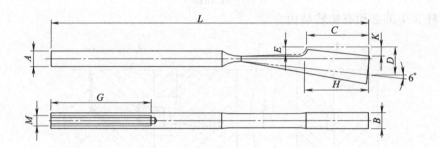

mm

名　称	A	B	C	D	E	G	H	K	L	M
PP.060622	6	6.2	22	9	3.5	40	25	3.5	125	M4
PP.060822	6	8.2	22	9	3.5	40	25	3.5	125	M4
PP.080825	8	8.2	25	11.5	4.5	50	30	4.5	140	M5
PP.081025	8	10.2	25	11.5	4.5	50	30	4.5	140	M5
PP.081225	8	12.2	25	11.5	4.5	50	30	4.5	140	M5
PP.101430	10	14.2	30	15	5.5	60	38	5.5	175	M6
PP.101630	10	16.2	30	15	5.5	60	38	5.5	175	M6
PP.101830	10	18.2	30	15	5.5	60	38	5.5	175	M6

图 6-86　弹片式斜顶的规格型号

6.6.3　斜顶的导向

斜顶常用的导向形式有导向槽导向和导向块导向。

(1) 导向槽导向

导向槽是由内模镶件的导向孔来导向，根据导向孔的截面形状不同分为长方形导向、"L"形导向、"H"形导向和燕尾槽导向，见图 6-89。长方形和"L"形导向槽一般适用于小斜顶，斜顶宽度 B 在 12mm 以内，D 取 3～5mm。为了增加强度，所有导向转角处倒圆角，取 $R0.5$～2mm。

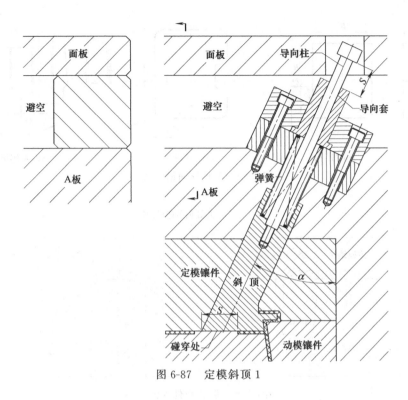

图 6-87　定模斜顶 1

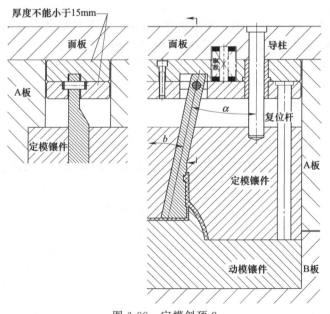

图 6-88　定模斜顶 2

　　"H"形和燕尾槽形导向槽一般适用于大型斜顶，D_4 取 $3\sim5\text{mm}$，D_3 取 $8\sim15\text{mm}$，D_5 取 $1.5\sim3\text{mm}$，α 取 $90°\sim120°$。Z 处是斜顶顶出时最先受力处，如果受力处胶位是平面，则不需做圆角。当产品为如图 6-90 所示的情况时，Z 处则需倒圆角，以避免顶出时造成塑件顶白。圆角的大小在设计时视情况而定。

　　导向槽导向的设计注意事项：当斜顶是镶拼形式时，导向槽不能脱出斜顶导向孔，如图

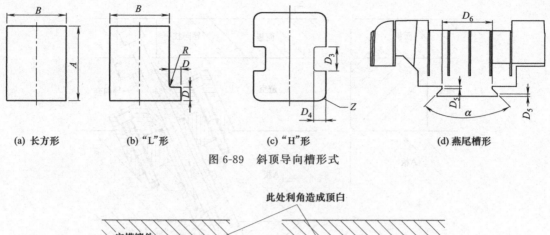

| (a) 长方形 | (b) "L"形 | (c) "H"形 | (d) 燕尾槽形 |

图 6-89 斜顶导向槽形式

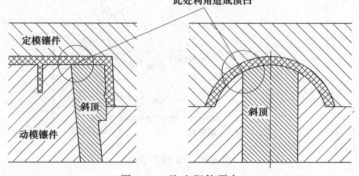

图 6-90 防止塑件顶白

6-91(a) 所示，S_1 在 50mm 以上时，S 要大于 5mm，达不到要求时需加长斜顶底部。斜顶有平台定位时，B 板可以全部做避空，如图 6-91(b) 所示。当 Z_1 尺寸不够时，为了减少 Z 尺寸，斜顶就不能做平台来定位，斜顶底部在 B 板处必须做管位。对于有些小斜顶，在没有做导向槽的情况下，需做导向块来导向，如图 6-91(c) 所示。斜顶底部与斜方座接触处不能留间隙。

(2) 导向块设计

斜顶导向块及其尺寸见图 6-92 及表 6-14。当斜顶截面形状是正方形时，建议采用图 6-92(a) 的结构；当斜顶截面形状是长方形时，建议采用图 6-92(b) 的结构。

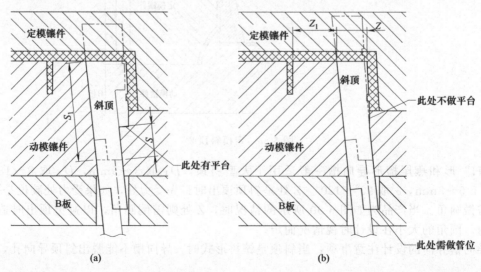

| (a) | (b) |

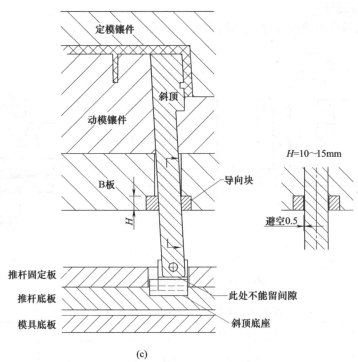

图 6-91　导向槽导向的设计注意事项

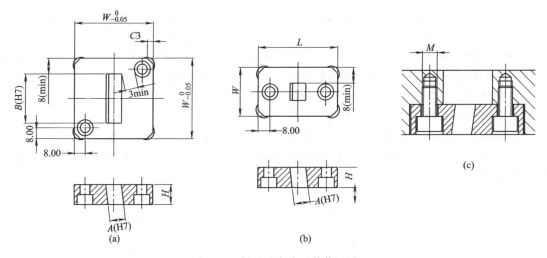

图 6-92　斜顶导向块及其装配图

表 6-14　斜顶导向块推荐尺寸及其材料　　　　　　　mm

W	L	H	M	W	L	H	M
20	44	12	M5	32	40	12	M6
24	44	12			50	15	
	54	15		34	40	15	
28	54	15			60	15	
38	50	15	M6		84	25	

注：1. 当斜顶大于 25×25 时可不用斜顶导向块。

2. 斜顶导向块材料：铍铜。

6.6.4 斜顶底座设计

图 6-93 中的斜顶滑块座是常见的结构之一，尺寸见表 6-15。

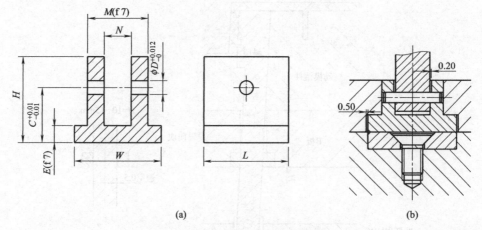

(a) (b)

图 6-93　斜顶滑块座及其装配图

表 6-15　斜顶滑块座相关尺寸及其材料　　　　　　　　　　　　　mm

W	M	N	C	D	E	L	H	材　　料
26	18	8.4	13	$\phi 4^{+0.02}_{+0.04}$	5.0	25	20	
			16				25	FD-2
30	20	10.4	13	$\phi 5^{+0.02}_{+0.04}$	8.0	25	20	SK3(42～46HRC) S50C PDS-3(表面氮化)
			16				25	
		12.4	13				20	
			16				25	

滑块底座还有如图 6-94 所示的四种形式，选用时注意以下几点。

① 如果斜顶斜度＞8°，宜选用图 6-94(a) 或（c）所示底座。

② 斜顶过小且斜度大时，则用图 6-94(c) 所示底座。

③ 斜顶做挂台时，L 取 2～3mm，采用图 6-94(d) 时，L_1 取 10～15mm。

④ 图 6-94(a)、(b) 和（c）所示斜顶在动模 B 板底部必须有导向块对斜顶进行保护，导向块用铍铜。

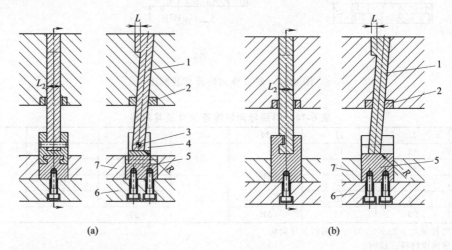

(a) (b)

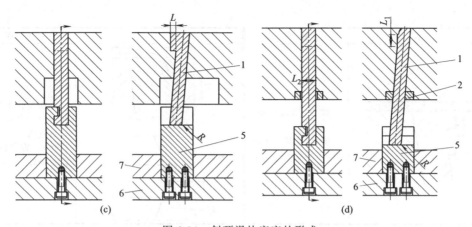

图 6-94　斜顶滑块底座的形式

1—斜顶；2—斜顶导向块；3—圆销；4—斜顶滑槽；5—斜顶底座；6—推杆底板；7—推杆固定板

6.6.5　塑件常见倒扣结构与斜顶侧抽芯

（1）塑件采用斜顶抽芯的常见结构及其拆模方法比较（见表 6-16）

表 6-16　塑件采用斜顶抽芯的常见结构及其拆模方法比较

简　图	说　明	简　图	说　明
	优点：结构简单，加工方便，塑件不容易变形 缺点：碰穿处容易产生飞边		缺点：侧向抽芯时塑件容易变形，有夹线和飞边
	优点：加工方便，飞边少 缺点：塑件容易变形、断裂，尽量不用		优点：结构简单，加工方便，飞边少 缺点：当加强筋很高时，容易发生塑性变形，甚至断裂
	适用于加强筋的高度 a 比较大的场合 优点：结构简单，加工方便，不容易变形 缺点：夹线处容易起级		适用于 a 值比较小的场合 优点：结构简单，加工方便
	适用于 a 值比较大时 优点：结构简单，加工方便 缺点：夹线处容易起级 注意：$b=3\sim5mm$		优点：结构简单，加工方便，无夹线 $H=5\sim8mm$

续表

简　图	说　明	简　图	说　明
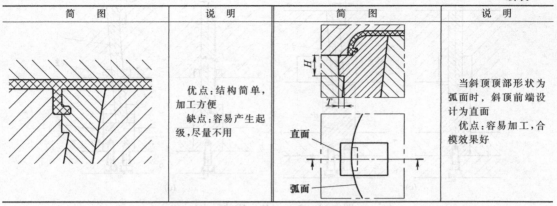	优点:结构简单,加工方便 缺点:容易产生起级,尽量不用		当斜顶顶部形状为弧面时,斜顶前端设计为直面 优点:容易加工,合模效果好

（2）塑件典型倒扣结构及其斜顶抽芯结构（见图 6-95）

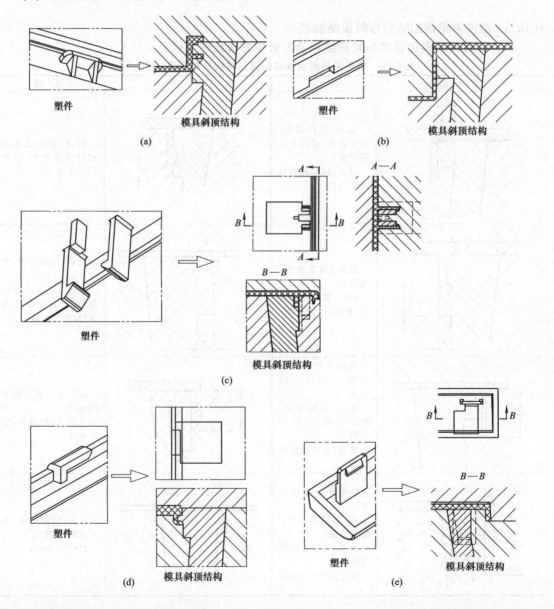

（a）

（b）

（c）

（d）

（e）

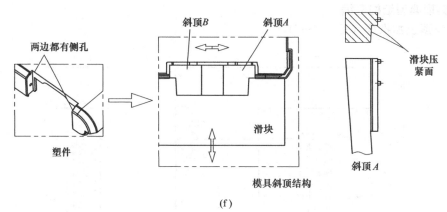

模具斜顶结构

(f)

图 6-95　塑件典型倒扣结构及其斜顶抽芯结构

(3) 斜顶无法抽芯的几种情况

斜顶的运动可以分解为两个运动，一个是与开模方向一致的运动，一个是垂直于开模方向的侧向运动，这个运动完成侧向抽芯，也是斜顶相对于塑件的运动，因此塑件在这个运动方向上以及在这个侧向行程内就不能有阻碍斜顶运动的结构。图 6-96 所示的几种情况就会造成斜顶的运动障碍，设计时必须注意。

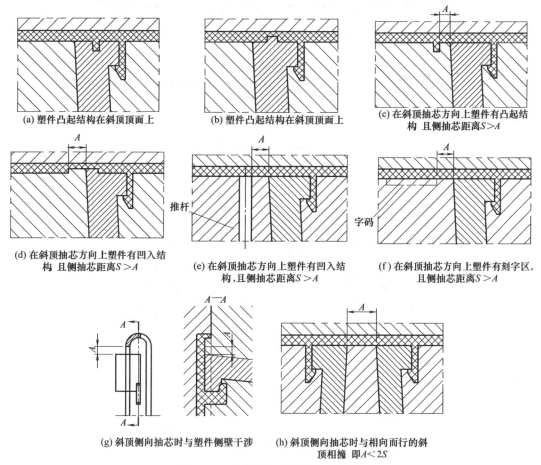

(a) 塑件凸起结构在斜顶顶面上

(b) 塑件凸起结构在斜顶顶面上

(c) 在斜顶抽芯方向上塑件有凸起结构 且侧抽芯距离 $S > A$

(d) 在斜顶抽芯方向上塑件有凹入结构 且侧抽芯距离 $S > A$

(e) 在斜顶抽芯方向上塑件有凹入结构，且侧抽芯距离 $S > A$

(f) 在斜顶抽芯方向上塑件有刻字区，且侧抽芯距离 $S > A$

(g) 斜顶侧向抽芯时与塑件侧壁干涉

(h) 斜顶侧向抽芯时与相向而行的斜顶相撞 即 $A < 2S$

图 6-96　斜顶无法抽芯的几种情况

6.6.6 斜顶典型结构汇编

(1) 斜顶上加推杆（见图 6-97）

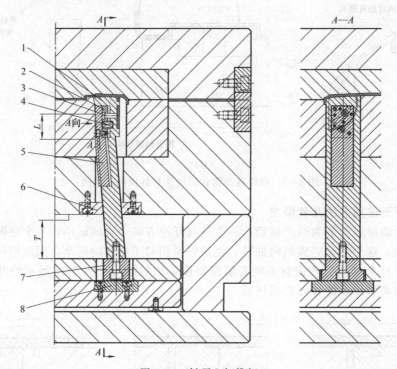

图 6-97 斜顶上加推杆

1—斜顶；2—推杆固定板；3—推杆；4—弹簧；5—推杆底板；6—斜顶导向块；7—滑块；8—耐磨块

(2) 滑块上走斜顶（见图 6-98）

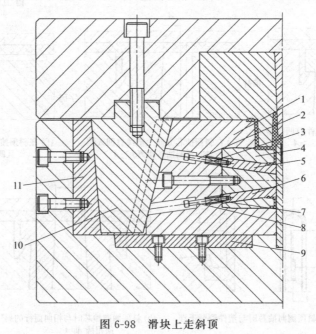

图 6-98 滑块上走斜顶

1—滑块；2—限位杆；3,7—弹簧；4—侧抽芯；5,6—斜顶；8—限位钉；
9,11—耐磨块；10—楔紧块

(3) 斜滑块上走斜顶（见图 6-99）

图 6-99 中：$a = 5° \sim 15°$，b 等于塑件局部向下倾斜的角度，$c = 15° \sim 25°$，$d = c + (2° \sim 3°)$。

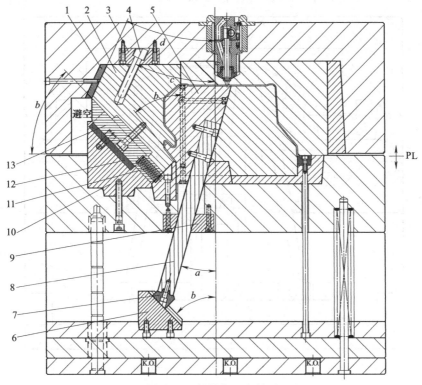

图 6-99　斜滑块上走斜顶

1,12—耐磨块；2,7—滑块；3—斜导柱固定块；4—斜导柱；5—斜顶；6—斜滑块；8—斜推块；
9—导向块；10—滑块导向底座；11—弹簧；13—T 形块

(4) 定模斜顶（见图 6-100）

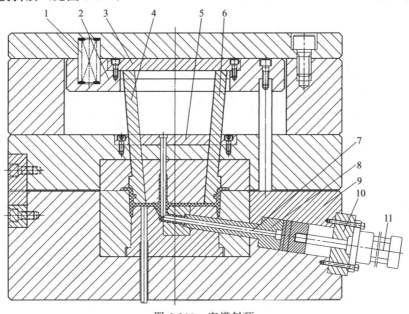

图 6-100　定模斜顶

1—弹簧；2—斜顶导向板；3—斜顶底板；4,6—斜顶；5—斜顶导向块；7,8—斜抽芯；9—斜抽芯压块；10—油缸固定块；11—油缸

(5) 交互式斜顶（见图 6-101）

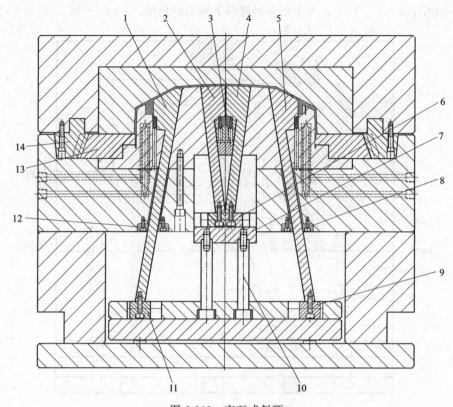

图 6-101　交互式斜顶

1,2,4,5—斜顶；3—型芯压板；6—斜顶滑块；7—滑块底座；8,12—导向块；
9,11—滑块；10—推杆；13—侧抽芯滑块；14—楔紧块

(6) 斜顶油缸联合抽芯（见图 6-102）

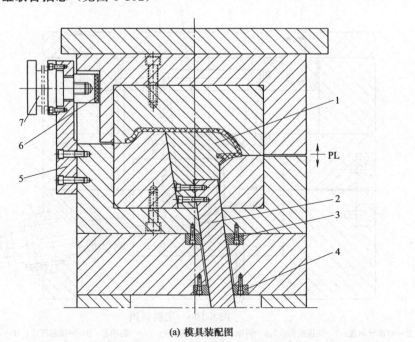

(a) 模具装配图

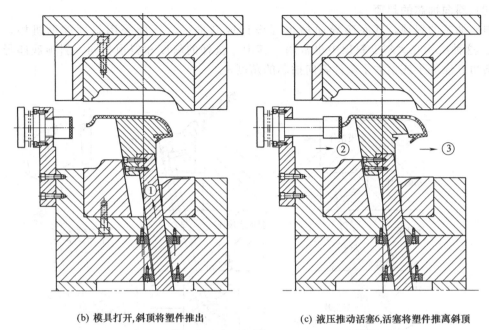

(b) 模具打开,斜顶将塑件推出　　　　　(c) 液压推动活塞6,活塞将塑件推离斜顶

图 6-102　斜顶油缸联合抽芯

1—斜顶；2—斜顶推块；3,4—导向块；5—油缸固定座；6—活塞；7—油缸

(7) 斜顶上走滑块

斜顶上的倒扣太深时，为了减小斜顶斜度或减少斜顶顶出行程，将此深倒扣做成用滑块来脱模，见图 6-103。设计时要注意以下几点。

① 在斜顶上做滑块要保证斜顶的强度。滑块需要做 T 形槽导向，底部加限位块。

② $S+3=$ 滑块行程 S_1+ 斜顶行程。

③ $H>10\text{mm}$，角度 α 取决于 S_1，$S_1=S_2$。

④ 斜顶和滑块表面都要氮化 0.06mm。

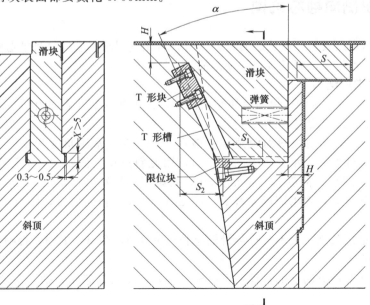

图 6-103　斜顶上走滑块

(8) 斜向抽芯的斜顶

斜向抽芯的斜顶，其底座导向槽也要设计成斜向的，还要采用斜顶辅助机构，见图 6-104。这种机构在大斜度斜顶中也常用。其中，扶杆的斜度和斜顶相同，斜顶底座导向槽的倾斜角 β 应等于或稍大于塑件斜向抽芯的角度 α。

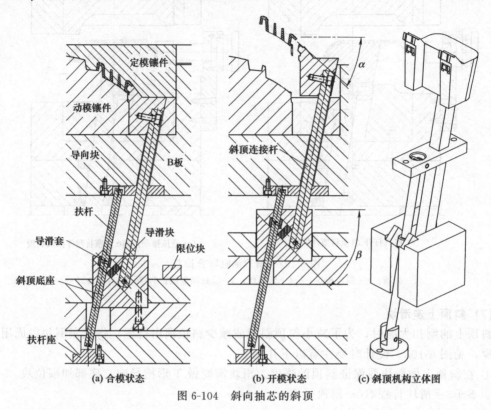

图 6-104 斜向抽芯的斜顶

6.7 斜滑块侧向抽芯机构

当塑件抽芯距离较短，但抽芯面积较大时，常用斜滑块抽芯。这种抽芯结构简单，在定模侧向抽芯时用得较多，而且多用于外侧抽芯。

6.7.1 斜滑块常规结构

图 6-105 是一种常规的定模斜滑块结构简图，由于塑件的外表面由两个斜滑块各成型一半，所以这种模具又叫哈夫（Half）模。

① 图 6-105 中，斜滑块斜面倾角 α 一般在 15°～25°，常用角度为 15°、18°、20°、22°、25°。因斜滑块刚性好，能承受较大的脱模力，因此斜滑块的倾斜角在上述范围内可尽量取大些（与斜导柱相反），但最大不能大于 30°，否则复位易发生故障。

② 斜滑块弹簧 3 一般用矩形弹簧 $\phi 5/8 \sim 3/4\text{in}$，弹簧斜向放置，倾斜角和斜滑块相等，即 $\beta = \alpha$。

③ 斜滑块推出长度一般不超过导滑槽总长度的 1/3，即 $W \leqslant L/3$，否则会影响斜滑块的导滑及复位的安全。

④ 斜滑块在开模方向上的行程：$W = S_1/\tan\alpha$，S_1 为抽芯距，抽芯距离比倒扣大 1mm 以上。

⑤ 注意不能让塑件在脱模时留在其中的一个滑块上。

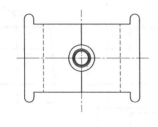

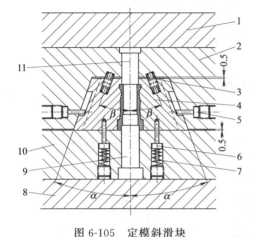

图 6-105　定模斜滑块

1—面板；2—A 板；3,7—弹簧；4—斜滑块；5—限位销；

6—延时销；8—B 板；9—动模型芯；

10—推板；11—定模型芯

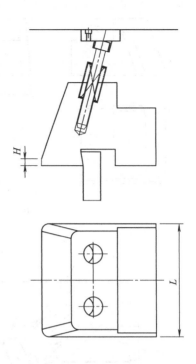

图 6-106　斜滑块加斜导柱导向

⑥ 如果塑件对定模包紧力较大，开模时塑件有可能留在定模型芯上，可以设置斜滑块延时销 6。

⑦ 由于弹簧没有冲击力，当斜滑块宽度尺寸≥60mm 时，模具打开时斜滑块往往不能弹出进行侧向抽芯，这时必须设计拉钩机构，见图 6-106。在开模初时由拉钩拨动斜滑块，之后再由弹簧推出。

⑧ 斜滑块宽度 L≥90mm 时，要通冷却水冷却（特殊情况除外）。

⑨ 当斜滑块宽度 L≥100mm 时，要设计两支斜导柱，见图 6-106，斜导柱规格可参照滑块斜导柱。

⑩ 斜滑块顶部非封胶面必须做直身 H，且直身 H≥3mm，见图 6-106。

⑪ 斜滑块宽度 L＜100mm 时，则用图 6-107(a) 中的导滑槽。L≥100mm 时，则用图 6-107(b) 中的导滑槽。当滑块宽度 L≥180mm 时，必须做两条图 6-107(b) 中的导滑槽。

⑫ 斜滑块的滑行方向必须有一段直边定位，见图 6-107。当 L≥100mm 时，L_1≥15mm；当L_1＜100mm 时，L_1≥20mm。

6.7.2　斜滑块抽芯实例汇编

(1) 拉钩式斜滑块（见图 6-108）

模具打开时，在拉钩与弹簧的作用下，滑块沿 T 形导向块 10 运动。当斜滑块侧向运动行程 W_3 后，两拉钩分开，滑块在弹簧的作用下继续向下运动，直到碰到限位块 11 停止，斜滑块完成侧向抽芯。图 6-108 中：W_1＞W_3＞S，H_1＞H_2＞W_1，$α=β$。

(2) 推杆限位销斜滑块（见图 6-109）

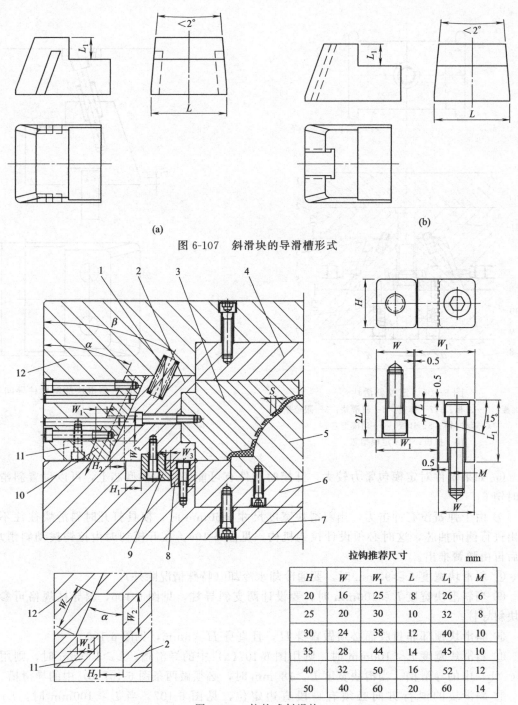

(a)

(b)

图 6-107　斜滑块的导滑槽形式

H	W	W_1	L	L_1	M
20	16	25	8	26	6
25	20	30	10	32	8
30	24	38	12	40	10
35	28	44	14	45	10
40	32	50	16	52	12
50	40	60	20	60	14

拉钩推荐尺寸　　　　　mm

图 6-108　拉钩式斜滑块

1—弹簧；2—斜滑块；3—弹侧抽芯；4—定模镶件；5—动模型芯；6—动模镶件；7—B 板；8—下拉钩；
9—上拉钩；10—导向块；11—限位块；12—A 板

图 6-109 中：

$$S_1 = S + (2 \sim 3\text{mm})$$

$$S_2 > S_1$$

$$L = S_1 / \tan\alpha$$

(3) 哈夫式斜滑块（见图 6-110）

这种结构由两块相同的斜滑块组成，开模时两个斜滑块同时实现侧向分型与抽芯。哈夫模的侧向行程一般较小。

图 6-110 中：

$$S_1 = S + (2 \sim 3\text{mm})$$

$$S_2 < S_1$$

$$S_2 < S_3$$

(4) 燕尾槽式斜滑块（见图 6-111）

图 6-111 中：

$$S_1 = S + (2 \sim 3\text{mm})$$

$$H = S_1 \tan\alpha$$

(5) 斜导柱式斜滑块（见图 6-112）

(6) 圆柱销式斜滑块（见图 6-113）

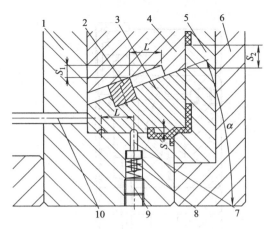

图 6-109　推杆限位销斜滑块

1—B 板；2—镶块；3—斜滑块；4—动模镶件；5—定模镶件；6—A 板；7—浮动式限位销；8—弹簧；9—无头螺钉；10—推杆

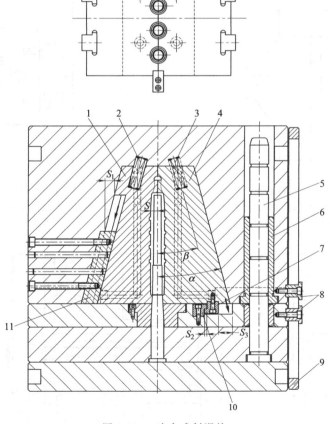

图 6-110　哈夫式斜滑块

1,4—哈夫斜滑块；2,3—弹簧；5—导柱；6—导套；7—上拉钩；8—开模限位柱；9—拉环；10—下拉钩；11—导向块

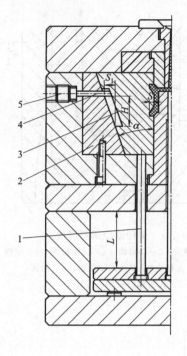

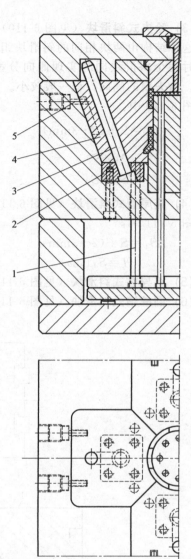

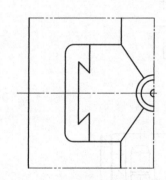

图 6-111　燕尾槽式斜滑块
1—推杆；2—燕尾形导向块；3—燕尾槽
斜滑块；4—限位销；5—无头螺钉

图 6-112　斜导柱式斜滑块
1—推杆；2—斜导柱固定块；3—斜导柱；
4—斜滑块；5—限位销

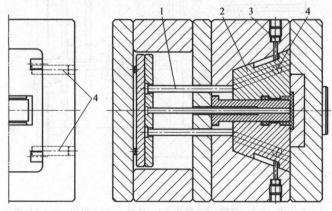

图 6-113　圆柱销式斜滑块
1—推杆；2—斜滑块；3—限位销；4—导向柱

(7)"弹簧＋限位钉"斜滑块（见图 6-114）

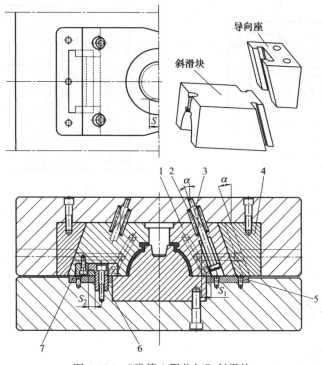

图 6-114　"弹簧＋限位钉"斜滑块

1—斜滑块；2—弹簧；3—限位钉；4—斜滑块导向座；5—耐磨块；6—下拉钩；7—上拉钩

6.8　"弹簧＋滑块"侧向抽芯机构

在侧向抽芯机构中，多数情况下都用到弹簧，其作用主要是提供滑块定位和滑块抽芯的辅助动力，一般情况下不能单独使用，原因是弹簧容易失效，也没有冲击力。"弹簧＋滑块"的侧向抽芯机构是指滑块抽芯的动力完全靠弹簧，它只用于抽芯力很小、抽芯距离很短的场合，而且弹簧必须定期更换。图 6-115～图 6-118 是几个用弹簧作为动力的滑块抽芯实例。

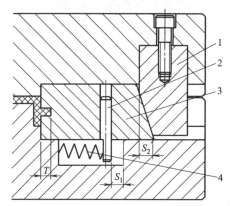

图 6-115　"弹簧＋滑块"抽芯实例 1

$$S_1 = T + (2 \sim 3\text{mm})$$

$$S_2 > S_1$$

1—楔紧块；2—挡销；3—滑块；4—弹簧

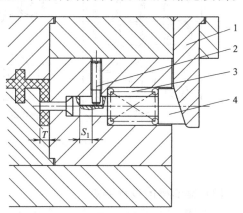

图 6-116　"弹簧＋滑块"抽芯实例 2

$$S_1 = T + (2 \sim 3\text{mm})$$

1—楔紧块；2—挡销；3—弹簧；4—侧向抽芯

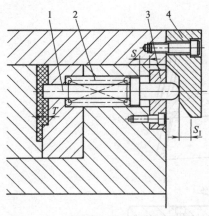

图 6-117 "弹簧＋滑块"抽芯实例 3

$$S＝T＋(1～2mm)$$
$$S_1＞S$$

1—侧向抽芯；2—弹簧；3—挡块；4—楔紧块

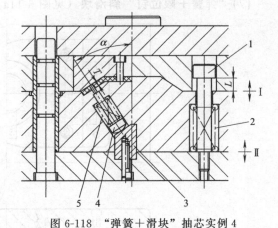

图 6-118 "弹簧＋滑块"抽芯实例 4

$$S＝T＋(1～2mm)$$
$$L＝S\tan\alpha$$

1—限位钉；2,5—弹簧；3—楔紧块；4—斜抽芯

6.9 储油槽的设计

(1) 储油槽的用途

① 可以储存润滑油，减小摩擦面的阻力和磨损。

② 可以容纳粉尘、垃圾等，避免摩擦面损伤或卡死。

(2) 储油槽的形式

储油槽的常见形式有圆形和直线形两种，见图 6-119。

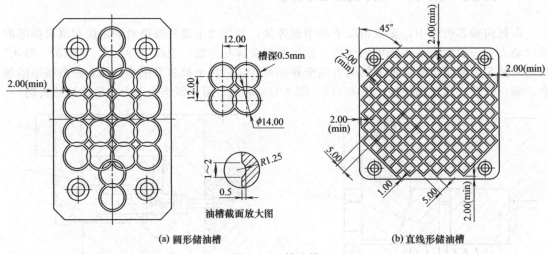

(a) 圆形储油槽   (b) 直线形储油槽

图 6-119 储油槽

(3) 储油槽的设计要点

① 油槽深 0.5mm，宽 1.0～2.0mm，直线形储油槽间距 5～15mm。

② 油槽不能与摩擦面的四边磨通，否则润滑油会漏出，或产生尖角、锐刺。

③ 直线形油槽转角必须圆弧过渡，过渡圆角最小为 0.5mm。

④ 油槽不宜太密，否则摩擦面接触面积少，会加快摩擦面的磨损。

⑤ 斜顶上的油槽在推出过程中，不能露出型腔，否则油污进入型腔会污及塑件表面，见图 6-120，图中 $A = B + (3 \sim 5mm)$。

⑥ 相互摩擦的面只要其中一个面加工油槽就可以。

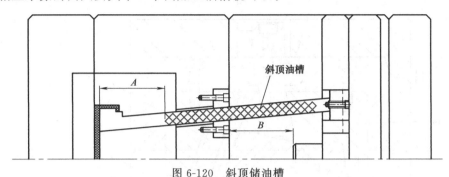

图 6-120 斜顶储油槽

6.10 侧向抽芯机构复杂结构实例

6.10.1 斜顶、滑块及液压圆弧抽芯

如图 6-121 所示，模具打开后，油缸 11 首先将楔紧块 13 向下拉出，接着油缸 15 推动圆弧侧抽芯 3 完成圆弧抽芯，之后油缸 18 拉动滑块 20 和油缸及圆弧侧抽芯一起向外侧向抽芯，最后注塑机顶棍推动斜顶完成向内侧向抽芯。

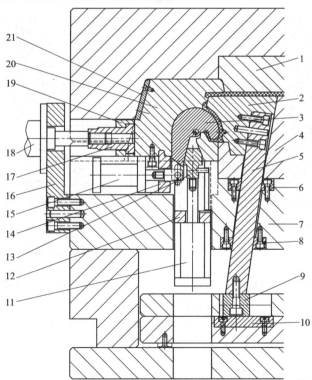

图 6-121 斜顶、滑块及液压圆弧抽芯
1—定模镶件；2—斜顶；3—圆弧侧抽芯；4—动模镶件；5—斜推杆；6—上导向块；7—B 板；
8—下导向块；9,20—滑块；10,21—耐磨块；11,15,18—油缸；
12,14,16—油缸固定座；13—楔紧块；17—油缸连接柱；19—压块

6.10.2 滑块、 液压斜抽芯及斜滑块三向抽芯

详细结构及侧向抽芯过程见图6-122。

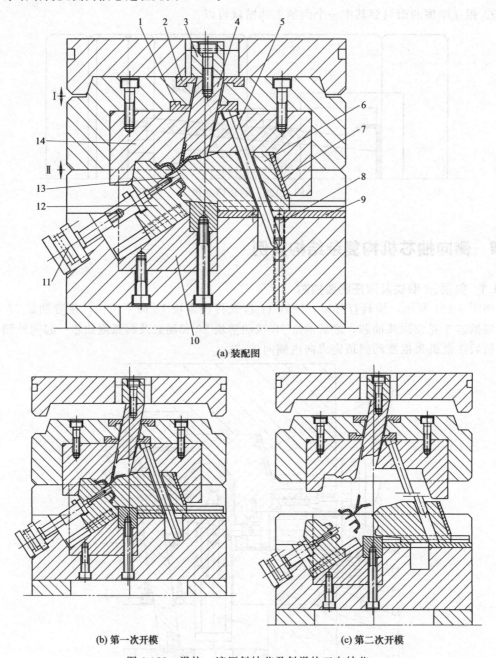

(a) 装配图

(b) 第一次开模   (c) 第二次开模

图 6-122 滑块、液压斜抽芯及斜滑块三向抽芯

1,2—导向块；3—滑块；4—斜抽芯；5—斜导柱；6—滑块侧抽芯；7,9—耐磨块；8—定位珠；10—斜向滑块底座；
11—油缸；12,13—斜向侧抽芯；14—定模镶件

6.10.3 斜顶、 液压斜滑块抽芯

如图6-123所示，开模之前，油缸通过液压带动斜滑块3，斜滑块3再带动定模侧抽芯2完成定模侧向抽芯，之后模具打开，注塑机顶棍推动推杆固定板及斜顶完成塑件内侧抽芯。

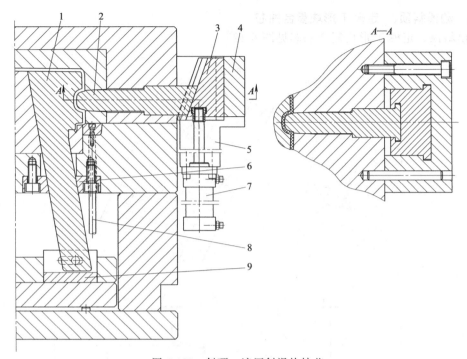

图 6-123　斜顶、液压斜滑块抽芯
1—斜顶；2—侧抽芯；3—斜滑块；4—导向块；5—油缸底座；6—斜顶导向块；7—油缸；8—推杆；9—耐磨块

6.10.4　双向滑块联合抽芯

结构及抽芯过程见图 6-124。

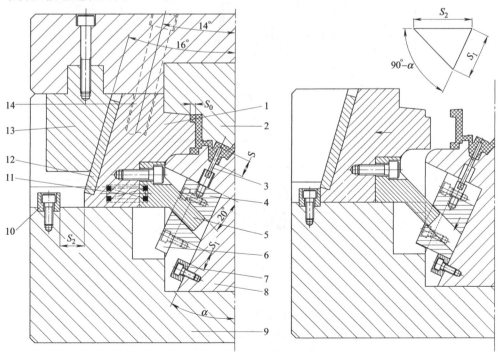

图 6-124　双向滑块联合抽芯
1—滑块；2—定模镶件；3—斜向抽芯；4—斜向滑块；5—弯销；6—压块；7,10—挡销；8—动模镶件；
9—B 板；11—弹簧；12—耐磨块；13—楔紧块；14—斜导柱

6.10.5 动模斜顶、定模 T 形块复合抽芯

动模斜顶、定模 T 形块复合抽芯见图 6-125。

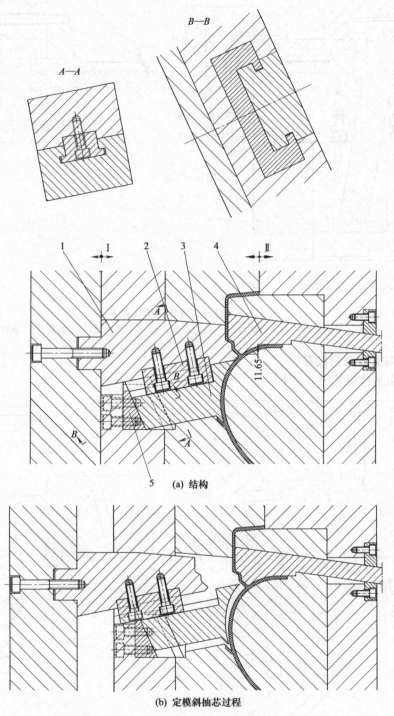

(a) 结构

(b) 定模斜抽芯过程

图 6-125 动模斜顶、定模 T 形块复合抽芯

1—楔紧块；2—T 形块；3—斜向抽芯；4—斜顶；5—斜 T 形槽导向块

第 **7** 章
注塑模具浇注系统设计

注塑模具的浇注系统是指从注塑机喷嘴开始到型腔入口为止的熔体流动通道，它可分为普通流道浇注系统和热流道浇注系统两大类型。

普通流道浇注系统的设计包括主流道的选择，分流道流向、截面形状及尺寸的确定，浇口位置的选择，浇口形式及浇口截面尺寸的确定。

热流道的设计主要包括热射嘴的设计、热流道板的设计等。

7.1 浇注系统设计的原则和要点

7.1.1 浇注系统设计原则

（1）质量第一原则

浇注系统的设计对塑件质量的影响极大，首先浇口应设置在塑件上最易清除的部位，同时尽可能不影响塑件的外观。其次浇口位置和形式会直接影响塑件的成型质量，不合理的浇注系统会导致塑件产生熔接痕、填充不良、流痕等缺陷，甚至导致一副模具的失败。

（2）进料平衡原则

在单型腔注塑模具中，浇口位置距型腔各个部位的距离应尽量相等，使熔体同时充满型腔的各个角落；在多型腔注塑模具中，到各型腔的分流道应尽量相等，使熔体能够同时填满各型腔。另外，相同的塑件宜从相同的位置进料，以保证其互换性。

（3）体积最小原则

型腔的排列尽可能紧凑，浇注系统的流程应尽可能短，流道截面形状和尺寸大小要合理，浇注系统体积越小越好，具体来讲有以下好处。

① 熔体在浇注系统中热量和压力的损失越少；
② 模具的排气负担越轻；
③ 模具吸收浇注系统的热量越少，模具温度控制越容易；
④ 熔体在浇注系统内流动的时间越短，注射周期也越短；
⑤ 浇注系统凝料越少，浪费的塑料越少；
⑥ 模具的外形尺寸越小。

（4）周期最短原则

一模一腔时，应尽量保证熔体在差不多相同的时间内充满型腔的各个角落；一模多腔时，应保证各型腔在差不多相同的时间内填满。这样既可以保证塑件的成型质量，又可以使注塑周期最短。设计浇注系统时还必须设法减小熔体的阻力，提高熔体的填充速度，分流道要减少弯曲，需要拐弯时尽量采用圆弧过渡。但为了减小熔体阻力而将流道表面抛光至粗糙度很低的做法往往是不可取的，原因是适当的粗糙度可以将熔体前端的冷料留在流道壁上（流道壁相当于无数个微型冷料穴）。一般情况下，流道表面粗糙度 Ra 可取 $0.8\sim1.6\mu m$。

7.1.2 浇注系统设计要点

设计浇注系统时，应首先考虑使得塑料熔体迅速填充型腔，减少压力与热量损失；其次应从经济上考虑，尽量减少由于流道产生的废料比例；最后应容易修除塑件上的浇口痕迹。

浇注系统设计要点具体如下。

① 浇口的位置应保证塑料流入型腔时，对着型腔中宽畅部位，即熔体应从型腔的厚壁部位流入薄壁部位。如果熔体从薄壁部位流入厚壁部位，速度会很快下降，温度也会急速下降，不利于填充。

② 为避免塑料在流入型腔时直冲型腔壁、型芯或嵌件，应保证塑料熔体能尽快流到型

腔各部位，并避免型芯或嵌件变形。

③ 尽量避免使塑件产生熔接痕，或使其熔接痕产生在产品不重要的部位。

④ 浇口位置及其塑料流入方向，应使塑料在流入型腔时，能沿着型腔平行方向均匀地流入，并有利于型腔内气体的排出。

⑤ 如果生产时采用全自动操作，则必须保证浇注系统凝料能够和塑件一起顺利地自动脱模。

⑥ 浇注系统内应有良好的排气结构和充足的冷料穴，尽量少地将浇注系统内的空气和冷料带入型腔，影响塑件质量。

⑦ 一模多腔时，应防止将大小相差悬殊的塑件放在同一副模具内。如果大小塑件体积相差 4 倍以上，则很难做到进料平衡。

⑧ 塑件投影面积较大时，在设计浇注系统时，应避免在模具的单面开设浇口，否则会造成注塑时受力不均。

⑨ 浇注系统的设计应考虑缩短生产周期，提高劳动生产率。

7.2　主流道设计

从减少压力与热量损失的角度来看，圆台形是最优越的主流道形状。主流道的基本尺寸通常取决于以下两个方面。

① 所使用的塑料种类、所成型的塑件质量和壁厚大小。一般来说，流动性差的塑料，主流道尺寸应选得适当大一些，流动性好的塑料，主流道尺寸应选得适当小一些。

② 注塑机喷嘴的几何参数与主流道尺寸关系。为防止喷嘴与浇口套接触有间隙而产生溢料，浇口套球面半径应比喷嘴球半径大 2～5mm，主流道小端尺寸应比喷嘴孔尺寸稍大，可使喷嘴与衬套对位容易。主流道应有光滑的表面，末端应设置冷料穴，防止冷料流入型腔影响塑件的质量。

在注塑模具中，主流道都在浇口套内，浇口套可分为两类：二板模浇口套和三板模浇口套。

主流道按模具结构不同可分为：二板模主流道和三板模主流道。

7.2.1　主流道设计

7.2.1.1　二板模主流道

二板模主流道又可分为垂直式主流道和倾斜式主流道。

(1) 垂直式主流道

二板模垂直式主流道见图 7-1。

① ϕd 为主流道的最小直径，即主流道与注塑机料筒喷嘴接触处的直径。

d＝注塑机喷嘴孔径＋(0.50～1.00mm)，d 最小值为 3.50mm。

② L 为主流道的长度。根据模具的具体结构，在设计时确定。L 越短越好，设计时尽量使 $L \leqslant 75$mm。如果 L 太长，可以将浇口套埋入定模 A 板内，如图 7-2(a) 所示，但浇口套不宜直接抵住定模镶件，否则定模镶件在注塑机料筒的推动下容易松动，如图 7-2(b) 所示。

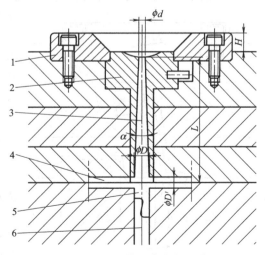

图 7-1　二板模垂直式主流道

1—定位圈；2—浇口套；3—主流道；4—分流道；

5—冷料穴；6—拉料杆

③ α 为主流道的锥度。α 一般在 $2°\sim4°$。对黏度大的塑料，α 可取 $3°\sim6°$。由于受标准锥度铰刀的限制，应尽量选用标准锥度值，或选用标准浇口套。

④ 尺寸 D 比 D' 大 $10\%\sim20\%$。

⑤ 定位圈必须高出面板 $H=10mm$，采用图 7-2(a) 的装配方式时，$50mm\leqslant\phi D_3\leqslant80mm$。

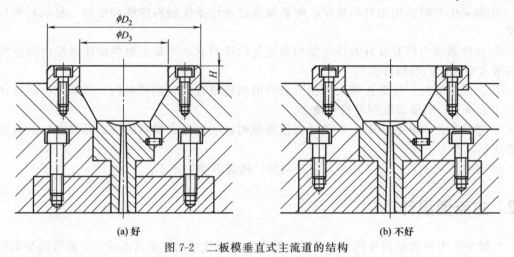

(a) 好   (b) 不好

图 7-2 二板模垂直式主流道的结构

(2) 倾斜式主流道

在模具设计实践中，由于受塑件和模具结构的影响，或者由于浇注系统及型腔数的限制，主流道的位置常常要偏离模具中心，有时偏距还很大，造成模具使用时出现诸多问题。

① 推出塑件时，因推力重心不在模具中心，推杆板与推杆固定板在推出过程中会受到扭力的作用，易导致推杆、斜顶、推块和司筒等运动不平稳，时间一长，这些推出零件容易变形，有时甚至会使细小的推出件折断，损坏模具。

② 由于主流道不在模具中心，注塑机的锁模力和熔体的胀型力不重合，易造成单面胀型力过大而溢料。

要解决这些问题，可以采用细水口三板模，但这样会增加模具的制造成本和维护维修成本。而使用倾斜式主流道不但可以解决上述问题，改进其不足之处，而且节省模具的制造成本和维护维修成本，见图 7-3。

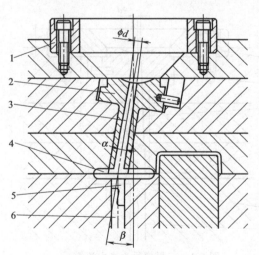

图 7-3 二板模倾斜式主流道
1—定位圈；2—斜浇口套；3—主流道；
4—分流道；5—冷料穴；6—拉料杆

倾斜式主流道的倾斜角大小主要与塑料性能有关，如 PE、PP、PA 等塑料，倾斜角 β 最大可达 $30°$，PS、SAN、ABS、PC、POM、PMMA 等塑料，倾斜角 β 最大可达 $20°$。

倾斜式主流道的设计参数中，ϕd 要比垂直式主流道中 ϕd 稍大，最小应取 $4.00mm$。其他参数与垂直式主流道相同。

倾斜式主流道结构还可以延伸出双倾斜式主流道和圆弧形倾斜式主流道两种结构。

① 双倾斜式主流道的设计。双倾斜式主流道的设计参数与单倾斜式主流道相同，见图7-4。必须注意的是，在双倾斜主流道中，两主流道相贯处应保持锐边，以便在开模时能将两主流道切开而容易出模。

保持锐边

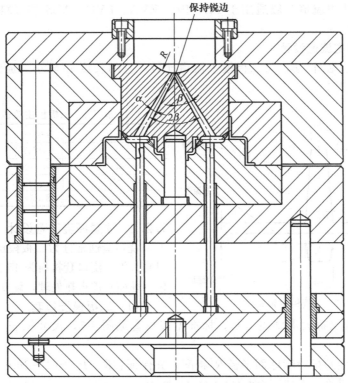

图 7-4　二板模双倾斜式主流道

　　双倾斜式主流道浇注系统的作用相当于点浇口浇注系统，即用二板模替代了三板模，使模具结构大为简化。

　　② 圆弧形倾斜式主流道的设计。圆弧形倾斜式主流道中弧形半径不宜过小，一般在 60mm 以上，圆弧形倾斜式主流道的小端直径宜取 $\phi 4.00\text{mm}$，大端直径为 $\phi 6.00\text{mm}$。主流道设计在组合镶件（浇口套）上，用螺钉紧固成整体。图 7-5 为圆弧形倾斜式主流道设计图例。

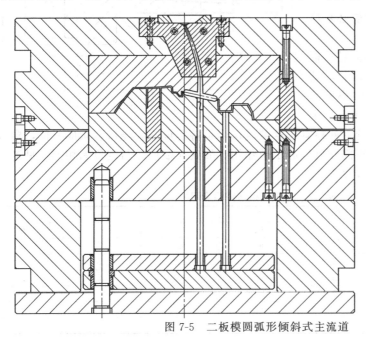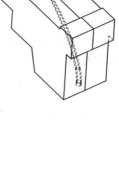

图 7-5　二板模圆弧形倾斜式主流道

圆弧形倾斜式主流道一般适用于 PE、PP、EVA、PVC、ABS 等塑料，而不适用于脆性塑料，如 PS 等。

7.2.1.2 三板模主流道设计

三板模主流道见图 7-6，与二板模主流道比较，它的长度 L 较小，通常不超过 50mm。ϕd 和 α 较大，见表 7-1。

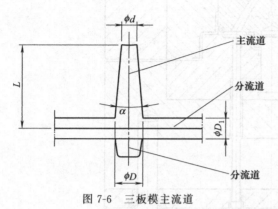

图 7-6 三板模主流道

表 7-1 三板模主流道推荐尺寸　mm

ϕd	4，4.5
α	6°，8°，10°
ϕD_1	6，8，10
ϕD	比 ϕD_1 大 10%～20%
L	28，30，32，35，40

7.2.2 注塑模浇口套设计

浇口套通常分为二板模浇口套及三板模浇口套大类。浇口套材料为 45 钢或 S50C 钢；SR 位（球面）淬火热处理，硬度为 40～45HRC。

(1) 二板模浇口套

二板模浇口套又称大水口浇口套，标准型浇口套见图 7-7，尺寸见表 7-2。设计时要注意以下内容。

① R 必须与注塑机喷嘴球面半径 R' 相配，并保证：$R = R' + (1～2mm)$。

② 内孔 d 与锥度 α 需加工至与注塑机喷嘴孔径 d' 相配，并保证 $d = d' + (0.5～1mm)$。

③ 浇口套必须被紧压住以防止后退。

④ 浇口套如需防转时，必须按图 7-7 所示设计止转销。

⑤ 浇口套在第一次试模前必须淬硬至 40HRC 以上。

图 7-8 和图 7-9 是由标准型二板模浇口套演变而得的两款浇口套，其中简化型单托浇口套常用于中小型简单模具，一体型双托浇口套常用于主

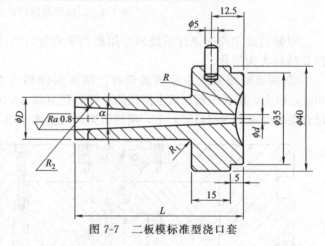

图 7-7 二板模标准型浇口套

流道较长的定模板厚度尺寸较大的模具，这款浇口套是将定位圈和浇口套做成一体，模具不再需要单独的定位圈，其大头部分可以起定位作用，故其大端尺寸与定位圈相同，见第 6 章图 6-64。单托浇口套标准尺寸见表 7-3。

表 7-2 二板模标准浇口套尺寸　mm

型　　　号	D	L	d	α	R
SB1265-20	12	65	3.2	4°	20
SB1280-20	12	80	3.2	3°	20
SB12100-20	12	100	3.2	2.5°	20
SB12120-20	12	120	3.2	2.5°	20
SB12150-20	12	150	3.2	2°	20
SB1665-20	16	65	3.2	5°	20
SB1680-20	16	80	3.2	4°	20

型　　号	D	L	d	α	R
SB16100-20	16	100	3.2	3°	20
SB16120-20	16	120	3.5	2.5°	20
SB16150-20	16	150	3.5	2°	20
SB20120-20	20	120	3.5	3°	20
SB20150-20	20	150	3.5	2.5°	20

表 7-3　单托浇口套标准尺寸　mm

D_1	28	38
D_2	3.5~4.5	3.5~4.5
D_3	12	18
L_1	13	18
L_2	22~56	27~116

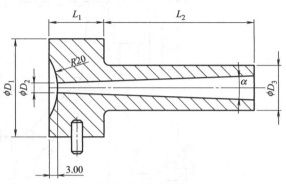

图 7-8　简化型二板模单托浇口套

（2）三板模浇口套

三板模浇口套又称细水口浇口套，标准型的浇口套是和定位圈做成一体的。受到模具结构的影响，三板模的分流道都较长，为此应该尽量缩短浇口套内主流道的长度，见图7-10，相关参数见表7-4。

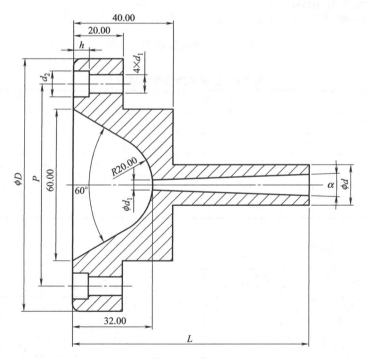

图 7-9　一体型二板模双托浇口套

简化型三板模浇口套常见的有两种，见图7-11。其中顺装型就是将标准型一分为二，将其大端变成定位圈。装配时浇口套直接由定位圈压住，见图7-12（b）。反装型也是将标准型浇口套起定位作用的大端去掉，但装配时它通过螺钉装配在面板的下面，见图7-12（c）。

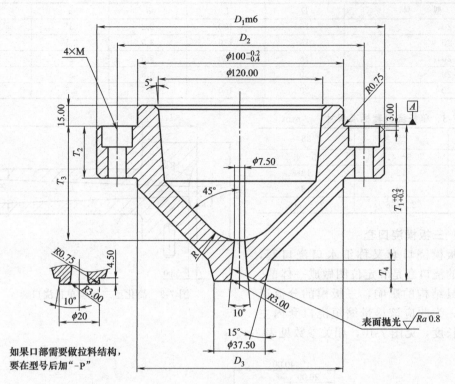

图 7-10　三板模标准型浇口套

表 7-4　三板模浇口套标准尺寸　　　　　　　　　　　　　mm

型　　号	D_1	D_2	D_3	T_1	T_2	T_3	T_4	R	M
ESB60-20	$\phi130$	114	—	60	18	40	10	$SR20$	M6×20
ESB75-20	$\phi140$	120	$\phi100$	75	25	55	10	$SR20$	M8×30
ESB80-20	$\phi140$	120	$\phi100$	80	25	60	10	$SR20$	M8×30
ESB85-20	$\phi140$	120	$\phi100$	85	25	60	15	$SR20$	M8×30
ESB100-20	$\phi140$	120	$\phi100$	100	25	75	15	$SR20$	M8×30

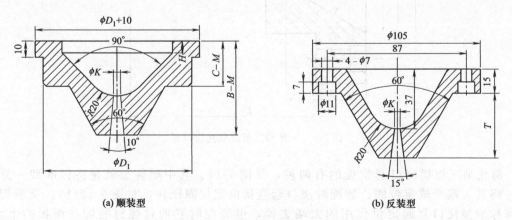

(a) 顺装型　　　　　　　　　　　　　(b) 反装型

图 7-11　三板模简化型浇口套

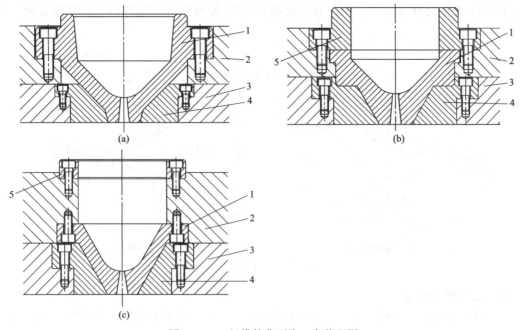

图 7-12　三板模简化型浇口套装配图
1—浇口套；2—定模面板；3—流道推板；4—镶套；5—定位圈

7.3　分流道设计

分流道是主流道至浇口之间的一段过渡通道，由于分流道往往是浇注系统中最长的部分，所以如何减小分流道的流程和流动阻力，对塑件的成型质量和模具劳动生产率的提高至关重要。

7.3.1　对分流道的要求

① 尽量少地将浇注系统内的空气和熔体前端的冷料带入型腔，以提高成型质量。

② 分流道对熔体的阻力要小，体积流量要大，以减少熔体流经过分流道时的压力损失及温度损失。

③ 分流道的固化时间应稍后于型腔内熔体的固化时间，以利于补缩。

④ 保证熔体迅速而均衡地进入每个型腔或同一型腔的每个角落。

⑤ 分流道的长度应尽可能短，其容积要尽可能小。

⑥ 形状和尺寸要便于加工及刀具选择。

⑦ 上一级分流道要比下一级分流道大 10%～20%。

7.3.2　影响分流道设计的因素

① 塑件的几何形状、壁厚、尺寸大小及尺寸的稳定性、内在质量及外观质量要求。

② 塑料的品种，也即塑料的流动性、熔融温度与熔融温度区间、固化温度以及收缩率。

③ 注塑机的压力、加热温度及注射速度。

④ 主流道及分流道的脱落方式。

⑤ 型腔的布置、浇口位置及浇口形式的选择。

7.3.3　分流道的形式

分流道有两种形式：二板模分流道和三板模分流道。二板模分流道是在动、定模镶件的分型面上，而三板模分流道则分成横向分流道和纵向分流道两部分，其中横向分流道在流道推板和定模 A 板的分型面上，纵向分流道则在定模 A 板和定模镶件内，与开模方向一致，见图 7-13。

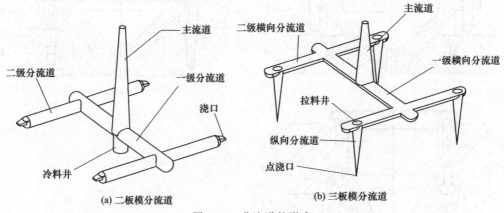

(a) 二板模分流道　　　　　　(b) 三板模分流道

图 7-13　分流道的形式

(1) 二板模分流道

二板模的分流道，一种是在动、定模的分型面上，另一种是在哈夫滑块的侧向分型面上。

如果分型面是垂直于开模方向的平面，则在动、定模的分型面上的分流道形状很简单。但在很多情况下，分型面都不是简单的平面，而是弧面、斜面、台阶面或由这些面组合而成的复杂分型面。这时分流道应该尽量避免垂直拐弯，尤其是对于台阶分型面，分流道经过的地方都要做成小于 45°的斜面，以减小熔体能量的损失，见图 7-14。

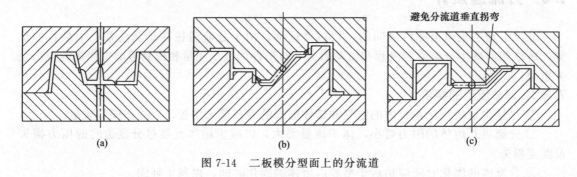

(a)　　　　　　　(b)　　　　　　　(c)

图 7-14　二板模分型面上的分流道

侧向分型面上的分流道一定要开在两个滑块上，而且要避免侧向分型时流道凝料粘在浇口套上，或粘在其中的一个滑块上，见图 7-15。

(2) 三板模分流道

三板模上的分流道也有两种情况，见图 7-16。

(3) 三板模分流道凝料推杆

为了保证流道凝料开模后自动脱落，有时要设计流道凝料推杆，推杆的形式见图 7-17 和图 7-18。

7.3.4　分流道的截面设计

(1) 确定截面形状

较大的截面面积，有利于减少流道的流动阻力；较小的截面周长，有利于减少熔融塑料的热量散失。衡量流道的流动效率的参数叫比表面积，它是分流道周长与截面面积的比值，也即流道表面积与其体积的比值。比表面积越小，流动效率越高。

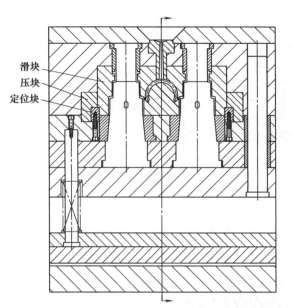
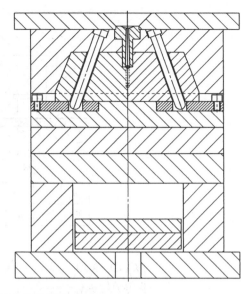

滑块
压块
定位块

图 7-15　二板模侧向分型面上的分流道

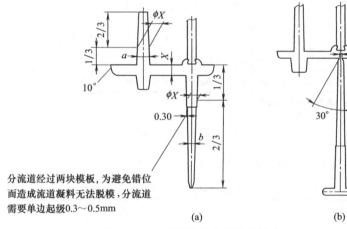

分流道经过两块模板,为避免错位
而造成流道凝料无法脱模,分流道
需要单边起级0.3～0.5mm

(a)　　　　　　　　　　　　(b)

图 7-16　三板模分流道的两种形式

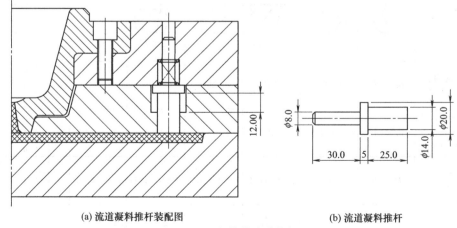

(a) 流道凝料推杆装配图　　　　　　　　　(b) 流道凝料推杆

图 7-17　三板模分流道推杆 1

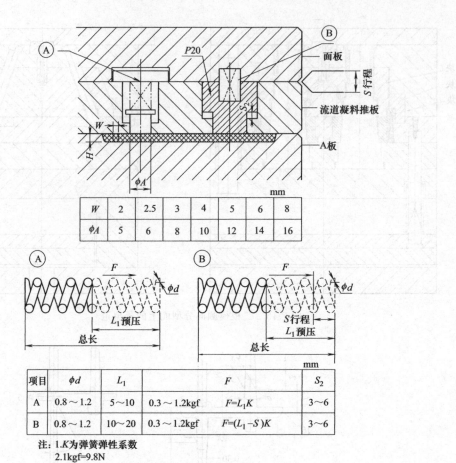

							mm
W	2	2.5	3	4	5	6	8
ϕA	5	6	8	10	12	14	16

				mm
项目	ϕd	L_1	F	S_2
A	0.8～1.2	5～10	0.3～1.2kgf　　$F=L_1K$	3～6
B	0.8～1.2	10～20	0.3～1.2kgf　　$F=(L_1-S)K$	3～6

注：1.K为弹簧弹性系数
　　2.1kgf=9.8N

图 7-18　三板模分流道推杆 2

分流道的截面形状及其各项性能见表 7-5。

表 7-5　不同截面形状分流道的流动效率及散热性

名　　称		圆 形	正六边形	U 形	正方形	梯 形	半圆形	矩　　形		
流道截面图形及尺寸代号		R ϕD h	b	$1.2d$ d ϕd	b	$1.2d$ $10°$ d ϕd	d		h b	
效率$(P=S/L)$值	通用表达式	$0.250D$	$0.217b$	$0.250d$	$0.250b$	$0.250d$	$0.153d$	h	$b/2$	$0.167b$
									$b/4$	$0.100b$
									$b/6$	$0.071b$
	截面面积$S=\pi R^2$时的 P 值	$0.250D$	$0.239D$	$0.228D$	$0.222D$	$0.220D$	$0.216D$	h	$b/2$	$0.209D$
									$b/4$	$0.177D$
									$b/6$	$0.155D$
使截面面积$S=\pi R^2$时应取的尺寸		$D=2R$	$b=1.1D$	$d=0.912D$	$b=0.886D$	$d=0.879D$	$d=1.414D$	h	$b/2$	$1.253D$
									$b/4$	$1.772D$
									$b/6$	$2.171D$
热量损失		最小	小	较小	较大	大	更大	最大		
加工难易度		最难	较难	易	难	易	较易	最易		

圆形截面的优点：比表面积最小，热量不容易散失，阻力也小。缺点：需同时开设在前、后模上，而且要互相吻合，故制造较困难。U 形截面的流动效率低于圆形与正六边形截面，但加工容易，又比圆形和正方形截面流道容易脱模，所以，U 形截面分流道具有优良的综合性能。

通常二板模（推板推出的二板模除外）的分流道截面形状优先选用圆形，三板模横向分流道和推板推出的二板模分流道截面形状优先选用 U 形。U 形截面和梯形截面两腰的斜度一般为 5°～10°。半圆形截面和矩形截面的分流道不宜使用。

（2）确定截面尺寸

分流道的截面尺寸主要根据塑件所用塑料的流动性、塑件质量、塑件壁厚及分流道长度来确定。各种塑料的分流道直径范围见表 7-6，如果采用梯形或其他形状，可按面积相等来推算相应参数。

要比较准确地确定分流道的直径，通常有以下三种方法。

第一种方法：根据塑件质量确定，见表 7-7。

第二种方法：根据塑件在分型面上的投影面积确定，见表 7-8。

第三种方法：根据塑件质量、壁厚和分流道直径确定，见图 7-19～图 7-21，具体方法如下：

表 7-6　不同塑料的分流道直径

塑 料 名 称	流道尺寸/mm	收　缩　率
A.B.S	4.76～9.53	0.005～0.007
ACETAL(CELCON)	4.76～9.53	0.020～0.035
ACETATE C.A.	4.76～7.92	0.002～0.005
ACRYLIC	7.92～9.53	0.005～0.009
E.V.A.	6.35～12.70	0.010～0.030
NYLON 6	4.76～12.70	0.007～0.015
NYLON 6.6	1.57～9.53	0.010～0.025
K.RESIN	4.76～9.53	0.005～0.007
PC	4.76～9.53	0.005～0.007
PE L.D.	1.57～9.53	0.015～0.035
PE H.D.	4.76～9.53	0.015～0.035
POLYPHENYLENE O×IDE	6.35～9.53	0.007～0.008
PP	4.76～9.53	0.010～0.030
PS G.P.	3.18～9.53	0.002～0.008
POLYSULFONE	6.35～9.53	0.002～0.008
软 P.V.C.	3.18～9.53	0.015～0.030
硬 P.V.C.	6.35～12.70	0.002～0.004
SAN	4.76～9.53	0.005～0.015
PMMA	6.00～9.50	0.002～0.008
POM	3.20～9.50	0.015～0.035
PPO	6.40～9.50	0.005～0.008

表 7-7　根据塑件质量确定分流道尺寸

分流道尺寸/mm	塑件质量/g
3	85 以下
4	85
6	340
8	340 以上
10	
12	大型塑件

表 7-8　根据塑件的投影面积确定分流道尺寸

分流道尺寸/mm	塑件投影面积/mm²
3	700 以下
4	700
6	1000
8	50000
10	120000
12	120000 以上

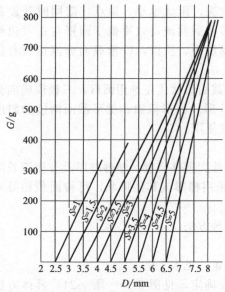

图 7-19　分流道直径尺寸曲线 1

D—分流道直径；G—塑件质量；S—塑件壁厚

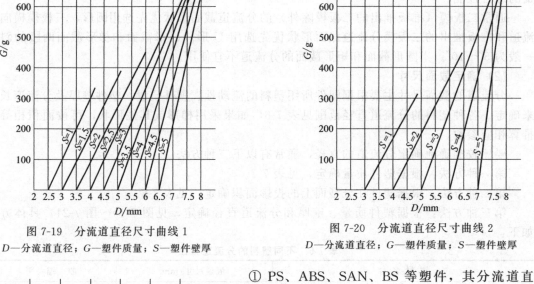

图 7-20　分流道直径尺寸曲线 2

D—分流道直径；G—塑件质量；S—塑件壁厚

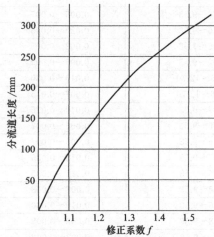

图 7-21　分流道直径尺寸修正系数

① PS、ABS、SAN、BS 等塑件，其分流道直径根据塑件的重量及壁厚由图 7-22 中查得。

② PE、PP、PA、POM 等塑件，其分流道直径根据塑件的重量及壁厚由图 7-23 中查得。

③ 从图 7-19 和图 7-20 中查出分流道截面直径 D 后，再根据分流道长度 L 从图 7-21 中查出修正系数 f，则最后计算出分流道直径 $D_0 = Df$。

关于梯形截面和 U 形截面分流道的截面尺寸，可以先确定出分流道直径 D，再按表 7-5 来计算。

注：1. 以上三种方法都是聚苯乙烯在一般情况下的分流道参考尺寸，其他塑料可根据塑料的特性以及塑件的形状作必要的修正。

2. 这三种方法中所说的分流道尺寸是指圆形截面的直径尺寸，如果采用其他截面，可以按表 7-5 进行换算。

3. 确定分流道的尺寸时，还必须考虑加工时刀具的标准值。

7.3.5　辅助流道设计

辅助流道的作用如下。

① 改善熔体流动，提高成型质量。塑件中的通孔会阻碍熔体的填充，如果通孔很大，将会给塑件带来熔接痕、填充不足等成型缺陷，如图 7-22 和图 7-23 所示的塑件都有较大的通孔，在这些通孔适当的位置增加辅助流道，可以大大改善熔体的流通，提高塑件的成型质量。

② 方便包装，将多个小塑件用辅助流道串联在一起，见图 7-24。

这种情况下的辅助流道要注意以下几点。

a. 流道截面一般是圆形；

b. 流道直径一般为 $\phi 3$mm、$\phi 4$mm；

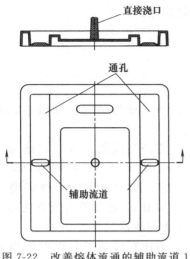

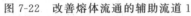

图 7-22　改善熔体流通的辅助流道 1

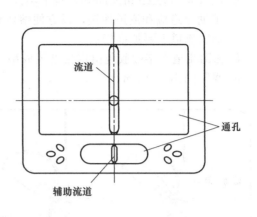

图 7-23　改善熔体流通的辅助流道 2

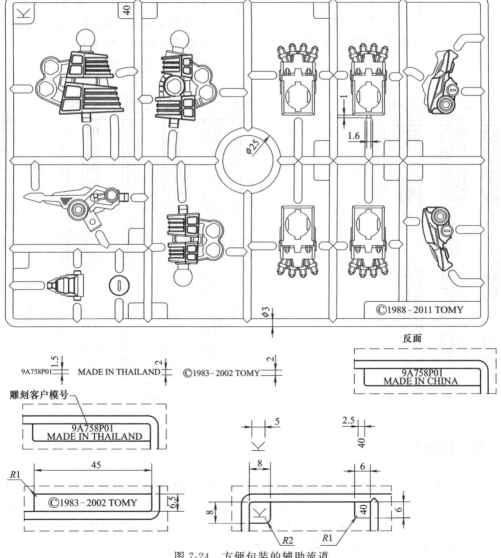

图 7-24　方便包装的辅助流道

c. 浇口大小为 2mm×1mm，每个塑件一般要两三个浇口连接；

d. 辅助流道应和流道连接，以方便熔体流通；

e. 辅助流道上要加推杆；

f. 辅助流道上字唛胶位由定模型腔成型；

g. 雕字凸出 0.2mm。

③ 改善塑件的强度和刚性，见图 7-25。

④ 方便后续加工（如镀铬和二次注射等），将多个小塑件用辅助流道串联在一起。图 7-26 中的塑件需要镀铬（塑件金属化），辅助流道既方便运输包装，又方便镀铬时装夹。

⑤ 为使塑件留于后模而增加辅助流道。对于分型面两侧对称的塑件，无法保证开模后塑件一定留在有推出机构的动模型腔内，此时可以开设 U 形分流道连接塑件，增加塑件对动模型腔的黏附力，见图 10-27。

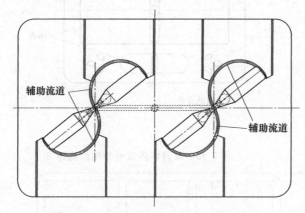

图 7-25　改善强度和刚性的辅助流道

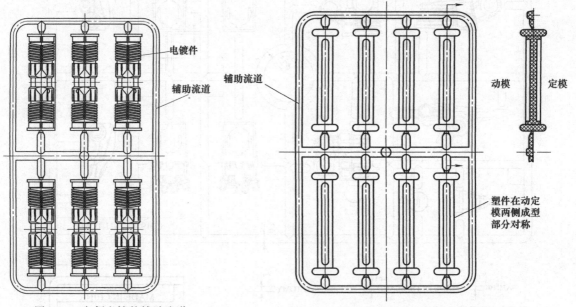

图 7-26　方便电镀的辅助流道　　　图 7-27　确保塑件留在动模的辅助流道

7.4　浇口设计

浇口是分流道和型腔之间的连接部分，也是注塑模具浇注系统的最后部分，通过浇口直接使熔融的塑胶进入型腔内。浇口的作用是使从流道来的熔融塑胶以较快的速度进入并充满型腔，型腔充满塑胶后，浇口能迅速冷却封闭，防止型腔内还未冷却的热料回流。

浇口设计与塑件形状、塑件断面尺寸、塑胶性能、模具结构及注射工艺参数（压力等）

等因素有关。浇口的截面要小，长度要短，这样才能增大料流速度，快速冷却封闭，以便使塑件分离，塑件的浇口痕迹也不明显。

浇口是浇注系统的关键部分，浇口的位置、类型及尺寸对塑件质量影响很大。塑件质量的缺陷，如困气、缩水、夹水纹、分解、冲纹、变形等，往往都是由于浇口设计不合理而造成的。在多数情况下，浇口是整个浇注系统中断面尺寸最小的部分（除主流道型的直接浇口外）。

浇口的设计内容包括以下三点。

① 选择浇口位置；

② 确定浇口类型；

③ 确定浇口尺寸。

7.4.1　浇口位置的确定

浇口位置的选择，应注意以下问题。

① 浇口位置应设在塑件最大壁厚处，使熔体从厚壁流向薄壁，并保持浇口至型腔各处的流程基本一致，见图 7-28。熔体如果从一狭窄区域到一较厚或开阔的区域，会产生喷流现象，喷流不但会产生流痕，还会使熔体速度和温度骤然下降，从而影响塑件的成型质量。

② 浇口位置应设在塑件的主要受力方向上，因为熔体的流动方向上所承受的拉应力和压应力很高，特别是加玻纤的增强塑料，这种情况更加明显。

③ 选择浇口位置时应考虑塑件的尺寸要求，因为塑料熔体经浇口填充型腔时，塑件在熔体平行于流动方向和垂直于流动方向上的收缩不尽相同，所以应考虑塑件变形和收缩的方向性。

对于长条形的平板塑件，浇口位置应选择在塑件的一端，使塑件在流动方向上获得一致的收缩，如图 7-29(a) 所示；如果塑件的流动比较大时，可将浇口位置向中间移少量距离，如图 7-29(b) 所示；但不宜将浇口位置设于塑件中间，从图 7-29(c) 可以看出，浇口设于塑件中间时，树脂的流动呈辐射状，造成塑件的径向收缩与切线方向的收缩不均而产生变形。

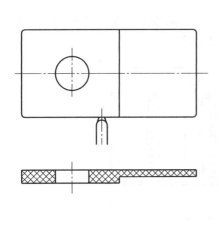

图 7-28　浇口位置

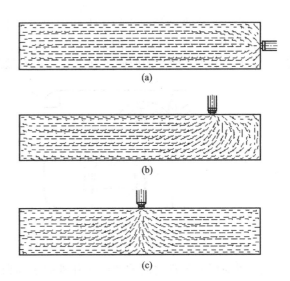

图 7-29　平板塑件不同浇口位置的流动状态

④ 设计浇口时，应考虑去除浇口方便，修正浇口时在塑件上不留痕迹，以保证塑件的外观质量。

⑤ 避免熔接痕出现在主要外观面或影响塑件的强度。根据客户对塑件的要求，把熔接

痕控制在较隐蔽及受力较小的位置。同时，避免各熔接痕在孔与孔之间连成一条线，降低塑件强度。如图 7-30(a) 所示，塑件上两孔形成的熔接痕连成了一条线，这将降低塑件的强度。应将浇口位置按图 7-30(b) 来布置。为了增加熔接强度，可以在熔接痕的外侧开设冷料井，使前锋冷料溢出。对于大型框架型塑件，可增设辅助流道，如图 7-31(b) 所示；或增加浇口数目，如图 7-32(b) 所示，以缩短熔融塑料的流程，增加熔接痕的强度。

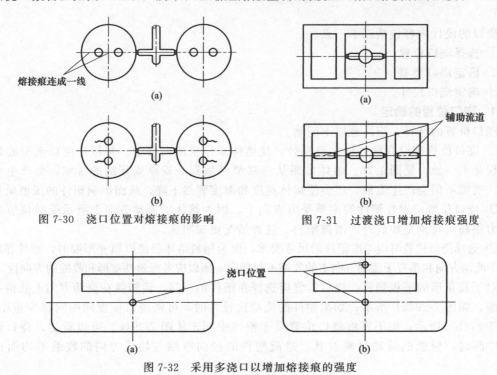

图 7-30　浇口位置对熔接痕的影响　　图 7-31　过渡浇口增加熔接痕强度

图 7-32　采用多浇口以增加熔接痕的强度

⑥ 防止长杆形塑件在注塑压力的作用下发生变形。

图 7-33(a) 中，型芯在单侧注塑压力的冲击下，会产生弯曲变形，从而导致塑件变形。图 7-33(b) 中，从型芯的两侧平衡进料，可有效地消除以上缺陷。

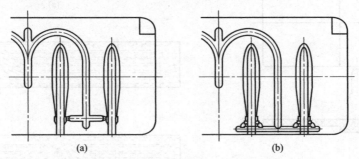

图 7-33　长杆形塑件的浇口布置方案

⑦ 避免影响零件之间的装配或在外露表面留下痕迹。

如图 7-34(a) 所示，为了不影响装配，在按键的法兰上做一缺口，浇口位置设在缺口上，以防止装配时与相关塑件发生干涉。如图 7-34(b) 所示，浇口潜伏在塑件的加强筋上，不但使浇口位置很隐蔽，而且没有侧浇口，浇口可以自动脱落，方便注塑时全自动化生产。

⑧ 防止出现蛇纹、烘印，应采用冲击型浇口或搭底式浇口。

熔融塑料从流道经过小截面的浇口进入型腔时，速度急剧升高，如果这时型腔里没有阻

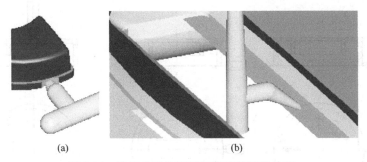

图 7-34　浇口位置的布置不影响装配及外观

力来降低熔体速度，将产生喷射现象，如图 7-35(a) 所示，轻微时在浇口附近产生烘印，严重时会产生蛇纹。如图 7-35(b) 所示，若采用搭接式浇口，熔融塑料将喷到定模面上而受阻，从而改变方向，降低速度，均匀地填充型腔。图 7-36(a) 中，由于熔体进入型腔时没有受到阻力，而在塑件的前端产生气纹；按图 7-36(b) 改进后，以上缺陷可以消除。

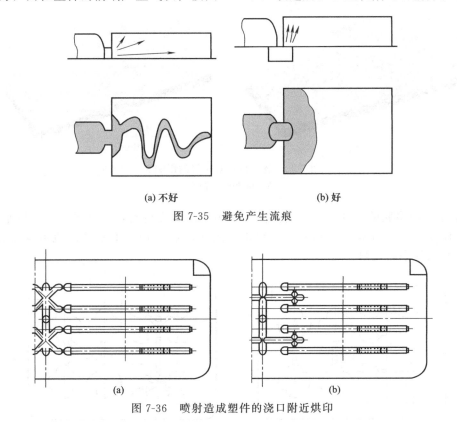

(a) 不好　　　　　　　　　(b) 好

图 7-35　避免产生流痕

图 7-36　喷射造成塑件的浇口附近烘印

⑨ 浇口的位置应有利于排气。

如图 7-37 所示，一盖形塑件，顶部较四周薄，采用侧浇口，见图 7-37(a)，将会在顶部 A 处形成困气，导致熔接痕或烧焦。改进办法如图 7-37(b) 所示，给顶面适当加胶，这时仍有可能在侧面位置 A 产生困气；如按图 7-37(c) 所示，将浇口位置设于顶面，困气现象可消除。

如图 7-38 所示，若按图 7-38(a) 的方案进料，预计将在位置 A 产生困气，建议采用图 7-38(b) 所示的方案，可有助于气体排出型腔。

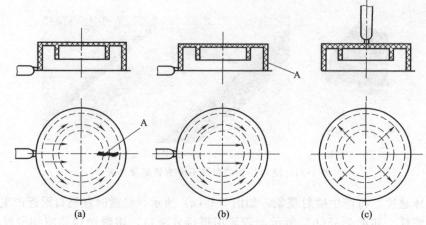

图 7-37　浇口位置对排气的影响 1

A—熔接痕；箭头—溶体流动方向

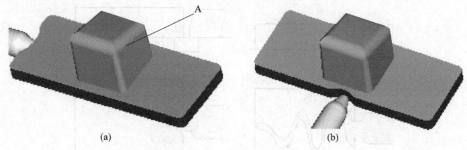

图 7-38　浇口位置对排气的影响 2

A—预计困气位置

⑩ 对于一模多腔的模具，相同塑件应该从相同的地方进料，而且优先考虑按平衡式流道布置来设置浇口。如图 7-39 所示，建议采用图 7-39（b）所示的平衡式流道来布置浇口，有利于各型腔的平衡充填。

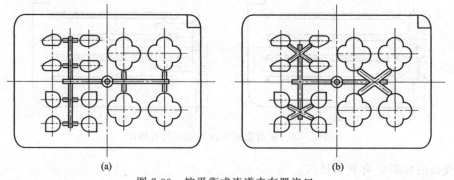

图 7-39　按平衡式流道来布置浇口

⑪ 考虑注塑生产的效率，便于浇注系统与塑件的分离。模具结构确定后，应考虑浇注系统和塑件便于分离，采用点浇口、潜伏式浇口、弧形浇口，可实现流道系统和塑件自动分离。选择潜伏式浇口位置时，应优先考虑在塑件本身结构上，一方面减少注塑压力，另一方面避免生产时去除浇口的困难。如侧浇口、搭接式浇口、圆环形浇口切除较易，而直接浇口、扇形浇口、护耳式浇口则较难切除。

⑫ 考虑加工方便。对于一模多腔的弧形流道结构，为了减少镶块的数量，应在动模上将各弧形浇口设置在大镶块的镶拼面上，见图 7-40，动模由 7 块镶块组成，各个型腔的弧形流道在各镶块上各出一半，这将简化加工工艺。

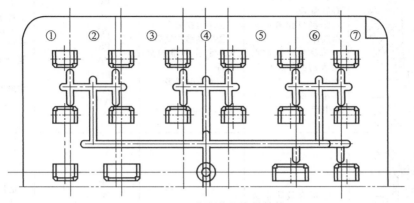

图 7-40 弧形流道的镶拼结构

⑬ 当塑料熔体流入流道时，接近流道壁的部分冷却最快甚至凝固，熔体再向前流动时只是在此凝固的塑料中间流过。由于塑料是低传热物质，贴附于流道壁的固态塑料形成热绝缘层。所以，在理想的情况下，浇口应设置在流道中间位置及开在成品最厚地方。此情况最常见于圆形及六角形的流道，而梯形的流道是无法达到此效果的。

⑭ 对于大型复杂的塑件，在浇口位置选定后，还必须用模流分析（CAE）软件进行模流分析，或召集有经验的工程技术人员研究，以确认浇口的位置是否正确。

7.4.2 确定浇口类型

为获得最好的成型质量，必须小心选择浇口的类型。常见的浇口及其优缺点、适用场合见表 7-9。

表 7-9 常见的浇口及其优缺点、适用场合

浇 口 形 状	优 点	缺 点	适 用 塑 料	适 用 塑 件
直接浇口	①塑件尺寸精确，成型质量好 ②省流道加工 ③压力损失少 ④可成型大或深度较深的成品	①浇口残留痕迹影响外观及增加后加工 ②平而浅的塑件易产生翘曲、扭曲 ③浇口附近残应力大 ④一次只可成型一个塑件，除非使用多喷嘴成型机	多用于热敏感性及高黏度塑料，加玻纤增强的塑料也可用这种浇口	可用于大而深的筒形或盒形、壳形塑件，对于浅平的塑件，由于收缩及应力的原因，容易产生翘曲变形
侧浇口	①浇口与成型品分离容易 ②可防止塑料逆流 ③浇口部产生摩擦热，可再次提升塑料温度，促进填充	①压力损失大 ②流动性不佳的塑料容易造成充填不足或半途固化 ③平板状或面积大的成型品，由于胶口狭小，易造成气泡或流痕的不良现象	硬质 PVC PE PP PC PS PA POM AS ABS PPMA	使用最广泛的浇口，适用于各种形状的塑件，但对于细而长的筒形塑件不宜采用

浇口形状	优　点	缺　点	适用塑料	适用塑件
点浇口 	①浇口痕迹小,不必后加工 ②浇口位置可自由选择 ③浇口可从数点注入,应力及变形较小 ④可以采用自动化生产	①压力损失大 ②模具结构复杂,模具制作和维护费用高 ③流道凝料多	PE PP PC PS PA POM AS ABS	常应用于较大的平板类、壳类塑件,也可用于长筒形的塑件,以改善排气;能合理地分配浇口,有助于减少流动路径的长度,获得较理想的熔接痕
搭接式浇口 	①可有效防止塑件产生流痕 ②具有侧浇口的各项优点	①压力损失大 ②浇口切除稍困难	PE PP PC PS PA POM AS ABS	适用于有表面质量要求的平板类、盒形或壳形塑件,但对PVC塑料不适用
护耳浇口 	①浇口附近的收缩下陷可消除 ②可防止过剩填充所致的应变,以及流痕的发生 ③可缓和浇口附近的应力集中 ④浇口部产生摩擦热,可再次提升塑料温度	①压力损失大 ②浇口切除稍困难	硬质PVC POM AS ABS PPMA PC	常用于PC,PMMA等高透明度的平板形塑件
薄片浇口 	①可均匀填充,防止塑件变形 ②可得到良好外观的塑件,没有不良现象发生	浇口切除稍困难	PP POM ABS PMMA PC	适用于较大的平板类塑件,流动性能较差的、透明塑件
扇形浇口 	①可均匀填充,防止塑件变形 ②熔体流入型腔内,流动顺畅,无流痕及熔接痕,成型质量好	浇口切离稍困难	PP POM ABS PMMA PC	常用来成型宽度较大的平板形塑件、浅的壳形或盒形塑件以及流动性能较差的、透明塑件,不适用于硬质PVC

浇口形状	优　点	缺　点	适用塑料	适用塑件
环形浇口 环形流道	①可防止流痕发生 ②方便排气	浇口切离稍困难	POM ABS	适用于中间带孔的塑件，圆筒状的塑件也常使用此种浇口
盘形浇口 	①可防止流痕发生 ②节省流道加工 ③具有直接浇口的功能，压力损失少	①浇口切离稍困难 ②一次只能成型一个成品 ③成型品的孔中心必须与流道对应	PS PA AS ABS	中间有孔的管套类零件
伞形浇口 	①可防止流痕发生 ②方便排气	浇口切离稍困难	POM ABS	质量要求很高的管状塑件
潜伏式浇口 	①浇口自动切断，免除后加工 ②成型品的外侧或内侧可自由设定浇口位置	压力损失大	PA POM ABS PVC PP	适用于外观不允许露出浇口痕迹的塑件；对于一模多腔的塑件，应保证各腔从浇口到型腔的阻力尽可能相近，避免出现滞流，以获得较好的流动平衡
弧形浇口 	①浇口和塑件可自动分离 ②无需对浇口位置进行另外处理 ③不会在塑件的外观面产生浇口痕迹	①可能在表面出现烘印 ②加工较复杂 ③设计不合理容易折断而堵塞浇口	PA ABS PVC PP POM	常用于 ABS、HIPS；不适用于 POM、PBT 等结晶材料，也不适用于 PC、PMMA 等刚性好的材料，防止弧形流道被折断而堵塞浇口

7.4.3 浇口尺寸设计

浇口的尺寸包括横截面面积、浇口长度以及形状尺寸（如角度）。原则上，浇口的横截面面积越小越好，而长度则越短越佳，原因是：

① 浇口截面越小，切除浇口后对塑件外观的影响最小；

② 浇口截面越小，熔体经过浇口时因剪切而升温的效果越好；

③ 浇口截面越小，越容易凝结，防止塑料熔体倒流的效果越好；

④ 浇口长度越小，熔体在浇口处所受的阻力越小，热量和压力损失越小；

⑤ 试模后，浇口尺寸由小改大容易，由大改小则非常困难。

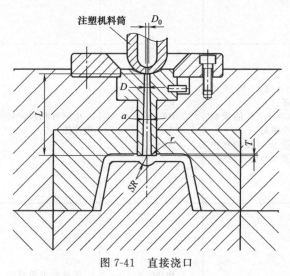

图 7-41 直接浇口

(1) 直接浇口

直接浇口的熔体由主流道直接进入型腔，因此准确地说它是一种五浇口浇注系统。开模后主流道黏附在制成品上，在二板模中，模具只能是一模一腔，但在三板模或热流道模具中可以是一模多腔。

直接浇口是非限制性浇口。

直接浇口必须在与浇口正对的位置设计一个球形冷料穴，并在浇口位置处的定模侧留出一个凸起平台，以保证浇口切除后残留痕迹不高于塑件表面，见图 7-41。$D = D_0 + (0.5 \sim 1.0\text{mm})$，一般取 3.5mm；$a = 2° \sim 5°$（对流动性差的塑料 $a = 3° \sim 6°$）；$r = 1 \sim 3\text{mm}$；$L \leqslant 60\text{mm}$。

直接浇口大端不宜太粗，否则会增加冷却时间，造成严重收缩凹痕，而且去除浇口麻烦，在塑件上会留下较大痕迹，影响外观。由于流道的小端直径 D 受注塑机喷嘴直径 D_0 的限制基本是确定的，要减小流道的大端直径有下面两种途径：

① 减小流道脱模角度 a，但角度 a 不能低于 1°；

② 减小流道长度 L，可采用如图 7-9 所示的一体型二板模双托浇口套。

(2) 侧浇口

侧浇口是使用最广泛的浇口，故又名普通浇口。常见的形式如图 7-42 所示，其中图 7-42(b) 的侧浇口对熔体的阻力较小，浇口去除较容易，去除后痕迹较小、较美观。

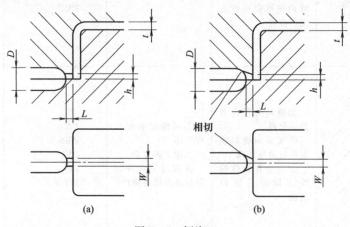

(a)　　　　　　　　　　(b)

图 7-42 侧浇口

侧浇口尺寸的推荐值见表 7-10。计算公式如下：

$$h = nT$$

$$W = \frac{n\sqrt{A}}{30}$$

式中　A——塑件在分型面上的投影面积；

　　　n——材料系数，见表 7-11。

表 7-10　侧浇口有关参数的推荐值　　　　　　　　　　　　　　　　mm

塑件大小	塑件质量/g	浇口高度 h	浇口宽度 W	浇口长度 L
很小	0～5	0.25～0.5	0.75～1.5	0.5～0.8
小	5～40	0.5～0.75	1.5～2	0.5～0.8
中	40～200	0.75～1	2～3	0.8～1
大	>200	1～1.2	3～4	1～2

表 7-11　材料系数 n

塑料	PE、PS、HIPS、SAN	PP、PA、ABS	CA、PMMA、POM	PC、PVC
n	0.6	0.7	0.8	0.9

(3) 点浇口

点浇口截面是圆形，属于限制性浇口。常用的点浇口如图 7-43 所示，其中图 7-43(a)、(b) 两种形式的点浇口断裂后会留下凸起毛刺，用在塑件的非装配面、表面要求不高、装配后触摸不到或根本就看不到的场合。图 7-43(c)、(d) 两种形式的点浇口安全性好，浇口断裂后的毛刺不会影响装配，其中图 7-43(c) 是最常用的形式，图 7-43(d) 中的凸起可以是圆形的、也可以是方形的，对熔体的流通阻力都较大，因此不常用。

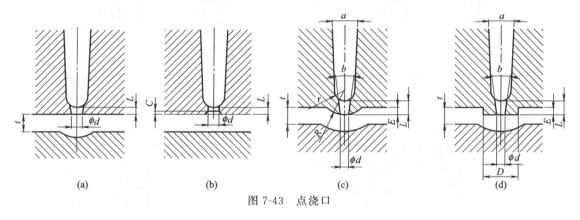

图 7-43　点浇口

点浇口的各参数推荐值见表 7-12。

表 7-12　点浇口设计参数推荐值　　　　　　　　　　　　　　　　mm

d	L	E	R	r	a	b	C	D
0.5	1.5	0.5	1.5	1.2				2.5
0.6	1.5	0.5	1.5	1.2				2.5
0.8	1.5	0.5	1.8	1.5				3.0
1.0	1.5	0.5	1.8	1.5	2°～5°	10°～20°	0.3×45°或 r0.3	3.5
1.2	2.0	0.8	2.0	2.0				4.0
1.4	2.0	1.0	2.0	2.0				4.5
1.6	2.5	1.5	2.5	2.5				5.0

点浇口直径计算公式：

$$d = 0.206n\sqrt{t}\sqrt[4]{A}$$

式中　　n——材料系数，见表7-11；

　　　　t——塑件壁厚；

　　　　A——塑件表面积。

(4) 潜伏式浇口

潜伏式浇口实际上是点浇口的一种变型，它的设置比较灵活，可以在制品的内外表面很多地方开设。浇口可以自动脱落且留下很小的浇口痕迹，同时它具有点浇口的特点，但其模架为二板模，结构较三板模结构简单，这对提高生产效率、降低成本极为有利。潜伏式浇口的加工，除了有些特形潜伏式浇口需应用电极加工外，绝大部分的潜伏式浇口都可以用一般机械加工来进行。故在塑料注射模设计中，越来越多地被采用，它几乎适用于所有注射用塑料的注射成型，在热固性塑料注射模上也被采用。

潜伏式浇口的截面为圆形，特殊情况下也有椭圆形。

潜伏式浇口的形式很多，图7-44是常见的潜伏式浇口，图7-45是短圆锥潜伏式浇口。常用参数见表7-13。

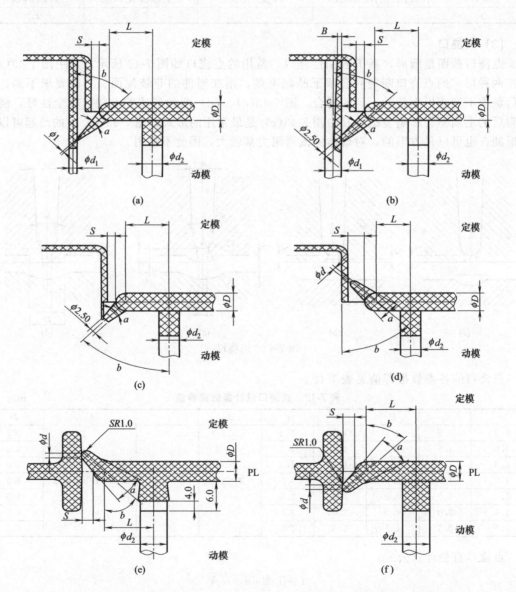

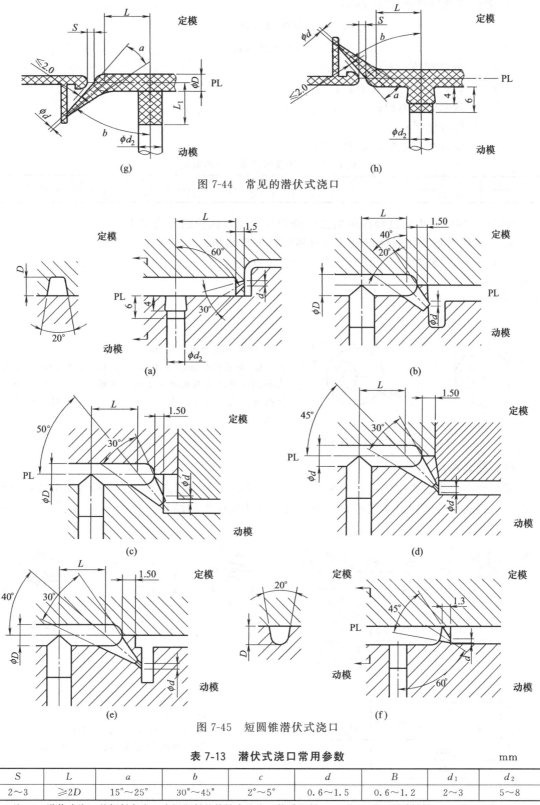

图 7-44　常见的潜伏式浇口

图 7-45　短圆锥潜伏式浇口

表 7-13　潜伏式浇口常用参数　　　　　　　　　　　　　　　　　　mm

S	L	a	b	c	d	B	d₁	d₂
2~3	≥2D	15°~25°	30°~45°	2°~5°	0.6~1.5	0.6~1.2	2~3	5~8

注：1. 潜伏式浇口的倾斜角度 b 应视塑料的特性来选取，软质塑料 $b=30°\sim50°$，硬质材料 $b=25°\sim30°$。

2. S 在允许条件下尽量取大值。

① 潜伏式浇口直径计算方法：

$$d = nk\sqrt[4]{A}$$
$$k = 0.206\sqrt{t}$$

式中　d——浇口直径，不小于 $t/2$；

n——材料系数，见表 7-11；

A——成品表面面积；

t——塑件壁厚；

k——塑件壁厚系数，见表 7-14。

表 7-14　塑件壁厚系数与壁厚对照

t/mm	0.75	1.00	1.25	1.5	1.75	2.00	2.25	2.50
k	0.178	0.206	0.230	0.252	0.272	0.291	0.309	0.326

② 图 7-44(b) 中通过推杆的潜伏式浇口计算浇口面积的方法如下。

a. 首先用普通潜伏式浇口公式计算所需的浇口面积；

b. 用所需的浇口面积计算 B 的尺寸（$B \leqslant D/3$）。

注意

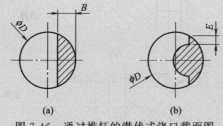

① 推杆直径 $D \geqslant 5\mathrm{mm}$。

② 如果推杆切除尺寸 B 超过 $D/3$，推杆在推杆孔内会因没有依靠而被冲歪变形。这时可采用下列几个方法改善：换大顶针；改圆柱体；换如图 7-46(b) 所示的形式。

图 7-46　通过推杆的潜伏式浇口截面图

(5) 圆弧形浇口

圆弧形浇口又名牛角浇口或香蕉形浇口，它实际上是潜伏式浇口的一种特殊形式，这种浇口是直接从塑件的内表面进料，而不经过推杆或其他辅助结构，见图 7-47。表 7-15 为圆

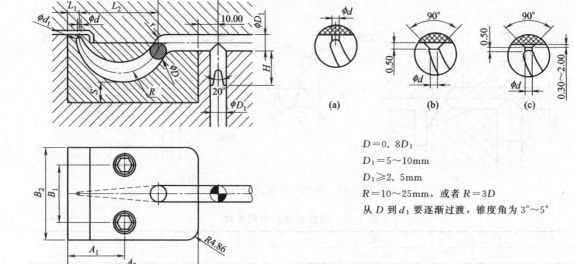

$D = 0.8D_1$

$D_1 = 5 \sim 10\mathrm{mm}$

$D_1 \geqslant 2.5\mathrm{mm}$

$R = 10 \sim 25\mathrm{mm}$，或者 $R = 3D$

从 D 到 d_1 要逐渐过渡，锥度角为 $3° \sim 5°$

图 7-47　圆弧形浇口

弧形浇口各参数推荐值。这种形式浇口进料口设置于塑件内表面，注塑时产生的喷射会在塑件外表面（进料点正上方）产生斑痕。由于此形式浇口加工较复杂，所以除非塑件有特殊要求（如外表面不允许有进浇口，而内表面又无筋、柱且无顶针），否则尽量避免。

表 7-15 圆弧形浇口各参数推荐值　　　　　　　　　　　　　　　　mm

项目	L	L_1	L_2	d	d_1	D	D_1	R	r	S	H
A 型	$\geq 2.5D_1$	10	40	0.8～2	3	6～8	8～10	21	6	≥ 10	浇口弧长＋10
B 型	$\geq 2.5D_1$	10	25	0.5～2	2.5	5	6	13	5	≥ 8	浇口弧长＋10

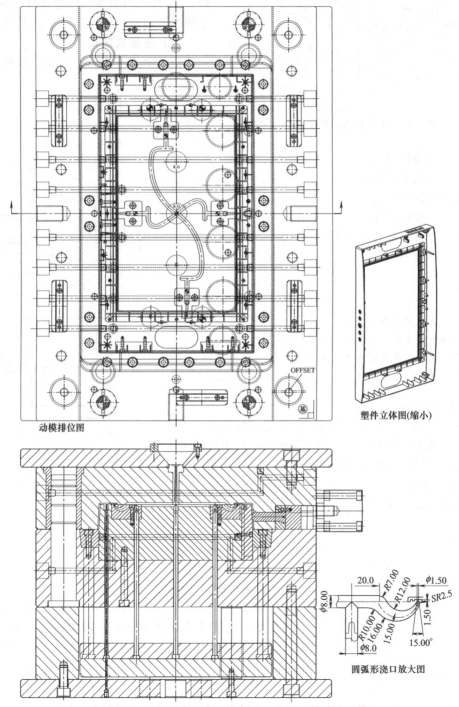

动模排位图

塑件立体图(缩小)

圆弧形浇口放大图

图 7-48　圆弧形浇口应用实例——电视机前盖注塑模

图 7-48 是圆弧形浇口的应用实例，塑件为 17in LCD 电视机前盖，在分型面上最大尺寸为 536mm×302mm，塑料 HIPS，收缩率为 0.5%。塑件中间有一个较大的方形通孔，模具采用 S 形分流道，四个圆弧形浇口，由内侧进料。

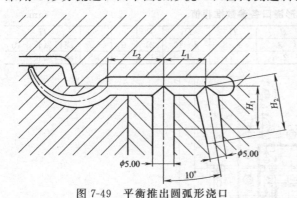

图 7-49　平衡推出圆弧形浇口

为使圆弧形浇口平衡顶出，可以增加辅助流道，见图 7-49，增加部分长度 H_2 等于圆弧浇口的弧长。当塑件过大或过小时，L_1 位置可根据实际情况自行调整，但是圆弧浇口顶出应保证顺畅、可靠。

(6) 搭接式浇口

搭接式浇口是侧浇口的改良，见图 7-50。

$$W = n\sqrt{A}/30$$
$$h = nt$$
$$L_2 = h + W/2$$

式中　W——浇口阔度；

　　　A——成品面积；

　　　h——浇口深度；

　　　L_2——浇口长度；

　　　n——材料系数，见表 7-11；

　　　t——成品壁厚。

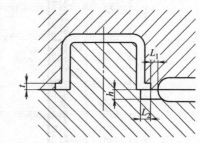

 注意

① 这种浇口对 PVC 不适用。
② 为去浇口方便，可取 $L_1=0.7\sim2$mm。
③ 盒状零件在使用搭接进胶口时：$L_2=t-(0.5\sim1$mm$)$。
④ 图 7-50 中 L_1 为浇口长度，一般取 $0.75\sim1.00$mm。

(7) 护耳浇口

护耳浇口的作用是使熔体进入护耳浇口时由于摩擦热而改善其流动性，当料流冲击护耳侧壁时，料流降低了速度并改变了方向，在护耳处均匀而平稳地进入型腔。浇口形状见图 7-51。

图 7-50　搭接式浇口

护耳浇口的宽度等于流道直径，一般取 5～8mm；
$h_1=0.7t$，t 为成品壁厚；
$h_2=0.9t$；
$L=1\sim2$mm；
$E\geq1.5D$。

(8) 扇形浇口

扇形浇口又叫鱼尾浇口，它是侧浇口的一种改良形式，它的深度及宽度并不是固定的，一般来说宽度 W 慢慢增加，而深度则慢慢减小，见图 7-52。因在到达塑件的位置，浇口宽度最大，大量塑料在短时间内流入型腔，可有效降低塑件内应力。

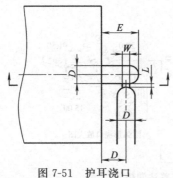

图 7-51　护耳浇口

浇口尺寸公式计算如下（公制单位）：

$$L = 1.3 \sim 2\text{mm}$$

$$h_1 = nt$$

$$h_2 = Wh_1/D$$

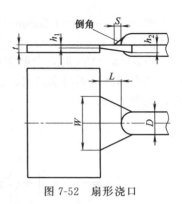

图 7-52　扇形浇口

式中　L——分流道到型腔的距离；

h_1——第一级深度；

h_2——第二级深度；

D——流道直径；

W——扇形宽度；

t——塑件壁厚；

n——塑料常数，表 7-11。

① 浇口面积不能大过流道截面面积。

② 当流道为 $\phi 3\text{mm}$、$\phi 4\text{mm}$ 时，L 值为 2mm；当流道为 $\phi 5\text{mm}$、$\phi 6\text{mm}$ 时，L 值为 3mm；当流道为 $\phi 8\text{mm}$、$\phi 10\text{mm}$、$\phi 12\text{mm}$ 时，L 值为 4mm。

③ 当压力损失较大时，可缩短 L 值。

④ 浇口宽度 W，根据具体情况确定。

(9) 薄片浇口

这种浇口设计也可以看做是侧浇口的改良形式，非常适合一些大型、薄壁、容易变形的塑件，见图 7-53。此浇口位置通常在塑件厚的一边。由于可以在较短的时间内填满型腔，所以成型质量好，但去除浇口后会在塑件上留下较大的痕迹。

浇口尺寸：

$$L = 0.8 \sim 1.2\text{mm}$$

$$W = (0.75 \sim 1.0)A$$

$$h = 0.7nt$$

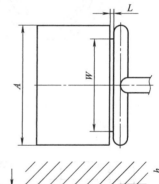

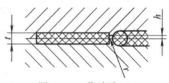

图 7-53　薄片浇口

式中　L——浇口长度；

W——浇口宽度；

A——浇口处的塑件宽度；

h——浇口厚度；

t——浇口处的塑件厚度；

n——塑料常数，见表 7-11。

(10) 环形浇口

环形浇口适用于管状、环状等回转类塑件，浇口是在流道与型腔之间的一个环状薄片，它可以在塑件的外面［见图 7-54(a)］，也可以在塑件的里面［见图 7-54(b)］，还可以在塑件的端面［见图 7-54(c)］。

图 7-55 是玩具车轮胎的环形浇口，环形浇口将上端封闭，为气动脱模创造条件。

(11) 伞形浇口

伞形浇口可以看做是环形浇口的特殊形式，见图 7-56。其中图 7-56(a) 浇口设置在塑件端面上，图 7-56(b) 浇口设置在塑件内表面上。

图中：$h=0.60\sim1.20$mm；$h_0=0.80\sim1.00$mm；$L=2.00\sim3.00$mm；$L_0=0.80\sim1.20$mm；$r_1=2.00\sim3.00$mm，$r_2=1.00\sim2.00$mm，$r_3=2.00\sim3.00$mm；$a=90°\sim120°$，$b=75°\sim90°$。

当 $a=b=180°$ 时，伞形浇口就变为盘形浇口，见图 7-57。

当伞形浇口不是全封闭，而是由三股或者四股流道进入型腔时，伞形浇口就变为爪形浇口，见图 7-58。

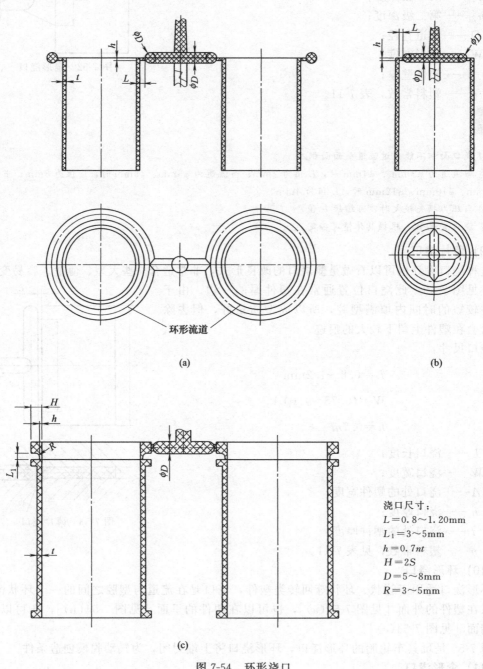

环形流道

(a)

(b)

浇口尺寸：
$L=0.8\sim1.20$mm
$L_1=3\sim5$mm
$h=0.7nt$
$H=2S$
$D=5\sim8$mm
$R=3\sim5$mm

(c)

图 7-54　环形浇口

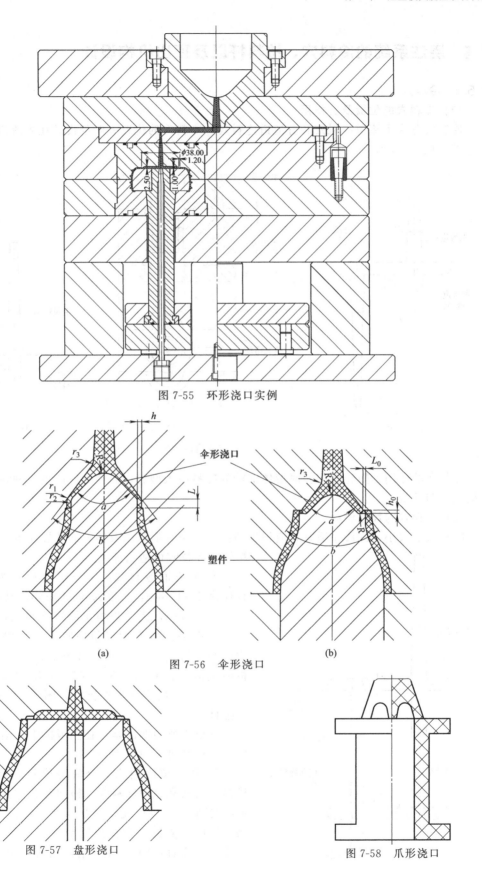

图 7-55 环形浇口实例

伞形浇口

塑件

(a) (b)

图 7-56 伞形浇口

图 7-57 盘形浇口

图 7-58 爪形浇口

7.5 浇注系统的冷料穴、拉料杆以及顶出机构设计

7.5.1 冷料穴

(1) 冷料穴的位置及其作用

冷料穴分为主流道冷料穴和分流道冷料穴。冷料穴的位置一般都设计在主流道和分流道的末端,见图 7-59。

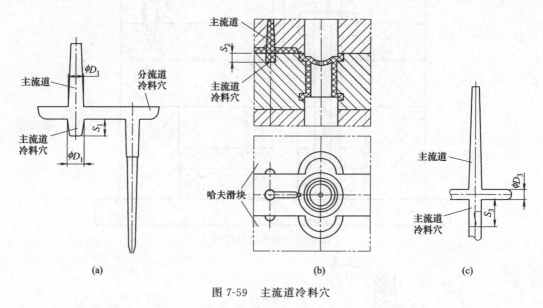

图 7-59 主流道冷料穴

冷料穴的作用是防止在注塑时熔体前端的冷料注入型腔,而使塑件产生各种缺陷,如填不满或影响外观。

(2) 冷料穴的尺寸设计

冷料穴的大小、深浅要适宜,应根据塑件的大小和形状以及塑料的特性而定,对于大型塑件,冷料穴可适当加大。

① 主流道冷料穴。主流道冷料穴为圆柱体,直径为 5~12mm,长度为 5~10mm,见图 7-59。

图 7-59(a) 为三板模主流道冷料穴,$S_1 = 5~8mm$。图 7-59(b) 为二板模哈夫滑块侧向抽芯结构中的冷料穴,$S_2 = 6~10mm$。图 7-59(c) 为二板模主流道冷料穴,$S_3 = (1~1.5)D_3$。图 7-59(a)、(b) 冷料穴下不加推杆,图 7-59(c) 则必须加推杆。

这里需要说明的是:在三板模中,由于主流道较短,通常可不设置冷料穴。

② 分流道冷料穴。分流道冷料穴有两部分:横向冷料穴和纵向冷料穴。横向冷料穴一般是分流道的延伸,延伸长度 L_2 为分流道直径的 1~1.5倍;纵向分流道通常在流道推杆的位置,长度 L_1 也是分流道直径的 1~1.5倍,见图 7-60。

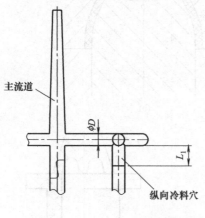

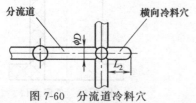

图 7-60 分流道冷料穴

7.5.2　拉料杆

(1) 主流道拉料杆

三板模的主流道不需要拉料杆，二板模主流道的拉料杆结构很多，见图 7-61，其中最常用的是图 7-61(a)、(b)、(c) 三种，但如果模具要进行自动化生产，则不能采用图 7-61

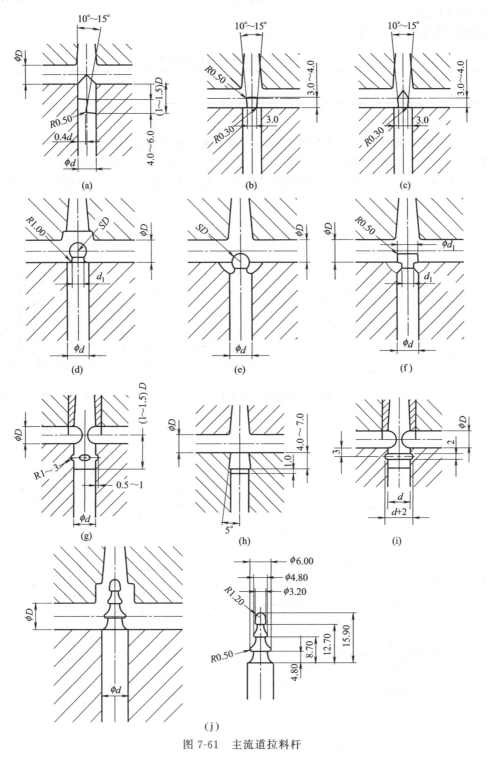

图 7-61　主流道拉料杆

（a）中的 Z 形拉料杆。另外，一模采用多根 Z 形拉料杆时，装配时拉料杆缺口方向要一致，而且全部朝下。

图 7-61（g）、（h）、（i）三种结构常用于动模镶件为哈夫镶拼结构，否则难以加工。

图 7-61（j）中的拉料杆称为塔式拉料杆，用于软质塑料，如 PVC、LDPE、EVA、TPE 和橡胶等的主流道。

拉料杆的直径见表 7-16。

表 7-16 　主流道拉料杆规格尺寸　　　　　　　　　mm

分流道直径 D	5	6	6	8	10	12
拉料杆直径 d	5	5	6	6	8	8

（2）分流道拉料杆

分流道拉料杆见图 7-62，其中图 7-62（a）为普通二板模分流道拉料杆，图 7-62（b）、（c）为二板模采用潜伏式浇口时分流道拉料杆，图 7-62（d）为二板模采用推板推出时的分流道拉料杆，图 7-62（e）为三板模中当纵向分流道在主流道下方时，采用浇口套拉料的结构。图

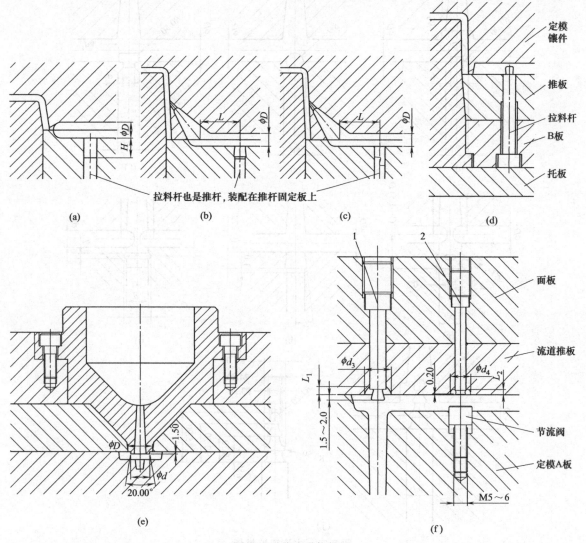

图 7-62 　分流道拉料杆

7-62(f) 为三板模中分流道的拉料杆，拉料杆 1 用于拉纵向流道内的凝料，拉料杆 2 用于有节流阀的分流道，防止流道凝料包住节流阀，一般情况不用。这两种拉料杆的尺寸见表 7-17。

表 7-17　三板模中分流道拉料杆尺寸　　　　　　　　　　　mm

D	d_1	d_2	H_1	R	D	d_1	d_2	H_1	R_1
4	3	2.3	2.5	0.5	4	3.6	3.3	1.5	0.2
5	3.5	2.8	3	0.5	5	4.5	4.1	2	0.2
6	4	3	3	0.5	6	5.5	5	3	0.2
8	5	4	4	0.5	8	7.5	7	4	0.2
10	6	4.8	5	0.5	10	9	8.5	5	0.2

(3) 拉料杆设计实例

① 三板模拉料杆。图 7-63 是三板模拉料杆的设计实例，塑件是一个回转体，需要用哈夫滑块进行侧向抽芯，塑件由两种塑料组成，主体是 ABS，外表面局部是 TPE。塑件要进行两次注射，第一次注射 ABS 主体，采用点浇口从塑件中心内表面进料，因为有两股纵向流道靠主流道很近，无法设置拉料杆，故浇口套前端采用倒钩拉料。第二次注射 TPE 时，采用侧浇口，分流道设置在两块哈夫滑块上。因为 TPE 是热塑性弹性体，简单来说就是一种类似橡胶的软胶塑料，对拉料杆的包紧力较小，故采用塔式拉料杆。

② 二板模推板推出拉料杆见图 7-64。

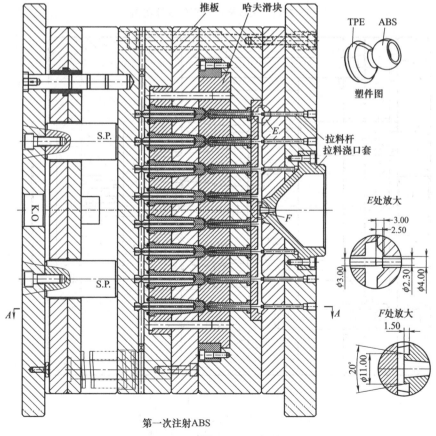

图 7-63

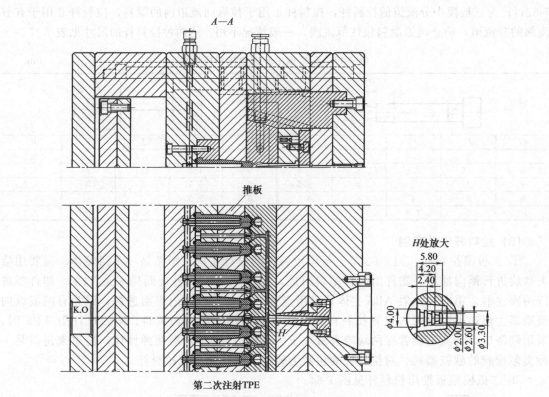

$A—A$

推板

H处放大

第二次注射TPE

图 7-63　三板模拉料杆的设计实例

K.O

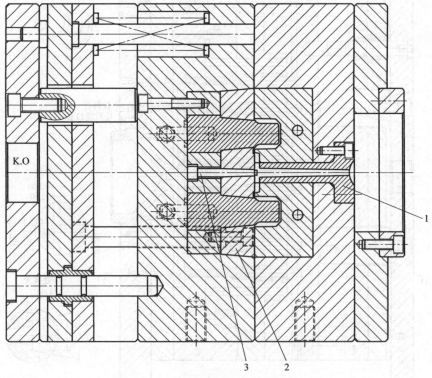

K.O

图 7-64　二板模推板推出拉料杆设计实例
1—浇口套；2—推块；3—拉料杆

7.6　二板模自动断浇机构

三板模的浇注系统凝料可以自动脱落，二板模的浇注系统凝料除潜伏式浇口外，通常和塑件一起由推杆同步顶出，脱模后再由人工切除浇口。为了满足注塑自动化生产的要求，二板模的浇注系统凝料也可以做到和塑件自动分离，方法是塑件和浇注系统凝料采用差动顶出（而不是同步顶出）。以下是几种典型结构。

（1）浇注系统凝料延时顶出

图 7-65 是采用流道推杆 5，使流道凝料后于塑件顶出，即延时顶出。开模后推杆 4 先将塑件顶出，推出 T 后推杆 5 再将浇注系统凝料顶出，这样就能够做到浇口和塑件自动切断。

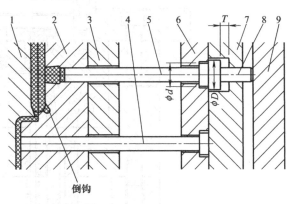

图 7-65　侧浇口自动断浇口结构

1—定模镶件；2—动模镶件；3—动模 B 板；4—塑件推杆；
5—流道推杆；6—推杆固定板；7—推杆底板；
8—延时销；9—模具底板

注意

主流道下的拉料杆也要和分流道拉料杆一样延时推出。

图 7-65 中：$T=5.00\sim6.00$mm，ϕD 比 ϕd 至少大 1.50mm。

（2）推板推出流道凝料超前顶出

图 7-66 是流道凝料超前顶出的设计实例。模具在完成注射成型后，动、定模打开，注塑机顶棍通过 K.O 孔推动推杆底板 5 和推杆固定板 4，进而推动流道推杆 3，由于浮动推杆 6 下有一段空行程 T，复位杆 2 没有和推杆 3 同步顶出，而是在流道推杆推出 T 行程后才推动塑件，这时流道凝料已和塑件分离，从而实现模具的自动断浇。图 7-66 中：$T=5.00\sim6.00$mm。

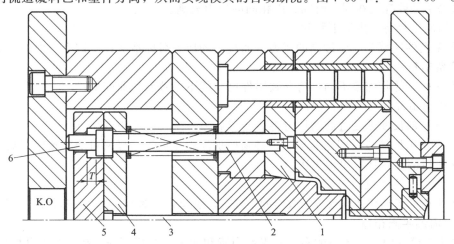

图 7-66　推板推出自动断浇口结构

1—推板；2—复位杆；3—推杆；4—推杆固定板；5—推杆底板；6—浮动推杆

（3）推杆推出时流道凝料超前顶出

图 7-67 是二板模推杆顶出时流道凝料超前顶出的实例。模具打开后，注塑机顶棍通过

K.O孔先推动浮动流道推杆4，将流道凝料先推出，浮动推杆推动T后，顶棍同时推动推杆固定板和浮动推杆，塑件和流道凝料脱离模具。图7-67中：$T=5.00\sim6.00$mm。

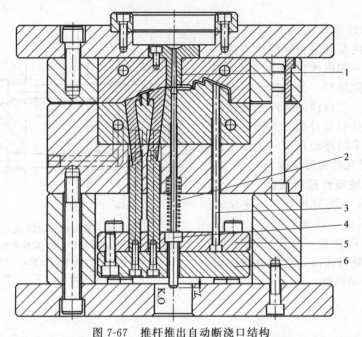

图 7-67　推杆推出自动断浇口结构
1—浇口套；2—弹簧；3—推杆；4—浮动流道推杆；5—推杆固定板；6—推杆底板

7.7　如何做到进料平衡

平衡进料是浇注系统设计时保证塑件质量的一个重要原则。根据这一原则，对单个型腔注塑模，要求所有熔体的流动路径应该同时以相同的压力充满型腔各角落；对多个型腔注塑模，要求每个型腔都应在同一时间、以相同的压力充满。

不平衡的进料将产生以下弊病。

① 先填满的区域会产生过高的压力，而过高的压力可能造成以下四个方面的缺陷。

a. 浪费塑料；

b. 不同区域的收缩率不同，将导致塑件尺寸的不一致及翘曲变形；

c. 脱模时造成塑件粘模、顶白；

d. 模具局部长期承受过高的压力将会变形而缩短模具的使用寿命。

② 为了填满熔体最后到达的地方，必须增加注塑压力，这样又可能导致以下缺陷。

a. 先充填的型腔部位出现飞边；

b. 需要加大注塑机的锁模力。

③ 不平衡的流动往往导致分子取向的不规则，引起收缩率不一致，使塑件产生翘曲变形。

7.7.1　分流道平衡布置

多腔注塑模具中，分流道的布置有平衡布置和非平衡布置两种，平衡布置是指熔体在差不多相同的时间内进入各个型腔。在浇注系统设计中，应优先选择平衡布置。

图7-68～图7-82所示是不同型腔数量采用分流道平衡布置的示意图。

几点说明：

① 从技术和经济两方面来综合考虑，一模的型腔数量不宜超过二十四腔。

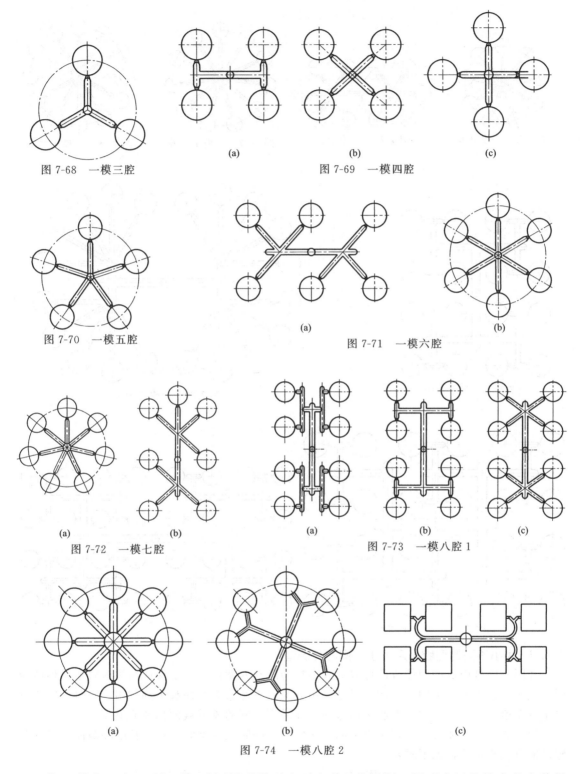

图 7-68 一模三腔

图 7-69 一模四腔

图 7-70 一模五腔

图 7-71 一模六腔

(a) (b)

图 7-72 一模七腔

图 7-73 一模八腔 1

(a) (b) (c)

图 7-74 一模八腔 2

② 一模十六腔以下都可以采用圆形排列达到流道平衡进料，圆形布置的缺点是流道凝料多，对模具分型面利用率不高，冷却水管加工较困难。

③ 以上平衡布置只是用于相同塑件或体积大致相等的多腔注塑模具，如果是体积相差较大的多腔注塑模，要达到进料平衡，还需要再调整浇口的宽度尺寸或分流道截面尺寸。

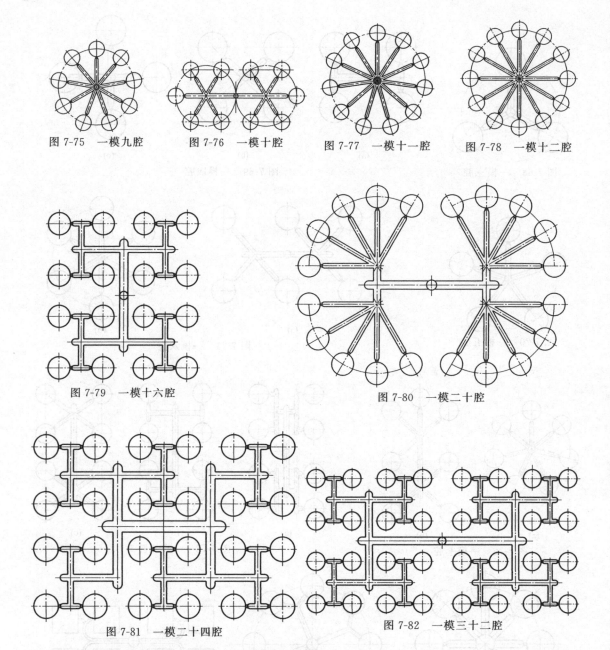

图 7-75　一模九腔　　　图 7-76　一模十腔　　　图 7-77　一模十一腔　　　图 7-78　一模十二腔

图 7-79　一模十六腔　　　　　　　　　图 7-80　一模二十腔

图 7-81　一模二十四腔　　　　　　　　图 7-82　一模三十二腔

7.7.2　大小不同的型腔采用大小不同的分流道

在同一模具中成型两件或两件以上大小较为悬殊的塑件，为了保证在注射时塑料熔体能同时充满模具上大小不同的型腔，只是采用分流道平衡布置往往起不到作用。这时可以通过修正分流道的方法来达到各型腔平衡进料，即采用不同的流道截面积和流道长度。

根据非牛顿流体力学原理可以证明，要使熔体同时充满型腔，流道长度和截面积必须与塑件的重量成正比，见下式：

$$W_1 : W_2 : \cdots : W_n = S_1 : S_2 : \cdots : S_n$$
$$= L_1 : L_2 : \cdots : L_n$$
$$= Q_1 : Q_2 : \cdots : Q_n$$

式中　W_1、W_2、$\cdots$、W_n——型腔成型塑件的重量；

Q_1、Q_2、$\cdots$、Q_n——分流道内所需的体积流量；

S_1、S_2、$\cdots$、S_n——分流道的横截面面积；

L_1、L_2、$\cdots$、L_n——分流道的长度；

n——模具中型腔的数量。

以上公式说明，分流道的截面积和塑件的重量成正比，而流道的长度和塑件重量成反比。根据这一原理，在一模多腔，且各腔大小不同的情况下，较大的塑件应该布置在离主流道较近的位置，而较小的塑件应该布置在离主流道较远的位置。如果无法做到这一点，也要设法改变分流道的长度，努力做到各腔进料大致平衡。

图 7-83 和图 7-84 是某电器产品的模具排位图。该模具中共有五件不同的塑料产品，只有一件一出四，其余都是一出一，而且塑件型腔①特别大。其中图 7-83 中的浇注系统不合理，原因是：塑件型腔②、③和④体积较小，分流道又较短，注塑时很快被填满，成型过程和其他型腔相比，尤其是和型腔①相比，差别很大，各腔收缩率无法做到一致，影响塑件的尺寸精度，甚至造成注塑困难：型腔①难以填满，为了填满型腔①必须加大注射压力，注射压力加大后，型腔②、③和④又容易出现飞边。

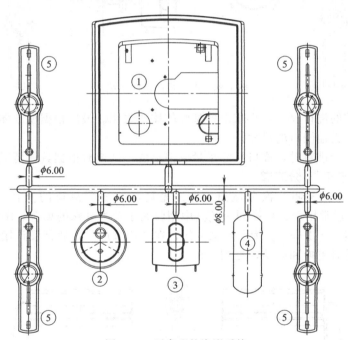

图 7-83　不合理的浇注系统

图 7-84 是改进后的浇注系统，它改变了各腔分流道的长度，并且在型腔①中增加了一个浇口，这样就可以使各腔的进料做到大致平衡。

7.7.3　大小不同的型腔采用大小不同的浇口

(1) 一模多腔，各腔相同

此时如果不能采用平衡的分流道，可采用浇口平衡法，以达到同时充满各型腔的目标。这种方法适用于多型腔的模具。浇口的平衡法有以下两种。

① 改变浇口的长度；

② 改变浇口的横切面面积，主要是改变浇口的宽度。

(2) 一模多腔，各腔不同

如果一模中的各腔投影面积不同，也可以采用不同大小的浇口来平衡进料。方法是：先

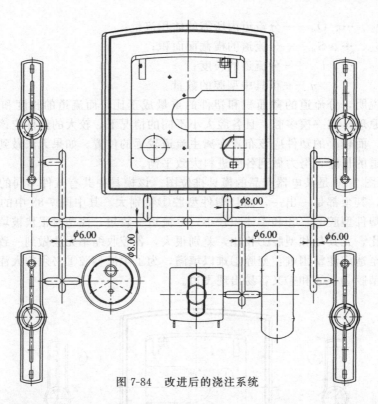

图 7-84　改进后的浇注系统

确定其中一个型腔的浇口尺寸，再求出各型腔的体积之比。最后根据型腔体积之比等于浇口
截面积之比来确定其他浇口的尺寸。

采用浇口来平衡进料时，浇口尺寸尽量取偏小值，试模时根据具体情况再修正。

7.7.4　采用"藕节形"分流道

"藕节形"分流道又叫二次分流道，方法是局部改变分流道的直径，见图 7-85 和图
7-86。这种分流道通常用于二板模同一模具中型腔大小较为悬殊的场合。图中 ϕd 一般在 1～
2.5mm 调试，L 取 5～10mm。为了调试方便，在"藕节形"处通常设计镶件，镶件两面都
有分流道，以便随时更换和调整，见图 7-87。

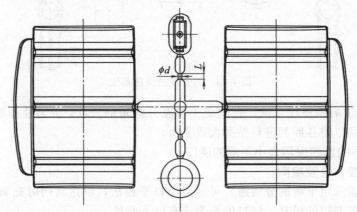

图 7-85　"藕节形"分流道实例 1

7.7.5　改变塑件不同部位的壁厚

由于结构和外观的原因，有时浇口位置可能是确定的，如图 7-88 所示，塑件为一个矩
形盘，浇口必须在矩形盘的中心，如果各处采用相同的壁厚 2.0mm，见图 7-88(a)，由于浅

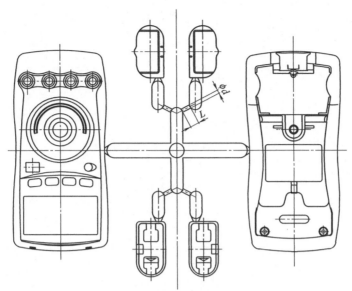

图 7-86 "藕节形"分流道实例 2

色区域流动路径最短，它将先于深色区域被充填满，形成不平衡流动。

可以通过以下方法来实现流动平衡。

① 导流，即增加壁厚以加速流动。该例中，将深色区域的壁厚从 2.0mm 增加到 2.5mm。

② 限流，即减少壁厚以减慢流动。该例中，将浅色区域的壁厚从 2.0mm 减少到 1.5mm。

通过调整塑件的壁厚，使塑件获得平衡的流动秩序，如图 7-88(c) 所示。

导流和限流各有其优缺点。

导流会增加塑料用量，并会延长冷却时间，从而可能会因冷却不均匀而造成塑件翘曲。然而，这种方法可以采用较低的注塑压力以降低浇口附近的应力大小，并且能得到较好的流动平衡，最后仍会使塑件翘曲变形减小。

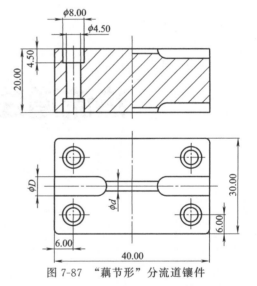

图 7-87 "藕节形"分流道镶件

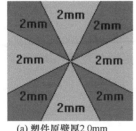

(a) 塑件原壁厚2.0mm

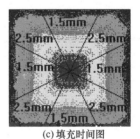

(c) 填充时间图

图 7-88 通过导流和限流来调节塑件的流动平衡

限流可以节约材料，且不会延长冷却时间，但会增加填充压力。

究竟采用导流还是限流，要取决于应力和压力的大小，有时两种方法同时采用能收到更好的效果。

导流和限流主要应用于大型的箱盖、面壳，以防止塑件变形，或用于解决塑件局部困气。

第**8**章

热流道注塑模具设计

8.1 热流道设计步骤

① 根据塑件结构和使用要求，确定进料口位置。只要塑件结构允许，在定模镶块内热射嘴不与成型结构干涉，热流道系统的进料口可放置在塑件的任何位置上。常规塑件注射成型的进料口位置通常根据经验选择。对于大而复杂的异型塑件，注射成型的进料口位置可运用计算机辅助分析（即 CAE 模流分析）模拟熔融状塑料在型腔内的流动情况，分析模具各部位的冷却效果，确定比较理想的进料口位置。

② 根据塑件的生产批量和注射设备的吨位大小，确定每模的腔数。

③ 由已确定的进料口位置和每模的腔数确定热射嘴的个数。如果成型某一产品，选择一模一件一个进料口，则只要一个热射嘴，即选用单头热流道系统；如果成型某一产品，选择一模多腔或一模一腔两个以上进料口，则就要多个热射嘴，即选用多头热流道系统，但对有横流道的模具结构除外。

④ 根据塑件重量和热射嘴个数，确定热射嘴径向尺寸的大小。目前相同形式的热射嘴有多个尺寸系列，分别满足不同重量范围内的塑件成型要求。

⑤ 确定热流道系统的热射嘴形式，是开放式还是针阀式。塑件材料和塑件的使用特性是选择热射嘴形式的关键因素，塑件的生产批量和模具的制造成本也是选择热射嘴形式的重要因素。

⑥ 根据塑件结构确定模具结构尺寸，再根据定模镶块和定模板的厚度尺寸选择热射嘴标准长度系列尺寸，计算热射嘴的热膨胀值，最后修整定模板的厚度尺寸及其他与热流道系统相关的尺寸。

⑦ 对于多点热射嘴模具，还要设计热流道板。内容包括热流道板的形状、热流道板的定位、热流道板的隔热、热流道固定板的形状等。

⑧ 引线槽设计，包括热射嘴引线槽和热流道板的引线槽设计。

⑨ 热流道的冷却。在热流道板、热射嘴附近设计足够的冷却水道。

⑩ 完成热流道系统的设计图绘制。

8.2 热射嘴设计

8.2.1 热射嘴分类

热喷嘴一般有开放式热喷嘴、针阀式热喷嘴和其他几种特殊形式，见图 8-1 和图 8-2。由于热喷嘴形式直接决定热流道系统的选用和模具的制造，因而常将相应的热流道系统分成开放式热流道系统和针阀式热流道系统。针阀式热流道系统又可根据针阀的控制方式分为汽缸式热流道系统和弹簧式热流道系统。

针阀式热射嘴有以下优点。

① 针阀由气动或液压控制，能有效缩短成型周期，提高注塑速度；

② 无浇口痕迹，能有效提高表面质量，广泛应用于精细表面的加工；

③ 对注塑材料有良好的适应性，能加工难成型材料，并达到最佳注塑效果；

④ 可防止开模时出现拉丝现象及流涎现象；

⑤ 当注塑机螺杆后退时，可有效地防止从模腔中反吸熔体；

⑥ 能配合顺序控制以减少制品熔接痕。

选择热射嘴需要考虑的因素见图 8-3。

8.2.2 热射嘴规格及其参数

不同热射嘴的规格及其流道直径、浇口直径和容纳塑料的质量见表 8-1。

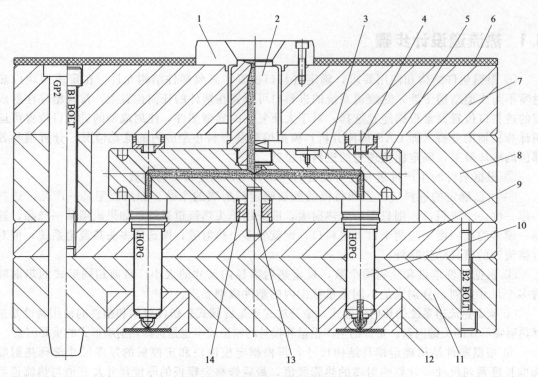

图 8-1　开放式热射嘴热流道系统

1—定位圈；2——级热射嘴；3—热流道板；4,14—隔热圈；5—加热器；6—隔热板；7—面板；8—撑板；
9—垫板；10—二级热射嘴；11—定模 A 板；12—定模镶件；13—定位销

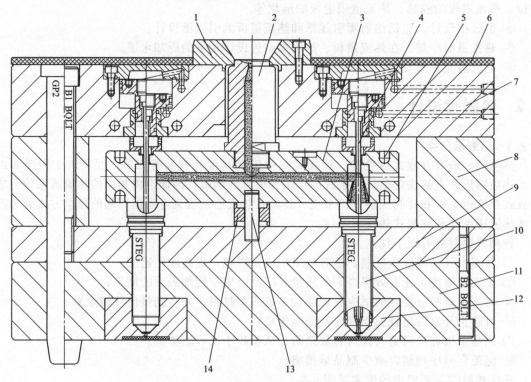

图 8-2　针阀式热射嘴热流道系统

1—定位圈；2——级热射嘴；3—热流道板；4—阀针；5—加热器；6—隔热板；7—面板；8—撑板；9—垫板；
10—二级热射嘴；11—定模 A 板；12—定模镶件；13—定位销；14—隔热圈

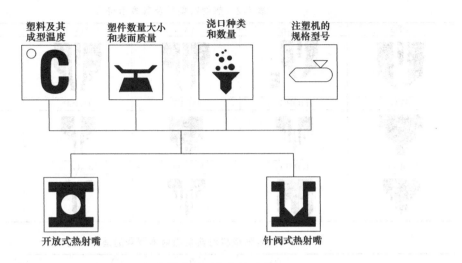

图 8-3　选择热射嘴需要考虑的因素

表 8-1　热射嘴参数

热射嘴规格	流道直径/mm		质量/g	浇口直径/mm	
	开放式	针阀式		开放式	针阀式
28	○ φ4.5		≤50	0.8~1.5	
32	● φ5.0	◎ φ7~4.0	≤100	1.5~2.0	0.8~2.0
36	● φ7.0	◎ φ9~4.0	≤300	2.0~2.5	2.0~2.5
40	● φ9.0	● φ5.0	≤600（开放式）≤800（针阀式）	2.5~3.0	2.5~4.5
44		◉ φ16~8.0	≤1500		4.5~6.0
	○ φ4.0		≤10	0.8~1.5	

8.2.3　热射嘴型号及其表示符号

我国目前还没有关于热流道射嘴和热流道板的国家标准，各热流道公司的规格型号都不尽相同。表 8-2 是信好热流道科技有限公司（HOT-SYS CO.，LTD）热射嘴型号及其表示符号，本书详细介绍了该公司热流道系统的设计标准。

8.2.4　各种塑料对热射嘴的适用情况

表 8-3 为各种塑料对典型热射嘴型号的适用一览表。

表 8-2　热射嘴型号及其表示符号

STG	STGE	TVG	HVG	MVG
SVG	HOPG	HOPB	HOSP	HOCEPG
HOCPG	HOMPG	HODPG	SINGLE	

表 8-3　各种塑料对典型热射嘴型号的适用一览表

射嘴规格型号 / 塑料范围	STG	TVG	HVG	STGE	SVG 组合 ①STG&STGE ②TVG ③HVG
PE	●	●	○	●	●
PP	●	●	○	●	●
LCP	○	○	◐	●	●
PA11	◐	○	●	●	●
PA12	◐	○	●	●	●
PA610	◐	○	●	●	●
PA6	◐	○	●	●	●
PA66	◐	○	●	●	●
PET	◐	○	●	●	●
PBT	◐	○	●	●	●
PPS	○	○	●	●	●
PEEK	○	○	●	●	●
POM	○	○	●	●	●
PPO	●	●	○	●	●
PEI	●	○	○	●	●
PMMA	●	●	○	●	●
ABS	●	●	○	●	●
SAN	●	●	○	●	●
PS	●	●	○	●	●
SB	●	●	○	●	●
PES	●	●	○	●	●
PSU	●	●	○	●	●
PVC	●	○	○	●	●
PC	●	○	●	●	●
CAB	●	●	●	●	●
TPU	●	●	○	●	●
FLAME RETARDANTS	●	●	●	●	●
FILLER	○	◐	●	●	●
RENIFORCEMENTS	○	○	●	●	●
STABILIZERS	●	●	●	●	●
SHEAR SENSITIVE	◐	◐	◐	◐	◐

注：结晶性塑料（PE～POM）；非结晶性塑料（PPO～TPU）；添加剂（FLAME RETARDANTS～SHEAR SENSITIVE）

注：●表示好；◐表示一般；○表示不适用。

8.2.5　开放式热射嘴

（1）无流道板开放式热射嘴

① 大型开放式热射嘴（DME 标准）：见图 8-4。

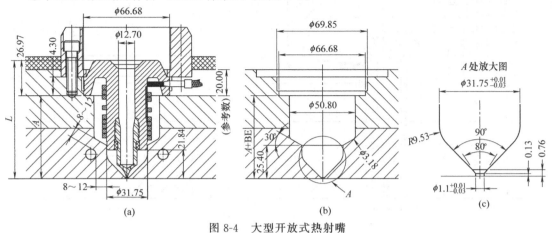

图 8-4　大型开放式热射嘴

a. BE 为热膨胀增值，温差为 150℃和 230℃的取值见表 8-4。

b. 电热线和温热线要有足够的凹槽以便与模外的设备连接。

c. 图 8-4 中热射嘴为常用规格，射嘴头可用 DME 标准的其他型号。

d. 图 8-4 中定位圈仅供参考。

表 8-4　DME 大型开放式热射嘴规格尺寸　　　　　　　　　　　　mm

规　　格		GMB0008	GMB009
L		90.47	115.88
A		63.50	88.90
温差 150℃	A＋BE	63.59	89.03
	塑料名称	EVA、PS、ABS、SB、PMMA、PFED、PA6、CA、CAB、SAN、PVC rigid、PVC soft、PUR、PETP、PA66	
温差 230℃	A＋BE	63.65	89.11
	塑料名称	LDPE、HDPE、PP、ASA、PA66、PB、PBTP、PAE、PC、PSO、PPS、PAS、PA610、PPO、PES	

② 中型开放式热射嘴（DME 标准）：见图 8-5。

a. BE 为热膨胀增值，温差为 150℃和 230℃的取值见表 8-5。

b. 电热线和温热线要有足够的凹槽以便与模外的设备连接。

c. 图 8-5 中热射嘴为常用规格，射嘴头可用 DME 标准的其他型号。

d. 图 8-5 中定位圈仅供参考。

③ 小型开放式热射嘴（DME 标准）：见图 8-6。

a. BE 为热膨胀增值，温差为 150℃和 230℃的取值见表 8-6。

b. 电热线和温热线要有足够的凹槽以便与模外的设备连接。

c. 图 8-6 中热射嘴为常用规格，射嘴头可用 DME 标准的其他型号。

d. 图 8-6 中定位圈仅供参考。

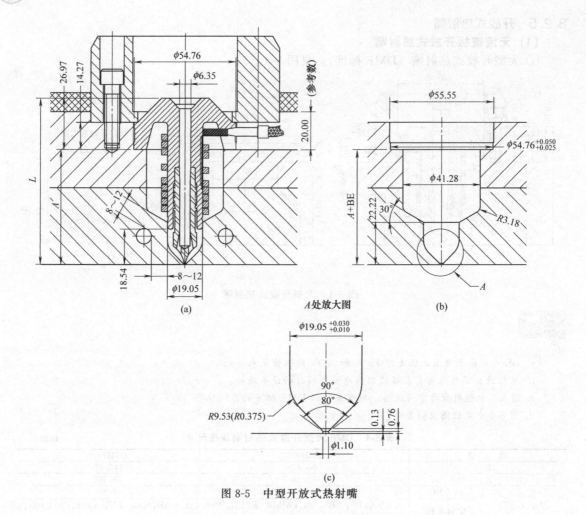

图 8-5　中型开放式热射嘴

表 8-5　DME 中型开放式热射嘴规格尺寸　　　　mm

规　　格		GMB-523-2	GMB-533-2
L		87.30	112.7
A		60.33	85.73
温差 150℃	A＋BE	60.41	85.85
	塑料名称	EVA、PS、ABS、SB、PMMA、PFED、PA6、CA、CAB、SAN、PVC rigid、PVC soft、PUR、PETP、PA66	
温差 230℃	A＋BE	60.47	85.93
	塑料名称	LDPE、HDPE、PP、ASA、PA66、PB、PBTP、PAE、PC、PSO、PPS、PAS、PA610、PPO、PES	

表 8-6　DME 小型开放式热射嘴热膨胀尺寸　　　　mm

规　　格		GMB0116	规　　格		GMB0116
温差 150℃	A＋BE	34.98	温差 230℃	A＋BE	35.01
	塑料名称	EVA、PS、ABS、SB、PMMA、PFED、PA6、CA、CAB、SAN、PVC rigid、PVC soft、PUR、PETP、PA66		塑料名称	LDPE、HDPE、PP、ASA、PA66、PB、PBTP、PAE、PC、PSO、PPS、PAS、PA610、PPO、PES

（2）有热流道板开放式热射嘴

① SPRUE-BUSH-50 型：见图 8-7。

② SPRUE-BUSH-90 型：见图 8-8。

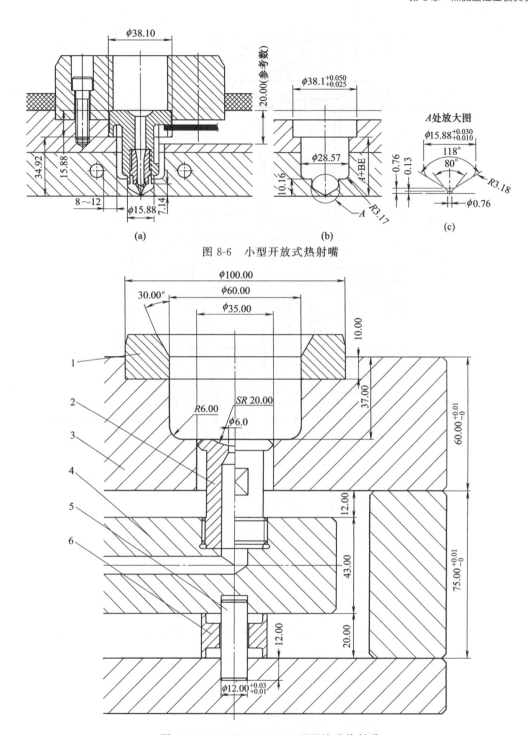

图 8-6　小型开放式热射嘴

图 8-7　SPRUE-BUSH-50 型开放式热射嘴

1—定位圈；2—一级热射嘴（M30mm×50mm）；3—模具面板；4—热流道板（厚度 43mm）；
5—定位销（ϕ12mm×36.0mm）；6—隔热圈（ϕ30mm×20.0mm）

③ SPRUE-BUSH-90IST 型：见图 8-9。

8.2.6　针阀式热射嘴系统

本章针阀式热流道系统主要采用信好热流道科技有限公司（HOT-SYS CO.，LTD）标准。

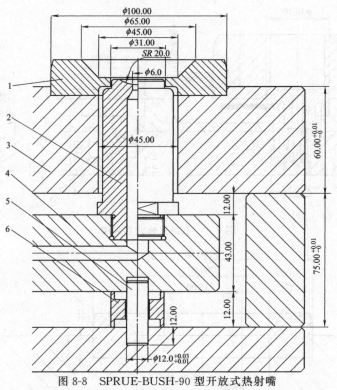

图 8-8　SPRUE-BUSH-90 型开放式热射嘴

1—定位圈；2——级热射嘴（M30mm×90mm，SR20.0）；3—模具面板；4—热流道板（厚度 43mm）；
5—定位销（φ12mm×36.0mm）；6—隔热圈（φ30mm×20.0mm）

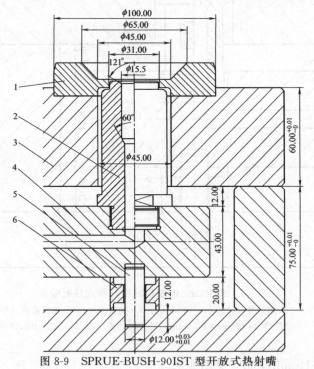

图 8-9　SPRUE-BUSH-90IST 型开放式热射嘴

1—定位圈；2——级热射嘴（M30mm×90mm，φ15.5）；3—模具面板；4—热流道板（厚度 43mm）；
5—定位销（φ12mm×36.0mm）；6—隔热圈（φ30mm×20.0mm）

8.2.6.1　STG 系列限流针阀式热射嘴系统

(1) STG 系列针阀式热射嘴系统的基本结构（见图 8-10）

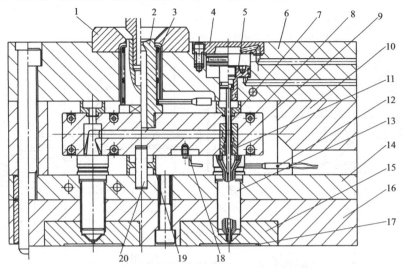

图 8-10　STG 系列针阀式热射嘴系统的基本结构

1—定位圈；2——级热射嘴；3—电热丝；4—压盖；5—活塞；6—面板；7—隔热片；8—电热器；9—热流道板；
10—支撑板；11—阀针导套；12—电线；13—二级热射嘴；14—热射嘴固定板；15—定模镶件；
16—定模 A 板；17—塑件；18—传感器；19—中心隔热圈；20—定位销

(2) STG 系列针阀式热射嘴系统功能特点（见图 8-11）

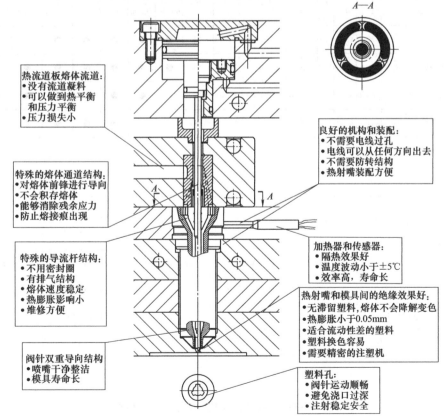

图 8-11　STG 系列针阀式热射嘴系统功能特点

（3）STG 系列针阀式热射嘴系统的规格型号（见图 8-12）

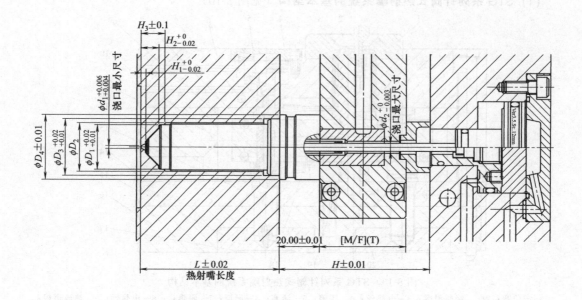

mm

项目型号	热射嘴				阀针			H	H₁	H₂	H₃	[M/F](T)	热射嘴长度							
	D_1	D_2	D_3	D_4	d_2	d_1 min	d_1 max						60.00	70.00	80.00	90.00	100.00	110.00	120.00	130.00
STG2032	φ22.0	φ24.0	φ28.0	φ32.0	4.00	0.8	2.0	75	2.50	9.00	12.00	43	●	●	●	●	●			
STG2036	φ26.0	φ28.0	φ32.0	φ36.0	4.00	1.2	2.5	75	2.50	11.00	14.00	43		●	●	●	●	●		
STG2040	φ30.0	φ32.0	φ36.0	φ40.0	6.00	2.5	4.5	80	3.00	14.00	17.50	48		●	●	●	●	●	●	●
STG2044	φ34.0	φ36.0	φ40.0	φ44.0	8.00	4.5	6.0	80	4.00	15.00	18.50	48		●	●	●	●	●	●	●

mm

项目型号	流道直径	最大质量/g	活塞规格	浇口直径		常用塑料	
				min	max	非结晶性塑料	结晶性塑料
STG2032	φ7.0～4.0	100	VER 3.5	φ0.8	φ2.0	PPO,PEI,PMMA	PE,PP
STG2036	φ9.0～4.0	300	VER 3.5	φ2.0	φ2.5	ABS,SAN,PS	
STG2040	φ12～6.0	800	VER 3.0	φ2.5	φ4.5	SB,PES,PSU	
STG2044	φ16～8.0	1500	VER 3.0	φ4.5	φ6.0	PVC,PC,CAB,TPU	

图 8-12　STG 系列针阀式热射嘴系统的规格型号

（4）STG2032 型和 STG2036 型气阀装配图（见图 8-13）

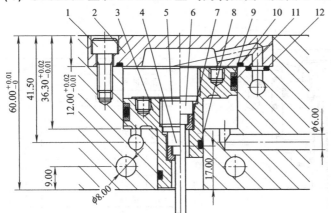

气压	6bar＝96kg
活塞冲程	12mm
VER3.5 只能用气压	

序号	名称	数量
1	螺钉 M6	4
2	压盖	1
3	活塞	1
4	阀针	1
5	螺塞 M16	1
6	阀针抵柱	1
7	阀针套	1
8	O 形密封圈	1
9	O 形密封圈	1
10	环	1
11	O 形密封圈	1
12	O 形密封圈	1

(a) STG2032 型和 STG2036 型气阀装配图

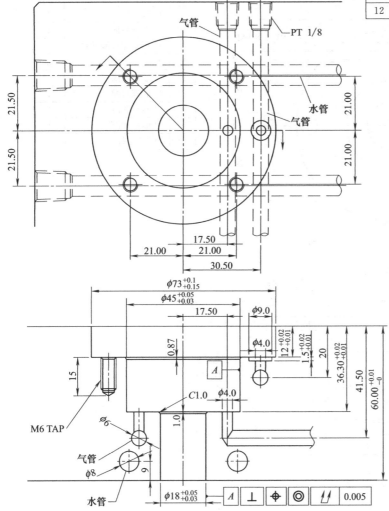

(b) 面板安装尺寸

图 8-13　STG2032 型和 STG2036 型气阀装配图

(5) STG2040 型和 STG2044 型气阀装配图（见图 8-14）

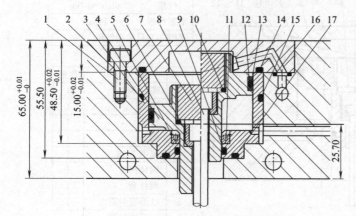

(a) STG2040型和STG2044型气阀结构

气压	6bar＝120kg
活塞冲程	15mm
VER3.0 可以用气压，也可以用液压	

序号	名称	数量
1	螺钉 M6	4
2	压盖	1
3	汽缸	1
4	活塞	1
5	卡环	1
6	阀针套	1
7	螺塞 M24	1
8	阀针	1
9	O 形密封圈	1
10	O 形密封圈	1
11	U 形氟化橡胶垫圈	1
12	环	2
13	O 形密封圈	1
14	O 形密封圈	1
15	O 形密封圈	1
16	O 形密封圈	1
17	O 形密封圈	1

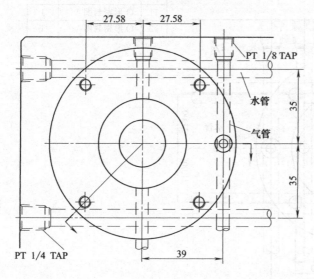

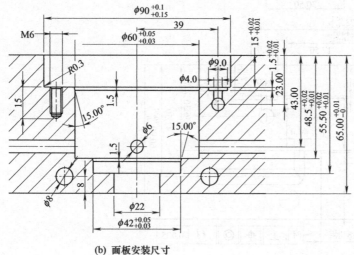

(b) 面板安装尺寸

图 8-14　STG2040 型和 STG2044 型气阀装配图

8.2.6.2　STGE 系列针阀式热射嘴系统
(1) STGE 系列针阀式热射嘴系统的基本结构（见图 8-15）

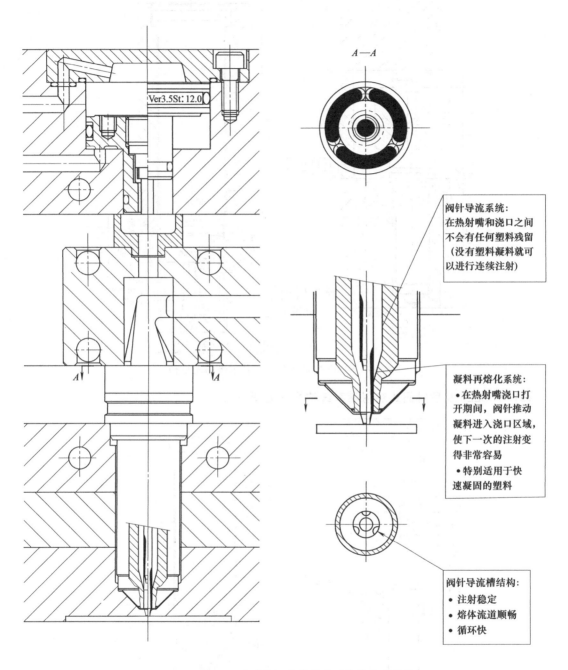

图 8-15　STGE 系列针阀式热射嘴系统的基本结构

（2）STGE2032 型针阀式热射嘴系统结构（见图 8-16）

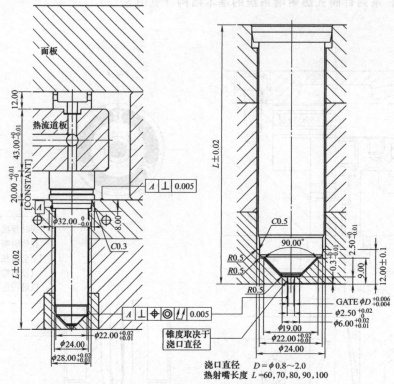

面板

热流道板

浇口直径 $D=\phi 0.8\sim 2.0$
热射嘴长度 $L=60,70,80,90,100$

图 8-16　STGE2032 型针阀式热射嘴系统结构

（3）STGE2036 型针阀式热射嘴系统结构（见图 8-17）

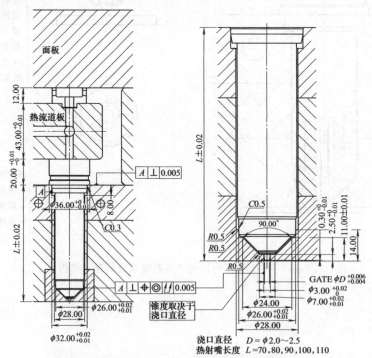

面板

热流道板

浇口直径 $D=\phi 2.0\sim 2.5$
热射嘴长度 $L=70,80,90,100,110$

图 8-17　STGE2036 型针阀式热射嘴系统结构

(4) STGE2040 型针阀式热射嘴系统结构（见图 8-18）

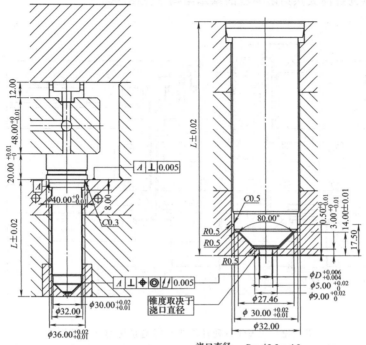

浇口直径　　$D = \phi 2.5 \sim 4.0$
热射嘴长度　$L = 70, 80, 90, 100, 110, 120, 130$

图 8-18　STGE2040 型针阀式热射嘴系统结构

(5) STGE2044 型针阀式热射嘴系统结构（见图 8-19）

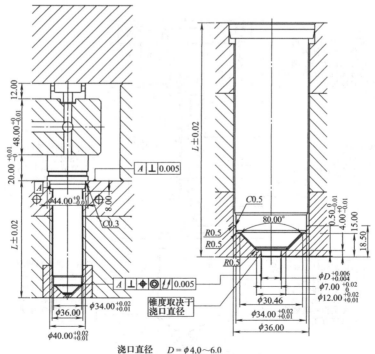

浇口直径　　$D = \phi 4.0 \sim 6.0$
热射嘴长度　$L = 80, 90, 100, 110, 120, 130, 140$

图 8-19　STGE2044 型针阀式热射嘴系统结构

8.2.6.3 TVG 系列针阀式热射嘴系统
（1）TVG 系列针阀式热射嘴系统的基本结构（见图 8-20）

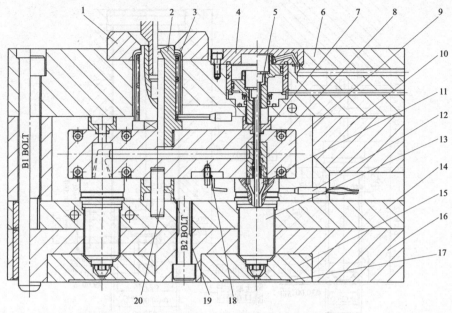

图 8-20　TVG 系列针阀式热射嘴系统的基本结构

1—定位圈；2—一级热射嘴；3—电热丝；4—压盖；5—活塞；6—面板；7—隔热片；8—电热器；9—热流道板；
10—支撑板；11—阀针导套；12—电线；13—二级热射嘴；14—热射嘴固定板；15—定模镶件；
16—定模 A 板；17—塑件；18—传感器；19—中心隔热片；20—定位销

（2）TVG 系列针阀式热射嘴系统的功能特点（见图 8-21）

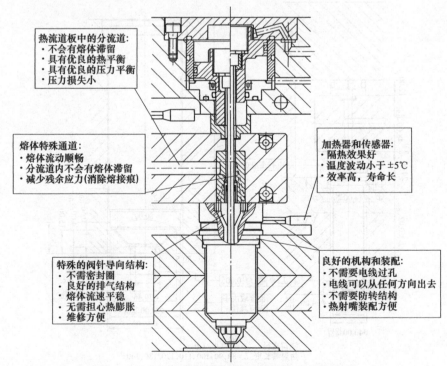

图 8-21　TVG 系列针阀式热射嘴系统的功能特点

(3) TVG 系列热射嘴的规格型号及其尺寸（见图 8-22）

mm

项目	2032 TVG	2036 TVG	2040 TVG	2044 TVG
H_1	2.00	2.00	3.00	3.50
H_2	5.20	6.75	7.62	9.70
H_3	8.75	10.50	13.00	12.50
H_4	12.00	14.00	16.00	16.00
H_5	15.20	17.51	19.50	18.36

mm

TYPE / SPEC	2032 TVG	2036 TVG	2040 TVG	2044 TVG
[M/F](T)	43	43	48	48

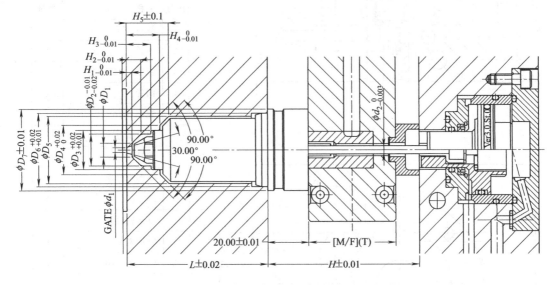

mm

参数 型号	热射嘴							阀针			H	活塞型号	热射嘴长度							
	D_1	D_2	D_3	D_4	D_5	D_6	D_7	d_2	GATE d_1 min	GATE d_1 max			60.00	70.00	80.00	90.00	100.00	110.00	120.00	130.00
2032 TVG	5.00	11.40	14.00	17.60	24.00	28.00	32.00	4.00	1.5	2.0	75	VER 3.5	●	●	●	●	●			
2036 TVG	5.50	15.00	18.00	22.00	29.00	32.00	36.00	4.00	2.0	2.5	75	VER 3.5		●	●	●	●	●		
2040 TVG	8.71	18.00	22.00	26.00	33.00	36.00	40.00	6.00	2.5	4.5	80	VER 3.0			●	●	●	●	●	●
2044 TVG	10.00	22.40	26.00	32.27	37.00	40.00	44.00	8.00	4.5	6.0	80	VER 3.0				●	●	●	●	●

mm

参数 型号	热流道直径	质量/g ≤	浇口直径		塑料	
			min	max	非结晶性	结晶性
2032 TVG	$\phi 8.0 \sim 4.0$	100	$\phi 1.5$	$\phi 2.0$	PPO,PMMA,ABS	PE,PP
2036 TVG	$\phi 9.0 \sim 4.0$	300	$\phi 2.0$	$\phi 2.5$	SAN,PS,PSU	
2040 TVG	$\phi 12 \sim 6.0$	800	$\phi 2.5$	$\phi 4.5$		
2044 TVG	$\phi 16 \sim 8.0$	1500	$\phi 4.5$	$\phi 6.0$	TPU,HIPS	

图 8-22　TVG 系列热射嘴的规格型号及其尺寸

（4）2032TVG 型和 2036TVG 型气阀装配图（见图 8-23）

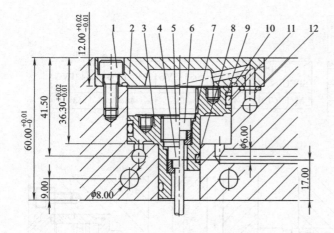

气压	6bar＝96kg
活塞冲程	12mm
VER3.5 只能用气压	

序号	名称	数量
1	螺钉 M6	4
2	压盖	1
3	活塞(ϕ45×35.3)	1
4	阀针	1
5	螺塞 M16	1
6	阀针抵柱	1
7	阀针套	1
8	O 形密封圈	1
9	环	1
10	O 形密封圈	1
11	O 形密封圈	1
12	O 形密封圈	1

图 8-23　2032TVG 型和 2036TVG 型气阀装配图

(5) 2040TVG 型和 2044TVG 型气阀装配图（见图 8-24）

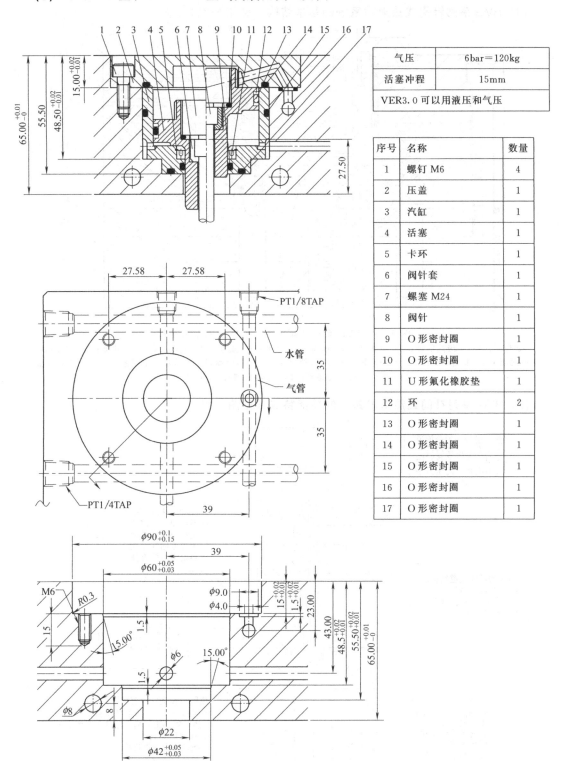

气压	6bar＝120kg
活塞冲程	15mm
VER3.0 可以用液压和气压	

序号	名称	数量
1	螺钉 M6	4
2	压盖	1
3	汽缸	1
4	活塞	1
5	卡环	1
6	阀针套	1
7	螺塞 M24	1
8	阀针	1
9	O 形密封圈	1
10	O 形密封圈	1
11	U 形氟化橡胶垫	1
12	环	2
13	O 形密封圈	1
14	O 形密封圈	1
15	O 形密封圈	1
16	O 形密封圈	1
17	O 形密封圈	1

图 8-24　2040TVG 型和 2044TVG 型气阀装配图

8.2.6.4 HVG 系列针阀式热射嘴系统

（1）HVG 系列针阀式热射嘴系统的基本结构（见图 8-25）

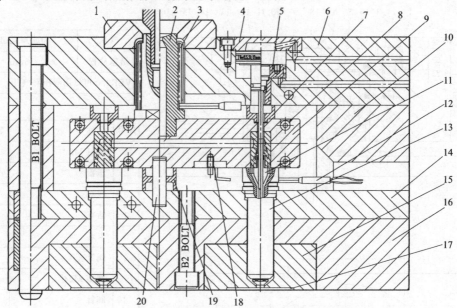

图 8-25　TVG 系列针阀式热射嘴系统的基本结构

1—定位圈；2——级热射嘴；3—电热丝；4—压盖；5—活塞；6—面板；7—隔热片；8—电热器；9—热流道板；
10—支撑板；11—阀针导套；12—电线；13—二级热射嘴；14—热射嘴固定板；15—定模镶件；16—定模 A 板；
17—塑件；18—传感器；19—中心隔热片；20—定位销

（2）HVG 系列针阀式热射嘴系统的功能特点（见图 8-26）

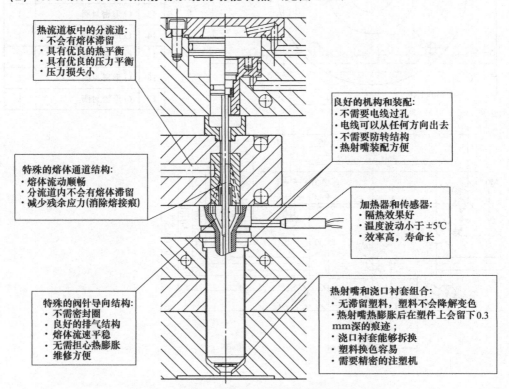

图 8-26　HVG 系列针阀式热射嘴系统的功能特点

（3）HVG 系列针阀式热射嘴系统的规格型号及其尺寸（见图 8-27）

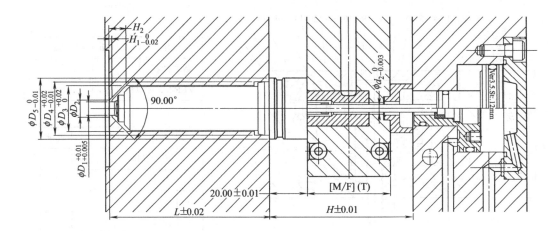

mm

尺寸 型号	2032	2036	2040	2044
H_1	1.50	1.50	2.50	3.00
H_2	9.00	11.00	12.50	13.36

mm

型号	2032	2036	2040	2044
[M/F](T)	43	43	48	48

mm

尺寸 型号	热射嘴					阀针	H	活塞 型号	热射嘴长度						
	D_1	D_2	D_3	D_4	D_5	d_2			55.00	65.00	75.00	85.00	95.00	105.00	115.00
2032	7.00	9.00	24.00	28.00	32.00	4.00	75	VER 3.5	●	●	●	●	●		
2036	9.00	10.00	29.00	32.00	36.00	4.00	75	VER 3.5	●	●	●	●	●	●	
2040	12.00	13.00	33.00	36.00	40.00	6.00	80	VER 3.0		●	●	●	●	●	●
2044	15.00	16.27	37.00	40.00	44.00	8.00	80	VER 3.0		●	●	●	●	●	●

mm

参数 型号	热流道直径	质量/g ≤	浇口直径		塑 料	
			min	max	非结晶性	结晶性
2032 HVG	$\phi 7.0\sim 4.0$	100	$\phi 1.5$	$\phi 2.0$		PA6,PA66,PET,PBT,POM
2036 HVG	$\phi 9.0\sim 4.0$	300	$\phi 2.0$	$\phi 2.5$		
2040 HVG	$\phi 12\sim 6.0$	800	$\phi 2.5$	$\phi 4.5$		PA6,PA66,PET,PBT,POM +GLASS AND ADDITIVE
2044 HVG	$\phi 16\sim 8.0$	1500	$\phi 4.5$	$\phi 6.0$		

图 8-27　HVG 系列针阀式热射嘴系统的规格型号及其尺寸

（4）HVG2040 型和 HVG2044 型热射嘴系统装配图（见图 8-28）

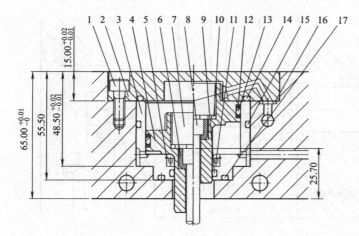

气压	6bar＝120kg
活塞冲程	15mm
VER3.0 可以用气压，也可以用液压	

序号	名称	数量
1	螺钉 M6	4
2	压盖	1
3	汽缸	1
4	活塞	1
5	卡环	1
6	阀针套	1
7	螺塞 M24	1
8	阀针	1
9	O 形密封圈	1
10	O 形密封圈	1
11	U 形氟化橡胶垫	1
12	前后环	2
13	O 形密封圈	1
14	O 形密封圈	1
15	O 形密封圈	1
16	O 形密封圈	1
17	O 形密封圈	1

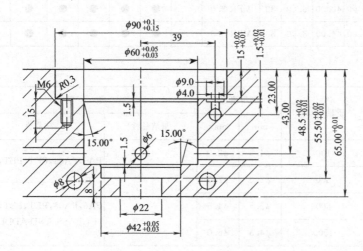

图 8-28　HVG2040 型和 HVG2044 型热射嘴系统装配图

（5）HVG2032 型和 HVG2036 型热射嘴系统装配图（见图 8-29）

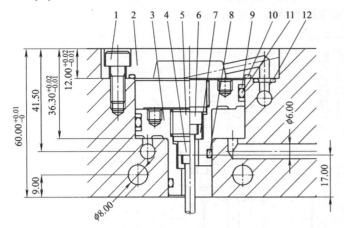

气压	6bar＝96kg
活塞冲程	12mm
VER3.5 只能用气压	

序号	名称	数量
1	螺钉 M6	4
2	压盖	1
3	活塞（$\phi45\times35.3$）	1
4	阀针	1
5	螺塞 M16	1
6	阀针抵柱	1
7	阀针套	1
8	O 形密封圈	1
9	前后环	1
10	O 形密封圈	1
11	O 形密封圈	1
12	O 形密封圈	1

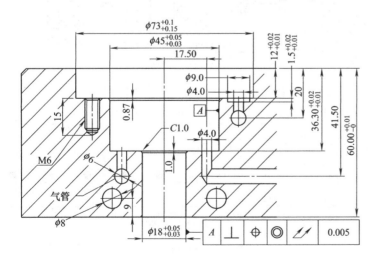

图 8-29　HVG2032 型和 HVG2036 型热射嘴系统装配图

8.2.6.5 MVG 系列针阀式热射嘴系统

（1）MVG 系列针阀式热射嘴系统的基本结构（见图 8-30）

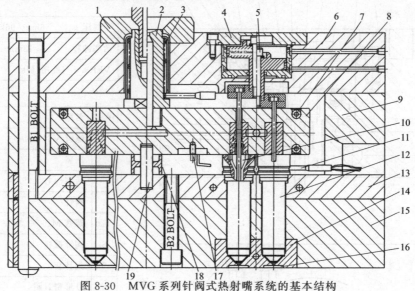

图 8-30　MVG 系列针阀式热射嘴系统的基本结构

1—定位圈；2——级热射嘴；3—电热丝；4—压盖；5—螺钉；6—面板；7—电热器；8—热流道板；9—支撑板；
10—阀针导套；11—电线；12—二级热射嘴；13—热射嘴固定板；14—定模镶件；15—定模 A 板；
16—塑件；17—传感器；18—中心隔热片；19—定位销

（2）MVG 系列针阀式热射嘴系统规格型号（见图 8-31）

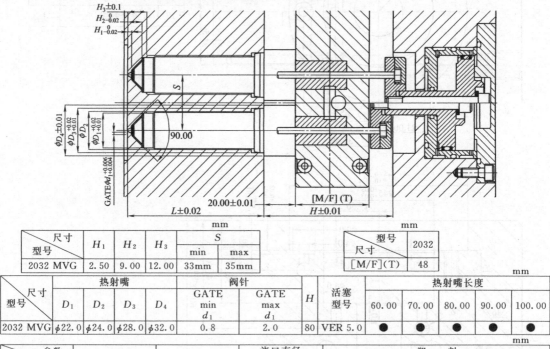

尺寸 型号	H_1	H_2	H_3	S min	S max
2032 MVG	2.50	9.00	12.00	33mm	35mm

mm

型号 尺寸	2032
[M/F]（T）	48

mm

尺寸 型号	热射嘴				阀针		H	活塞 型号	热射嘴长度				
	D_1	D_2	D_3	D_4	GATE min d_1	GATE max d_1			60.00	70.00	80.00	90.00	100.00
2032 MVG	$\phi22.0$	$\phi24.0$	$\phi28.0$	$\phi32.0$	0.8	2.0	80	VER 5.0	●	●	●	●	●

mm

参数 型号	热流道直径	质量/g ≤	浇口直径 min	浇口直径 max	塑料 非结晶性	塑料 结晶性
2032 MVG	$\phi7.0\sim4.0$	100	$\phi0.8$	$\phi2.0$	PPO，PEI，PMMA ABS，SAN，PS SB，PES，PSU PVC，PC，CAB，TPU	与 STGE 系列相同

图 8-31　MVG 系列针阀式热射嘴系统规格型号

(3) MVG 系列热射嘴系统气阀装配图（见图 8-32）

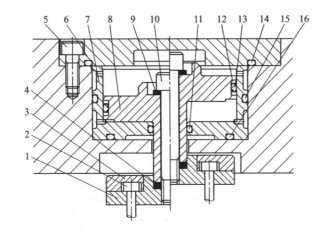

气压	6bar＝170kg
活塞冲程	12mm
VER5.0 只可以用气压	

序号	名称	数量
1	阀针固定板	1
2	阀针	1
3	阀针压板	1
4	垫片	1
5	螺钉 M6	4
6	压盖	1
7	汽缸	1
8	活塞	1
9	垫片	1
10	螺钉	1
11	O 形密封圈	1
12	前后环	2
13	O 形密封圈	1
14	O 形密封圈	1
15	O 形密封圈	1
16	O 形密封圈	1

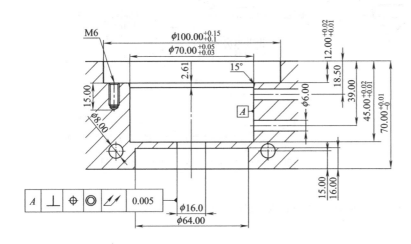

图 8-32　MVG 系列热射嘴系统气阀装配图

（4）MVG2032 型两点热射嘴系统结构（见图 8-33）

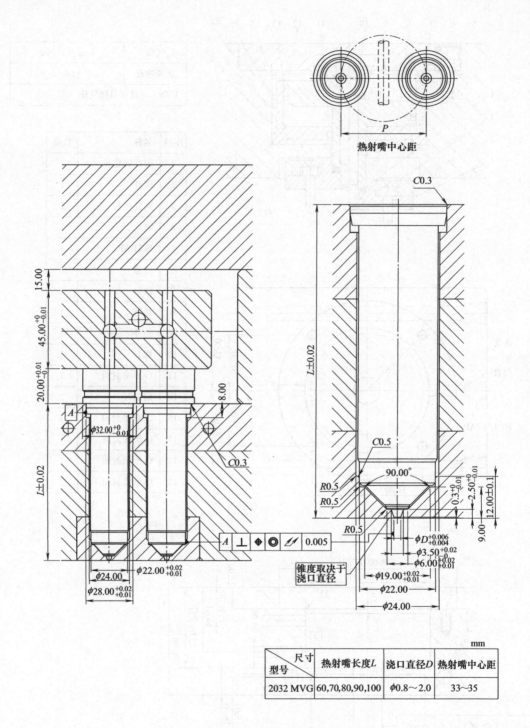

热射嘴中心距

尺寸 型号	热射嘴长度L	浇口直径D	热射嘴中心距
2032 MVG	60,70,80,90,100	ϕ0.8~2.0	33~35

mm

图 8-33　MVG2032 型两点热射嘴系统结构

（5）MVG2032 型三点热射嘴系统结构（见图 8-34）

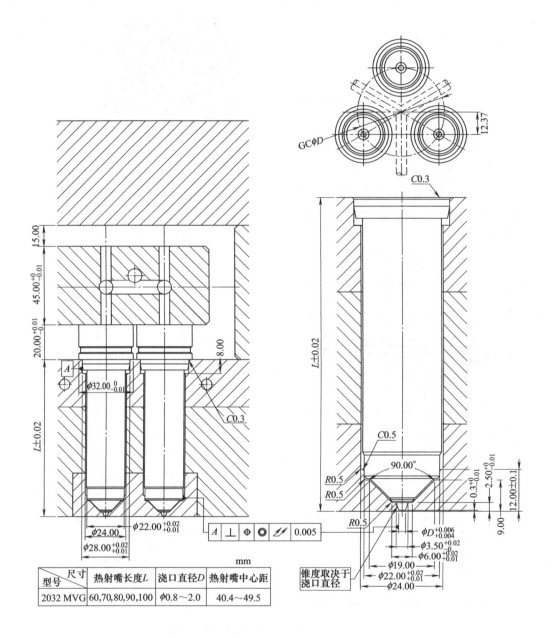

尺寸 型号	热射嘴长度 L	浇口直径 D	热射嘴中心距
2032 MVG	60,70,80,90,100	$\phi 0.8 \sim 2.0$	$40.4 \sim 49.5$

mm

图 8-34　MVG2032 型三点热射嘴系统结构

(6) MVG2032 型四点热射嘴系统结构（见图 8-35）

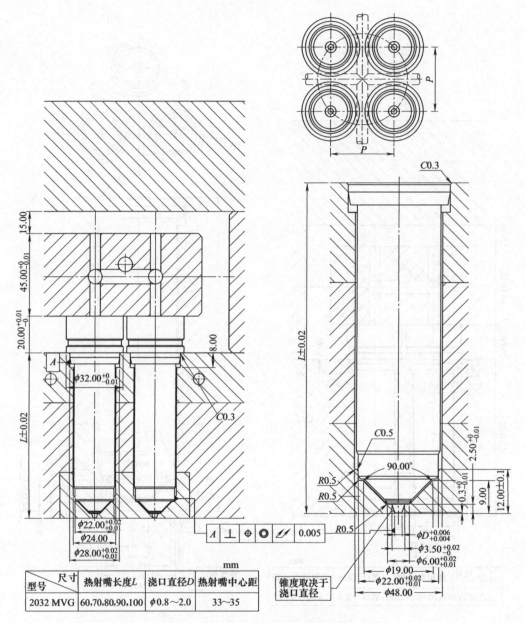

图 8-35　MVG2032 型四点热射嘴系统结构

8.2.6.6　SVG 系列针阀式热射嘴系统

　　SVG 热流道系统由 STG 和 STGE 热流道系统，以及 HVG 和 TVG 热流道系统组成。适用于通用塑料和工程塑料，热嘴直径为 1.00～10.00mm。

　　SVG 热射嘴与其他针阀式热射嘴的组合方式如下：

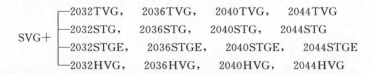

SVG+
- 2032TVG,　2036TVG,　2040TVG,　2044TVG
- 2032STG,　2036STG,　2040STG,　2044STG
- 2032STGE,　2036STGE,　2040STGE,　2044STGE
- 2032HVG,　2036HVG,　2040HVG,　2044HVG

(1) SVG 系列针阀式热射嘴系统的基本结构（见图 8-36）

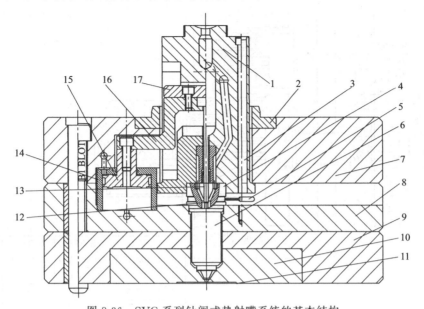

图 8-36　SVG 系列针阀式热射嘴系统的基本结构

1——级热射嘴；2—定位圈；3—定位销；4—活塞套；5—电线；6—二级热射嘴；
7—面板；8—热射嘴固定板；9—定模 A 板；10—定模镶件；11—塑件；12—阀针；
13—阀针套；14—汽缸套；15—活塞；16—连接件；17—阀针压板

(2) "SVG＋TVG" 系列针阀式热射嘴系统的基本功能（见图 8-37）

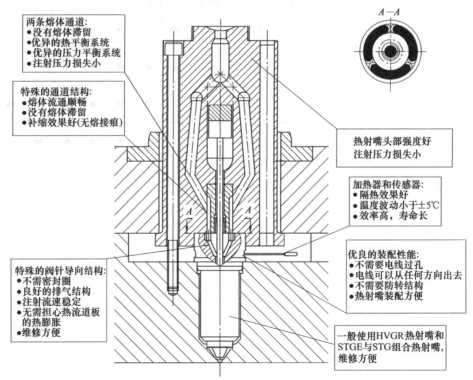

图 8-37　"SVG＋TVG" 系列针阀式热射嘴系统的基本功能

(3) "SVG+TVG" 系列针阀式热射嘴系统规格型号（见图 8-38）

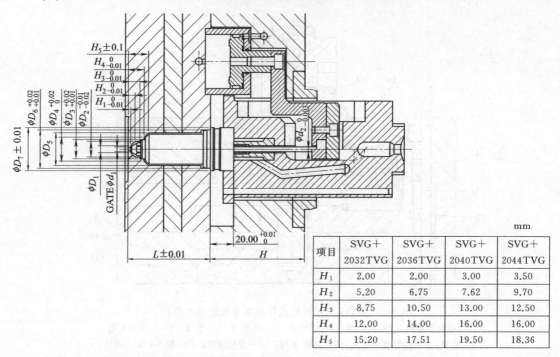

mm

项目	SVG+ 2032TVG	SVG+ 2036TVG	SVG+ 2040TVG	SVG+ 2044TVG
H_1	2.00	2.00	3.00	3.50
H_2	5.20	6.75	7.62	9.70
H_3	8.75	10.50	13.00	12.50
H_4	12.00	14.00	16.00	16.00
H_5	15.20	17.51	19.50	18.36

mm

尺寸 型号	热射嘴							d_2	H	活塞规格 型号	热射嘴长度 L								
	D_1	D_2	D_3	D_4	D_5	D_6	D_7				60.00	70.00	80.00	90.00	100.00	110.00	120.00	130.00	140.00
SVG+ 2032TVG	5.00	11.40	14.00	17.60	24.00	28.00	32.00	4.0	70	VER 3.5	●	●	●	●	●				
SVG+ 2036TVG	5.50	15.00	18.00	22.00	29.00	32.00	36.00	4.0	70	VER 3.5		●	●	●	●	●			
SVG+ 2040TVG	8.71	18.00	22.00	26.00	33.00	36.00	40.00	6.0	70	VER 3.5			●	●	●	●	●	●	
SVG+ 2044TVG	10.00	22.40	26.00	32.27	37.00	40.00	44.00	8.0	70	VER 3.5				●	●	●	●	●	

mm

尺寸 型号	流道直径	塑件质量/g ≤	浇口直径		适用塑料	
			min	max	非结晶性	结晶性
SVG+ 2032TVG	$\phi 8.0 \sim 4.0$	100	$\phi 1.5$	$\phi 2.0$		
SVG+ 2036TVG	$\phi 9.0 \sim 4.0$	300	$\phi 2.0$	$\phi 2.5$	PPO,PMMA,ABS SAN,PS,PSU TPU,HIPS	PE,PP
SVG+ 2040TVG	$\phi 12 \sim 6.0$	300	$\phi 2.5$	$\phi 4.5$		
SVG+ 2044TVG	$\phi 16 \sim 8.0$	1500	$\phi 4.5$	$\phi 6.0$		

图 8-38 "SVG+TVG" 系列针阀式热射嘴系统规格型号

(4)"SVG + STG"系列针阀式热射嘴系统的基本功能（见图 8-39）

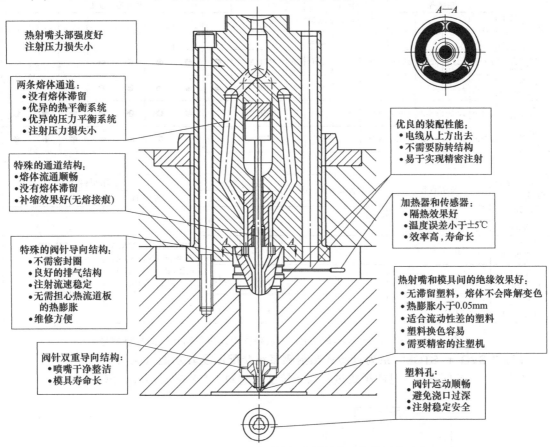

热射嘴头部强度好
注射压力损失小

两条熔体通道：
• 没有熔体滞留
• 优异的热平衡系统
• 优异的压力平衡系统
• 注射压力损失小

特殊的通道结构：
• 熔体流通顺畅
• 没有熔体滞留
• 补缩效果好(无熔接痕)

特殊的阀针导向结构：
• 不需密封圈
• 良好的排气结构
• 注射流速稳定
• 无需担心热流道板的热膨胀
• 维修方便

阀针双重导向结构：
• 喷嘴干净整洁
• 模具寿命长

优良的装配性能：
• 电线从上方出去
• 不需要防转结构
• 易于实现精密注射

加热器和传感器：
• 隔热效果好
• 温度误差小于±5℃
• 效率高，寿命长

热射嘴和模具间的绝缘效果好：
• 无滞留塑料，熔体不会降解变色
• 热膨胀小于0.05mm
• 适合流动性差的塑料
• 塑料换色容易
• 需要精密的注塑机

塑料孔：
• 阀针运动顺畅
• 避免浇口过深
• 注射稳定安全

图 8-39　"SVG＋STG"系列针阀式热射嘴系统的基本功能

(5)"SVG + STG（STGE）"系列针阀式热射嘴系统的规格型号（见图 8-40）

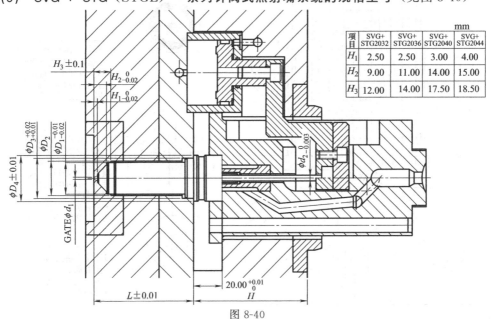

mm

项目	SVG+ STG2032	SVG+ STG2036	SVG+ STG2040	SVG+ STG2044
H_1	2.50	2.50	3.00	4.00
H_2	9.00	11.00	14.00	15.00
H_3	12.00	14.00	17.50	18.50

图 8-40

mm

尺寸 / 型号	热射嘴				阀针			H	活塞规格型号	热射嘴长度 L							
	D_1	D_2	D_3	D_4	d_2	GATE d_1 min	GATE d_1 max			60.00	70.00	80.00	90.00	100.00	110.00	120.00	130.00
SVG+G-V 2032	φ22.0	φ24.0	φ28.0	φ32.0	4.00	0.8	2.0	70	VER 3.5	●	●	●	●	●			
SVG+G-V 2036	φ26.0	φ28.0	φ32.0	φ36.0	4.00	1.2	2.5	70	VER 3.5	●	●	●	●	●	●		
SVG+G-V 2040	φ30.0	φ32.0	φ36.0	φ40.0	6.00	2.5	4.5	70	VER 3.5			●	●	●	●	●	●
SVG+G-V 2044	φ34.0	φ36.0	φ40.0	φ44.0	8.00	4.5	6.0	70	VER 3.5				●	●	●	●	●

mm

尺寸 / 型号	流道直径	塑件质量/g ≤	浇口直径		适用塑料	
			min	max	非结晶性	结晶性
SVG+G-V2032	φ8.0~4.0	100	φ0.8	φ2.0	PPO,PEI,PMMA ABS,SAN,PS,SB, PES,PSU,PVC,PC CAB,TPU	PE,PP
SVG+G-V2036	φ9.0~4.0	300	φ1.2	φ2.5		
SVG+G-V2040	φ12~6.0	800	φ2.5	φ4.5		
SVG+G-V2044	φ16~8.0	1500	φ4.5	φ6.0		

图 8-40 "SVG＋TVG（STGE）"系列针阀式热射嘴系统的规格型号

(6)"SVG ＋ STGE"系列针阀式热射嘴系统装配图及其功能（见图 8-41）

"SVG ＋ STGE"系列针阀式热射嘴系统适用塑料：PA-66，PBT，PC，POM。

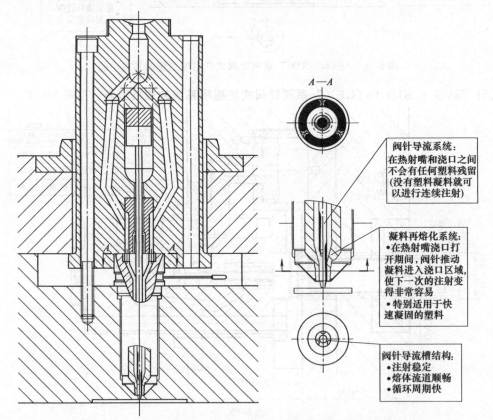

图 8-41 "SVG＋STGE"系列针阀式热射嘴系统装配图及其功能

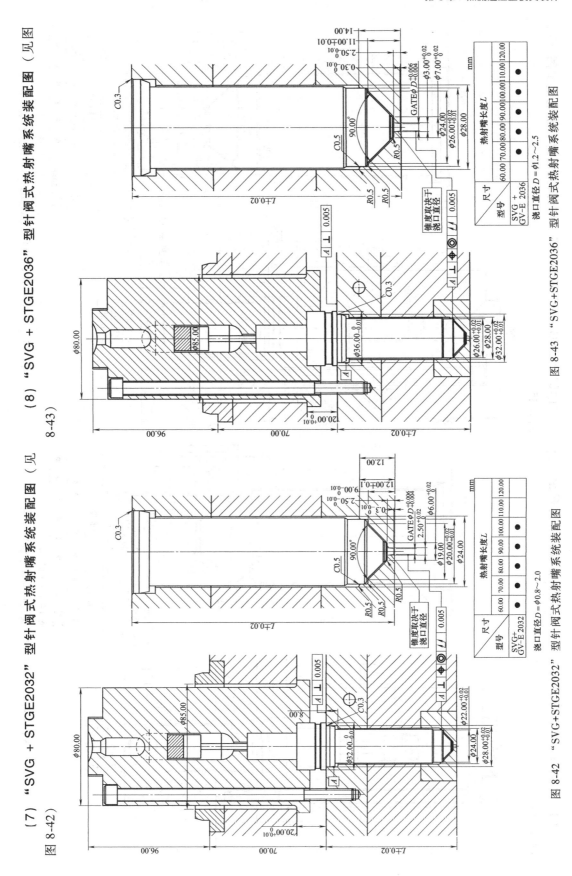

（7）"SVG + STGE2032"型针阀式热射嘴系统装配图（见图 8-42）

图 8-42 "SVG+STGE2032"型针阀式热射嘴系统装配图

锥度取决于浇口直径

浇口直径 D＝φ0.8～2.0

尺寸 型号	热射嘴长度 L					
	60.00	70.00	80.00	90.00	100.00	110.00	120.00
SVG+ GV-E 2032	●	●	●	●			

mm

（8）"SVG + STGE2036"型针阀式热射嘴系统装配图（见图 8-43）

图 8-43 "SVG+STGE2036"型针阀式热射嘴系统装配图

锥度取决于浇口直径

浇口直径 D＝φ1.2～2.5

尺寸 型号	热射嘴长度 L					
	60.00	70.00	80.00	90.00	100.00	110.00	120.00
SVG+ GV-E 2036			●	●	●	●	●

mm

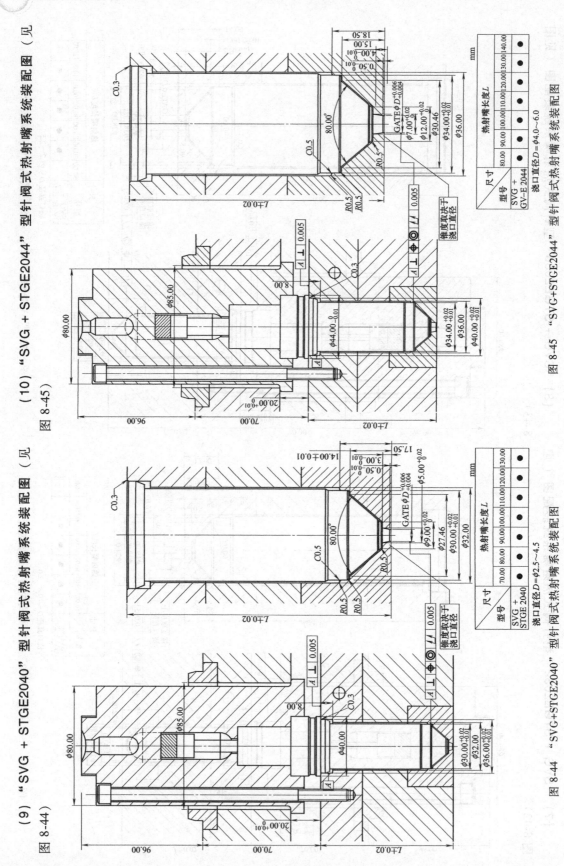

（9）"SVG＋STGE2040"型针阀式热射嘴系统装配图（见图8-44）

（10）"SVG＋STGE2044"型针阀式热射嘴系统装配图（见图8-45）

图8-44　"SVG+STGE2040"型针阀式热射嘴系统装配图

图8-45　"SVG+STGE2044"型针阀式热射嘴系统装配图

型号	尺寸	热射嘴长度 L							mm
SVG ＋ STGE 2040		70.00	80.00	90.00	100.00	110.00	120.00	130.00	
		●	●	●	●	●	●	●	

浇口直径 D＝φ2.5～4.5

型号	尺寸	热射嘴长度 L								mm
SVG ＋ GV-E 2044		80.00	90.00	100.00	110.00	120.00	130.00	140.00	
		●	●	●	●	●	●	●	

浇口直径 D＝φ4.0～6.0

(11)"SVG + HVG"系列针阀式热射嘴系统装配图及其功能（见图 8-46）

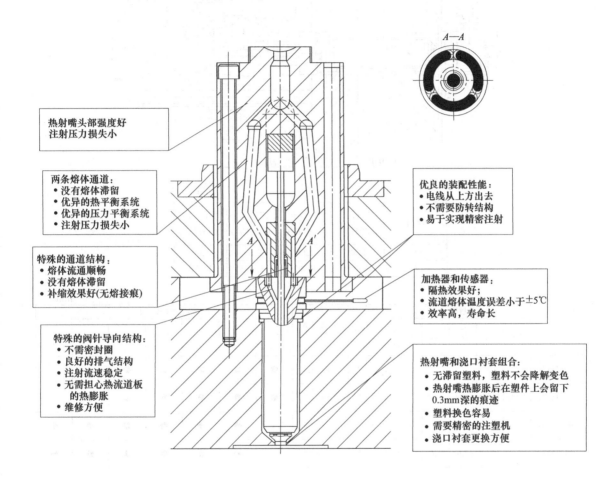

热射嘴头部强度好
注射压力损失小

两条熔体通道：
• 没有熔体滞留
• 优异的热平衡系统
• 优异的压力平衡系统
• 注射压力损失小

特殊的通道结构：
• 熔体流通顺畅
• 没有熔体滞留
• 补缩效果好(无熔接痕)

特殊的阀针导向结构：
• 不需密封圈
• 良好的排气结构
• 注射流速稳定
• 无需担心热流道板
的热膨胀
• 维修方便

优良的装配性能：
• 电线从上方出去
• 不需要防转结构
• 易于实现精密注射

加热器和传感器：
• 隔热效果好；
• 流道熔体温度误差小于±5℃
• 效率高，寿命长

热射嘴和浇口衬套组合：
• 无滞留塑料，塑料不会降解变色
• 热射嘴热膨胀后在塑件上会留下
0.3mm 深的痕迹
• 塑料换色容易
• 需要精密的注塑机
• 浇口衬套更换方便

图 8-46　"SVG＋HVG"系列针阀式热射嘴系统装配图及其功能

（12）"SVG＋HVG"系列针阀式热射嘴系统的规格型号（见图 8-47）

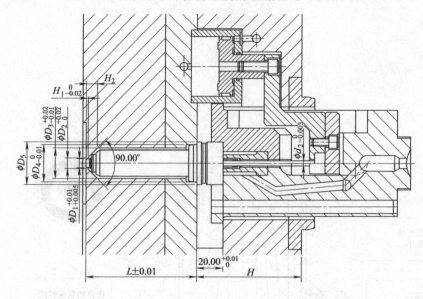

mm

项目	SVG＋2032HVG	SVG＋2036HVG	SVG＋2040HVG	SVG＋2044HVG
H_1	1.50	1.50	2.50	3.00
H_2	9.00	11.00	12.50	13.36

mm

型号＼尺寸	热射嘴					阀针	H	活塞规格型号	热射嘴长度 L						
	D_1	D_2	D_3	D_4	D_5	d_2			55.00	65.00	75.00	85.00	95.00	105.00	115.00
2032HVG	7.00	9.00	24.00	28.00	32.00	4.00	70	VER 3.5	●	●	●	●	●		
2036HVG	9.00	10.00	29.00	32.00	36.00	4.00	70	VER 3.5	●	●	●	●	●	●	
2040HVG	12.00	13.00	33.00	36.00	40.00	6.00	70	VER 3.0		●	●	●	●	●	●
2044HVG	15.00	16.27	37.00	40.00	44.00	8.00	70	VER 3.0		●	●	●	●	●	●

mm

型号＼尺寸	流道直径	塑件质量/g ≤	浇口直径		适用塑料	
			min	max	非结晶性	结晶性
SVG＋2032HVG	$\phi 7.0 \sim 4.0$	100	$\phi 1.5$	$\phi 2.0$		PA6,PA66,PET PBT,POM
SVG＋2036HVG	$\phi 9.0 \sim 4.0$	300	$\phi 2.0$	$\phi 2.5$		
SVG＋2040HVG	$\phi 12 \sim 6.0$	800	$\phi 2.5$	$\phi 4.5$		PA6,PA66,PET, PBT,POM＋GLASS
SVG＋2044HVG	$\phi 12 \sim 6.0$	1300	$\phi 4.5$	$\phi 6.0$		

图 8-47 "SVG＋HVG"系列针阀式热射嘴系统的规格型号

针阀式热射嘴的选用见表8-7。

表8-7 针阀式热射嘴的选用

项目	Shut-off method	镗孔精度	RESIN	针阀式热射嘴寿命/万次	成型特点 换色	成型特点 玻纤	成型特点 浇口痕迹	活塞动力	规格型号 SMALL (≈200g)	规格型号 MIDDLE (200~800g)	规格型号 BIG (800~1500g)	符号
STG型热射嘴	阀针和射嘴口不直接接触	•机械加工精度在0.005mm内 •内模热处理	通用塑料	100~600	√	×	无	气压&液压	STG 2032 STG 2036	STG 2040	STG 2044	
	阀针和射嘴口锥面接触	•喷嘴配合孔镗制 •不需要热处理	通用塑料	50	√	×	•毛边 •有浇口痕迹	气压&液压	STG TAPER 2032 STG TAPER 2036	STG TAPER 2040	STG TAPER 2044	
STGE型热射嘴	阀针和射嘴口不直接接触	•机械加工精度在0.005mm内 •内模热处理	工程塑料 工程塑料+玻纤	50	√	√	无	气压&液压	STGE 2032 STGE 2036	STGE 2040	STGE 2044	
	阀针和射嘴口锥面接触	•喷嘴配合孔镗制 •不需要热处理	工程塑料 工程塑料+玻纤 GP+玻纤	50	√	√	•毛边 •有浇口断裂痕迹	气压&液压	STGE TAPER 2032 STGE TAPER 2036	STGE TAPER 2040	STGE TAPER 2044	
TVG型热射嘴	阀针和射嘴口锥面接触	•喷嘴配合孔镗制 •不需要热处理	通用塑料	50	×	×	•流痕 •毛边 •浇口痕迹	气压&液压	TVG 2032 TVG 2036	TVG 2040	TVG 2044	
HVG型热射嘴	热衬套和热射嘴一起安装	热衬套和热射嘴一起安装	工程塑料(PBT,PA,POM) 工程塑料+玻纤	50	√	√	•热嘴前台痕迹	气压&液压	HVG 2032 HVG 2036	HVG 2040	HVG 2044	
MVG型热射嘴	射嘴中心距最小为32mm		通用塑料	100~600	√	×	无	气压	STG 2032	—	—	
			工程塑料	50	√	√	无	气压	STGE 2032	—	—	
SVG-COMBINATION STG	阀针和射嘴口锥面接触	与以上相应型号的热嘴相同	与以上相应型号的热嘴相同	与以上相应型号的热嘴相同	与以上相应型号的热嘴相同			气压	TVG 2032,2036 HVG 2032,2036	TVG 2040 HVG 2040	TVG 2044 HVG 2044	
STGE TVG HVG	阀针和射嘴口不直接接触	与以上相应型号的热嘴相同	与以上相应型号的热嘴相同	与以上相应型号的热嘴相同	与以上相应型号的热嘴相同			气压	STG 2032,2036 STGE 2032, 2036	STG 2040 STGE 2040	STG 2044 STGE 2044	

8.3 热流道板设计

8.3.1 热流道板的隔热和定位

热流道板的装配见图 8-48，6 和 10 是隔热零件，9、14 和 11 是定位零件。

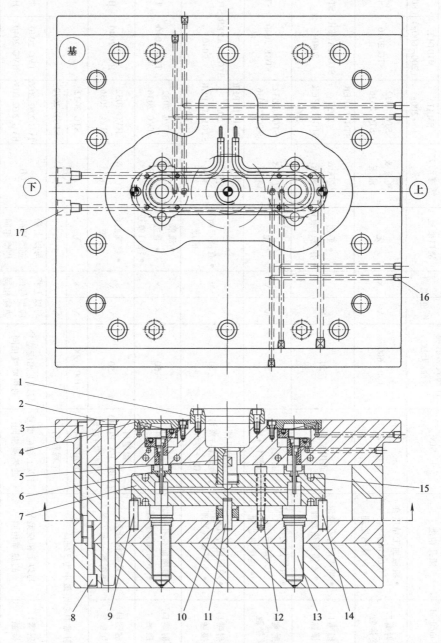

图 8-48 热流道板的装配

1—定位圈；2—定位柱；3—紧固螺钉；4—压盖；5——级热射嘴；6—上隔热圈；7—热流道板；
8,12—紧固螺钉；9,14—定位销；10—隔热圈；11—中心定位销；13—二级热射嘴；
15—发热器；16—进气孔；17—冷却水道

图 8-49 所示为中心定位销。

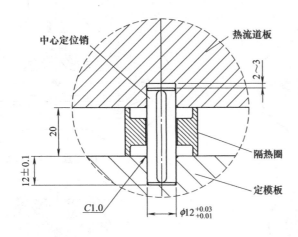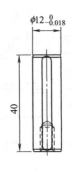

图 8-49　中心定位销

图 8-50 所示为上隔热圈尺寸。

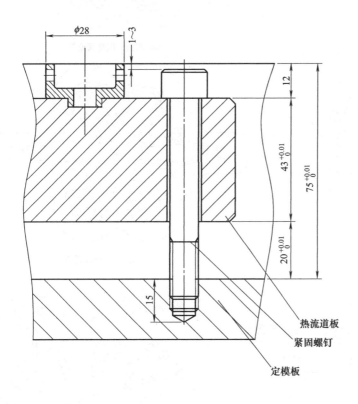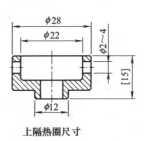

上隔热圈尺寸

图 8-50　上隔热圈尺寸

8.3.2　热流道板常见形状

　　根据浇口的数量不同，热流道板的形状也不同，见图 8-51。

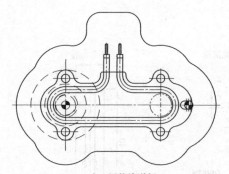

(a) 一点一层热流道板

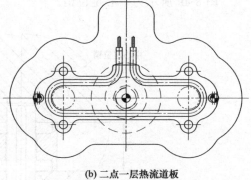

(b) 二点一层热流道板

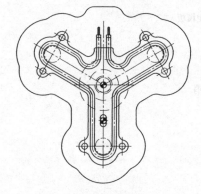

(c) 三点一层热流道板

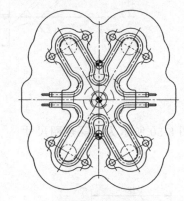

(d) 四点一层热流道板

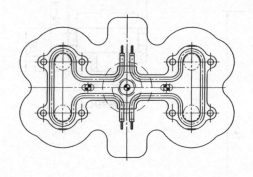

(e) 四点一层热流道板

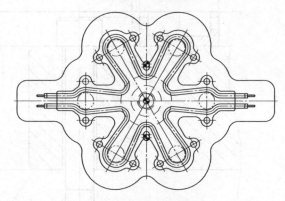

(f) 六点一层热流道板

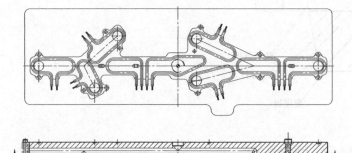

(g) 六点二层热流道板

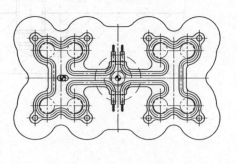

(h) 八点二层热流道板

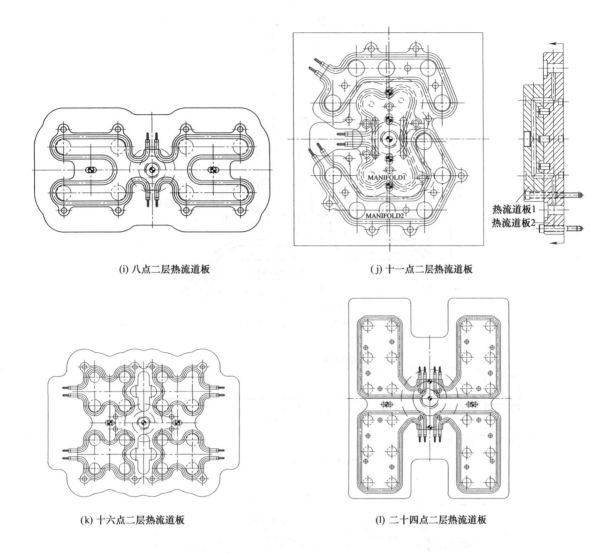

(i) 八点二层热流道板

(j) 十一点二层热流道板

热流道板1
热流道板2

(k) 十六点二层热流道板

(l) 二十四点二层热流道板

图 8-51　热流道板的形状

8.3.3　热流道板上加热器及其装配

图 8-52 和图 8-54 是信好热流通科技有限公司的两款加热器，图 8-53 和图 8-55 是这两款加热器的装配实例。

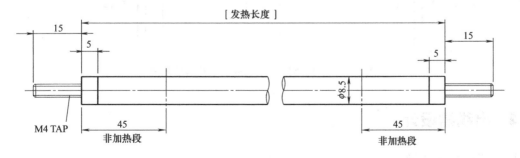

图 8-52　非加热段为 45mm 的加热器尺寸

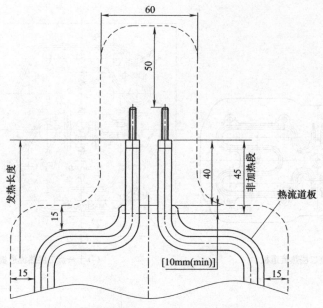

图 8-53 非加热段为 45mm 的加热器装配图

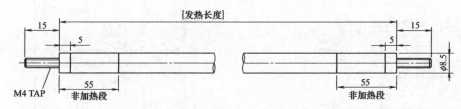

图 8-54 非加热段为 55mm 的加热器尺寸

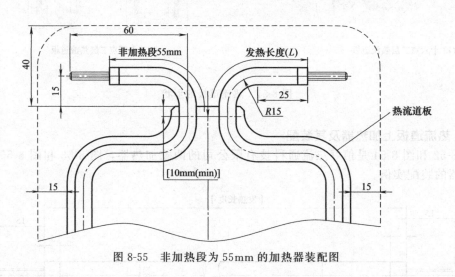

图 8-55 非加热段为 55mm 的加热器装配图

8.4 出线槽设计

8.4.1 热射嘴出线槽

热流道模单射嘴电线槽设计不能从模具中心线直接引出，接线盒边与中心必须有一定的

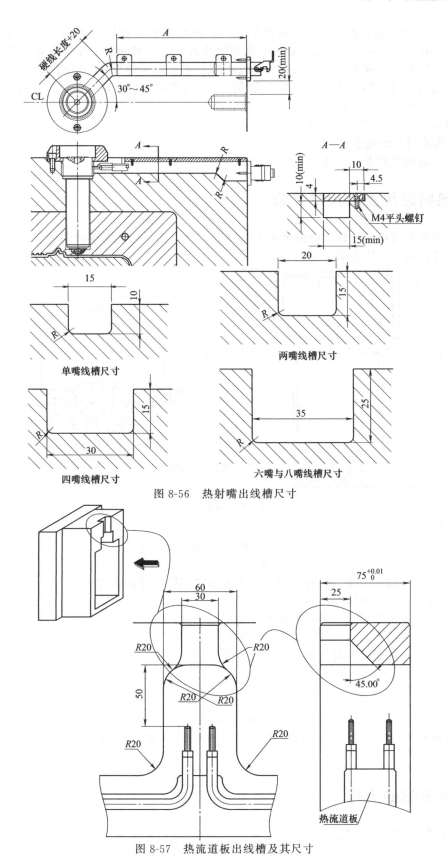

图 8-56　热射嘴出线槽尺寸

图 8-57　热流道板出线槽及其尺寸

安全距离，见图 8-56。如果对正吊模孔位置，吊模时铁链会撞坏或夹断电线。电线槽尺寸应大于 10mm×15mm，具体尺寸要视电线数量及需要的空间而定，并在所有尖角或可倒圆角的位置倒圆角，以避免发生尖角切断电线或伤人事故，压线板为 4mm 的铝片或钢片。若使用热流板时，所有热射嘴、热流道板及感温线的电线均需套上相关编号的胶圈，并记录在图纸上的表格上，以方便以后接线。

热射嘴出线槽及其尺寸参考图 8-56。

8.4.2　热流道板出线槽

热流道板出线槽及其尺寸参考图 8-57。

8.5　热射嘴热膨胀尺寸计算

在注塑成型过程中，热射嘴的金属有热膨胀，所以在设计热射嘴时要计算出热射嘴的膨胀尺寸，并在模具图中注明，见图 8-58。

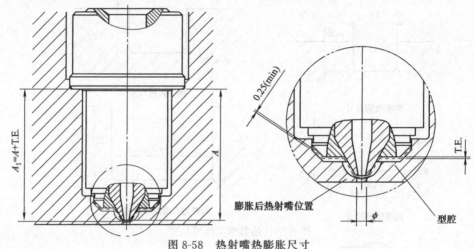

图 8-58　热射嘴热膨胀尺寸

热射嘴热膨胀尺寸计算公式如下：

$$T.E. = ABC = 预热膨胀补偿$$
$$A_1 = A + T.E.$$

式中　T.E.——膨胀长度，所有热射嘴均要预算出膨胀长度供参考；

　　　　A——室温下热射嘴的长度，mm；

　　　　A_1——工作尺寸，热射嘴升温膨胀后的长度；

　　　　B——温差，等于熔体温度减模具温度，℃；

　　　　C——热射嘴钢材的膨胀系数，一般取 $(6.3～7.3)×10^{-6}$ cm/℃。

① 为了使数据准确，模具设计工程师必须严格按照热流道公司所提供的热射嘴标准尺寸绘制。

② 型腔不应与膨胀后的热射嘴接触，否则热射嘴会使定模模温升高，并且损失热射嘴自身热量，使温度迅速下降。

8.6　热射嘴的选择

8.6.1　塑件表面质量要求高

当塑件表面要求较高时，可选用针点式或针阀式热射嘴，如图 8-59～图 8-61 所示。

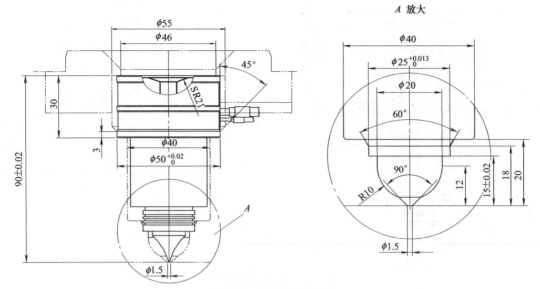

图 8-59　针点式热射嘴 1

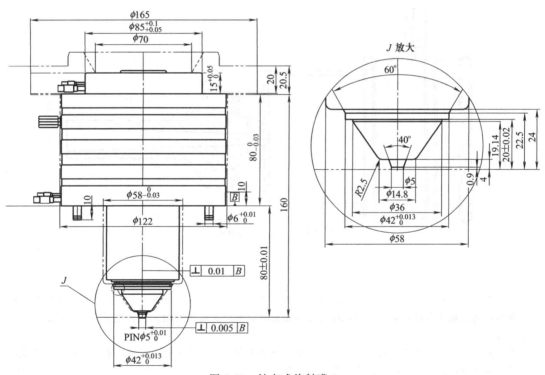

图 8-60　针点式热射嘴 2

8.6.2　塑件采用工程塑料

当塑件材料为工程塑料时，可选图 8-61 所示的热射嘴。因为工程塑料的流动性差，而这种热射嘴头部有一组发热丝，比没有发热丝的温度要稳定，所以不会发生热射嘴阻塞现象。

8.6.3　浇注系统是由热流道转为普通流道

当热射嘴不直接进料到塑件上，而是通过热流道转普通流道时，可以采用如图 8-62 所

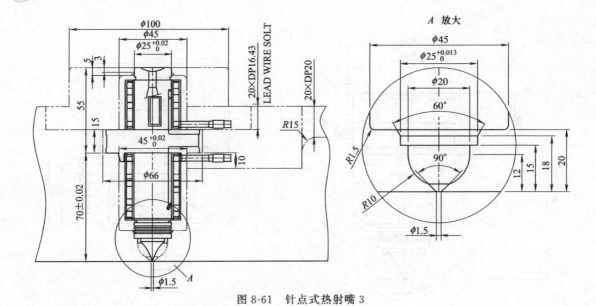

图 8-61　针点式热射嘴 3

示的开放式热射嘴。

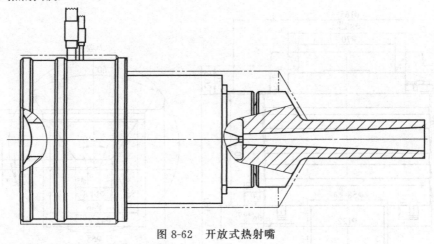

图 8-62　开放式热射嘴

注意

　　针点式热射嘴是应用最广泛的一种热射嘴，浇口痕迹小，塑件外表更美观，有良好的换色效果。由于热射嘴芯离型腔底出料处很近，因此降低注射压力，从而减少成型周期，又无需清除冷却料柄，提高了生产效率。

　　开放式热射嘴能提供较大的浇口尺寸，实现大流量注塑成型，而且有很好的减压效果，使注塑成型快，减小塑件的内应力，从而大大减小塑件的变形。

8.7　热流道注塑模具设计实例

8.7.1　单点式热流道注塑模具

　　图 8-63 是手机面盖单点式热流道注塑模具。

8.7.2　多点式热流道注塑模具

　　图 8-64 是复印机盖板多点式热流道注塑模具。

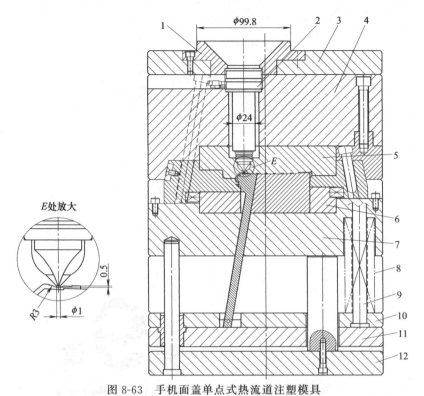

图 8-63　手机面盖单点式热流道注塑模具

1—定位圈；2—热射嘴；3—定模固定板；4—定模 A 板；5—定模镶件；6—动模镶件；
7—动模 B 板；8—复位弹簧；9—复位杆；10—推件固定板；11—推件底板；12—动模固定板

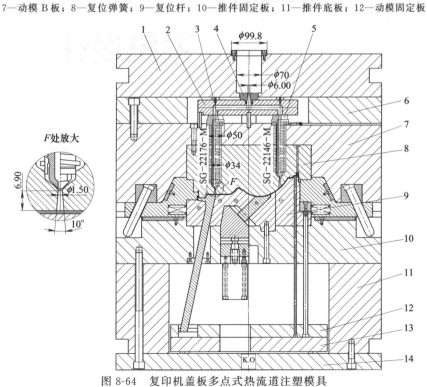

图 8-64　复印机盖板多点式热流道注塑模具

1—定模固定板；2—热流道板；3,5—二级热射嘴；4—一级热射嘴；6—热流道框板；7—定模 A 板；
8—定模镶件；9—动模镶件；10—动模 B 板；11—方铁；12—推件固定板；13—推件底板；14—动模固定板

第**9**章

注塑模具温度控制系统设计

9.1　模具温度控制的原则和方式

9.1.1　模具温度控制的设计原则

模具的温度直接影响塑件的外观质量、尺寸稳定性、塑件的变形以及成型周期。模具温度控制的基本原则如下。

(1) 模温均衡原则

① 由于塑件和模具结构的复杂性，很难使模具各处的温度完全一致，但应努力使模具温度尽量均衡，不能有局部过热、过冷现象。

② 模具中温度较高的地方有：浇口套附近、浇口附近、塑件厚壁附近，这些地方要加强冷却。

③ 在薄壁处有时还要加热。

④ 模具在冷却过程中，由于热胀冷缩现象，塑件在固态收缩时对定模型腔会有轻微的脱离，而对动模型芯的包紧力却越来越大，塑件在脱模之前主要的热量都传给了动模型芯，因此动模型芯必须重点冷却。

⑤ 要控制水道进出口处冷却水的温差，精密注塑时，温差≤2℃，一般情况时，温差≤5℃。冷却水路总长（串联长度）不可过长，最好小于1.5m，而且死水区的长度要尽可能短。

⑥ 对于三板模中的脱料板，必须设计冷却水道，这样可以在生产过程中稳定模温，缩短成型周期。

(2) 区别对待原则

① 模具温度根据所使用塑料的不同而不同。当塑料要求模具成型温度≥80℃时，必须对模具进行加热。

② 定模的温度应高于动模的温度，一般情况下温度差为20～30℃。

③ 蚀纹的型腔、表面留火花纹的型腔，其定模温度应比一般抛光面要求的定模温度高。当定模须通热水或热油时，一般温度差为40℃左右。

④ 对于有密集网孔的塑件，如喇叭面罩，网孔区域料流阻力比较大，比较难充填。提高此区域的模温可以改善填充条件。要求网孔区域的冷却水路与其他区域的冷却水路分开，可以灵活地调整模具温度。

⑤ 模具温度还取决于塑件的表面质量、模具的结构，在设计温控系统时应具有针对性。从塑件的壁厚角度考虑，厚壁要加强冷却，防止收缩变形；从塑件的复杂程度考虑，型腔高低起伏较大处应加强冷却；浇口附件的热量大，应加强冷却；冷却水路应尽可能避免经过熔接痕产生的位置、壁薄的位置，以防止缺陷加重。

⑥ 当模具温度要求较高，如要求70℃以上时，模具的温度控制应注意以下内容。

a. 模具材料的选择要求耐磨性及硬度都较高，必须进行热处理，而且热处理之前的切削加工性较好。

b. 模具冷却系统中的密封圈要用耐热材料，即需要加铅。

c. 模具的滑动零件之间（如导柱、导套等）需要有冷却水路，以防止热胀冷缩使运动零件动作卡死。

d. 在模具的对插成型处由于热胀冷缩会拉伤对插面，可以适当增加对插角度以减小对插的作用面积，即将整个对插面中央部分避空，留下四周边界面做对插成型。

(3) 方便加工原则

① 冷却水道的截面积不可大幅度变化，切忌忽大忽小。

② 直通式水道长度不可太长，应考虑标准钻头的长度是否能够满足加工要求。

③ 尽可能使用直通水道来实现冷却循环，特殊情况下才用隔片水道、喷流水道或螺旋水道。

9.1.2 模具温度的控制方式

由塑料带入模具的热量除通过热辐射、热对流的方式传出模具外，绝大部分的热量需由循环的传热介质通过热传导的方式带出模外。传热介质包括水、油和铍铜等，有时也会用到铝合金。

模具温度一般通过调节传热介质的温度，增设隔热板、加热棒的方法来控制。

降低模具温度，一般采用定模通温水（25℃左右）、动模通"冻水"（4℃左右）来实现。当传热介质的通道即冷却水道无法通过某些部位时，应采用传热效率较高的材料（如铍铜等），将热量传递到传热介质中去。

升高模具温度，一般采用在冷却水道中通入热水、热油（热水机加热）来实现。当模具温度要求较高时，可以采用电热棒来加热。对于需要加热的模具，为防止热传导对热量的损失，模具面板上应增加树脂隔热板。

热流道模具中，流道板温度要求较高，须由加热棒加热，为避免流道板的热量传至定模，导致定模冷却困难，设计时应尽量减少其与定模的接触面，并用隔热片隔热。

大多数情况下，注塑模具都需要冷却，冷却的主要方式是在模具中加工冷却水道。冷却水道的形式主要有：直通式水道、圆环式水道、导热式水道、隔片式水道、螺旋式水道和喷流式水道。在实际设计工作中，大多数模具的冷却都采用直通式水道，当塑件形状较特殊，则多由直通式水道和其他冷却水道组合冷却。

9.1.3 设计温度控制系统必须考虑的因素

① 成型塑件的壁厚、投影面积、结构形状；

② 塑件的生产批量；

③ 成型塑料的特性；

④ 模具的大小及结构，成型零件的镶拼方式；

⑤ 浇口的形式，流道的布置。

9.2 直通式冷却水道设计

9.2.1 直通式冷却水道设计的注意事项

① 冷却水通道离型腔既不能太远，也不能太近。距离太远影响冷却效果，距离太近影响模具强度，通常其距离为水道直径的 2～3 倍，见图 9-1。

② 冷却水道的设计和布置应与塑件的厚度相适应。塑件较厚的部位要重点冷却。

③ 冷却水道不应通过镶件和镶件的接缝处，以防止漏水。

④ 冷却水道内不应有太长的产生积水和回流的部位，要做到畅通无阻。冷却通道直径一般为 6mm、8mm 和 10mm。进水管直径，应以塑件的结构和镶件的大小来选择。

⑤ 动模和定模要分别冷却，不能串联，要保持冷却的平衡。

⑥ 模具主流道部位常与注塑机喷嘴接触，是模具上温度最高的部位，应加强冷却，必要时应单独冷却。

⑦ 水管接头的部位，要设置在不影响操作的方向。

⑧ 有多股冷却水道时，应标示清楚。冷却水通过模板和镶件时，应注明"UP"或"DOWN"，见图 9-1。

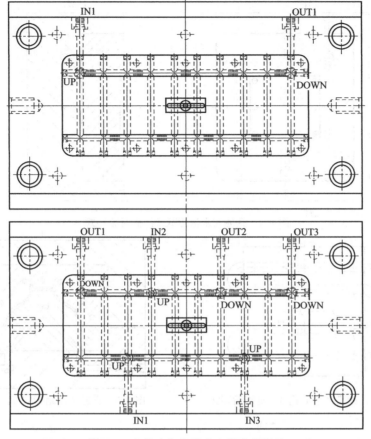

图 9-1　多股冷却水道应有明确的标示

9.2.2　直通式水道的基本形式

　　图 9-2～图 9-6 是常见的直通式水道，其中图 9-2～图 9-4 是最常用的冷却形式，水道加工简单，适用于成型壁厚较薄、面积较大塑件的模具。图 9-5 和图 9-6 为立体循环式水道，它适用于大型深腔类模具。

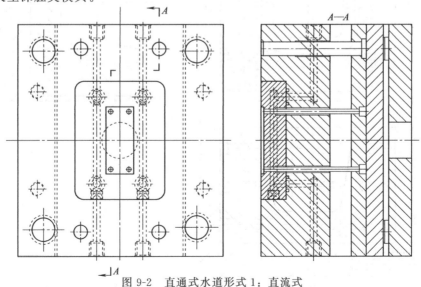

图 9-2　直通式水道形式 1：直流式

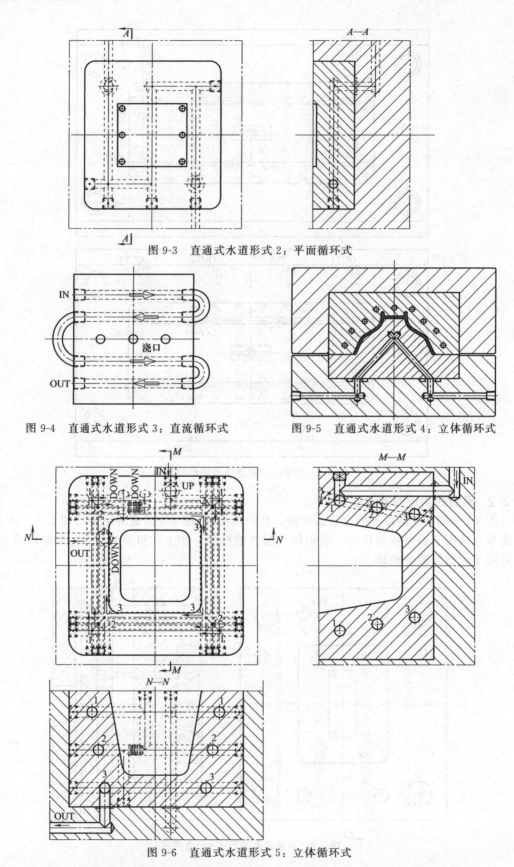

图 9-3　直通式水道形式 2：平面循环式

图 9-4　直通式水道形式 3：直流循环式　　　图 9-5　直通式水道形式 4：立体循环式

图 9-6　直通式水道形式 5：立体循环式

9.2.3　直通式冷却水道直径和位置设计

(1) 直通式水道直径的设计

确定冷却水道直径通常有三种方法，见表 9-1～表 9-3。

表 9-1　根据模具大小确定冷却管道直径　　　　mm

模宽	冷却管道直径	模宽	冷却管道直径
200 以下	5	400～500	8～10
200～250	6	大于 500	10～12
250～400	6～8		

表 9-2　根据所用注射机的锁模力确定冷却管道直径

锁模力/t	冷却管道直径/mm
100	5～8
300	8～10
500	10～11
500 以上	12

表 9-3　根据塑件壁厚确定冷却管道直径　mm

平均胶厚	冷却管道直径
1.5	5～8
2	6～10
4	10～11
6	10～12

在以上三种方法中，第一种方法最常用，也较为合理。

(2) 冷却水通道位置设计

冷却水通道不能和模具上的其他孔（如螺孔、销孔、推杆孔、导柱孔、复位杆孔、斜推杆孔和镶件孔等）发生干涉，为安全起见，冷却水道和这些孔之间的钢厚要保持至少 4mm 左右，特殊情况下也不能小于 2.5mm，见图 9-7。

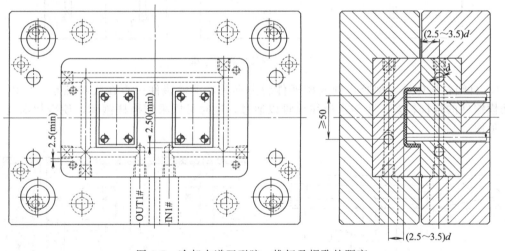

图 9-7　冷却水道至型腔、推杆及螺孔的距离

另外，冷却水孔边至浇口套孔边的距离≥10mm，离电热嘴孔边的距离≥12mm，离流道边的距离：模架<400mm×400mm 时，为 10mm；模架≥400mm×400mm 时，至少为 15mm。

9.2.4　直通式冷却水道设计注意事项

① 小型模具的冷却：一般情况下，模具内模镶件都要通冷却水道，但当模具较小（宽度 $B \leq 200mm$ 时），或者内模镶件的材料是铍铜时，直通水道只经过模板就可以达到冷却效果，见图 9-8。

② 细长塑件的冷却：塑件较长、形状比较平整、壁厚均匀时，水路沿塑件长度的方向效果较佳，见图 9-9。

③ 水管接头应避免直接安装在内模镶件上。冷却水道应尽量由模板从内模底部进入内模，见图 9-10。如果水喉直接插入内模镶件，不但安装困难，而且因为水管接头太长，生

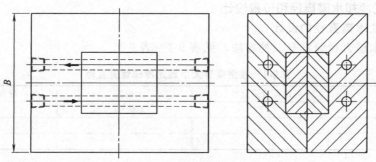

图 9-8　小型模具冷却水道

产过程中容易松动漏水，甚至断裂。

图 9-10 中：$A \geqslant 30\text{mm}$。

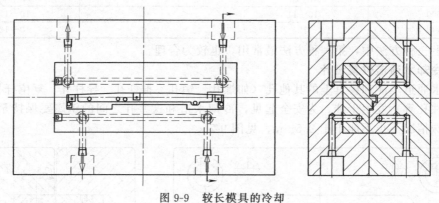

图 9-9　较长模具的冷却

④ 自塑料熔体进入型腔，到成型塑件脱离模具，动模镶件一直在吸收热量。但由于通过动模镶件的推杆较多，冷却水道往往难以通过，这时可以采用推杆镶套，使冷却水避开推杆，见图 9-11。

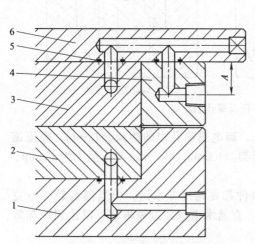

图 9-10　冷却水道需由模板进入内模镶件

1—动模 B 板；2—动模镶件；3—定模镶件；
4—定模 A 板；5—密封圈；6—面板

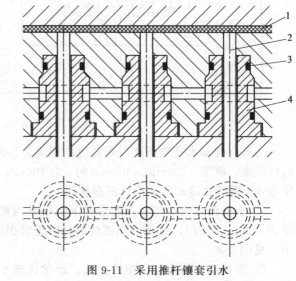

图 9-11　采用推杆镶套引水

1—塑件；2—推杆；3—密封圈；4—推杆镶套

⑤ 在有些模具中，两个镶件之间的冷却水需要连通，这时可以采用如图 9-12～图 9-14

所示的三种方法。

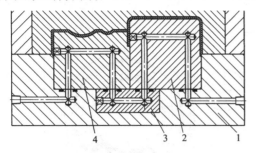

图 9-12　采用冷却水过渡镶件

1—动模 B 板；2,4—动模镶件；

3—冷却水过渡镶件

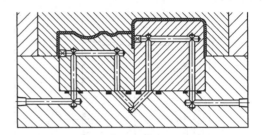

图 9-13　在模板上钻斜孔

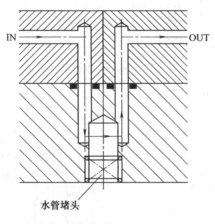

图 9-14　在模板上钻大孔

9.3　圆环式冷却水道

① 圆周式环形冷却水道：该冷却水道适用于圆形镶件，镶件中间因有推杆、熔体流道而无法采用水井或喷流等冷却方式的场合。常用的结构见图 9-15（a）～（c），这种冷却水道应尽量避免装配时密封圈受到模板的剪切和磨损，所以要尽量避免采用如图 9-15（d）所示的结构。

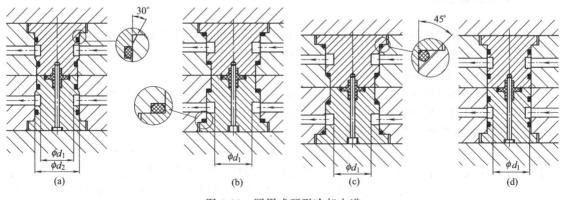

图 9-15　圆周式环形冷却水道

② 端面环形冷却水道：该水道常用于直径较大，且直径大于长度尺寸的圆形镶件，见图 9-16。

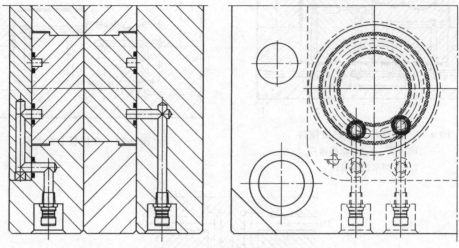

图 9-16 端面环形冷却水道

③ 当塑件较大较深时，可采用圆周和端面同时冷却的方法，见图 9-17。

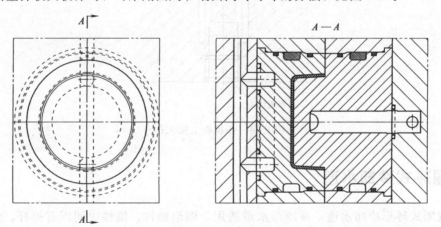

图 9-17 组合冷却水道

9.4 导热式水道

对于一些细长的型芯，不能采用常规运水，也不能采用喷流及水井冷却，可采用冷却棒将熔体传给型芯的热量传递出来，再由冷却水将热量带出模具，见图 9-18～图 9-20。

9.4.1 导热式水道的基本形式

由于铍铜的热导率大，硬度高，所以冷却棒的材料通常用铍铜。如果型芯较小，还可以用铍铜做型芯材料，导热式冷却水道的基本形式见图 9-18～图 9-23。

9.4.2 导热式冷却水道设计的注意事项

① 标准的冷却棒直径为 3mm、4mm、5mm、6mm 和 8mm，长度为 40～300mm。冷却棒的直径应比装配孔小 0.1～0.2mm，装配时冷却棒表面涂导热剂，冷却棒在冷却水中的长度约取全长的 1/3，插入型芯的长度约取全长的 2/3。导热棒（或铍铜）底部应有足够的储水空间，水道直径应比冷却棒直径大 2 倍以上。

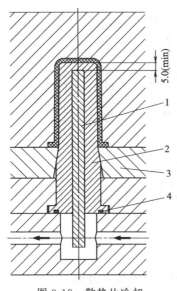

图 9-18　散热片冷却

1—散热片；2—型芯；3—推板；4—密封圈

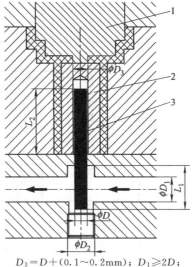

$D_3 = D + (0.1 \sim 0.2 \text{mm})$；$D_1 \geqslant 2D$；
$D_2 \geqslant 2D$；$L_2/2 \leqslant L_1 \leqslant 2L_2/3$

图 9-19　冷却棒冷却

1—定模型芯；2—动模型芯；3—冷却棒

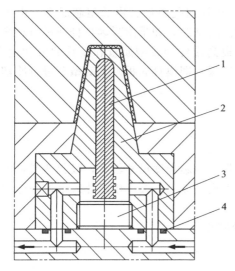

图 9-20　铍铜冷却 1

1—铍铜；2—型芯；3—水塞；4—密封圈

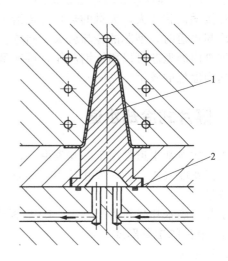

图 9-21　铍铜冷却 2

1—铍铜；2—密封圈

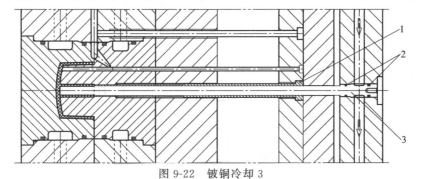

图 9-22　铍铜冷却 3

1—推管；2—密封圈；3—推管型芯（铍铜）

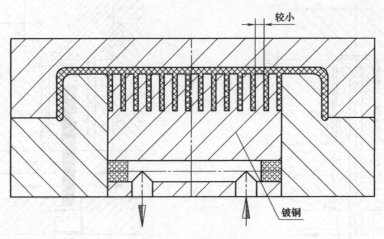

图 9-23　铍铜冷却 4

② 导热剂主要作用：耐温，使导热性好；防锈、润滑，后期拆装方便。

冷却棒底部一定要用活动盲栓做堵头，千万不能用过盈配合的死闷头将孔敲死，给以后的维修拆装带来很大的麻烦与损失。

③ 当自攻螺柱较长时，通常都用推管推出。螺柱内孔由推管内的型芯成型，由于型芯和螺柱接触面积较大，大量的热量都传给了推管内的型芯，如果附近因推杆或螺钉较多而无法通冷却水道时，型芯的冷却就成了问题。为了提高塑件的成型质量和模具的劳动生产率，这时推管内的型芯可以用铍铜制作，再在型芯固定板（即模具底板）上对型芯进行冷却，也可以达到理想的效果，见图 9-22。

9.5　隔片式冷却水道

隔片式冷却水道常用于深腔类模具，这种模具的型芯长度尺寸较大，吸收塑料熔体的热量多，但宽度（或直径）尺寸较小，普通的冷却水道往往上不去，用隔片式水道则能达到理想的效果。

水井内隔水片材料为铝、铜、PVC 板或不锈钢片。

9.5.1　隔片的主要形式

(1) 平头式

隔片为一方形薄片，其形状及规格见图 9-24，装配图及型号见图 9-25。这种隔片可先由剪板机按厚度与宽度剪成长条备用，待使用时自行根据所需长度裁取。这种隔片装配时一定要防转。

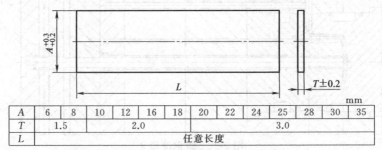

A	6	8	10	12	16	18	20	22	24	25	28	30	35
T	1.5		2.0				3.0						
L	任意长度												

图 9-24　平头式隔片的形状及规格

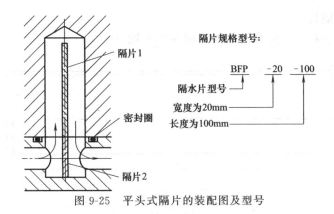

图 9-25　平头式隔片的装配图及型号

(2) NPT 螺头式

隔片为一组合式，它是由所需规格的隔片（BFP）与 NPT 螺纹塞头焊接而成，焊接时需保持堵塞与 BFP 的垂直度。其形状和规格见图 9-26，装配图及型号见图 9-27。

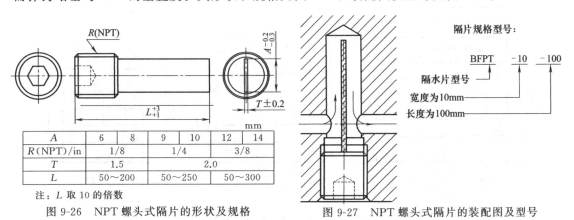

mm

A	6	8	9	10	12	14
R（NPT）/in	1/8		1/4		3/8	
T	1.5		2.0			
L	50～200		50～250		50～300	

注：L 取 10 的倍数

图 9-26　NPT 螺头式隔片的形状及规格

图 9-27　NPT 螺头式隔片的装配图及型号

(3) PT 螺头式

隔片也是一种组合式，它是由所需规格的隔片（BFP）与 PT 螺纹塞头焊接而成。其形状及规格见图 9-28，装配图和型号表示同 NPT 螺头式。

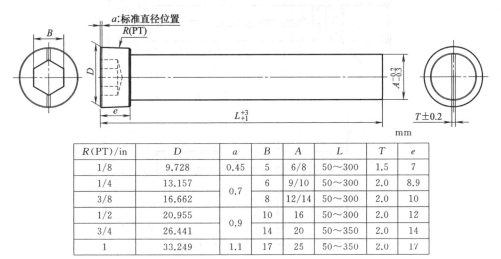

mm

R（PT）/in	D	a	B	A	L	T	e
1/8	9.728	0.45	5	6/8	50～300	1.5	7
1/4	13.157	0.7	6	9/10	50～300	2.0	8.9
3/8	16.662		8	12/14	50～300	2.0	10
1/2	20.955	0.9	10	16	50～300	2.0	12
3/4	26.441		14	20	50～350	2.0	14
1	33.249	1.1	17	25	50～350	2.0	17

图 9-28　PT 螺头式隔片的形状及规格

（4）塑料底座隔片

当隔片底座为塑料时，隔片及底座见图 9-29～图 9-31。

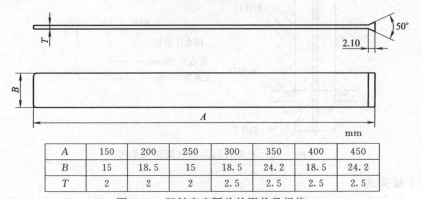

mm

A	150	200	250	300	350	400	450
B	15	18.5	15	18.5	24.2	18.5	24.2
T	2	2	2	2.5	2.5	2.5	2.5

图 9-29　塑料底座隔片的形状及规格

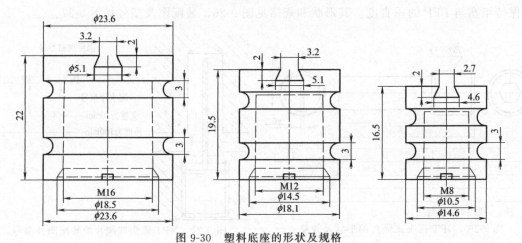

图 9-30　塑料底座的形状及规格

(a) 塑料底座下面无托板

(b) 塑料底座下面有托板

图 9-31　塑料底座隔片装配图

9.5.2 隔片过水端的形状

　　常见形状有三种，见图 9-32。图 9-32（b）为半圆形缺口，R 可取冷却水道的半径，即 $D/2$。图 9-32（b）为 V 形缺口，图 9-32（d）为平口，三角形的高和底边长以及 H 值可根据"其截面面积等于冷却水道截面面积"来求取。

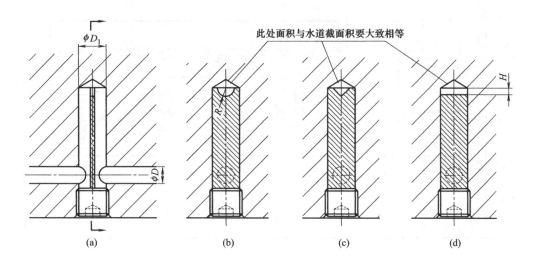

图 9-32　隔片过水端常见形状

9.5.3 隔片式冷却水道应用实例

　　隔片式冷却水道效果很好，水井和型腔之间的距离不要靠得太近（不宜小于 13mm），否则不但影响模具的强度，也不利于熔体流通，造成过度冷却。图 9-33～图 9-36 为隔片式冷却水道实例。

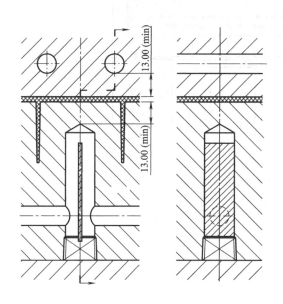

图 9-33　隔片式冷却水道实例 1

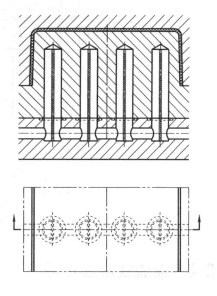

图 9-34　隔片式冷却水道实例 2

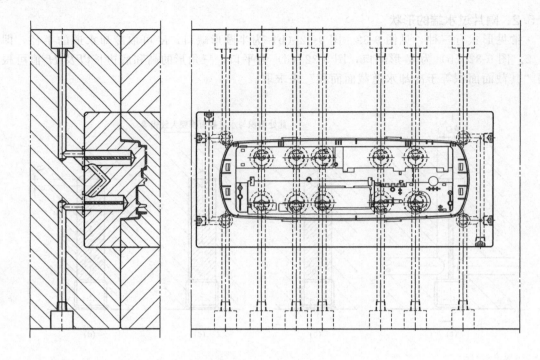

图 9-35　隔片式冷却水道实例 3

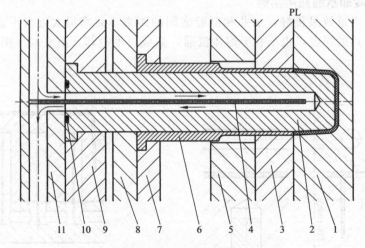

图 9-36　隔片式冷却水道实例 4

1—定模镶件；2—动模型芯；3—动模板；4—长隔片；5—托板；
6—推管；7—推管固定板；8—推管底板；9—动模型芯固定板；
10—密封圈；11—模具底板

9.6　喷流式冷却水道

　　喷流式水道和隔片式水道一样都用于深腔类模具，或是冷却水道难以到达但又有大量热量积聚的地方。这种冷却水道需要用到喷管件，因此在实际工作中没有隔片式水道用得普及。喷管式冷却水道主要形式见图 9-37～图 9-39。

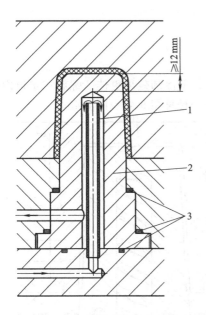

图 9-37　喷管式冷却水道 1
1—空心圆管；2—动模型芯；3—密封圈

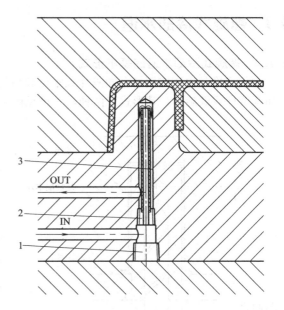

图 9-38　喷管式冷却水道 2
1—空心圆管；2,3—螺塞

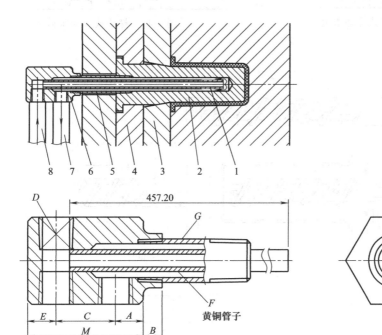

黄铜管子

mm

名称	D/in	M	E	A	B	C	F	G/in
DC-131（DME）	1/8NPT	34.04	8.38	8.38	5.59	17.53	6.35×1.02	1/4NPT×2
DC-132（DME）	1/8NPT	46.74	8.64	12.7	6.35	25.40	6.35×1.02	1/4NPT×2
DC-136-A（DME）	1/4NPT	46.74	8.64	12.7	6.35	25.40	7.94×1.27	3/8NPT×2

图 9-39　喷管式冷却水道 DME 标准
1—空心圆管；2—动模型芯；3—推板；4—动模 B 板；5—连接件；6—螺母水管；7—出水接头；8—进水接头

9.7 螺旋式冷却水道

9.7.1 螺旋式冷却水道的基本形式

螺旋式冷却水道应用场合同隔片式水道和喷流式水道，但冷却效果更佳。螺旋式水道内需要加螺旋柱或螺旋片，其形式有两种，一种见图 9-40，另一种见图 9-41～图 9-43。

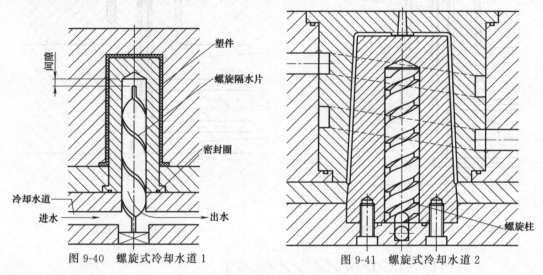

图 9-40　螺旋式冷却水道 1

图 9-41　螺旋式冷却水道 2

9.7.2 螺旋柱规格

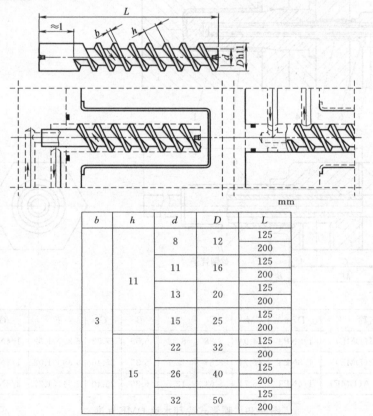

mm

b	h	d	D	L
3	11	8	12	125
				200
		11	16	125
				200
		13	20	125
				200
		15	25	125
				200
	15	22	32	125
				200
		26	40	125
				200
		32	50	125
				200

图 9-42　螺旋式冷却水道螺旋柱 1 及其规格

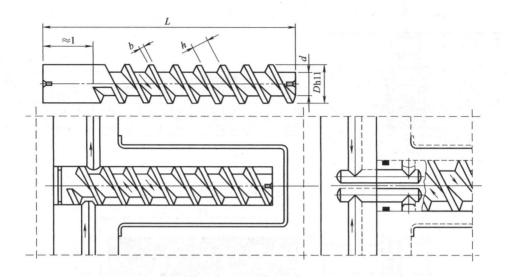

mm

b	h	d	D	L
3	11	8	12	125
				200
		11	16	125
				200
		13	20	125
				200
		15	25	125
				200
	15	22	32	125
				200
		26	40	125
				200
		32	50	125
				200

图 9-43　螺旋式冷却水道螺旋柱 2 及其规格

9.8　冷却水道配件

9.8.1　水管接头

(1) 水管接头形式及规格

冷却水通道常用规格有 $\phi6mm$、$\phi8mm$、$\phi10mm$ 和 $\phi12mm$,其对应的管接头规格常用 1/8in、1/4in、3/8in(以上无特殊规定优先选用 1/4in 规格)。用于螺纹密封的圆柱管螺纹或圆锥管螺纹,螺纹孔用 BSP 与 NPT 型丝锥攻相应的圆柱内螺纹。图 9-44～图 9-49 所示为几种水管接头形式及规格。

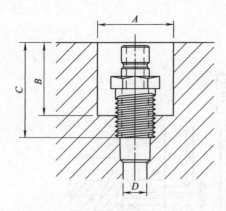

in(mm)

名称	螺纹规格	A	B	C	D
JP-351	1/8NPT	1(26)	15/16(24)	$1\frac{1}{4}$(32)	5/16(8)
JP-352-(SV)	1/4NPT	1(26)	$1\frac{3}{32}$(28)	$1\frac{7}{16}$(37)	7/16(11)
JP-353-(SV)	3/8NPT	1(26)	$1\frac{1}{8}$(29)	$1\frac{7}{16}$(37)	9/16(14)

图 9-44　DME 短水管接头及其规格

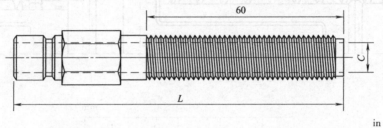

in

名称	螺纹规格	L	C	名称	螺纹规格	L	C
JPB-3514	1/8NPT	4	11/32	JPB-3528	1/4NPT	8	15/32
JPB-3516	1/8NPT	6	11/32	JPB-3534	3/8NPT	4	19/32
JPB-3518	1/8NPT	8	11/32	JPB-3536	3/8NPT	6	19/32
JPB-3524	1/4NPT	4	15/32	JPB-3538	3/8NPT	8	19/32
JPB-3526	1/4NPT	6	15/32				

图 9-45　DME 长水管接头及其规格

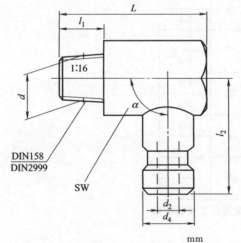

mm

SW	L	l_1	l_2	d_2	d_4	d	α
11	27	9	23	4.5	9	M8×0.75	90°
						M10×1	
						R1/8	
15	34	9	9	9	13	M14×1.5	
						R1/4	
24	47	16	16	13	19	M24×1.5	
						R1/2	

图 9-46　弯头水管接头及其规格

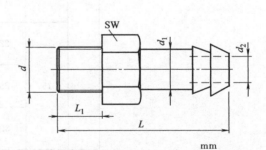

mm

SW	L	L_1	d_2	d_1	d
11	28	7	4.5	9	M8×0.75
			6		M10×1
					G1/8″A
15	40	9	8	13	M12×1.5
			9		M14×1.5
					M16×1.5
15	40	9	9	13	G1/8″A
17					G3/8″A
27	56	16	13	19	M24×1.5
22	50	12			G1/2″A
27	56	16			G3/4″A

图 9-47　防脱短水管接头及其规格

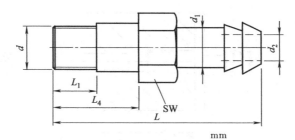

mm

SW	L	L_1	L_4	d_2	d_1	d
11	35	7	14	6	9	M10×1
						G1/8″
15	47	9	16	8	13	M12×1.5
				9		M14×1.5
						G1/4″A
17	62	12	22	13	19	M24×1.5
						G1/2″A

图 9-48　防脱长水管接头及其规格

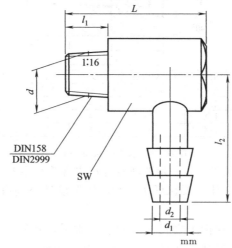

mm

SW	L	l_1	l_2	d_2	d_1	d
11	27	9	23	4.5	9	M8×0.75
						M10×1
				6		R1/8″
15	34	9	32.5	9	13	M16×1.5
						R1/4″
24	47	16	44	13	19	M24×1.5
						R1/2″

图 9-49　防脱弯头水管接头及其规格

(2) 水管接头的装配

① 水管接头可以高出模板，也可以沉入模板，见图 9-50。

注意

a. 水管接头要与模板表面成 90°。

b. 沉孔要做成平底孔。

c. 沉孔与螺孔中心需保证同轴度要求。

d. 要在沉孔旁边清楚打上"IN/OUT"及编号。

e. 沉孔的直径要取标准，一定要和标准钻头的直径尺寸一致。

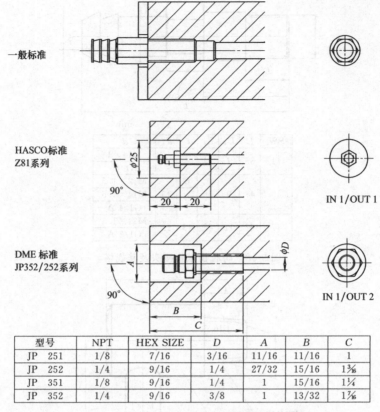

型号	NPT	HEX SIZE	D	A	B	C
JP 251	1/8	7/16	3/16	11/16	11/16	1
JP 252	1/4	9/16	1/4	27/32	15/16	$1\frac{3}{16}$
JP 351	1/8	9/16	1/4	1	15/16	$1\frac{1}{4}$
JP 352	1/4	9/16	3/8	1	13/32	$1\frac{7}{16}$

图 9-50　水管接头的装配

　　② 在确定水管接头位置尺寸时，一定要注意冷却水管接头不要与吊环、电器插座、油缸等模具外围附件干涉。在图 9-51 中，要保证 $L > D$，如果设计空间有限，可以将水管接头沉入模板。

　　③ 为安装水管方便，水管接头之间也不能靠得太近，水管接头和高出的模板之间也不能靠得太近，在图 9-52 中，尺寸 A 和 B 都必须大于 30mm。

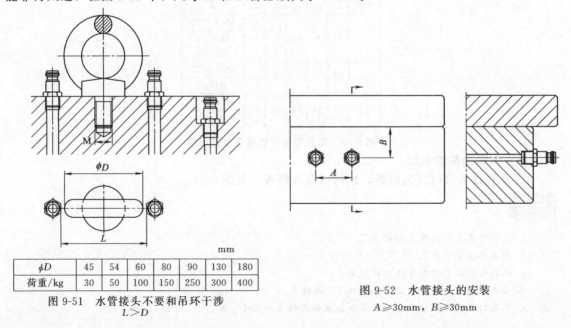

mm

ϕD	45	54	60	80	90	130	180
荷重/kg	30	50	100	150	250	300	400

图 9-51　水管接头不要和吊环干涉
$L > D$

图 9-52　水管接头的安装
$A \geqslant 30mm$，$B \geqslant 30mm$

④ 对于必须用 1000t 以上锁模力的大中型模具，要求设计集水板，将所有的水管接头集中到一块阀板上，生产时拆装方便。

⑤ 用 PC、PC＋ABS 电镀级、ABS 电镀级、PPS、PEI、PC＋PBT、PC＋PET、PMMA 塑料生产的模具，在试模中一般要求模温在 80℃ 以上，一般的水管和接头不耐高温，容易坏，存在烫伤人的危险。所以凡是用上述塑料生产的模具，水管接头要用耐高温的型号。另外，设计人员在工作中应注意，遇到这些模具水管接头不要沉入模板（客户指定的除外）。

（3）水管接头沉孔尺寸

① 水管接头安装在模板上，见图 9-53。

② 水管接头安装在内模镶件上。

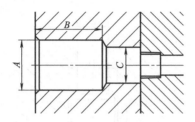

in(mm)

水管接头	1/8NPT(BSP)	1/4NPT(BSP)	3/8NPT(BSP)
A（直径）	φ1(25)	φ1⅛(28)	φ1⅛(28)
B（长度）	1½(40)	1⅝(40)	1⅝(40)
C（直径）	φ5/8(16)	φ3/4(18)	φ7/8(20)
常用规格	JPB-351	JPB-352	JPB-353

注：NPT 为美制螺纹标准；BSP 为公制螺纹标准。

图 9-53　水管接头安装在内模镶件上沉孔尺寸

9.8.2　水管堵头

水管堵头装配在水道的两端防止漏水，或者装配在水道中间，用于改变水流方向，见图 9-54。

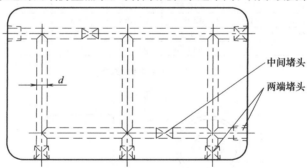

图 9-54　水管堵头的装配

① 中间堵头：英制的中间堵头见图 9-55。公制的堵头规格（D）有 6mm、8mm、10mm、12mm、16mm、18mm、20mm、25mm 和 30mm。

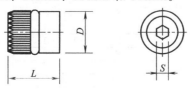

图 9-55

mm

名称	螺纹规格/in	D	S	L
TBP-10	1/8NPT	8.73	1.98	12.7
TBP-10-0S	1/8NPT	9.13	1.98	12.7
TBP-20	1/4NPT	11.11	3.18	14.22
TBP-20-0S	1/4NPT	11.51	3.18	14.22
TBP-40	3/8NPT	14.29	3.18	15.75
TBP-40-0S	3/8NPT	14.68	3.18	15.75

图 9-55　水管中间堵头

② 两端堵头：两端堵头有圆柱管螺纹堵头（见图 9-56）和锥形管螺纹堵头（见图 9-57）。

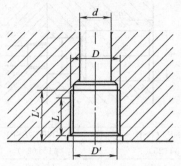

mm

运水通道 d		管螺纹 规格 Rp/in	螺距 P	螺纹大径 D	螺纹小径 D'	螺纹攻深 L	螺纹有效 深度 L'	攻螺纹前钻 孔直径	底孔深度
mm	in								
$\phi6$	$\phi1/4$	1/8、1/4	0.907、 1.337	$\phi9.73$、 $\phi13.16$	$\phi8.57$、 $\phi11.45$	8.5、11	6.5、9.7	$\phi8.5$、 $\phi11.4$	8.5、12
$\phi8$	$\phi5/16$	1/4	1.337	$\phi13.16$	$\phi11.45$	11	9.7	$\phi11.4$	12
$\phi10$	$\phi7/16$	1/4	1.337	$\phi13.16$	$\phi11.45$	11	9.7	$\phi11.4$	12
$\phi12$		3/8	1.337	$\phi13.16$	$\phi14.95$	11.5	10.1	$\phi14.8$	13
$\phi14$	$\phi9/16$	3/8	1.337	$\phi16.66$	$\phi14.95$	11.5	10.1	$\phi14.8$	13
$\phi16$	$\phi11/16$	1/2	1.81	$\phi20.95$	$\phi18.63$	13.5	12	$\phi18.43$	15
$\phi20$	$\phi13/16$	3/4	1.81	$\phi26.44$	$\phi24.12$	15	14	$\phi23.85$	18
$\phi25$	$\phi15/16$	1	2.31	$\phi33.25$	$\phi30.29$	18	17	$\phi29.98$	19

图 9-56　圆柱管螺纹堵头

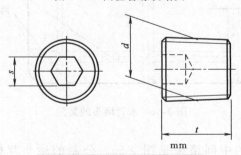

mm

s	t	d
4		M8×0.75
5	8	M10×1
6		M12×1.5
7	10	M14×1.5
5	8	R1/8″
7		R1/4″
8	10	R3/8″
10		R1/2″

图 9-57　锥形管螺纹堵头

9.8.3　密封圈

密封圈的作用是防止冷却水渗漏，它通常有如图 9-58～图 9-60 所示的三种装配方式。

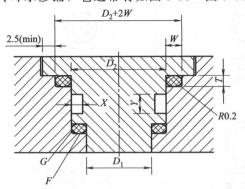

mm

D_1	G 胶圈截面直径	F 胶圈内径	W	T	X	Y	D_2
20～40	$\phi 2.0$	D_1-2	2.6	1.6	4	6	$D_1+5.2$
40～60	$\phi 2.5$	D_1-3	3.2	2.0	5	8	$D_1+6.4$
60～100	$\phi 3.0$	D_1-5	3.9	2.4	6	10	$D_1+7.8$

图 9-58　密封圈装配方式 1

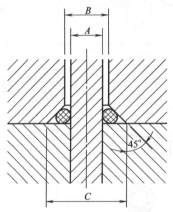
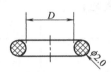

A/in	B/in	C/mm	D/mm
$\phi 5/32$	$\phi 7/32$	$\phi 10.4$	$\phi 4$
$\phi 1/4$	$\phi 5/16$	$\phi 11.2$	$\phi 6$

图 9-59　密封圈装配方式 2

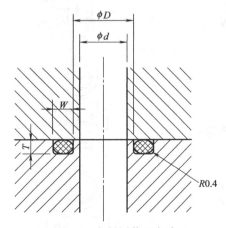

图 9-60　密封圈装配方式 3

装配方式 3 是最常用的装配方式，其规格型号及装配尺寸见表 9-4。

表 9-4　密封圈规格型号及装配尺寸　　mm

型号	水孔直径	密封圈尺寸	密封圈槽尺寸	密封圈的装配
P9	$\phi6$	$\phi12.6$　9　$\phi1.8$	$\phi12.5$　2.2　1.3　R0.4　$\phi6$	
P12	$\phi8$	$\phi16.6$　$\phi2.4$	$\phi16.5$　2.8　1.8　R0.4　$\phi8$	
P14	$\phi10$	$\phi18.8$　$\phi2.4$	$\phi18.5$　2.8　1.8　R0.4　$\phi10$	
P16	$\phi12$	$\phi20.8$　$\phi2.4$	$\phi20.5$　2.8　1.8　R0.4　$\phi12$	
P25	$\phi16$	$\phi24.8$　2.4	$\phi24.5$　3.2　1.8　R0.4　$\phi16$	
P25	$\phi20$	$\phi32$　$\phi3.5$	$\phi31$　4.7　2.7　R0.4　$\phi20$	
P30	$\phi25$	$\phi37$　$\phi3.5$	$\phi36$　4.7　2.7　R0.4　$\phi25$	

型号	水孔直径	密封圈尺寸	密封圈槽尺寸	密封圈的装配
P35	$\phi30$	$\phi42$　$\phi3.5$	$\phi41$　4.7　$R0.4$　2.7　$\phi30$	

9.9　模具典型零件的冷却

（1）圆形型芯冷却（见图 9-61）

（2）斜浇口套冷却

当采用斜主流道时，主流道内的凝料必须充分冷却后才能开模，否则主流道凝料很容易被拉断。由于主流道较粗，冷却时间较长，为了提高模具的劳动生产率，对浇口套的冷却就非常重要。斜浇口套的冷却见图 9-62。

（3）热射嘴冷却

热射嘴可以用直通式冷却水道冷却［见图 9-63(a)］，也可以镶冷却水套冷却［见图 9-63(b)］。

（4）斜推杆冷却

如图 9-64 所示的斜推杆成型面积较大，可用直通循环式冷却水道。如图 9-65 所示的斜推杆为细长杆，可采用冷却棒冷却。

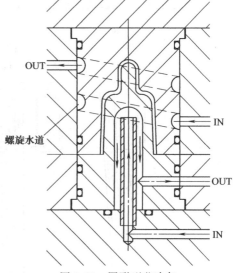

图 9-61　圆形型芯冷却

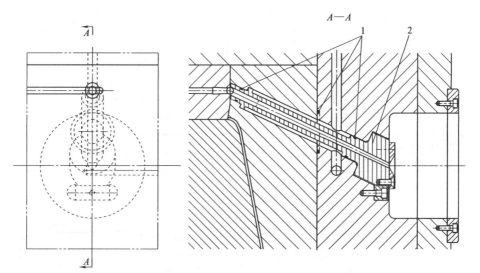

图 9-62　斜浇口套冷却

1—密封圈；2—斜浇口套

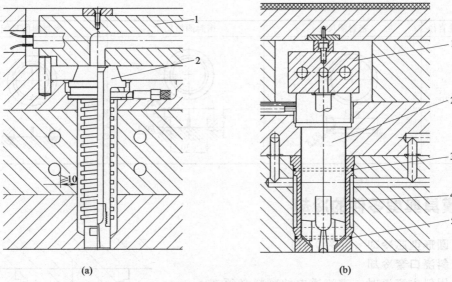

(a)   (b)

图 9-63　热射嘴冷却
1—热流道板；2—热射嘴；3,5—密封圈；4—冷却水套

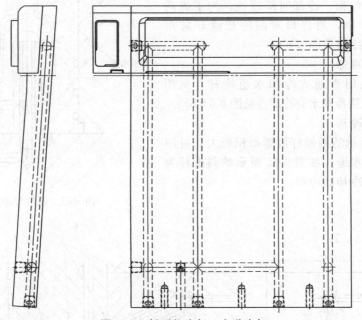

图 9-64　斜顶的冷却：水道冷却

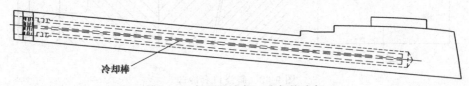

冷却棒

图 9-65　斜顶的冷却：冷却棒冷却

（5）滑块和侧抽芯的冷却

当滑块上的成型面积较大时，必须设置冷却水道，见图 9-66。滑块上设置冷却水道时，要考虑水管和水管接头的位置和安装，需要通冷却水的滑块尽量避免抽芯时朝上滑行，防止冷却水漏入型腔。

当侧向抽芯较长较大，与熔体接触面积较大时，也要设法冷却，否则将会加长模具的注塑周期，严重影响模具的劳动生产率，见图 9-67。

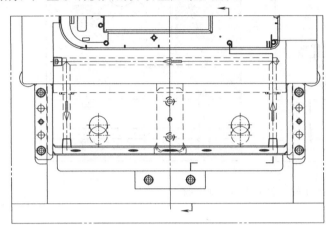
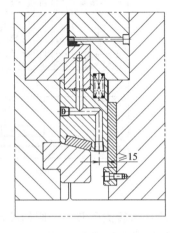

图 9-66　滑块的冷却

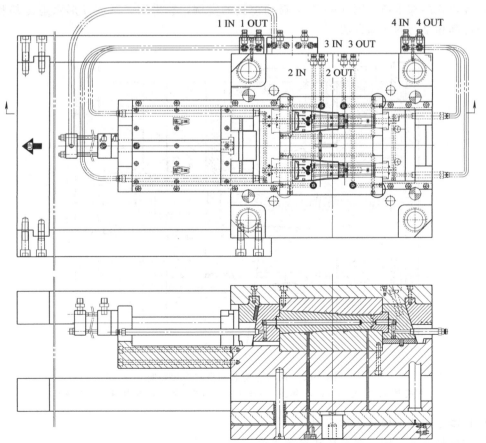

图 9-67　侧向抽芯的冷却实例

(6)斜滑块的冷却

注意：冷却水管长度必须满足斜滑块的滑出行程，水管接头不能和模板干涉。见图9-68。

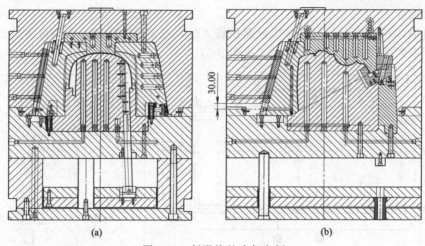

(a)　　　　　　　　　　　　(b)

图 9-68　斜滑块的冷却实例

(7)回转类型芯和型腔的冷却

回转类型芯和型腔的冷却方式很多，可以在圆周面和端面采用环形冷却水道，也可以在型芯中间采用隔片式水井冷却水道、喷流式冷却水道、螺旋式冷却水道，甚至还可以用铍铜并采用导热式冷却水道。图9-69是塑料桶模具的实例，它采用了圆周环形水道冷却和螺旋式水道冷却相结合的冷却方法。

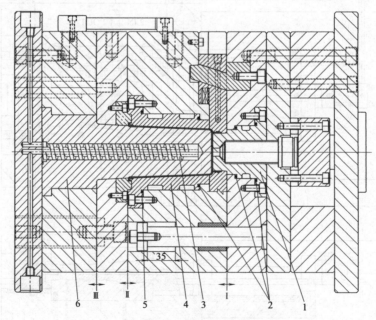

图 9-69　回转体型芯和型腔冷却实例

1—定模型芯；2—密封圈；3—螺旋导流丝杆；4—动模型腔；5—密封圈；6—动模型芯

(8)浅型腔注塑模具冷却实例

这种模具通常采用直通循环式冷却水道，见图9-70。

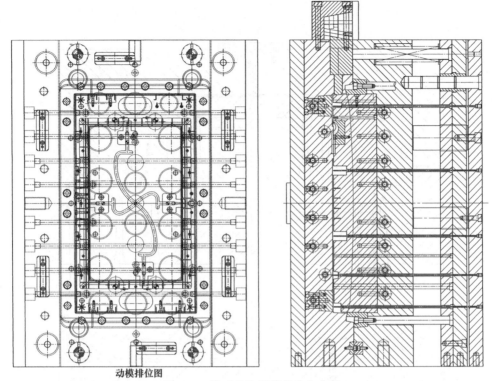

动模排位图

图 9-70　浅型腔注塑模具冷却实例

(9) 深型腔注塑模具冷却实例

这种模具通常采用直通循环式冷却水道和隔片式水道相结合的冷却方式，见图 9-71。

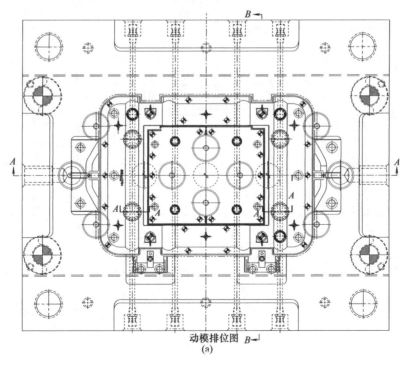

动模排位图
(a)

图 9-71

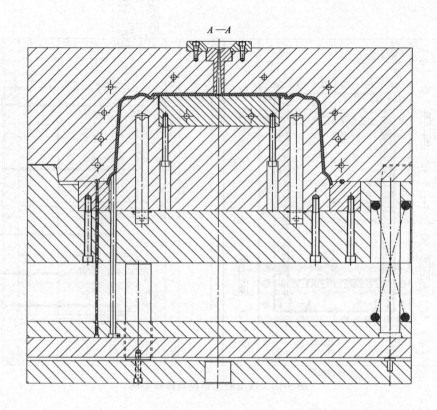

$A - A$

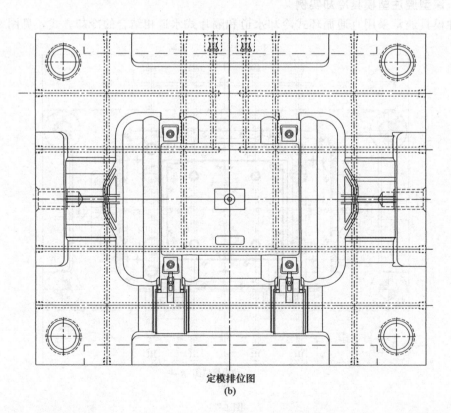

定模排位图

(b)

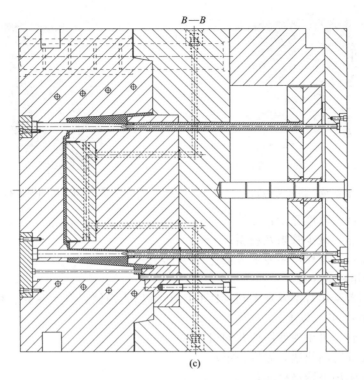

(c)

图 9-71　深型腔注塑模具冷却实例

9.10　模具的加热

当塑料的注射成型工艺要求模具温度在 80℃ 以上时，模具中必须设置有加热功能的温度调节系统。另外，热塑性的注塑在寒冷的冬天时，成型前常常需要对模具加热，因为如果天太冷，熔化的塑料还没有注入模具，就已经凝固了，不能充满整个型腔。热固性的模具在成型的过程中也需要加热、保热、保压，以使原料固化。加工胶木的模具和加工加布环氧树脂的干压模就没有浇注系统凝料，但需要加热。

模具的加热方法有：热水、热油、蒸汽、电阻、工频感应等。

9.10.1　水、油加热法

利用热水、热油、蒸汽也是通过模具中的冷却水通道来加热模具的，模具结构、设计原则与冷却水道完全相同。利用热水、热油加热模具需要配套设备模温机，模温机在注塑模具中的应用比较普遍，其主要作用如下。

① 提高塑件的成型效率；

② 减少不良品的产生；

③ 提高塑件的外观质量，减少塑件的缺陷；

④ 加快生产进度，降低能耗，节约能源。

模温机有运水模温机和运油模温机两种，见图 9-72 和图 9-73。

(1) 运水模温机的特点

① 使用温度范围为 40～180℃，精确到 ±1℃；

② 微电脑触摸式控制，操作简单；

③ 开机自动排气；

图 9-72 运水模温机

图 9-73 运油模温机

④ 有出水、回水温度显示；

⑤ 不锈钢管路，减少管阻及锈垢；

⑥ 故障有显示，维修不用专业人员。

(2) 运油模温机的特点

① 温度控制器采用日本及意大利（P. I. D.）触摸式内储、自动演算、精确可靠，可控制在±2℃内，省电35％以上；

② 两组电热管，可单独使用或共同启用；

③ 加温及冷却时间快速，温度稳定；

④ 电热筒等采用不锈钢材质；

⑤ 安全保护及故障指示系统完善；

⑥ 采用进口高级组件，使用年限长；

⑦ 操作维修容易。

(3) 模温机对注塑模的影响（见表 9-5）

表 9-5　模温机对注塑模具的影响

原因	效　果
热平衡	注塑模具的热平衡控制：注塑机和模具的热传导是生产注塑件的关键。模具内部，由塑料（如热塑性塑料）带来的热量通过热辐射传递给材料和模具的钢材，通过对流传递给导热流体。另外，热量通过热辐射被传递到大气和模架。被导热流体吸收的热量由模温机带走。模具的热平衡可以被描述为：$P=P_m-P_s$。式中，P 为模温机带走的热量；P_m 为塑料引入的热量；P_s 为模具散发到大气中的热量
温度的高低	控制模具温度的目的和模具温度对注塑件的影响：注塑工艺中，控制模具温度的主要目的：一是将模具加热到工作温度，二是保持模具温度恒定在工作温度。以上两点成功的话，可以把循环时间最优化，进而保证注塑件稳定的高质量。模具温度会影响表面质量、流动性、收缩率、注塑周期以及变形等方面。模具温度过高或不足，对不同的材料会带来不同的影响。对热塑性塑料而言，模具温度高一点，通常会改善表面质量和流动性，但会延长冷却时间和注塑周期。模具温度低一点，会降低在模具内的收缩，但会增加脱模后注塑件的收缩率。而对热固性塑料来说，高一点的模具温度通常会减少循环时间，且时间由零件冷却所需时间决定。此外，在塑胶的加工中，高一点的模具温度还会减少塑化时间，减少循环次数
冷却通道	有效控制模具温度的预备条件：温度控制系统由模具、模温机、导热流体三部分组成。为了确保热量能加给模具或移走，系统各部分必须满足以下条件：首先是在模具内部，冷却通道的表面积必须足够大，流道直径要匹配泵的能力（泵的压力）。型腔中的温度分布对零件变形和内在压力有很大的影响。合理设置冷却通道可以降低内在压力，从而提高注塑件的质量。它还可以缩短循环时间，降低塑件成本。其次是模温机必须能够使导热流体的温度恒定在 1～3℃，具体根据注塑件质量要求来定。最后是导热流体必须具有良好的热传导能力，最重要的是，它能在短时间内导入或导出大量的热量。从热力学的角度来看，水明显比油好

原　因	效　　果
循环系统	模温机由水箱、加热冷却系统、动力传输系统、液位控制系统以及温度传感器、注入口等器件组成。通常情况下,动力传输系统中的泵使热流体从装有内置加热器和冷却器的水箱中到达模具,再从模具回到水箱;温度传感器测量热流体的温度并把数据传送到控制部分的控制器;控制器调节热流体的温度,从而间接调节模具的温度。如果模温机在生产中,模具的温度超过控制器的设定值,控制器就会打开电磁阀接通进水管,直到热流液的温度,即模具的温度回到设定值。如果模具温度低于设定值,控制器就会打开加热器

(4) 模温机规格

模温机规格型号见表 9-6～表 9-8。

表 9-6　LDS™350℃工业模具控温机

模温机机型	JOD-18	JOD-36	JOD-48	JODD-18
温控范围/℃	350			
温控精度/℃	±1			
电源	AC,3 相,380V,50Hz			
传热媒体	导热油			
冷却方式	间接冷却			
泵马力/hp	1	2	3	11
最大泵流量/(L/min)	30	60	100	30
最大泵压力/(kgf/cm²)	5	5	9	5
最大电力消耗/kW	19	38	52	38
储油量/L	30	35	55	64
警报功能	缺相/缺水/超温/过载			
冷却水配管/in	1/2	1/2	1/2	1/2
循环水配管/in	3/4	3/4	1	3/4
外形尺寸($L \times W \times H$)/mm	1100×440×1250	1100×440×1250	1100×550×1250	1100×550×1250
质量/kg	120	150	180	220

表 9-7　LDS™常温型 120℃运水式模温机

机型	AWM-10	AWM-20	AWP-10	AWMD-10
温控范围/℃	120			
温控精度/℃	PID±1		PID±1	PID±1
电源	AC,3 相,380V,50Hz			
传热媒体	水			
冷却方式	直接冷却			
泵马力/hp	1	1	2	11
最大泵流量/(L/min)	153	232	70	70
冷却水压力/(kgf/cm²)	2	2	2	2
最大电力消耗/kW	10	10	11	20

续表

机型	AWM-10	AWM-20	AWP-10	AWMD-10
警报功能	缺相/缺水/超温/过载			
冷却水配管/in	1/2	1/2	1/2	1/2
循环水配管/in	3/8×4	3/8×4	3/8×4	(3/8×4)×2
外形尺寸($L×W×H$) /mm	800× 325×640	800× 325×640	800× 325×640	800× 550×640
质量/kg	62	62	67	105

表 9-8　快速变温模温机

机　型	AFCH-300CH	AFCH-1000CH	AFCH-1600CH
电源	3 相,380V,50Hz		
总功率/kW	2.4	3.2	5.7
控制方式	电脑 PLC 处理器＋人机界面触摸控制		
加热源	蒸汽(锅炉)		
冷却源	冷却水(冷却水塔)		
模具最高可达温度/℃	165		
模具最低可达温度/℃	50		
冷热转换时间/s	20～50		
冷却水泵　功率/kW	2.2	3.0	5.5
冷却水泵　流量/(L/min)	120	150	250
冷却水泵　扬程/m	38	40	40
冷却水进出口口径/mm	$DN32$	$DN40$	$DN50$
蒸汽入口口径/mm	$DN25$	$DN32$	$DN40$
压缩空气入口/mm	$DN15$	$DN1$	$DN20$
循环系统口径(一进一出)/mm	$DN32$	$DN40$	$DN50$
警报功能	缺相/缺水/缺气/过载/反转/超温/高压		
适用注塑机吨位/t	00～400	400～1200	1200～1800
外形尺寸($L×W×H$)/mm	1200×500×1300	1200×550×1400	1200×550×1400
质量/kg	350	450	700

9.10.2　电加热法

模具的加热常用电加热装置，它具有结构简单、温度调节范围较大、加热清洁无污染等优点，缺点是会造成局部过热。

电加热最常用的是在模具外部用电阻加热，即用电热棒、电热板或电热框加热。

(1) 加热棒的规格

在注塑模上加热模板的筒棒式加热器，使用最多的是高功率密度加热棒。图 9-74 是圆柱状的高功率密度加热棒。表 9-9 是常用的高功率密度加热棒的规格和技术参数。

表 9-9　常用的高功率密度电热棒的规格和技术参数　　　　mm

型号	外径 d	总长度 L	有效加热长度 L_1	额定电压/V	额定功率/W
CHH06.5077	$\phi 6.5^{-0.05}_{-0.15}$	60	36	230	60
CHH06.5089		80	56		100
CHH06.5102		100	73		135
CHH06.5127		160	133		200
CHH08064	$\phi 8^{-0.05}_{-0.15}$	60	36	230	150
CHH08089		100	56		200
CHH08102		130	73		250
CHH08114		160	103		400
CHH10064	$\phi 10^{-0.05}_{-0.15}$	60	36	230	150
CHH10077		80	56		200
CHH10089		100	73		300
CHH10102		130	103		400
CHH10127		160	133		500
CHH10152		200	160		600
CHH10178		250	210		700
CHH12064	$\phi 12^{-0.05}_{-0.15}$	64	30	220	140
CHH12077		77	42		180
CHH12089		89	55		220
CHH12102		102	66		315
CHH12127		127	90		100
CHH12152		152	115		500
CHH12178		178	135		630
CHH12.7064	$\phi 12.5^{-0.05}_{-0.15}$	60	30	230	100
CHH12.7077		80	45		150
CHH12.7089		100	65		200
CHH12.7102		130	95		250
CHH12.7127		160	125		300
CHH12.7152		200	145		350
CHH12.7178		250	165		400
CHH16064	$\phi 16^{-0.05}_{-0.15}$	60	34	230	100
CHH16070		80	54		200
CHH16077		100	74		300
CHH16089		130	104		400
CHH16102		160	135		500
CHH16115		180	155		600
CHH16127		200	175		700
CHH16152		250	225		800
CHH16178		300	275		1000

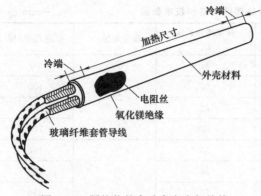

图 9-74　圆柱状的高功率密度加热棒

冷端　加热尺寸　冷端　外壳材料　电阻丝　氧化镁绝缘　玻璃纤维套管导线

(2) 加热棒的安装和拆卸

加热棒安装时可使用导热膏。推荐使用液态的氧化镁溶液，也有再添加防锈剂的。喷涂后被加热器烘干在孔隙中。注意保护电热棒的终端和热电偶，以免粘上导热膏。

高功率电热棒的拆卸见图 9-75(a)，利用了油泵的压力油反推。此方法需在模板或流道板上加工出连接油管的螺纹孔。图 9-75(b)是圆柱加热棒加装有螺纹的圆锥套筒，利用螺纹的反作用力，将锥套与加热棒一起拔出。图 9-75(c) 中，圆柱加热棒外端由圆锥支撑，装有紧固螺纹的套环，拆卸旋转时，套环将加热棒拖出。有斜度 1:50 的圆锥形加热棒拆卸较方便，见图 9-75(d)，而且安装到锥孔后没有间隙，但其长度受到前端直径的限制。

在模板或流道板上设计和钻削加热棒的安装孔时，原则上要做到以下几点。

① 保证与流道相对称；

② 离模板或流道板边壁的最小距离 A 至少为加热棒的直径 D，即 $A \geqslant D$；

③ 加热棒的位置在流道板厚度的中央，以减少热应力和翘曲的危害；

④ 热电偶位于两个加热器间的等同距离上。

建议在加热棒安装孔的终端钻个小孔，帮助加热器在加热期间顺利排气。所有的加热器从空气中吸潮。在冷却状态下，氧化镁和陶瓷等都会吸湿。加热棒特别容易侵入潮气。在加热期间，受潮的氧化镁绝缘性能下降。电流通过电阻线圈时会破坏电阻丝上的绝缘层，导致加热器的破坏。因此，在加热器每次加热到工作温度前，必须在 100℃停留 15min，以除去绝缘体上的潮气，并将加热温度下降到 50℃以后再升温。用温度控制系统的程序确定此停留的"软启动"过程。

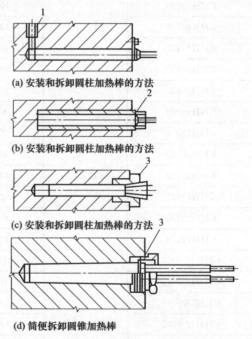

(a) 安装和拆卸圆柱加热棒的方法

(b) 安装和拆卸圆柱加热棒的方法

(c) 安装和拆卸圆柱加热棒的方法

(d) 简便拆卸圆锥加热棒

图 9-75　加热棒的安装和拆卸
1—螺纹孔；2—加热棒；3—圆锥套筒

9.11　模具的保温

加强模具的保温措施可以减少模具的热损失，可使模具在较短的时间内达到预定的生产温度，减少热能损失。

(1) 加热板的保温措施

加热板保温通常采用石棉板或石棉布，但石棉布不易摆放平整，对压板的平行度保证也有一定的影响。石棉板的种类很多，最常见的是橡胶石棉板，但这种石棉板却不可以用于密封隔热，具有一定的可压缩性，同时在高温时会释放出一种十分难闻的气味，影响操作环境及操作人的身体健康。

加热板的保温宜采用石棉纸板，常见的规格是 1000mm×1000mm ，厚 3～5mm，板体较为规整，平行度较好，可压缩性比较平均，高温下无异味产生。

(2) 模具的保温措施

模具的保温措施很多，可用石棉布或玻璃布包裹氢氧化铝保温棉进行保温。现在市场上还有一种保温涂料是目前用作模具保温的理想材料，它由中长纤维、浆料及一种保温泡沫材料混合而成，黏性适中，易于涂抹。这种材料常用作化工、采暖管道的保温层材料，略含碱性（易腐蚀模具）。在 150℃ 条件下使用没发现烧焦、熔化、气味等负面影响。同时材料很轻，可塑性较强，容易形成较为美观的模具表面。

第**10**章

注塑模具脱模系统设计

10.1　脱模系统的形式、组成和设计原则

10.1.1　脱模系统的形式

脱模系统又称推出系统和顶出系统，脱模系统的形式很多，根据动力来源不同，它可分为机械脱模、气动脱模、液压脱模和螺纹自动脱模四种形式；根据脱模的动作原理不同，又可分为延时脱模、定模脱模、双向脱模、复合脱模和强制脱模等。

注塑模具塑件脱模系统由推出机构和复位机构组成。其中推出机构包括推件和推件固定板，推件又主要包括圆推杆、扁推杆、推管、推板、推块、螺纹型芯和气阀等推出零件。推件固定板包括推杆固定板、推杆底板、螺纹型芯的轴承等。复位机构包括弹簧和复位杆等常规复位零件，螺纹型芯的来复线螺母、液压油缸以及摆杆和蝴蝶夹等先复位零件。

塑件脱模是注塑成型的最后一个环节，脱模系统结构是否合理，对塑件质量的好坏起着至关重要的作用。

10.1.2　脱模系统的设计原则

（1）推出平稳原则

① 为使塑件或推件在脱模时不致因受力不均而变形，推件要均衡布置，尽量靠近塑件收缩包紧的型芯，或者难以脱模的部位，如塑件为细长管状结构，尽量采用推管脱模。深腔类的塑件，有时既要用推杆、又要用推板，俗称"又推又拉"。

② 除了包紧力，塑件对模具的真空吸附力有时也很大，在较大的平面上，即使没有包紧力，也要加推杆，或采用复合脱模或用透气钢排气，大型塑件还可设置进气阀，以避免因真空吸附而使塑件产生顶白、变形。

（2）推件给力原则

① 推力点不但应作用在包紧力大的地方，还应作用在塑件刚性和强度大的地方，避免作用在薄壁部位。

② 作用面应尽可能大一些，在合理的范围内，推杆"能大不小""能多不少"。

（3）塑件美观原则

① 避免推件痕迹影响塑件外观，推件位置应设在塑件隐蔽面或非外观面。

② 对于透明塑件推件，即使在内表面其痕迹也"一览无遗"，因此选择推件位置须十分小心，有时必须和客户一起商量确定。

（4）安全可靠原则

① 脱模机构的动作应安全、可靠、灵活，且具有足够强度和耐磨性。采用摆杆、斜顶脱模时，应提高摩擦面的硬度和耐磨性，比如淬火或表面渗氮。摩擦面还要开设润滑槽，减小摩擦阻力。

② 推出行程应保证塑件完全脱离模具。

③ 螺纹自动脱模时，塑件必须有可靠的防转措施。

④ 模具复位杆的长度应保证在合模后与定模板有 0.05～0.10mm 的间隙，以免合模时复位杆阻碍分型面贴合，如图 10-1 所示。

⑤ 复位杆和动模板至少应有 30mm 的导向配合长度。复位弹簧是帮助推杆板在合模之前退回复位，但复位弹簧容易失效，且没有冲击力，如果模具的推杆板必须在合模之前退回原位（否则会发生撞模等安全事故），则应该再加机械先复位机构。

（5）方便加工原则

① 圆推杆和圆孔加工简单快捷，而扁推杆和方孔加工难度大，应避免采用。

② 在不影响制品脱模和位置足够时，应尽量采用大小相同的推杆，以方便加工。

10.1.3 脱模力的计算

脱模力必须大于塑件对模具的包紧力和黏附力。包紧力的大小与塑件的收缩率、塑件的壁厚和形状及大小所形成的塑件刚度有关，还与型芯和型腔表面的粗糙度及加工纹路等因素所形成的摩擦阻力、塑件材料以及注射压力、开模时间、脱模斜度等有关。黏附力的大小则与模具型腔的表面粗糙度、塑件和模具型腔的接触面积有关。在计算和确定脱模力时，一般只考虑主要因素，进行近似计算，并使确定的脱模力大于上述诸因素所形成的阻力。脱模力在开模的瞬间最大，所以计算的脱模力为初始脱模力。

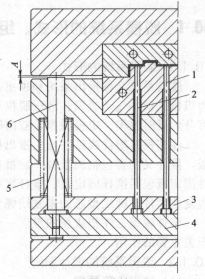

$A = 0.05 \sim 0.10\text{mm}$

图 10-1 复位杆的长度
1,2—推杆；3—推杆固定板；4—推杆底板；
5—复位弹簧；6—复位杆

对于一般塑件和通孔壳形塑件，初始脱模力按下式计算：

$$Q = Lhp(f\cos\alpha - \sin\alpha)$$

式中 Q——初始脱模力；

L——型芯或凸模被包紧部分的断面周长，cm；

h——被包紧部分的深度，cm；

p——由塑件收缩率产生的单位面积上的正压力，一般取 $7.8 \sim 11.8\text{MPa}$；

f——摩擦因数，一般取 $0.1 \sim 0.2$；

α——脱模斜度，(°)。

按公式计算的脱模力，应当考虑塑件材料对型芯的黏附力以及塑件刚性等因素的影响，加以修正，确定实际脱模力，从而选用相应的标准推杆直径及数量和分布。

对于不通孔的壳形塑件脱模时，需克服大气压力造成的阻力 Q_H（黏附力），即

$$Q_H = 1(\text{标准大气压}) \times S = S$$

式中，S 为垂直于推出方向的投影面积，cm^2。1 个标准大气压等于 101kPa。

所以，其总的脱模力 $(Q_总)$ 为

$$Q_总 = Q + Q_H$$

计算时，为使脱模力 $(Q_总)$ 大于诸因素造成的阻力，还需修正，以确定实际的脱模力。

10.2 推杆设计

10.2.1 推杆设计的注意事项

① 推杆孔边与其他孔（包括复位弹簧孔、斜顶孔、螺孔、销孔、推杆板导套孔和冷却水孔等）最少应保持 2.5mm 的距离。

② 推杆和推杆固定板配合孔的单边间隙取 0.5mm。

③ 推杆和模板配合孔的单边间隙取 0.5mm。

④ 所有推杆应用标准尺寸，推杆头不可沉入推杆固定板。

⑤ 推杆和镶件导向孔按 H7/f7 配合，但在注塑 PA、LDPE 和 PP 时，推杆和推杆配合孔的间隙必须小于 0.02mm，否则会产生飞边。

⑥ 装好全部推杆后，推杆固定板必须能够自行滑落，不能有卡滞现象。

⑦ 所有推杆及推杆固定孔应一一对应，并做好标记，以避免装错。

⑧ 所有推杆成型部位为斜面或曲面时均应防转，以防止装错。

⑨ 设计推杆位置时，除了要求脱模力量足够之外，还要确保塑件能被平行脱模。

⑩ 推杆可分为两种：全硬推杆及氮化推杆。

a. 全硬：表面硬度为 65～74HRC，内部硬度为 50～55HRC。

b. 氮化：表面氮化后硬度为 65～74HRC。

⑪ 当塑件高度或脱模斜度较大时，平面图上要把最小轮廓线画出来，这样设置推杆时就不会出错。当塑件顶角有较大圆角时，平面图上要把圆角的切线画出来，以作为推杆位置的边界线，见图 10-2(a)。

⑫ 推杆离塑件边不能太远，也不能太近，推杆直径≤6mm 时，S 取 1～2mm；推杆直径为 6～8mm，S 取 2～3mm；推杆直径＞8mm 时，S 取 2.5～4mm，见图 10-2(b)。

⑬ 推杆尽量放在塑件底部，如图 10-2(c) 中 A 的位置，并距离边沿至少 0.5mm。避免放在顶部，如图 10-2(c) 中 B 的位置。

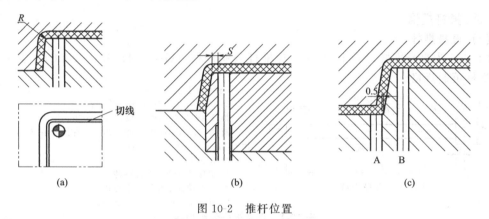

图 10-2　推杆位置

⑭ 如图 10-3 所示的塑件若必须在斜面上加推杆，应优先考虑在 A 处，其次选 B 处，不得已时选 C 处。因为在斜面上推杆和塑件容易滑动，以及推出力因分解而大大减小。若一定要选 C 处，在推杆上端面要做三个以上小台阶，以增加推出力，同时推杆头部还要防转。

⑮ 较深的圆柱（柱高大于 8mm）最好在柱底加推杆，这样不但顶出效果好，而且可以改善排气，有利于熔体填充，见图 10-4(a)。对于短柱，可以在旁边加两支推杆，柱底是否需要加排气杆则视具体情况而定，见图 10-4(b)。

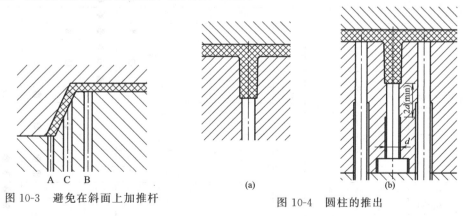

图 10-3　避免在斜面上加推杆

图 10-4　圆柱的推出

⑯ 当塑件对定模的包紧力大于对动模（有推杆的一侧）的包紧力时，可将推杆头部磨成 "Z" 形，利用缺口上凝料的倒扣来保证开模时塑件留在有推出机构的一侧，但装配时推杆的 "Z" 形缺口方向必须一致，并且统一朝下，以方便塑件从推杆上取出。此时的推杆又

叫"拉杆",见图 10-5。

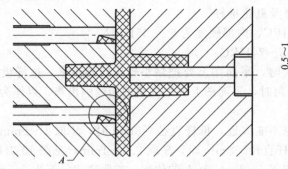
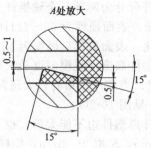

图 10-5　拉杆的设计

10.2.2　推杆规格

（1）直身推杆

图 10-6 为直身推杆，表 10-1 是直身推杆公制规格（GB/T 4169.1—2006），表 10-2 是直身推杆英制规格。

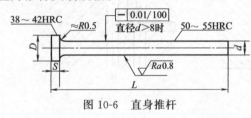

图 10-6　直身推杆

标记示例：

$d＝6mm$，$L＝160mm$ 的推杆：

推杆 $\phi6×160$ GB/T 4169.1—2006。

材料：T8A GB/T 1298—2008（直径 d 在 6mm 以下允许用 65Mn GB/T 699—2008）。

技术条件：

1. 工作端棱边不允许倒钝。

2. 工作端面不允许有中心孔。

3. 其他按 GB/T 4170—2006。

表 10-1　直身推杆公制规格　　　　　　　　　　　　　　　　　　mm

d(f6) 基本尺寸	极限偏差	$D_{-0.2}^{0}$	$S_{-0.05}^{0}$	$L_{0}^{+2.0}$										
				100	125	160	200	250	315	400	500	630	800	1000
1.6	−0.006 −0.012	4	2	○	○	○	●							
2				○	○	○	●							
2.5		5		○	○	○	●							
3	−0.010 −0.018	6	3	○	○	○	○	●	●					
3.2						○		○						
4		8		○	○	○	○	●	●					
4.2						○		○		●				
5		10		○	○	○	○	●	●	●				
5.2						○		○						
6		12	5		○	○	○	○	●	●	●	●		
6.2		12				○		○		●				
8	−0.013 −0.022	14	5	○	○	○	○	○	○	○	●	●	●	
8.2						○		○						
10		16		○	○	○	○	○	○	○	●	●	●	●
10.2						○		○						
12.5	−0.016 −0.027	18	7			○	○	○	○	○	○	●	●	●
16		22				○	○	○	○	○	●	●	●	●
20	−0.020 −0.033	26	8				○	○	○	○	○	●	●	●
25		32							○	○	○	○	●	●
32	−0.025 −0.041	40	10								○	○	●	●

注：1. ●为非优先选用值；○为优先选用值。

2. d 为 3.2、4.2、5.2、6.2、8.2、10.2 的尺寸供修配用。

表 10-2　直身推杆英制规格　　　　　　　　　　　　　　　　　　　in

d		D	S	L（常用规格尺寸）
(3/64)	1.19mm			4、6、8
1/16	1.59mm			
5/64	1.98mm			
3/32	2.38mm	1/4	1/8	
(7/64)	2.78mm			
1/8	3.18mm			
9/64	3.57mm			
5/32	3.97mm	9/32	5/32	
(11/64)	4.37mm	11/32		4(101.6mm)、6(152.4mm)、8(203.2mm)、10
3/16	4.76mm	3/8		(254.0mm)、12(304.8mm)
(13/64)	5.16mm		3/16	
7/32	5.56mm	13/32		
(15/64)	5.95mm			
1/4	6.35mm	7/16		
5/16	7.94mm	1/2		
3/8	9.53mm	5/8		
(7/16)	11.11mm	11/16	1/4	
1/2	12.70mm	3/4		
(5/8)	15.88mm	7/8		

注：1. 推杆材料：SKD61，如果表面渗氮热处理，则表面硬度为（1000±100）HV，内部硬度（43±2）HRC；如果真空处理，则表面和内部都是（52±2）HRC。

2. 推杆直径尺寸 d 中，带"（　）"是不常用尺寸。

3. 推杆规格型号表示法：直径×长度。

(2) 有托推杆

有托推杆形状见图 10-7，公制尺寸规格见表 10-3，英制尺寸规格见表 10-4。

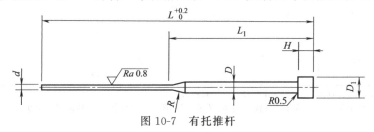

图 10-7　有托推杆

表 10-3　有托推杆公制规格　　　　　　　　　　　　　　　　　　　mm

d	公差	D_1	D	H	L=100	L=150	L=200	L=250
φ1.0		φ6	φ3	4	L_1=50	L_1=50,75		
φ1.2	−0.01	φ6	φ3	4	L_1=50	L_1=50,75		
φ1.5	−0.02	φ6	φ3	4	L_1=50	L_1=50,75	L_1=75,100	
φ2.0		φ8	φ4	6	L_1=50	L_1=50,75	L_1=75,100	L_1=100,125
φ2.5		φ8	φ4	6	L_1=50	L_1=50,75	L_1=75,100	L_1=100,125

表 10-4　有托推杆英制规格　　　　　　　　　　　　　　　　　　　in

规 格 型 号	φd	D	D_1	H
3/64×L	3/64	1/8	1/4	1/8
1/16×L	1/16	1/8	1/4	1/8
5/64×L	5/64	1/8	1/4	1/8
3/32×L	3/32	1/8	1/4	1/8
7/64×L	7/64	1/8	1/4	1/8

注：1. 当 φd<2mm 且 L>100mm，或者 φd≤3mm 且 L>200mm，采用有托推杆。

2. 采购时需附图，总长 L 须往大取标准值。

3. 材料：SKD-61，硬度：（52±2）HRC；SKD-51，硬度：58~60HRC。

国产材料 65Mn、60SiMn 或 H13，硬度 50~55HRC。

4. 规格型号表示法：直径（d）×长度（L）×托高（L_1）。

(3) 扁推杆

扁推杆形状见图 10-8，尺寸规格见表 10-5。

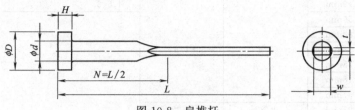

图 10-8　扁推杆

表 10-5　公制扁推杆尺寸规格 　　　　　　　　　　　　　　　　mm

正身位		轴位	头部		全长（常用规格尺寸）
t	w	d	H	D	L
1.0	3.0	4.0	6.0	8.0	100、125、150
1.2					
1.0	4.0	5.0	6.0	9.0	100、125、150
1.2					
1.5					
1.2	5.0	6.0		10.0	
1.5					
1.8					
1.5	6.0	8.0		13.0	
1.8					100、125、150、175、200
2.0					
1.5	8.0	10.0	8.0	15.0	
1.8					
2.0					
1.5	10.0	12.0		17.0	
1.8					
2.0					

注：1. 在有较高的加强筋或者顶边等薄壁时，可用扁推杆。

2. 设计扁推杆时先确定 A 、B 值，再确定标准的 d 值，N 值可根据具体的模具确定，购买时需附图，总长 L 须向大取整数。

3. 规格型号表示法：$t \times w \times D_2 \times L$。

4. 材料：国产 65Mn、60SiMn 或 H13。

5. 普通扁推杆硬度 50～55HRC，备料不需特别注明。

6. 进口扁推杆表面硬度 60HRC 以上，内部调质 40～42HRC，备料需特别注明进口字样。

10.2.3　推杆的装配

图 10-9 所示为推杆的装配。

注意

①　当圆推杆成型面为斜面或弧面时，其固定端要加防转结构，防转结构的形式见图 10-10。

②　当塑件局部对定模型芯的包紧力大于对动模型芯的包紧力，塑件可能粘定模镶件时，可将推杆头部加工成倒扣结构，使推杆同时兼有拉料作用。为防止塑件从模具中取出困难，组装时应使"Z"形头方向一致，推杆固定端也要加止转结构，见图 10-10。

10.2.4　推杆顶出的注意事项

①　当自攻螺钉柱较高而又无法用推管推出时，应注意在旁边多加一支推杆，以让自攻螺钉柱可以顺利顶出，见图 10-11 中①所示位置。

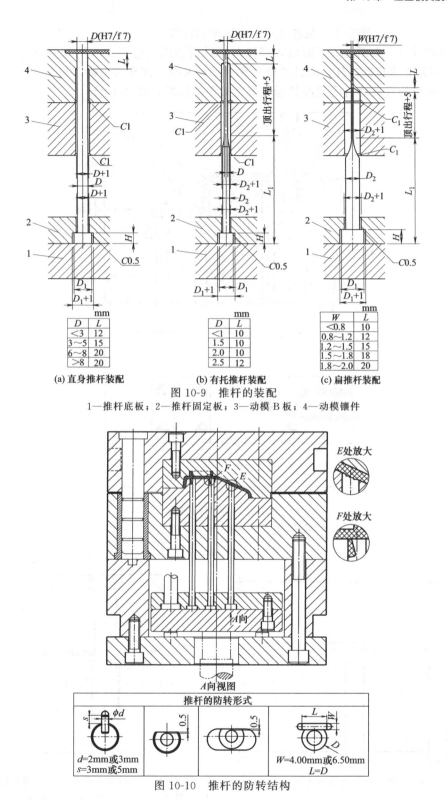

图 10-9　推杆的装配
1—推杆底板；2—推杆固定板；3—动模 B 板；4—动模镶件

(a) 直身推杆装配

D	L
<3	12
3~5	15
6~8	20
>8	20

mm

(b) 有托推杆装配

D	L
<1	10
1.5	10
2.0	10
2.5	12

mm

(c) 扁推杆装配

W	L
<0.8	10
0.8~1.2	12
1.2~1.5	15
1.5~1.8	18
1.8~2.0	20

推杆的防转形式

$d=2mm$ 或 $3mm$
$s=3mm$ 或 $5mm$

$W=4.00mm$ 或 $6.50mm$
$L=D$

图 10-10　推杆的防转结构

② 当塑件有高度差时，推杆应分布在粘模力较大的部位，通常将推杆设置在较低的位置效果较好，见图 10-11 中②所示位置。

③ 从加工上考虑，推杆一般不排在碰穿面上，距成品边 $A \geqslant 0.5\text{mm}$。推杆距冷却水道

不能太近，$B \geqslant 3\text{mm}$ 较安全，见图 10-11 中③所示位置。

④ 当塑件有一大而薄的平面时，即使对模具型芯没有包紧力，但黏附力也可能会使塑件变形，因此必须布置推杆，而且推杆直径可尽量大些，排布要均衡，见图 10-12。

⑤ 装配用的自攻螺钉固定胶柱通常要在底部加推杆，见图 10-13。

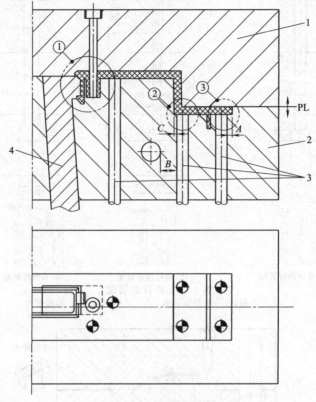

图 10-11　推杆的布置
1—定模镶件；2—动模镶件；3—推杆；4—斜推杆

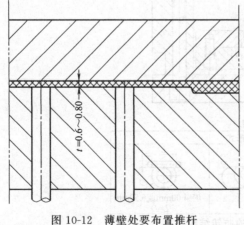

图 10-12　薄壁处要布置推杆

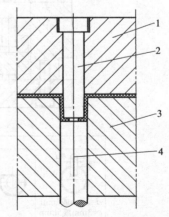

图 10-13　自攻螺钉装配柱通常要加推杆
1—定模镶件；2—定模型芯；3—动模镶件；4—推杆

⑥ 透明塑件设置推杆的注意事项如下。

a. 透明塑件应视其用途及外观尽量少用推杆，推杆的排布要讲究美观，比如放在正中间或对称布置等。

　　b. LENS（透明镜片）柱下方不便排推杆时，推杆宜排在 LENS 柱旁边，见图 10-14(a)。

　　c. LENS 柱为斜面或弧面时，推杆排在下方，推杆形状依柱形状，见图 10-14(b)。

　　d. 当 LENS 柱由定模成型时，推杆宜排在柱的下方，并且比柱的直径大一些，见图 10-14(c)。

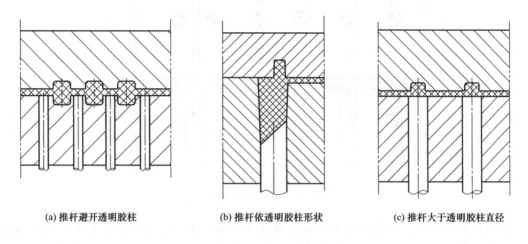

(a) 推杆避开透明胶柱　　　(b) 推杆依透明胶柱形状　　　(c) 推杆大于透明胶柱直径

图 10-14　LENS（透明镜片）推出注意事项

　　e. 当透明塑件上不能有推杆痕迹时，可利用溢料槽推出，见图 10-15。

　　f. 当透明塑件上不能有推杆痕迹时，也可以采用成型零件推出，见图 10-16。

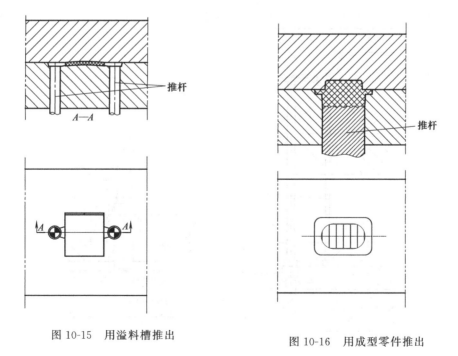

图 10-15　用溢料槽推出

图 10-16　用成型零件推出

　　⑦ 推杆推加强筋的方法：加强筋的推出方法有如图 10-17 所示的六种方法，常用的方

法是图 10-17（a）、(e) 两种。图 10-17（a）中推杆直径，公制为 2～3mm，英制为 5/64～7/64in，太小推力不够，太大塑件反而会有缩痕；图 10-17（b）、(e) 中推杆直径，公制为 5～8mm，英制为 3/16～5/16in；图 10-17（c）、(d) 中推杆大小根据具体情况确定；图 10-17（f）中推杆直径等于加强筋宽度，推力较小，尽量不采用。

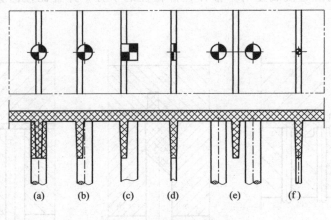

图 10-17　塑件加强筋推出

⑧ 延时推出结构：当浇注系统采用潜伏式浇口时，推流道凝料的推杆需要延时推出，这样可以自动切断浇口，以利于潜伏式浇口脱离模具，其结构见图 10-18。图中：$d=6～10mm$，$D=16mm$，$S=2～3mm$。

对于一些大型塑件，在脱模时，有些推杆也往往采用延时推出的方法，如电视机外壳就是先由推块推出 2mm 后，再和推杆一起将塑件推出，以防止塑件顶白、变形，见图 10-19。

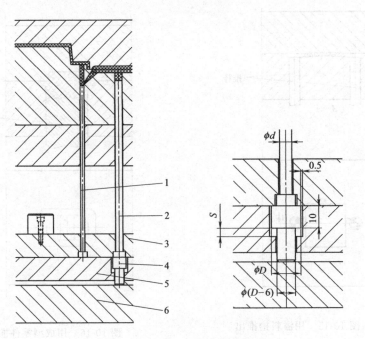

图 10-18　潜伏式浇口延时推出

1—浇口推杆；2—流道推杆；3—推杆固定板；

4—浮动销；5—推杆底板；6—模具底板

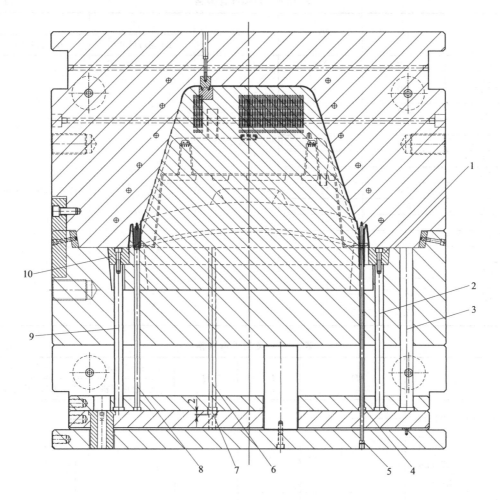

图 10-19　电视机外壳推杆延时推出
1,10—推块；2,8,9—推杆；3—复位杆；4—推管；5—推管型芯；6—延时推杆；7—浮动销

10.3　推管设计

10.3.1　推管规格

推管及其规格见图 10-20、表 10-6 和表 10-7。

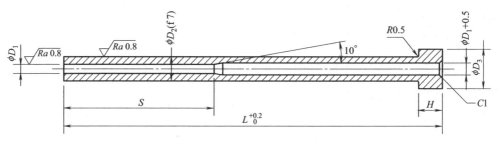

图 10-20　推管

表 10-6 公制推管规格   mm

D_1	D_2	D_3	H	$S=35$ L(规格尺寸)	$S=70$ L(规格尺寸)
2.0	4.0	8.0			
2.0	5.0	9.0			
2.5					
2.5	6.0	10.0			
3.0	5.0	9.0	6.0		
3.0	6.0	10.0			
3.0	7.0	11.0			
3.5	6.0	10.0		100、125、150、	225、250、275、300
3.5	7.0	11.0		175、200	
4.0	6.0	10.0			
4.0	7.0	11.0			
4.0	8.0	13.0			
5.0					
6.0		15.0			
8.0	10.0	17.0	8.0		
6.0		15.0			
8.0	12.0	17.0			

表 10-7 英制推管规格   in

D_1		D_2	D_3	H	$S=35mm$ L(常用规格)	$S=70mm$ L(常用规格)
5/64	1.98mm	5/32	3.97mm	5/16		
5/64						
3/32	2.38mm	3/16	4.76mm	3/8		
7/64	2.78mm					
1/8	3.18mm					
5/64	1.98mm					
3/32	2.38mm					
7/64	2.78mm	7/32	5.56mm	13/32		
1/8	3.18mm				3/16	
9/64	3.57mm					
5/64	1.98mm				4(101.6mm)	9(228.6mm)
3/32	2.38mm				5(127.0mm)	10(254.0mm)
7/64	2.78mm				6(152.4mm)	11(279.4mm)
1/8	3.18mm	1/4	6.35mm		7(177.8mm)	12(304.8mm)
9/64	3.57mm				8(203.2mm)	
5/32	3.97mm			7/16		
3/16	4.76mm					
3/32	2.38mm					
1/8	3.18mm	9/32	7.14mm			
5/32	3.97mm					
3/16	4.76mm			1/4		
5/32	3.97mm	5/16	7.94mm	1/2		
3/16	4.76mm					

续表

D_1		D_2		D_3	H	$S=35mm$	$S=70mm$
						L（常用规格）	L（常用规格）
7/32	5.56mm	5/16	7.94mm	1/2	1/4	4(101.6mm)	9(228.6mm)
1/4	6.35mm					5(127.0mm)	10(254.0mm)
5/32	3.97mm	3/8	9.53mm	5/8		6(152.4mm)	11(279.4mm)
3/16	4.76mm					7(177.8mm)	12(304.8mm)
1/4	6.35mm					8(203.2mm)	
5/16	7.94mm						

技术说明：

① 英制推管材料：JIS-SKD-61 合金工具钢。

② 热处理：真空离子氮化；硬度：内部（40±2）HRC，表皮（70±2）HRC。

10.3.2　推管的装配及注意事项

推管又叫司筒。当塑件上的自攻螺钉胶柱高度大于或等于 20mm，或者塑件为管状，没有设置推杆位置时，常采用推管推出，见图 10-21。标准推管表面硬度为 60HRC，表面粗糙度 $Ra0.8\mu m$。

推管设计的注意事项如下。

① 推管型芯 3 和 8 固定于底板上，可以用压板和无头螺钉紧固。当推管型芯直径≥8mm（5/16in）或多根推管相距较近，或推管型芯必须防转时，固定端应采用压块方式固定；当单个推管或有多个推管但相距较远时，推管型芯可用无头螺钉固定，见图 10-21 中 A

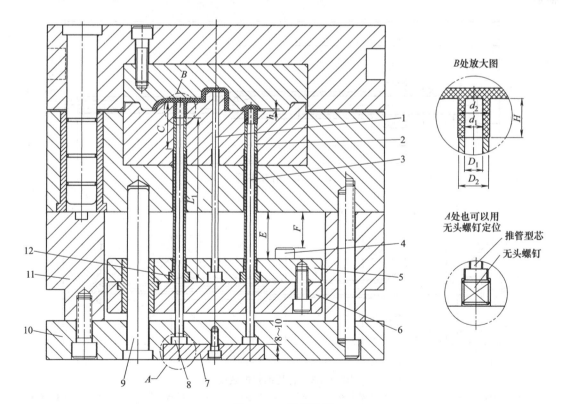

图 10-21　推管装配

1—推杆；2,12—推管；3,8—推管型芯；4—限位柱；5—推管（杆）固定板；6—推管（杆）底板；
7—型芯压板；9—导柱；10—模具底板；11—方铁

处放大图，但无头螺钉容易松动，这是必须考虑到的。

② 推管的订购尺寸不宜过长，公制为 $L_1+(5\sim10\text{mm})$，英制为 $L_1+(3/16\sim1/2\text{in})$。$L_1$ 为有效长度。推管与推管型芯按公差 H7/f7 配合，推管只可切短 10.0mm 左右，否则容易产生飞边。

③ 选用推管时应优先采用标准规格，推管外径必须小于所推圆柱的外径，保证：$D_1\geqslant d_1$；$D_2>d_2$，d_1、d_2 为加收缩率后的塑件尺寸。

④ 推管型芯与推管要有足够的导向配合长度，通常为 $10\sim20\text{mm}$。若顶出行程大于 E，则须设置限位柱 4，使 $C>F$，见图 10-21。

⑤ 一般所配推管型芯的长度比推管长度长 50mm，如不能满足要求，需特别注明推管型芯的长度。

⑥ 国产推管材料：65Mn、60SiMn 或 H13。硬度为 $48\sim53\text{HRC}$。

⑦ 规格型号表示法：$D_2\times D_1\times L$（×所配推管型芯长度）。

当推管型芯长度要求比推管长度大 50mm 以上时，采购时需注明括号内推管型芯的长度。

⑧ 推管的壁厚必须$\geqslant0.75\text{mm}$。布置推管时，推管型芯（又叫司筒针）固定位置不能与注塑机顶棍孔发生干涉。

⑨ 当推管直径$\leqslant3\text{mm}$，且长度 $L>100\text{mm}$ 时，需采用有托推管。有托推管见图 10-22。

有托推管是为了增加推管强度，尺寸根据实际情况确定。推管型芯可参照标准有托推杆，见表 10-3 和表 10-4，N 值确定可参照图 10-23。备料时需附图，总长需往大取整数。

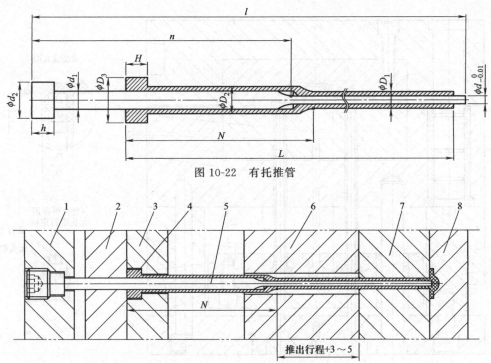

图 10-22　有托推管

图 10-23　有托推管的装配

1—模具底板；2—推杆底板；3—推杆固定板；4—推管；5—推管型芯；6—动模板；7—动模镶件；8—定模镶件

⑩ 为防止塑件自攻螺钉柱反面有凹痕，需减小孔底部的壁厚，推管成型端的形状应根据自攻螺柱口部形状的不同而不同，见表 10-8。

表 10-8　推管的成型形状

螺柱形状	普通型	内侧倒角	外侧倒角	台阶形
推管结构 1				
推管结构 2				

　　表 10-8 中有内、外侧倒角的自攻螺柱若采用推管结构 1，则推管壁较厚，强度、刚度较好，但口部有尖角锐边，安全性和使用寿命都较差。推管结构 2 比结构 1 的安全性和使用寿命都好，但壁较薄，强度和刚度较差。

　　⑪ 推管要避开 K.O 孔，推管型芯压块到 K.O 孔的距离 L 必须 $\geqslant$ 3mm，见图 10-24。

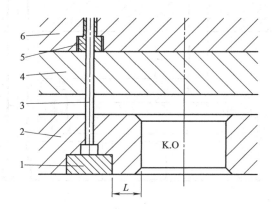

图 10-24　推管要避开注塑机顶棍孔
1—压块；2—模具底板；3—推管型芯；4—推杆底板；5—推管；6—推杆固定板

10.4　推板设计

　　推板脱模适用于深筒形、薄壁和不允许有推杆痕迹的塑件或一件多腔的小壳体（如按钮塑件）。其特点是推力均匀，脱模平稳，塑件不易变形。推板推出不适用于分型面周边形状复杂、推板型孔加工困难的塑件。

10.4.1 推板脱模的设计要点

① 推板与型芯的配合面为锥面，这样在推出过程中可减少磨损，并起到辅助导向作用。锥面斜度 α 为 $3°\sim10°$，见图 10-25。

② 推板内孔应比型芯成型部分单边大 $0.2\sim0.3mm$，见图 10-25 中的 E，这样可以避免推板推出时刮伤型芯 5 的成型面。

③ 当型芯锥面采用线切割加工时，注意线切割与型芯顶部应有 $\geqslant0.1mm$ 的间隙，见图 10-25 中的 S，以避免型芯线切割加工时切割线与型芯顶部干涉。

④ 推板 3 与复位杆 11 通过螺钉 14 连接，并增加防松介子 13 防松，见图 10-25。

⑤ 模架订购时，注意推板与导柱配合孔需安装直导套，推板材料选择应和定模镶件 2 的材料相同。

⑥ 推板脱模后，需保证塑件不滞留在推板上。

⑦ 导柱 12 必须设计在动模侧，而且推板在推出过程中不能脱离导柱 12，即 N 必须大于 M。

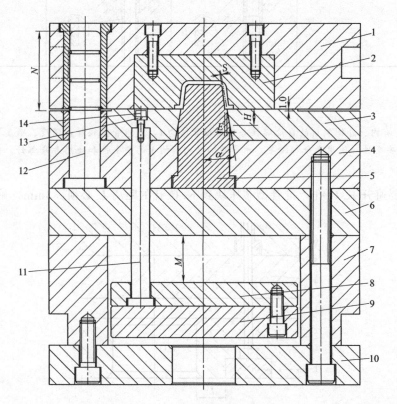

图 10-25 推板推出

1—定模 A 板；2—定模镶件；3—推板；4—动模 B 板；5—动模型芯；6—托板；
7—方铁；8—推杆固定板；9—推杆底板；10—模具底板；11—复位杆；
12—导柱；13—防松介子；14—螺钉

10.4.2 推板设计实例

① 图 10-26 是一个回转体型塑件注塑模，塑件圆周上有很多孔，需要侧向抽芯，因塑件较深，必须采用推板推出，所以滑块就设置在推板上，这种结构的模具其推板要加厚，另外，推板一定要加先复位机构。

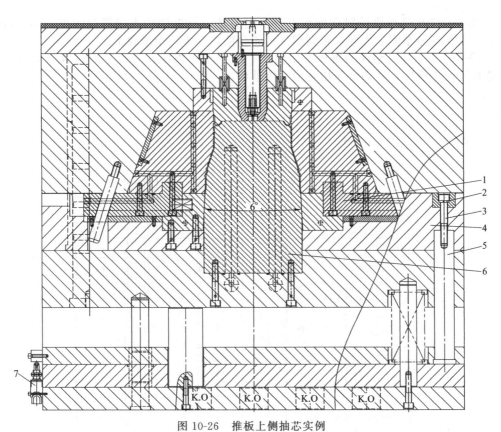

图 10-26　推板上侧抽芯实例

1—滑块；2—防松介子；3—螺钉；4—推板；5—复位杆；6—动模型芯；7—行程开关

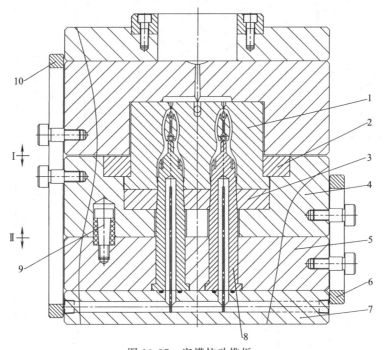

图 10-27　定模拉动推板

1—滑块；2—压块；3—垫块；4—推板；5—动模 B 板；6—限位拉条；7—底板；8—动模型芯；9—尼龙塞；10—推板拉条

② 图 10-27 也是滑块设置在推板上，不同的是，推板的动力来源是定模 A 板的拉力。本模一定要保证分型面 I 先开，否则塑件可能会粘在其中一个滑块上。

③ 图 10-28 是特高塑件的推板推出实例。由于塑件很深，对型芯的包紧力很大，因此只用推板还无法推出，还必须采用高压气体推出。

注意

这种塑件用推杆推出效果不好。

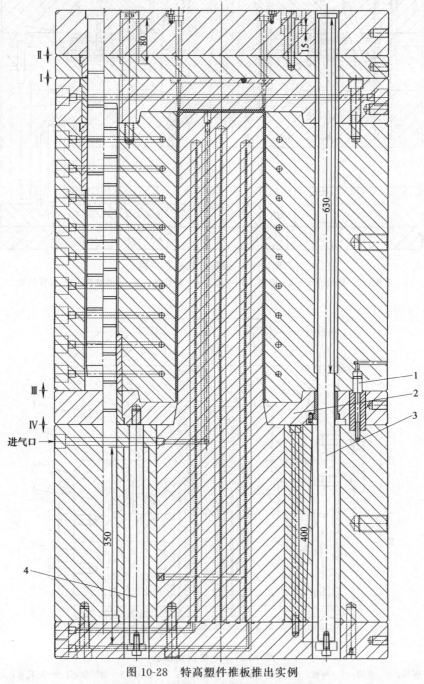

图 10-28　特高塑件推板推出实例

1—尼龙塞；2—推板；3—定模拉杆；4—动模拉杆

10.5　推块设计

对塑件表面不允许有推杆痕迹（如透明塑件），且表面有较高要求的塑件，可利用塑件整个表面采用推块推出，见图 10-29。四周形状不规则、尺寸较大的塑件，用推板推出时在制造上有较大难度，也可以采用推块局部推边的办法推出，见图 10-30。

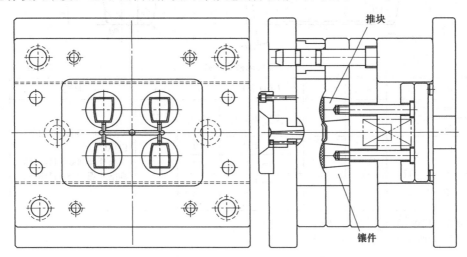

图 10-29　推块推塑件

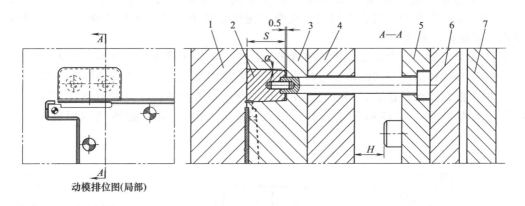

图 10-30　推块局部推边（靠镶件）
1—定模镶件；2—推块；3—动模镶件；4—动模 B 板；5—推杆固定板；6—推杆底板；7—模具底板

10.5.1　推块规格、 材料及热处理

推块一般情况下可自行设计，没有固定的标准，尤其是成型推块，一般都要根据塑件的形状来确定。但顶边的推块也可以制定一些标准，图 10-31 就是某公司的标准，可供设计时参考。

10.5.2　推块设计要点

① 推块应有较高的硬度和较小的表面粗糙度，通常用 H13 材料，加硬淬火至 52～54HRC，也可以渗氮处理（除不锈钢不宜渗氮外）。

② 推块底端和镶件要避空 0.5mm，见图 10-30。

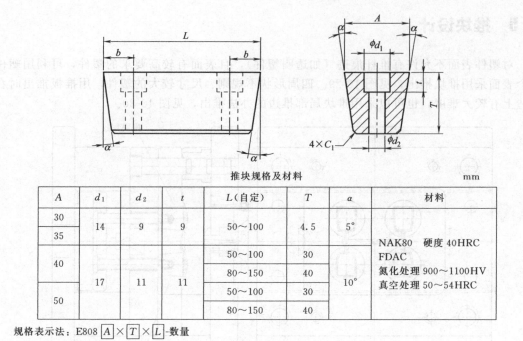

推块规格及材料　　　　　　　mm

A	d_1	d_2	t	L（自定）	T	α	材料
30	14	9	9	50～100	4.5	5°	NAK80　硬度40HRC FDAC 氮化处理 900～1100HV 真空处理 50～54HRC
35							
40	17	11	11	50～100	30	10°	
				80～150	40		
50				50～100	30		
				80～150	40		

规格表示法：E808 $\boxed{A}\times\boxed{T}\times\boxed{L}$-数量

例如：E808　30×30×50-12

图 10-31　推块规格、材料及热处理

③ 推块与镶件配合侧面应成锥面，不宜采用直身面配合，锥度 $\alpha = 5° \sim 10°$，见图 10-31。当推块顶边靠型芯时，除和型芯贴合的面可以采用直身平面配合外，其他三个面必须采用锥面配合，见图 10-32。

④ 为安全起见，推出距离应大于塑件推出高度，同时小于推块高度的三分之二以上。

⑤ 推块与镶件的配合间隙以不溢料为准，并要求滑动灵活，推块滑动侧面开设润滑槽。

⑥ 推块推出应保证稳定，对较大推块须设置两个以上的推杆，见图 10-32。当推块较小只能配一支推杆时，需特别注意推杆、推块的防转问题，避免推块复位时撞模，见图 10-33。

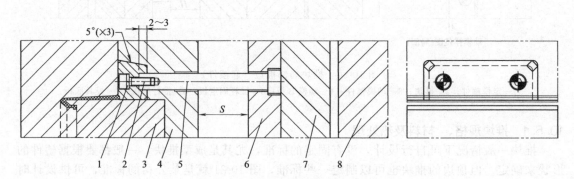

图 10-32　推块推边（靠型芯）

1—防松介子；2—螺钉；3—动模型芯；4—动模镶件；5—推杆；6—推杆固定板；
7—推杆底板；8—模具底板

⑦ 推块与推杆采用螺钉连接，也可采用圆柱紧配合加横固定销连接，还可以采用 T 形槽连接（图 10-33）。

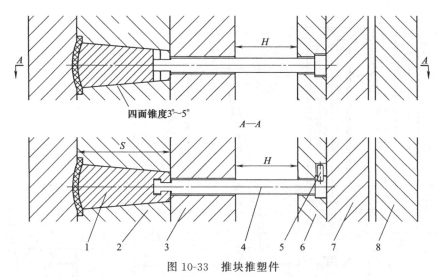

图 10-33　推块推塑件

1—推块；2—动模镶件；3—动模 B 板；4—推杆；5—防转销；6—推杆固定板；7—推杆底板；8—模具底板

10.5.3　推块设计实例

① 图 10-34 为某透明塑件推块的注塑模，采用了推块推出，这种结构有时又叫埋入式推板。为提高安全性、模具精度和模具寿命，需要设计推杆板导柱 2 和导套 1。

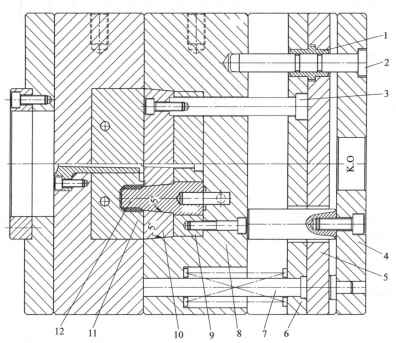

图 10-34　透明塑件推块的注塑模实例

1—导套；2—导柱；3—推块推杆；4—模具底板；5—推杆底板；6—推杆固定板；7—复位杆；
8—动模 B 板；9—型芯固定板；10—推块（埋入式推板）；11—定模镶件；12—型芯

② 图 10-35 是推块推边的实例，模具较大，推块的推杆 7 采用了推杆导套 6 导向，推杆头部采用了圆销防转。塑件形状复杂，定模有斜推杆，动模除了推块还有推杆。

③ 图 10-36 是一副推块推整个底端面的模具，俗称大头顶。这是一副标准型三板模，

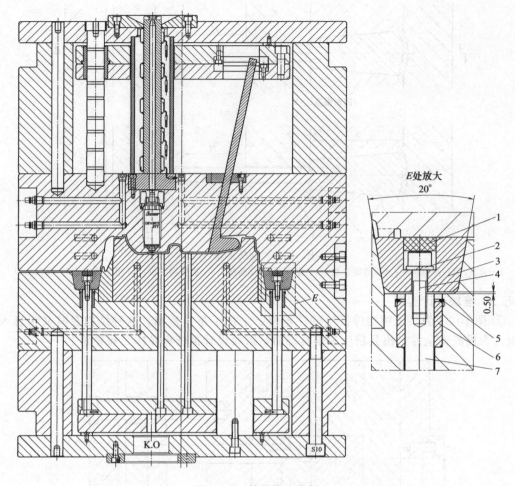

图 10-35　推块推边实例
1—胶塞；2—防松介子；3—推块；4—螺钉；5—卡簧；6—推杆导套；7—推杆

完成注射成型后，模具先从分型面Ⅰ处打开，在拉料杆作用下，流道凝料和塑件分离，接着模具从分型面Ⅱ处打开，脱料板将流道凝料推离模具。最后模具从分型面Ⅲ处打开，由于塑件对定模型芯的包紧力较大，为防止斜滑块随塑件拉出，模具设计了定模推块 3。完成开模行程后，注塑机顶棍通过 K. O 孔推动推杆底板 11，在拉钩 18 的作用下，两组推杆板一起被推出，即推块 6 和斜滑块 5 同时被推出。当斜滑块完成侧向抽芯后，行程推块 22 推动活动块 21 脱离拉钩 18，第二组推杆板停止运动。但第一组推杆板继续前进，推块 6 将塑件推离模具。

④ 图 10-37 中的推块在侧抽芯下面，为防止合模时推块还没有完全复位导致侧抽芯和推块相撞，推块上端面可做成斜面，或沉底 0.5～1mm。同时，作为主要的保险措施，推杆固定板上要设置行程开关 9，只有当推块完全复位后，才开始合模。

⑤ 图 10-38 是采用成型推块推出塑件的注塑模，推块直接推塑件的外侧底部。塑件由 ABS 和 PA＋30％GF. 组成，在注塑完成 ABS 内层后，再将其作为嵌件放入本模注塑外层 PA＋30％GF.（尼龙加 30％玻璃纤维）。为了安放嵌件方便，模具采用了定模滑块成型。由于成型后的 ABS 内层对定模镶件没有包紧力和黏附力，所以不用担心塑件会粘定模镶件。

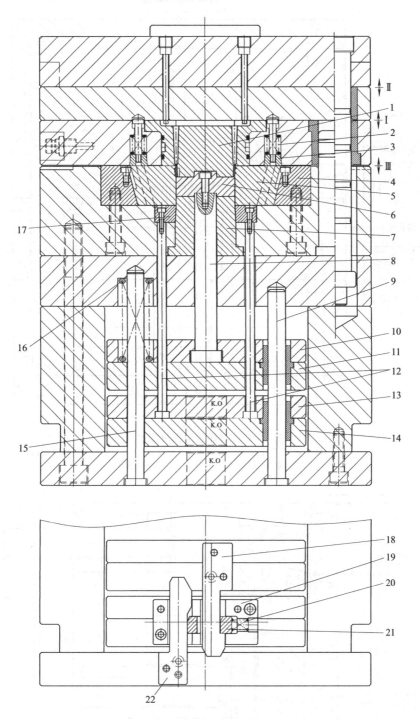

图 10-36　大头顶

1—定模型芯；2,20—弹簧；3—定模推块；4—斜滑块导向块；5—斜滑块；6—塑件推块；7—推杆导向块；
8—推杆；9—推杆板导柱；10,13—推杆固定板；11,14—推杆底板；12—斜滑块推杆；
15—弹簧导向杆；16—复位弹簧；17—斜滑块推块；18—拉钩；19—滑块座；
21—活动块；22—行程推块

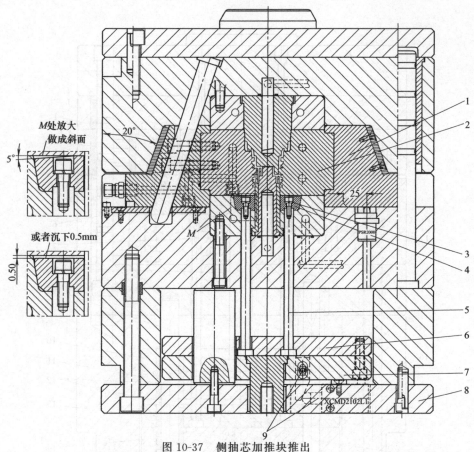

图 10-37　侧抽芯加推块推出

1—滑块；2—侧抽芯；3—螺钉＋防松介子；4—推块；5—推杆；6—推杆固定板；
7—推杆底板；8—模具底板；9—行程开关

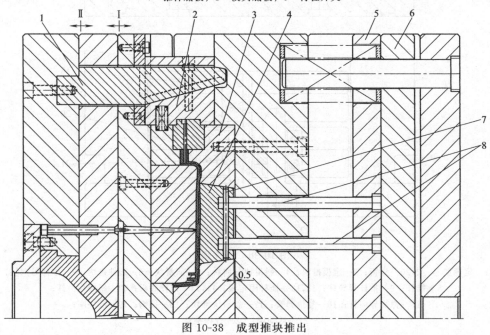

图 10-38　成型推块推出

1—T形扣锁紧块；2—定模滑块；3—动模镶件；4—成型推块；5—推杆固定板；6—推杆底板；7—定位销；8—推杆

⑥ 图 10-39 也是成型推块推塑件的实例，该例的成型推块直接作用在塑件的内侧底部。

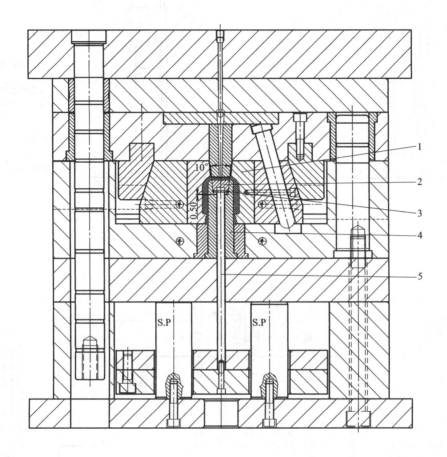

图 10-39　成型推块推塑件实例

1—侧抽芯；2—底面推块；3—定位销；4—动模型芯；5—推杆

10.6　气动脱模

气动脱模常用于大型、深腔、薄壁或软质塑件的推出，这种模具必须在模具中设置气路和气阀等结构。开模后，压缩空气（通常为 0.5～0.6MPa）通过气路和气阀进入型腔，将塑件推离模具，见图 10-40。

10.6.1　大型塑件气动脱模

大型塑件对定模镶件的黏附力以及对动模镶件的包紧力都很大，由于真空吸附，这种塑件开模时很容易留在定模一侧，为了保证塑件开模时留在动模镶件上，必须在定模侧设置进气阀结构，开模时打开定模进气阀，将塑件推出定模。对于大型深腔类塑件用推杆推出很困难，而用气体推出则效果很好。

图 10-41 是方形塑料盆气动脱模，采用了气压和推块联合推出的办法，同时为防止真空吸附，定模也设置了进气阀。

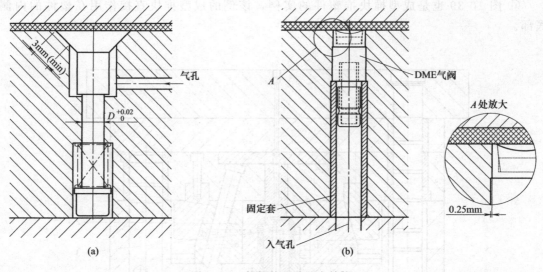

图 10-40　气阀的两种基本结构

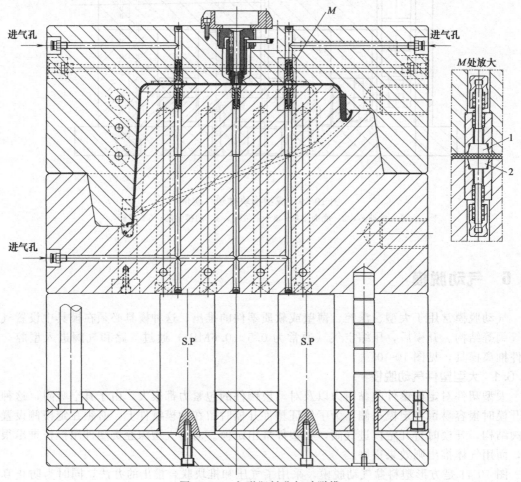

图 10-41　方形塑料盆气动脱模
1—定模进气阀；2—动模进气阀

图 10-42 是圆形塑料桶气动脱模，模具的动模侧采用了七个气阀联合推出，七个气阀均匀分布在一个圆上，推出平稳，效果很好。

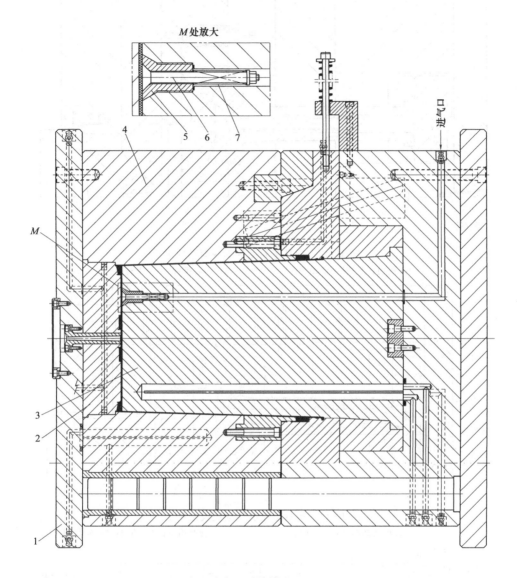

图 10-42 圆形塑料桶气动脱模

1—面板；2—定模镶件；3—动模型芯；4—定模 A 板；5—气阀套；6—气阀；7—弹簧

10.6.2 软胶气动脱模

采用 PVC 等软性塑料的塑件，如玩具车轮胎、公仔头等，用推杆、推管和推板等常规的推出方法往往起不到推出作用，最有效的办法就是采用气动脱模。

① 玩具车轮胎气动脱模结构：见图 10-43～图 10-46。

② 公仔玩具大多数采用软 PVC 以及气动脱模，图 10-47 就是一个典型实例。开模后，塑件先由推杆 8 推出，当固定于推杆固定板上的推块 10 推开气压开关 9 时，高压气体就进入型腔，将塑件吹出模具。

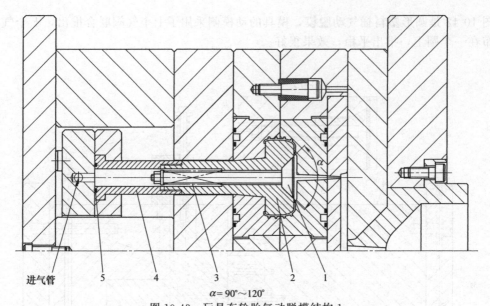

进气管　　　5　　　4　　　3　　　　2　1

$\alpha = 90° \sim 120°$

图 10-43　玩具车轮胎气动脱模结构 1

1—阀门；2—动模活动型芯；3—弹簧；4—空心推杆；5—密封圈

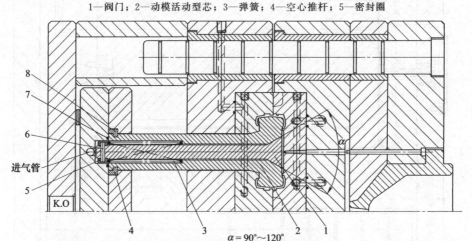

进气管

K.O

$\alpha = 90° \sim 120°$

图 10-44　玩具车轮胎气动脱模结构 2

1—阀门；2—动模活动型芯；3—弹簧；4,8—卡环；5—弹簧挡套；6—挡销；7—密封圈

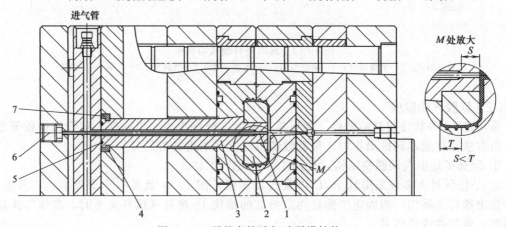

图 10-45　玩具车轮胎气动脱模结构 3

1—阀门；2—动模活动型芯；3—空心推杆；4,7—卡环；5—密封圈；6—无头螺钉

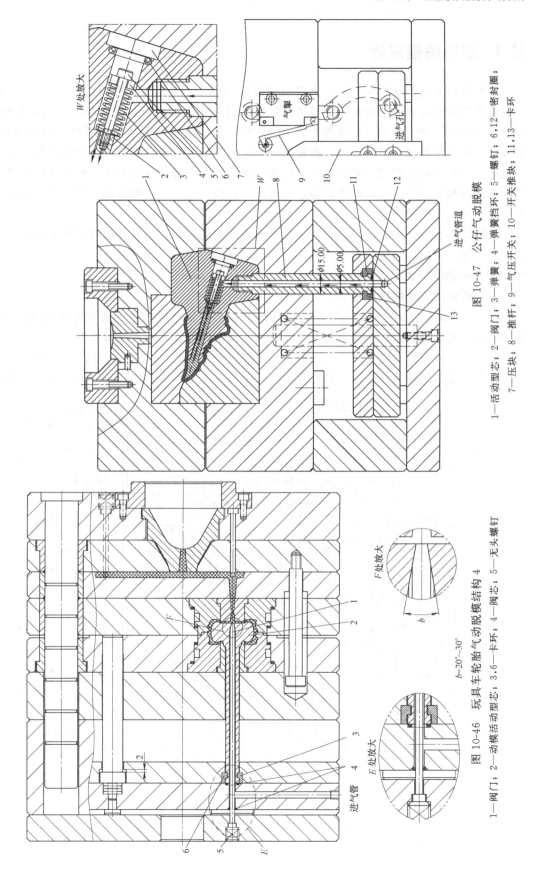

图 10-47　公仔气动脱模

1—活动型芯；2—阀门；3—弹簧；4—弹簧挡环；5—螺钉；6,12—密封圈；
7—压块；8—推杆；9—气压开关；10—开关推块；11,13—卡环；

图 10-46　玩具车轮胎气动脱模模结构 4

1—阀门；2—动模活动型芯；3,6—卡环；4—阀芯；5—无头螺钉

10. 7 定模脱模设计

有些塑件不允许外表面有任何进料口的痕迹（如 DVD 或收音机的面盖等），只能将浇口设置在塑件的内表面，或因塑件结构限制，开模后必须将塑件留在前模，针对这种情况，脱模系统必须和浇注系统同时设置在模具的定模一侧。这种情况较定模脱模，俗称倒推模。定模脱模的推出系统也是由推杆、推板、复位杆、推杆固定板、推杆底板和推杆板导向装置等组成，但推出系统的动力来源不同。定模脱模的动力来源主要有两个：依靠开模时动、定模板之间的相对运动，由动模来带动定模内推出机构，完成塑件的脱模；采用液压油缸推动推杆固定板，实现塑件脱模。

定模脱模的模具主流道很长，为了减小流道凝料的比例，以及在成型过程中的压力和热量损失，可以采用加长的热射嘴。

10. 7. 1 由动模带动的定模脱模

（1）拉杆式定模推板脱模

图 10-48 是拉杆式定模推板脱模，由动模推板 7 带动定模推板 5 实现塑件脱模的实例。这种结构必须准确计算每个分型面的开模距离，使塑件能够安全平稳地脱模。

模具先由分型面Ⅰ处打开，打开距离 10mm，动模型芯 12 脱离塑件，减小塑件对动模的包紧力。之后模具从分型面Ⅱ处打开，打开距离 200mm，塑件随定模型芯 4 脱离动模。

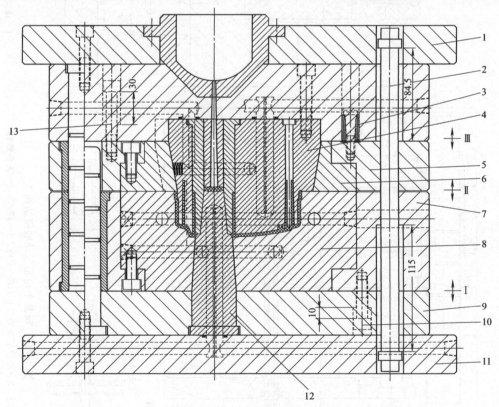

图 10-48　拉杆式定模推板脱模

1—面板；2—拉杆；3—尼龙塞；4—定模型芯；5—定模推板；6—定模推板镶件；7—动模推板；
8—动模推板镶件；9—动模 B 板；10—限位钉；11—底板；12—动模型芯；13—限位螺钉

最后模具从分型面Ⅲ处打开，打开距离 30mm，推板及其镶件将塑件推离定模型芯 4。

（2）拉钩式定模脱模

图 10-49 是利用拉钩由动模板带动推杆固定板的设计实例，动作简单可靠。

不管是拉杆还是拉钩，其数量要成双，位置要对称布置。

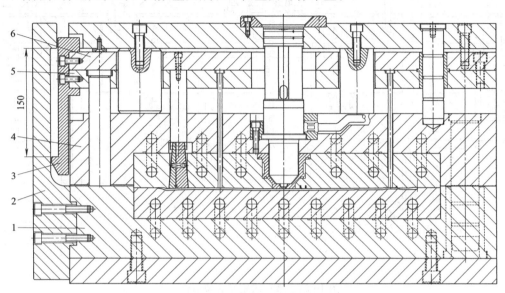

图 10-49　拉钩式定模脱模

1—动模 B 板；2—外拉钩；3—内拉钩；4—定模板；5—推杆固定板；6—推杆底板

10.7.2　由液压油缸带动的定模脱模

图 10-50 是利用液压油缸推动推杆固定板的一个实例，油缸固定在推杆底板上，活塞固定在模具底板上，油缸固定在推杆底板上，脱模时模具底板不动，油缸和推杆板及推杆运动。

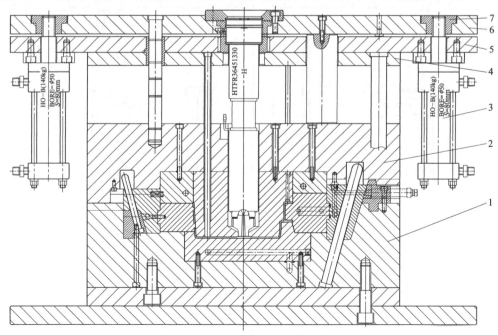

图 10-50　液压式定模脱模结构 1

1—动模 B 板；2—定模 A 板；3—油缸；4—推杆固定板；5—推杆底板；6—模具底板；7—底板镶套

图 10-51 所示模具更复杂，有斜推杆，油缸固定在推杆固定板上，活塞固定在模具底板上，动作原理和图 10-50 相同。

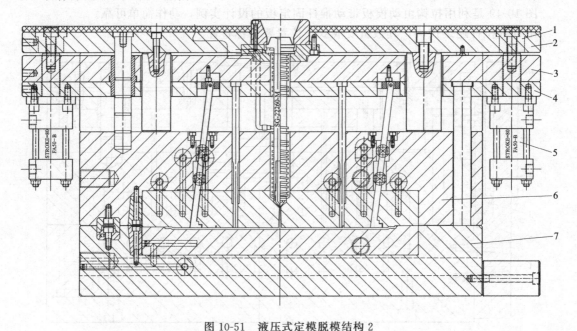

图 10-51　液压式定模脱模结构 2

1—底板镶套；2—模具面板；3—推杆底板；4—推杆固定板；5—油缸；6—定模 A 板；7—动模 B 板

图 10-52 中的定模脱模将油缸 6 装在定模 A 板上，油缸活塞 4 则固定在推杆底板上。

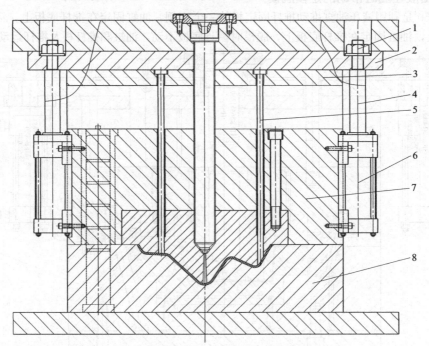

图 10-52　液压式定模脱模结构 3

1—螺母及防松介子；2—推杆底板；3—推杆固定板；4—油缸活塞；5—推杆；6—油缸；
7—定模 A 板；8—动模 B 板

10.8　复合脱模

10.8.1　"定模推板+动模推杆"复合脱模

图 10-53 所示注塑模定模型芯脱离塑件时，塑件会粘定模，为了阻止塑件粘定模型芯，在定模侧增加推板 4，模具先从分型面Ⅰ处打开，在推板 4 的作用下，塑件脱离定模，之后模具从分型面Ⅱ处打开，塑件最后由推杆 9 推出。

10.8.2　"动模推板+动模推杆"复合脱模

图 10-54 是"动模推板＋动模推杆"的复合脱模实例。模具首先从分型面Ⅰ处打开，行程达到距离 T 后（T 见 A 向视图），由行程拉钩 10 带动推板 8 从分型面Ⅱ处打开，打开距离 L（由限位钉 7 控制）后，制品脱离了动模型芯 3，消除了制品对动模型芯的包紧力。模具继续打开时，挡销座 9 内弹簧压缩，和行程拉钩 10 强行分离，最后推杆 4 将塑件推离模具。

图 10-54 中：L 根据制品而定，一般取 $H+(5\sim15\text{mm})$。

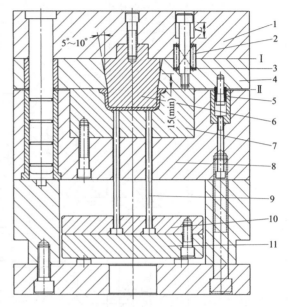

图 10-53　"定模推板＋动模推杆"复合脱模
1—定模板；2—弹簧；3—限位钉；4—定模推板；
5—尼龙塞；6—定模型芯；7—动模镶件；8—动模 B 板；
9—推杆；10—推杆固定板；11—推杆底板

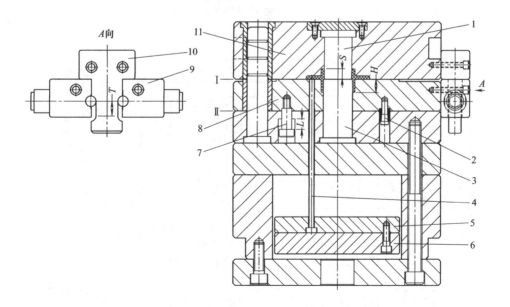

图 10-54　"动模推板＋动模推杆"复合脱模 1
1—定模型芯；2—尼龙塞；3—动模型芯；4—推杆；5—推杆固定板；6　推杆底板；7—限位钉；
8—推板；9—挡销座；10—行程拉钩；11—定模板

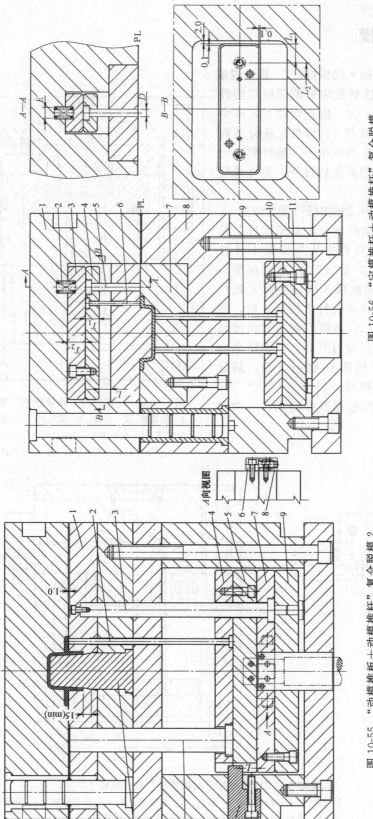

图 10-56　"定模推杆＋动模推杆" 复合脱模

1—面板；2—弹簧；3—定模推杆底板；4—定模推杆固定板；
5—定模推杆复位杆；6—定模推杆；7—动模镶件；8—动模 B 板；
9—动模推杆；10—动模推杆固定板；11—动模推杆底板

图 10-55　"动模推板＋动模推杆" 复合脱模 2

1—推板；2—推杆；3—推板复位杆；4—推杆固定板；
5—推杆底板；6—拉钩；7—复位杆复位杆；8—卡销；
9—复位杆底板；10—挡块；11—推杆复位杆；12—动模型芯

图 10-55 也是"动模推板＋动模推杆"的复合脱模实例，不同的是，该实例采用的是双（组）推板结构，推杆和推板分别由不同的推杆板推出。模具打开后，注射机顶棍推动推杆底板 5，在拉钩 6 和卡销 8 的作用下，两组推杆板同时向上移动，带动推杆及推板，使塑件脱离型芯 12，消除了塑件对型芯的包紧力。经过距离 L 后，在挡块 10 的作用下，第二组推杆板 7、9 不再运动，但第一组推杆板 4、5 继续运动，推杆 2 推动塑件脱离模具。

10.8.3　"定模推杆＋动模推杆"复合脱模

图 10-56 是"定模推杆＋动模推杆"复合脱模的实例，模具打开时，在弹簧 2 的作用下，推杆 6 推住塑件脱离定模，最后塑件由动模推杆推出。

10.9　二次脱模

采用二次脱模通常有两种情况：

① 塑件对模具的包紧力太大，如果一次推出塑件会被推变形甚至断裂。

② 塑件存在倒扣，又不能采用侧向抽芯，只能利用塑件的弹性变形强制脱模。此时的推出也分两步：第一步，推杆将成型倒扣的型芯和塑件一起推出；第二步，成型倒扣的型芯停止，推杆将塑件强行推离成型倒扣的型芯。

10.9.1　因包紧力太大而采用二次脱模

图 10-57 所示的模具中，因为塑件存在很高的加强筋（高 76.75mm），一次脱模势必将加强筋拉断，模具采用了摆杆式二次脱模机构。开模后，注塑机通过顶棍连接杆 6 推动推杆底板 5，在拉钩 10 的作用下，推杆固定板 4、推杆底板 5 和推块固定板 8 一起被推动，推块和推杆同时将塑件推出。当塑件被推出 64.70mm 后，拉钩 10 脱开推块固定板 8，推块 2 和推块固定板 8 停止运动，但推杆继续推动塑件脱离模具。这样加强筋就进行了二次脱模：第一次脱离动模型芯 15，第二次脱离推块 8。

图 10-58 所示的模具中，塑件为深筒状零件，且外圆周不允许有脱模斜度，所以圆筒的外圆和内圆都采用动模成型，由于塑件对模具的黏附力和包紧力都较大，同时脱模势必损坏塑件，所以模具采用二次脱模：在分型面Ⅰ和Ⅱ打开后，在尼龙塞 1 和弹簧 12 的作用下首先打开分型面Ⅲ，动模型芯 9 脱离塑件，实现第一次脱模。之后分型面Ⅳ打开，最后推杆 8 将塑件推离模具，实现第二次脱模。

图 10-59 也是一副二次脱模注塑模实例。塑件外表面有一部分在推板型芯上成型，有一部分在侧向抽芯上成型。模具先从分型面Ⅰ处打开，完成侧向抽芯后，注塑机顶棍推动推杆固定板 7 和推杆底板 8，在挡块 11 和推块 13 的作用下，推板 3、推杆和推管同时运动，模具从分型面Ⅱ处打开，动模型芯 6 首先脱离塑件，实现第一次脱模。顶棍推动 50mm 后，推板 3 停止运动，而推杆和推管继续向前，将塑件推离模具，实现第二次脱模。

10.9.2　因塑件需要强制脱模而采用二次脱模

强制推出必须具备以下四个条件。

① 塑料为软质塑料，如 PE、PP、POM 和 PVC 等。

② 侧向凹凸允许有圆角。

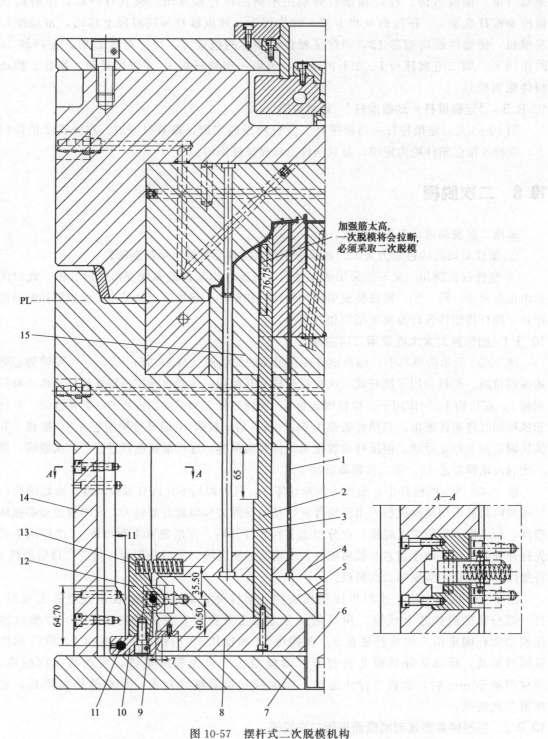

加强筋太高,
一次脱模将会拉断,
必须采取二次脱模

图 10-57　摆杆式二次脱模机构

1,3—推杆；2—加强筋推块；4—推杆固定板；5—推杆底板；6—顶棍连接杆；
7—动模底板；8—推块固定板；9—转轴；10—拉钩；11—滑销；12—杠杆；
13—弹簧；14—方铁；15—动模型芯

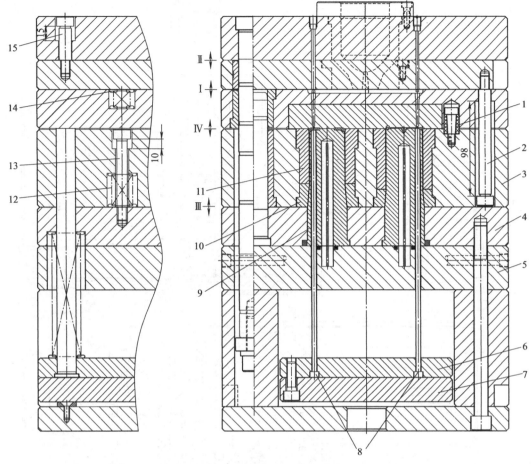

图 10-58　弹簧式二次脱模机构

1—尼龙塞；2—小拉杆；3,4—动模板；5—托板；6—推杆固定板；
7—推杆底板；8—推杆；9～11—动模型芯；12,14—弹簧；
13—动模限位钉；15—定模限位钉

③ 侧向凹凸较浅，满足下面的条件：可以强行推出的条件为，通常含玻璃纤维（GF）的工程塑料凹凸百分率在 3%以下；不含玻璃纤维者凹凸百分率可以在 5%以下。凹凸百分率计算公式见图 10-60。

④ 需要强制推出的部位，在强制推出时必须有让位的空间。如果强制推出部位全部在动模上成型，则成型强制推出部位的型芯必须做成活动型芯，在塑件推出时，这部分型芯先和制品一起被推出，当需要强制推出的部位全部脱离模具后，推杆再强制将塑件推离模具。这种推出过程可以分成两个阶段，因此，这种推出称二次脱模。

以下是强制脱模的实例。

① 图 10-61 中，塑件有两个插脚需要强制脱模，该塑件材料为 PP，材质较软，流动性好，收缩率大。

设计思想

　　要使塑件强制脱模，就要使插脚开口处发生弹性变形，这样就必须在强制脱模前给予插脚变形的空间。因此如何让塑件在开始推出之前倒扣部位已有变形的空间是设计者必须解决的问题。

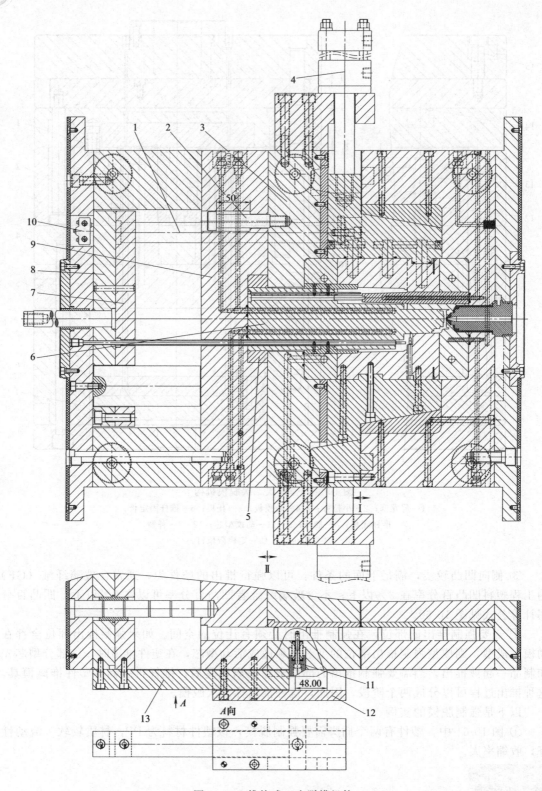

图 10-59　推块式二次脱模机构

1—复位杆；2—限位钉；3—推板；4—油缸；5—动模镶件；6—动模型芯；7—推杆固定板；
8—推杆底板；9—托板；10—行程开关；11—活动挡块；12—行程推块；13—推块

脱模步骤：开模时，在弹簧 1 和尼龙塞 10 的作用下，模具先从分型面 Ⅰ 处打开，此时型芯 8 脱离塑件，为插脚强制脱模留下了弹性变形的空间。分型面的开模距离为 L，由限位钉 2 控制。之后模具再从分型面 Ⅱ 处打开，完成开模行程后，推杆 5 强行将塑件推离模具。

注意

a. 第一次开模行程 $L \geqslant H + (2\sim 3\text{mm})$；

b. 推出行程 S 需包括第一次开模行程 L。

② 图 10-62 所示的模具中，塑件存在倒扣，推出时，注塑机顶棍推动推杆固定板 5 和推杆 7，由于塑件中心

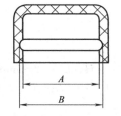
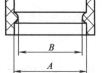
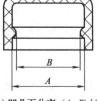
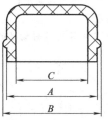

(a) 凹凸百分率=$(B-A)/A\times100\%$　　(b) 凹凸百分率=$(A-B)/A\times100\%$

(c) 凹凸百分率=$(B-A)/C\times100\%$　　(d) 凹凸百分率=$(A-B)/C\times100\%$

图 10-60　强制脱模凹凸百分比

倒扣包紧力的作用，迫使活动型芯 6 随塑件一起移动，经过行程 H 之后，活动型芯 6 被套管 1 挡住不动，但推杆继续推动塑件，将塑件强行从活动型芯 6 上推出。

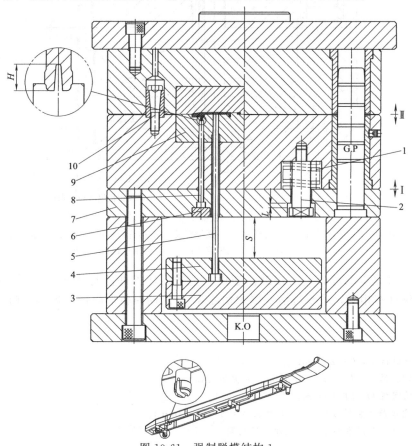

图 10-61　强制脱模结构 1

1—弹簧；2—限位钉；3—推杆底板；4—推杆固定板；5—推杆；6—型芯压块；7—托板；
8—活动型芯；9—动模镶件；10—尼龙塞

注意

a. 在设计时应保证以下关系式：

$$H = L_1 + (2 \sim 5\text{mm})$$
$$L = L_1 + L_2 + (5 \sim 10\text{mm})$$

式中 H——活动型芯的行程；

     L——推杆的推出行程；

     L_1——塑件有倒扣特征的圆柱伸入内模的高度；

     L_2——活动型芯成型倒扣的高度。

b. 此种机构仅适用于 PP、PVC、PA 等有较好韧性的材料。

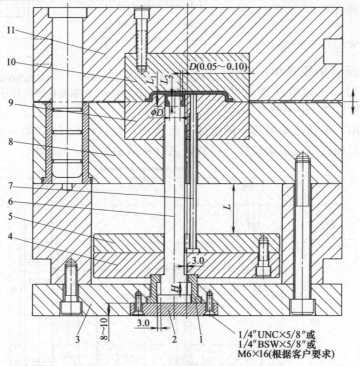

图 10-62   强制脱模结构 2

1—限位套管；2—压块；3—模具底板；4—推杆底板；5—推杆固定板；6—活动倒扣型芯；
7—推杆；8—动模板；9—动模镶件；10—定模镶件；11—定模板

③ 图 10-63 是电脑键盘上的按键注塑模，塑件的插脚外侧有倒扣，必须强制脱模。脱模原理和上例基本相同，只不过活动倒扣型芯 8、9 由动模板 3 限位，模具结构更加简单。

注意

a. 塑件一般很小，$C = 2 \sim 5\text{mm}$。

b. 塑件倒扣很小，E 值在 0.5mm 以下，且倒有圆角。

c. 两卡钩间距 $D > 2E + 1\text{mm}$。

d. B 不宜过短（需弹性），模具上要求 $A = B + (2 \sim 3\text{mm})$。

e. 对塑料材质无严格要求，除又硬又脆树脂（如 PS 、 PMMA 等）。

④ 图 10-64 中，塑件的三个插脚采用了双（组）推板强制脱模。

模具脱模步骤：模具从分型面处打开，完成开模行程后，注塑机顶棍通过 K.O 孔推动

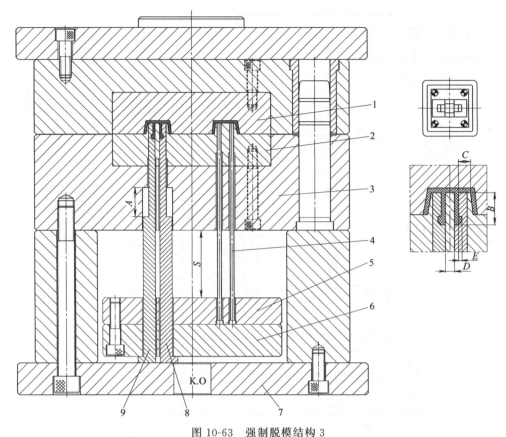

图 10-63　强制脱模结构 3

1—定模镶件；2—动模镶件；3—动模板；4—推杆；5—推杆固定板；6—推杆底板；
7—模具底板；8，9—活动倒扣型芯

第一组推板 2 和 3，在尼龙塞 4 的作用下，第二组推板 5 和 6 同时运动。当推出距离为 L 时，第二组推板停止运动，这时型芯 8 已脱离了塑件，使插脚的强制脱模有了弹性变形的空间。

第一组推板 2 和 3 继续运动，推杆 10 强行将塑件推离模具。

图 10-64 中：$L＝H＋(3～5mm)$。

⑤ 图 10-65 中模具采用了弹簧式的强制脱模结构。推板推出时，在弹簧 3 的作用下，活动倒扣型芯 9、推杆 1 和塑件同时推出，推出距离 B 后，活动型芯推杆 8 被动模镶件 12 挡住，这时塑件已脱离动模镶件和型芯。推杆 1 继续推出，将塑件强行推出模具。

图 10-65 中：$D≤0.5mm$，$C＝B＋1mm$，$B＝A＋(3～5mm)$。

⑥ 图 10-66 中的模具采用了双（组）推板加弹簧的强制脱模结构。模具打开后，顶棍推动第一组推杆板 6 和 7，在弹簧 12 的作用下，第二组推杆板 8 和 9 同时运动，运动 5mm 后，第二组推杆板被限位钉 11 拉住停止，这时塑件倒扣部位已脱离模具动模镶件 2，当第一组推杆板继续推出时，推杆 3 遂将塑件强行推出。

⑦ 图 10-67 中的塑件四周是椭圆形，并存在倒扣，开模时，在弹簧 5 的作用下塑件先被推出，之后由推杆将塑件强行推出。

⑧ 图 10-68 中的塑件内部有一圈凸起倒扣，需要强制脱模。塑件的外表面由斜滑块成型，开模后，斜滑块完成侧向抽芯，塑件再由推板 5 强制推出。

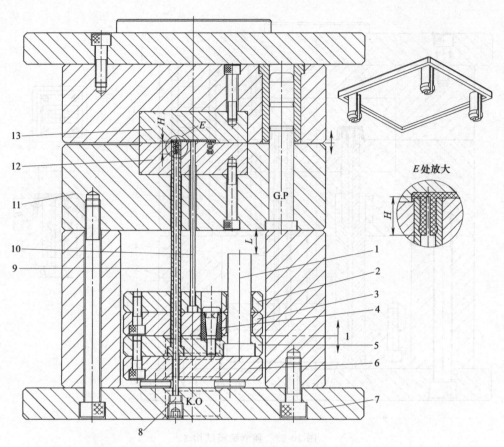

图 10-64　强制脱模结构 4

1—限位柱；2—推杆固定板；3—推杆底板；4—尼龙塞；5—活动型芯固定板；6—活动型芯底板；
7—模具底板；8—型芯；9—活动倒扣型芯；10—推杆；11—动模板；12—动模镶件；13—定模镶件

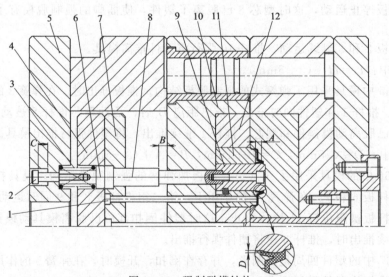

图 10-65　强制脱模结构 5

1—推杆；2—限位钉；3—弹簧；4—推杆底板；5—模具底板；6—抵杆；7—推杆固定板；
8—活动型芯推杆；9—活动倒扣型芯；10—动模板；11—动模型芯；12—动模镶件

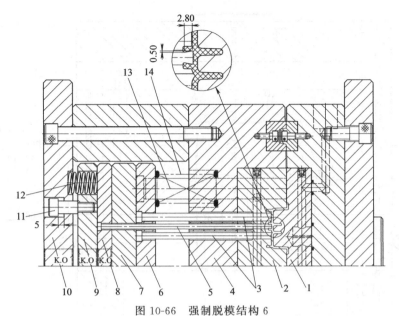

图 10-66　强制脱模结构 6

1—定模镶件；2—动模镶件；3—推杆；4—动模板；5—带倒扣的活动型芯；
6—推杆固定板；7—推杆底板；8—活动型芯固定板；9—活动型芯底板；10—动模底板；
11—限位钉；12,14—弹簧；13—复位杆

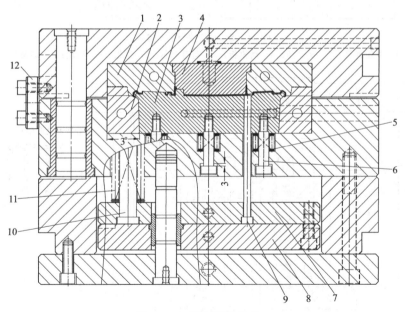

图 10-67　强制脱模结构 7

1—定模镶件；2—动模镶件；3—活动型芯；4—定模小镶件；5—弹簧；6—限位钉；
7—推杆固定板；8—推杆底板；9—推杆；10—复位杆；11—复位弹簧；12—锁模块

⑨ 图 10-69 所示的模具中，塑件存在倒扣，需要强制脱模，模具采用了双推板结构，活动型芯固定板由方铁 9 和限位柱 12 限位。脱模时，顶棍推动推杆底板 8，在塑件包紧力和弹簧 6 的作用下，活动型芯随塑件一起运动 24mm，活动型芯固定板 4 被限位柱 12 挡住，这时塑件脱离了动模镶件 1，有倒扣的塑件壁有弹性变形的空间，推杆板 7、8 继续运动，推杆 10 和 11 将塑件强行推离成型倒扣的型芯 14。

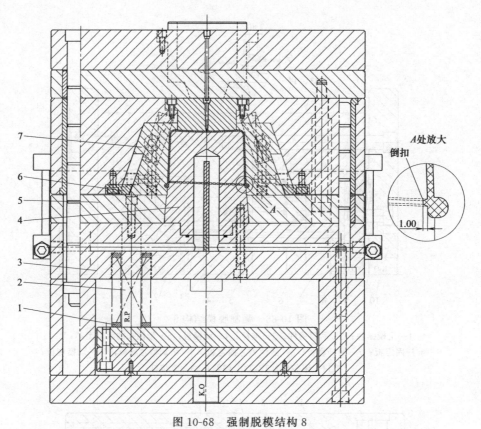

图 10-68　强制脱模结构 8

1—复位弹簧；2—复位杆；3—动模板；4—动模型芯；5—推板；6—挡块；7—斜滑块

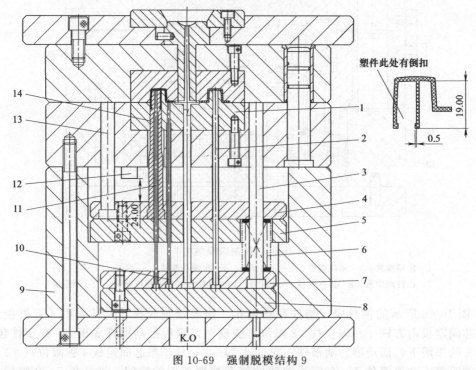

图 10-69　强制脱模结构 9

1—动模镶件；2—推杆；3—推杆复位杆；4—活动型芯固定板；5—活动型芯底板；6—弹簧；7—推杆固定板；
8—推杆底板；9—限位方铁；10,11—推杆；12—限位柱；13—活动型芯复位杆；14—活动型芯

⑩ 图 10-70 也是利用方铁限位的强制脱模实例。脱模时，顶棍推动推杆底板 4，在弹簧 8 的作用下活动型芯同时运动，运动距离 L 后，活动型芯停止运动，这时塑件已脱离动模镶件，顶棍继续推动推杆底板 4，推杆 2 强行将塑件推离活动型芯 1。

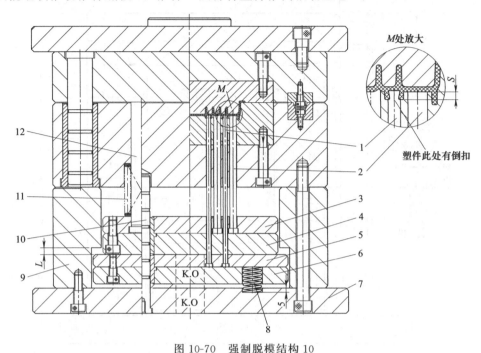

图 10-70　强制脱模结构 10

1—活动型芯；2—推杆；3—推杆固定板；4—推杆底板；5—活动型芯固定板；6—活动型芯底板；
7—底板；8—弹簧；9—限位方铁；10—导柱；11—复位弹簧；12—复位杆

⑪ 双推板撑柱限位强制脱模注塑模具见图 10-71。

开模时，注塑机顶棍推动推杆固定板 9、推杆底板 10，在弹簧 14 的作用下，活动型芯固定板 6、活动型芯底板 7 同时运动，当挡销 5 碰到动模板 2 后，第一组推杆板停止运动，带着推杆板继续运动，带动推杆 8 将塑件强行推离型芯 3、4。模具的复位杆装配在第二组推杆板上，复位时第一组推杆板由山打螺钉 12 拉回复位。

⑫ 图 10-72 是自锁式连接套管零件图，图 10-73 是该塑件的模具图，动、定模都采用了强制脱模结构。

模具工作过程：完成注射成型后，在注塑机的拉动下，动、定模首先从分型面 I 处打开，在动、定模分离的过程中，埋藏在定模 A 板内的定模活动型芯固定板 44、型芯底板 45 在弹簧 60 和推杆 59 的作用下随塑件一同弹出，当定模固定型芯 43 脱离塑件后，塑件有弹性变形的空间，这时成型倒扣的活动型芯 42 强行从塑件中脱出，模具实现第一次强制脱模。在这一过程中，两组推杆板 A 和 B 受到有拉回功能的注塑机顶棍作用不会运动，因此固定在复位杆 21 上的推板 17 也不会运动。当模具完成开模行程后，注塑机顶棍推动 B 组推杆板 28、29，在定距分型机构拉钩 64 的作用下，A 组推杆板同时被推出，即推管 30 和成型倒扣的活动型芯 27 随塑件及推板 17 一同被推出。在这一过程中，滑块 36 由于斜导柱 35 延时抽芯而不作横向移动，使动模型芯 32 平稳地从塑件中脱出。当动模型芯 32 脱离塑件后，斜导柱 35 拨动滑块 36 实现模具的侧向抽芯。同时定距分型机构中的推块 65 推动活动块 63 脱离拉钩 64，使 A、B 两组推杆板分离，其中 A 组推杆板停止运行，而 B 组推杆板继续运行，推管 30 将塑件强行推离活动型芯 27。模具实现第二次强制脱模，塑件也被完全推出模具。

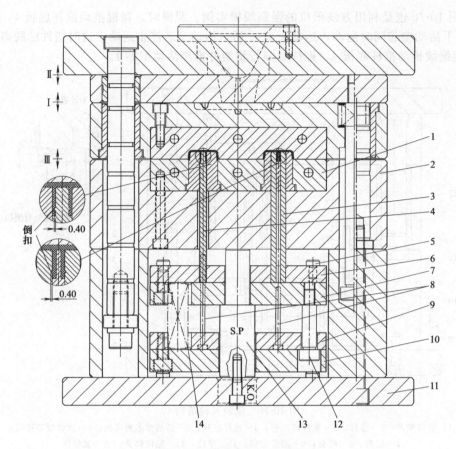

图 10-71　兼做限位柱的撑柱

1—动模镶件；2—动模板；3,4—带倒扣活动型芯；5—挡销；6—活动型芯固定板；
7—活动型芯底板；8—推杆；9—推杆固定板；10—推杆底板；11—模具底板；
12—山打螺钉；13—兼做限位柱的撑柱；14—弹簧

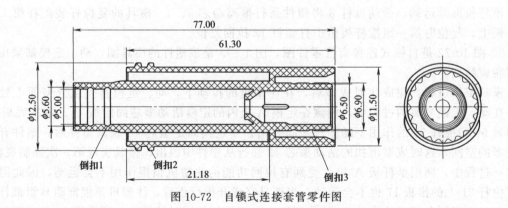

图 10-72　自锁式连接套管零件图

模具完成一次注射成型。之后注塑机顶棍将 A、B 两组推杆板拉回复位，同时滑块 36 在斜
导柱 35 作用下复位。定模 A 板内的定模活动型芯固定板 44 和底板 45 在复位销 49 的作用下
复位。

　　⑬ 图 10-74 某酱油瓶瓶盖注塑模，塑件存在六处倒扣，模具采用了多次强制脱模结构，
定距分型机构采用了内置限位钉和外置扣基相结合的结构。

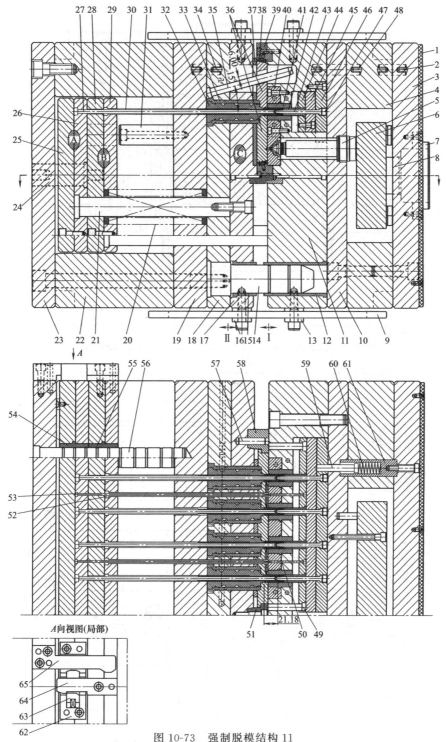

图 10-73　强制脱模结构 11

1—隔热板；2,34,48,57—定位销；3—面板；4—撑板；5—热射嘴；6—热流道板；7—定位圈；8—一级热射嘴；
9—拉条；10—热射嘴固定板；11—定模板；12,15,54,55—导套；13,16—挡销；14,56—导柱；17—推板；18—动模板；
19—托板；20,60—弹簧；21—方铁；22—复位杆；23—底板；24—顶棍连接柱；25—推杆底板；26—推杆固定板；
27—活动型芯；28—推管底板；29—推管固定板；30—推管；31—限位柱；32—动模型芯；33—型芯镶套；
35—斜导柱；36—滑块；37,38—耐磨块；39—锁紧块；40—定模镶件；41—定模小镶件；42—定模活动型芯；
43—定模固定型芯；44—定模活动型芯固定板；45—定模活动型芯底板；46—定模固定型芯固定板；47—无头螺钉；
49—复位销；50—推料杆；51—压块；52—推料管；53—拉料杆；58—压块；59—推杆；61—弹簧套；
62—活动块座；63—活动块；64—拉钩；65—推块

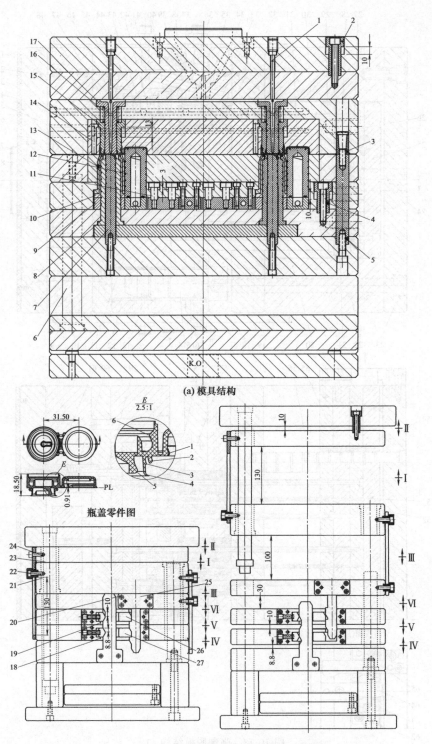

(a) 模具结构

瓶盖零件图

(b) 塑件图、定距分型机构和开模顺序

图 10-74　强制脱模结构 12

1—拉料杆；2—流道推板限位钉；3—尼龙塞；4—动模板限位钉；5—尼龙塞拉杆；6—复位杆；7—动模固定型芯；

8,10,12,13—动模活动型芯；9—活动托板；11—限位钉；14—小复位杆；15—定模活动型芯；16—弹簧；

17—定模固定型芯；18,19—滑块座；20—推块；21—挡销；22—螺钉；23—导柱；

24—拉条；25—拉钩；26,27—滑块

10.9.3　二次脱模的其他基本结构

二次脱模除以上实例采用的结构外，在设计实践中还会用到如图 10-75 所示的各种结构。

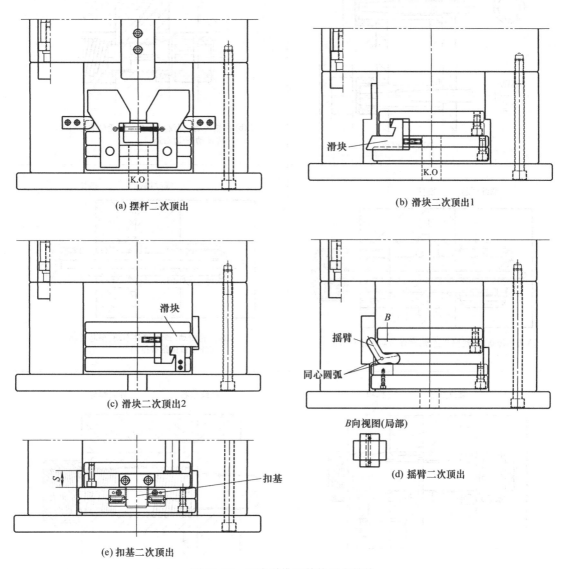

(a) 摆杆二次顶出

(b) 滑块二次顶出1

(c) 滑块二次顶出2

(d) 摇臂二次顶出

(e) 扣基二次顶出

图 10-75　二次脱模的其他基本结构

10.10　螺纹自动脱模机构

10.10.1　螺纹自动脱模典型结构汇编

表 10-9 为螺纹自动脱模典型结构简图。

10.10.2　螺纹自动脱模机构设计的注意事项

① 脱螺纹机构设计必须解决的几个问题：开模顺序；主动齿轮与螺纹轴的啮合关系；螺纹的圈数；模数 m 的选取；螺纹轴导向套的螺距必须与塑件上螺纹的螺距相等；保证各同轴度的精度要求。

表 10-9　螺纹自动脱模典型结构简图

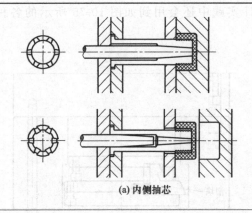

(a) 内侧抽芯

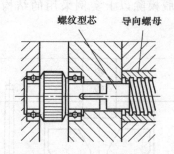

(b) 齿轮传动,螺纹型芯在导向螺母的导引下,
一边转动,一边后退

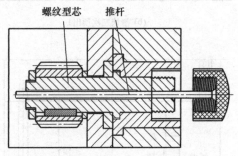

(c) 齿轮传动,螺纹型芯转动,塑件最后由推杆推出

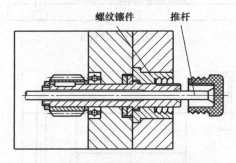

(d) 齿轮传动,螺纹镶件不动,型芯转动,
塑件最后由推杆推出

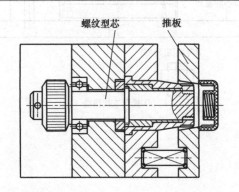

(e) 齿轮传动,螺纹型芯一边转动,塑件一边由推板推出

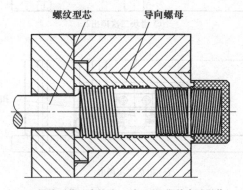

(f) 螺纹型芯一边转动,一边后退,塑件自动脱落

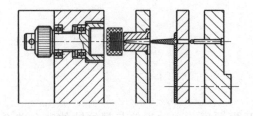

(g) 齿轮传动,螺纹型芯在定模,塑件转动脱离螺纹型芯

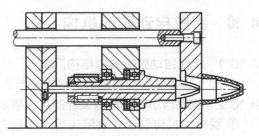

(h) 齿轮传动,螺纹型芯转动,推板推出

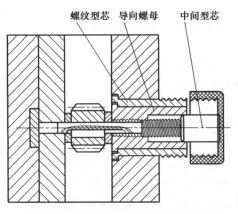

(i) 齿轮传动，螺纹型芯不动，中间型芯带动塑件转动，
塑件最后由中间型芯推出

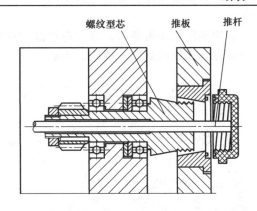

(j) 齿轮传动，螺纹型芯转动时，推板同时推塑件，
塑件最后由推杆推出

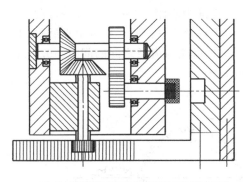

(k) 齿条通过锥形齿轮带动螺纹型芯脱离塑件

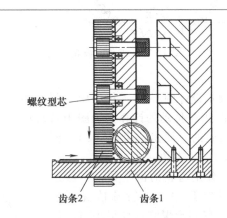

(l) 齿条通过齿轮带动齿条，
最后带动螺纹型芯脱离塑件

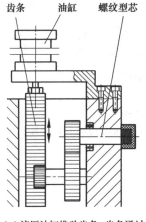

(m) 液压油缸推动齿条，齿条通过
齿轮带动螺纹型芯脱离塑件

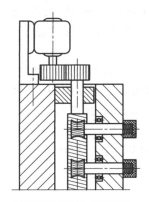

(n) 马达带动齿轮，齿轮通过
蜗轮蜗杆带动螺纹型芯脱离塑件

② 齿轮与齿条材料为 P20、28～32HRC 并表面氮化处理。

③ 为方便维修，在设计齿轮组合时，必须使用标准零件。而自制的齿轮或齿条，其尺寸必须依照标准齿轮加工。

④ 齿条长度应尽量短，一般不超过 400mm。每一级传动的传动比在 2.5～3，最多两级传动。

⑤ 用油缸驱动齿条时，通常将油缸设在模具上侧，必要时使用重型油缸。

⑥ 注意螺纹的规格、旋向、头数。

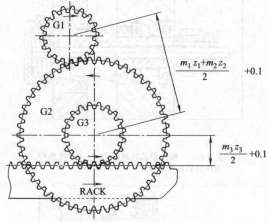

图 10-76　齿条、齿轮传动

⑦ 齿轮轴及螺纹齿型芯与导向套需加热膨胀间隙。

⑧ 塑件必须设防转结构，防止塑件与螺纹型芯一起转动。

⑨ 当以开模力来驱动齿条时，在行程足够的同时，最大开模高度要小于注塑机的最大开模距离。当齿轮轴较小时，可在轴的两面加惰轮来防止轴的变形。

⑩ 齿轮之间的间隙：为了使相互啮合的两齿轮转动顺畅及防止夹齿，两齿轮间需加入间隙 0.1～0.3mm，见图 10-76。

标准中心距 $=(m_1 z_1 + m_2 z_2)/2$

模具设计中心距 = 标准中心距 $+0.1$mm

⑪ 齿轮与齿条之间的间隙：0.1mm。

模具设计中心距 = 标准中心距 $+(0.1～0.3$mm$)$

⑫ 齿轮传动的计算：见图 10-77。

齿轮的三要素：齿数（z）、模数（m）、压力角（α）。

齿数是齿轮的齿个数，一般选齿数不少于 14 齿，特殊情况可取 12 齿，仅用于螺纹直径很小时。齿数一般用奇数。模数越大，齿越粗，模数太大时传动不平稳，噪声大。模数（m）一般用 1.5、2、2.5 和 3。压力角是一标准值，一般为 20°。

两齿轮啮合的三要素：模数相同，压力角相等，分度圆相切（但设计时要留 0.1mm 间隙）。

分度直径：

$$d_1 = 24 \times 2 = 48\text{mm}$$

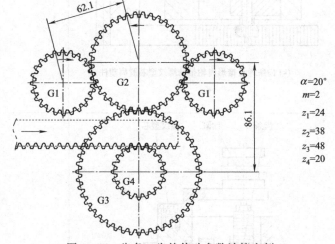

$\alpha = 20°$
$m = 2$
$z_1 = 24$
$z_2 = 38$
$z_3 = 48$
$z_4 = 20$

图 10-77　齿条、齿轮传动参数计算实例

$$d_2 = 38 \times 2 = 76\text{mm}$$
$$d_3 = 48 \times 2 = 96\text{mm}$$
$$d_4 = 20 \times 2 = 40\text{mm}$$

G1 与 G2 的标准中心距：$(z_1 m + z_2 m)/2 = 62.1$mm

G2 与 G3 的标准中心距：$(z_2 m + z_3 m)/2 = 86.1$mm

传动比：$i = $ 主动轮齿数/从动轮齿数 $= z_3/z_1 = 48/24 = 2$

当 G3 转动一圈时，G1 转动两圈，但 G3 转动一圈，齿条要抽动 20 个齿的距离，其中 G2 为惰轮。

齿轮各参数的计算公式见第 2 章。

10.10.3　螺纹脱模实例

(1) 螺纹强制脱模

螺纹强制脱模的模具结构简单,但塑件精度不高,适用于圆弧形或梯形断面的螺牙。对于矩形或接近矩形的螺牙,在强制脱出时会使螺牙剪断,对于标准的三角牙螺纹,由于牙尖很薄,强制脱出容易变形或刮伤。

图 10-78 是饮料瓶瓶盖注塑模,采用了双(组)推板方铁限位的强制脱模结构。

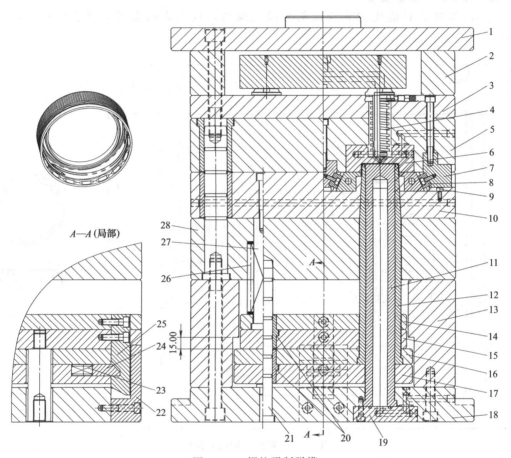

图 10-78　螺纹强制脱模

1—面板;2—撑铁;3—热射嘴固定板;4—二级热射嘴;5—定模板;6—定模镶件;7—锁紧块;8—T 形扣;
9—限位螺钉;10—推板;11—动模固定型芯;12—动模活动型芯;13—方铁;14—复位杆固定板;
15—复位杆底板;16—型芯固定板;17—型芯底板;18—模具底板;19—型芯压板;20—导套;21—导柱;
22—推块;23—弹簧;24—活动块;25—拉钩;26—复位弹簧;27—复位杆;28—动模板

完成注射成型后,动、定模两部分打开,在打开的过程中完成侧向抽芯;之后注塑机顶棍通过动模板 28 推动第一组推杆板 14 和 15,在拉钩 25 和活动块 24 的作用下,第二组推杆板 16 和 17 随第一组推杆板一同前行,即动模活动型芯 12 随塑件及推板 10 一同运动,在这一过程中,固定在模具底板上的动模固定型芯 11 脱离塑件;当两组推杆板同行 15mm 后,推块 22 将活动块 24 推离拉钩 25,第一组和第二组推杆板分离;第二组推杆板连同推杆板上的活动型芯停止不动,而第一组推杆板 14 和 15 继续前行。第一组推杆板上的复位杆 27 推动推板 10,将塑件强行推离动模活动型芯 12,模具完成一次注射成型。

注意

① 动模型芯11和12的配合为基孔制间隙配合，最大间隙不得大于PP料的溢边值，PP料的溢边值为0.02mm。

② 动模型芯11和12都必须加防转销，以减小磨损，避免卡死。

③ 双推板的模具，必须增加推杆板导柱21和导套20，以提高模具寿命。

(2) 螺纹侧向抽芯脱模

采用内侧抽芯只能成型非连续的分段式螺纹，且内表面会留下拼合线痕迹，见图10-79。

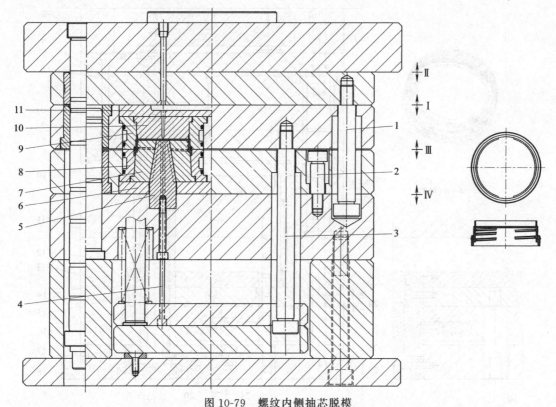

图 10-79　螺纹内侧抽芯脱模

1,3—小拉杆；2—限位钉；4—推杆；5—T形扣楔紧块；6—垫块；7—内滑块；
8—动模镶件；9—定模镶件；10—定模型芯；11—压块

采用外侧抽芯的外螺纹也会在螺纹表面留下结合线，适用于精度要求不高的塑件，见图10-80。

(3) "马达＋齿轮"螺纹脱模

图10-81所示模具是由马达驱动齿轮，再由齿轮带动螺纹型芯脱模的内螺纹自动脱模机构，螺纹型芯只转动，不作轴向移动，塑件在螺纹型芯的推动下脱离模具。

图10-82所示模具是由马达驱动齿轮，再由齿轮带动螺纹型芯脱模的外螺纹自动脱模机构，螺纹型芯一边转动，一边在导向套10的导引下作轴向移动，退出塑件。

由于螺纹型芯在转动过程中会给塑件一个较大的扭力，所以采用螺纹型芯自动脱模时，塑件一定要有止转结构。

(4) "马达＋蜗轮蜗杆"螺纹脱模

图10-83是利用马达带动蜗轮蜗杆传动，最后带动螺纹型芯脱模的实例。开模时，定模

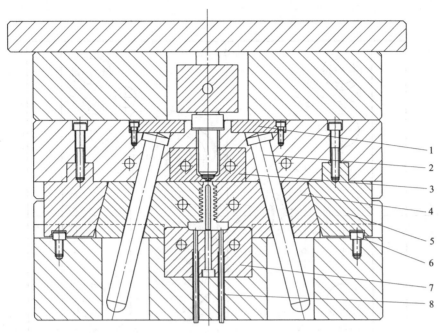

图 10-80　螺纹外侧抽芯脱模

1—压块；2—斜导柱；3—定模镶件；4—滑块；5—楔紧块；
6—挡销；7—动模镶件；8—推杆

斜滑块完成侧向抽芯，之后马达启动，由蜗杆 10 带动蜗轮 9，再带动螺纹型芯 6，在转动过程中，推板 14 在弹簧 1 的作用下推动塑件推离模具。

（5）"马达＋链条"螺纹脱模

图 10-84 中的模具采用的是马达通过链条带动螺纹型芯脱模的实例。塑件有外螺纹和内螺纹，内螺纹采用了螺纹型芯自动脱模机构，外螺纹则采用了侧向抽芯成型，由于塑件对定模型芯的包紧力较大，为防止塑件粘定模型芯 14，模具采用了延时抽芯结构。

链条传动齿轮脱螺纹机构适用于螺纹圈数多、旋转行程长而不便做齿条的场合，其缺点是马达不易控制。在螺纹轴旋转到位时容易锁死螺纹轴，所以螺纹轴在上下移动时，必须加行程开关来控制马达，同时需要增加一根从动轴，见图 10-85。

（6）螺旋杆螺纹脱模

螺旋杆脱螺纹机构分为"螺旋杆＋齿轮"脱螺纹和"螺旋杆＋链轮"脱螺纹。螺旋杆脱螺纹机构是模具在开模的过程中，直接拉动螺旋杆，从而带动齿轮或链轮来使螺纹型芯脱模。螺旋杆是标准件，这种结构成本较高，一般比较少用。

图 10-86 是"螺旋杆＋链轮"螺纹脱模设计实例，图 10-87 是"螺旋杆＋齿轮"螺纹脱模设计实例。

（7）"齿条＋齿轮"螺纹脱模

图 10-88 是手机后盖模螺纹侧向抽芯的实例。开模时斜导柱拨动滑块做侧向抽芯，同时装配在定模上的齿条 10 推动齿轮轴 12，齿轮轴 12 通过平键 8 带动大齿轮 9 转动，大齿轮 9 再带动螺纹型芯 2 转动，螺纹型芯一边转动，一边在导向螺母 6 的导引下后退，慢慢脱离塑件，实现螺纹自动脱模。

合模时，齿条 10 带动螺纹型芯 2 复位，楔紧块推动滑块复位。在合模之前，推杆必须退回原位，模具通过行程开关 13 来控制。

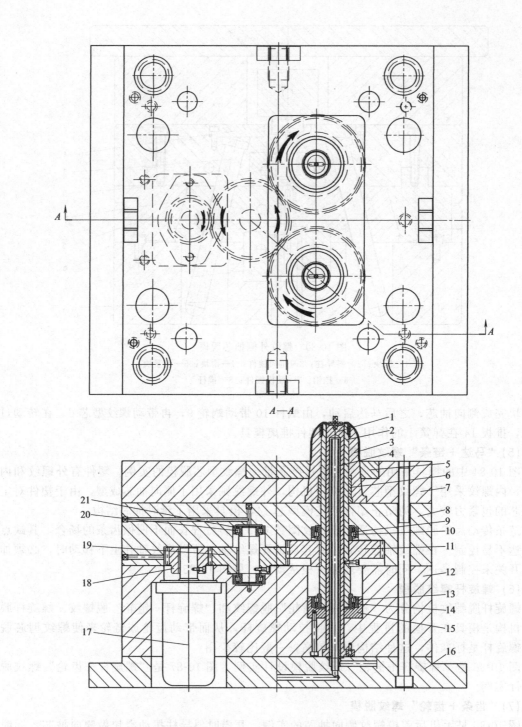

图 10-81　马达驱动内螺纹脱模

1—动模小型芯；2—螺纹型芯；3—动模大型芯；4—冷却水喷管件；5—动模镶件；6—耐磨套管；

7—动模板；8,12—齿轮轴固定板；9—齿轮轴套；10—轴承；11—二级齿轮；

13,20—轴承；14,21—轴承套；15—螺纹型芯端盖；16—模具底板；

17—马达；18—主动轮；19——级齿轮

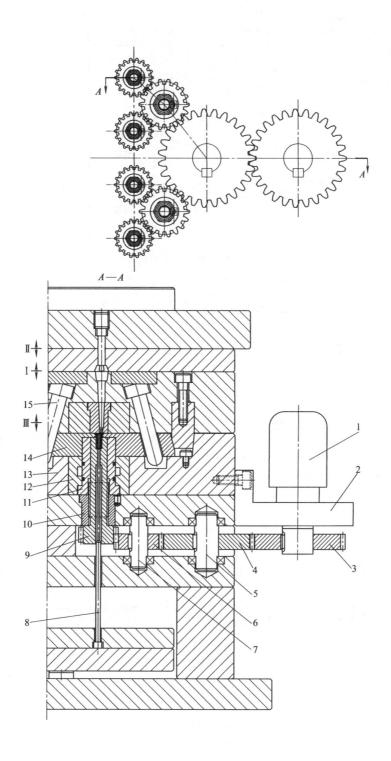

图 10-82　马达驱动外螺纹脱模

1—马达；2—马达固定座；3—主动轮；4—一级转动齿轮；5—齿轮轴；6—二级长度齿轮；

7—齿轮轴；8—椎杆；9—螺纹镶件；10—螺纹导向套；11,12　动模镶件；

13—动模板；14—滑块；15—斜导柱

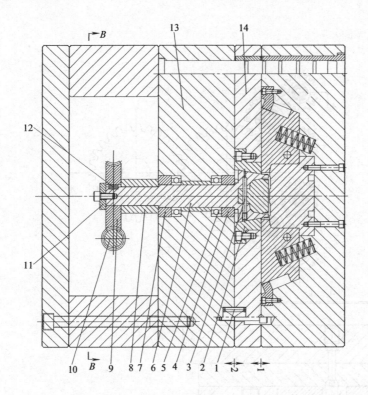

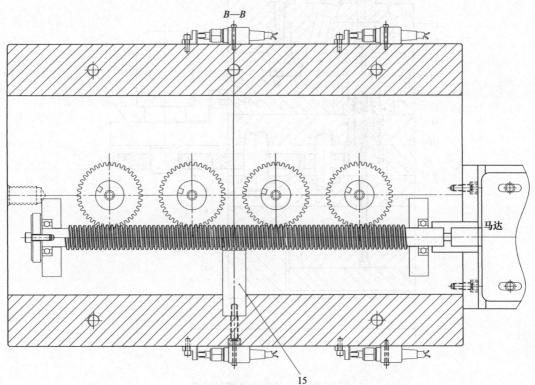

图 10-83 "马达＋蜗轮蜗杆"内螺纹脱模

1—弹簧；2—动模镶件；3—定位销；4—轴承压套；5—轴承；6—螺纹型芯；
7—轴承压套；8—蜗轮定位管；9—蜗轮；10—蜗杆；11—蜗轮挡块；
12—平键；13—动模板；14—推板；15—蜗杆抵柱

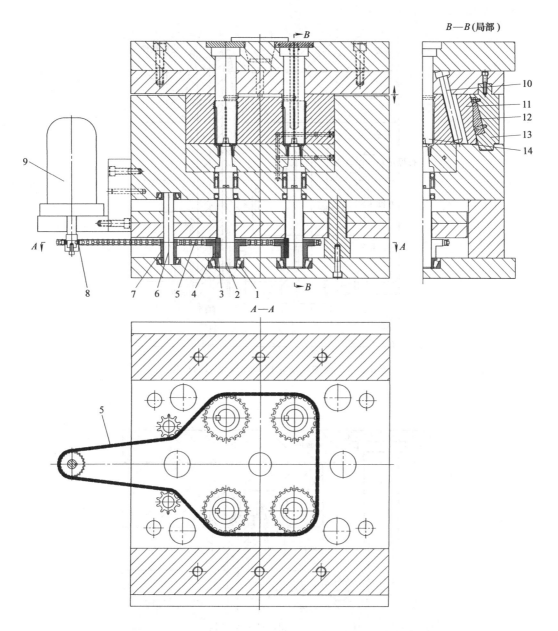

图 10-84　"马达＋链条"螺纹脱模

1—轴承；2,6—螺纹型芯；3—平键；4—传动链轮；5—链条；7—导向链轮；8—马达链轮；

9—马达；10—斜导柱；11—滑块；12—耐磨块；13—楔紧块；14—定模型芯

(8)"液压油缸＋齿条"螺纹脱模

图 10-89 是利用液压推动齿条，再通过齿轮传动带动螺纹型芯后退脱离塑件的实例。油缸活塞运动距离 S 根据塑件确定，由两个行程开关保证。耐磨套 3 采用油钢淬火（58 HRC）。为了得到更大的推力，通常脱模时采用油缸活塞的推出力。

图 10-89 中的塑件螺纹为右旋，所以排位图中的螺纹型芯脱模时为顺时针转动，如果塑件上的螺纹是左旋，则方向正好相反（可以将齿条装在螺纹型芯的左侧）。

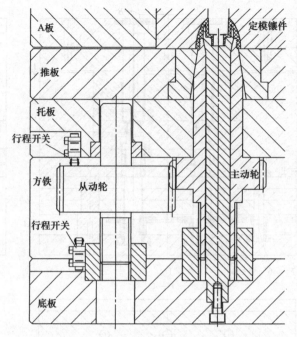

图 10-85　增加从动轮控制螺纹型芯的行程

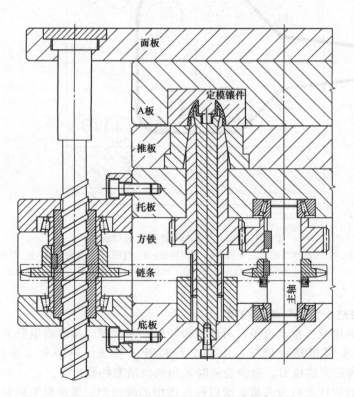

图 10-86　"螺旋杆＋链轮"螺纹脱模

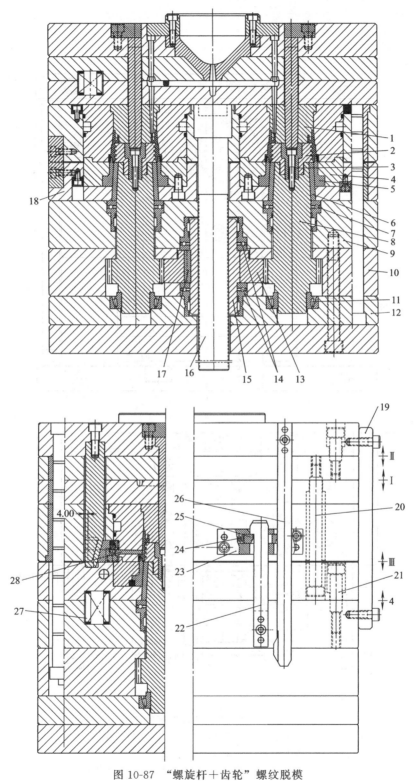

图 10-87 "螺旋杆+齿轮"螺纹脱模

1—定模型芯；2—螺纹型芯；3—连接柱；4—动模镶件；5—动模型芯；6—耐磨套；7,11,14—轴承；
8—齿轮轴；9,12—齿轮轴固定板；10—齿轮挡板；13—中心齿轮；15—来复线螺母；
16—丝杆；17—平键；18—动模板；19—锁模扣；20—小拉杆；21—限位钉；22—拉钩；
23—活动块底座；24,27—弹簧；25—活动块；26—活动块推杆；28—侧抽芯

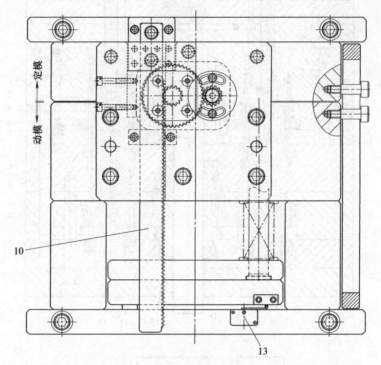

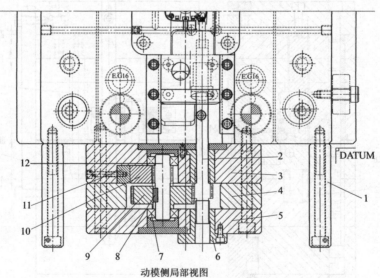

动模侧局部视图

图 10-88 "齿条＋齿轮"螺纹脱模

1—支撑脚；2—螺纹型芯；3—螺纹型芯固定板；4—齿轮挡板；5—齿轮盖板；

6—导向螺母；7—轴承；8—平键；9—大齿轮；

10—齿条；11—齿条挡块；12—齿轮轴；13—行程开关

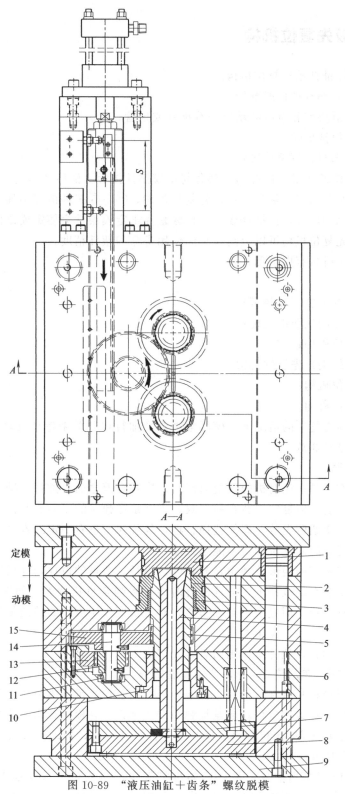

图 10-89　"液压油缸＋齿条"螺纹脱模

1—定模镶件；2—动模镶件；3—耐磨套；4—推杆；5—螺纹型芯；6—导向螺母固定板；

7—推杆固定板；8—推杆底板；9—大模具底板；10—导向螺母；11—轴承；12—小齿轮；

13—齿条；14—齿轮轴；15—大齿轮

10. 11　推杆板先复位机构

以下模具需加推杆板先复位机构。

① 侧向抽芯底部有推杆或推管；

② 与定模斜滑块型腔对应的动模侧有推杆或推管；

③ 塑件用推块推出时；

④ 斜推杆顶部与定模镶件接触；

⑤ 用推杆推塑件边沿，推杆的一部分与动模镶件接触（俗称"顶空"）。

其中①和②两种情况必须加推杆板先复位机构，③～⑤三种情况不加推杆先复位机构不会对模具造成即时的危险，但推杆或斜推杆频繁撞击定模镶件会使定模镶件变形凹陷，使塑件产生飞边，加先复位机构可以提高模具的使用寿命和塑件精度。

推杆板先复位机构有以下形式。

① 复位弹簧。

② 复位杆＋弹力胶（或弹簧）；

③ 有拉回功能的注塑机顶棍；

④ 摆杆先复位机构；

⑤ 连杆（蝴蝶夹）先复位机构；

⑥ 铰链先复位机构；

⑦ 液压先复位机构。

在推杆板必须先复位的情况下，模具常常要增加行程开关来保证推杆板复位后才合模，行程开关的设计见第 3 章。

10. 11. 1　复位弹簧

复位弹簧的作用是在注射机的顶棍退回后，模具合模之前将推杆板推回原位，因此复位弹簧有先复位的功能。但复位弹簧容易失效，尤其是在弹簧的压缩比及预压量的选取不合理时，复位弹簧会很快疲劳失效。即使选择合理，复位弹簧也有一定的寿命。一旦失效，则会失去先复位的功能，因此复位弹簧不能单独使用。

模具的复位弹簧宜用矩形蓝弹簧，其长度、直径、数量的设计，详见第 3 章。

复位弹簧通常套在复位杆上，但这样有时会导致弹簧直径偏大。如果不套在复位杆上，也要放置在复位杆旁边，而且必须对称布置，对于长度大于直径 2 倍的复位弹簧，还必须加导杆防止弹簧压缩时弹出，见第 3 章图 3-43。

如果复位弹簧套在复位杆上，则两者直径按表 10-10 匹配。

10. 11. 2　"复位杆＋弹力胶（或弹簧）"先复位机构

常规结构的复位杆只有在合模时，被定模板推回复位，没有先复位功能。如果要使复位杆有先复位的功能，可以在复位杆底端加弹力胶或弹簧，开模后弹力胶或弹簧将复位杆推出 $1.5\sim2.0\mathrm{mm}$，这样合模时定模板将先碰到复位杆将其推动，带动推杆板先复位，常见的结构见图 10-90。图 10-90 中：$a=2.0\sim2.5\mathrm{mm}$，$H_1\leqslant H/2$。

弹力胶主要应用在当推杆、推块或斜推杆等顶出机构位于碰穿面上时，合模过程中为避免顶出机构与定模镶件相撞，利用弹力胶的弹性能使顶出机构提前一小段距离复位。

图中的弹力胶也可用弹簧、C 形环和碟形弹簧代替。

表 10-10　复位弹簧与复位杆的装配尺寸 　　　　　　　　　　　mm

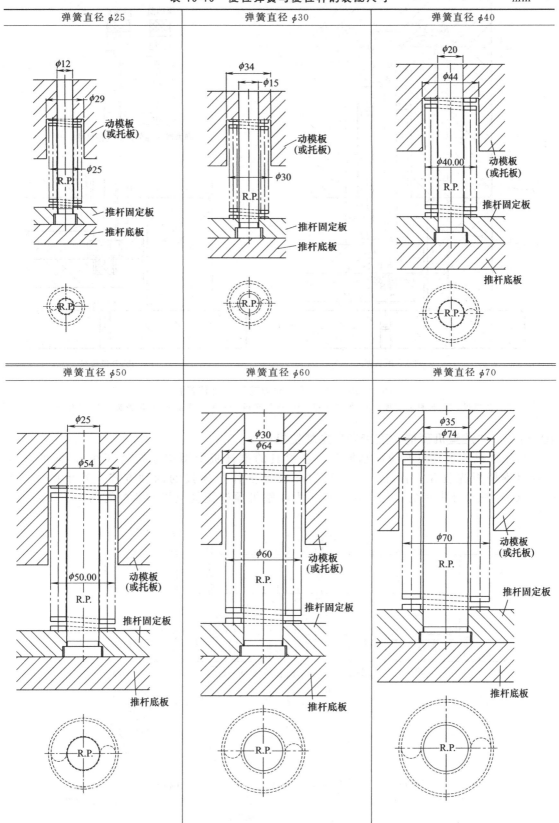

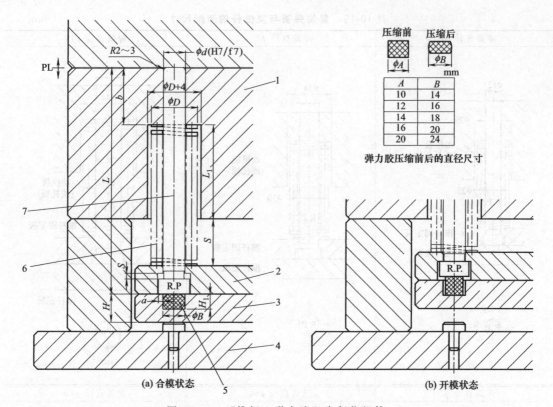

A	B
10	14
12	16
14	18
16	20
20	24

弹力胶压缩前后的直径尺寸

(a) 合模状态　　　　(b) 开模状态

图 10-90　"推杆＋弹力胶"先复位机构

1—动模板；2—推杆固定板；3—推杆底板；4—模具底板；5—弹力胶；6—复位弹簧；7—复位杆

10.11.3　"注塑机顶棍＋连接套"先复位机构

当注塑机的顶棍具有拉回功能时，在模具的推杆板上增加连接套（件），就可以实现模具推杆板先复位，图 10-91 是顶棍和模具推杆板连接的四种方式，其中图 10-91（a）、（b）是两种常用的结构。图 10-92 为注塑机顶棍先复位机构装配简图。

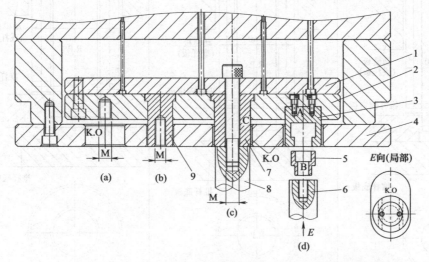

图 10-91　"注塑机顶棍＋连接套"先复位机构四种形式

1—推杆固定板；2—推杆底板；3—连接套 A；4—模具底板；5—连接套 B；6,8—注塑机顶棍；
7—连接套 C；9—顶棍连接件

注意

　　这种机构不要加复位弹簧；图中连接螺孔 M 有四种型号：M12、M16、M20 和 1/2″-13。如有特殊的型号可专做一个连接器，但要注意与注塑机相连的螺孔一般是 M16。

10.11.4　摆杆式先复位机构

　　摆杆式先复位机构是最常用的先复位机构，效果好，安全可靠。摆杆式先复位机构有单摆杆式先复位机构和双摆杆式先复位机构两种，分别见图 10-93 和图 10-94。

　　摆杆式先复位机构设置在模具的上、下两侧，对称布置。挡块材料用油钢淬火，其他可用 45 钢（或黄牌钢 S45C 和 S50C）。推杆推荐尺寸见图 10-95。

10.11.5　连杆先复位机构

　　连杆先复位机构俗称蝴蝶夹先复位机构，它比摆杆式先复位机构效果更好，复位得更快，但结构较为复杂。连杆先复位机构也有单连杆（单蝴蝶夹）先复位机构和双连杆（双蝴蝶夹）先复位机构两种，分别见图 10-96 和图 10-97。

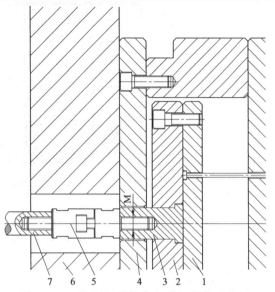

图 10-92　注塑机顶棍先复位机构装配简图
1—推杆固定板；2—推杆底板；3—连接套；4—模具底板；
5—连接杆；6—注塑机动模板；7—注塑机顶棍

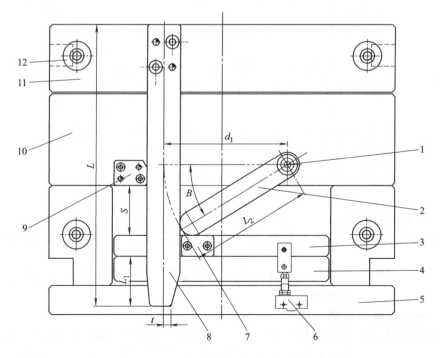

图 10-93　单摆杆式先复位机构
1—转轴；2—摆杆；3—推杆固定板；4—推杆底板；5—模具底板；6—行程开关；
7—摆杆挡块；8—推块；9—推杆挡块；10—动模板；11—定模板；12—支撑柱

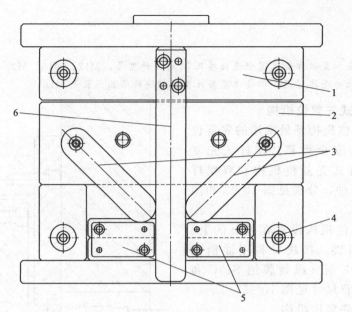

图 10-94　双摆杆式先复位机构
1—定模板；2—动模板；3—摆杆；4—支撑柱；5—摆杆挡块；6—推块

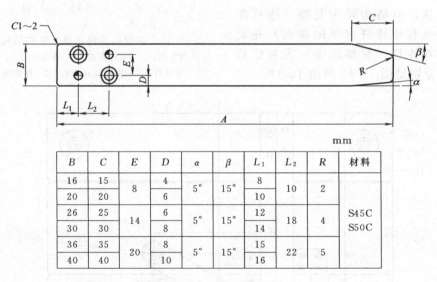

mm

B	C	E	D	α	β	L_1	L_2	R	材料
16	15	8	4	5°	15°	8	10	2	
20	20		6			10			
26	25	14	6	5°	15°	12	18	4	S45C
30	30		8			14			S50C
36	35	20	8	5°	15°	15	22	5	
40	40		10			16			

图 10-95　推杆推荐尺寸

10.11.6　铰链先复位机构

铰链先复位机构由连杆先复位机构简化而来，特点同连杆先复位机构，见图 10-98。

摆杆先复位机构、连杆先复位机构和铰链先复位机构都装配在模具的上、下侧，在模板外面，需要加支撑柱保护。

10.11.7　液压先复位机构

液压先复位机构是利用油缸活塞来推动推杆板在合模之前复位，多用于定模推出机构。图 10-99 是一液压先复位机构，油缸固定在推杆底板上，活塞固定在模具面板上，在注射过程中，面板固定在注塑机定模板上，静止不动，液压推动活塞时，活塞不动，油缸带动推杆板来回运动。

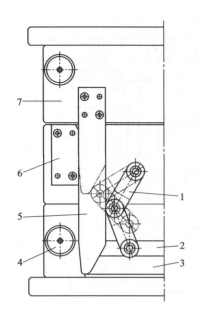

图 10-96　单连杆先复位机构
1—蝴蝶夹；2—推杆固定板；3—推杆底板；
4—支撑柱；5—推块；6—推杆挡块；
7—定模板

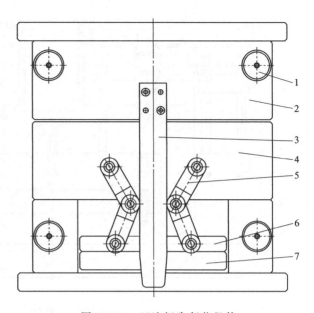

图 10-97　双连杆先复位机构
1—支撑柱；2—定模板；3—推块；4—动模板；
5—蝴蝶夹；6—推杆固定板；7—推杆底板

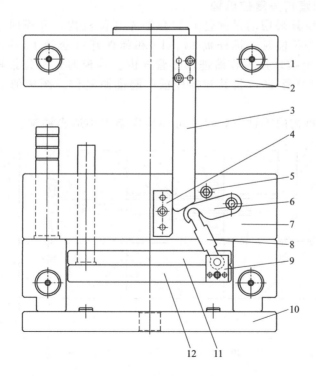

图 10-98　铰链先复位机构
1—支撑柱；2—模具面板；3—长推块；4—挡块；5—挡销；6,8—铰链臂；7—动模板；
9—铰链臂固定板；10—模具底板；11—推杆固定板；12—推杆底板

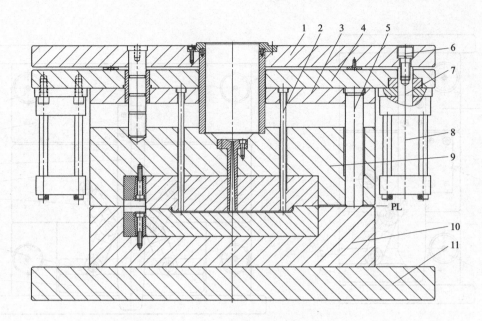

图 10-99　液压先复位机构

1—模具面板；2—推杆；3—推杆固定板；4—推杆底板；5—复位杆；6—连接螺钉；

7—活塞；8—油缸；9—定模板；10—动模板；11—模具底板

10.11.8　弹性开口套管先复位机构

图 10-100 中的模具采用的是弹性开口套管先复位机构，开模时复位推杆 5 脱离弹性开口套管 10，塑件脱模时，推杆板 11、12 和弹性开口套管 10 往前推，弹性开口套管 10 的口部（有四个槽）往内收缩进入套管 6 内。合模时，复位推杆 5 先碰到口部往内收缩后的弹性开口套管 10，将其和推杆板一起推回复位。图中的 L 必须大于塑件推出距离。

图 10-101 是该机构的零件图，尺寸可根据模架大小适当调整。

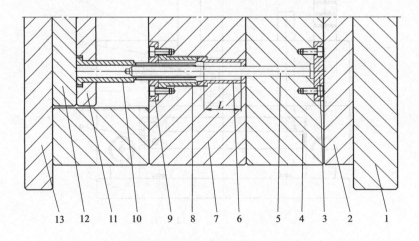

图 10-100　弹性开口套管先复位机构

1—模具面板；2—流道推板；3—压块 A；4—定模板；5—复位推杆；

6—套管 A；7—动模板；8—套管 B；9—压块 B；10—弹性开口套管；

11—推杆固定板；12—推杆底板；13—模具底板

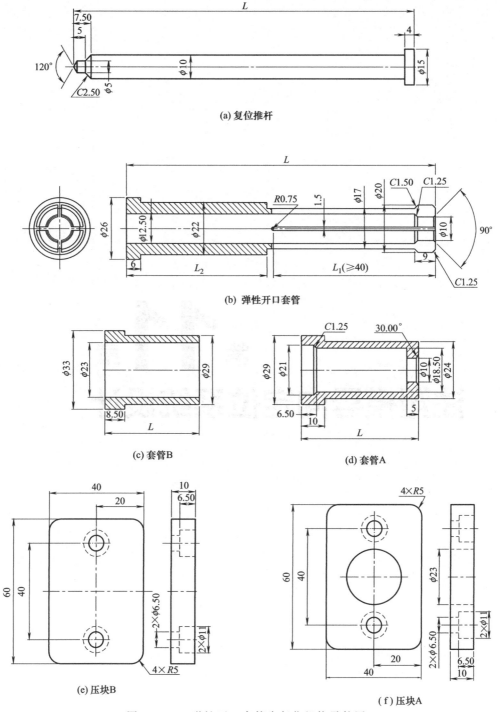

图 10-101　弹性开口套管先复位机构零件图

第 **11** 章
注塑模导向定位系统设计

注塑模导向系统的作用是保证注塑模在开模和合模过程中动作的安全、顺利、准确；注塑模定位系统的作用是保证注塑模在合模后注射过程中的精度和刚度。在一般精度的小型模具中，导向系统往往可以兼起定位的作用，但在精密模具或大、中型模具中，必须有良好的定位系统，否则模具的精度和寿命会受到严重影响。

对注塑模导向定位系统的基本要求：导向安全稳定，定位精确可靠，具有足够的强度、刚度和耐磨性。

11. 1　导向系统

本章所述的导向系统主要指导柱、导套，侧向抽芯机构中的导向和定位见第 4 章。

11. 1. 1　导柱

导柱必须与导套配合使用，在模具的开、合过程中，起导向作用，使定模和动模处于相对正确的位置，有时还承受注射成型时塑料熔体对型腔型芯的不平衡的侧向压力。带头导柱是常用结构，分两段，近头段为在模板中的安装段，与模板采用 H7/k6 过渡配合；另一段为滑动部分，它与导套的配合为 H7/f6 间隙配合，见图 11-1。

带肩导柱适用于批量大的大、中型精密模具，导柱大端与导套的外径尺寸相同，固定导柱与导套的两孔可同时加工，同心度好，其与模板孔的配合为 H7/f6，见图 11-2。B 型的带肩导柱后部定位肩可对下面的模板进行定位。导柱的直径（d），国家标准中规定为 $\phi 12 \sim 80\text{mm}$，选用时，按导柱直径（D）和模板宽度（B）的比来确定，即

$$D：B＝0.6\sim 1（圆整后取标准值）$$

在导柱标准中，如果其尺寸标有 d^{E} 和 d_1^{E} 符号，则表示该尺寸要素的形位公差和尺寸公差之间的关系遵循包容原则，即轴的作用尺寸不得超过最大实体尺寸，而轴的局部实际尺寸必须在尺寸公差范围内才为合格。下面以直径 $d＝20\text{f7}$ 的带头导柱为例进行说明。

设 $d＝20\text{mm}$ 导柱的最大实体尺寸是 $\phi 19.980\text{mm}$，也是导柱的最大极限尺寸。其中，作用尺寸≤最大极限尺寸（$\phi 19.980\text{mm}$），局部实际尺寸≥最小极限尺寸（$\phi 19.959\text{mm}$）为合格，否则将视为不合格，这主要是为控制导柱的形状误差，以保证配合要求。

（1）带头导柱规格

表 11-1 为标准带头导柱规格。

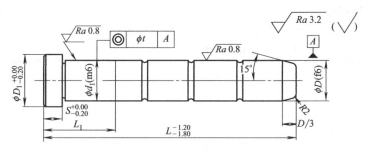

图 11-1　标准带头导柱

材料：T8A，GB/T 1298—2008；20 钢，GB/T 699—2008。

技术条件：

① 热处理 50～55HRC；20 钢渗碳 0.5～0.8mm，淬硬 56～60HRC。

② 图中标注的形位公差值按 GB/T 1184—1996 的附录一，t 为 6 级。

表 11-1 标准带头导柱规格（GB/T 4169.4—2006）　　　　mm

D	12	16	20	25	30	35	40	50	60	70	80	90	100
D₁	17	21	25	30	35	40	45	56	66	76	86	96	106
L=50	●	●	●	●	●								
60	●	●	●	●	●								
70	●	●	●	●	●	●	●						
80	●	●	●	●	●	●	●						
90	●	●	●	●	●	●	●						
100	●	●	●	●	●	●	●	●	●				
110	●	●	●	●	●	●	●	●	●				
120	●	●	●	●	●	●	●	●	●				
130	●	●	●	●	●	●	●	●	●				
140	●	●	●	●	●	●	●	●	●				
150		●	●	●	●	●	●	●	●	●	●		
160		●	●	●	●	●	●	●	●	●	●		
180			●	●	●	●	●	●	●	●	●	●	
200			●	●	●	●	●	●	●	●	●	●	
220				●	●	●	●	●	●	●	●	●	●
250				●	●	●	●	●	●	●	●	●	●
280					●	●	●	●	●	●	●	●	●
300					●	●	●	●	●	●	●	●	●
320						●	●	●	●	●	●	●	●
350						●	●	●	●	●	●	●	●
380							●	●	●	●	●	●	●
400							●	●	●	●	●	●	●
450								●	●	●	●	●	●
500								●	●	●	●	●	●
550									●	●	●	●	●
600									●	●	●	●	●
650										●	●	●	●
700										●	●	●	●
750											●	●	●
800											●	●	●
L₁	20,25,30,35,40,45,50,60,70,80,100,110,120,130,140,150,160,180,200												

③ d 的尺寸公差根据使用要求可在相同公差等级内变动。

④ 图示倒角不大于 C0.5。

⑤ 在滑动部位需要设置油槽时，其要求由承制单位自行决定。

⑥ 其他按 GB/T 4170—2006。

（2）带肩导柱规格

图 11-2 为标准带肩导柱。表 11-2 为标准带肩导柱规格。

表 11-2 标准带肩导柱规格（GB/T 4169.5—2006）　　　　mm

D	D₁	D₂	h	L	L₁
12	18	22	5	50~140	
16	25	30	6	50~160	20,25,30
20	30	35	8	50~200	35,40,45
25	35	40		50~250	50,60,70
30	42	47		50~300	80,100
35	48	54	10	70~350	110,120
40	55	61		70~400	130,140
50	70	76	12	100~650	150,160
60	80	86		100~700	180,200
70	90	96	15	150~700	
80	105	111		150~700	
L 尺寸规格	50,60,70,80,90,100,110,120,130,140,150,160,180,200,220,250,280,300,320,350,380,400,450,500,550,600,650,700				

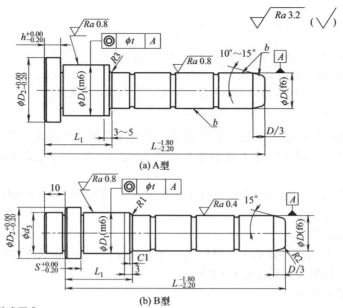

(a) A型

(b) B型

技术要求：

1. 未注表面粗糙度 $Ra=3.2\mu m$；未注倒角 $1mm\times45°$。
2. 可选砂轮越程槽或 $R0.5\sim1mm$ 圆角。
3. 允许开油槽。
4. 允许保留两端的中心孔。
5. 圆弧连接，$R2\sim5mm$。

图 11-2　标准带肩导柱

标记示例：直径 $D=20mm$，长度 $L=80mm$，与横板配合长度 $L_1=30mm$ 的带头导柱，标记为带头导柱 $20\times80\times30GB\ T4169.5—2006$。

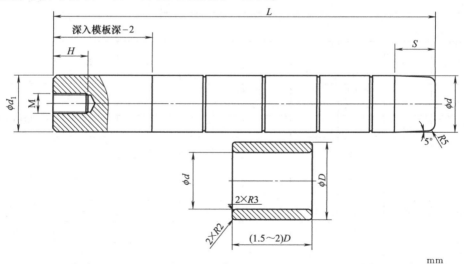

mm

ϕd		ϕd_1		ϕD		S	H	M	L
基本尺寸	公差(f7)	基本尺寸	公差(k6)	基本尺寸	公差(n6)				
40	−0.025	40	+0.018	55	+0.039	25	30		80～450
45	−0.05	45	+0.002	60	+0.02	25	30		
50	−0.03	50	+0.021	70	+0.045	25	30	16	120～600
60		60		80		30	35		180～600
70	−0.06	70	+0.002	90	+0.023	30	35		350～700

图 11-3　直身导柱

注意

① 材料由制造者选定，推荐采用 T10A、GCr15、20Cr。
② 硬度 56~60HRC。20Cr 渗碳 0.5~0.8mm。
③ 标准的形位公差应符合 GB/T 1184—1996 的规定，t 为 6 级精度。
④ 其余应符合 GB/T 4169.5—2006 的规定。

标准要求其本同标准带头导柱，不同之处是带头导柱用于塑件生产批量不大的模具，可以不用导套。带户导柱用于塑件大批量生产的精度模具，或导向精度高而必须采用导套的模具。

带户导柱分为三段。近肩段为在模板中的安装段，采用 H7/m6 的配合，远肩段为滑动配合部分，与导套的配合为 H7/f6。

(3) 直身导柱规格

直身导柱（图 11-3）一般用于大型模具，导柱直径≥40mm，长度≥80mm 的场合。

(4) 拉杆（三板模流道板导柱）规格

拉杆及其规格见图 11-4。

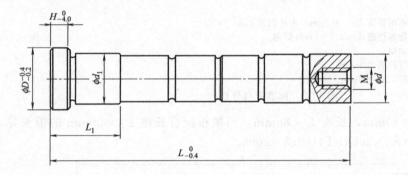

材料:20Cr
硬度: (60±2) HRC

mm

基本尺寸	d		d_1		D	H	L_1	M
	尺寸	公差	公差	尺寸				
16	16	−0.015 −0.025	16	+0.020 +0.010	20	6	23	M10×25
20	20		20		25	6	25	
25	25	−0.020 −0.033	25	+0.025 +0.015	30	8	30	M12×30
30	30		30		35	8	35	
35	35		35		40	8	40	
40	40	−0.025 −0.040	40	+0.030 +0.020	45	10	45	M16×45
45	45		45		50	10	50	
50	50		50		55	12	55	
60	60	−0.030 −0.045	60	+0.035 +0.025	65	15	69	M20×55
70	70		70		75		79	
80	80		80		85		79	

图 11-4 拉杆及其规格

(5) 拉杆介子规格

拉杆介子及其规格见图 11-5。

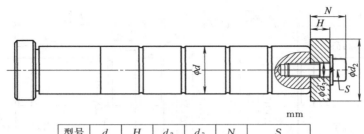

mm

型号	d	H	d_2	d_3	N	S
16	16	8	20	10.5	21	M10×25
20	20	10	26	12.5	26	M12×30
25	25	12	31	14.5	30	M14×35
30	30	14	38	16.5	34	M16×45
35	35	16	43	16.5	36	M16×45
40	40	18	48	16.5	38	M16×45

图 11-5　拉杆介子及其规格

11.1.2　导套

直导套主要用于厚模板中,可缩短模板的镗孔深度,在浮动模板中使用较多的是带头导套 A 型,这是国外常用的形式,可用于各种场合;A 型的作用与有肩导柱相同,其定位肩可对安装在导套后面的模板进行定位。A 型还可用作推板导套与推板导柱相配合,导套内孔的直径系列与导柱直径相同,国家标准中规定的直径范围为 ϕ12～63mm。其长度的名义尺寸与模板厚度相同,实际尺寸比模板薄 1mm,其中直导套采用 H7/n6 配合,带肩导套采用 H7/k6 配合。

(1) 直导套规格

图 11-6 为标准直导套,表 11-3 为标准直导套规格。

图 11-6　标准直导套

表 11-3　标准直导套规格 (GB/T 4169.2—2006)　　　　mm

D	12	16	20	25	30	35	40	50	60	70	80	90	100
D_1	18	25	30	35	42	48	55	70	80	90	105	115	125
D_2	13	17	21	26	31	36	41	51	61	71	81	91	101
R	1.5～2		3～4			5～6				7～8			
L_1	24	32	40	50	60	70	80	100	120	140	160	180	200
L	15	20	20	25	30	35	40	40	50	60	70	80	80
	20	25	25	30	35	40	50	50	60	70	80	100	100
	25	30	30	40	40	50	60	60	80	80	100	120	150
	30	40	40	50	50	60	80	80	100	100	120	150	200
	35	50	50	60	60	80	100	100	120	120	150	200	
	40	60	60	80	80	100	120	120	150	150	200		

注:当 $L_1 > L$ 时,取 $L_1 = L$。

材料和硬度:材料由制造者选定,推荐采用 T10A、GCr15、20Cr;硬度 56～60HRC。20Cr 渗碳 0.5～0.8mm。

技术要求:

① 形位公差应符合 GB/T 1184—1996 的规定,t 为 6 级精度。

② 其余应符合 GB/T 4170—2006 的规定。

标记示例:

D=12mm、L−15mm 的直导套标记为:直导套 12×15GB/T 4169.2—2006。

(2) 带头导套规格

图 11-7 为标准带头导套,表 11-4 为标准带头导套规格。

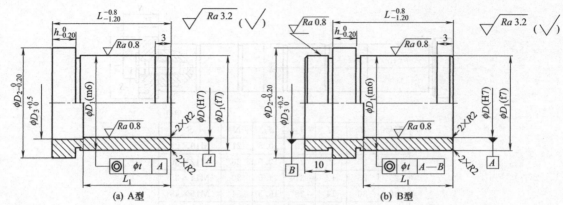

(a) A型　　　　　　　　　　　　(b) B型

图 11-7　标准带头导套

表 11-4　**标准带头导套规格**（GB/T 4169.3—2006）　　　　　　　　　mm

D	12	16	20	25	30	35	40	50	60	70	80	90	100
D_1	18	25	30	35	42	48	55	70	80	90	105	115	125
D_2	22	30	35	40	47	54	61	76	86	96	111	121	131
D_3	13	17	21	26	31	36	41	51	61	71	81	91	101
h	5	6	8			10		12		15		20	
R	2		3〜4			5〜6				7〜8			
L_1	24	32	40	50	60	70	80	100	120	140	160	180	200
L													
20	●	●	●										
25	●	●	●	●									
30	●	●	●	●	●								
35	●	●	●	●	●	●							
40	●	●	●	●	●	●	●						
45	●	●	●	●	●	●	●						
50	●	●	●	●	●	●	●	●					
60		●	●	●	●	●	●	●	●				
70			●	●	●	●	●	●	●	●			
80			●	●	●	●	●	●	●	●	●		
90				●	●	●	●	●	●	●	●	●	
100				●	●	●	●	●	●	●	●	●	●
110					●	●	●	●	●	●	●	●	●
120					●	●	●	●	●	●	●	●	●
130						●	●	●	●	●	●	●	●
140						●	●	●	●	●	●	●	●
150							●	●	●	●	●	●	●
160							●	●	●	●	●	●	●
180								●	●	●	●	●	●
200								●	●	●	●	●	●

注：当 $L_1 > L$ 时，取 $L_1 = L$。

（3）带肩导套（用于推杆板）

图 11-8 为标准带肩导套。在实际选用时，L_1 比推杆底板厚度小 $0.50 \sim 1.00\text{mm}$，L 比

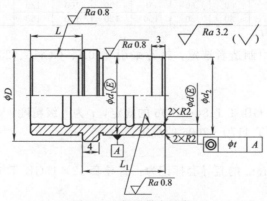

图 11-8　标准带肩导套

推杆固定板厚度小 0.50~1.00mm，其他尺寸见表 11-5。

表 11-5　标准带肩导套规格　　　　　　　　　　　　　　　　　　mm

d		d_1		d_2	D
尺寸	公差范围	尺寸	公差范围		
10	+0.014 +0.005	16		16	20
12	+0.017	18		18	22
16	+0.006	25	−0.03 −0.05	25	30
20	+0.020	30		30	35
25	+0.007	35		35	40
30		40		40	45
40	+0.025	50		50	55
50	+0.009	60		60	66

11.1.3　动、定模板导柱、导套设计

(1) 导柱长度计算

确定导柱长度的原则：合模时，应保证导向零件首先接触，避免动模型芯先进入定模型腔，损坏成型零件。

① 二板模导柱长度计算：

$$L = L_0 + L_1$$

式中，L_0 为导柱固定长度；L_1 为导向部分长度。

a. 无侧向抽芯：见图 11-9。

$$L_1 = A + (10 \sim 15\text{mm})$$

b. 有侧向抽芯：见图 11-10。

$$L_1' = B + (10 \sim 15\text{mm})$$
$$L_1'' = A + (10 \sim 15\text{mm})$$

L_1 取 L_1' 与 L_1'' 的较大者。

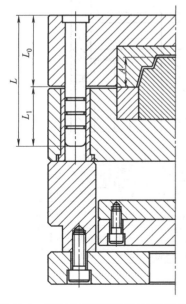

图 11-9　普通二板模无侧向抽芯导柱

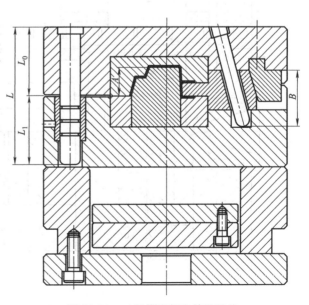

图 11-10　二板模有侧向抽芯导柱

c. 推板推出：见图 11-11。

$$L_1 = L_2 + A + (10 \sim 15\text{mm})$$

式中　A——高出分型面的型芯的高度；

　　　L_2——推板厚度。

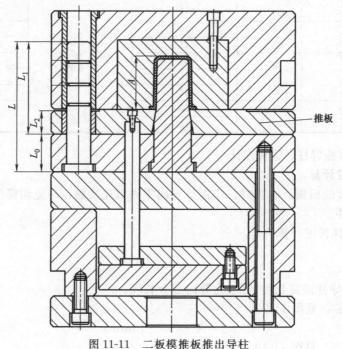

图 11-11　二板模推板推出导柱

② 三板模导柱长度计算：

a. 标准型三板模：见图 11-12。

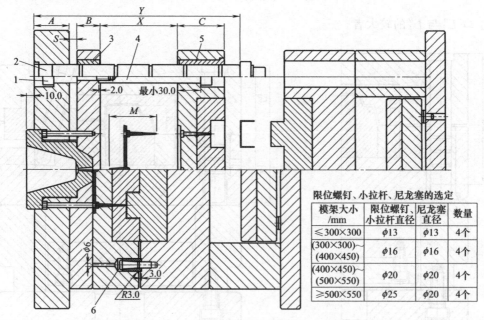

限位螺钉、小拉杆、尼龙塞的选定		
模架大小/mm	限位螺钉、小拉杆直径	尼龙塞直径	数量
≤300×300	ϕ13	ϕ13	4个
(300×300)~(400×450)	ϕ16	ϕ16	4个
(400×450)~(500×550)	ϕ20	ϕ20	4个
≥500×550	ϕ25	ϕ20	4个

图 11-12　标准型三板模导柱长度

1—限位螺钉；2—导柱；3—直身导套；4—小拉杆；5—带肩导套；6—尼龙塞

$$Y = A + B + C + X + S + (1 \sim 3 \text{mm})$$

式中，A 为面板厚度；B 为流道推板厚度；C 为定模板厚度；$S = 8 \sim 12 \text{mm}$；$X = M + 30 \text{mm}$，具体看塑件大小。

b. 简化型三板模：见图 11-13。

$$L = b + K + T + B$$
$$K = S + t + c + T$$
$$B = E + 10 \text{mm}$$

式中，$S = 8 \sim 12 \text{mm}$；$c = $ 流道凝料长度 $+ (30 \sim 50 \text{mm})$，具体看塑件大小；E 为动模型芯高度。

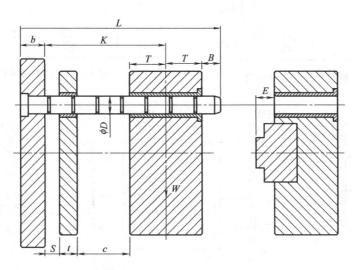

图 11-13　简化型三板模导柱长度

（2）三板模拉杆直径核算

$$\phi D > \sqrt[3]{4WK / p}$$
$$K = S + t + c + T$$

式中　S——流道推板行程，mm；

　　　t——流道推板厚度，mm；

　　　c——小拉杆行程，mm；

　　　T——A 板 1/2 厚度，mm；

　　　K——常数；

　　　p——拉杆表面所受压强，MPa；

　　　W——A 板质量，kg。

（3）导柱、导套位置的确定

动、定模之间的导柱、导套位置根据模架的大小已标准化。二板模和简化型三板模都有四根导柱，位置在四个角上，其中有一个导柱的位置不完全对称，向其中一根模具中心线偏离 2mm，见图 11-14。这个不完全对称的孔叫偏孔，又叫基准孔，其作用是防止动、定模装错方向。

标准型三板模动、定模之间有八根导柱，其中定模侧有四根，对定模板和流道推板导向，动模侧有四根导柱，对定模板导向，见图 11-15。

（4）导柱、导套的装配

导柱、导套常见的装配方法见图 11-16。

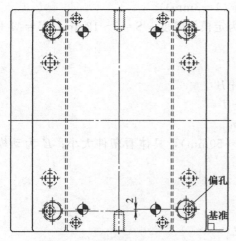
图 11-14　二板模导柱、导套位置

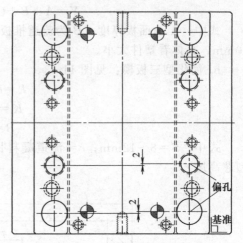
图 11-15　三板模导柱导套位置

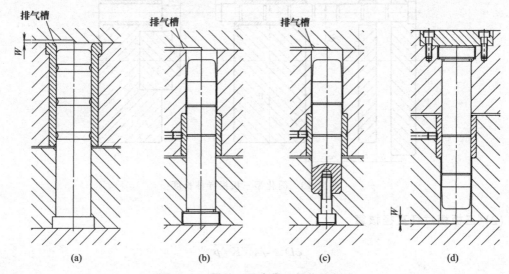
图 11-16　导柱、导套常见的装配方法

注意

　　① 图 11-16（a）是最常见的结构，用于中、小型模具；图 11-16（b）用于大、中型模具；图 11-16（c）的直身导柱结构用于大型或特大型模具；图 11-16（d）的结构用于导柱安装在定模板、定模无面板的场合。

　　② 导套底面必须有排气槽，否则会增加开模和合模的困难，排气槽宽度×深度＝（8～10mm）×（3～5mm）。

　　③ 为取出塑件与流道凝料方便，导柱宜安装于定模 A 板上，定模推出的模具导柱宜安装在动模 B 板上，特殊结构应视具体情况确定。

　　④ 导套材料硬度应低于导柱，因为换导套比换导柱更经济方便。

　　⑤ 导柱周边钢料应有足够强度。

　　⑥ 导套的长度宜短不宜长，以减轻导柱的摩擦损耗，因此图 11-16（b）的结构优于图 11-16（a）的结构。

　　⑦ 导柱上必须有油槽，油槽的作用是储存润滑油和积存灰垢。

11.1.4 推杆固定板导柱、导套位置设计

标准模架上没有推杆固定板的导柱、导套，如果需要，必须特别说明，并提供设计图表明推杆固定板导柱、导套的数量、大小和详细位置。

(1) 推杆固定板导柱使用场合

很多公司规定：本公司所有注塑模具推杆固定板必须加导柱、导套。从模具的安全性、稳定性和精确度来看，模具上所有的运动部件都要有导向机构，以保证运动部件按照设计者规定的轨迹运动。因此这种规定是完全正确和必要的。

但标准模架上推杆固定板却没有导柱、导套，对于寿命要求较短（小于 50000 次）、精度要求不高的模具，模具的推杆固定板可以由复位杆兼起导向作用，但下列模具必须加推杆板导柱、导套。

① 制品生产批量大、寿命要求高的模具；

② 精度要求较高的模具；

③ 大、中型模具，一般情况下，模架宽度尺寸≥350mm 或长度尺寸≥400mm 时，应加推杆板导柱来承受推杆板的重量；

④ 模具浇口套偏离模具中心的模具；

⑤ 推杆数量大于 30 支的模具；

⑥ 直径小于 2.0mm 的推杆数量较多的模具；

⑦ 有斜顶的模具；

⑧ 推管推出塑件的模具；

⑨ 用双推板的二次推出模；

⑩ 塑件推出距离大，方铁高度大于 120mm 的模具；

⑪ 客户有特别要求的模具。

(2) 推杆固定板导柱、导套的数量和位置（见图 11-17 和表 11-6）

① 对宽度 400mm 以下的模架，采用 2 支导柱即可，位置在模具中心线上，与复位杆等高，导柱直径和复位杆直径相等，也可根据模具大小取复位杆直径＋5mm。

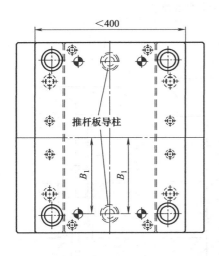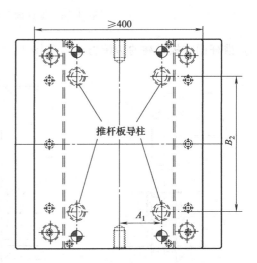

图 11-17 推杆固定板导柱、导套的数量和位置

② 对宽度 400mm 以上的模架，采用 4 支导柱，A_1＝复位杆至模具中心的距离，B_2 参考表 11-6 选取，此时导柱直径取复位杆直径即可。

表 11-6　推杆板导柱、导套的位置　　　　　　　　mm

模架	400×400	400×450	400×500	400×550	4060	4545	4550	4555	4560	5050	5060	5070
B_2	252	302	352	402	452	286	336	386	436	336	436	536

(3) 推杆固定板导柱长度设计（见图 11-18）

$$L=L_0+L_1+L_2$$

式中　L——导柱长度；

　　　L_0——模具底板厚度；

　　　L_1——方铁高度；

　　　L_2——导柱插入动模板或托板的深度，一般取 15～20mm。

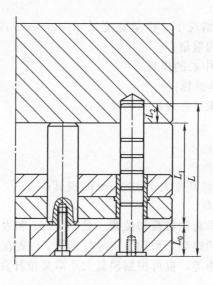

图 11-18　推杆固定板导柱的长度

(4) 推杆固定板导柱的装配方法（见图 11-19）

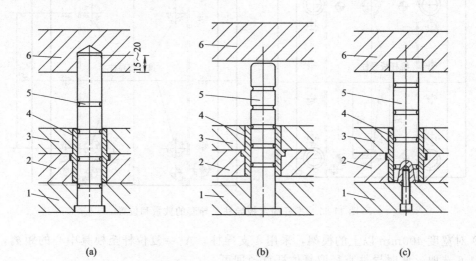

(a)　　　　　　　　　　(b)　　　　　　　　　　(c)

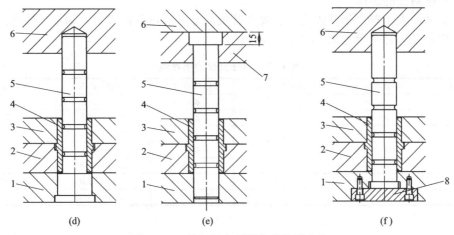

图 11-19　推杆固定板导柱的装配方法

1—模具底板；2—推杆底板；3—推杆固定板；4—导套；5—导柱；6—动模板；7—托板；8—导柱压块

（5）无头推杆固定板导柱

当模架较大、精度和寿命要求较高时，可采用如图 11-20 所示的导柱及三个导套。

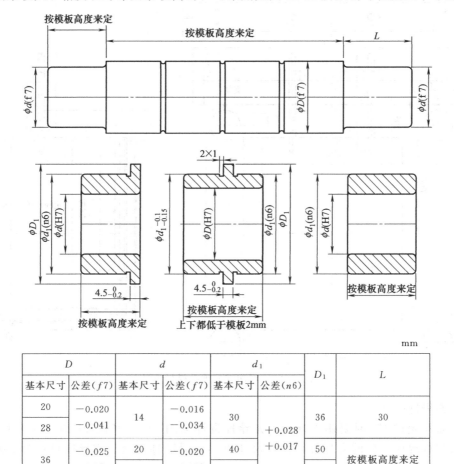

mm

D		d		d_1		D_1	L
基本尺寸	公差($f7$)	基本尺寸	公差($f7$)	基本尺寸	公差($n6$)		
20	-0.020	14	-0.016	30		36	30
28	-0.041		-0.034		$+0.028$		
36	-0.025	20	-0.020	40	$+0.017$	50	按模板高度来定
	-0.05	30	-0.041	50		60	

图 11-20　无头推杆固定板导柱

11.1.5 导柱直径的选择

导柱直径的大小取决于其固定钉长度及开模后悬臂所承受的重量，如果导柱固定在定模面板上，则导柱直径可参考表 11-7 的推荐值。

表 11-7　导柱直径的推荐值　　　　　　mm

导柱直径	A 板质量/kg	面板厚度 L	导柱直径	A 板质量/kg	面板厚度 L
φ16	≤30	25	φ50	450～600	70
φ20	30～70	30	φ55	600～800	75
φ25	70～100	35	φ60	800～1000	80
φ30	100～130	45	φ65	1000～1200	85
φ35	130～230	50	φ70	1200～1400	90
φ40	230～350	60	φ75	1400～1700	95
φ45	350～450	65	φ80	1700～2000	100

注意

如果导柱悬臂所承担的质量超过 2000kg 时，建议增加如图 11-21 所示的支架来承受模板的重量。

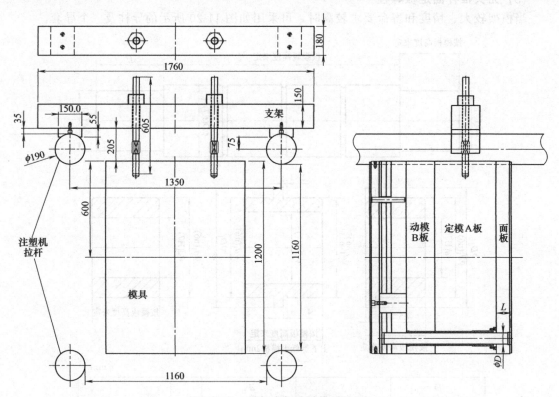

图 11-21　增加支架承受模板重量

11.1.6 方导柱设计

模具重量超过 15t 时要用方导柱，方导柱设计见图 11-22 和图 11-23。机械手取件时，上侧的方导柱要比下侧的方导柱短些，尺寸以不妨碍取件为宜。方导柱材料为 P20，硬度 28～32HRC，采购方导柱需附图。

(1) 方形导柱布置及高度设计

① 四面布置方导柱［如图 11-22（a）所示］主要适用于所有大型模具，但需要注意不

能妨碍机械手取件，如果妨碍到机械手取件，可以按图 11-22（b）设计。

　　② 两面方导柱加圆导柱主要用于保险杠模具，圆导柱布置在模具的地侧，避免挡住机械取件。

　　方导柱在动/定模的原则：方导柱必须高出模具形状最高位置 30mm，以保护型腔，如图 11-22（c）所示。

　　方导柱高度对 FIT 模机的设计要求，对于产品落差较大、方导柱特别高的情况，要注意合模时方导柱在碰到前模之前的距离在 15mm 时，模具的高度 $L \leqslant 2450$mm。超过 2450mm 会妨碍 FIT 模机翻模（如大显 400T 飞模机）。

　　如要解决方导柱高度问题，可以在导柱上加支撑柱。

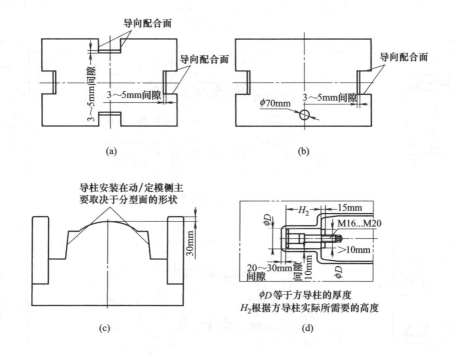

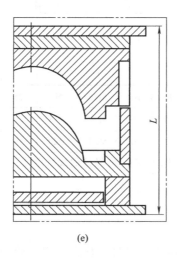

图 11-22　方导柱的位置及高度

（2）方形导柱类型

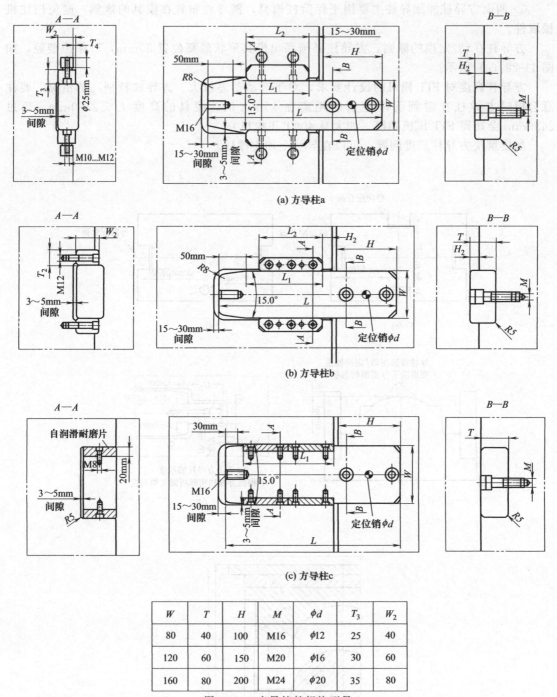

(a) 方导柱a

(b) 方导柱b

(c) 方导柱c

W	T	H	M	ϕd	T_3	W_2
80	40	100	M16	$\phi 12$	25	40
120	60	150	M20	$\phi 16$	30	60
160	80	200	M24	$\phi 20$	35	80

图 11-23　方导柱的规格型号

11.2　定位系统设计

　　注塑成型时，由于胀型力的作用，模具往往会有很大的侧向力作用，如果这种侧向力传递到导柱上，会导致导柱弯曲变形，甚至卡死、损毁。另外，导柱与导套之间属于间隙配合

(H7/f6)，对尺寸精度要求高的精密模具来说，此间隙显然太大了。导柱、导套主要起导向作用，并对动、定模进行初次定位，模具的定位系统可以对动、定模及其镶件进行二次准确定位，并承受成型时的侧向压力，提高塑件的精度和模具的整体刚性。

　　模具的定位系统主要用于动模、定模之间需要精确定位的场合，如在注射成型薄壁塑件时，为保证壁厚均匀，则需要用定位零件进行精确定位。对同轴度要求高的塑件，而且分别在动模和定模型腔内成型时，也需要采用定位系统来进行精确定位，同时，还具有增强模具刚度的效果。

　　注塑模具的定位可以在镶件或模板的四个角上增加锥面管位结构，也可以增加定位标准件来定位，定位标准件有锥面定位块、锥面定位柱和边锁等。分型面的定位也是模具定位系统重要的组成部分，该部分结构见第 4 章。

11.2.1　内模镶件锥面定位

在镶件四个角上增加管位。

(1) 应用场合

① 塑件公差等级小于或等于 MT3 的精密模具；

② 镶件内部有擦穿的结构，特别是擦穿地方多而且深时；

③ 分型线位于塑件中间时；

④ 分型面为大曲面或分型面高低尺寸相差较大时；

⑤ 镶件需要外发加工。

(2) 注意事项

① 管位大小根据内模大小变化而变化，具体规格可参照图 11-24 的数据；

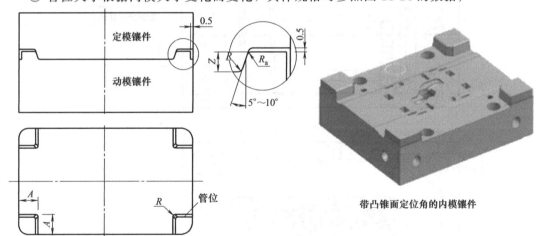

带凸锥面定位角的内模镶件

mm

镶件宽	镶件长	A	R_a	Z	R
≤80	≤80	12	0.5	6	3
80～120	80～120	12	0.5	6	3
	120～200	15			
120～200	120～300	15	0.5	8	5
	300 以上	20			
200～300	200～400	25	1.0	10	5
	400 以上	30			
300～400	300～450	30	1.0	12	5
	450 以上	35			
400 以上	400 以上	40	2.0	15	8

图 11-24　内模镶件定位

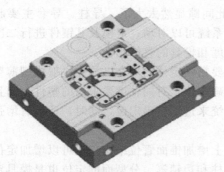

图 11-25　带凹锥面定位角的模板

② 管位一般在动模镶件凸起，在定模镶件凹下。

11.2.2　模板锥面定位

模板锥面定位是在动模板和定模板的四个角上增加管位，以保证合模后动、定模板的相对位置精度，见图 11-25。

模板锥面定位可根据模具大小来确定管位的大小，锥面角度为5°～10°。

图 11-26 和图 11-27 是两个实例。

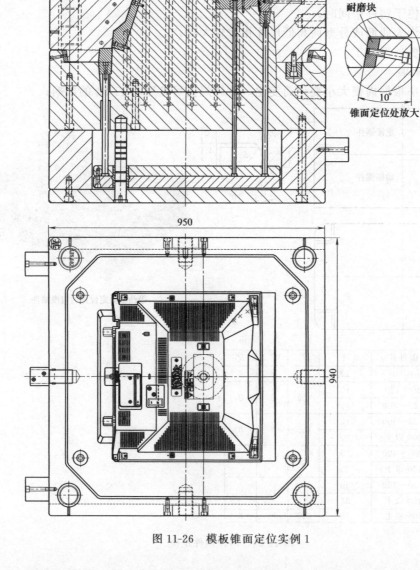

图 11-26　模板锥面定位实例 1

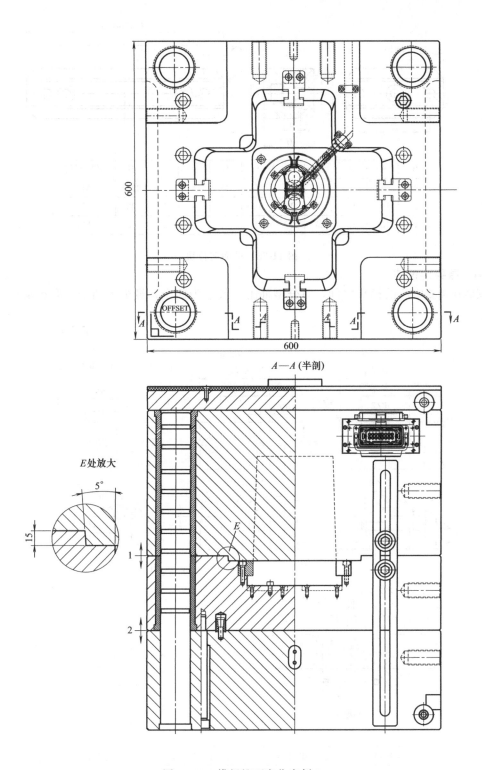

图 11-27　模板锥面定位实例 2

11.2.3　锥面定位块

安装在动、定模之间，即分型面上，数量为四个，形状及尺寸见图 11-28。

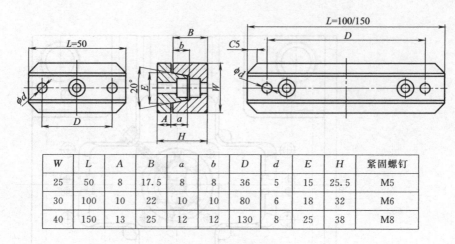

W	L	A	B	a	b	D	d	E	H	紧固螺钉
25	50	8	17.5	8	8	36	5	15	25.5	M5
30	100	10	22	10	10	80	6	18	32	M6
40	150	13	25	12	12	130	8	25	38	M8

图 11-28 锥面定位块

11.2.4 直身定位块

安装在需要定位的模板之间，即分型面上，数量为四个，最少为两个，形状及尺寸见图 11-29。

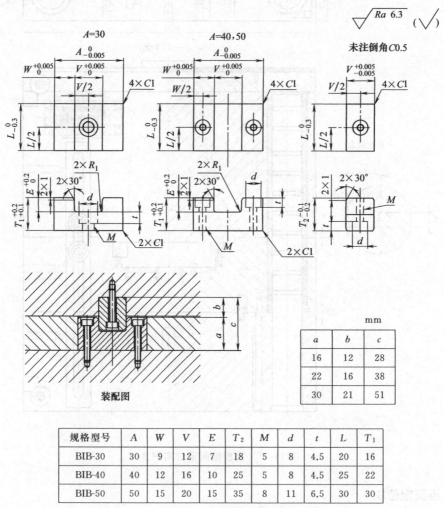

a	b	c
16	12	28
22	16	38
30	21	51

规格型号	A	W	V	E	T_2	M	d	t	L	T_1
BIB-30	30	9	12	7	18	5	8	4.5	20	16
BIB-40	40	12	16	10	25	5	8	4.5	25	22
BIB-50	50	15	20	15	35	8	11	6.5	30	30

图 11-29 直身定位块

11.2.5　锥面定位柱

锥面定位柱由凹、凸两件组成，分别安装在动定模板上。图 11-30 是标准锥面定位柱规格。

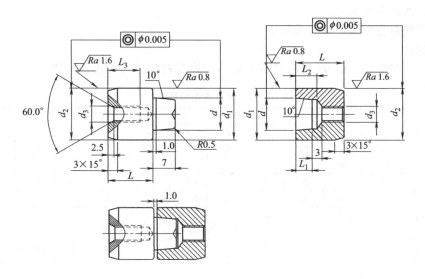

mm

d	d_1(n6)		d_2(e7)		d_3	$L^{+0.2}_{+0.1}$	L_1	L_2	L_3
	基本尺寸	极限偏差	基本尺寸	极限偏差					
6	12	+0.023	12	−0.032	M4	16	4	8	11
10	16	+0.012	16	−0.050	M5	20	6		
12	20	+0.028	20	−0.040	M8	25	9	13	15
16	25	+0.015	25	−0.061		32	10		
20	32	+0.033	32	−0.050	M10		14	20	18
25	40	+0.017	40	−0.075		40	18	25	
32	50		50		M12	50	20	30	20

图 11-30　标准锥面定位柱

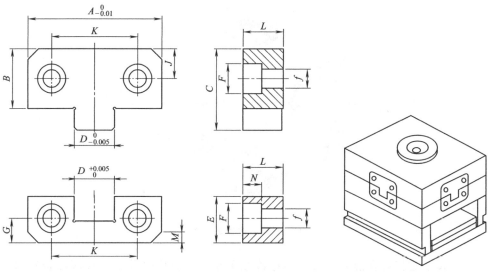

图 11-31　边锁结构

锥面定位柱使用场合如下。

① 动、定模成型的结构有同轴度或位置度要求的场合；

② 模具型芯过小易变形的场合；

③ 擦穿面较多的模具；

④ 成型塑料齿轮类产品的模具。

11.2.6 边锁

边锁结构见图 11-31，表 11-8 是深圳乐华行模具有限公司的边锁规格。

表 11-8　边锁规格

公制规格/mm												
型号	A	B	C	D	E	F	f	G	J	K	L	M	N
PL38	38	22	30	12	22	0.5	6.5	7	7	22	13	5	8
PL50	50	21.5	30	17	21.5	10.5	6.5	11	11	34	16	5	8
PL75	75	36	50	25	36	16.5	10.5	18	18	50	19	8	12
PL100	100	45	65	35	45	16.5	10.5	22	22	70	19	10	12
PL125	125	45	65	45	45	16.5	10.5	22	22	84	25	10	12

英制规格/in												
型号	A	B	C	D	E	F	f	G	J	K	L	M	N
PL1.5	1.5	0.87	1.18	0.5	0.87	0.433	0.276	0.281	0.437	0.938	0.62	0.19	0.3
PL2.0	2	0.87	1.18	0.68	0.87	0.433	0.276	0.375	0.437	1.250	0.62	0.19	0.3
PL3.0	3	1.36	1.91	1.0	1.37	0.59	0.413	0.688	0.688	2.250	0.745	0.38	0.45
PL4.0	4	1.87	2.64	1.375	1.87	0.59	0.413	0.875	0.875	2.750	0.745	0.50	0.45
PL5.0	5	1.87	2.64	1.75	1.87	0.788	0.555	0.875	0.875	3.500	1.12	0.50	0.6

① 使用场合：

a. 塑件公差小于 0.05mm 的精密模具；

b. 内部有擦穿的场合，特别是擦穿多而且深的模具。

② 直身锁材料：油钢（DF-2），氮化处理，硬度为 58～60HRC。

③ 边锁一般用四个，安装于模具的四个侧面，见图 11-32。

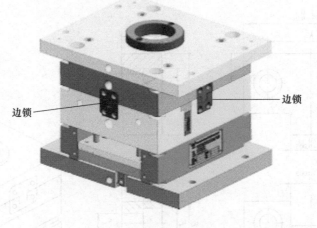

图 11-32　边锁装配图

④ 由于动、定模存在温差，造成热胀冷缩不相同，合模时使定位块侧面容易因摩擦而烧伤，如果把定位块安装在模具中间，可有效防止这种情况发生，见表 11-9。

表 11-9　动、定模定位块安装位置

序号	正确	错误	说明
1			十字定位效果较好,不受温差影响
2			当其中一边不能加定位块时,可用三个定位块
3		定位块	当不能直接放在模具中心线上时,旋转 45°也能解决热胀冷缩的问题

第 **12** 章
注塑模具材料选用

12.1　注塑模具零件选择材料的依据

12.1.1　模具的寿命

模具是一个长寿命的生产工具，根据生产批量的大小，模具所用的钢材也不同。为讨论方便，可以把注塑模具按生产寿命的长短分为四个等级：注射次数 100 万次以上为一级，注射次数 50 万～100 万次为二级，注射次数 10 万～50 万次为三级，注射次数小于 10 万次为四级。生产批量 50 万以上的模具，所选的钢材既要有较好的热处理性能（钢材热处理硬度要在 50HRC 左右），又要在高硬度的状态下有好的切削性能。生产批量为 10 万～50 万次的模具用预硬钢较多，生产批量为 10 万次以下的模具一般用 P20、718、738、618、2311、2711 等钢材，对于批量小于 1 万次的模具，还可以用 S50C、45 钢等钢材，即直接在模架上加工型腔。详细情况参见表 12-1 和表12-2。

表 12-1　根据模具寿命选用的国产钢材

塑料类别	塑料名称	生产批量/件			
		$<10^5$	$10^5 \sim 5 \times 10^5$	$5 \times 10^5 \sim 10^6$	$>10^6$
热固性塑料	通用型塑料 酚醛 密胺 聚酯等	45 钢、50 钢、55 钢 渗碳钢渗碳 淬火	渗碳合金钢渗碳 淬火 4Cr5MoSiV1＋S	Cr5MoSiV1 Cr12 Cr12MoV	Cr12MoV Cr12Mo1V1 7Cr7Mo2V2Si
	增强型 （上述塑料加入 纤维或金属粉 等强化）	渗碳合金钢 渗碳淬火	渗碳合金钢 渗碳淬火 4Cr5MoSiV1＋S Cr5Mo1V	Cr5Mo1V Cr12 Cr12MoV	Cr12MoV Cr12Mo1V1 7Cr7Mo2V2Si
热塑性塑料	通用型塑料 聚乙烯 聚丙烯 ABS 等	45 钢、55 钢 渗碳合金钢 渗碳淬火 3Cr2Mo	3Cr2Mo 3Cr2NiMnMo 渗碳合金钢 渗碳淬火	4Cr5MoSiV1＋S 5NiCrMnMoVCaS 时效硬化钢 3Cr2Mo	4Cr5MoSiV1＋S 时效硬化钢 Cr5Mo1V
	工程塑料 （尼龙、聚碳 酸酯等）	45 钢、55 钢 3Cr2Mo 3Cr2NiMnMo 渗碳合金钢 渗碳淬火	3Cr2Mo 3Cr2NiMnMo 时效硬化钢 渗碳合金钢 渗碳淬火	4Cr5MoSiV1＋S 5CrNiMnMoVCaS Cr5Mo1V	Cr5Mo1V Cr12 Cr12MoV Cr12Mo1V1 7Cr7Mo2V2Si
	增强工程塑料 （工程塑料中加 入增强纤维金属 粉等）	3Cr2Mo 3Cr2NiMnMo 渗碳合金钢 渗碳淬火	4Cr5MoSiV1＋S Cr5Mo1V 渗碳合金钢 渗碳淬火	4Cr5MoSiV1＋S Cr5Mo1V Cr12MoV	Cr12 Cr12MoV Cr12Mo1V1 7Cr7Mo2V2Si

塑料类别	塑料名称	生产批量/件			
		$<10^5$	$10^5\sim5\times10^5$	$5\times10^5\sim10^6$	$>10^6$
热塑性塑料	阻燃塑料（添加阻燃剂的塑料）	3Cr2Mo＋镀层	3Cr13 Cr14Mo	9Cr18 Cr18MoV	Cr18MoV＋镀层
	聚氯乙烯	3Cr2Mo＋镀层	3Cr13 Cr14Mo	9Cr18 Cr18MoV	Cr18MoV＋镀层
	氟化塑料	Cr14Mo Cr18MoV	Cr14Mo Cr18MoV	Cr18MoV	Cr18MoV＋镀层

表 12-2　根据模具寿命选用非国产钢材

模具寿命/万次	10 以下	10～50	50～100	100 以上
镶件钢材	P20/PX5 738 CALMAX 635	NAK80 718H	SKD61（热处理） TDAC（DH2F）	AIAS420 S136
镶件硬度（HRC）	30±2	38±2	52±2	60±2
模架钢材	S55C	S55C	S55C	S55C
模架硬度（HRC）	18±2	18±2	18±2	18±2

12.1.2　塑料的特性

有些塑料有酸腐蚀性，有些塑料因添加了增强剂或其他改性剂，如玻璃纤维等，它们对模具的损伤较大，选材时需要综合考虑。有强腐蚀性的塑料（如 PVC、POM、PBT 等）一般选 S136、2316、420 等钢材；弱腐蚀性的塑料（如 PC、PP、PMMA、PA 等）除选 S136、2316、420 外，还可选 SKD61、NAK80、PAK90、718H 等钢材。不同塑料选用的钢材参见表 12-3。

表 12-3　根据塑料特性选择模具钢材

塑料缩写名	模具要求			模具寿命	建议用材		应用硬度（HRC）	抛光性
	抗腐性	耐磨	抗拉力		AISI	YE 品牌		
ABS	无	低	高	长	P20	2311	48～50	A3
				短	P20＋Ni	2738	32～35	B2
PVC	高	低	低	长	420ESR	2316ESR	45～48	A3
				短	420ESR	2083ESR	30～34	A3
HIPS	无	低	中	长	P20＋Ni	2738	38～42	A3
				短	P20	2311	30～34	B2
GPPS	无	低	中	长	P20＋Ni	2738	37～40	A3
				短	P20	2311	30～34	B2
PP	无	低	高	长	P20＋Ni	2738	48～50	A3
				短	P20＋Ni	2738	30～35	B2
PC	无	中	高	长	420ESR	2083ESR	48～52	A2
				短	P20＋Ni	2738 氮化	650～720HV	A3
POM	高	中	高	长	420MESR	2316ESR	45～48	A3
				短	420MESR	2316ESR	30～35	B2
SAN	中	中	高	长	420ESR	2083ESR	48～52	A2
				短	420ESR	2083ESR	32～35	A3

续表

| 塑料缩写名 | 模具要求 | | | 模具寿命 | 建议用材 | | 应用硬度（HRC） | 抛光性 |
	抗腐性	耐磨	抗拉力		AISI	YE 品牌		
PMMA	中	中	高	长	420ESR	2083ESR	48～52	A2
				短	420ESR	2083ESR	32～35	A3
PA	中	中	高	长	420ESR	2316ESR	45～48	A3
				短	420ESR	2316ESR	30～34	B2

产品的外观要求对模具材料的选择也有很大的影响，透明件和表面要求镜面抛光，必须选用 S136、2316、718S、NAK80、PAK90、420 等钢材，透明度要求特别高的模具应首选 S136，其次是 420。

12.1.3　模具零件的作用与功能

不同的零件在模具中的作用不一样，选用的钢材也不尽相同。

① 定模镶件的材料要优于动模镶件的材料，硬度也要比动模镶件高 5 度左右。

② 型芯材料与镶件材料一样，型芯硬度应低于镶件硬度 4 度左右。

③ 定位销使用材料为 SKD61（52HRC）。

④ 侧向分型与抽芯机构部分钢材：

a. 侧向抽芯和内模镶件如果要相对滑动，一般情况下不能与内模镶件同料；若需与内模镶件同料，滑动表面必须氮化，而且硬度要不一样，宜低 2 度左右。

b. 滑块使用材料为 P20 或 718。

c. 压块使用材料为 S55C（需热处理至 40HRC）或 DF2 淬火至 52HRC。

d. 耐磨块使用材料为 DF2，淬火至 52HRC。

e. 斜导柱使用材料为 SKD61（52HRC）。

f. 楔紧块使用材料为 S55C。

g. 导向块使用材料为 DF2（油钢需热处理至 52HRC）。

⑤ 斜顶钢材。斜顶应采用自润滑材料，导热性能要好。斜顶与内模镶件镶件所用的钢材不可相同，避免摩擦发热而被烧坏。钢材的配合可参考表 12-4。

斜顶氮化前，斜顶与斜顶配合孔之间应留有适当的间隙，斜顶的钢材硬度及是否氮化可参照表 12-4。

表 12-4　斜顶钢材

内模镶件材料	斜顶材料
H-13 48～52HRC	S-7 54～56HRC 铍铜
S-7 54～56HRC	H-13 48～52HRC(需氮化) 铍铜
420SS 48～50HRC	H-13 48～52HRC(需气氮) 420SS 50～52HRC(需液氮) 440SS 56～58HRC(需液氮) 铍铜
P-20 35～38HRC	H-13 48～52HRC(需气氮) 铍铜

⑥ 其他零件各部分材料。

a. 标准浇口套部分材料按厂商标准。

b. 三板模浇口套部分材料使用 S55C 或 45 钢（需热处理至 40HRC）。

c. 拉杆、限位块、支撑柱、先复位机构等，使用材料为 S55C 或 45 钢。

d. 其他零件如无特殊要求，均使用材料 S55C 或 45 钢。

表 12-5 为模具常用钢材一览表，供模具设计时参考。

表 12-5　模具常用钢材一览表

材料牌号	出厂硬度	适用模具	适用塑料	热处理	备注
M238	30～34HRC	需抛光的定模、定模镶件	ABS、PS、PE、PP、PA	淬火至 54HRC	
718S	31～36HRC			火焰加硬至 52HRC	
M238H	33～41HRC	需抛光的定模、定模镶件	ABS、PS、PE、PP	预加硬不需淬火	不耐腐蚀
718H	35～41HRC				
M202	29～33HRC	（大模）定模、动模、镶件、滑块		淬火至 54HRC	
MUP	28～34HRC				
M310	退火≤20HRC	镜面模、定模、动模	PC、PVC、PMMA、POM、TPE、TPU	淬火至 57HRC	
S136	退火≤18HRC			淬火至 54HRC	
M300	31～35HRC			淬火至 48HRC	耐腐蚀、透明件
S136H	31～36HRC	镜面模、定模、动模		预加硬、不需淬火	
黄牌钢 S50C～S55C	170～220HB	（大模）动模、模板、动模镶件（含模镶件、型芯）	ABS、PS、PE、PP、PA		不耐腐蚀
2738H	32～38HRC	（小模）定模、镶件、滑块		预加硬、不需淬火	
2316VOD	35～39HRC	需抛光的定模、动模、镶件、滑块	PC、PVC、PMMA、POM、TPE、TPU	淬火至 48HRC	耐腐蚀
2316ESR	27～35HRC	需纹面的定模、动模、镶件、滑块			
2311	29～35HRC	（大模）定模、动模、镶件、滑块	ABS、PS、PE、PP	火焰加硬至 52HRC	
K460	退火≤20HRC			淬火至 64HRC	
NAK55	40～43HRC	动模、镶件、滑块		预加硬、不需淬火	不耐腐蚀
NAK80	40～43HRC	定模、动模、镶件、滑块	ABS、PS、PE、PP	预加硬、不需淬火	

材料牌号	出厂硬度	适用模具	适用塑料	热处理	备注
PAK90	32~36HRC	镜面模、定模、动模	PC、PVC、PMMA、POM、TPE、TPU	预加硬、不需淬火	耐腐蚀、透明件
8407	软性退火至185HB	动、定模内模镶件,侧抽芯及滑块,型芯侧抽芯及滑块镶件,浇口套,斜顶	PA、POM、PS、PE、EP	热处理48~52HRC	耐磨,不耐腐蚀
2083	软性退火至215~240HB	动、定模内模镶件,侧抽芯及滑块,型芯侧抽芯及滑块镶件,浇口套,斜顶	PA、POM、PS、PE、EP	淬火至48~52HRC	经淬火后适合酸性塑料及要求良好抛光的模具
P20HH	预加硬	动、定模内模镶件,型芯	PA、POM、PS、PE、PP、ABS	不需热处理	高硬度、高光洁度及耐磨性
638	270~300HB	动模内模镶件,型芯	ABS、PS、PE、PP、PA	不需热处理	加工性能良好,适合高要求大型模架及动模
DF2	软性退火至190HB	压条,耐磨板,大推圈齿条,滚轮等		热处理54~56HRC	微变形油钢,耐磨性好
Moldmax30	预硬26~32HRC	型芯,斜顶侧抽芯及滑块		不需热处理	适合需快速冷却的模芯及镶件
Moldmax40	预硬36~42HRC	型芯,斜顶侧抽芯及滑块		不需热处理	适合需快速冷却的模芯及镶件
C1100P		电蚀红铜,导电性能特佳		不需热处理	电极材料

注：1. 大模指模架（宽×高）大于 350mm×350mm。

2. 除不锈钢不宜氮化处理外（如 M310、S136、S136H、2316VOD、2316ESR、PAK90），其他钢料均可氮化处理，氮化后表面硬度可达 59HRC。

12.1.4　模具的成本

作为一个优秀的工程师，必须有经济头脑，熟悉各种模具钢材的价格，在满足需要的前提下，选用最便宜的钢材。市场上的钢材价格相差有时很大，比如同样具有防腐蚀功能，S136 比 PAK90 和 22136 的价钱要贵很多；同样可以镜面抛光，S136H 就比 NAK80 贵很多。另外，进口钢材比国产钢材又要贵很多。一副模具因材料不同，成本可能相差几千元甚至上万元，模具设计工程师绝不能忽视这一点。

12.2　常用塑料模具钢的钢号、特点与应用

表 12-6 为常用塑料模具钢的钢号、特点与应用。

表 12-6　常用塑料模具钢的钢号、特点与应用

序号	类别	钢号		特点与应用
		中国钢号	外国近似钢号	
1	碳素塑料模具钢	SM45（YB/T 094—1997）	S45C（日本 JIS）	SM45属优质碳素结构钢模具钢，与普通优质结构钢相比，其钢中的硫、磷含量低，钢材的纯净度好。由于该钢淬透性较差，制造小型塑料模具，一般用热轧、正火状态。模具的硬度低、耐磨性较差。制造小型塑料模具，用调质处理可获得较高的硬度和较好的强韧性。钢中碳含量较高，水淬容易出现裂纹，一般采用油淬。该钢优点是价格便宜，切削加工性能好，淬火后具有较高的硬度。调质处理后具有良好的强韧性和一定的耐磨性。被广泛用于制造中、小型的中、低档次的塑料模具
2		SM50（YB/T 094—1997）	S50C（日本 JIS）	SM50钢属碳素塑料模具钢，其化学成分与高强中碳优质结构钢——50钢相近，但钢的纯净度更高，碳含量的波动范围更窄，该钢经正火或调质处理后有一定的硬度、强度和耐磨性；且价格便宜，切削加工性能好，适宜制造形状简单的小型塑料模具或精密模具，冷变形性能差用寿命不需要很长的塑料模具等
3		SM55（YB/T 094—1997）	S55C（日本 JIS）	SM55钢属碳素塑料模具钢，其化学成分与高强中碳优质结构钢——55钢相近，但钢的纯净度更高，碳含量的波动范围更窄，该钢经热处理后具有高的表面硬度、强度、耐磨性，切削加工性能好。该钢价格便宜，切削性也低。适宜制造形状简单的塑料模具或模具型腔。当硬度为179~229HBS时，相对加工性为50%，但焊接性和冷变形性均差。使用寿命不需要很长的塑料模具或模具型腔等
4	预硬化型塑料模具钢	3Cr2Mo（GB/T 1299—2000）	35CrMo2（ISO），P20（美国 ASTM），T51620（美国 UNS），35CrMo4（德国 DIN），1.2330（德国 W-Nr），BP20（英国 BS），35CrMo8（法国 NF），2234（瑞典 S8）	3Cr2Mo是国际上较广泛应用的预硬型塑料模具用钢，其综合力学性能好，淬透性高，可以使较大截面的钢材获得较均匀的硬度，并具有较好的抛光性能。用该钢制造模具时，一般先进行调质处理，硬度为28~35HRC（即预硬化），再经冷加工制造成模具后，可直接使用。这样，既保证模具的使用性能，又避免热处理引起模具的变形。因此，该钢种宜于制造尺寸较大或形状复杂，对尺寸精度与表面粗糙度要求较高的塑料模具和低熔点合金，如锡、锌、铝合金）压铸模具等
5		3Cr2NiMo（3Cr2NiMnMo）（GB/T 1299—2000）		3Cr2NiMo（国内市场上也用3Cr2NiMnMo表示）简称P20+Ni，不是我国研制的钢号，而是国内市场流行的，国际上广泛应用的预硬型的塑料模具用钢。其综合力学性能好，并有很好的抛光性能和低的粗糙度。用该钢制造模具时，材在调质处理后具有较均匀的硬度分布、有很好的抛光性能和低的粗糙度，一般先进行调质处理。硬度为28~35HRC（即预硬化），之后加工成模具可直接使用。该钢适宜制造特大型、大型塑料模具。精密塑料模具，也可用于制造低熔点合金（如锡、锌、铝合金）压铸模等

续表

序号	类别	中国钢号	外国近似钢号	特点与应用
6	预硬化型塑料模具钢	5CrNiMnMoVSCa (JB/T 6057—1992)		5CrNiMnMoVSCa简称5Ni5Ca,是预硬化型易切削塑料模具钢,由华中科技大学等单位研制。该钢经调质处理后,硬度在35～45HRC范围内,具有良好的切削加工性能。因此,可用预硬化钢材直接加工成模具,既保证模具良好的使用性能,又避免模具由于最终热处理引起硬化变形。该钢淬透性高,强韧性好,镜面抛光性好,有良好的渗氮性能和渗硼性能。调质钢材经渗氮处理后基体硬度变化不大。该钢适宜制造中、大型塑性塑料注射模、胶木模和橡胶模等
7		40Cr (GB/T 3077—1999)	41Cr4(ISO)、SCr440(日本 JIS)、5140(美国 ASTM/AISI)、G51400(美国 UNS)、41Cr4(德国 DIN)、1.7035(德国 W-Nr)、530A40 或 530M30(英国 BS)、42C4(法国 NF)、40X(俄罗斯 ГОСТ)	40Cr是机械制造业使用最广泛的钢种之一。调质处理后具有良好的综合力学性能,良好的低温冲击韧度和低的缺口敏感性。钢的淬透性良好,水淬时可淬到φ28～60mm,油淬时可淬透约φ15～40mm。这种钢除调质处理外,还适于渗氮和高频淬火处理。切削性能较好,当174～229HBS时,相对切削加工性为60%。该钢适宜制作中型塑料模具
8		8CrMnWMoVS		8CrMnWMoVS简称8CrMn,是镜面塑料模具钢,为易切削预硬化钢。该钢热处理工艺简便,为易切削硬化钢,淬火时可空冷,调质硬度33～35HRC,抗拉强度可达3000MPa。用于大型塑料注射模,可以减小模具体积
9		42CrMo (GB/T 3077—1999)	42CrMo4(ISO)、SCM440(日本 JIS)、4140(美国 ASTM/AISI)、G41400(美国 UNS)、42CrMo4(德国 DIN)、1.7225(德国 W-Nr.)、708M40(英国 BS)、42CD4(法国 NF)	42CrMo钢属于超高强度钢,具有高强度和韧性,淬透性也较好。调质处理后有较高的疲劳极限和抗多次冲击能力,低温冲击韧性也良好。该钢种适宜制造要求一定强度和韧性的大、中型塑料模具
10	渗碳型塑料模具钢	30CrMnSiNi2A		30CrMnSiNi2A钢属超高强度钢,等温淬火可以以180～220℃和270～290℃两个温度范围进行。为了保证的强度高于1700MPa,为了保证该钢有较高的屈服强度,而且为了最大限度地提高钢的塑性和韧性,钢在等温淬火后应在高于残余奥氏体的分解温度而且尽可能接近回火脆性的温度回火,这样可以保证钢有较高的断裂韧性和低的疲劳裂纹扩展速率。该钢适用于制造要求强度高、韧性好的大、中型塑料模具
11		20Cr (GB/T 3077—1999)	20Cr4(ISO)、SCr420(日本 JIS)、5120(美国 ASTM/AISI)、G51200(美国 UNS)、20Cr4(德国 DIN)、1.7027(德国 W-Nr.)、527A20(英国 BS)、18C3(法国 NF)、20X(俄罗斯)	20Cr钢比相同碳含量的碳素钢的强度和淬透性都明显。这种钢淬火低温回火后有良好的综合力学性能,低温冲击韧性良好,油淬到半马氏体的淬透性为φ20～23mm。渗碳时钢的晶粒有长大倾向,所以淬火二次淬火以提高心部韧性。不宜降温淬火。当正火后硬度为170～217HBS时,相对切削加工性约为65%,焊接性中等,焊前应预热到100～150℃,冷变形时塑性中等。该钢适用于制造中、小型塑料模具。为了提高模具型腔的耐磨度,模具成型后需要进行渗碳处理,然后再进行淬火和低温回火,从而保证模具表面具有高硬度、高耐磨性而心部具有很好的韧性。对心部使用寿命要求不很高的模具,也可以直接进行调质处理

序号	类别	钢号		特点与应用
		中国钢号	外国近似钢号	
12	渗碳型塑料模具钢	12CrNi3A (GB/T 3077—1999)	15NiCr13(ISO)、SNC815(日本 JIS)、3310(美国 ASTM/AISI)、14NiCr14(德国 DIN)、1.5752(德国 W-Nr.)、665A12 或 665M13(英国 BS)、14NC12(法国 NF)、12ХН3А(俄罗斯 ГОСТ)	12CrNi3A 属于合金渗碳钢,比 12CrNi2A 钢有更高的淬透性,因此,可以用于制造截面有较大的零件。该钢淬火低温回火或高温回火后都有良好的综合力学性能,钢的低温韧性好,缺口敏感性小,切削加工性能良好。另外,钢退火后硬度低,塑性好,因此,可以采用切削加工方法制造模具,也可以采用冷挤压成型方法制造模具。为短高模具型腔的耐磨性,模具成型后需要进行渗碳处理,然后再进行淬火和低温回火,从而保证模具表面具有高硬度、高耐磨性而心部具有很好的韧性,适宜制造大、中型塑料模具。但该钢有回火温回火脆性倾向和形成白点的倾向
13	时效硬化型塑料模具钢	06Ni6CrMoVTiAl		06Ni6CrMoVTiAl 钢属低合金马氏体时效钢。该钢种的突出特点是固溶处理(即淬火)后变软,可进行冷加工、加工成型后再进行时效硬化处理,从而减少模具的热处理变形。该钢种的优点是热处理能好,热处理变形小,固溶硬度低,切削加工性能好、粗糙度低,时效为 43~48HRC,综合力学性能好,热处理工艺简单等。适宜制造高精密度非铁金属压铸模等
14		1Ni3Mn2CuAlMo		1Ni3Mn2CuAlMo 代号 FMS,由上海材料研究所研制。该钢热处理后具有良好的综合力学性能,淬透性高,热处理工艺简便,热处理变形小,镜面加工性能好,并有好的氮化性能,电加工性能、焊补性能和花纹图案刻蚀性能等。适于制造镜面和高外观质量的家用电器塑料模具和透明塑料模具,如光学系统各种镜片、电话机、收录机,洗衣机等仪表家电的塑料壳体模具
15	耐腐蚀型塑料模具钢	2Cr13 (GB/T 1220—2007)	4(ISO)、SUS420J1(日本 JIS)、420(美国 ASTM)、S42000(美国 UNS)、X20Cr13(德国 DIN)、1.4021(德国 W-Nr)、220C13(法国 NF)、420S37(英国 BS)、12X13(俄罗斯 ГОСТ)、2303(瑞典 SS)	2Cr13 属马氏体类型不锈钢,该钢机械加工性能较好,经热处理后具有优良的耐腐蚀性能、较好的强韧性,适宜制造承受变高负荷并在介质作用下的塑料模具和透明塑料制品模具等
16		4Cr13 (GB/T 1220—2007)	X38Cr13(德国 DIN)、Z40C14(法国 NF)、40X13(俄罗斯 ГОСТ)	4Cr13 代号 S-136,属马氏体类型不锈钢,该钢机械加工性能较好,经热处理(淬火及回火)后,具有优良的耐腐蚀性能、拋光性能、较高的强度和耐磨性,适宜制造承受高负荷、高耐磨及在腐蚀介质作用下的塑料模具、透明塑料制品模具等。但可焊性差,使用时必须注意
17		9Cr18 (GB/T 1220—2007)	SUS440C(日本 JIS)、440C(美国 SATM)、S44004(美国 UNS)、95X18(俄罗斯 ГОСТ)	9Cr18 钢属于高碳高铬马氏体不锈钢,淬火后具有高硬度、高耐磨、高负荷以及在腐蚀介质中作用下使用寿命长。该钢属于来氏体钢,容易形成不均匀的碳化物偏析而影响模具的性能,所以在热加工时必须严格控制热加工工艺

续表

序号	类别	中国钢号	外国近似钢号	特点与应用
18	耐腐蚀型塑料模具钢	9Cr18Mo (GB/T 1220—2007)	21(ISO)、SUS440C(日本 JIS)、440C(美国 ASTM)、X102CrMo17(德国 DIN)、1.3543(德国 W-Nr.)、Z100CD17(法国 NF)、SKF577-STORA577(瑞典 SKF)	9Cr18Mo 是一种高碳高铬马氏体不锈钢,它是在 9Cr18 钢的基础上加 Mo 而发展起来的,因此它具有更高的硬度、高耐磨性、抗回火稳定性,该钢还有较好的高温尺寸稳定性,适宜制造在腐蚀环境条件下又要求高负荷、高耐磨的塑料模具。该钢属于莱氏体钢,容易形成不均匀碳化物偏析而影响模具使用寿命。所以在热加工时必须严格控制热加工工艺
19		Cr14Mo4V		Cr14Mo4V 钢是一种高碳高铬马氏体不锈钢,经热处理(淬火及回火)后具有高硬度、高耐磨性和良好的耐腐蚀性能,高温硬度也较高。该钢适宜制造在腐蚀介质作用下又要求高负荷、高耐磨的塑料模具
20		1Cr17Ni2 (GB/T 1220—2007)	SUS431(日本 JIS)、431(美国 ASTM)、S43100(美国 UNS)、X20CrNi17-2(德国 DIN)、1.4057(德国 W-Nr.)、431S29(英国 BS)、Z15CN16.02(法国 NF)、14X17H2(俄罗斯 ГОСТ)、2321(瑞典 SS)	1Cr17Ni2 钢属于马氏体型不锈耐酸钢,具有较高的强度和硬度。此钢对氧化性的酸类(一定温度、浓度)如硝酸、大部分的有机酸),以及有机酸水溶液都具有良好的耐腐蚀性能,但该钢焊接性能差,易产生裂纹,易于制造模具腐蚀介质作用下的塑料制品模具等。透明塑料制品模具时,不宜进行焊接

12.3　国内市场销售的非国标塑料模具钢

表 12-7 为国内市场销售的非国标塑料模具钢。

表 12-7　国内市场销售的非国标塑料模具钢

序号	类别	代号或外国钢号	按 GB 表示的钢号	特点与应用
1	国产塑料模具钢	B25	—	预硬化型塑料模具钢,组织为光亮+铁素体,上海宝钢研制的专利产品。主要用于制造大型镜面塑料模具、精密橡胶模具等
2		B30	—	预硬化型塑料模具钢,组织为贝氏体,上海宝钢研制的专利产品。预硬化后硬度 28～35HRC。还可进行渗氮处理进一步强化,其性能优于同类型的瑞典 718 钢(ASSAB)。适于制作大型镜面塑料模具

续表

序号	类别	钢号 代号或外国钢号	钢号 按 GB 表示的钢号	特点与应用
3	国产塑料模具钢	LJ	一	超低碳型塑料模具钢，由华中理工大学等单位研制。该钢冷挤压成型后再经渗碳、淬火、回火，使模具表面获得高硬度和耐磨性，而心部强韧性好，型腔高精度、型腔复杂的塑料模具。与 LJ 钢同类型的钢如美国（AISI）P2，瑞典 8416 钢等
4		PCR	0Cr16Ni1Cu3Nb	耐腐蚀型塑料模具钢，由上海材料研究所等单位研制。该钢为时效硬化型不锈钢，适用于制作聚氯乙烯及混有阻燃剂的热塑性塑料注射模
5		SM1	Y55CrNiMnMoV	预硬化型易切削塑料模具钢，由上海钢铁研究所等单位研制。出厂硬度 38～42HRC。该钢具有低表面粗糙度、高淬透性，用于大型镜面塑料模及橡胶模等
6		SM2	20CrNi3AlMnMo	预硬化型易切削塑料模具钢，由上海钢铁研究所等单位研制。出厂硬度 38～42HRC。该钢相当于美国 P21 改进型，有一定的防腐蚀能力，用于镜面、精密塑料模
7	进口塑料模具钢	420SS	4Cr13	耐蚀塑料模具钢，美国 AISI 和 ASTM 标准钢号，属于马氏体型不锈钢，经热处理（淬火及回火）后，具有良好的耐腐蚀性能、抛光性能，较高的强度和耐磨性。适宜制造受高载荷，高耐磨荷及在腐蚀介质作用下的塑料模型不锈钢，透明塑料模具等
8		440C	11Cr17Mo	耐蚀塑料模具钢，美国 AISI 和 ASTM 标准钢号，属于马氏体型不锈钢，适宜制造腐蚀介质及在腐蚀介质作用下的塑料模型不锈钢制精品模具
9		618	3Cr2Mo	预硬化型塑料模具钢，瑞典 ASSAB 厂家钢号，在我国广泛应用。适宜制造大、中型的和精密的塑料模具，压铸模等
10		716	2Cr13Mo	耐蚀塑料模具钢，瑞典 ASSAB 厂家钢号，适宜制造承受高载荷并在质介质作用下的硬度。该钢综合性能好，淬透性高，适宜制造中、中型的塑料模具和低熔点合金压铸模等
11		718	3Cr2NiMnMo	预硬化型塑料模具钢，瑞典 ASSAB 厂家钢号，相当于市场上俗称的 P20+Ni，可处理后。镜面塑料件有高透交货；该钢具有高透性：良好的抛光性能，电火花加工性能、皮纹加工性能。适于制作大型镜面塑料模具、汽车配件模具、家用电器模具、电子音像产品模具
12		CLC2083	4Cr13	耐蚀镜面塑料模具钢，法国 USINOE 公司的钢号。该钢具有良好的耐腐蚀性能和力学强度。适用于塑料透明部件（加汽车灯具等）和光学产品高的淬透性、耐磨性，并有优良的镜面抛光性。模具，以及含 PVC 等腐蚀性塑料材料的加工模具
13		CLC2316H	4Cr16Mo	耐蚀镜面塑料模具钢，法国 USINOE 公司的钢号。该钢具有优良的耐腐蚀性能，高的力学强度和耐磨性、加工工艺性好，并有良好的镜面抛光性。适用于耐蚀性塑料模具、PVC 管件模具、型材挤压模，以及要求镜面的加工模具

续表

序号	类别	代号或外国钢号	按 GB 表示的钢号	特点与应用
14		CLC2738	3Cr2NiMnMo	预硬化镜面塑钢模具钢，法国 USINOR 公司的钢号。该钢近似瑞典 718 钢，淬透性高，硬度均匀，并有良好的抛光性、电火花加工性能和蚀花（皮纹）加工性能，适于渗氮处理。用于制作大、中型镜面塑料模具等
15		CLC2738HH	3Cr2NiMnMo	高级镜面塑料模具钢，法国 USINOR 公司的钢号。该钢和 CLC2738 的基本化学成分相同，但纯净度更高，硬度更均匀，因此性能更佳，模具寿命更长，适宜制造大、中型镜面塑料制品模具等
16		G-STAR	4Cr16Mo	耐蚀塑料模具钢，日本大同特殊钢（株）的钢号。该钢可预硬化，出厂硬度 33～37HRC，具有良好耐蚀性，切削加工性。可与 S-STAR 钢组合成耐蚀塑料模具
17		GSW-2083	4Cr13	耐蚀塑料模具钢，德国德威公司的钢号。该钢机械加工性能较好，热处理后，具有良好的耐蚀性能、抛光性能，较高的强度和耐磨性。用于制造透明 PVC 材料制作的模具等
18	进口塑料模具钢	GSW-2311	4CrMnMo	预硬化塑料模具钢，德国德威公司的钢号。出厂硬化硬度 31～34HRC。该钢为 P20 类型模具钢，可进行电火花加工，用于大、中型镜面塑料模具
19		GSW-2316	4Cr16Mo	耐蚀塑料模具钢，德国德威公司的钢号。该钢属马氏体型不锈钢。可预硬化，出厂硬度 31～34HRC，该钢具有优良的耐蚀性能和镜面抛光性能，用于镜面塑料模具
20		GSW-2738	3Cr2NiMnMo	镜面塑料模具钢，德国德威公司的钢号。该钢为 P20＋Ni 类型模具钢。可预硬化，出厂硬度 31～34HRC，硬度均匀。该钢具有高淬透性，良好的抛光性能、电火花加工性能。适于制作大型镜面塑料模具
21		HAM-10	—	镜面塑料模具钢，韩国重工业（株）的钢号，可预硬化，出厂硬度 37～42HRC。有优良的镜面抛光性能，适宜制作塑料透明部件（如汽车灯具、冰箱蔬菜盒等）模具
22		HEMS-1A	3Cr13	耐蚀塑料模具钢，韩国重工业（株）的钢号。可预硬化，出厂硬度 23～33HRC。具有高级镜面抛光性能，用于彩色显像管玻壳模具、生产 PVC 材料底盘等
23		HP-1A	50Mn	普通塑料模具钢，韩国重工业（株）的钢号。该钢具有良好的加工性能，加工变形小。用于玩具模具等
24		HP-4A	4CrMnMo	预硬化塑料模具钢，韩国重工业（株）的钢号。该钢预硬化硬度 25～32HRC，硬度均匀，加工性能良好。用于汽车保险杠、电视机后盖等模具
25		HP-4MA	3Cr2Mo	预硬化塑料模具钢，韩国重工业（株）的钢号。该钢属 P20 改良型，预硬化硬度 27～34HRC，硬度均匀、耐磨性好。用于电视机前壳、电话机、吸尘器壳体、饮水机等塑料成型模具

续表

序号	类别	代号或外国钢号	按GB表示的钢号	特点与应用
26	进口塑料模具钢	M202	4Cr2Mo	预硬化塑料模具钢，奥地利Böhler（百禄）公司的钢号。该钢属P20类型，但硫、锰含量偏高，预硬化硬度30～34HRC。可进行电火花加工。适宜制作大、中型塑料模具和低熔点合金压铸模等
27		M238	4CrNi2Mo	镜面塑料模具钢，奥地利Böhler公司的钢号。该钢属P20+Ni类型，但硫、锰含量偏高。可预硬化，出厂硬度30～34HRC。镜面抛光性好，可进行电火花加工。M238H（Hi-Hard）为高级镜面塑料模具钢，其镜面抛光性和皮纹加工性更好。适宜制作大型镜面塑料模具
28		M300	4Cr15Mo	耐蚀镜面塑料模具钢，奥地利Böhler公司的钢号。该钢属马氏体型不锈钢，具有优良的耐腐蚀性、高的力学强度，并有优良的镜面抛光性。适宜制作在介质作用下的耐腐蚀塑料模具
29		M310	4Cr13	耐蚀镜面塑料模具钢，奥地利Böhler公司的钢号。该钢具有优良的耐腐蚀性、耐磨性和镜面抛光性。适宜制作镜面和透明部件及光学产品模具
30		NAK55	—	镜面塑料模具钢，日本大同特殊钢（株）的钢号。NAK55的切削加工性好，NAK80具有优良的镜面抛光性。这两种钢均可预硬化至硬度37～45HRC。适宜制作高精度镜面模具
31		NAK80	—	
32		P20	3Cr2Mo	预硬化塑料模具钢，美国AISI和ASTM标准钢号。该钢在我国广泛应用。预硬化硬度一般在30～42HRC。适宜制作形状复杂的大、中型精密塑料模具
33		PX2	—	预硬化塑料模具钢，日本大同特殊钢（株）的钢号。该钢具有良好的切削性和焊补性，用于大型塑料模具、及表面饰板、家电外壳等模具
34		PX4		镜面塑料模具钢，日本大同特殊钢（株）的钢号。可预硬化至硬度30～33HRC。这两种钢均为摄像机、家用电器壳体模具
35		PX5		美国P20改良型，用于大型镜面塑料模具，及汽车尾灯、前挡板模具等
36		S45C	SM45	普通碳素塑料模具钢，日本JIS标准钢号。由于模具用钢的特殊要求，对这类钢生产工艺要求精料、精炼和真空除气，钢的碳含量范围缩小，控制较低的硫、磷含量。该钢切削加工性能好、淬火后具有较高的硬度，调质处理具有良好的强韧性和一定的耐磨性，被广泛用于制作中、小型的中、低档次的塑料模具，也常用于模具的非常重要的结构部件，如模架等
37		S50C	SM50	
38		S55C	SM55	
39		S-136	4Cr13	耐蚀塑料模具钢，瑞典ASSAB的钢号，属中碳高铬型不锈钢，耐磨性好、耐蚀性好、淬回火后有较高的硬度、抛光性好。用于制造耐腐蚀性和耐磨性要求较高的塑料模具，如PVC模具、透明塑料模具等
40		S-STAR	3Cr13	耐蚀镜面塑料模具钢，日本大同特殊钢（株）的钢号。该钢属马氏体型不锈钢，具有高耐蚀性，高镜面抛光性。热处理变形小，适于制作耐蚀高镜面精密塑料模具
41		SP300	—	预硬化塑料模具钢，法国CL1公司的钢号。该钢出厂硬度290～320HBS，具有良好的加工工艺性，抛光性和皮纹加工性。适宜制作家电和汽车用塑料模具等

12.4　国产塑料模具钢的成分及性能

表 12-8 为国产塑料模具钢的化学成分。

表 12-8　国产塑料模具钢的化学成分　　　　　　　　　　　　　　　　　　　%

序号	钢号	C	Si	Mn	Cr	Mo	W	V	S	P	其他
	碳素塑料模具钢（GB/T 094—1997）										
1	SM45	0.42~0.48	0.17~0.37	0.50~0.80	—	—	—	—	≤0.030	≤0.030	—
2	SM50	0.47~0.53	0.17~0.37	0.50~0.80	—	—	—	—	≤0.030	≤0.030	—
3	SM55	0.52~0.58	0.17~0.37	0.50~0.80	—	—	—	—	≤0.030	≤0.030	—
	预硬化型塑料模具钢（GB/T 1299—2000）										
4	3Cr2Mo	0.28~0.40	0.20~0.80	0.60~1.00	1.40~2.00	0.36~0.55	—	—	≤0.030	≤0.030	—
5	3Cr2NiMo	0.32~0.40	0.30~0.40	0.60~0.80	1.70~2.00	0.25~0.40	—	—	≤0.030	≤0.30	Ni0.85~1.15
	（3Cr2NiMnMo）	0.32~0.40	0.20~0.80	1.00~1.50	1.50~2.00	0.25~0.40	—	—	≤0.030	≤0.030	Ni0.85~1.15
6	5CrNiMnMoVSCa①	0.50~0.60	—	0.80~1.20	0.80~1.20	0.30~0.60	—	0.15~0.30	0.06~0.15	—	Ni0.80~1.20,Ca0.002~0.008
7	40Cr②	0.37~0.45	0.17~0.37	0.50~0.80	0.80~1.10	—	—	—	≤0.030	≤0.030	Cu≤0.30,Ni≤0.25
8	8CrMnWMoVS③	④	④	④	④	④	④	④	④	④	④
9	42CrMo②	0.38~0.45	0.17~0.37	0.50~0.80	0.90~1.20	0.15~0.25	—	—	≤0.030	≤0.030	Ni≤0.30
10	30CrMnSiNi2A①	0.26~0.33	0.90~1.20	1.00~1.20	0.90~1.20	—	—	—	≤0.030	≤0.035	Ni1.40~1.80,Cu≤0.20
	渗碳型塑料模具钢（GB/T 3077—1999）										
11	20Cr	0.18~0.24	0.17~0.37	0.50~0.80	0.70~1.00	—	—	—	≤0.030	≤0.030	—
12	12CrNi3A	0.10~0.17	0.17~0.37	0.30~0.60	0.60~0.90	—	—	—	≤0.030	≤0.030	Ni2.75~3.25
	时效硬化型塑料模具钢										
13	06Ni6CrMoVTiAl	≤0.06	≤0.50	≤0.50	1.30~1.60	0.90~1.20	—	0.08~0.16	≤0.030	≤0.030	Ni5.50~6.50,Ti0.90~1.30,Al0.50~0.90
14	1Ni3Mn2CaAlMo	0.06~0.20	≤0.35	1.40~1.70	—	0.20~0.50	—	—	≤0.030	≤0.030	Ni2.80~3.10,Cu0.80~1.20,Al0.70~1.05
	耐腐蚀型塑料模具钢（GB/T 1220—1992）										
15	2Cr13	0.16~0.25	≤1.00	≤1.00	12.0~14.0	—	—	—	≤0.030	≤0.035	—
16	4Cr13	0.36~0.45	≤0.60	≤0.80	12.0~14.0	—	—	—	≤0.030	≤0.035	—
17	9Cr18	0.90~1.00	≤0.80	≤0.80	17.0~19.0	—	—	—	≤0.030	≤0.035	—
18	9Cr18Mo	0.95~1.10	≤0.80	≤0.80	16.0~18.0	0.40~0.70	—	—	≤0.030	≤0.035	—
19	Cr14Mo4V②	1.00~1.15	≤0.60	≤0.60	13.4~15.0	3.75~4.25	—	0.10~0.20	≤0.030	≤0.030	—
20	1Cr17Ni2	0.11~0.17	≤0.80	≤0.80	16.0~18.0	—	—	—	≤0.030	≤0.035	Ni1.50~2.50

① 摘自 JB/T 6057—1992。
② 摘自 GB/T 3077—1999。
③ 非标准模具钢。
④ 化学成分不详。

表12-9为国内市场销售的非国标塑料模具钢的化学成分。

表12-9　国内市场销售的非国标塑料模具钢的化学成分（质量分数） %

序号	类别	代号或外国钢号	按GB表示的钢号	C	Si	Mn	Cr	Mo	W	V	S	P	其他
1	国产塑料模具钢	B25	—	≤0.40	≤0.50	≤2.00	—	—	—	—	—	—	—
2		B30	—	≤0.30	≤0.50	≤2.00	≤0.80	≤0.50	—	—	—	—	Ni 0.50
3		LJ	—	≤0.08	≤0.20	≤0.30	3.50	0.40	—	0.12	—	—	—
4		PCR	0Cr16Ni4Co3Nb	⊖	⊖	⊖	—	—	⊖	—	⊖	⊖	—
5		SM1	Y55CrNiMnMoV	0.55	—	1.00	1.00	0.40	—	0.20	0.12	—	Ni1.30
6		SM2	20CrNi3AlMnMo	0.20	—	1.00	1.00	0.40	—	—	—	—	Ni3.30；Al1.30
7	进口塑料模具钢	420SS	4Cr13	0.30~0.40	≤1.00	≤1.25	12.0~14.0	—	—	—	≤0.06	—	Sn≥0.15
8		440C	11Cr17Mo	0.95~1.20	≤1.00	≤1.00	16.0~18.0	≤0.75	—	≤0.20	—	—	—
9		618	3Cr2Mo	0.32~0.38	0.20~0.40	0.60~1.40	1.60~2.00	0.40~0.60	—	0.02~0.04	—	—	Ni0.40~0.50
10		716	2Cr13Mo	0.17~0.22	≤1.00	≤1.00	12.0~14.0	0.90~1.30	—	—	—	—	Ni≤1.00
11		718	3Cr2NiMnMo	0.32~0.40	0.20~0.80	1.00~1.50	1.70~2.00	0.25~0.40	—	—	—	—	Ni0.85~1.15
12		CLC2083	4Cr13	0.40	0.40	0.30	13.0	—	—	—	—	—	—
13		CLC2316H	4Cr16Mo	0.40	0.35	0.90	16.0	1.03	—	—	—	—	—
14		CLC2738	3Cr2NiMnMo	0.37	0.30	1.50	2.00	0.20	—	—	—	—	Ni1.00
15		CLC2738HH	3Cr2NiMnMo	0.37	0.30	1.50	2.00	0.20	—	—	—	—	Ni1.00
16		G-STAR	4Cr16Mo	0.35	—	—	16.0	1.00	—	—	—	—	—
17		GSW-2083	4Cr13	0.38~0.45	≤1.00	≤1.00	12.5~13.5	0.15~0.25	—	—	—	—	—
18		GSW-2311	4CrMnMo	0.35~0.45	0.20~0.40	1.30~1.60	1.80~2.10	0.15~0.25	—	—	—	—	—
19		GSW-2316	4Cr16Mo	0.33~0.43	≤1.00	≤1.00	15.0~17.0	1.00~1.30	—	—	—	—	Ni≤1.00
20		GSW-2738	3Cr2NiMnMo	0.35~0.45	0.20~0.40	1.30~1.60	1.80~2.10	0.15~0.25	—	—	—	—	Ni0.90~1.20
21		HAM-10	—	0.05~0.25	0.10~0.70	1.00~2.00	—	0.20~9.5	—	—	—	—	Ni2.00~4.00
22		HEMS-1A	3Cr13	0.20~0.40	0.30~0.50	0.70~1.00	12.0~14.0	—	—	—	—	—	—
23		HP-1A	50Mn	0.50~0.55	0.20~0.35	0.75~0.90	—	—	—	—	—	—	Ni≤0.15

续表

序号	类别	钢号 代号或外国钢号	钢号 按 GB 表示的钢号	C	Si	Mn	Cr	Mo	W	V	S	P	其他
24		HP-4A	4CrMnMo	0.38~0.44	0.20~0.40	0.50~1.10	0.90~1.10	0.20~0.30	—	0.02~0.04	—	—	Ni≤0.15
25		HP-4MA	3Cr2Mo	0.32~0.38	0.20~0.40	0.60~1.40	1.60~2.00	0.40~0.60	—	0.02~0.04	—	—	Ni0.40~0.50
26		M202	4Cr2Mo	0.35~0.45	0.20~0.40	1.30~1.60	1.80~2.10	0.15~0.25	—	—	—	—	—
27		M238	4CrNi2Mo	0.35~0.45	0.20~0.40	1.30~1.60	1.80~2.10	0.15~0.25	—	—	—	—	Ni0.90~1.20
28		M300	4Cr16Mo	0.33~0.43	≤1.00	≤1.00	15.0~17.0	1.00~1.30	—	—	—	—	Ni≤1.00
29		M310	4Cr13	0.38~0.45	≤1.00	≤1.00	12.5~13.5	—	—	—	—	—	—
30		NAK55	—	0.15	0.30	1.50	0.30	0.30	—	—	0.10	—	Ni0.3;Al1.0;Cu1.0
31		NAK80	—	0.15	0.30	1.50	0.30	0.30	—	—	—	—	Ni0.3;Al1.0;Cu1.0
32		P20	3Cr2Mo	0.28~0.40	0.20~0.80	0.60~1.00	1.40~2.00	0.30~0.55	—	—	—	—	—
33	进口塑料模具钢	PXZ	—	②	②	②	②	②	②	②	②	②	②
34		PX4	—	②	②	②	②	②	②	②	②	②	②
35		PX5	—	②	②	②	②	②	②	②	②	②	②
36		S45C	SM45	0.42~0.48	0.17~0.37	0.50~0.80	—	—	—	—	—	—	—
37		S50C	SM150	0.47~0.53	0.17~0.37	0.50~0.80	—	—	—	—	—	—	—
38		S55C	SM55	0.52~0.58	0.17~0.37	0.50~0.80	—	—	—	—	—	—	—
39		S-136	4Cr13	0.26~0.42	0.30	≤2.00	13.0	—	—	—	—	—	—
40		S-STAR	3Cr13	0.38	0.90	—	13.5	0.10	—	0.30	—	—	—
41		SP300	—	②	②	②	②	②	②	②	②	②	②

① 化学成分不详。
② 专利产品，未公布化学成分。

表 12-10 为常用塑料模具钢的物理性能。

表 12-10　常用塑料模具钢的物理性能

序号	钢号	物理性能								

1　SM45

临界温度				比热容				
临界点	A_{c1}	A_{c3}	A_{r1}	A_{r3}	温度/℃	100	200	400	600
温度/℃	724	780	682	751	$c/[\text{J}/(\text{kg}\cdot\text{K})]$	468.2	480.7	522.5	572.7

线胀系数									
温度/℃	20～100	20～200	20～300	20～400	20～500	20～600	20～700	20～800	20～900	20～1000
$\alpha/10^{-6}\text{K}^{-1}$	11.59	12.32	13.09	13.71	14.18	14.67	15.08	12.50	13.56	14.40

热导率											
温度/℃	100	200	300	400	500	600	700	800	900	1000	1100	1200
$\lambda/[\text{W}/(\text{m}\cdot\text{K})]$	48.1	46.4	43.8	41.4	38.1	35.1	31.8	25.9	25.9	26.7	28.0	29.7

弹性模量						密度
温度/℃	20	100	200	300	400	450	$\rho/(\text{g/cm}^3)$
E/MPa	204000	205000	197000	194000	175000	161000	7.81

2　SM50

临界温度				线胀系数					密度
临界点	A_{c1}	A_{c3}	A_{r1}	A_{r3}	温度/℃	20～100	20～200	20～300	20～500	$\rho/(\text{g/cm}^3)$
温度/℃	725	760	690	720	$\alpha/10^{-6}\text{K}^{-1}$	10.98	11.85	12.65	14.02	7.81

比热容									
温度/℃	100	400	500	600	625	640	650	700	800	900
$c/[\text{J}/(\text{kg}\cdot\text{K})]$	560.1	639.5	785.8	1120	1692	3435	7942	668.8	639.5	627

热导率					弹性模量			
温度/℃	100	200	300	500	温度/℃	20	100	300	500
$\lambda/[\text{W}/(\text{m}\cdot\text{K})]$	67.8	55.2	45.6	31.4	E/MPa	220000	215000	200000	180000

3　SM55

临界温度				热导率					密度
临界点	A_{c1}	A_{c3}	A_{r1}	A_{r3}	温度/℃	100	200	400	500	$\rho/(\text{g/cm}^3)$
温度/℃	727	774	690	755	$\lambda/[\text{W}/(\text{m}\cdot\text{K})]$	67.8	55.2	35.5	31.4	7.82

线胀系数									
温度/℃	20～100	20～200	20～300	20～400	20～500	20～600	20～700	20～800	20～900	20～1000
$\alpha/10^{-6}\text{K}^{-1}$	10.98	11.85	12.65	13.40	14.02	14.50	14.81	12.46	13.54	14.38

比热容									
温度/℃	100	200	300	400	625	650	700	725	750	800	900
$c/[\text{J}/(\text{kg}\cdot\text{K})]$	518.3	547.5	618.6	798.3	836.0	1045	1492	1705	1254	760.7	752.4

4　3Cr2Mo

临界温度						密度	泊松比
临界点	A_{c1}	A_{c3}	A_{r1}	A_{r3}	Ms	Mf	$\rho/(\text{g/cm}^3)$	μ
温度/℃	770	825	640	755	335	180	7.81	0.288

线胀系数						
温度/℃	18～100	18～200	18～300	18～400	18～500	18～600	18～700
$\alpha/10^{-6}\text{K}^{-1}$	11.9	12.20	12.50	12.81	13.11	13.41	13.71

热导率					弹性模量(室温)	切变模量(室温)
温度/℃	20	100	200	300	400	E/MPa	G/MPa
$\lambda/[\text{W}/(\text{m}\cdot\text{K})]$	36.0	33.4	31.4	30.1	29.3	212000	825000

5　3Cr2NiMnMo

临界温度		密度	比热容(20℃)	线胀系数(20～200℃)
临界点	A_{c1}	A_{c3}	$\rho/(\text{g/cm}^3)$	$c/[\text{J}/(\text{kg}\cdot\text{K})]$	$\alpha/10^{-6}\text{K}^{-1}$
温度/℃	715	770	7.81	460	12.7

弹性模量		热导率	
温度/℃	20	200	温度/℃	20	200
E/MPa	205000	200000	$\lambda/[\text{W}/(\text{m}\cdot\text{K})]$	29.0	29.5

6　5CrNiMnMo-VSCa

临界温度			线胀系数		
临界点	A_{c1}	A_{c3}	M_s	温度/℃	0～100	100～200	20～300
温度/℃	695	735	220	$\alpha/10^{-6}\text{K}^{-1}$	12.9	13.1	14.7

续表

序号	钢号	物理性能										

7　40Cr

临界温度				热导率						
临界点	A_{c1}	A_{c3}	M_s	温度/℃	100	200	300	400	500	600
温度/℃ 方案Ⅰ①	780	840	350	热导率 λ /[W/(m·K)]	32.6	30.9	29.3	28.0	26.7	25.5
方案Ⅱ②	770	805	328							

线胀系数							弹性模量 E/MPa	切变模量 G/MPa	密度 ρ/(g/cm³)
温度/℃	20~200	20~300	20~400	20~500	20~600	20~700			
α/10⁻⁶ K⁻¹ 方案Ⅰ①	11.9	13.3	14.3	15.0	15.3	15.4	200000~211700 (20℃)	808000 (20℃)	7.82
方案Ⅱ②	12.0	13.4	14.4	15.1	15.4	15.5			

①试验用钢成分(质量分数,%):C0.38,Si0.30,Mn0.66,Cr0.95,Ni0.18,P0.016,S0.028
②试验用钢成分(质量分数,%):C0.42,Si0.29,Mn0.69,Cr0.87,Ni0.14,P0.010,S0.013

8　8CrMn-WMoVS　—

9　42CrMo

临界温度①					弹性模量				
临界点	A_{c1}	A_{c3}	M_s	奥氏体化	温度/℃	20	300	400	500	600
温度/℃	730	800	310	860	E/MPa	210000	185000	175000	165000	155000

线胀系数						
温度/℃	20~100	20~200	20~300	20~400	20~500	20~600
α/10⁻⁶K⁻¹	11.1	12.1	12.9	13.5	13.9	14.1

①实验用钢成分(质量分数,%):C0.41,Si0.23,Mn0.67,Cr1.01,Mo0.23

10　30CrMn-SiNi2A

临界温度				弹性模量③				
临界点	A_{c1}	A_{c3}	M_s	温度/℃	20	100	200	250
温度/℃ 方案Ⅰ①	705	800	321	E/MPa	211000	208000	204000	202000
方案Ⅱ②	705	815	314					

①试验用钢成分(质量分数,%):C0.27,Si1.05,Mn1.06,Cr1.05,Ni1.66,P0.013,S0.005
②试验用钢成分(质量分数,%):C0.30,Si1.10,Mn1.07,Cr1.06,Ni1.50,P0.014,S0.005
③试验用钢成分(质量分数,%):C0.31,Si1.08,Mn1.16,Cr1.07,Ni1.67,Cu0.10,P0.011,S0.005
热处理:890℃×50min,油淬;250℃×3h,回火空冷

线胀系数										
温度/℃	20	17~100	17~200	17~300	17~400	17~500	17~600	17~700	17~800	17~900
α/10⁻⁶ K⁻¹	10.55	11.37	11.67	12.68	12.9	13.55	13.8	13.9	11.15	12.1

热导率										
温度/℃	20	100	200	300	400	500	600	700	800	900
λ/[W/(m·K)]	25.7	28.0	29.3	29.9	29.3	28.2	27.0	25.7	24.0	22.3

比热容							
温度/℃	20	100	200	300	400	500	600
c/[J/(kg·K)]	472.3	526.6	581.0	639.5	698.0	752.4	831.8

11　20Cr

临界点					密度
临界点	A_{c1}	A_{c3}	A_{r3}	A_{r1}	ρ/(g/cm³)
温度/℃	765	836	799	702	7.83

线胀系数						
温度/℃	20~100	20~200	20~300	20~400	20~500	20~600
α/10⁻⁶K⁻¹	11.3	11.6	12.5	13.2	13.7	14.2

12　12CrNi3A

临界温度①						比热容		
临界点	A_{c1}	A_{c3}	A_{r1}	A_{r3}	M_s	温度/℃	380	425
温度/℃	720	810	600	715	409	c/[J/(kg·K)]	656.2	643.7

序号	钢号	物 理 性 能								

序号 12 钢号 12CrNi3A

线胀系数					热导率				
温度/℃	20~100	20~200	20~300	20~500	温度/℃	60	500	750	910
$\alpha/10^{-6}K^{-1}$	11.8	13.0	14.0	15.3	$\lambda/[W/(m \cdot K)]$	30.9	25.5	21.3	18.8

①试验用钢成分（质量分数，%）：C0.13，Si0.34，Mn0.50，Cr0.76，Ni2.92，P0.013，S0.004

序号 13 钢号 06Ni6CrMoVTiAl

临界温度					线胀系数				
临界点	A_{c1}	A_{c3}	M_s	M_f	温度/℃	28~100	28~200	28~300	28~400	28~500
温度/℃	705	836	512	395	$\alpha/10^{-6}K^{-1}$	10.8	11.2	11.4	11.6	11.8

序号 14 钢号 1Ni3Mn2CuAlMo

临界温度					比热容			密度
临界点	A_{c1}	A_{c3}	A_{r1}	A_{r3}	M_s	温度/℃	24	150	300	$\rho/(g/cm^3)$
温度/℃	675	821	382	517	270	$c/[J/(kg \cdot K)]$	460.5	669.9	711.8	7.74

线胀系数						热导率			
温度/℃	14~100	14~200	14~300	14~400	14~500	14~600	温度/℃	24	150	300
$\alpha/10^{-6}K^{-1}$	10.0	11.9	12.6	13.7	13.9	14.3	$\lambda/[W/(m \cdot K)]$	22.19	35.59	36.43

序号 15 钢号 2Cr13

临界温度				弹性模量			
临界点	A_{c1}	A_{c3}	A_{r1}	温度/℃	20	400	500	600
温度/℃	820	950	780	E/MPa	210000~223000	193000	184000	172000

线胀系数					电阻率		
温度/℃	20~100	20~200	20~300	20~400	20~500	温度/℃	20	100
$\alpha/10^{-6}K^{-1}$	10.5	11.0	11.5	12.0	12.0	$\rho'/10^{-6}\Omega \cdot m$	0.55	0.65

热导率					熔点	密度	比热容
温度/℃	20~100	20~200	20~300	20~400	20~500	$t/℃$	$\rho/(g/cm^3)$	$c/[J/(kg \cdot K)]$
$\lambda/[W/(m \cdot K)]$	23.0	23.4	24.7	25.5	26.3	1450~1510	7.75	459.8

序号 16 钢号 4Cr13

临界温度			热导率			
临界点	A_{c1}	A_{c3}	温度/℃	20	200	400	600
温度/℃	820	1100	$\lambda/[W/(m \cdot K)]$	27.6	28.8	28.8	28.4

线胀系数					密度	比热容(20℃)
温度/℃	20~100	20~200	20~300	20~400	20~500	$\rho/(g/cm^3)$	$c/[J/(kg \cdot K)]$
$\alpha/10^{-6}K^{-1}$	10.5	11.0	11.0	11.5	12.0	7.75	459.8

电阻率			弹性模量			
温度/℃	20	100	温度/℃	20	400	500	600
$\rho'/10^{-6}\Omega \cdot m$	0.55	0.65	E/MPa	210000~223500	197000	185000	174000

序号 17 钢号 9Cr18

临界温度			密度	弹性模量(20℃)	比热容(20℃)	热导率(20℃)
临界点	A_{c1}	A_{r1}	$\rho/(g/cm^3)$	E/MPa	$c/[J/(kg \cdot K)]$	$\lambda/[W/(m \cdot K)]$
温度/℃	830	810	7.7	203890	459.8	29.3

线胀系数					电阻率(20℃)
温度/℃	20~100	20~200	20~300	20~400	20~500	$\rho'/10^{-6}\Omega \cdot m$
$\alpha/10^{-6}K^{-1}$	10.5	11.0	11.0	11.5	12.0	0.60

序号 18 钢号 9Cr18Mo

临界温度				线胀系数					热导率(20℃)
临界点	A_{c1}	A_{r1}	M_s	温度/℃	20~100	20~200	20~300	20~500	$\lambda/[W/(m \cdot K)]$
温度/℃	815~865	765~665	145	$\alpha/10^{-6}K^{-1}$	10.5	11.0	11.0	12.0	29.3

序号 19 钢号 Cr14Mo4V

临界温度					线胀系数			
临界点	A_{c1}	A_{cm}	A_{r1}	A_{r3}	温度/℃	20~200	20~250	20~300
温度/℃	856	915	722	777	$\alpha/10^{-6}K^{-1}$	10.90	11.10	11.30

线胀系数							
温度/℃	20~350	20~400	20~450	20~500	20~550	20~600	20~650	20~700
$\alpha/10^{-6}K^{-1}$	11.60	11.65	11.80	11.95	12.05	12.10	12.20	12.30

序号	钢号	物理性能									
		临界温度				密度		比热容(20℃)		弹性模量(20℃)	
		临界点	A_{c1}	A_{r1}	M_s	$\rho/(g/cm^3)$		$c/[J/(kg \cdot K)]$		E/MPa	
20	1Cr17Ni2	温度/℃	810	780	357	7.75		459.8		210000	
		线胀系数							电阻率(20℃)		
		温度/℃	20~100	20~200	20~300	20~400	20~500		$\rho'/10^{-6}\Omega \cdot m$		
		$\alpha/10^{-6}K^{-1}$	10.0	10.0	11.0	11.0	-11.0		0.70		
		热导率									
		温度/℃	20	100	200	300	400	500	600	700	800	900
		$\lambda/[W/(m \cdot K)]$	20.9	21.7	22.6	23.4	24.2	25.1	25.9	26.7	28.0	29.7

12.5 常用塑料模具钢热加工与热处理规范

表 12-11 为常用塑料模具钢热加工与热处理规范。

表 12-11 常用塑料模具钢热加工与热处理规范 ℃

序号	钢号	热加工与热处理规范				
		热加工				
		项目	入炉温度	加热温度	始锻温度	终锻温度	冷却方式
1	SM45	钢锭 钢坯	≤850 —	1150~1220 1130~1200	1100~1160 1070~1150	≥850 ≥850	坑冷或堆冷 坑冷或堆冷
		热处理规范				
		项目	普通退火	正火	高温回火	淬火	回火
		加热温度 冷却方式	820~840 炉冷	830~880 空冷	680~720 空冷	820~860 油或水冷	500~560 空冷
2	SM50	热加工				
		始锻温度		终锻温度		冷却方式	
		1180~1200		>800		空冷,ϕ300mm 以上应缓冷	
		热处理规范				
		项目	普通退火	正火	淬火	回火
		加热温度 冷却方式	810~830 炉冷	820~870 空冷	820~850 油或水冷	随需要而定 空冷
3	SM55	热加工				
		始锻温度		终锻温度		冷却方式	
		1180~1200		>800		空冷,尺寸 >200mm 缓冷	
		热处理规范				
		项目	普通退火	正火	高温回火	淬火		回火
		加热温度 冷却方式	770~810 炉冷	810~860 空冷	680~720 空冷	790~830 水冷	820~850 油冷	400~650 空冷
4	3Cr2Mo	热加工				
		项目	加热温度	始锻温度	终锻温度	冷却方式
		钢锭 钢坯	1180~1200 1120~1160	1130~1150 1070~1110	≥850 ≥850	坑冷 砂冷或缓冷

序号	钢号	热加工与热处理规范			

4 3Cr2Mo

热处理规范

等温退火	高温回火	淬火	回火
随炉升温至 850±10,保温 2h,炉冷至 720±10,等温保温 4h,随炉冷却	加热至 720～740,保温 2～4h,炉冷至 500 以下出炉空冷	加热温度:850～880 冷却方式:油冷	回火温度:580～640 冷却方式:空冷

5 3Cr2Ni-MnMo

热加工

加热温度	始锻温度	终锻温度	冷却方式
1140～1180	1050～1140	≥850	坑冷

热处理规范

等温退火	高温回火	淬火	回火
随炉升温至 850±10,保温 2h,炉冷至 700±10,等温保温 4h,炉冷到 500 以下出炉	加热至 700±10,保温 2～3h,炉冷至 500 出炉	淬火温度:850±20 冷却方式:油冷或空冷	回火温度:550～650 冷却方式:空冷

6 5CrNiMnMo-VSCa

热加工

项目	加热温度	始锻温度	终锻温度	冷却方式
钢锭	1140～1180	1080	900	炉冷
钢坯	1100～1150	1040	850	炉冷(＞φ60mm)或空冷(＜φ60mm)

热处理规范

普通退火	高温退火	淬火	回火
随炉升温至 760±10,保温 2h,≤30℃/h 炉冷到 600,后出炉空冷 硬度:217～255HBS	随炉升温至 760±10,保温 2h,炉冷至 680±10,等温保温 4h,炉冷到 550 以下出炉空冷 硬度:217～2260HBS	淬火温度:860～920 冷却方式:油冷 硬度:62～63HRC	回火温度:600～650 冷却方式:空冷 硬度:35～45HRC

7 40Cr

热加工

加热温度	始锻温度	终锻温度	冷却方式
＜1200	1100～1150	＞800	大于 60mm 缓冷

热处理规范

项目	普通退火	正火	高温回火	淬火	回火	渗氮	低温回火
加热温度 冷却方式 硬度	825～845 炉冷 ≤207HBS	850～880 空冷 ≤250HBS	680～700 炉冷至 600 空冷 ≤207HBS	830～860 油冷	400～600 油冷或空冷 按需要	830～850 直接油淬	140～200 空冷 ≥48HRC

8 8CrMn-WMoVS

—

9 42CrMo

热加工

加热温度	始锻温度	终锻温度	冷却方式
1150～1200	1130～1180	≥850	＞φ50mm,缓冷

热处理规范

项目	正火	高温回火	淬火		回火	感应淬火	低温回火
加热温度 冷却方式 硬度	850～900 空冷 ≤217HBS	680～700 空冷	820～840 水冷	840～880 油冷	450～670 油冷或空冷	900 乳化液 表面≥53HRC	150～180 空冷 ≥50HRC

序号	钢号	热加工与热处理规范

序号 10　钢号 30CrMnSi-Ni2A

热加工

加热温度	始锻温度	终锻温度	冷却方式
1140~1180	1120~1160	≥850	缓冷

热处理规范

项目	退火	正火	高温回火	淬火		回火
加热温度 冷却方式 硬度	650~680 炉冷 ≤255HBS	900~920 空冷	650~680 空冷 ≤255HBS	880~900 油冷 ≥50HRC	240~330 空冷或油冷 ≥45HRC	250~300 空冷

序号 11　钢号 20Cr

热加工

加热温度	始锻温度	终锻温度	冷却方式
1220	1200	≥800	堆冷

热处理规范

项目	退火	正火	高温回火	淬火	回火	渗碳	一次淬火	二次淬火	回火	渗碳	淬火	回火
加热温度 冷却方式 硬度	860~890 炉冷 ≤179 HBS	870~900 空冷 ≤270 HBS	700~720 空冷 ≤179 HBS	860~880 油冷或水冷	450~480 油冷或空冷 ≤250 HBS	890~910	860~890 油冷或水冷	780~820 油冷或水冷	170~190 油冷或空冷,表面 56~62 HRC	890~910 空冷	感应加热根据需要	150~170 空冷,表面 58~65HRC

序号 12　钢号 12CrNi3A

热加工

加热温度	始锻温度	终锻温度	冷却方式
1200	1180	≥850	缓冷

热处理规范

项目	退火	正火	高温回火	淬火	回火	渗碳	淬火 I	淬火 II	回火	渗碳	淬火	回火	渗氮	回火
加热温度 冷却方式 硬度	670~680 炉冷 ≤229 HBS	880~940 空冷	670~680 空冷 ≤229 HBS	860 油冷	按需要油冷	900~920 罐冷	860 油冷	760~810 油冷	150~200 空冷,心部 26~40 HRC,表面 ≥58 HRC	900~920 罐冷	810~830 油冷	150~200 空冷,心部 26~40 HRC,表面 ≥58 HRC	840~860 直接油淬	150~180 空冷,表面 ≥58 HRC

序号 13　钢号 06Ni6CrMo-VTiAl

热加工

项目	加热温度	始锻温度	终锻温度	冷却方式
钢锭	1120~1170	1070~1120	≥850	砂冷或灰冷
钢坯	1100~1150	1050~1100	≥850	空冷或砂冷

热处理规范

固溶处理	时效硬化处理
固溶温度:850~880;冷却方式:空冷或油冷	时效温度:500~540;时效时间:4~8h;冷却方式:空冷

序号 14　钢号 1Ni3-Mn2Cu-AlMo

热加工

项目	装炉温度	加热			始锻温度	终锻温度	冷却方式
		温度	预热时间	升温时间	保温时间		
钢锭	<800	1140~1180	4.5h	3h	2.5h	1100	≥900	缓冷
钢坯	<900	1120~1160	—	3h	1h	1080	≥850	空冷

热处理规范

普通退火	固溶处理	时效硬化处理
随炉升温至760±10,保温2~3h,40℃/h炉冷至600出炉空冷	固溶温度:850±20 冷却方式:空冷	时效温度:510±10 时效时间:4~8h 冷却方式:空冷

序号	钢号	热加工与热处理规范			
		热加工			
		升温	始锻温度	终锻温度	冷却方式
15	2Cr13	850 前应缓慢加热，冷装炉温度≤800	1160～1200	≥850	砂冷或及时退火
		注：由于钢的导热性差，加热温度低于856，应缓慢加热			
		热处理规范			
		项目	软化退火	完全退火	淬火	回火
		加热温度	750～800	860～900	1000～1050	660～770
		冷却方式	炉冷	炉冷	油冷或水冷	油冷、水冷或空冷

序号	钢号	热加工与热处理规范			
		热加工			
		升温	始锻温度	终锻温度	冷却方式
16	4Cr13	缓慢加热至800，然后快速加热至热加工温度	1160～1200	≥850	灰冷或砂冷，并及时退火
		热处理规范			
		项目	退火	淬火	回火
		加热温度 冷却方式	750～800 炉冷	1050～1100 油冷	200～300 空冷

序号	钢号	热加工与热处理规范			
		热加工			
		装炉炉温	始锻温度	终锻温度	冷却方式
17	9Cr18	冷装炉温＜600 热装炉温不限	1050～1100	＞850	炉冷
		热处理规范			
		项目	加热温度	冷却方式	硬度（HBW）	组织
		淬火	1050～1075	油冷	580	马氏体＋碳化物
		回火	200～300	空冷	—	马氏体＋碳化物
		软化退火	800～840	炉冷到500	—	珠光体

序号	钢号	热加工与热处理规范			
		热加工			
		项目	加热温度	始锻温度	终锻温度	冷却方式
18	9Cr18Mo	钢锭	1130～1150	1080～1095	850～900	砂冷
		钢坯	1100～1120	1050～1080	850～900	砂冷
		热处理规范			
		项目	退火	再结晶退火	淬火	回火
		加热温度和保温时间 冷却方式 硬度	850～870 4～6h 30℃/h冷至600，空冷≤255HBS	730～750 空冷	1050～1100 油冷①	150～160 2～5h 空冷 ≥58HRC

序号	钢号	热加工与热处理规范			
		热加工			
		项目	加热温度	始锻温度	终锻温度	冷却方式
19	Cr14Mo4V	钢锭	1140～1160	1130～1150	≥950	坑冷
		钢坯	1120～1140	1110～1130	≥950	坑冷
		热处理规范			
		项目	退火		淬火	回火
		加热温度和保温时间	800～1000,4～6h		1100～1120	500～525, 2h,回火 4 次
		冷却方式	15～30℃/h冷至740，再以 15～30℃/h 冷至600,保温 2～5h,出炉空冷		油冷	空冷
		硬度	197～241HBS			61～63HRC

序号	钢号	热加工与热处理规范			
20	1Cr17Ni2	热加工			
		装炉炉温	始锻温度	终锻温度	冷却方式
		冷装炉温≤800 热装炉温不限	1100～1150	＞850	＞150 于砂内缓冷
		热处理规范			
		项目	加热温度	冷却方式	组织
		退火	670	炉冷	珠光体
		淬火	950～975	油冷	马氏体
		回火	275～300	油冷	马氏体

① 为减少残余奥氏体数量，可以于－75～－80℃冷处理

12.6　常用塑料模具钢的性能

表 12-12 为常用塑料模具钢的性能。

表 12-12　常用塑料模具钢的性能

序号	钢号	力学性能、化学性能与工艺性能							
1	SM45	不同截面调质后的力学性能							
		热处理	直径/mm	取样部位	力学性能				
					σ_b/MPa	σ_s/MPa	δ/%	ψ/%	a_k/(J/cm²)	HBS
		840℃加热淬盐水,500℃回火	12.5	中心	1080	1010	14.5	59.0	308	
			25	中心	960	745	18.5	61.0	150	274
			50	中心	920	615	21.5	57.5	110	255
			100	中心	820	505	20.0	57.0	102	230
			100	1/2 半径	845	525	23.5	57.5	105	241
		840℃加热淬盐水,575℃回火	12.5	中心	880	790	21.0	63.0	—	259
			25	中心	840	620	23.5	65.0	174	241
			50	中心	835	525	23.5	61.0	167	229
			100	中心	745	425	25.0	62.5	122	218
			100	1/2 半径	815	485	26.0	63.5	115	229
		840℃加热淬盐水,650℃回火	12.5	中心	760	670	25.5	67.0	—	227
			25	中心	755	555	26.5	68.0	162	220
			50	中心	755	470	27.0	63.5	178	208
			100	中心	645	375	31.0	65.5	123	188
			100	1/2 半径	670	420	30.0	66.0	102	191

注:南昌齿轮厂试验数据,试验用钢(质量分数,%):C0.44,Si0.31,Mn0.74,P0.018,S0.031

序号	钢号	(1)室温力学性能							
2	SM50	热处理用毛坯尺寸/mm	试样状态	σ_b/MPa	σ_s/MPa	δ_5/%	ψ/%	a_k/(J/cm²)	HBS
		$\phi25$	正火	≥660	≥370	≥15	≥40	≥70	—
			热轧	—	—	—	—	—	≤241
			退火	—	—	—	—	—	≤207
			810～860℃水淬 550～650℃回火,水冷	≥750	≥550	≥15	≥40	≥70	212～277

序号	钢号	力学性能、化学性能与工艺性能								

(2)疲劳强度

试样状态	力学性能					循环次数	σ_{-1}	σ_{-1k}
	σ_b /MPa	σ_s /MPa	δ_5 /%	ψ /%	HBS			
850℃水淬,550℃回火,水冷①	900	704	13.6	—	—	1×10^7	430	24③
850℃正火①	692	400	20.0	—	—		300	18③
925℃正火②	634	331	26.5	39.5	164		232	
785℃油淬,315℃回火②	891	568	11.5	52.0	—		478	
785℃油淬,425℃回火②	856	554	11.5	51.0	—		450	
870℃油淬,760℃回火②	602	366	23.5	55.3	125		260	

① 试验用钢(质量分数,%):C0.40,Si0.27,Mn0.73,S0.024,P0.025
② 试验用钢(质量分数,%):C0.44,Si0.12,Mn0.46,S0.029,P0.017
③ 试样缺口处直径=8mm,缺口半径=0.75mm

(3)高温力学性能

试验温度/℃	400	450	500	550
$\sigma_{-1/10000}$/MPa	150	85	44	23
$\sigma_{-1/100000}$/MPa	105	57	28	13

注:试验用钢:$w_C=0.50\%$;退火状态,170HBS

(4)低温力学性能

化学成分(质量分数)/%					力学性能											
C	Si	Mn	S	P	σ_b /MPa	σ_s /MPa	δ_{10} /%	ψ /%	σ_{-1} /MPa	a_k/(J/cm²)						
										−80℃	−50℃	−20℃	0℃	20℃	50℃	100℃
0.48	0.08	0.97	0.047	0.030	690	351	18.6	42.3	274	10.4	16.9	27.8	39.6	48.3	64.4	80.2
0.46	0.13	0.78	0.048	0.029	658	324	19.3	40.7	263	9.1	12.3	23.0	33.9	41.5	51.2	70.9
0.47	0.23	0.98	0.039	0.030	695	371	18.8	43.7	291	7.6	7.9	13.4	25.1	39.4	57.0	74.4

(1)室温力学性能

热处理用毛坯尺寸/mm	取样部位	试样状态	σ_b /MPa	σ_s /MPa	δ_5 /%	ψ /%	a_k /(J/cm²)	HBS
25	中心	正火	≥700	≥390	≥13	≥35	—	—
		退火	—	360~475				≤229
		热轧	—	360~475				≤255
25	中心	(820+20)℃正火	640~815	360~475	15~24	35~46	—	
25	R/2	(820+20)℃正火	700~815	360~475	15~24	33~44	—	
335	纵向,R/3	830~840℃正火 540~560℃回火①	740	350	20	35	—	
520	纵向,R/3	(820±5)℃正火 (610±5)℃回火②	660	370		53	57	
25	—	800~850℃水淬 550~650℃回火,水冷	≥800	≥600	≥14	≥35	≥60	

① $w_C=0.57\%$,$w_{Si}=0.28\%$,$w_{Mn}=0.69\%$,$w_S=0.037\%$,$w_P=0.034\%$
② $w_C=0.54\%$,$w_{Si}=0.30\%$,$w_{Mn}=0.66\%$,$w_S=0.031\%$,$w_P=0.028\%$

(2)回火温度对SM55钢力学性能的影响

试样状态		σ_b /MPa	$\sigma_{0.2}$ /MPa	ψ /%	HRC
淬火温度	回火温度				
850℃,10%的 NaCl 水溶液中淬火	未回火	—	—	—	62
	100℃	—	—	—	60
	200℃	1805	—	—	55
	300℃	1528	—	—	47~48
	350℃	1564	1435	41.6	44
	400℃	1373	1300	51.2	39~40
	500℃	997	966	—	30~31

注:试验用钢:$w_C=0.56\%$,$w_{Si}=0.30\%$;$w_{Mn}=0.76\%$,$w_S=0.045\%$,$w_P=0.037\%$;试样尺寸 ϕ5mm

序号 2:SM50 序号 3:SM55

序号	钢号	力学性能、化学性能与工艺性能						
		（3）钢坯的尺寸大小对力学性能的影响						
		热处理用毛坯尺寸/mm	试样状态	σ_b /MPa	$\sigma_{0.2}$ /MPa	δ_5 /%	ψ /%	a_k /(J/cm^2)	HBS

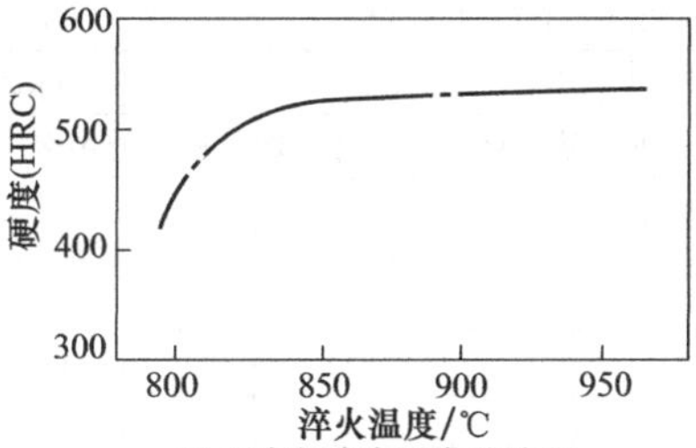

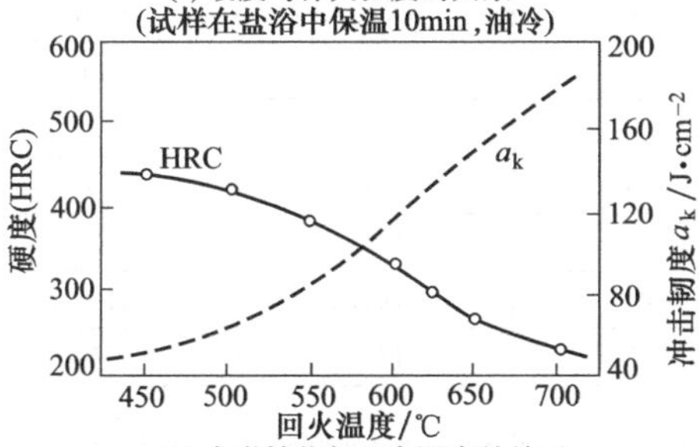

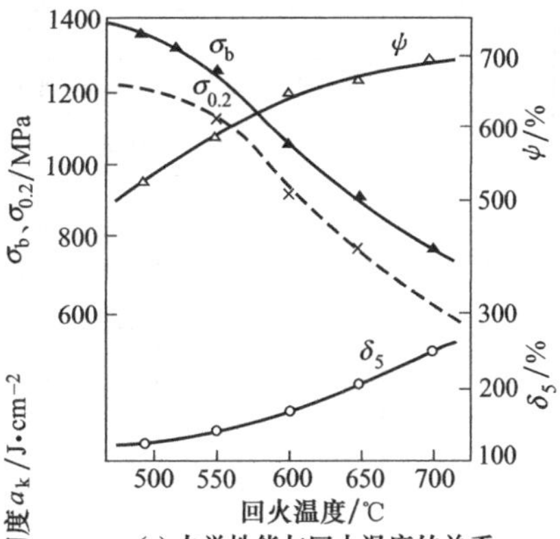

<table>

| 序号 | 钢号 | | | | | | | |

（3）钢坯的尺寸大小对力学性能的影响

热处理用毛坯尺寸/mm	试样状态	σ_b /MPa	$\sigma_{0.2}$ /MPa	δ_5 /%	ψ /%	a_k /(J/cm^2)	HBS
20	840℃水淬 400℃回火	1085～1240	890～1015	8.0～7.5	52.3～43.5	70～55	302～341
40		925～1023	647～765	11.5～10.0	47.6～43.5	54～40	260～290
60		845～950	595～660	12.5～10.5	46.5～42.7	50～33	234～266
20	840℃水淬 500℃回火	920～1030	735～827	12.0～10.2	59.0～53.0	105～65	255～285
40		840～920	567～620	14.0～12.5	52.8～45.0	72～55	228～264
60		770～870	524～580	14.1～13.5	52.0～43.0	60～40	210～239
20	840℃水淬 600℃回火	750～810	522～570	15.5～15.0	65.3～58.5	145～110	209～225
40		730～805	470～510	16.5～15.5	62.0～56.0	128～80	203～225
60		681～760	445～490	18.0～16.0	61.0～56.0	94～62	190～210

序号 3　钢号 SM55

（4）疲劳强度

试样状态	力学性能								
	σ_b /MPa	σ_s /MPa	δ_5 /%	ψ /%	HBS	τ_b /MPa	τ_s /MPa	σ_{-1} /MPa	τ_{-1} /MPa
840℃退火	690	336	24.0	42	193	243	211	294	154
790℃水淬,650℃回火	782	590	22.0	57	227	—	368	386	223

注：试验用钢：$w_C=0.52\%$，$w_{Si}=0.24\%$，$w_{Mn}=0.56\%$，$w_S=0.029\%$，$w_P=0.037\%$

（5）高温力学性能

试验温度/℃	400	450	500	550
$\sigma_{1/10000}$/MPa	150	85	44	(23)
$\sigma_{1/100000}$/MPa	105	57	28	(13)

注：试验用钢：$w_C=0.5\%$，退火状态 170HBS

（6）低温力学性能

化学成分（质量分数）/%					试样状态	a_k/(J/cm^2)					
C	Si	Mn	S	P		−50℃	−20℃	0℃	20℃	50℃	100℃
0.52	0.15	0.90	0.029	0.046	热轧	94	111	147	207	316	445
0.56	0.05	0.77	0.035	0.029	热轧	105	146	197	247	322	469
0.59	0.21	0.94	0.042	0.031	热轧	129	182	212	270	315	425

序号 4　钢号 3Cr2Mo

(a) 硬度与淬火温度的关系
（试样在盐浴中保温10min，油冷）

(b) 力学性能与回火温度的关系
（硬度试样880℃盐浴加热10min，油冷；冲击韧度试样850℃盐浴加热10min，油冷；箱式炉回火2h）

(c) 力学性能与回火温度的关系
（试样在850℃盐浴加热10min油冷；箱式炉回火2h，空冷）

序号	钢号	力学性能、化学性能与工艺性能
5	3Cr2Ni-MnMo	(a) 力学性能与回火温度的关系　　(b) 力学性能与回火温度的关系

（1）热处理工艺对硬度 HRC 的影响							
淬温/℃　回温/℃	840	860	880	900	920	940	960
淬态	60	62	63	63	63	65	61.5
175	58	58	59	59.5	59.5	59.5	58.5
200	57.5	57.5	57.5	58	58	58	58
225	56	56	56.5	56.5	56.5	56.5	56.5
250	55	55.5	55.5	56	56	56	56
300	53.5	53.5	54	54.5	54.5	54.5	54.5
400	50	50.5	50.5	51	51.5	51.5	51.5
500	46.5	47.5	48	48.5	48	50	50
525	45	46	47.5	48	48	49	49
550	44	45.5	46.5	47.5	47.5	48	48.5
575	43	44	45.5	47	47	48	48
600	40.5	41.5	43.5	45	45	45.5	46.5
625	36	39	39	41.5	42.5	43.5	44.5
650	33.5	33.5	36	37	37.5	38.5	40
675	30	31	32.5	33	33.5	34	35

序号 6　钢号 5CrNiMnMo-VSCa

（2）淬火、回火温度对钢的强度塑性及韧性的影响				
淬温/℃	性能　回火温度/℃	575	625	650
860	$\sigma_{0.2}/MPa$		1144	1015
	σ_b/MPa		1170	1062
	$\sigma_{0.2c}/MPa$		1197	992
	$\delta/\%$		8.6	10.6
	$\psi/\%$		42.7	49.7
	$a_k/(J/cm^2)$	37	43	70
880	$\sigma_{0.2}/MPa$	1352	1266	1029
	σ_b/MPa	1419	1300	1067
	$\sigma_{0.2c}/MPa$	1456	1297	1032
	$\delta/\%$	8.1	8.8	9.0
	$\psi/\%$	37.3	42.1	45.3
	$a_k/(J/cm^2)$	38	47	58

序号	钢号	力学性能、化学性能与工艺性能				
		回火温度/℃		575	625	650
		淬温/℃ \ 性能				
		900	$\sigma_{0.2}$/MPa	1392	1226	1083
			σ_b/MPa	1460	1318	1107
			$\sigma_{0.2c}$/MPa	1472	1388	1133
			δ/%	7.0	8.8	10.5
			ψ/%	39.0	41.7	47.0
			a_k/(J/cm²)	43	50	68
		920	$\sigma_{0.2}$/MPa	1416	1357	1152
			σ_b/MPa	1497	1383	1183
			$\sigma_{0.2c}$/MPa	1549	1440	1149
			δ/%	8.5	9.9	9.2
			ψ/%	39.3	40.9	43.2
			a_k/(J/cm²)	26	46	62
		960	$\sigma_{0.2}$/MPa	1456	1368	1206
			σ_b/MPa	1547	1441	1234
			$\sigma_{0.2c}$/MPa	1561	1481	1243
			δ/%	8.1	9.0	9.2
			ψ/%	36.6	38.9	41.7
			a_k/(J/cm²)	40	44	55
6	5CrNi-MnMo-VSCa	（3）回火温度对钢强度、塑性及韧度的影响（淬火温度 880℃）				
		回火温度/℃	性　能			
		200	$\sigma_{0.2}$/MPa	1792		
			σ_b/MPa	2101		
			$\sigma_{0.2c}$/MPa	2135		
			δ/%	5.4		
			ψ/%	20.1		
			a_k/(J/cm²)	32		
		300	$\sigma_{0.2}$/MPa	1788		
			σ_b/MPa	2095		
			$\sigma_{0.2c}$/MPa	2005		
			δ/%	6.3		
			ψ/%	30.0		
			a_k/(J/cm²)	25		
		400	$\sigma_{0.2}$/MPa	1705		
			σ_b/MPa	1840		
			$\sigma_{0.2c}$/MPa	1890		
			δ/%	6.8		
			ψ/%	31.7		
			a_k/(J/cm²)	28		
		500	$\sigma_{0.2}$/MPa	1570		
			σ_b/MPa	1711		
			$\sigma_{0.2c}$/MPa	1776		
			δ/%	7.2		
			ψ/%	35.7		
			a_k/(J/cm²)	33.0		

序号	钢号	力学性能、化学性能与工艺性能							

（4）钢的车削性能试验

硬度 （HRC）	转速 /(r/min)	切深 /mm	走刀量 /(mm/r)	切削情况
35	500	2	0.15	屑白，比较粗糙，刀刃无磨损
35	760	2	0.15	屑黄，粗糙度低，刀刃无磨损
40	500	1.5	0.15	屑深蓝，粗糙度一般，刀刃稍磨损
40	500	2	0.15	屑深蓝，粗糙度一般，刀刃稍磨损
40	760	1	0.15	屑深蓝，粗糙度低，刀刃无磨损
40	760	1.5	0.15	屑深蓝，粗糙度低，刀刃无磨损
45	500	1	0.15	屑深蓝，粗糙度低，刀刃无磨损
45	500	1.5	0.15	屑黑灰，粗糙度低，刀刃无磨损
45	760	1	0.15	屑黑灰，粗糙度低，刀刃稍磨损
45	760	1.5	0.15	屑黑灰，粗糙度低，刀刃磨损较快

（5）钢的铣削性能试验

硬度（HRC）	刀具型号/mm	转速/(r/min)	走刀量/(mm/r)	切深/mm	切削情况	备注
45	ϕ12	600	74	1	好	屑黄
45	ϕ6	600	74	1	刃易磨损	屑蓝黄
40	ϕ12	600	74	1	好	屑淡黄
40	ϕ6	600	74	1	刃易磨损	屑蓝黄
40	ϕ6	600	52	1	可铣	屑深黄
35	ϕ12	600	74	2	好	屑白
35	ϕ6	600	74	1	好	屑白

（6）钢的刨削性能试验

硬度（HRC）	刨削速度	走刀量/(mm/r)	刨削深度/mm	刨削情况	备注
45	快Ⅲ	0.30	2	好	屑白
40	快Ⅲ	0.30	3	好	屑白
35	快Ⅲ	0.30	5	好	屑白

注：所用刀具为高速钢，试样尺寸 ϕ22mm×60mm

（7）钢的模钳加工性试验

加工类别	转速 /(r/min)	刀具直径/mm	切削情况		
			45HRC	40HRC	35HRC
钻孔	1600	ϕ2	好	好	好
钻孔	1365	ϕ5	好	好	好
钻孔	512	ϕ10.5	好	好	好
攻螺纹		M6	好，手感轻	好，手感轻	好，手感轻
攻螺纹		M12	好，手感略重	好，手感轻	好，手感轻
铰孔		ϕ6	好，手感轻	好，手感轻	好，手感轻
铰孔		ϕ16	手感较重	好，手感轻	好，手感轻

注：1. 刀具材料：高速钢

2. 进给量手控

（1）室温力学性能

毛坯直径/mm	热处理制度	σ_b	σ_s	δ_5	ψ	a_k	HBS	备注
		MPa		%		/(J/cm²)		
25	850℃油淬，500℃水或油冷	≥1000	≥800	≥9	≥45	≥60		①
25	860℃×60min油淬，520～550℃水冷	$\dfrac{1010\sim1200}{1106}$	$\dfrac{905\sim1130}{993}$	$\dfrac{13\sim20}{16.4}$	$\dfrac{49.5\sim63.5}{56.8}$	$\dfrac{60\sim139}{104}$	50	炉钢
25	860℃空冷正火	740	460	17	62	108	209	①
25	920℃×60min，空冷，正火	782	510	21.5	62.6	119	201	②
25	910℃退火	660	410	16	66	126		①

① 试验用钢成分（质量分数，%）：C0.44，Si0.26，Mn0.60，Cr1.07，P0.012，S0.010

② 试验用钢成分（质量分数，%）：C0.43，Si0.30，Mn0.67，Cr0.96，P0.014，S0.005

注：分子为数据范围，分母为平均值，下同

序号 6：5CrNi-MnMo-VSCa

序号 7：40Cr

序号	钢号	力学性能、化学性能与工艺性能							
7	40Cr	（2）回火脆性							

热处理制度	870℃正火，840℃×45min 油淬，回火保温 75min						
回火温度/℃	350	400	450	500	550	600	650
a_k/(J/cm^2)　回火水冷	16.3	32.6	56.0	72.5	116.0	148.0	189.0
回火炉冷	15.0	27.6	52.5	63.8	98.0	137.5	161.3
回火脆性系数	10.9	11.8	10.7	11.9	11.9	10.8	11.7

注：试验用钢成分（质量分数，%）：C0.43，Si0.32，Mn0.64，Cr0.96，S0.007，P0.024

（3）疲劳极限

热处理	硬度（HRC）	σ_b	$\sigma_{0.2}$	σ_{-1}	σ_{-1k}	疲劳应力集中系数 $K_f=\dfrac{\sigma_{-1}}{\sigma_{-1k}}$	形变强化指数 m	疲劳缺口敏感度 $q=\dfrac{K_f-1}{K_t-1}$
		MPa						
840℃油淬；200℃×60min 回火空冷	50	2005	1610	640	500	1.28	0.130	0.54
840℃油淬；300℃×60min 回火油冷	45	1500	1400	610	430	1.41	0.052	0.79
840℃油淬；500℃×60min 回火油冷	35	1125	1065	530	370	1.41	0.037	0.79
840℃油淬；670℃×60min 回火油冷	24	810	725	400	270	1.48	0.028	0.93

注：1. 试验用钢成分（质量分数，%）：C0.38，S0.25，Mn0.52，P0.031，S0.005，Cr0.99
2. 盐炉加热淬火，加热保温时间 45s/mm，试样磨削后经 180℃×10h 去除应力回火
3. 理论应力集中系数 K_t=1.52

（4）静拉伸性能和冲击韧度

热处理制度	硬度（HRC）	σ_b	σ_s	δ_5	ψ	a_k/(J/cm^2)
		MPa		%		
840℃油淬，400℃回火	44	1430	1340	37	540	38
840℃油淬，600℃回火	23	844	750	100	690	115

注：为无缺口试样

（5）高温性能 1

试样状态	试验温度/℃	σ_b/MPa	$\sigma_{0.2}$/MPa	δ_5/%	ψ/%	a_k/(J/cm^2)	HBS
820～840℃油淬 550℃回火	20	955	805	13.0	55.5	85	302～285
	200	905	720	15.0	42.0	120	—
	300	895	695	17.5	58.5	—	
	400	700	625	18.0	68.0	100	
	450	600	550	18.5	75.5	—	
	500	500	440	21.0	80.5	80	
	550	—					
	600	—					
820～840℃油淬 680℃回火	20	710	580	26.0	60.0	220	217～207
	200	660	485	17.5	66.5	—	
	300	—					
	400	605	435	19.0	71.0	215	
	450	445	405	27.5	85.0	—	
	500	430	370	24.0	79.0	135	
	550	—	—	—		125	
	600	250	215	32.5	89.5	—	
820～840℃油淬 720℃回火	20	560	400	29.0	71.0	180	184～167
	200	—				—	
	300	575	330	19.5	65.5	270	
	400	500	310	27.5	71.0	130	
	450	420	300	24.0	75.0	—	
	500	320	250	28.5	78.0	105	
	550	250	220	30.0	87.0	—	
	600	210	190	33.0	89.5	320	

注：试验用钢成分（质量分数，%）：C0.36～0.41，Si0.28～0.36，Mn0.55～0.71，Cr0.70～1.00。
热处理尺寸：φ28～55mm

序号	钢号	力学性能、化学性能与工艺性能					
7	40Cr	**(6)高温性能 2**					
		试验温度/℃		425		540	
		$\sigma_{0.1/1000}$/MPa		126		21	
		注:试验用钢成分(质量分数,%):C0.36,Cr1.0,Mn0.72;840℃油淬,560℃回火,270HBS					
		(7)低温性能					
		试 样 状 态	a_k/(J/cm²)				
			20℃	−25℃	−40℃	−70℃	
		850℃水淬,650℃回火,水冷	153	145	126	96	
		850℃油淬,650℃回火,油冷	163	151	109	87	
		850℃油淬,580℃回火,油冷	93	84	—	55	
		注:试验用钢成分(质量分数,%):C0.39,Cr0.99,Mn0.64					
8	8CrMn-WMoVS	—					

(1)室温力学性能

毛坯直径/mm	热处理制度	σ_b	σ_s	δ_5	ψ	a_k	备注
		MPa		%		/(J/cm²)	
25	850℃油淬,580℃水或油冷	≥1100	≥950	≥12	≥45	≥80	40 炉钢
	860℃×40min 油淬,580℃×40min 水冷	1115~1295 / 1120	955~1250 / 1100	12~17 / 14.1	45.5~59 / 53.2	80~137 / 100	

(2)低温冲击韧度

热处理工艺	σ_b/MPa	a_k/(J/cm²)						
		20℃	−20℃	−50℃	−80℃	−100℃	−140℃	−183℃	−253℃
880℃油淬,580℃回火	1080	117	117	109	84	58	47	46	24

注:试验用钢成分(质量分数,%):C0.43,Cr1.02,Mo0.22,Ni0.08

(3)高温力学性能

σ_s/MPa						DVM 蠕变强度/MPa					
20℃	100℃	200℃	300℃	350℃	400℃	350℃	400℃	450℃	475℃	500℃	525℃	550℃
45			360	330	300	320	250	180	140	100	70	40
50			400	370	330	350	280	200	150	110	70	40
55			440	400	360	380	300	210	160	110	70	40
60			460	420	380	400	320	240	180	110	70	40
65			480	440	400	420	350	280	200	110	70	40
70	650	600	500	460			350	200		100		

注:经调质至不同屈服强度后,进行高温试验

(4)不同截面钢材热处理后的力学性能

热处理毛坯直径/mm	热处理制度	取样位置	σ_b	σ_s	δ_5	ψ	a_k	备注
			MPa		%		/(J/cm²)	
54	850℃×22min 油淬,540℃×90min 回火水冷	R/2	762	574	23.3	68.8	191	①
		中心	788	556	21.1	67.0	189	
55	860℃×60min 油淬,540℃×90min 回火水冷	R/2	806	638	20.7	62.8	134	
		中心	765	599	19.4	62.8	140	
60	900℃油淬,600℃回火油冷	中心	905		24	62.0	108(65)③	②

① 试验用钢成分(质量分数,%):C0.43,Mn0.88,Cr1.09,Mo0.22,P0.017,S0.027
② 试验用钢成分(质量分数,%):C0.39,Cr1.11,Mo0.20
③ 括弧内为横向冲击值

(序号 9, 钢号 42CrMo)

序号	钢号	力学性能、化学性能与工艺性能							

(1)纵横向力学性能

钢坯尺寸/mm	取样方向	热处理制度	σ_b MPa	δ_5 %	ψ %	a_k /(J/cm²)	硬度 (HBS)
135(方)	纵向	900℃×60min 油淬,300℃× 180min 回火空冷	1760 1740	13.5 12.0	47 48	69 72	444
	横向	900℃×60min 油淬,300℃× 180min 回火空冷	1730 1710	10.0 9.0	38 40	52 55	444

注:试验用钢成分(质量分数,%):C0.32,Si0.92,Mn1.15,Cr1.09,Ni1.53,Mo0.13,Co0.07,P0.017,S0.006

(2)不同温度回火后的断裂韧性

回火温度/℃	200	260	280	300	320	340	360	400
$\sigma_{0.2}$/MPa	1640	1670	1680	1620	1640	1610	1570	1410
K_{IC}/MPa$\sqrt{m}$	687	700	664	667	609	555	567	564

注:试验 900℃油淬,不同温度回火后空冷

(3)疲劳极限

热处理毛坯直径/mm	热处理制度	硬度 (HRC)	σ_b MPa	$\sigma_{0.2}$ MPa	σ_{-1} /MPa	备注
25	900℃油淬,230℃回火空冷	48	1660	1560	690	
	900℃油淬,230℃回火空冷	49	1780	1640	740	碳下限①
	890℃油淬,200℃回火空冷				730	碳上限②
	890℃油淬,300℃回火空冷				710	
	890℃加热,于 300℃等温淬火				740	

① 试验用钢成分(质量分数,%):C0.27,Si1.05,Mn1.06,Cr1.05,Ni1.66,P0.013,S0.005
② 试验用钢成分(质量分数,%):C0.30,Si1.10,Mn1.07,Cr1.06,Ni1.50,P0.014,S0.005

序号 10　钢号 30CrMn-SiNi2A

(1)室温力学性能

热处理毛坯直径/mm	热处理制度	σ_b MPa	σ_s MPa	δ %	ψ %	a_k /(J/cm²)	备注
15	880℃水或油淬,800℃水或油淬,200℃回火	≥850	≥550	≥10	≥40	≥60	
	880℃×40min 水淬,800℃×30min 水淬,200℃×180min 空冷	890~1310 1055	550~810 670	10~20 15.8	36~58 47.6	60~120 96	115 炉钢
	890℃×40min 水淬,800℃×20min 水淬,200℃×180min 空冷	1160~1480 1240	830~1200 1000	10~13 12.5	39~49 40	65~99 84	14 炉电渣钢
	950℃空冷,860℃×40min 油淬,200℃×90min 回火空冷	1009	629	17	58.0	92	①
25	925℃伪渗碳 6h,降温875℃淬火,200℃回火	1240	1060	9.5	32	55	②

① 试验用钢成分(质量分数,%):C0.24,Si0.29,Mn0.57,Cr0.90,P0.018,S0.006,Ni0.1
② 试验用钢成分(质量分数,%):C0.21,Si0.26,Mn0.60,Cr0.87,P0.020,S0.012,Ni0.07

序号 11　钢号 20Cr

(2)渗碳和伪渗碳后的弯曲强度和冲击功

热处理制度	静弯曲载荷/N				薄片试样弯曲强度			冲击功 A_k/J
	P_{max}	$P_{0.03}$	P_S	P_K	表面 (HRC)	心部 (HRC)	σ_{bb} /MPa	
930℃×10h 渗碳,降温到 830℃×10min,油淬,190℃×90min 回火,930℃×8h 伪渗碳,降温到 850℃保温 10min,油淬,200℃×60min 回火	58000	45300 31500	35500 25000	34500	59	53.5	1890	52

注:1. P_{max}—断裂负荷;$P_{0.03}$—挠度为 0.003mm 时负荷;P_S—屈服负荷;P_K—缺口试样的断裂负荷(缺口深 0.3mm,$r=0.2$mm,$\alpha=60°$)

2. 弯曲试样尺寸,15mm×15mm×100mm,薄片试样尺寸 2mm×11.5mm×80mm

序号	钢号	力学性能、化学性能与工艺性能			

(3)高温拉伸性能

序号	钢号	温度/℃	σ_b/MPa	δ_5/%	ψ/%
11	20Cr	20	523	29.3	69.9
		800	488	36.4	56.7
		900	475	19.1	25.2
		1000	325	29.5	52.3
		1100	329	42.5	96.7

注:1. 试验用钢成分(质量分数,%):C0.23,Si0.39,Mn0.56,Cr0.91
2. 试样预先经过830℃退火

(1)疲劳极限

热处理毛坯直径/mm	热处理制度	σ_b	σ_s	σ_{-1}	σ_{-1k}	τ_{-1}	备注
		MPa					
16	900℃正火,660℃回火空冷;860℃、780℃油淬,180℃回火空冷	1215	840	510	260		①
15	940℃伪渗碳,7h缓冷,870℃油淬;200℃回火,820℃油淬,500℃回火	1130	910	460			②
		745	622	345		235	③

①试验用钢成分(质量分数,%):C0.14,Si0.22,Mn0.44,Cr0.69,Ni3.06,P0.025,S0.006
②试验用钢成分(质量分数,%):C0.13,Si0.35,Mn0.46,Cr0.71,Ni2.88,P0.012,S0.011
③试验用钢成分(质量分数,%):C0.19,Si0.27,Mn0.40,Cr0.70,Ni3.02

(2)室温力学性能

热处理毛坯直径/mm	热处理制度	σ_b	σ_s	δ_5	ψ	a_k	备注
		MPa		%		/(J/cm²)	
15	860℃、780℃两次油淬,200℃回火,水或空冷	≥950	≥700	≥11	≥50	≥90	
	860℃、780℃×30min油淬,200℃×180min回火,水冷	1010~1510 / 1270	860~1380 / 1150	11~20 / 14	52~68 / 61	92~197 / 158	50炉钢
	860℃、780℃×10min(盐炉)油淬;200℃回火180min,水冷	1080~1450 / 1245	820~1210 / 985	11~16 / 14.1	54~68 / 61.9	147~187 / 168	16炉电渣重熔钢
16	830℃、800℃两次油淬,180℃回火空冷	1205	805	13.0	63.0	168	①
		1225	850	15.5	61.5	190	
	860℃、800℃两次油淬,180℃回火空冷	1235	890	14.5	61.5	188	①
		1210	875	14.0	63.5	169	
	890℃、800℃两次油淬,180℃回火空冷	1190	820	17.0	65.5	185	①
		1220	895	16.0	62.0	183	

序号 12, 钢号 12CrNi3A

① 试验用钢成分(质量分数,%):C0.14,Si0.22,Mn0.40,Cr0.69,Ni3.06,P0.025,S0.006;淬火前经900℃正火,660℃回火。空冷预处理

(3)不同温度回火后的力学性能

热处理毛坯直径/mm	热处理制度	σ_b	σ_s	δ_5	ψ	a_k	备注
		MPa		%		/(J/cm²)	
15	900℃正火,660℃回火空冷	800℃油淬,200℃回火空冷 → 1400	1290	12.0	60.0	105	①
		800℃油淬,300℃回火空冷 → 1290	1150	12.5	67.0	80	
		800℃油淬,400℃回火空冷 → 1220	1090	13.5	68.0	90	
		800℃油淬,500℃回火空冷 → 1030	940	18.0	70.0	120	
		800℃油淬,600℃回火空冷 → 750	660	23.5	74.0	170	

序号	钢号	力学性能、化学性能与工艺性能								

热处理毛坯直径/mm	热处理制度	σ_b	σ_s	δ_5	ψ	a_k	备注
		MPa		%		/(J/cm²)	
16	900℃ 正火,660℃ 回火空冷	860℃,780℃油淬,180℃回火空冷	1150	785	15.0	64.0	159	②
		200℃ 回火空冷	1215	840	15.0	63.0	178	
			1195	835	15.0	65.5	197	
		230℃ 回火空冷	1220	885	15.0	65.5	177	
			1195	830	14.0	61.5	185	
		260℃ 回火空冷	1225	890	15.0	66.0	195	
			1210	875	16.0	66.0	175	
			1235	905	14.0	65.5	178	

① 试验用钢成分(质量分数,%):C0.17,Si0.19,Mn0.35,Cr1.26,Ni3.25,P0.016,S0.016
② 试验用钢成分(质量分数,%):C0.14,Si0.22,Mn0.40,Cr0.69,Ni3.06,P0.025,S0.006

(4)低温冲击韧性

热处理毛坯直径/mm	热处理制度	a_k/(J/cm²)				备注
		0℃	-20℃	-40℃	-60℃	
17(方)	940℃伪渗碳 7h,870℃油淬,200 回火空冷	150	140	124	110	①
16	900℃正火,660℃回火空冷,860℃油淬,180℃回火空冷	187	167	140	120	②
	900℃正火,660℃回火空冷,860℃、780℃两次油淬,180℃回火空冷	171	153	142	126	②

① 试验用钢成分(质量分数,%):C0.13,Si0.35,Mn0.46,Cr0.71,Ni2.88,P0.012,S0.011
② 试验用钢成分(质量分数,%):C0.14,Si0.22,Mn0.44,Cr0.69,Ni3.06,P0.025,S0.006

(5)高温性能

预处理	温度/℃	σ_b	$\sigma_{0.2}$	δ_5	ψ	a_k
		MPa		%		/(J/cm²)
880～900℃ 正火,650℃×3h 回火	20	560～590	400～450	26	73	240
	100	530	390	25.5	74.5	150～240
	200	525	380	22	72	230
	300	550	380	20	68	250
	400	475	345	20.5	75.5	210
	450	450	350	21	78.5	
	500	355	310	20.5	83.5	150
	600	205	180	26	86	265
890～900℃ 油淬,500℃×3h 回火	20	815	755	17	68.5	160
	200	810	740	14	61	200
	300	820	740	16	65	150
	400	640	600	17	75	120
	500	500	460	18	75	120

12　12CrNi3A

(6)伪渗碳后淬火回火的力学性能

碳含量/%	热处理制度	σ_b	σ_s	δ_5	ψ	a_k	HRC	备注
		MPa		%		/(J/cm²)		
0.10	900℃伪渗碳 6h,缓冷	850℃加热,于180℃等温淬火	1193	1092	15.2	61.0	147	33～34	①
			1173	1100	14.4	64.0	150	33	
			1155	1062	14.0	64.0	155	34.5	
		830～850℃ 重加热油淬,160℃回火	902	812	16.8	68.9	168	28.5	
			1062	960	14.4	64.0	151	29.2	
			1054	940	14.0	61.0	154	29.5	

序号	钢号	力学性能、化学性能与工艺性能								

（6）伪渗碳后淬火回火的力学性能

序号	钢号	碳含量/%	热处理制度		σ_b	σ_s	δ_5	ψ	a_k /(J/cm²)	HRC	备注
					MPa		%				
12	12CrNi3A	0.16	900℃伪渗碳6h，缓冷	850℃加热，于180℃等温淬火	1360	1248	12.8	59.0	124	38.8	②
					1338	1220	12.8	59.0	125	37.0	
					1390	1265	13.2	59.0	98	38.0	
				760℃加热油淬，160℃回火	1202	1082	14.0	64.0	>180	34	
					1155	1033	13.6	68.9	>180	33	
					1140	1018	14.0	70.8	>180	33	
		0.13	940℃伪渗碳7h，缓冷	870℃加热油淬，200℃回火	1130	910	15	59	150	35	③
				890℃、780℃两次油淬，200℃回火	1000	700	18	60	180	31	

① 试验用钢成分（质量分数，%）：C0.10，Mn0.35，Cr0.71，Ni2.81，P、S 合格
② 试验用钢成分（质量分数，%）：C0.16，Mn0.43，Cr0.83，Ni2.87，P、S 合格
③ 试验用钢成分（质量分数，%）：C0.13，Si0.35，Mn0.46，Cr0.71，Ni2.88，P0.012，S0.011

13	06Ni6CrMo-VTiAl	

（a）硬度与固溶温度的关系（固溶时间1h）

（b）硬度与时效温度的关系（850℃固溶，时效8h）

（c）在850℃固溶时间对钢的硬度的影响

（d）时效时间对钢的硬度的影响（850℃固溶1h）

（1）固溶温度对硬度的影响

固溶温度/℃	780	810	840	870	900	940
硬度（HRC）	30.8	32.4	33.1	32.7	33.1	31.0

（2）不同温度时效钢的力学性能

14	1Ni3Mn2-CuAlMo	温度/℃	σ_s/MPa	σ_b/MPa	δ/%	ψ/%	$a_k^①$/J
		400	1044.41	1128.75	16.2	62.9	49.25
		450	1193.47	1303.3	14.6	49.7	11.82
		510	1256.23	1331.74	14.7	47.8	21.67
		550	1103.25	1167.0	15.7	56.6	37.43
		600	835.53	943.4	18.4	64.1	94.56

① 冲击韧度试样为 V 形缺口

序号	钢号	力学性能、化学性能与工艺性能				
14	1Ni3Mn2-CuAlMo	**(3)高温力学性能**				

试验温度/℃	σ_s/MPa	σ_b/MPa	δ/%	ψ/%
300	905.15	1019.9	26.0	56.2
400	812.0	870.83	24.0	74.0
500	619.78	659.0	21.6	78.8

注:试样固溶处理后 500℃时效 2h

(4)不同处理状态的力学性能

热处理	$\sigma_{0.2}$/MPa	σ_b/MPa	δ_5/%	ψ/%	HRC
850℃±20℃淬火空冷	839.6	1017.1	15.4	55.1	
淬火空冷后 510℃回火	1026.9	1300.5	13.3	45.0	43～44
850℃±20℃淬火,600℃软化	699.3	798.4	21.0	60.0	25.3
850℃±20℃淬火,600℃软化,530℃回火	991.6	1095.5	17.3	49.8	39

序号 15　钢号 2Cr13

(1)室温力学性能

钢材截面尺寸/mm	热处理制度	σ_b	σ_s	δ_5	ψ	a_k	HBS	备注
		MPa		%		/(J/cm²)		
≤60	1000～1050℃淬火(油冷、水冷),660～770℃回火,油冷、水冷、空冷	≥660	≥450	≥16	≥55	≥80	≤197	
≤60	1000～1050℃,淬火(油冷、水冷),660～770℃回火	660～1155	450～975	16～33.6	55～78	80～267	126～197	①
	860℃退火	500	250	22	65	90		
	1050℃空淬,500℃回火	1250	950	7	45	50		
	1050℃空淬,600℃回火	850	650	10	55	70		
	1050℃油淬,660℃回火	860	710	19.0	63.5	130		
	1050℃油淬,770℃回火	820	700	18.0	66.5	150		

① 实际生产检验值,硬度为退火后硬度值

(2)高温力学性能

热处理制度	试验温度/℃	σ_b	σ_s	δ_5	ψ	a_k
		MPa		%		/(J/cm²)
1000～1020℃油淬,720～750℃回火	20	720	520	21.0	68.0	65～175
	300	555	400	18.0	66.0	120
	400	530	405	16.5	58.5	205
	450	495	380	17.5	57.0	240
	470	495	420	22.5	71.0	
	500	440	365	32.5	75.0	250
	550	350	285	36.5	83.5	223

(3)蠕变极限

试验温度/℃		450	475	500	550
$\sigma_{1/100000}$	/MPa	128	75	48	38

注:试验用钢:1000～1020℃空冷,720～730℃回火

(4)持久强度

试验温度/℃		450	470	500	530
$\sigma_{b/1000}$	MPa	330	260	230	160
$\sigma_{b/10000}$		296	215	195	105
$\sigma_{b/100000}$		260	190	160	76

序号	钢号	力学性能、化学性能与工艺性能									

(5)耐腐蚀性能

序号	钢号	介质条件			试验延续时间/h	腐蚀深度/(mm/a)	介质条件			试验延续时间/h	腐蚀深度/(mm/a)
		介质	浓度/%	温度/℃			介质	浓度/%	温度/℃		
15	2Cr13	硝酸	5	20	—	<0.1	氢氧化钠	90	300	—	>10.0
		硝酸	5	沸腾	—	3.0~10.0	氢氧化钠	熔体	318	—	>10.0
		硝酸	20	20	—	<0.1	硼酸	50~饱和溶液	100	—	<0.1
		硝酸	20	沸腾	—	1.0~3.0					
		硝酸	30	沸腾	—	<3.0	醋酸	1	90	—	<0.1
		硝酸	50	20	—	<0.1	醋酸	5	20	—	<1.0
		硝酸	50	沸腾	—	<3.0	醋酸	5	沸腾	—	>10.0
		硝酸	65	20	—	<0.1	醋酸	10	20	—	<1.0
		硝酸	65	沸腾	—	3~10	醋酸	10	沸腾	—	>10.0
		硝酸	90	20	—	<0.1	酒石酸	10~50	20	—	<0.1
		硝酸	90	沸腾	—	<10.0	酒石酸	10~50	沸腾	—	<1.0
		柠檬酸	5	140	—	<10.0	酒石酸	饱和溶液	沸腾	—	<10.0
		柠檬酸	10	沸腾	—	>10.0	柠檬酸	1	20	—	<0.1
		乳酸	相对密度1.01~1.04	沸腾	72	>10.0	柠檬酸	1	沸腾	—	<10.0
							氢氧化钾	25	沸腾	—	<0.1
		乳酸	相对密度1.04	20	600	0.27	氢氧化钾	50	20	—	<0.1
							氢氧化钾	50	沸腾	—	<1.0
		蚁酸	10~50	20	—	<0.1	氢氧化钾	68	120	—	<1.0
		蚁酸	10~50	沸腾	—	>10.0	氢氧化钾	熔体	300	—	>10.0
		水杨酸		20	—	<0.1	氨	溶液与气体	20~100	—	<0.1
		硬脂酸		>100	—	<0.1	硝酸铵	约65	20	1269	0.0011
		焦性五倍子酸	稀-浓的溶液	20	—	<0.1	硝酸铵	约65	125	110	1.43
							氯化铵	饱和溶液	沸腾	—	<10.0
		二氧化碳和碳酸	干燥的	<100	—	<0.1	过氧化氢	20	20	—	0
		二氧化碳和碳酸	潮湿的	<100	—	<0.1	碘	干燥的	20	—	<0.1
							碘	溶液	20	—	>10.0
		纤维素	蒸煮时	—	190	2.59	碘仿	蒸汽	60	—	<0.1
		纤维素	在泄料池中	—	240	0.369	硝酸钾	25~50	20	—	<0.1
		纤维素	同再生酸一起在槽中	—	240	22.85	硝酸钾	25~50	沸腾	—	<10.0
							硝酸钾	10	20	720	0.07
		纤维素	在气相中 SO₂7% SO₃0.7%	—	240	8.0	硫酸钾	10	沸腾	96	1.18
							硝酸银	10	沸腾	—	<0.1
		氢氧化钠	20	50	—	<0.1	硝酸银	熔化的	250	—	>10.0
		氢氧化钠	20	沸腾	—	<1.0	过氧化钠	10	20	—	<10.0
		氢氧化钠	30	100	—	<1.0	过氧化钠	10	沸腾	—	>10.0
		氢氧化钠	40	100	—	<1.0	铝钾明矾	10	20	—	0.1~1.0
		氢氧化钠	50	100	—	1.0~3.0	铝钾明矾	10	100	—	<10.0
		氢氧化钠	60	90	—	<1.0	重铬酸钾	25	20	—	<0.1
							重铬酸钾	25	沸腾	—	>10.0
							氯酸钾	饱和溶液	100	—	<0.1

(1)室温力学性能

序号	钢号	热处理制度	σ_b	σ_s	δ_5	ψ	HRC	退火后硬度(HBS)	备注
			MPa		%				
16	4Cr13	1050~1100℃油淬,200~300℃回火					≥50	≥229	①
		1050~1100℃油淬,200~300℃回火					50~67	143~229	②
		1050℃空冷,600℃×3h回火	1140	910	12.5	32.0			
		860℃退火	480~560		20~25				
		① 摘自 GB/T 1220—2007 ② 实际生产检验值							

序号	钢号	力学性能、化学性能与工艺性能			
		(2)高温拉伸性能			

序号	钢号	热处理制度	试验温度 /℃	σ_b	σ_s	δ_5
				MPa		%
16	4Cr13	1030℃空冷,500℃回火空冷	20	1800~1820	1630~1650	2.5
			400	1660~1700	1450~1480	6
			450	1570~1600	1350~1420	5~6
			500	1310~1340	1250~1290	6.5
		1030℃空冷,600℃回火空冷	20	1130~1160	970	9.2~10
			400	920~960	790~830	8.3~10
			450	800~820	620~650	10~12
			500	710~730	580~600	14.5~15
		抗氧化性:该钢可在 600~650℃长期使用				

17　9Cr18

(1)室温力学性能

热处理制度	硬度	备注
1000~1050℃油冷,200~300℃回火,油冷或空冷退火或高温回火	≥55HRC	①
	≤255HBS	①
1000~1050℃油冷,200~300℃回火,油冷或空冷退火或高温回火	55~64HRC	②
	172~185HBS	②

① 摘自 GB/T 1220—2007
② 实际生产检验值

(2)从 950℃退火时,冷却速度与硬度的关系

冷却速度/(℃/h)	25	50	75	100	200
硬度(HBS)	231~253	233~248	231~251	232~253	232~240

(3)在 950~1200℃下保温 5min,于油中淬火后 9Cr18 钢的硬度和残留奥氏体数量

淬火温度/℃	硬度(HRC)	残留奥氏体(磁性)[①]/%
950	52	1.7—1.7—2.4
1000	57	5.2—7—5.2
1050	60	29.2—33.2—34.4
1100	44	93.9—98—96.8
1150	38	99.7—97—96.8
1200	30.5	99—99—99.2

① 三个试样的数据

(4)1050、1060℃淬火后的 9Cr18 钢,回火温度与力学性能的变化

回火温度 /℃	硬度 (HRC)	a_k /(J/cm²)	应力为 980MPa 的弯曲疲劳/10^6 次	旋转 80000 次后的磨损/mg
100	60	3.1	6.3	60
150	60	3.8	8.4	60
200	59	4.8	4.5	63

(5)冷处理对淬火的 9Cr18 钢的硬度影响

淬火温度 /℃	硬度(HRC)				
	淬火后	冷至 -75℃ 保持 1h 后	回火温度/℃		
			100	150	200
1000	58	—	58	57	55
1000	59	59.5	59.5	59	57
1050	60	—	60	59	57
1050	60	61.5	61	61	59
1100	60.5	—	60	59.5	57
1100	60.5	62	62	62	60.5

注:试样为 16mm×16mm×16mm,空气中淬火

序号	钢号	力学性能、化学性能与工艺性能									
		（6）耐腐蚀性能									
		介质条件			试验延续时间/h	腐蚀深度/(mm/a)	介质条件			试验延续时间/h	腐蚀深度/(mm/a)
		介质	浓度/%	温度/℃			介质	浓度/%	温度/℃		
17	9Cr18	硝酸	5～20	20	—	<0.1	醋酸	25	50～75	—	3.0～10.0
		硝酸	5	60～沸腾	—	<1.0	醋酸	25	沸腾	—	>10.0
		硝酸	20	60	—	<0.1	醋酸	50	20	—	<0.1
		硝酸	20	80	—	<1.0	醋酸	50	50	—	3.0～10.0
		硝酸	20	沸腾	—	2.0～3.0	醋酸	50	75	—	>10.0
		硝酸	40	60～80	—	<1.0	磷酸	1	20	—	<0.1
		硝酸	40	沸腾	—	3.0～10.0	磷酸	10	20	—	<3.0
		硝酸	50	20	—	<0.1	磷酸	25	20	—	3.0～10.0
		硝酸	50	80	—	<1.0	硫酸	5	20	—	>10.0
		硝酸	60	20	—	<0.1	硫酸	5	50	—	>10.0
		硝酸	60	60～80	—	<1.0	硫酸	5	80	—	>10.0
		硝酸	60	沸腾	—	1.0～3.0	盐酸	0.5	20	—	<1.0
		硝酸	90	20	—	<1.0	盐酸	0.5	50	—	<3.0
		硝酸	90	沸腾	—	3.0～10.0	盐酸	0.5	沸腾	—	>10.0
		醋酸	5	20	—	<1.0	盐酸	1	20	—	<3.0
		醋酸	5	50～75	—	3.0～10.0	盐酸	1	50	—	3.0～10.0
		醋酸	5	沸腾	—	>10.0					

（7）在海水中的耐腐蚀性能

试验持续时间/d	质量损失/(mg/cm²)	
	不完全浸入	完全浸入
15	0.28	—
365	0.65	2.24

注：试样 12mm×12mm×40mm，1050℃空气淬火，150℃回火

18 9Cr18Mo

（1）室温力学性能

热处理制度	σ_b/MPa	δ_5	ψ	a_k/(J/cm²)	硬度
		%			
850℃退火	760	14.0	27.5	16	≤255HBS
1060℃淬火，150℃回火				40	61HRC

（2）耐腐蚀性能

热处理制度	硬度(HRC)	介质条件			腐蚀速率/[g/(m²·h)]
		介质	浓度/%	温度/℃	
1050℃油淬	61.0	硫酸	2	沸腾	575.6
		硫酸	5	沸腾	1003.9
		硝酸	40	沸腾	1.15
1050℃油淬150℃回火 1h	60.0	硫酸	2	沸腾	502.0
		硫酸	5	沸腾	968.3
		硝酸	40	沸腾	1.04

19 Cr14Mo4V

（1）室温力学性能

热处理制度	σ_b/MPa	δ_5	ψ	硬度(HBS)
		%		
890℃退火	790	14.2	19.1	240

（2）高温硬度

温度/℃		室温	250	300	350	400	450
硬度	HV		748	730	676	651	635
	HRC	61.5	59.5	59	56.5	56	55

序号	钢号	力学性能、化学性能与工艺性能					
		(1)室温力学性能					
		热处理制度	σ_b /MPa	δ_5 /%	a_k /(J/cm^2)	硬度 (HBS)	备注
		950～1050℃油淬,275～350℃回火空冷	≥1100	≥10	≥50	≤285	①
		950～1050℃油淬,280～350℃回火空冷	1100～1730	10～22	50～25	187～286	②

① 摘自 GB/T 1220—2007,硬度为退火或高温回火后的数值
② 实际生产检验值

(2)蠕变性能			
试验温度/℃	482	593	649
$\sigma_{1/1000}$　　　　/MPa	140	35	25

(3)持久强度			
试验温度/℃	482	593	649
$\sigma_{b/1000}$　　MPa	240	75	40
$\sigma_{b/10000}$	160	50	25

(4)高温力学性能				
试验温度/℃	σ_b/MPa	$\sigma_{0.2}$/MPa	δ_5/%	ψ/%
20	960	770	17	59
300	840	690	14	53
400	870	700	13	37
500	650	550	18	66
600	360	360	29	88

注:热处理,1030℃淬火,680℃回火

序号 20　钢号 1Cr17Ni2

(5)耐蚀性能							
介质条件			腐蚀速率 /(mm/a)	介质条件			腐蚀速率 /(mm/a)
介质	浓度/%	温度/℃		介质	浓度/%	温度/℃	
硝酸	10	50	<0.1	氢氧化钠	20	沸腾	<0.1
	10	85	<0.1		30	20	<0.1
	30	60	<0.1		30	100	<1.0
	30	沸腾	<1.0		40	90	<1.0
	50	50	<0.1		50	100	<1.0
	50	80	0.1～1.0		60	90	<1.0
	50	沸腾	<3.0	磷酸	5	20	<0.1
	60	60	<0.1		5	85	<0.1
硫酸	1	20	3.0～10.0		10	20	<3.0
	5	20	>10.0		25	20	3.0～10.0
	10	20	>10.0	盐酸	1	20	<3.0
醋酸	10	75	<3.0		2	20	3.0～10.0
	10	90	3.0～10.0		5	20	>10.0
	15	20	<1.0	氢氧化钾	25	沸腾	<0.1
	15	40	<3.0		50	20	<0.1
	25	50	<1.0		50	沸腾	<1.0
	25	90	<3.0		68	120	<1.0
	25	沸腾	3.0～10.0		熔体	300	>10.0
氢氧化钠	10	90	<0.1	硫酸铝	10	50	<0.1
	20	50	<0.1		10	沸腾	1.0～3.0

附录 1
单位换算及常用度量衡简写

1. 重量换算

公制		英美制常衡
kg	g	lb
1	1000	2.2046
0.001	1	0.0022
0.4536	453.59	1
0.05	50	0.1102
宝石：1 克拉＝0.2g		

2. 体（容）积单位换算 1

公制	英制	美制
L	UK gal	US gal
1	0.22	0.264
4.546	1	1.201
3.785	0.833	1

$$1000L＝1m^3$$

$$1L＝1000mL＝1000cm^3$$

英制 $1UK\ gal＝277.42in^3$

美制 $1US\ gal＝231in^3$

3. 体（容）积单位换算 2

公制		英美制		
m^3	cm^3	yd^3	ft^3	in^3
1	1000000	1.303	35.3147	61024
0.000001	1	0.0000013	0.00004	0.06102
0.7636	764555	1	27	46656
0.02832	28317	0.037	1	1728
0.000016	16.317	0.00002	0.00058	1
0.037	37037	0.0484	1.308	2260

4. 面积单位换算

公制		英美制		
m^2	cm^2	yd^2	ft^2	in^2
1	10000	1.196	10.7639	1550
0.0001	1	0.00012	0.00108	0.155
0.8361	8361	1	9	1296
0.0929	929	0.1111	1	144
0.00065	6.45	0.00077	0.00694	1
0.111	1111	0.133	1.196	172.2

5. 长度单位换算

公制		英美制		
m	cm	yd	ft	in
1	100	1.094	3.2808	39.37
0.01	1	0.01094	0.03281	0.3937
0.3333	33.33	0.3646	1.094	13.123
0.9144	91.44	1	3	36
0.3048	30.48	0.3334	1	12
0.0254	2.54	0.0278	0.833	1

$$1m＝100cm＝1000mm$$

6. 其他单位换算

项　　目	单 位 换 算
压力/应力	1psi＝6.895kPa 1bar＝1.013×10⁵Pa 1kg/cm²＝14.22psi 1MPa＝145psi 1MPa＝10.20kgf/cm² 1MPa＝1N/m²＝1N/mm² 1kgf＝9.81N 1lbf＝4.45N 1atm＝1.01bar＝14.7psi
温度	$T(℉)＝1.8T(℃)＋32$ $T(℃)＝[T(℉)－32]×\dfrac{5}{9}$
密度	1lb/ft³＝16.0185kg/m³
冲击强度	1ft・lb/in＝5.44kg・cm/cm 1ft・lb/in＝53.4J/m 1kg・cm/cm＝9.8J/m
能量	1cal＝4.184J 1ft・lbf＝1.3558J 1Btu＝1055.1J
功率	1hp＝0.745kW

7. 常用度量衡英文名称和简写

名称	英文名称	简写	名称	英文名称	简写
克	gram	g	码	yard	yd
公斤	kilogram	kg	英尺	foot	ft
公担	quintal	q	英寸	inch	in
公吨	metric ton	m. t	平方米	square metre	sq. m
长吨	long ton	l. t	平方英尺	square foot	sq. ft
短吨	short ton	sh. t	平方码	square yard	sq. yd
英担	hundredweight	cwt	立方米	cubic metre	cu. m
美担	hundredweight	cwt	立方英尺	cubic foot	cu. ft
磅	pound	lb	升	litre	L
盎司 （常衡）	ounce	oz	毫升	millilitre	mL
盎司 （金衡）	ounce	oz. t	加仑	gallon	gal
司马担	picul		蒲式耳	bushel	bu
米	metre	m	克拉	carat	car
公里	kilometre	km	马力	horse power	hp
厘米	centimetre	cm	千瓦	kilowatt	kW
毫米	millimetre	mm	公吨度	metric ton unit	m. t. u

附录 **2**

标准公差数值及注塑模具常用孔与轴的极限偏差数值

附表 2-1　标准公差数值（GB/T 1800.1—2009）

基本尺寸 /mm		标　准　公　差　等　级																	
		IT1	IT2	IT3	IT4	IT5	IT6	IT7	IT8	IT9	IT10	IT11	IT12	IT13	IT14	IT15	IT16	IT17	IT18
大于	至	μm											mm						
—	3	0.8	1.2	2	3	4	6	10	14	25	40	60	0.1	0.14	0.25	0.4	0.6	1	1.4
3	6	1	1.5	2.5	4	5	8	12	18	30	48	75	0.12	0.18	0.3	0.48	0.75	1.2	1.8
6	10	1	1.5	2.5	4	6	9	15	22	36	58	90	0.15	0.22	0.36	0.58	0.9	1.5	2.2
10	18	1.2	2	3	5	8	11	18	27	43	70	110	0.18	0.27	0.43	0.7	1.1	1.8	2.7
18	30	1.5	2.5	4	6	9	13	21	33	52	84	130	0.21	0.33	0.52	0.84	1.3	2.1	3.3
30	50	1.5	2.5	4	7	11	16	25	39	62	100	160	0.25	0.39	0.62	1	1.6	2.5	3.9
50	80	2	3	5	8	13	19	30	46	74	120	190	0.3	0.46	0.74	1.2	1.9	3	4.6
80	120	2.5	4	6	10	15	22	35	54	87	140	220	0.35	0.54	0.87	1.4	2.2	3.5	5.4
120	180	3.5	5	8	12	18	25	40	63	100	160	250	0.4	0.63	1	1.6	2.5	4	6.3
180	250	4.5	7	10	14	20	29	46	72	115	185	290	0.46	0.72	1.15	1.85	2.9	4.6	7.2
250	315	6	8	12	16	23	32	52	81	130	210	320	0.52	0.81	1.3	2.1	3.2	5.2	8.1
315	400	7	9	13	18	25	36	57	89	140	230	360	0.57	0.89	1.4	2.3	3.6	5.7	8.9
400	500	8	10	15	20	27	40	63	97	155	250	400	0.63	0.97	1.55	2.5	4	6.3	9.7
500	630	9	11	16	22	32	44	70	110	175	280	440	0.7	1.1	1.75	2.8	4.4	7	11
630	800	10	13	18	25	36	50	80	125	200	320	500	0.8	1.25	2	3.2	5	8	12.5
800	1000	11	15	21	28	40	56	90	140	230	360	560	0.9	1.4	2.3	3.6	5.6	9	14
1000	1250	13	18	24	33	47	66	105	165	260	420	660	1.05	1.65	2.6	4.2	6.6	10.5	16.5
1250	1600	15	21	29	39	55	78	125	195	310	500	780	1.25	1.95	3.1	5	7.8	12.5	19.5
1600	2000	18	25	35	46	65	92	150	230	370	600	920	1.5	2.3	3.7	6	9.2	15	23
2000	2500	22	30	41	55	78	110	175	280	440	700	1100	1.75	2.8	4.4	7	11	17.5	28
2500	3150	26	36	50	68	96	135	210	330	540	860	1350	2.1	3.3	5.4	8.6	13.5	21	33

注：1. 基本尺寸大于 500mm 的 IT1 至 IT5 的标准公差数值为试行的。

　　2. 基本尺寸小于或等于 1mm 时，无 IT14 至 IT18。

附表 2-2　注塑模具常用孔的极限偏差数值（GB/T 1800.4—1999）

基本尺寸/mm 大于	至	H 偏差 1	2	3	4	5	6	7	8	9	10	11	12	13	14	15	16	17	18
		μm											mm						
—	3	+0.8/0	+1.2/0	+2/0	+3/0	−4/0	+6/0	+10/0	+14/0	+25/0	+40/0	+60/0	+0.1/0	+0.14/0	+0.25/0	+0.4/0	−0.6/0		
3	6	+1/0	+1.5/0	+2.5/0	+4/0	−5/0	+8/0	+12/0	+18/0	+30/0	+48/0	+75/0	+0.12/0	+0.18/0	+0.3/0	+0.48/0	−0.75/0	+1.2/0	+1.8/0
6	10	+1/0	+1.5/0	+2.5/0	+4/0	−6/0	+9/0	+15/0	+22/0	+36/0	+58/0	+90/0	+0.15/0	+0.22/0	+0.36/0	+0.58/0	−0.9/0	+1.5/0	+2.2/0
10	18	+1.2/0	+2/0	+3/0	+5/0	−8/0	+11/0	+18/0	+27/0	+43/0	+70/0	+110/0	+0.18/0	+0.27/0	+0.43/0	+0.7/0	−1.1/0	+1.8/0	+2.7/0
18	30	+1.5/0	+2.5/0	+4/0	+6/0	−9/0	+13/0	+21/0	+33/0	+52/0	+84/0	+130/0	+0.21/0	+0.33/0	+0.52/0	+0.84/0	−1.3/0	+2.1/0	+3.3/0
30	50	+1.5/0	+2.5/0	+4/0	+7/0	+11/0	+16/0	+25/0	+39/0	+62/0	+100/0	+160/0	+0.25/0	+0.39/0	+0.62/0	+1/0	−1.6/0	+2.5/0	+3.9/0
50	80	+2/0	+3/0	+5/0	+8/0	+13/0	+19/0	+30/0	+46/0	+74/0	+120/0	+190/0	+0.3/0	+0.46/0	+0.74/0	+1.2/0	−1.9/0	+3/0	+4.6/0
80	120	+2.5/0	+4/0	+6/0	+10/0	+15/0	+22/0	+35/0	+54/0	+87/0	+140/0	+220/0	+0.35/0	+0.54/0	+0.87/0	+1.4/0	−2.2/0	+3.5/0	+5.4/0
120	180	+3.5/0	+5/0	+8/0	+12/0	+18/0	+25/0	+40/0	+63/0	+100/0	+160/0	+250/0	+0.4/0	+0.63/0	+1/0	+1.6/0	−2.5/0	+4/0	+6.3/0
180	250	+4.5/0	+7/0	+10/0	+14/0	+20/0	+29/0	+46/0	+72/0	+115/0	+185/0	+290/0	+0.46/0	+0.72/0	+1.15/0	+1.85/0	−2.9/0	+4.6/0	+7.2/0
250	315	+6/0	+8/0	+12/0	+16/0	+23/0	+32/0	+52/0	+81/0	+130/0	+210/0	+320/0	+0.52/0	+0.81/0	+1.3/0	+2.1/0	−3.2/0	+5.2/0	+8.1/0

续表

基本尺寸/mm 大于	至	1	2	3	4	5	6	7	8	9	10	11	12	13	14	15	16	17	18
							μm									mm			
315	400	−7 0	+9 0	+13 0	+18 0	+25 0	+36 0	+57 0	+89 0	+140 0	+230 0	+360 0	+0.57 0	+0.89 0	+1.4 0	+2.3 0	+3.6 0	+5.7 0	+8.9 0
400	500	+8 0	+10 0	+15 0	+20 0	+27 0	+40 0	+63 0	+97 0	+155 0	+250 0	+400 0	+0.63 0	+0.97 0	+1.55 0	+2.5 0	+4 0	+6.3 0	+9.7 0
500	630	+9 0	+11 0	+16 0	+22 0	+32 0	+44 0	+70 0	+110 0	+175 0	+280 0	+440 0	+0.7 0	+1.1 0	+1.75 0	+2.8 0	+4.4 0	+7 0	+11 0
630	800	+10 0	+13 0	+18 0	+25 0	+36 0	+50 0	+80 0	+125 0	+200 0	+320 0	+500 0	+0.8 0	+1.25 0	+2 0	+3.2 0	+5 0	+8 0	+12.5 0
800	1000	+11 0	+15 0	+21 0	+28 0	+40 0	+56 0	+90 0	+140 0	+230 0	+360 0	+560 0	+0.9 0	+1.4 0	+2.3 0	+3.6 0	+5.6 0	+9 0	+14 0
1000	1250	+13 0	+18 0	+24 0	+33 0	+47 0	+66 0	+105 0	+165 0	+260 0	+420 0	+660 0	+1.05 0	+1.65 0	+2.6 0	+4.2 0	+6.6 0	+10.5 0	+16.5 0
1250	1600	+15 0	+21 0	+29 0	+39 0	+55 0	+78 0	+125 0	+195 0	+310 0	+500 0	+780 0	+1.25 0	+1.95 0	+3.1 0	+5 0	+7.8 0	+12.5 0	+19.5 0
1600	2000	+18 0	+25 0	+35 0	+46 0	+65 0	+92 0	+150 0	+230 0	+370 0	+600 0	+920 0	+1.5 0	+2.3 0	+3.7 0	+6 0	+9.2 0	+15 0	+23 0
2000	2500	+22 0	+30 0	+41 0	+55 0	+78 0	+110 0	+175 0	+280 0	+440 0	+700 0	+1100 0	+1.75 0	+2.8 0	+4.4 0	+7 0	+11 0	+17.5 0	+28 0
2500	3150	+26 0	+36 0	+50 0	+68 0	+96 0	+135 0	+210 0	+330 0	+540 0	+860 0	+1350 0	+2.1 0	+3.3 0	+5.4 0	+8.6 0	+13.5 0	+21 0	+33 0

注:1. IT14 至 IT18 只用于大于 1mm 的基本尺寸

2. 黑框中的数值,即基本尺寸大于 500~3150mm,IT1 至 IT5 的偏差值,为试用值

续表

JS 偏差

基本尺寸/mm 大于	至	1	2	3	4	5	6	7	8	9	10	11	12	13	14	15	16	17	18
						μm										mm			
—	3	±0.4	±0.6	±1	±1.5	±2	±3	±5	±7	±12	±20	±30	±0.05	±0.07	±0.125	±0.2	±0.3		
3	6	±0.5	±0.75	±1.25	±2	±2.5	±4	±6	±9	±15	±24	±37	±0.06	±0.09	±0.15	±0.24	±0.375	±0.6	±0.9
6	10	±0.5	±0.75	±1.25	±2	±3	±4.5	±7	±11	±18	±29	±46	±0.075	±0.11	±0.18	±0.29	±0.45	±0.75	±1.1
10	18	±0.6	±1	±1.5	±2.5	±4	±5.5	±9	±13	±21	±36	±55	±0.09	±0.135	±0.215	±0.35	±0.55	±0.9	±1.35
18	30	±0.75	±1.25	±2	±3	±4.5	±6.5	±10	±16	±26	±42	±65	±0.105	±0.165	±0.26	±0.42	±0.65	±1.05	±1.65
30	50	±0.75	±1.25	±2	±3.5	±5.5	±8	±12	±19	±31	±50	±80	±0.125	±0.195	±0.31	±0.5	±0.8	±1.25	±1.95
50	80	±1	±1.5	±2.5	±4	±6.5	±9.5	±15	±23	±37	±60	±95	±0.15	±0.23	±0.37	±0.6	±0.95	±1.5	±2.3
80	120	±1.25	±2	±3	±5	±7.5	±11	±17	±27	±43	±70	±110	±0.175	±0.27	±0.435	±0.7	±1.1	±1.75	±2.7
120	180	±1.75	±2.5	±4	±6	±9	±12.5	±20	±31	±50	±80	±125	±0.2	±0.315	±0.5	±0.8	±1.25	±2	±3.15
180	250	±2.25	±3.5	±5	±7	±10	±14.5	±23	±36	±57	±92	±145	±0.23	±0.36	±0.575	±0.925	±1.45	±2.3	±3.6
250	315	±3	±4	±6	±8	±11.5	±16	±26	±40	±65	±105	±160	±0.28	±0.405	±0.65	±1.05	±1.6	±2.6	±4.05
315	400	±3.5	±4.5	±6.5	±9	±12.5	±18	±28	±44	±70	±115	±180	±0.285	±0.445	±0.7	±1.15	±1.8	±2.85	±4.45
400	500	±4	±5	±7.5	±10	±13.5	±20	±31	±48	±77	±125	±200	±0.315	±0.485	±0.775	±1.25	±2	±3.15	±4.85
500	630	±4.5	±5.5	±8	±11	±16	±22	±35	±55	±87	±140	±220	±0.35	±0.55	±0.875	±1.4	±2.2	±3.5	±5.5
630	800	±5	±6.5	±9	±12.5	±18	±25	±40	±62	±100	±160	±250	±0.4	±0.625	±1	±1.6	±2.5	±4	±6.25
800	1000	±5.5	±7.5	±10.5	±14	±20	±28	±45	±70	±115	±180	±280	±0.45	±0.7	±1.15	±1.8	±2.8	±4.5	±7
1000	1250	±6.5	±9	±12	±16.5	±23.5	±33	±52	±82	±130	±210	±330	±0.525	±0.825	±1.3	±2.1	±3.3	±5.25	±8.25
1250	1600	±7.5	±10.5	±14.5	±19.5	±27.5	±39	±62	±97	±155	±250	±390	±0.625	±0.975	±1.55	±2.5	±3.9	±6.25	±9.75
1600	2000	±9	±12.5	±17.5	±23	±32.5	±45	±75	±115	±185	±300	±460	±0.75	±1.15	±1.85	±3	±4.6	±7.5	±11.5
2000	2500	±11	±15	±20.5	±27.5	±39	±55	±87	±140	±220	±350	±550	±0.875	±1.4	±2.2	±3.5	±5.5	±8.75	±14
2500	3150	±13	±18	±25	±34	±48	±67.5	±105	±165	±270	±430	±675	±1.05	±1.65	±2.7	±4.3	±6.75	±10.5	±16.5

注:1. 为避免相同值的重复,表列值以"±X"给出,可为 ES=+X,EI=-X,例如:$^{+0.23}_{-0.23}$ mm

2. IT14至IT18只用于大于1mm的基本尺寸

3. 黑框中的数值,即基本尺寸大于500~3150mm,IT1至IT5的偏差值,为试用值

基本尺寸/mm		J				K							
大于	至	6	7	8	9	3	4	5	6	7	8	9	10
—	3	+2 −4	+4 −6	+6 +8		0 −2	0 −3	0 −4	0 −6	0 −10	0 −14	0 −25	0 −40
3	6	+5 −3	±6	+10 −8		0 −2.5	+0.5 −3.5	0 −5	+2 −6	+3 −9	+5 −13		
6	10	+5 −4	+8 −7	+12 −10		0 −2.5	+0.5 −3.5	+1 −5	+2 −7	+5 −10	+6 −16		
10	18	+6 −5	+10 −8	+15 −12		0 −3	+1 −4	+2 −6	+2 −9	+6 −12	+8 −19		
18	30	+8 −5	+12 −9	+20 −13		−0.5 −4.5	0 −6	+1 −8	+2 −11	+6 −15	+10 −23		
30	50	+10 −6	+14 −11	+24 −15		−0.5 −4.5	+1 −6	+2 −9	+3 −13	+7 −18	+12 −27		
50	80	+13 −6	+18 −12	+28 −18				+3 −10	+4 −15	+9 −21	+14 −32		
80	120	+16 −6	+22 −13	+34 −20				+2 −13	+4 −18	+10 −25	+16 −38		
120	180	+18 −7	+26 −14	+41 −22				+3 −15	+4 −21	+12 −28	+20 −43		
180	250	+22 −7	+30 −16	+47 −25				+2 −18	+5 −24	+13 −33	+22 −50		
250	315	+25 −7	+36 −16	+55 −26				+3 −20	+5 −27	+16 −36	+25 −56		
315	400	+29 −7	+39 −18	+60 −29				+3 −22	+7 −29	+17 −40	+28 −61		
400	500	+33 −7	+43 −20	+66 −31				+2 −25	+8 −32	+18 −45	+29 −68		
500	630								0 −44	0 −70	0 −110		
630	800								0 −50	0 −80	0 −125		
800	1000								0 −56	0 −90	0 −140		
1000	1250								0 −66	0 −105	0 −165		
1250	1600								0 −78	0 −125	0 −195		
1600	2000								0 −92	0 −150	0 −230		
2000	2500								0 −110	0 −175	0 −280		
2500	3150								0 −135	0 −210	0 −330		

注:1. J9、J10 等公差带对称于零线,其偏差值可见 Js9、Js10 等

2. 基本尺寸大于 3mm 时,大于 IT8 的 K 的偏差值不作规定

3. 基本尺寸大于 3～6mm 的 J7 的偏差值与对应尺寸段的 Js7 等值

基本尺寸/mm 大于	至	M 3	4	5	6	7	8	9	10	N 3	4	5	6	7	8	9	10	11
—	3	−2/−4	−2/−5	−2/−6	−2/−8	−2/−12	−2/−16	−2/−27	−2/−42	−4/−6	−4/−7	−4/−8	−4/−10	−4/−14	−4/−18	−4/−29	−4/−44	−4/−64
3	6	−3/−5.5	−2.5/−6.5	−3/−8	−1/−9	0/−12	+2/−16	−4/−34	−4/−52	−7/−9.5	−6.5/−10.5	−7/−12	−5/−13	−4/−16	−2/−20	0/−30	0/−48	0/−75
6	10	−5/−7.5	−4.5/−8.5	−4/−10	−3/−12	0/−15	+1/−21	−6/−42	−6/−64	−9/−11.5	−8.5/−12.5	−8/−14	−7/−16	−4/−19	−3/−25	0/−36	0/−58	0/−90
10	18	−6/−9	−5/−10	−4/−12	−4/−15	0/−18	+2/−25	−7/−50	−7/−77	−11/−14	−10/−15	−9/−17	−9/−20	−5/−23	−3/−30	0/−43	0/−70	0/−110
18	30	−6.5/−10.5	−6/−12	−5/−14	−4/−17	0/−21	+4/−29	−8/−60	−8/−92	−13.5/−17.5	−13/−19	−12/−21	−11/−24	−7/−28	−3/−36	0/−52	0/−84	0/−130
30	50	−7.5/−11.5	−6/−13	−5/−16	−4/−20	0/−25	+5/−34	−9/−71	−9/−109	−15.5/−19.5	−14/−21	−13/−24	−12/−28	−8/−33	−3/−42	0/−62	0/−100	0/−160
50	80			−6/−19	−5/−24	0/−30	+5/−41					−15/−28	−14/−33	−9/−39	−4/−50	0/−74	0/−120	0/−190
80	120			−8/−23	−6/−28	0/−35	+6/−48					−18/−33	−16/−38	−10/−45	−4/−58	0/−87	0/−140	0/−220
120	180			−9/−27	−8/−33	0/−40	+8/−55					−21/−39	−20/−45	−12/−52	−4/−67	0/−100	0/−160	0/−250
180	250			−11/−31	−8/−37	0/−46	+9/−63					−25/−45	−22/−51	−14/−60	−5/−77	0/−115	0/−185	0/−290
250	315			−13/−36	−9/−41	0/−52	+9/−72					−27/−50	−25/−57	−14/−66	−5/−86	0/−130	0/−210	0/−320
315	400			−14/−39	−10/−46	0/−57	+11/−78					−30/−55	−26/−62	−16/−73	−5/−94	0/−140	0/−230	0/−360
400	500			−16/−43	−10/−50	0/−63	+11/−86					−33/−60	−27/−67	−17/−80	−6/−103	0/−155	0/−250	0/−400
500	630				−26/−70	−26/−96	−26/−136						−44/−88	−44/−114	−44/−154	−44/−219		
630	800				−30/−80	−30/−110	−30/−155						−50/−100	−50/−130	−50/−175	−50/−250		
800	1000				−34/−90	−34/−124	−34/−174						−56/−112	−56/−146	−56/−196	−56/−286		
1000	1250				−40/−106	−40/−145	−40/−205						−66/−132	−66/−171	−66/−231	−66/−326		
1250	1600				−48/−126	−48/−173	−48/−243						−78/−156	−78/−203	−78/−273	−78/−388		
1600	2000				−58/−150	−58/−208	−58/−288						−92/−184	−92/−242	−92/−322	−92/−462		
2000	2500				−68/−178	−68/−243	−68/−348						−110/−220	−110/−285	−110/−390	−110/−550		
2500	3150				−76/−211	−76/−286	−76/−406						−135/−270	−135/−345	−135/−465	−135/−675		

注：公差带 N9、N10 和 N11 只用于大于 1mm 的基本尺寸

附表 2-3　注塑模具常用轴的极限偏差数值（GB/T 1800.4—1999）

基本尺寸/mm		f								fg							
大于	至	3	4	5	6	7	8	9	10	3	4	5	6	7	8	9	10
—	3	−6 −8	−6 −9	−6 −10	−6 −12	−6 −16	−6 −20	−6 −31	−6 −46	−4 −6	−4 −7	−4 −8	−4 −10	−4 −14	−4 −18	−4 −29	−4 −44
3	6	−10 −12.5	−10 −14	−10 −15	−10 −18	−10 −22	−10 −28	−10 −40	−10 −58	−6 −8.5	−6 −10	−6 −11	−6 −14	−6 −18	−6 −24	−6 −36	−6 −54
6	10	−13 −15.5	−13 −17	−13 −19	−13 −22	−13 −28	−13 −35	−13 −49	−13 −71	−8 −10.5	−8 −12	−8 −14	−8 −17	−8 −23	−8 −30	−8 −44	−8 −66
10	18	−16 −19	−16 −21	−16 −24	−16 −27	−16 −34	−16 −43	−16 −59	−16 −86								
18	30	−20 −24	−20 −26	−20 −29	−20 −33	−20 −41	−20 −53	−20 −72	−20 −104								
30	50	−25 −29	−25 −32	−25 −36	−25 −41	−25 −50	−25 −64	−25 −87	−25 −125								
50	80			−30 −38	−30 −43	−30 −49	−30 −60	−30 −76	−30 −104								
80	120			−36 −46	−36 −51	−36 −58	−36 −71	−36 −90	−36 −123								
120	180			−43 −55	−43 −61	−43 −68	−43 −83	−43 −106	−43 −143								
180	250			−50 −64	−50 −70	−50 −79	−50 −96	−50 −122	−50 −165								
250	315			−56 −72	−56 −79	−56 −88	−56 −108	−56 −137	−56 −185								
315	400			−62 −80	−62 −87	−62 −98	−62 −119	−62 −151	−62 −202								
400	500			−68 −88	−68 −95	−68 −108	−68 −131	−68 −165	−68 −223								
500	630					−76 −120	−76 −146	−76 −186	−76 −251								
630	800					−80 −130	−80 −160	−80 −205	−80 −280								
800	1000					−86 −142	−86 −176	−86 −226	−86 −316								
1000	1250					98 −164	−98 −203	−98 −263	−98 −358								
1250	1600					−110 −188	−110 −235	−110 −305	−110 −420								
1600	2000					−120 −212	−120 −270	−120 −350	−120 −490								
2000	2500					−130 −240	−130 −305	−130 −410	−130 −570								
2500	3150					−145 −280	−145 −355	−145 −475	−145 −685								

注：各级的 fg 主要用于精密机械和钟表制造业。

附表 2-4　轴 f 和 fg 的极限偏差数值（GB/T 1800.4—1999）

基本尺寸 /mm 大于	至	g							
		3	4	5	6	7	8	9	10
—	3	-2 -4	-2 -5	-2 -6	-2 -8	-2 -12	-2 -16	-2 -27	-2 -42
3	6	-4 -6.5	-4 -8	-4 -9	-4 -12	-4 -16	-4 -22	-4 -34	-4 -52
6	10	-5 -7.5	-5 -9	-5 -11	-5 -14	-5 -20	-5 -27	-5 -41	-5 -63
10	18	-6 -9	-6 -11	-6 -14	-6 -17	-6 -24	-6 -33	-6 -49	-6 -76
18	30	-7 -11	-7 -13	-7 -16	-7 -20	-7 -28	-7 -40	-7 -59	-7 -91
30	50	-9 -13	-9 -16	-9 -20	-9 -25	-9 -34	-9 -48	-9 -71	-9 -109
50	80		-10 -18	-10 -23	-10 -29	-10 -40	-10 -56		
80	120		-12 -22	-12 -27	-12 -34	-12 -47	-12 -66		
120	180		-14 -26	-14 -32	-14 -39	-14 -54	-14 -77		
180	250		-15 -29	-15 -35	-15 -44	-15 -61	-15 -87		
250	315		-17 -33	-17 -40	-17 -49	-17 -69	-17 -98		
315	400		-18 -36	-18 -43	-18 -54	-18 -75	-18 -107		
400	500		-20 -40	-20 -47	-20 -60	-20 -83	-20 -117		
500	630				-22 -66	-22 -92	-22 -132		
630	800				-24 -74	-24 -104	-24 -149		
800	1000				-26 -82	-26 -116	-26 -166		
1000	1250				-28 -94	-28 -133	-28 -193		
1250	1600				-30 -108	-30 -155	-30 -225		
1600	2000				-32 -124	-32 -182	-32 -262		
2000	2500				-34 -144	-34 -209	-34 -314		
2500	3150				-38 -173	-38 -248	-38 -368		

续表

h — 偏差

基本尺寸/mm 大于	至	1	2	3	4	5	6	7	8	9	10	11	12	13	14	15	16	17	18
		μm											mm						
—	3	0 -0.8	0 -1.2	0 -2	0 -3	0 -4	0 -6	0 -10	0 -14	0 -25	0 -40	0 -60	0 -0.1	0 -0.14	0 -0.25	0 -0.4	0 -0.6		
3	6	0 -1	0 -1.5	0 -2.5	0 -4	0 -5	0 -8	0 -12	0 -18	0 -30	0 -48	0 -75	0 -0.12	0 -0.18	0 -0.3	0 -0.48	0 -0.75	0 -1.2	0 -1.8
6	10	0 -1	0 -1.5	0 -2.5	0 -4	0 -6	0 -9	0 -15	0 -22	0 -36	0 -58	0 -90	0 -0.15	0 -0.22	0 -0.36	0 -0.58	0 -0.9	0 -1.5	0 -2.2
10	18	0 -1.2	0 -1.5	0 -3	0 -5	0 -8	0 -11	0 -18	0 -27	0 -43	0 -70	0 -110	0 -0.18	0 -0.27	0 -0.43	0 -0.7	0 -1.1	0 -1.8	0 -2.7
18	30	0 -1.5	0 -2	0 -4	0 -6	0 -9	0 -13	0 -21	0 -33	0 -52	0 -84	0 -130	0 -0.21	0 -0.33	0 -0.52	0 -0.84	0 -1.3	0 -2.1	0 -3.3
30	50	0 -1.5	0 -2.5	0 -4	0 -7	0 -11	0 -16	0 -25	0 -39	0 -62	0 -100	0 -160	0 -0.25	0 -0.39	0 -0.62	0 -1	0 -1.6	0 -2.5	0 -3.9
50	80	0 -2	0 -2.5	0 -5	0 -8	0 -13	0 -19	0 -30	0 -46	0 -74	0 -120	0 -190	0 -0.3	0 -0.46	0 -0.74	0 -1.2	0 -1.9	0 -3	0 -4.6
80	120	0 -2.5	0 -4	0 -6	0 -10	0 -15	0 -22	0 -35	0 -54	0 -87	0 -140	0 -220	0 -0.35	0 -0.54	0 -0.87	0 -1.4	0 -2.2	0 -3.5	0 -5.4
120	180	0 -3.5	0 -5	0 -8	0 -12	0 -18	0 -25	0 -40	0 -63	0 -100	0 -160	0 -250	0 -0.4	0 -0.63	0 -1	0 -1.6	0 -2.5	0 -4	0 -6.3
180	250	0 -4.5	0 -7	0 -10	0 -14	0 -20	0 -29	0 -46	0 -72	0 -115	0 -185	0 -290	0 -0.46	0 -0.72	0 -1.15	0 -1.85	0 -2.9	0 -4.6	0 -7.2
250	315	0 -6	0 -8	0 -12	0 -16	0 -23	0 -32	0 -52	0 -81	0 -130	0 -210	0 -320	0 -0.52	0 -0.81	0 -1.3	0 -2.1	0 -3.2	0 -5.2	0 -8.1

续表

h 偏差

基本尺寸/mm 大于	至	1	2	3	4	5	6	7	8	9	10	11	12	13	14	15	16	17	18
						μm										mm			
315	400	0 −7	0 −9	0 −13	0 −18	0 −25	0 −36	0 −57	0 −89	0 −140	0 −230	0 −360	0 −0.57	0 −0.89	0 −1.4	0 −2.3	0 −3.6	0 −5.7	0 −8.9
400	500	0 −8	0 −10	0 −15	0 −20	0 −27	0 −40	0 −63	0 −97	0 −155	0 −250	0 −400	0 −0.63	0 −0.97	0 −1.55	0 −2.5	0 −4	0 −6.3	0 −9.7
500	630	0 −9	0 −11	0 −16	0 −22	0 −32	0 −44	0 −70	0 −110	0 −175	0 −280	0 −440	0 −0.7	0 −1.1	0 −1.75	0 −2.8	0 −4.4	0 −7	0 −11
630	800	0 −10	0 −13	0 −18	0 −25	0 −36	0 −50	0 −80	0 −125	0 −200	0 −320	0 −500	0 −0.8	0 −1.25	0 −2	0 −3.2	0 −5	0 −8	0 −12.5
800	1000	0 −11	0 −15	0 −21	0 −28	0 −40	0 −56	0 −90	0 −140	0 −230	0 −360	0 −560	0 −0.9	0 −1.4	0 −2.3	0 −3.6	0 −5.6	0 −9	0 −14
1000	1250	0 −13	0 −18	0 −24	0 −33	0 −47	0 −66	0 −105	0 −165	0 −260	0 −420	0 −660	0 −1.05	0 −1.65	0 −2.6	0 −4.2	0 −6.6	0 −10.5	0 −16.5
1250	1600	0 −15	0 −21	0 −29	0 −39	0 −55	0 −78	0 −125	0 −195	0 −310	0 −500	0 −780	0 −1.25	0 −1.95	0 −3.1	0 −5	0 −7.8	0 −12.5	0 −19.5
1600	2000	0 −18	0 −25	0 −35	0 −46	0 −65	0 −92	0 −150	0 −230	0 −370	0 −600	0 −920	0 −1.5	0 −2.3	0 −3.7	0 −6	0 −9.2	0 −15	0 −23
2000	2500	0 −22	0 −30	0 −41	0 −55	0 −78	0 −110	0 −175	0 −280	0 −440	0 −700	0 −1100	0 −1.75	0 −2.8	0 −4.4	0 −7	0 −11	0 −17.5	0 −28
2500	3150	0 −26	0 −36	0 −50	0 −68	0 −96	0 −135	0 −210	0 −330	0 −540	0 −860	0 −1350	0 −2.1	0 −3.3	0 −5.4	0 −8.6	0 −13.5	0 −21	0 −33

注：1. IT14 至 IT18 只用于大于 1mm 的基本尺寸，即基本尺寸大于 1mm 的基本尺寸
　　2. 黑框中的数值，即基本尺寸大于 500～3150mm，IT1 至 IT5 的偏差值，为试用值

续表

js 偏差

单位：1～11 列为 μm，12～18 列为 mm

基本尺寸/mm 大于	至	1	2	3	4	5	6	7	8	9	10	11	12	13	14	15	16	17	18
—	3	±0.4	±0.6	±1	±1.5	±2	±3	±5	±7	±12	±20	±30	±0.05	±0.07	±0.125	±0.2	±0.3	±0.5	
3	6	±0.5	±0.75	±1.25	±2	±2.5	±4	±6	±9	±15	±24	±37	±0.06	±0.09	±0.15	±0.24	±0.375	±0.6	±0.9
6	10	±0.5	±0.75	±1.25	±2	±3	±4.5	±7	±11	±18	±29	±45	±0.075	±0.11	±0.18	±0.29	±0.45	±0.75	±1.1
10	18	±0.6	±1	±1.5	±2.5	±4	±5.5	±9	±13	±21	±35	±55	±0.09	±0.135	±0.215	±0.35	±0.55	±0.9	±1.35
18	30	±0.75	±1.25	±2	±3	±4.5	±6.5	±10	±16	±26	±42	±65	±0.105	±0.165	±0.26	±0.42	±0.65	±1.05	±1.65
30	50	±0.75	±1.25	±2	±3.5	±5.5	±8	±12	±19	±31	±50	±80	±0.125	±0.195	±0.31	±0.5	±0.8	±1.25	±1.95
50	80	±1	±1.5	±2.5	±4	±6.5	±9.5	±15	±23	±37	±60	±95	±0.15	±0.23	±0.37	±0.6	±0.95	±1.5	±2.3
80	120	±1.25	±2	±3	±5	±7.5	±11	±17	±27	±43	±70	±110	±0.175	±0.27	±0.435	±0.7	±1.1	±1.75	±2.7
120	180	±1.75	±2.5	±4	±6	±9	±12.5	±20	±31	±50	±80	±125	±0.2	±0.315	±0.5	±0.8	±1.25	±2	±3.15
180	250	±2.25	±3.5	±5	±7	±10	±14.5	±23	±36	±57	±92	±145	±0.23	±0.36	±0.575	±0.925	±1.45	±2.3	±3.6
250	315	±3	±4	±6	±8	±11.5	±16	±26	±40	±65	±105	±160	±0.26	±0.405	±0.65	±1.05	±1.6	±2.6	±4.05
315	400	±3.5	±4.5	±6.5	±9	±12.5	±18	±28	±44	±70	±115	±180	±0.285	±0.445	±0.7	±1.15	±1.8	±2.85	±4.45
400	500	±4	±5	±7.5	±10	±13.5	±20	±31	±48	±77	±125	±200	±0.315	±0.485	±0.775	±1.25	±2	±3.15	±4.85
500	630	±4.5	±5.5	±8	±11	±16	±22	±35	±55	±87	±140	±220	±0.35	±0.55	±0.875	±1.4	±2.2	±3.5	±5.5
630	800	±5	±6.5	±9	±12.5	±18	±25	±40	±62	±100	±160	±250	±0.4	±0.625	±1	±1.6	±2.5	±4	±6.25
800	1000	±5.5	±7.5	±10.5	±14	±20	±28	±45	±70	±115	±180	±280	±0.45	±0.7	±1.15	±1.8	±2.8	±4.5	±7
1000	1250	±6.5	±9	±12	±16.5	±23.5	±33	±52	±82	±130	±210	±330	±0.525	±0.825	±1.3	±2.1	±3.3	±5.25	±8.25
1250	1600	±7.5	±10.5	±14.5	±19.5	±27.5	±39	±62	±97	±155	±250	±390	±0.625	±0.975	±1.55	±2.5	±3.9	±6.25	±9.75
1600	2000	±9	±12.5	±17.5	±23	±32.5	±46	±75	±115	±185	±300	±460	±0.75	±1.15	±1.83	±3	±4.6	±7.5	±11.5
2000	2500	±11	±15	±20.5	±27.5	±39	±55	±87	±140	±220	±350	±550	±0.875	±1.4	±2.2	±3.5	±5.5	±8.75	±14
2500	3150	±13	±18	±25	±34	±48	±67.5	±105	±165	±270	±430	±675	±1.05	±1.65	±2.7	±4.3	±6.75	±10.5	±16.5

注：1. 为避免相同值的重复,表列值以"±X"给出,可为 es=+X,ei=−X,例如 $\begin{matrix}+0.23\\-0.23\end{matrix}$ mm 的基本尺寸

2. IT14 至 IT18 只用于大于 1mm 的基本尺寸

3. 黑框中的数值,即基本尺寸大于 500～3150mm,IT1 至 IT5 的偏差值,为试用的

续表

基本尺寸/mm		g							
大于	至	3	4	5	6	7	8	9	10
—	3	−2 −4	−2 −5	−2 −6	−2 −8	−2 −12	−2 −16	−2 −27	−2 −42
3	6	−4 −6.5	−4 −8	−4 −9	−4 −12	−4 −16	−4 −22	−4 −34	−4 −52
6	10	−5 −7.5	−5 −9	−5 −11	−5 −14	−5 −20	−5 −27	−5 −41	−5 −63
10	18	−6 −9	−6 −11	−6 −14	−6 −17	−6 −24	−6 −33	−6 −49	−6 −76
18	30	−7 −11	−7 −13	−7 −16	−7 −20	−7 −28	−7 −40	−7 −59	−7 −91
30	50	−9 −13	−9 −16	−9 −20	−9 −25	−9 −34	−9 −48	−9 −71	−9 −109
50	80		−10 −18	−10 −23	−10 −29	−10 −40	−10 −56		
80	120		−12 −22	−12 −27	−12 −34	−12 −47	−12 −66		
120	180		−14 −26	−14 −32	−14 −39	−14 −54	−14 −77		
180	250		−15 −29	−15 −35	−15 −44	−15 −61	−15 −87		
250	315		−17 −33	−17 −40	−17 −49	−17 −69	−17 −98		
315	400		−18 −36	−18 −43	−18 −54	−18 −75	−18 −107		
400	500		−20 −40	−20 −47	−20 −60	−20 −83	−20 −117		
500	630				−22 −66	−22 −92	−22 −132		
630	800				−24 −74	−24 −104	−24 −149		
800	1000				−26 −82	−26 −116	−26 −166		
1000	1250				−28 −94	−28 −133	−28 −193		
1250	1600				−30 −108	−30 −155	−30 −225		
1600	2000				−32 −124	−32 −182	−32 −262		
2000	2500				−34 −144	−34 −209	−34 −314		
2500	3150				−38 −173	−38 −248	−38 −368		

基本尺寸/mm		g							
大于	至	3	4	5	6	7	8	9	10
—	3	−2 −4	−2 −5	−2 −6	−2 −8	−2 −12	−2 −16	−2 −27	−2 −42
3	6	−4 −6.5	−4 −8	−4 −9	−4 −12	−4 −16	−4 −22	−4 −34	−4 −52
6	10	−5 −7.5	−5 −9	−5 −11	−5 −14	−5 −20	−5 −27	−5 −41	−5 −63
10	18	−6 −9	−6 −11	−6 −14	−6 −17	−6 −24	−6 −33	−6 −49	−6 −76
18	30	−7 −11	−7 −13	−7 −16	−7 −20	−7 −28	−7 −40	−7 −59	−7 −91
30	50	−9 −13	−9 −16	−9 −20	−9 −25	−9 −34	−9 −48	−9 −71	−9 −109
50	80		−10 −18	−10 −23	−10 −29	−10 −40	−10 −56		
80	120		−12 −22	−12 −27	−12 −34	−12 −47	−12 −66		
120	180		−14 −26	−14 −32	−14 −39	−14 −54	−14 −77		
180	250		−15 −29	−15 −35	−15 −44	−15 −61	−15 −87		
250	315		−17 −33	−17 −40	−17 −49	−17 −69	−17 −98		
315	400		−18 −36	−18 −43	−18 −54	−18 −75	−18 −107		
400	500		−20 −40	−20 −47	−20 −60	−20 −83	−20 −117		
500	630				−22 −66	−22 −92	−22 −132		
630	800				−24 −74	−24 −104	−24 −149		
800	1000				−26 −82	−26 −116	−26 −166		
1000	1250				−28 −94	−28 −133	−28 −193		
1250	1600				−30 −108	−30 −155	−30 −225		
1600	2000				−32 −124	−32 −182	−32 −262		
2000	2500				−34 −144	−34 −209	−34 −314		
2500	3150				−38 −173	−38 −248	−38 −368		

基本尺寸/mm		g							
大于	至	3	4	5	6	7	8	9	10
—	3	-2 -4	-2 -5	-2 -6	-2 -8	-2 -12	-2 -16	-2 -27	-2 -42
3	6	-4 -6.5	-4 -8	-4 -9	-4 -12	-4 -16	-4 -22	-4 -34	-4 -52
6	10	-5 -7.5	-5 -9	-5 -11	-5 -14	-5 -20	-5 -27	-5 -41	-5 -63
10	18	-6 -9	-6 -11	-6 -14	-6 -17	-6 -24	-6 -33	-6 -49	-6 -76
18	30	-7 -11	-7 -13	-7 -16	-7 -20	-7 -28	-7 -40	-7 -59	-7 -91
30	50	-9 -13	-9 -16	-9 -20	-9 -25	-9 -34	-9 -48	-9 -71	-9 -109
50	80		-10 -18	-10 -23	-10 -29	-10 -40	-10 -56		
80	120		-12 -22	-12 -27	-12 -34	-12 -47	-12 -66		
120	180		-14 -26	-14 -32	-14 -39	-14 -54	-14 -77		
180	250		-15 -29	-15 -35	-15 -44	-15 -61	-15 -87		
250	315		-17 -33	-17 -40	-17 -49	-17 -69	-17 -98		
315	400		-18 -36	-18 -43	-18 -54	-18 -75	-18 -107		
400	500		-20 -40	-20 -47	-20 -60	-20 -83	-20 -117		
500	630				-22 -66	-22 -92	-22 -132		
630	800				-24 -74	-24 -104	-24 -149		
800	1000				-26 -82	-26 -116	-26 -166		
1000	1250				-28 -94	-28 -133	-28 -193		
1250	1600				-30 -108	-30 -155	-30 -225		
1600	2000				-32 -124	-32 -182	-32 -262		
2000	2500				-34 -144	-34 -209	-34 -314		
2500	3150				-38 -173	-38 -248	-38 -368		

续表

基本尺寸/mm 大于	至	m 3	4	5	6	7	8	9	n 3	4	5	6	7	8	9
—	3	+4 +2	+5 +2	+6 +2	+8 +2	+12 +2	+16 +2	+27 +2	+6 +4	+7 +4	+8 +4	+10 +4	+14 +4	+18 +4	+29 +4
3	6	+6.5 +4	+8 +4	+9 +4	+12 +4	+16 +4	+22 +4	+34 +4	+10.5 +8	+12 +8	+13 +8	+16 +8	+20 +8	+26 +8	+38 +8
6	10	+8.5 +6	+10 +6	+12 +6	+15 +6	+21 +6	+28 +6	+42 +6	+12.5 +10	+14 +10	+16 +10	+19 +10	+25 +10	+32 +10	+46 +10
10	18	+10 +7	+12 +7	+15 +7	+18 +7	+25 +7	+34 +7	+50 +7	+15 +12	+17 +12	+20 +12	+23 +12	+30 +12	+39 +12	+55 +12
18	30	+12 +8	+14 +8	+17 +8	+21 +8	+29 +8	+41 +8	+60 +8	+19 +15	+21 +15	+24 +15	+28 +15	+36 +15	+48 +15	+67 +15
30	50	+13 +9	+16 +9	+20 +9	+25 +9	+34 +9	+48 +9	+71 +9	+21 +17	+24 +17	+28 +17	+33 +17	+42 +17	+56 +17	+79 +17
50	80		+19 +11	+24 +11	+30 +11	+41 +11				+28 +20	+33 +20	+39 +20	+50 +20		
80	120		+23 +13	+28 +13	+35 +13	+48 +13				+33 +23	+38 +23	+45 +23	+58 +23		
120	180		+27 +15	+33 +15	+40 +15	+55 +15				+39 +27	+45 +27	+52 +27	+67 +27		
180	250		+31 +17	+37 +17	+46 +17	+63 +17				+45 +31	+51 +31	+60 +31	+77 +31		
250	315		+36 +20	+43 +20	+52 +20	+72 +20				+50 +34	+57 +34	+66 +34	+86 +34		
315	400		+39 +21	+46 +21	+57 +21	+78 +21				+55 +37	+62 +37	+73 +37	+94 +37		
400	500		+43 +23	+50 +23	+63 +23	+86 +23				+60 +40	+67 +40	+80 +40	+103 +40		
500	630				+70 +26	+96 +26						+88 +44	+114 +44		
630	800				+80 +30	+110 +30						+100 +50	+130 +50		
800	1000				+90 +34	+124 +34						+112 +56	+146 +56		
1000	1250				+106 +40	+145 +40						+132 +66	+171 +66		
1250	1600				+126 +48	+173 +48						+156 +78	+203 +78		
1600	2000				+150 +58	+208 +58						+184 +92	+242 +92		
2000	2500				+178 +68	+243 +68						+220 +110	+285 +110		
2500	3150				+211 +76	+286 +76						+270 +135	+345 +135		

附录 **3**

模具壁（板）厚计算公式

1. 一体式矩形型腔（如附图 3-1 所示）壁厚计算

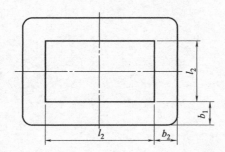 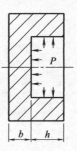

附图 3-1　一体式矩形型腔

（1）侧壁厚度计算

$$b_1 = \sqrt[3]{\dfrac{cPh^4}{Ef_{max}}} \ \ (\text{mm})$$

$$f_{max} = \dfrac{cPh^4}{Eb_1^3} \leqslant [f] \ \ (\text{mm})$$

式中，c 为系数，可按以下公式计算，也可由附表 3-1 查得。

$$c = \dfrac{3l_1^4/h^4}{2(l_1^4/h^4 + 48)}$$

附表 3-1　系数　　　　　　　　　　　　　　　　　mm

h/l_1	0.3	0.4	0.5	0.6	0.7	0.8	0.9	1.0	1.2	1.5	2.0
w	0.108	0.130	0.148	0.163	0.176	0.187	0.197	0.205	0.219	0.235	0.254
c	0.930	0.570	0.330	0.188	0.117	0.073	0.045	0.031	0.015	0.006	0.002

（2）底板厚度计算

$$b = \sqrt[3]{\dfrac{c'Pl_2^4}{Ef_{max}}} \ \ (\text{mm})$$

$$f_{max} = c'\dfrac{Pl_2^4}{Eb^3} \leqslant [f] \ \ (\text{mm})$$

式中，c' 为系数，按下式计算：

$$c' = \dfrac{(l_1/l_2)^4}{32[(l_1/l_2)^4 + 1]}$$

2. 分体式矩形型腔（如附图 3-2 所示）托板厚度计算

（1）根据最大变形量计算

$$b = \sqrt[3]{\dfrac{5Pl_1L^4}{32EIf_{max}}} \ \ (\text{mm})$$

$$f_{max} = \dfrac{5Pl_1L^4}{32EIb^3} \leqslant [f] \ \ (\text{mm})$$

（2）根据许用应力计算

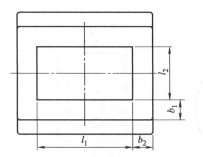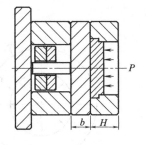

附图 3-2 分体式矩形型腔

$$b = \sqrt{\frac{3Pl_1L^2}{4l[\sigma]}} \quad (\text{mm})$$

$$\sigma_弯 = \frac{3}{4} \times \frac{Pl_1L}{lb^2} \leqslant [\sigma]$$

（3）如果托板下面有支撑柱，见附图 3-2，托板厚度可以根据支撑柱的数量相应减小，见附表 3-2。

附表 3-2 托板厚度

支撑数 n 计算方法	0	1	2	3
按刚度计算厚度	b	$0.4b$	$0.23b$	$0.16b$
按强度计算厚度	b	$0.5b$	$0.33b$	$0.25b$

3. 分体式矩形型腔侧壁厚度计算
（1）按最大变形量计算

$$b_1 = \sqrt[3]{\frac{Pl_1^4h}{32EHf_{\max}}} \quad (\text{mm})$$

$$f_{\max} = \frac{Pl_1^4h}{32Eb_1^3H} \leqslant [f] \quad (\text{mm})$$

（2）按许用应力计算

$$\sigma_拉 + \sigma_弯 = \frac{Phl_2}{2Hb_1} + \frac{Phl_1^2}{2Hb_1^2} \leqslant [\sigma]$$

4. 一体式圆形型腔（如附图 3-3 所示）侧壁厚计算
（1）按最大变形量计算

模具型腔高度在 h_1 范围内其侧壁的变形为非自由变形，超过分界高度 h_1 的型腔侧壁变形为自由变形。自由变形与非自由变形的分界高度 h_1 由下式计算：

$$h_1 = \sqrt[4]{2r(R-r)^3} \quad (\text{mm})$$

当型腔高度 $h > h_1$ 时，其侧壁变形量与壁厚按组合式圆柱形型腔进行计算。
当型腔高度 $h < h_1$ 时，其侧壁变形量

$$f = f_{\max}\frac{h^4}{h_1^4} \leqslant [f] \quad (\text{mm})$$

（2）按许用应力计算
当型腔高度 $h > h_1$ 时，其侧壁的强度按组合式圆柱形型腔进行计算。

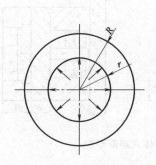
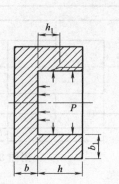

附图 3-3　一体式圆形型腔

当型腔高度 $h < h_1$ 时，其强度按下式计算：

$$\sigma = \frac{3Ph^2}{b_1^2}\left(\frac{R^2+r^2}{R^2-r^2}+\mu\right) \leqslant [\sigma]$$

5. 一体式圆形型腔底板厚度计算

（1）按变形量计算

$$b = \sqrt[3]{0.175\frac{Pr^4}{Ef_{\max}}} \ (\text{mm})$$

$$f_{\max} = 0.175\frac{Pr^4}{Eb^3} \leqslant [f] \ (\text{mm})$$

（2）按许用应力计算

$$b = \sqrt{0.75\frac{Pr^2}{[\sigma]}} \ (\text{mm})$$

6. 分体式圆形型腔（如附图 3-4 所示）托板厚度计算

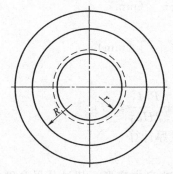
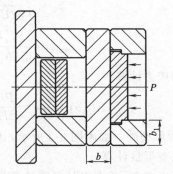

附图 3-4　分体式圆形型腔

（1）按变形量计算

$$b = \sqrt[3]{0.74\frac{Pr^4}{Ef_{\max}}} \ (\text{mm})$$

$$f_{\max} = 0.74\frac{Pr^4}{Eb^3} \leqslant [f] \ (\text{mm})$$

（2）按许用应力计算

$$b=\sqrt{\frac{3(3+\mu)Pr^2}{8[\sigma]}}=\sqrt{\frac{1.22Pr^2}{[\sigma]}}\ (\text{mm})$$

$$\sigma_{\max}=\frac{3(3+\mu)Pr^2}{8b^2}\leqslant[\sigma]$$

7. 分体式圆形型腔侧壁厚度计算

（1）按最大变形量计算

$$b_1=R-r\ (\text{mm})$$

$$R=r\sqrt{\frac{2.1\times10^{11}f_{\max}+0.75rP}{2.1\times10^{11}f_{\max}-1.25rP}}\ (\text{mm})$$

$$f_{\max}=\frac{rP}{E}\left(\frac{R^2+r^2}{R^2-r^2}+\mu\right)\leqslant[f]\ (\text{mm})$$

$$[f]=St$$

（2）按许用应力计算

$$b_1=r\left(\sqrt{\frac{[\sigma]}{[\sigma]-2P}}-1\right)\ (\text{mm})$$

式中　H——模板总高，mm；

　　　h——型腔高度，mm；

　　　h_1——自由变形与非自由变形的分界高度，mm；

　　l_1，l_2——矩形型腔侧壁长度，mm；

　　　L——垫块跨度，mm；

　　　b_1——型腔侧壁厚度，mm；

　　　b——支承板或型腔底板厚度，mm；

　　　R——圆形模具外径，mm；

　　　r——圆形型腔内径，mm；

　　　E——弹性模量，碳钢 $E=2.1\times10^{11}$ Pa；

　　　P——型腔压力，一般为 24.5～49MPa；

　　　μ——泊松比，碳钢 $\mu=0.25$；

　　$[\sigma]$——许用应力，45 钢，$[\sigma]=160$MPa；常用模具钢，$[\sigma]=200$MPa；

　$f_{\max}$——型腔侧壁、支承板或型腔底板的最大变形量，mm；

　　$[f]$——许用变形量，mm，$[f]=St$；

　　　S——塑料收缩率，%；

　　　t——制品壁厚，mm。

附录4
常用三角函数公式

三角函数是以角度为自变量，角度对应任意角终边与单位圆交点坐标或其比值为因变量的函数。也可以等价地用与单位圆有关的各种线段的长度来定义。在模具设计中常用的三角函数包括正弦函数、余弦函数和正切函数，常用的计算公式如下。

1. 基本公式

$$\sin\alpha = \frac{a}{c} \qquad\qquad \cos\alpha\ \frac{b}{c}$$

$$\tan\alpha = \frac{a}{b} \qquad\qquad \cot\alpha\ \frac{b}{a}$$

$$\sec\alpha = \frac{c}{b} \qquad\qquad \csc\alpha\ \frac{c}{a}$$

$$\sin^2\alpha + \cos^2\alpha = 1$$

$$\tan\alpha = \frac{\sin\alpha}{\cos\alpha}$$

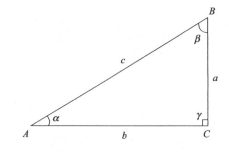

2. 正弦定理

$a/\sin\alpha = b/\sin\beta = c/\sin\gamma = 2R$　　　　其中，R 表示三角形的外接圆半径。

3. 余弦定理

$b^2 = a^2 + c^2 - 2ac\cos\beta$　　　　其中，角 β 是边 a 和边 c 的夹角。

4. 两角和公式

$$\sin(\alpha + \beta) = \sin\alpha\cos\beta + \cos\alpha\sin\beta$$

$$\sin(\alpha - \beta) = \sin\alpha\cos\beta - \cos\alpha\sin\beta$$

$$\cos(\alpha + \beta) = \cos\alpha\cos\beta - \sin\alpha\sin\beta$$

$$\cos(\alpha - \beta) = \cos\alpha\cos\beta + \sin\alpha\sin\beta$$

$$\tan(\alpha + \beta) = (\tan\alpha + \tan\beta)/(1 - \tan\alpha\tan\beta)$$

$$\tan(\alpha - \beta) = (\tan\alpha - \tan\beta)/(1 + \tan\alpha\tan\beta)$$

$$\cot(\alpha + \beta) = (\cot\alpha\cot\beta - 1)/(\cot\beta + \cot\alpha)$$

$$\cot(\alpha - \beta) = (\cot\alpha\cot\beta + 1)/(\cot\beta - \cot\alpha)$$

5. 诱导公式

$\sin(-\alpha) = -\sin\alpha$　　　　$\sin(\pi - \alpha) = \sin\alpha$

$\cos(-\alpha) = \cos\alpha$　　　　$\cos(\pi - \alpha) = -\cos\alpha$

$\sin(\pi/2 - \alpha) = \cos\alpha$　　　　$\sin(\pi + \alpha) = -\sin\alpha$

$\cos(\pi/2 - \alpha) = \sin\alpha$　　　　$\cos(\pi + \alpha) = -\cos\alpha$

$\sin(\pi/2 + \alpha) = \cos\alpha$　　　　$\mathrm{tg}\alpha = \tan\alpha = \sin\alpha/\cos\alpha$

$\cos(\pi/2 + \alpha) = -\sin\alpha$

常规平面图形和立体
图形计算公式

1. 常规平面图形周长和面积计算

名　称	符　号	周长和面积
正方形	a—边长	周长 $=4a$ 面积 $=a^2$
长方形	a,b—边长	周长 $=2(a+b)$ 面积 $=ab$
四边形	d,D—对角线长 α—对角线夹角	面积 $=dD/2 \cdot \sin\alpha$
平行四边形	a,b—边长 h—a 边的高 α—两边夹角	面积 $=ah$ $=ab\sin\alpha$
梯形	a,b—上、下底长 h—高 m—中位线长	面积 $=(a+b)h/2$ $=mh$
圆	r—半径 d—直径	周长 $=\pi d=2\pi r$ 面积 $=\pi r^2$ $=\pi d^2/4$
椭圆	D—长轴 d—短轴	面积 $=\pi Dd/4$
三角形	a,b,c—三边长 h—a 边上的高 s—周长的一半 A,B,C—内角 其中 $s=(a+b+c)/2$	面积 $=ah/2$ $=ab/2 \cdot \sin C$ $=[s(s-a)(s-b)(s-c)]1/2$ $=a^2\sin B\sin C/(2\sin A)$

2. 常规立体图形面积和体积计算

名　称	符　号	面积和体积
正方体	a—边长	面积 $=6a^2$ 体积 $=a^3$
长方体	a—长 b—宽 c—高	面积 $=2(ab+ac+bc)$ 体积 $=abc$
圆柱	r—底半径 h—高 C—底面周长 $S_底$—底面积 $S_侧$—侧面积 $S_表$—表面积	$C=2\pi r$ $S_底=\pi r^2$ $S_侧=Ch$ $S_表=Ch+2S_底$ 体积 $=S_底 h$ $=\pi r^2 h$
空心圆柱	R—外圆半径 r—内圆半径 h—高	体积 $=\pi h(R^2-r^2)$
球	r—半径 d—直径	体积 $=4\pi r^3/3=\pi d^3/6$

附录 **6**
二次注塑模设计基本要求

（1）定义：将一件成型后的塑料制品（半成品）放在另一套模具型腔内，然后注射上另一种塑料，而得到一件双料（色）塑料制品。

二次注塑模又叫外模，英文 Overmold。

（2）模具钢材：通常用 H13、420H。

（3）预压：为防止塑件出现飞边，二次注塑模在注射成型时，半成品与二次注塑模边缘部分要预留 0.08～0.13mm（视半成品的塑料硬度而定）作为封胶。

（4）成品支撑：在第二次注射成型时，半成品的定位必须稳定可靠。

（5）注射温度：半成品的塑料的软化温度要比二次注塑模的塑料注射温度高 20℃以上，否则二次注塑后，半成品的局部壁厚有可能变形。

（6）排气深度为 0.013mm。

（7）成品厚度：半成品与成品的壁厚比例为 5∶4。

（8）流道

① 流道表面不用抛光，可留加工刀纹以助脱模。

② 建议长度不要超过 200mm。

③ 最好用圆形截面流道。

（9）浇口可用侧浇口，潜伏式浇口（不宜用从推杆潜入）或热射嘴。

（10）皮纹/打光

① 在蚀纹加工时，若半成品外露面与完成品表面要有相同的皮纹，完成品的皮纹要比半成品外露面的高一级，如半成品是用 MT11020，完成品要用 MT11030，因 TPE 的收缩率会改变皮纹的深浅度。

② 半成品与 Overmold 塑料接触的表面，可用细砂纸抛光，半成品表面不可有油渍或脱模剂，建议戴手套后再接触半成品。

③ 二次注塑模型腔表面不应抛光，应有火花纹或其他皮纹，否则会有很大概率粘定模型腔。

附图 6-1 为二次注塑模实例。

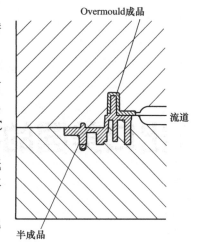

附图 6-1　二次注塑模实例

附录 **7**

出口美国的模具设计基本要求

出口到美国的模具设计时必须采用 DME 标准，以下是中国某公司为美国某公司制造模具的设计标准，供参考。

1. 吊模螺孔：见附图 7-1。

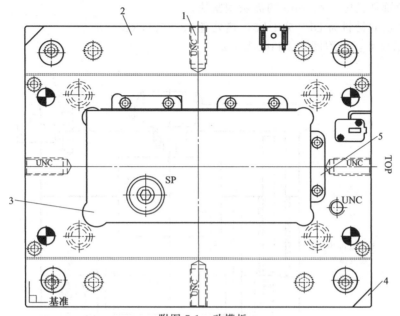

附图 7-1　动模板
1—吊模螺孔；2—动模 B 板；3—方框；4—翘模角；5—楔紧块

（1）模架上所有的吊模螺孔必须是美制标准（UNC）。

（2）所有不超过 40lbs（英制重量单位：磅）或 20kg 的模板不用加工吊模螺孔，超过 40lbs 或 20kg 的模板要加工吊模螺孔，模架 500mm×500mm 以上的 A、B 板需四面加工吊模螺孔。

（3）在模具面板（无面板的做在 A 板上）和底板对角处要有四个吊模螺孔。吊模螺孔大小和 A、B 板上的吊模螺孔一样。

（4）模具长度超过 600mm/23.5in 的一边要加工两个吊模螺孔。

（5）吊模螺孔要求设在动定模重力的中心，保证模具在 5°之内直接吊起。吊环负载见附表 7-1。

附表 7-1　吊环负载

螺纹（UNC）/in	吊环最大负载	螺纹（UNC）/in	吊环最大负载
1/2	250LBS/110kg 以下	1	2750LBS/1245kg
5/8	600LBS/270kg	$1\frac{1}{2}$	4500LBS/2000kg
3/4	1500LBS/680kg		

2. 模架材料：A 板、B 板、推杆固定板、推杆底板采用 2311 或 P20，其他可采用 S50C 或 S45C。PVC 软胶的模架需用不锈钢，如龙记公司的 2316。

3. 内模开框基角做法：见附图 7-1。

内模镶件基准角为直角，其他三个为圆角，防止方向错装。内模也可以不做圆角，做成三个直角和一个 45°倒角。四个角做大小一致的圆避空角。

4. 撬模槽要求：见附图 7-1。

模具重量小于1000lbs的对角要有一个深1/8in，1in×45°的撬模槽，热流道板与A板之间、A板与B板之间、B板与方铁之间、推杆板与推杆底板之间都要有撬模槽。

5. 内模楔紧块的要求：见附图7-1。

（1）内模镶件长度≥200mm的需做楔紧块。

（2）楔紧块的材料为DF2或DF3，热处理48～52HRC。

6. 码模槽尺寸：见附图7-2和附表7-2。

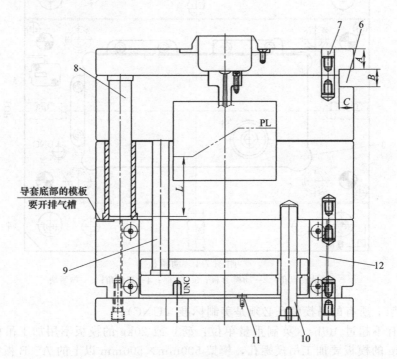

导套底部的模板要开排气槽

附图 7-2　模具结构件 1

6—码模槽；7—定位销；8—导柱；9—复位杆；10—推件板导柱；11—限位钉；12—方铁

附表 7-2　码模槽尺寸

压力/t	尺寸单位	A	B	C
80～220	in	0.875～1.12	0.75～1	0.75～1
	mm	22～28	19～25	19～25
280～660	in	1.37～1.5	1.0～1.2	1.0～1.2
	mm	35～38	25～30	25～30
880～1440	in	1.75～2.0	1.2～1.5	1.2～1.5
	mm	44～50	30～38	30～38

7. 模架定位销：见附图7-2。

不活动的板与板之间要有定位销，销钉大小采用龙记模架标准。销钉两头要加工螺纹孔，方便拆装。推杆固定板与推杆底板不需要定位销。

8. 导柱：见附图7-2。

（1）模具基准角的导柱朝一个方向有偏移。

（2）注塑机吨位460t以下的模具导套可以不用自润滑导套，注塑机吨位460t以上的模具导套要做自润滑导套。

（3）所有的导柱加工油槽，导柱要比内模型芯高出 20～30mm，以便在型芯、型腔接触前就有精确的导向。

（4）导柱安装在定模。如需改变，另行通知。

（5）导套底部的模板要开排气槽，方便清理和排气。

（6）导套的最小导滑长度为导柱直径的 1.5 倍。

（7）导柱、导套要求用 DME 标准；模具设计时导柱尺寸见附表 7-3。

附表 7-3　导柱尺寸

导柱直径		导柱最大有效长度		模具质量	
in	mm	in	mm	lbs	kg
1.00	25.40	4	101.6	2000	900
1.50	38.10	6	152.4	6000	2700
1.75	44.45	7	177.8	10000	4500
2.00	50.80	8	203.2	14000	6350
2.50	63.50	10	254.0	16000	7250
3.00	76.20	12	304.8	60000	27200

9. 复位杆：见附图 7-2。

（1）基准角上的复位杆需朝一个方向偏距，复位杆上不可以装弹簧。

（2）所有复位杆必须与分型面贴平，不可以避空。

（3）顶出机构如果有零件跟定模分型面接触，复位杆底部需加装碟形弹簧使推杆板先复位。

（4）复位杆直径参照附表 7-4。

附表 7-4　复位杆直径

注塑吨位/t	复位杆直径/in	注塑吨位/t	复位杆直径/in
40～300	5/8	750 以上	1
300～750	3/4		

10. 推杆固定板导柱：见附图 7-2。

所有的推杆板导套必须采用自润滑导套，直径参照复位杆直径。B 板底部的导柱配合孔要避空，单边 0.25～0.5mm。

11. 限位钉：见附图 7-2。

（1）复位杆底部一定要有限位钉。

（2）限位钉采用嵌入式结构，直接嵌入底板。

（3）限位钉要在顶针 75mm 或 3in 范围内分布，无推杆位置可在 150mm 或 6in 范围分布。

12. 防尘板

（1）防尘板的材料是透明的 PP 料，厚度是 5mm，不能有裂缝。采用 M6 的平头螺钉固定在模脚上。

（2）防尘板不能同推杆固定板有摩擦。

（3）防尘板要藏到模架里面，不能凸出模具表面。推杆板的固定螺钉位置尺寸应做相应的改动。

13. 锁模块：见附图 7-3 和附表 7-5。

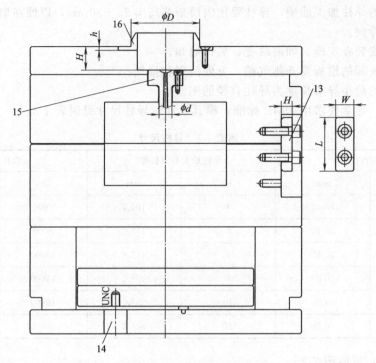

附图 7-3　模具结构件 2

13—锁模块；14—注塑机连接棍；15—浇口套；16—定位圈

附表 7-5

模 具 质 量		螺纹大小		锁模块尺寸	
lbs	kg	UNC/in	mm	($L \times W \times H$)/in	($L \times W \times H$)/mm
500 以下	220 以下	1/4	M6	1.75×0.75×0.25	45×20×6.5
500～1000	220～450	1/2	M12	2.25×1.00×0.38	55×25×9.5
1000～2000	450～900	5/8	M16	3.25×1.50×0.50	80×35×12
2000～4000	900～1800	3/4	M20	4.25×2.00×0.75	105×50×19
4000～6000	1800～2700	1	M25	5.25×2.50×1.00	130×60×25
6000～10000	2700～4500	1½	M30	6.25×3.00×1.50	160×75×35
10000～20000	4500～9000	1⅝	M40	8.00×4.00×2.00	200×100×50
20000～40000	9000～18000	2	M50	10.00×5.00×3.0	250×125×75

（1）所有模具都必须有锁模块。400mm×450mm 以上的模具要求做 2 个锁模块，操作侧与非操作侧各 1 个，锁模块漆成黄色。

（2）锁模块以及螺钉不可以凸出模具表面。

14．顶棍孔要求：见附图 7-3。

（1）所有超过 120t 的注塑机模具，中间顶棍孔不要。

（2）所有顶棍孔位置尺寸请参照客户注塑机标准。

（3）推杆板上的拉杆螺纹：锁模力 360t 以下的注塑机用美制标准 UNC1/2in；锁模力 460t 以上的注塑机用美制标准 UNC5/8in。

（4）顶棍孔位置要加工 U 形孔，并做 U 形块、顶出块，以方便试模用。

15．浇口套要求：见附图 7-3。

（1）浇口套采用 DME 标准，球面半径为 $SR1/2in$，$\phi d = 3/4in$，$H \leqslant 2in$，浇口套需直

接采用螺钉固定。

（2）与注塑机喷嘴接触的 R 球面必须氮化。

16. 定位圈要求：见附图 7-3。

定位圈采用 DME 标准，型号为 CAT. No. 6521、CAT. No. 6522 和 CAT. No. 6524 三种。图中 $\phi D = \phi 3.99in$，$h = 5.55mm$。

17. 内模要求

（1）所有模具的内模必须做定位角（虎口），定位角的大小依内模的大小而定，动模的定位角全部凸出，定模定位角凹下去，定位角斜度是 5°或 10°。

（2）所有内模镶件要打编码及材料号，已热处理的要打上硬度值。编码按《I-M3 系统物料编码规则》进行排序，3D 模图里面的零件名与此编码对应，见附表 7-6。

附表 7-6　I-M3 系统物料编码规则

模　　号			部　件　码		零　件　码	
识别码	年份	顺序号	代码	名称	代码范围	零件名称
M	06	0001	A	定模	001～100	模架零件
			B	动模	101～150	内模大镶件
			T	电极	151～180	型芯
					181～250	小镶件
					251～300	侧向抽芯
					301～350	斜顶
					351～400	侧抽芯镶件
					401～450	斜顶镶件
					451～480	推块
					481～500	T 形块
					501～530	压紧块
					531～560	锁紧块
					561～600	定位块
					601～630	耐磨块
					631～650	支撑柱
					651～680	斜顶滑块
					681～690	连接块
					691～700	平衡块
					701～720	斜导柱
					721～730	定位圈
					731～740	浇口套
					741～999	其他

2D 图纸命名规则：

M060001-M：2D 总装图

M060001-L：2D 草图（基本结构图）

M060001-P：塑件图

M060001-Z：客户来的塑件图

M060001-MJ：模架图（订模坯报价）

M060001-D：散件图

3D 图档命名规则：

M060001：3D 分模档（mfg. asm）

M060001-M：3D 总装图与 2D 总装图相符

铜电极物料编码规则：

M060001T000

T：代表铜电极

000：铜电极编码

001-300：定模铜电极序号

301-800：动模铜电极序号

801-999：侧抽芯或其他铜电极序号

M060001T：火花数据图档

注：物料编码后加 00 即为该物料的毛坯编码

（3）内模有擦穿结构的模架要配直身锁。模架 400mm×400mm 以上的需全部加直身锁。

（4）大于 40lbs 或 20kg 的零件均要加工吊模螺孔，且保证足够的数量，以便于搬运和模具拆装。

18. 镶件

（1）对于薄弱镶件，为便于加工、排气和维修，镶件要有足够的强度，方便加工。

（2）镶件孔直角要加 $R0.5$。特别是需要热处理的。

（3）镶件上有擦穿结构的，镶件要做热处理。

（4）有插穿结构的小镶件，其材质要优于内模镶件或侧抽芯的材质，并需要热处理。

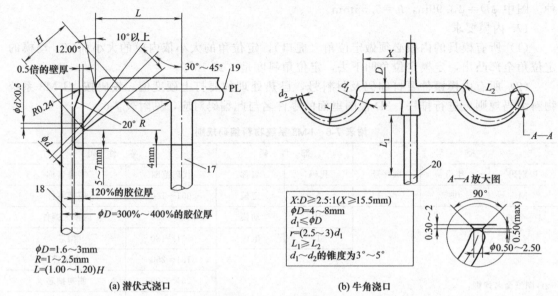

(a) 潜伏式浇口

$X{:}D{\geqslant}2.5{:}1(X{\geqslant}15.5mm)$
$\phi D{=}4\sim 8mm$
$d_1 \leqslant \phi D$
$r{=}(2.5\sim 3)d_1$
$L_1 \geqslant L_2$
$d_1\sim d_2$的锥度为$3°\sim 5°$

$\phi D{=}1.6\sim 3mm$
$R{=}1\sim 2.5mm$
$L{=}(1.00\sim 1.20)H$

(b) 牛角浇口

附图 7-4　潜伏式浇口

17,20—流道推杆；18—浇口推杆；19—分型面

19. 浇口的要求

（1）潜伏式浇口设计要求见附图 7-4（a）。

（2）牛角浇口的设计要求见附图 7-4（b）。

（3）所有流道转角处要做圆角。

（4）分流道的截面做成全圆形或梯形截面。

（5）梯形流道截面要求见附图 7-5。

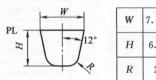

					mm
W	7.62	6.35	5.4	4.5	3.2
H	6.1	5	4.5	3.8	2.5
R	2	1.6	1.3	1	0.5

附图 7-5　梯形分流道及其尺寸

20. 排气的要求及做法

（1）排气尺寸因塑料溢边值的不同而不同。

（2）所有模具要加排气槽。一般情况位置在浇口对面、死角位、熔体最后填充的地方。同时流道也要加排气槽。必要时，型芯、推管、推杆、镶件均需要加排气槽。排气槽必须能将气体顺畅排出模具。

（3）排气槽尽可能用铣床加工，然后省去刀纹，如果分型面复杂，需采用 CNC 或 EDM 加工。

21. 锁模块：位置见附图 7-6。

安装在操作员侧并漆成黄色以示警诫。

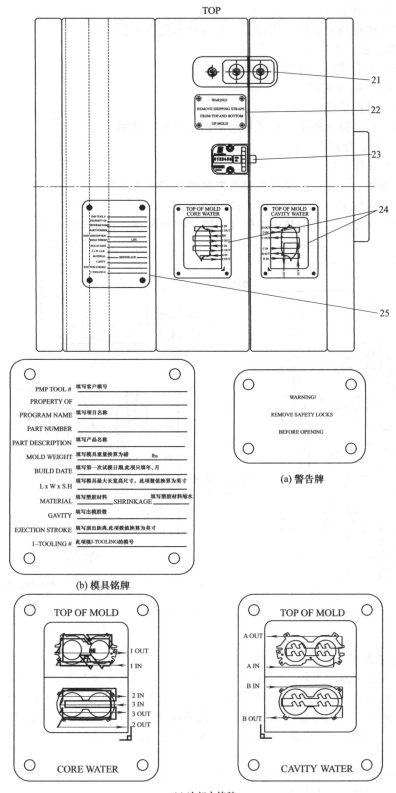

(a) 警告牌

(b) 模具铭牌

(c) 冷却水铭牌

附图 7-6　模具铭牌

21—锁模块；22—警告牌；23—计数器；24—冷却水牌；25—模具铭牌

22. 警告牌：见附图 7-6。

警告牌放在锁模块附近的适当位置，并漆成黄色以示警诫。

23. 计数器：见附图 7-6。

计数器要保证合模后，计数器起到作用。

24. 冷却水铭牌：见附图 7-6。

（1）安装在操作员侧。

（2）刻划出产品最大外形，在其上绘制出冷却水示意图。

25. 模具铭牌：见附图 7-6。

（1）安装在操作员侧。

（2）必须清楚、完整、无误地将模具资料按铭牌要求填写。

（3）铭牌上的标记，应字符清晰、排列整齐。

（4）如果有热流道，要加热流道铭牌，镶入模板凹槽，凹槽至少深 1/4in。

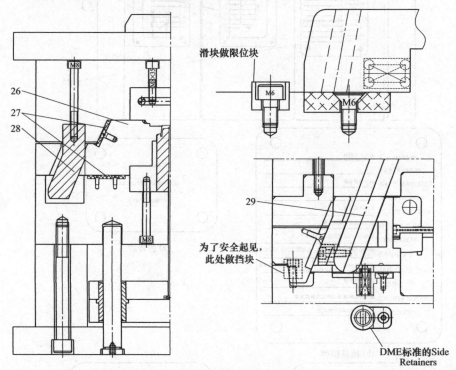

附图 7-7　侧向抽芯机构

26—滑块；27—耐磨块；28—弯销；29—斜导柱

26. 滑块：见附图 7-7。

（1）为了方便制造和维修，小滑块上的侧抽芯一般情况下要与滑块座分开。大滑块可以做成整体，大滑块的 T 形块需与滑块座配作。不能有失角，要有足够的排气槽。

（2）滑块的长、宽比尽量做到 1：1；最大不能超 2.5：1。滑块导向长度、滑块高度比要不小于 0.8。斜导柱的角度是 8°～25°，常用角度是 12°、15°和 18°。楔紧块斜面的斜度比斜边的角度大 2°～5°。

（3）滑块锁紧面与底面需加耐磨板。滑块的压条材料采用 DF2 或 DF3 油钢，要加销钉定位，且同滑块的摩擦面开油槽。

（4）当滑块宽≥200mm，且滑块的行程比较大时，均需要在滑块的底面加导向装置，材料为 DF2 或 DF3，并热处理 48～52HRC。

(5) 滑块要有可靠的行程限位装置。

(6) 滑块或镶件大于 $60mm \times 80mm$ 的要在底面或侧面打上编码及材料号，热处理的要打上硬度值。例如：M070015B251-S136。

27. 耐磨块：见附图 7-7。

耐磨块材料采用 DF2 或 DF3 并热处理 $48 \sim 52HRC$，摩擦面要开油槽，方便润滑和排气。

28. 楔紧块：见附图 7-7。

楔紧块的材料采用 P20，滑块要进行热处理，楔紧块材料采用 DF2 或 DF3 并热处理，以防有擦烧的现象。

29. 斜导柱：见附图 7-7。

(1) 斜导柱采用 DME 标准件或仿 DME 标准件。

(2) 斜导柱的大小尽量做到滑块长度的 1/3。

(3) 斜导柱的固定长度应不小于斜边直径的 2 倍。

30. 斜顶

(1) 斜顶的角度一般 $\leqslant 12°$，当斜顶行程比较大时，斜顶的角度可以 $>12°$，这时斜顶需要做导滑辅助机构。导滑辅助机构有三种做法，如附图 7-8 所示。

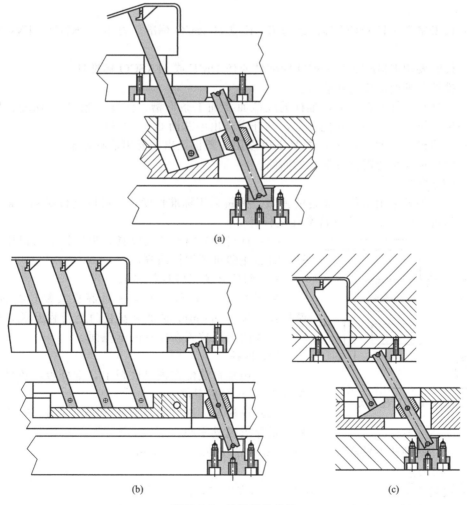

(a)

(b)   (c)

附图 7-8 导滑辅助机构

（2）斜顶侧面要加工油槽，油槽不可以磨通，以免造成漏油以及多处利角，斜顶顶出后油槽不可以露出型腔面。

（3）斜顶在 B 板底面要加工斜顶导向块（材料青铜）或自润滑导套。

（4）斜顶的材料与内模镶件的材料不可以相同。需进行热处理（氮化或淬火）。

（5）斜顶滑座材料需采用 DF2 或 DF3 并热处理 48～52HRC。做法有三种，见附图 7-9。

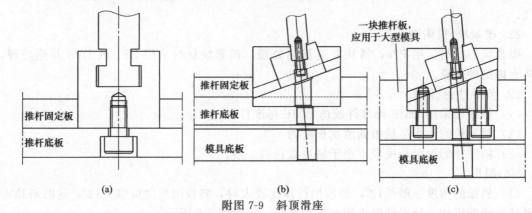

附图 7-9　斜顶滑座

31．顶出要求

（1）按 DME 或 HASCO 标准或仿 DME 或 HASCO 标准。材质：SKD61（PVC 的模具除外）。

（2）推管要用 DME 或 HASCO 标准件或仿 DME 或 HASCO 标准件。

（3）推杆头部要加工防转装置。

（4）推杆在塑件的斜面上，推杆的成型面要加工条形槽，深度不超过 0.4mm，以防止打滑。如果下推杆处要装配其他零件，推杆应凸出型芯面 0.3～0.5mm。

（5）注塑机吨位大于 800t 的模具不可以用注塑机顶出，要用油缸顶出。

（6）液压顶出系统需要有等长的回路。

32．弹簧的要求

（1）模具弹簧采用蓝色、黄色的弹簧。弹簧采用标准长度，不可以进行切割。最大压缩量不可以超过 40%。弹簧不允许套在复位杆上。

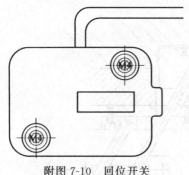

附图 7-10　回位开关

（2）有斜顶侧向抽芯的模具，顶针板不可以用弹簧复位，需靠注塑机顶棍拉回复位。

33．回位开关：见附图 7-10。

采用 DME 标准件。所有模具底板装复位行程开关。模具长度超过 900mm 的要求安装两个行程开关，位置对应，电线的出线位置在模具的上侧面。

34．撑柱

（1）用螺钉装配在模具底板上，推杆板与撑柱必须最少有 1/16in 的避空位。

（2）撑柱与方铁之间距离在 40mm 或 1.5in 以上。撑柱尽量靠近模具中心。

（3）撑柱必须比方铁高 0.05～0.10mm 或 0.002～0.005in。

35．冷却水系统

（1）模具冷却水要保证生产中模具的温度恒定，冷却均匀。

（2）冷却水接头选择原则：360t 以下的模具，用 1/4in NPT、DME JP252 系列接头；

360t 以上的模具，用 3/8in NPT、DME JP353 系列接头。冷却水接头首选设计在非操作侧及模具的底侧。

（3）冷却水字码前模为字母（AIN······AOUT······），后模为数字（1IN······1 OUT······）。水路打上进出标记，应字符清晰、排列整齐。

（4）冷却水堵头要用 DME 标准件：NPT、1/4in NPT、3/8in NPT。

注意

底孔不可以太大。

（5）冷却水接头不可以凸出模具表面，具体的做法见附图 7-11。

（6）模具的水井（又称水胆）要用 DME 标准的带隔水片的堵头，冷却水孔表面到型腔面和分型面的距离应不小于 12mm、不大于 35mm，见附图 7-12。

（7）冷却水道之间的中心距离是 35~70mm，具体视模具的大小而定，要保证冷却均匀。

（8）冷却水道的连接可以用密封圈。冷却水接头尽量不采用直接连接。密封圈要用耐高温的 DME 或 HASCO 的 O 形密封圈。密封圈的做法如附图 7-12 所示。

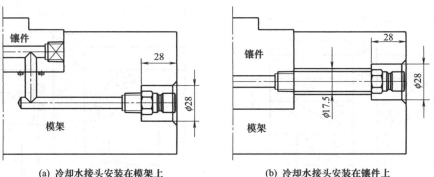

(a) 冷却水接头安装在模架上　　　　(b) 冷却水接头安装在镶件上

堵头型号/in	1/8NPT	1/4NPT	3/8NPT	1/2NPT
底孔大小/mm	φ8.7	φ11.7	φ15.2	φ19.5

附图 7-11　冷却水接头位置

36. 二次开模机构：见附图 7-13。

37. 先复位机构：见附图 7-14。

滑块或斜顶底部有顶针或顶出机构，要做先复位机构。

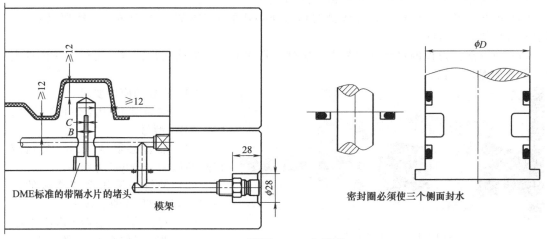

附图 7-12　密封圈

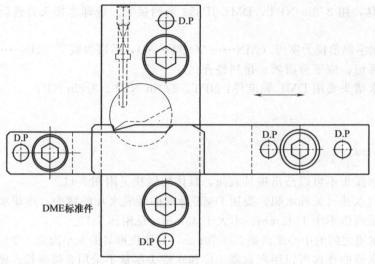

DME标准件

附图 7-13　二次开模机构

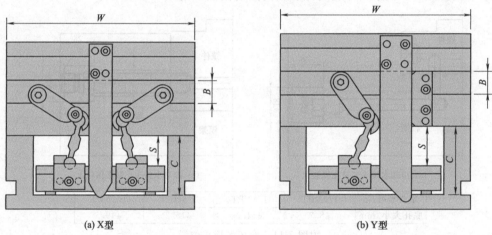

(a) X型　　　　　　　　　　　　(b) Y型

附图 7-14　先复位机构

38. 热流道要求

（1）热流道的品牌选择：YUDO、SINO 或 INCOE，具体由客户指定。

（2）热流道单嘴的线接头只有两种：16 针或 24 针。

（3）电线必须放在线槽内，在线槽的拐角处必须加工 $R6$ 以上的圆角。线槽要足够大，且要有线压块固定电线。

（4）所有热流道模的接线盒优先考虑沉到模具内部。如果确实没位置，可以做在模具表面，但要加保护装置。

附图 7-15　油缸限位开关

39. 油缸的应用要求

（1）油缸要用 PARKER 品牌、ISO "B" 型号。

（2）油管必须是 Miller 公司或相同品质的 3000psi 等级。

（3）油管与液压系统连接的接头用 3/8in PT 的油管接头。

（4）每个油缸要有两个限位开关。

40. 油缸限位开关：见附图 7-15。

附录 **8**
出口欧洲的模具设计基本要求

出口到欧洲的模具设计时通常采用 HASCO 标准，以下是中国某公司为欧洲某公司制造模具的具体要求。

一、一般规定

1. 模架：采用"LKM"模架。

2. 导柱倒装（定模导柱、动模导套），见附图 8-1。

3. 面板和 A 板之间必须有两支销钉定位，见附图 8-1。

4. 推杆板必须要有导柱、导套。

5. 钢材：常用加硬材料 LKM2083、LKM2344、LKM2767。一般淬火至 52～54HRC。

6. 定位圈：要高出面板 4mm，若有隔热板，定位圈要高出隔热板 4mm，见附图 8-2。常用定位圈直径：ϕ90mm、ϕ100mm、ϕ110mm、ϕ120mm、ϕ125mm、ϕ150mm、ϕ160mm。

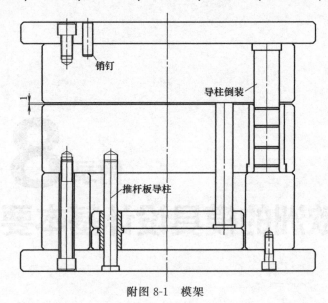

附图 8-1　模架

7. 推杆、推管采用"DME"、"HASCO"标准。

8. 滑块：要做定位、限位。常用"滚珠＋弹簧"定位，杯头螺钉限位。

9. 压块：压块螺钉常用杯头螺钉和平头螺钉。

10. 斜顶：斜顶要做导滑块和耐磨块，材料采用青铜。

11. 冷却水塞：采用"HASCO"的 1/4in BRS 和 1/8in BRS。

12. 冷却水内接孔：模具上、下都要加工，模具左、右不要加工，常用规格：ϕ20mm×20mm、ϕ25mm×20mm。

13. 标识：常用零件名称、零件号、公司名称、型腔标识、材料标识、可回收标识、日期章。

14. 模具型腔表面一般有三种要求：Sparkerusion（火花纹）、Polished（省模）和 Photo etched（蚀纹）。

15. 包装运输时模架 A、B 板之间要有两个锁模块。

16. 模具包装采用黄油、透明塑胶袋、消毒木箱。

17. 模具标签：模具号、零件号、产品名称、制造日期、模具重量。

二、浇注系统

1. 所有浇口都必须可以自动切断、自动掉落，浇口一般采用潜伏式浇口或热流道，如采用推杆位进料，必须采用附图 8-3（b）的结构。

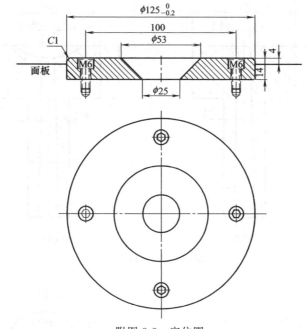

附图 8-2　定位圈

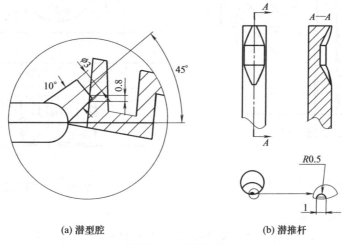

(a) 潜型腔　　　　　　　　(b) 潜推杆

附图 8-3　浇口图例

　　2. 浇口套必须经过淬火处理，硬度达到 52HRC 左右，材料可用 SKD62。浇口套常用 FLAT（即平的）和 R15.5 两种。浇口套中主流道最小端直径 ϕ3.5mm，见附图 8-4。

　　3. 浇口套如果自己制作，请用可淬火的钢材，如 ASSAB8407、LKM2767、LKM2083 等，淬火硬度必须达 52HRC 左右，并且内孔一定要抛光。

　　4. 如用可旋转浇口，分流道截面形状应用"梯形"。

　　5. 浇口设计应注意布局合理，顶出平衡。

　　三、顶出系统

　　1. 推杆应采用 HASCO 标准，推杆和镶件孔应有避空段，前端配合长度可设计为 15mm，推杆在推杆板内单边至少需避空 0.25mm，见附图 8-5。推杆必须能用手轻松可推动，推杆离型芯边缘的距离最小为 1mm。

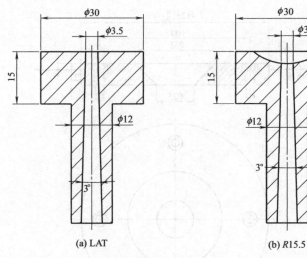

(a) LAT　　　　　　　　(b) R15.5

附图 8-4　浇口套

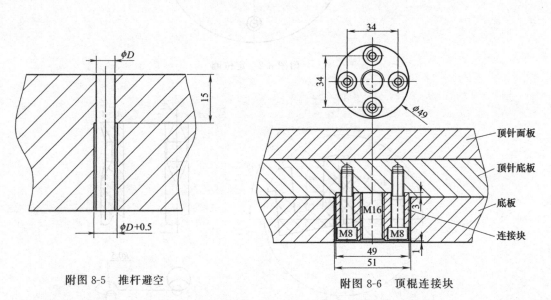

附图 8-5　推杆避空

附图 8-6　顶棍连接块

2. 扁推杆更需要加避空尺寸。

3. 推杆板必须有四根导柱，不需弹簧，并且在推杆板上固定一个如"M16"的连接块，见附图 8-6。螺纹孔一定要与推杆板垂直。如果模具比较大，必须采用球轴承，如 HASCO Z 系列。

4. 推杆顶出时不能有变形或翘曲，即整个零件需平衡顶出。

5. 推杆痕所形成的阶梯通常必须控制在 0.10mm 以内。

四、冷却系统

1. 冷却管道尽量采用大的直径，如能用 ϕ10mm，就不用 ϕ8mm。

2. 冷却管道直径最小可采用 ϕ3mm。

3. 所有产品热量集中的地方，如深孔、深槽、滑块等，尽量通冷却水。如果太小或窄，则需考虑用"铍铜"做镶件。

4. 冷却管道端部沉孔和螺纹孔必须同心，而且不能钻歪。

5. 堵水螺栓必须为英制 1/8in BSP 或 1/4in BSP，外形为锥形。

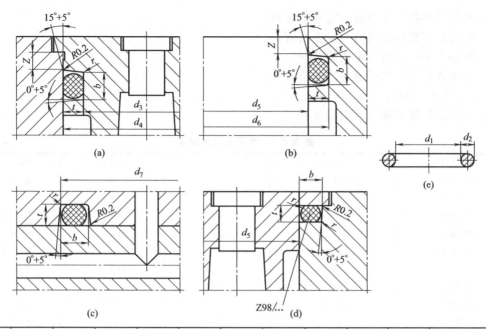

附图 8-7　HASCO 密封圈

Z_{min}	d_4	d_3	d_5	d_6	d_7	b	r	t	d_1	d_2	Nr. /No.
1,1	6,2	3,8	4	6,4	7,2	1,9	0,3	1,2	3,8	1,5	Z98/3,8/1,5
	7,2	4,8	5	7,4	8,2				4,8		4,8/1,5
1,5	9,2	5,2	6	10	10,7	3,2	0,6	2	5	2,5	5/2,5
1,1	8,2	5,8		8,4	9,2	1,9		1,2	5,8	1,5	5,8/1,5
	10	7,6	8	10,4	10,9				7,5	1,5	7,5/1,5
1,5	12	7,8		12,2	13,9	3,6			2,1	7,65	2,65	7,65/2,65
1,1	11,7	8,5	8,2	11,4	12,6	2,6		1,6	8	2	8/2
	12	9,5	9,7	12,1	13,1	1,9	0,3	1,2	9,5	1,5	9,5/1,5
	12,2	9,8	10	12,4	13,4	1,9		1,2	9,8	1,5	9,8/1,5
	14	10,2		13,8	15,5	3,1		1,9	10	2,4	10/2,4
	16	12,2	12	15,8	17,3				11,8	2,4	11,8/2,4
	14,4	12	12,2	14,6	15,7	1,9		1,2	12	1,5	12/1,5
	15,3	12,1		15,4	16,6	2,6		1,6	12	2	12/2
	18	14,2	14	17,8	19,4	3,1		1,9	13,9	2,4	13,9/2,4
1,8	19	14,6	14,5	19,3	20,9	3,9	0,6	2,4	14	3	14/3
	20	16,2	16	19,8	20,8	3,1		1,9	15,3	2,4	15,3/2,4
1,5	18,2	15,6	15,8	18,4	19,9	2,4	0,3	1,3	15,6	1,78	15,6/1,78
1,1	22	18,2	18	21,8	23				17,5	2,4	17,5/2,4
1,8	23	18,6		22,8	24,4	3,9	0,6	2,4	17,5	3	17,5/3

6. 管接头在侧面时，不需沉孔。

7. 隔热板请用 4～6 个螺钉固定，不要用太多螺钉，以免装卸复杂。

8. 模具的水管接头旁边须标明 "IN"、"OUT"，并打编号。

9. 防水圈应采用 HASCO 标准，见附图 8-7。

五、其他

1. 滑块的定位和导向件应该淬火处理。

2. 日期章背后必须钻一孔，这样可快速调整日期。

3. 不易排气的部位，如薄且深的壁、柱和槽等，如无推杆，则需有排气针。

4. 塑件检测报告出模前一定要给客户。

5. 模具检测报告出模前一定要给客户。

6. 机器参数出模前一定要给客户。

7. 最新模具图纸出模前一定要给客户。

六、图纸尺寸标注

1. 表面粗糙度对照（见附表 8-1）

附表 8-1　表面粗糙度对照　　　　　　　　　　　　　　　　　　μm

AGIE 1	Ra0.2			VDI 12	Ra0.40
AGIE 2	Ra0.315			VDI 15	Ra0.50
AGIE 3	Ra0.5			VDI 18	Ra0.80
AGIE 4	Ra0.8			VDI 21	Ra1.12
AGIE 5	Ra1.25		Fin	VDI 24	Ra1.60
AGIE 6	Ra2.00		Fin	VDI 27	Ra2.24
AGIE 7	Ra3.15		Medel	VDI 30	Ra3.15
AGIE 8	Ra5.0		Grov	VDI 33	Ra4.50
AGIE 9	Ra8.0			VDI 36	Ra6.30
AGIE 10	Ra12.5			VDI 39	Ra9.00
				VDI 42	Ra12.5
				VDI 45	Ra18.0

2. SS-ISO 2768-1 的公差标准（见附表 8-2～附表 8-4）

附表 8-2　除倒角外所有线性尺寸的公差标准　　　　　　　　　　　　　mm

类型	描述	>0.5[①] ≤3	>3 ≤6	>6 ≤30	>30 ≤120	>120 ≤400	>400 ≤1000	>1000 ≤2000	>2000 ≤4000
f	fine(高)	±0.05	±0.05	±0.1	±0.15	±0.2	±0.3	±0.5	—
m	medium(中)	±0.1	±0.1	±0.2	±0.3	±0.5	±0.8	±1.2	±2
c	coarse(低)	±0.2	±0.3	±0.5	±0.8	±1.2	±2	±3	±4
v	very coarse(低下)	—	±0.5	±1	±1.5	±2.5	±4	±6	±8

① 对于小于 0.5mm 的尺寸，公差应和实际尺寸写出。

附表 8-3　倒角的公差标准（外圆弧和倒角高度）　　　　　　　　　　　mm

类型	描述	>0.5[①] ≤3	>3 ≤6	>6
f	fine(高)	±0.2	±0.5	±1
m	medium(中)	±0.2	±0.5	±1
c	coarse(低)	±0.4	±1	±2
v	very coarse (低下)	±0.4	±1	±2

① 对于小于 0.5mm 的尺寸，公差应和实际尺寸写出。

附表 8-4　角度公差标准　　　　　　　　　　　　　　　　　　　　　　mm

类型	描　述	≤10	>10 ≤50	>50 ≤120	>120 ≤400	>400
f	fine(高)	±1°	±30′	±20′	±10′	±5′
m	medium(中)	±1°	±30′	±20′	±10′	±5′
c	coarse(低)	±1°30′	±1°	±30′	±15′	±10′
v	very coarse (低下)	±3°	±2°	±1°	±30′	±20′

七、试模要求

1. 试模必须尽量模仿正常生产状态，延长冷却时间、延长顶出时间等都是不可取的。一般来说，都需要加上冷却水和模温机，并根据要求调整动、定模的温度。

2. 调试时，一般不允许使用脱模剂。

3. 试模时应记录所有不正常的现象，如顶出不平衡、粘模、填充不满、顶出变形、收缩凹痕、熔接痕、浇口痕迹、推杆痕迹、色差、不能自动掉落和浇口不能自动剪断等。

八、样板检验要求

1. 确保样板数量正确。

2. 样板不能做任何处理，例如：切除飞边。

3. 样板必须干净并包装好，不被刮伤。

4. 标明样板材料，并附带"试模参数"和"样板检测报告"。

5. 样板应在不引起刮伤和变形的情况下用隔层包装好，包装箱需用抗变形强度好的纸箱。

九、包装要求

1. 包装应用"胶木"，不要用"原木"，否则需"植物免疫证"。

2. 包装之前，防锈油应用 HASCO Z262。

3. 用塑料膜先把模具密封，然后用模箱装订好，并用钢带扎好。

4. 用大头笔写上零件号，并贴上"×××指定的标签"。

5. 准备好"装箱单"，包括模具重量、包装体积、数量。

6. 最后订上客房标签，并把模具送到客户指定的地方。标签可参考附图 8-8。

| "客户公司名称" |
| "公司地址" |
| "联系电话" |

附图 8-8 标签

附录 **9**
注塑模具术语中英文对照

附表 9-1　注塑模具术语中英文对照

序号	中文名	英　文　名	序号	中文名	英　文　名
1	扁推杆	ejector blade	41	光泽	gloss
2	波子弹簧	ball catch	42	喉管	tube
3	侧浇口	edge gate	43	喉塞	pipe plug
4	插头	connector plug	44	护耳浇口	tab gate
5	插座	connector socket	45	滑板	slide plate
6	撑柱(头)	support pillar	46	滑块	slide
7	成型压力	moulding pressure	47	环形浇口	ring gate
8	抽芯距	core-pulling distance	48	活动臂	lever arm
9	抽芯力	core-pulling	49	活动型芯	movable core
10	催化剂	accelerator	50	火花电蚀	EDM
11	弹簧	die spring	51	基准	datum
12	弹簧柱	spring rod	52	浇口	gate
13	挡板	stop plate	53	浇口大小	gate size
14	导板	guide plate	54	浇口套	sprue bushing
15	导套	bushing/guide bushing	55	浇口形式	gate type
16	导柱	leader pin/guide pin	56	浇注口直径	sprue diameter
17	点浇口	pin-point gate	57	浇注系统	feed system
18	垫板/支承板	backing plate	58	进料位置	gate location
19	雕字	engrave	59	聚合物	polymer
20	顶白	stress mark	60	开模力	mould opening force
21	定模板	A plate	61	抗静电剂	antigtatic agent
22	定模镶件	cavity insert	62	抗氧化剂	antioxidant
23	定模型腔	cavity	63	扣基	parting lock set
24	定位板	locating plate	64	拉料杆	sprue puller
25	定位圈	locating ring	65	拉丝	string
26	定位销	dowel pin	66	老化	aging
27	动模板	B plate	67	冷流道	cold runner
28	动模镶件	core insert	68	冷却水	water line
29	动模型芯	core	69	流道	runner
30	二板模	two-plate mold	70	流道板导套	support bushing
31	发热管	cartridge heater	71	流道板导柱	support pin
32	方铁	spacer block	72	流道平衡	runner balance
33	飞边	flash	73	流痕	ripple
34	分型面排气槽	parting line venting	74	螺钉	screw
35	分型线	mould parting line	75	螺纹型芯	threaded core
36	复位杆	return pin	76	密封圈	"O"ring/seal ring
37	隔片	buffle	77	模架(坯)	mold base
38	隔热板	insulated plate	78	模具底板	bottom clamp plate
39	公差	tolerance	79	模具零件	mold component
40	固定板	retainer plate	80	模流分析	mold flow analysis

序号	中 文 名	英 文 名	序号	中 文 名	英 文 名
81	耐磨板	wedge wear plate	117	推板	stripper plate/ejector plate
82	内模管位	core/cavity inter-lock	118	推杆	ejector pin
83	尼龙塞	nylon latch lock	119	推杆板导套	ejector guide bushing
84	黏结剂	adhesive	120	推杆板导柱	ejector guide pin
85	排气	breathing	121	推杆底板	ejector support plate
86	盘形浇口	disk gate	122	推杆固定板	ejector retainer plate
87	抛光	buffing	123	推管	ejector sleeve
88	气阀	valve	124	推管型芯	ejector pin
89	气纹	vent mark	125	推块	ejector pad
90	潜伏浇口	submarine gate	126	托板	support plate
91	撬模槽	ply bar score	127	弯曲	warpage
92	热流道	hot runner	128	弯销	dog-leg cam
93	热流道板	hot manifold	129	稳定剂	stabilizer
94	热射嘴	hot sprue	130	先复位杆	early return bar
95	熔接痕	weld line	131	先复位机构	early return
96	润滑剂	lubricant	132	限位钉	stop pin
97	三板模	three-plate mold	133	线切割	wire cut
98	三层模	three-plate mould	134	镶针	core pin
99	扇形浇口	fan gate	135	楔紧块	wedge
100	收缩凹痕	sink mark	136	斜导柱	angle pin
101	树脂	resin	137	斜顶（斜推杆）	angle ejector rod
102	数控加工	CNC	138	斜顶	angle from pin
103	栓打螺钉	S. H. S. B	139	斜度锁	taper lock
104	双层模	two-plate mould	140	斜滑块	angled-lift split
105	双色注塑	double-shot moulding	141	压条（块）	plate
106	塑料管	plastic tube	142	银纹	spray mark
107	锁扣	latch	143	有托推杆	stepped ejector pin
108	锁模块	lock plate	144	圆形流道	round runner
109	锁模力	clamping force	145	增塑剂	plasticizer
110	探针	thermocouples	146	直接浇口	direct gate
111	梯形流道	trapezoidal runner	147	直身锁（边锁）	side lock
112	添加剂	additive	148	注射压力	injection pressure
113	填充不足	short shot	149	注塑周期	moulding cycle
114	填充剂	filler	150	转浇口	switching gate
115	铜公（电极）	copper electrode	151	着色剂	colorant
116	推板	push bar	152	阻燃剂	flame retardant

附表 10-1　常用金属材料的密度　　　　　　　　　　　g/cm^3

材 料 名 称	密　度	材 料 名 称	密　度
钢材	7.85	工业纯铁	7.87
低碳钢(含碳 0.1%)	7.85	白口铸铁	7.4～7.7
高碳钢(含碳 1%)	7.81	铸钢	7.8
高速钢(含钨 18%)	8.7	中碳钢(含碳 0.4%)	7.82
纯铜(紫铜)	8.9	高速钢(含钨 9%)	8.3
铍铜	8.3	不锈钢(含铬 13%)	7.75
工业纯铝	2.71	纯镍	8.85
铝合金	2.64～2.84	铅	11.34
灰口铸铁	6.6～7.4	锌板	7.2
可锻铸铁	7.2～7.4	铅板	11.37
银	10.5	汞	13.6
金	19.32	钨	19.3
锌阳极板	7.15	硅	2.33

参 考 文 献

［1］　张维合. 注塑模具设计实用教程. 北京：化学工业出版社，2007.

［2］　张维合. 注塑模具复杂结构 100 例. 北京：化学工业出版社，2010.

［3］　宋玉恒. 塑料注射模具设计实用手册. 北京：航空工业出版社，1994.

［4］　黄虹. 塑料成型加工与模具. 北京：化学工业出版社，2003.

［5］　叶久新，王群. 塑料制品成型及模具设计. 长沙：湖南科学技术出版社，2004.

［6］　《塑料模具设计手册》编写小组. 塑料模具设计手册. 北京：机械工业出版社，2004.

［7］　贺柳操，肖国华，卞平. IPad 支架联动抽芯脱模机构及注塑模具设计. 中国塑料，2017，31（12）：
　　　117-123.

［8］　张维合. 汽车前大灯反射镜大型注塑模具设计. 现代塑料加工应用，2016，28（3）：52-56.

［9］　张维合. 汽车中央装饰件顺序阀热流道二次顶出注塑模设计. 工程塑料应用，2018，46（7）：87-91.

［10］　王成. 薄壁螺纹弧形抽芯塑件的模具结构设计. 中国塑料，2014，38（9）：97-102.

［11］　田福祥. 自动脱螺纹注塑模具设计. 工程塑料应用，2004，32（12）：51-52.

［12］　张维合，邓成林. 汽车注塑模具设计要点与实例. 北京：化学工业出版社，2016.

［13］　邓成林. 汽车注塑模具设计实用手册. 北京：化学工业出版社，2018.